卓越工程师教育培养计划系列教材

荣获
中国石油和化学工业
优秀教材一等奖

化工热力学

于志家　李香琴　兰 忠　黄德智　　编著

化学工业出版社
·北京·

《化工热力学》吸取国内外最新教材的精华，参考多数高校执行的 48～56 学时安排，在系统介绍化工热力学原理的前提下，加强化工过程实用知识与实用计算方法的阐述，以强化学生利用热力学原理解决化工生产实际问题能力的培养。

全书共分 10 章，首先介绍了热力学定律与基本原理、流体的容积性质、流体的热力学性质；将真实气体混合物的热力学性质计算单设一章，以增强实际流股工况计算训练；接着讲述溶液的热力学性质、流体相平衡与化学反应平衡；最后讲述流体流动、压缩、膨胀与节流过程热力学计算，蒸汽动力循环及制冷循环过程与计算，及典型化工过程的热力学分析。书中各章都配有例题与习题。习题设置注意知识点的覆盖，并附有答案。

本书可作为高等学校化工及相关专业教材，也可供相关工程技术人员参考。

本书配有《化工热力学》（英文版）教材，可供双语教学使用。

图书在版编目（CIP）数据

化工热力学/于志家，李香琴，兰忠，黄德智编著．—北京：化学工业出版社，2016.9（2024.9 重印）
卓越工程师教育培养计划系列教材
ISBN 978-7-122-27732-9

Ⅰ.①化… Ⅱ.①于…②李…③兰…④黄… Ⅲ.①化工热力学-高等学校-教材 Ⅳ.①TQ013.1

中国版本图书馆 CIP 数据核字（2016）第 176015 号

责任编辑：徐雅妮　　文字编辑：丁建华
责任校对：王素芹　　装帧设计：关　飞

出版发行：化学工业出版社（北京市东城区青年湖南街 13 号　邮政编码 100011）
印　　装：北京科印技术咨询服务有限公司数码印刷分部
787mm×1092mm　1/16　印张 19¾　字数 526 千字　2024 年 9 月北京第 1 版第 4 次印刷

购书咨询：010-64518888　　售后服务：010-64518899
网　　址：http://www.cip.com.cn
凡购买本书，如有缺损质量问题，本社销售中心负责调换。

定　　价：56.00 元

前言

随着经济的全球化和高等教育的国际化，我国高等教育要融入世界高等教育平台。“卓越工程师教育培养计划”（简称“卓越计划”）是贯彻落实《国家中长期教育改革和发展规划纲要（2010—2020年）》和《国家中长期人才发展规划纲要（2010—2020年）》的重大改革，也是促进我国由工程教育大国迈向工程教育强国的重大举措，对全面提高工程教育人才培养质量具有十分重要的意义。伴随着“卓越计划”的启动，高等院校专业课的教学内容、教学要求与方法都应作出必要的调整，以适应新的工程技术人才培养要求，为国家培养出具有国际竞争能力、适应全球工程技术发展、符合国际工程认证标准的、具有突出创新能力的卓越工程技术人才。

党的二十大报告指出，教育、科技、人才是全面建设社会主义现代化的基础性、战略性支撑。我们必须深入实施科教兴国战略、人才强国战略、创新驱动发展战略。党的二十大报告特别重视绿色发展、污染防治、碳达峰与碳中和，为化工热力学的教学指明了方向。化工热力学是化学工程的重要分支和基础学科，“化工热力学”课程是化工专业的重要专业基础课。目前国内外《化工热力学》教材多强调热力学理论的阐述与推演，而在热力学原理的工程应用以及培养学生创新能力等方面显得薄弱。工程技术人员特别需要的是利用化工热力学原理解决化工实际问题的能力与实用的热力学计算方法及新领域的创新能力。根据“卓越计划”的培养方案，本教材在系统介绍化工热力学原理的前提下，强化化工过程实用知识与实用计算方法的阐述，以使学生获取更多的利用热力学原理解决化工生产实际问题的能力。本教材注重课程思政的融入，强化问题导向与守正创新思维模式的培养。

全书共分10章。内容基于读者已学完物理化学课程的热力学基础进行组织，编排次序注重课程内容更好的衔接。第1章是概述，介绍热力学的发展及复习热力学第一、第二定律；第2章阐述流体的容积性质；第3章介绍流体的热力学性质；化工过程物流中绝大部分都是混合物，故混合物物流的热力学性质尤为重要，本书将此内容系统编排，单设一章，即第4章；第5章阐述溶液热力学基础；第6章阐述流体相平衡，重点阐述了汽液平衡计算，对气液与液液平衡亦作了适当的介绍；第7章为化学反应平衡；第8章为流动系统的热力学分析，介绍典型化工过程的流体输运、功能热转换与计算；第9章阐述流体的动力循环与制冷循环，突出实际过程中包含的热力学基本原理，以及基于基本原理的过程创新；第10章为化工过程的节能分析，突出节能减排与绿色化工理念。前5章重点阐述化工热力学的基础理论，后5章着重体现了化工热力学理论与化工生产实践的结合。

本书主要作为化工及相关专业本科生教材，也可作为相关工程技术人员的参考书。

本书由大连理工大学于志家、李香琴、兰忠与大连工业大学黄德智共同编著，具体分工为：于志家编写第1、第5、第6章，李香琴编写第2～4章，兰忠编写第8～10章，黄德智编写第7章。全书由于志家统稿。

在本书编写过程中得到了张乃文、陈嘉斌、张艳、鲍军江、张宁老师与研究生佟诗宇、姜营营、李群、张凯博、姜睿、徐威、温荣福、郑毅、赵小航、于得旭、王松、程惠远及本科生丛阳、杨筱恬、周昊等在内容、例题、习题、文档处理等方面提供的诸多帮助，得到了大连理工大学教务处、化工与环境生命学部有关领导的大力支持，在此深表谢意。

本书编写过程中参阅了多部国内外同行编著的教材，特向相关作者表示感谢。由于作者水平有限，疏漏与不当之处在所难免，衷心希望读者批评指正。

编著者

2023年8月

符　号　表

A	总 Helmholtz 能，$\equiv U-TS$；经验式参数，如式(3.44) 中
a	立方型状态方程参数
B	第二维里系数（密度展开式）；经验式参数，如式(3.44) 中
B'	第二维里系数（压力展开式）
B^0，B^1	普遍化二阶维里方程关联函数
B_{ij}	表征不同分子间相互作用的第二维里系数
b	立方型状态方程参数
C	第三维里系数（密度展开式）；经验式参数，如式(3.44) 中
C'	第三维里系数（压力展开式）
C_p	定压摩尔热容，或定压比热容
C_V	定容摩尔热容，或定容比热容
$C_{p\mathrm{mh}}$	焓均定压摩尔热容，或焓均定压比热容
$C_{p\mathrm{ms}}$	熵均定压摩尔热容，或熵均定压比热容
D	第四维里系数（密度展开式）；经验式参数，如式(3.44) 中
D'	第四维里系数（压力展开式）
H	总焓，$\equiv U+pV$
H_m	摩尔焓，或比焓，$\equiv U_\mathrm{m}+pV_\mathrm{m}$
H^R	总剩余焓，$\equiv H-H^\mathrm{ig}$
H_m^R	摩尔剩余焓，或比剩余焓，$\equiv H_\mathrm{m}-H_\mathrm{m}^\mathrm{ig}$
$(H_\mathrm{m}^\mathrm{R})^0$，$(H_\mathrm{m}^\mathrm{R})^1$	函数关联，普遍化摩尔剩余焓，或普遍化比剩余焓
ΔH	总焓变
ΔH_m	摩尔焓变
M^R	剩余性质，$\equiv M-M^\mathrm{ig}$
p	绝对压力
p_c	临界压力
p_r	对比压力
p_0	参考态压力
p_i^s	组分 i 的饱和压力
q	立方型状态方程参数
R	通用气体常数（附录 A）
S	总熵
S_m	摩尔熵，或比熵
S^R	总剩余熵
S_m^R	摩尔剩余熵，或比剩余熵
$(S_\mathrm{m}^\mathrm{R})^0$，$(S_\mathrm{m}^\mathrm{R})^1$	函数关联，普遍化摩尔剩余熵，或普遍化比剩余熵
ΔS	总熵变
ΔS_m	摩尔熵变，或比熵变
T	热力学温度，K
T_c	临界温度
T_r	对比温度
T_0	参考态温度
t	摄氏温度，℃
U	总内能
U_m	摩尔内能，或比内能
V	总体积
V_m	摩尔体积，或比体积
V_c	临界体积
V_r	对比体积
$V_\mathrm{m,m}$	平均摩尔体积，或平均比体积
x	干度
x_i	组分 i 的摩尔分数
y_i	组分 i 的摩尔分数（用于气相）
Z	压缩因子，$\equiv pV_\mathrm{m}/RT$
Z_c	临界压缩因子，$\equiv p_\mathrm{c}V_\mathrm{m,c}/RT$
Z^0，Z^1	函数关联，普遍化压缩因子
希腊字母	
α	立方型状态方程函数
β	体积膨胀系数；立方型状态方程参数
ε	立方型状态方程常数
ρ	摩尔密度，或比密度，$\equiv 1/V_\mathrm{m}$
ρ_c	临界密度
ρ_r	对比密度
σ	立方型状态方程常数
ω	偏心因子
上标	
ig	理想气体
is	理想溶液
L	液相
R	剩余

s　　饱和

SL　　饱和液体

SV　　饱和蒸汽

V　　汽相

∞　　极端条件值

下标

CV　　控制体

iso　　隔离体系

mix　　混合物

sur　　环境

sys　　系统

V　　定容

目录

第1章

概 述

本章重点：

简要介绍了化工热力学的发展历程与特点，复习了物理化学课程中有关热力学的一些重要概念，及热力学第一定律与第二定律，为化工热力学课程主体内容的阐述奠定基础。

本章难点：

热力学第二定律的理解与熵概念的建立。

1.1 化工热力学的发展历程

热现象是人类最早认识并应用的自然现象之一。远古时期，人类的祖先偶然发现烧熟的食物口感更佳，因而他们设法保留火种以保证每天都使用火（图 1.1），甚至能够通过钻木取火的方式来产生火源（图 1.2）。钻木取火被公认为是人类最早利用能量转换的原理通过做功来产生热的行为。19 世纪，蒸汽机的发明不仅使货运机车可以自动行驶，而且直接促进了工业文明的发展，并最终发展为现代的高速列车，如图 1.3 和图 1.4 所示。热力学源于人们对热现象以及生产活动中相关应用的研究，并且在不断发展。热力学第一定律是能量守恒定律，热力学第二定律则描述了热机的效率与过程趋势。这些定律及相关的理论形成了热力学的基础。热力学原理和理论在化学工业和化学工程领域的实际应用产生了化学工程学的重要分支之一，即化工热力学。图 1.5 展示出的现代化工生产装置就是根据化工热力学的原理设计并建设出来的。现今，化工热力学已发展成为一门精确且系统的学科。

化学工程师们需要解决有关化工过程设计、建设及操作上的一系列问题。许多是关于装置的物料、热与功的计算以及相平衡或化学反应平衡的确定。一名具有实际操作经验的合格化学工程师一定要熟练掌握化工热力学的相关知识。

图 1.1　古人用火

图 1.2　钻木取火

图 1.3 19 世纪装有蒸汽机的汽车

图 1.4 现代高速列车

图 1.5 现代化工生产装置

化工热力学具体用来分析化学过程热与能量转换的必要条件，混合物分离时的相平衡，还有原料转化为产品的化学平衡。流体的性质在热力学实际应用中十分重要。热力学分析对于解决化工厂最优化问题是一个强有力的工具。这些内容及相关的基础理论将是本教材的主要内容。

化工热力学经常被认为是一门非常难的课程。抽象的概念、严格的数学推理和复杂的系统使这门课程非常难理解。确实，如果需要记住这门课程中每个推导出的方程，那是非常困难的。初学者应该试着理解其中的概念，并能够系统地将这些基本的定理在实际化工过程中灵活运用，这时你将会发现这门学科逻辑性强、内容联系紧密，理解与掌握并非很难，甚至是容易的。由于内容涵盖化工生产实际问题与众多人类日常生活现象，这个学科又是非常重要和有趣的。

1.2 系统与环境

在化工热力学中，系统指人们所研究的对象，可以是一种物质或一部分空间，而其余的所有部分被称为环境。根据系统与环境之间物质与能量的传递关系，系统可分为孤立系统、封闭系统和敞开系统。

孤立系统 如果系统与环境之间既没有物质交换，也没有能量交换，这种系统就称为孤立系统。

封闭系统 如果系统可以通过其边界与环境进行能量交换，但没有任何物质交换，这种系统就称为封闭系统。

敞开系统 如果系统与环境之间既有能量交换，又有物质交换，这种系统就称为敞开系统。

1.3 化学状态与流体性质

化学状态被用来描述流体的宏观状态。物质一般分为三种状态，即固态、液态和气态，又称作三相，固相、液相和气相。混合物既可以是同一相的，也可以是多相的。物质的状态或混合物的状态可以通过以下性质进行确定：

① 质量；

② 组成（各化学组分的质量或摩尔量）；

③ 相态（固、液、气）；

④ 结构形态（晶型转变——仅适用于固体）；

⑤ 温度；

⑥ 压力。

一旦给出这些性质的具体数值后，物质的状态就被确定下来，所有其他性质，包括体积、内能、焓、熵、Helmholtz 能、Gibbs 能、密度和比热容，都能得到确定的数值。

平衡态在化工热力学中十分重要，平衡态的基本特征包括：

① 参数不随时间发生变化；

② 整个系统是均一的（没有内部的温度、压力、速率及浓度梯度），或者是由均一的子系统组成；

③ 系统与环境之间的质量流、热量流与功流均为零；

④ 各化学反应的净速率为零。

流体的状态可以用一些参数描述，如温度、压力、体积、内能、焓值、熵值、Helmholtz 能和 Gibbs 能，这些参数统称为系统的性质。这些性质可以分为两种，可直接测量的和不可直接测量的。可直接测量的包括温度、压力和体积，而其余的性质不可以直接测量。从另一个角度，性质可以分为与系统的质量无关的强度性质和与系统的质量成比例的广度性质。温度 T、压力 p 和密度 ρ 是强度性质；而系统的体积 V、内能 U、焓 H、熵 S、Helmholtz 能 A 和 Gibbs 能 G 是广度性质。任何一种广度性质除以物质本身的量（物质的量或质量）即可得到强度性质。任何两个广度性质的商是一个强度性质。所以 V_m、U_m、H_m、S_m、A_m 和 G_m 就是强度性质。

1.4 热力学第一定律

热力学第一定律是有关能量的守恒与转换的。能量是物体做功的能力。移动的物体具有动能，处于较高位置的物体具有势能（或称位能），流体具有内能。

当物体的质量为 m，受力为 F，在很小的时间间隔 $\mathrm{d}t$ 内移动了 $\mathrm{d}l$ 的距离，其所做功为

$$\mathrm{d}W = ma\,\mathrm{d}l = m\frac{\mathrm{d}\upsilon}{\mathrm{d}t}\mathrm{d}l = m\upsilon\,\mathrm{d}\upsilon$$

上式可以从 υ_1 到 υ_2 做积分，做功的值为

$$W = m\int_{\upsilon_1}^{\upsilon_2}\upsilon\,\mathrm{d}\upsilon = \frac{1}{2}m\upsilon_2^2 - \frac{1}{2}m\upsilon_1^2 = \Delta\left(\frac{m\upsilon^2}{2}\right)$$

移动的物体所做的功可以由$\left(\frac{m\upsilon^2}{2}\right)$的变化值表示。1856 年，Kelvin 将其命名为动能，用符号 E_K 表示

$$E_\mathrm{K} = \frac{1}{2}m\upsilon^2$$

如果一个质量为 m 的物体由原高度 z_1 提高至现高度 z_2，向上的作用力至少为施加在物体上的重力，且该作用力作用的距离为 $z_2 - z_1$。因为物体的重量就是作用在其上的重力，所以根据牛顿第二定律，所需的最小拉力为

$$F = ma = mg$$

式中，g 是当地的重力加速度，提起物体所需要的最小做功为作用力与高度变化量的乘积

$$W = F(z_2 - z_1) = mg(z_2 - z_1) = \Delta(mgz)$$

因而提起物体所做功就等于 mzg 的变化量。相反，如果物体受到一个等于其重量的恒力作用下降，物体所做功也等于 mzg 的变化量。mzg 的数值被定义为势能。

动能与势能统称为机械能，也通常称为外能。所做功均等于描述物体在与其所处环境相关的变量值。在以上情况下，对于一刚体从一定高度的位置自由下落至某一低位，其势能（E_P）减少的同时动能（E_K）随着获得速度的变化而不断增加。总的机械能是恒定不变的

$$\Delta E_K + \Delta E_P = 0$$

对于流体，还有一种形式的能量即内能，内能是一种与系统分子运动相关的微观能量。这种能量可由 Joule 实验（1840—1878）来描述。在 Joule 实验中，一定量的水装在一个配有搅拌装置的绝热容器中。实验发现，由于搅拌而使单位质量的水上升 1℃所需要做的功是一定的。通过与更冷的物体简单接触，水又可回到其初始温度，从而测得搅拌过程中水获得的热量。因此 Joule 认为功与热之间存在一种定量的关系，即热是能量的一种形式。通过做功的方式传递给水的能量之后又以热的形式被液体传递。能量在加入到水中之后与被传递出去之前存在于哪里呢？一种合理的观点是能量以一种叫做内能的形式存在于水中，其区别于外能，因为后者是可以用宏观速度或位置描述的。

通常认为能量是存在于物体之内的，并且使物体具有做功的能力。如前所述，能量可分为两种，一种是能够储存于系统之中的，是一种状态函数，如动能、势能还有内能；另一种是能量传递时的形式，并不存在于任何物体或系统之中，是一种过程函数，如功与热。如果把功和热本身看成是另一种能量的形式，力学中能量守恒定律的普遍性将有所拓展。这显然是可以接受的，因为能量的变化等于环境对系统所做功与环境向系统所传热量之和。因此热力学第一定律可以这样表述：

能量有很多存在的形式，能量的总和是守恒的。能量既不能产生，也不会消灭。能量可以从一个物体转移到另一个物体。能量以一种形式消失的同时必定会以另一种形式出现。

起初这个表述虽然是假定的，但所有客观过程的观察结果都支持这个表述成立。因此，它被公认为热力学的第一定律。

1.4.1 控制质量系统的热力学第一定律

封闭系统与孤立系统因为系统与环境之间均没有任何物质传递，因此统称为控制质量系统。控制质量系统的热力学第一定律可以用下面的方程式表达

$$\Delta E = Q + W \tag{1.1}$$

式中，Q 是从环境传递到系统中的热量；W 是环境对系统所做的功；E 是系统具有的总能量，包括势能、动能、内能、表面能、电势能和磁场能等。在化学过程中，流体的表面能、电势能和磁场能一般可以忽略，那么热力学第一定律可以写成

$$\Delta U + \Delta E_K + \Delta E_P = Q + W \tag{1.2}$$

式中，ΔU、ΔE_K 和 ΔE_P 分别是内能、动能和势能的变化量。

对于静态的控制质量系统，由于动能和势能没有变化，因此上式变为

$$\Delta U = Q + W \tag{1.3}$$

式(1.3) 适用于系统内能有限变化的过程，其微分形式为

$$dU = dQ + dW \tag{1.4}$$

1.4.2 控制体积系统的热力学第一定律

式(1.3) 或式(1.4) 应用于位能变化与动能变化可以忽略的控制质量系统。在化学工业中，原料物流流入系统，产物物流流出系统的连续操作过程更为常见。这种操作过程属于敞开系统或控制体积系统。图 1.6 展示了一种常见的控制体积流动系统。料液用泵从系统外注入反应器之中，产品也将会从反应器中移出。环境与系统间有 4 种相互作用关系：通过泵完成的轴功，反应器中的热量添加，反应物的加入，以及产物移出。

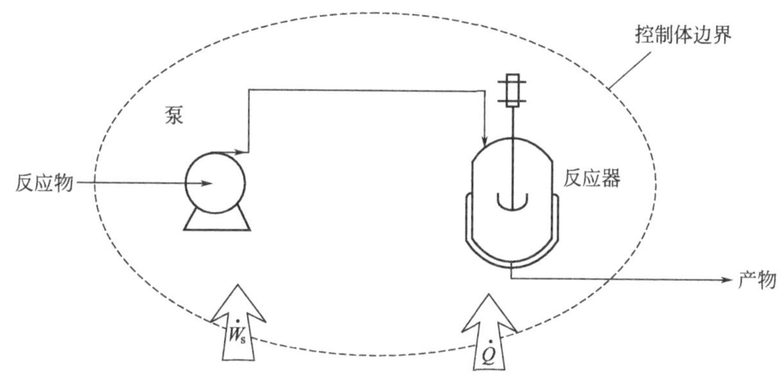

图 1.6 控制体积流动系统的能量平衡

现在，假设反应物和产物流入与流出控制体积是通过管道进行的，其前后截面积分别为 A_1 和 A_2，如图 1.7 所示。

对于在稳定状态下连续进行的过程，在时间点为 0 处，设定反应器中的全部物料加上额外的 1kg 进料作为控制质量，如图 1.7(a) 所示。如果进料的比体积为 v_1，那么距离 l_1 的长度应该是

$$l_1=\frac{v_1}{A_1} \tag{1.5}$$

在时间为 t 时，原料流入控制系统，并且同样质量的产物（比体积为 v_2），则被从控制体积中推出，行进了一段距离

$$l_2=\frac{v_2}{A_2} \tag{1.6}$$

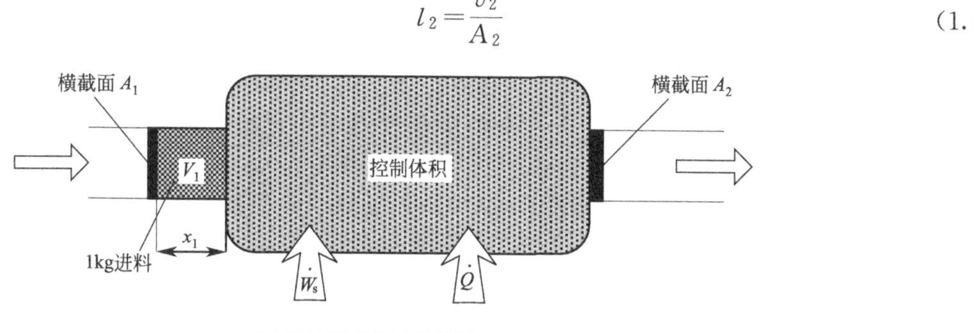

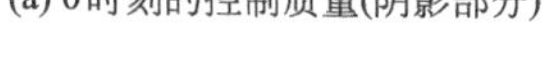
(a) 0时刻的控制质量(阴影部分)

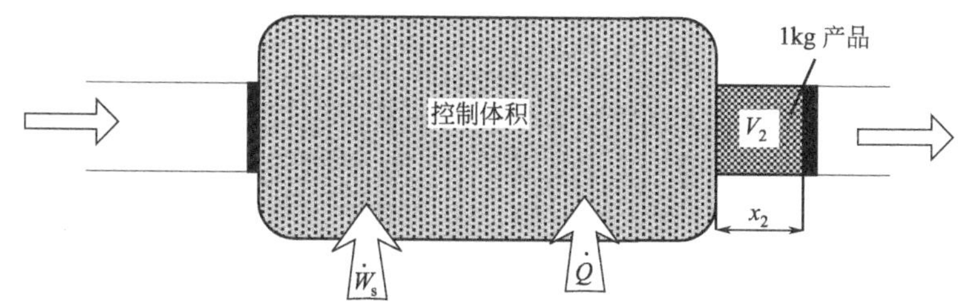

(b) t时刻的控制质量(阴影部分)

图 1.7 控制体积边界的质量与能量的流动

控制质量在设备中移动到一个新的位置，如图 1.7(b) 所示。设 w_s 是环境对单位质量的进料所做的轴功，q 是单位质量的进料由环境向反应器中输入的热量，除了 w_s 之外，还

有将反应进料推入反应器中的功（w_1），和反应产物流出反应器的功（w_2），对于控制质量来说，从式(1.1)可知

$$\Delta u+\Delta(e_K)+\Delta(e_P)=q+w_s+w_1+w_2 \tag{1.7}$$

在式(1.7)中的所有变量都用小写来表示，指的是通过反应器的单位质量的物料的值，且

$$e_K=\frac{1}{2}v^2,\ e_P=gz,\ w_1=p_1A_1l_1=p_1v_1,w_2=-p_2A_2l_2=-p_2v_2$$

然后将上述表达式代入式(1.7)，可得

$$\Delta u+\frac{1}{2}\Delta v^2+g\Delta z=q+w_s+p_1v_1-p_2v_2 \tag{1.8}$$

式中，$\Delta u=u_2-u_1$ 指的是单位质量物料内能的变化。重组上式得

$$(u_2+p_2v_2)-(u_1+p_1v_1)+\frac{1}{2}\Delta v^2+g\Delta z=q+w_s \tag{1.9}$$

代数式$(u+pv)$部分被定义为焓，以 h 表示，pv 是流动功。因此，式(1.9)就可以简单地表达为

$$\Delta h+\frac{1}{2}\Delta v^2+g\Delta z=q+w_s\text{（控制体积，稳态，单位质量物质）} \tag{1.10}$$

式中，$\Delta h=h_2-h_1=h_{\text{product}}-h_{\text{reactant}}$，$h_{\text{product}}$、$h_{\text{reactant}}$分别为产物和反应物的焓。如果整个过程中包括了多股物料，热量和轴功，那么式(1.10)就可以用流量来表示

$$\sum_i F_i\left(h_i+\frac{1}{2}v_i^2+gz_i\right)+\sum_i\dot{Q}_i+\sum_i\dot{W}_{si}=0\text{（控制体积，稳态）} \tag{1.11}$$

对于非稳态，就必须要考虑反应器中的能量累积

$$\frac{\mathrm{d}E}{\mathrm{d}t}=\sum_i F_i\left(h_i+\frac{1}{2}v_i^2+gz_i\right)+\sum_i\dot{Q}_i+\sum_i\dot{W}_{si}\text{（控制体积）} \tag{1.12}$$

式中，F_i、$\dot{Q}_i$ 和 $\dot{W}_{si}$分别指的是流股 i 的质量流率、第 i 个热传递设备的热量传递流率以及对于第 i 个功传递的轴功率。对于三个量中的任意一个，当它进入控制体积中时，取"+"号，当它从控制体积中流出时，取"−"号。其中 h_i、v_i 和 z_i 是第 i 股物流的比焓、流速和流股 i 距离参照水平的垂直高度。式(1.12)是控制体积系统热力学第一定律的一般形式。对于大多数化学过程，动能和势能的变化要远远小于内能和焓的变化。所以式(1.12)可以被简化为

$$\frac{\mathrm{d}U}{\mathrm{d}t}=\sum_i F_ih_i+\sum_i\dot{Q}_i+\sum_i\dot{W}_{si} \tag{1.13}$$

对于稳态连续流动过程

$$\sum_i F_ih_i+\sum_i\dot{Q}_i+\sum_i\dot{W}_{si}=0 \tag{1.14}$$

式(1.13)和式(1.14)既可以应用于以质量为单位的计算，也可以应用于以摩尔为单位的计算。如果 F_i 是质量流率，那么 h_i 就一定是流股 i 的比焓；如果 F_i 是摩尔流率，那么 h_i 就是流股 i 的摩尔焓。为了便于后面更深入的讨论，这里用 H_{mi} 来代替 h_i，得到

$$\sum_i F_iH_{mi}+\sum_i\dot{Q}_i+\sum_i\dot{W}_{si}=0 \tag{1.15}$$

【例 1.1】 一个隔热良好的电热水器（见图 1.8），装有 190kg 的水，水进入器内的时候温度为 10℃，以稳定的 0.2kg/s 的速率流出，流出水流与器内水同温度，60℃。这时发生了电力中断，问器内的水温从 60℃下降到 35℃需要多久？

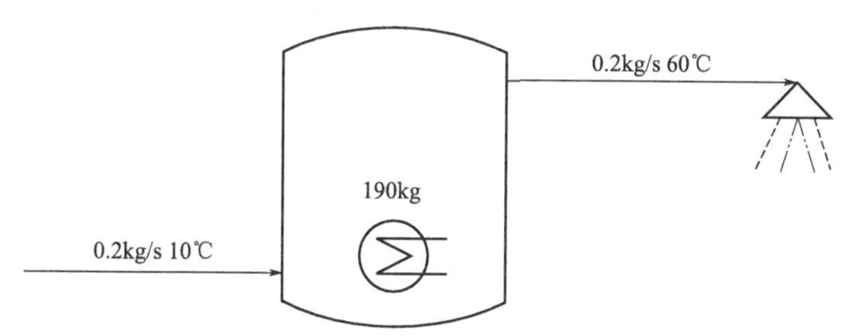

图 1.8 隔热良好的电热水器

解：在电力供应中断以后，$\dot{Q}=\dot{W}_s=0$，另外假设热水器内的水都是完美混合，所以离开热水器的水的性质与在热水器内的水的性质相同。由于进入热水器的水的质量流率和流出热水器的水的质量流率相同，所以 m 是恒定的；忽略进口处机械能和出口处机械能的差别，则式(1.13) 可以表示为

$$m\frac{\mathrm{d}u}{\mathrm{d}t}=F_1h_1-F_2h_2$$

对于液体水

$$C_V=C_p=C$$

$$\frac{\mathrm{d}u}{\mathrm{d}t}=C\frac{\mathrm{d}T}{\mathrm{d}t}，且\ h_2-h_1=C(T_2-T_1)$$

整理得

$$\mathrm{d}t=-\frac{190}{0.2}\frac{\mathrm{d}T_2}{T_2-T_1}$$

从 $t=0$ 处开始（$T=T_0$）直到 t 为任意值作积分

$$t=-\frac{190}{0.2}\ln\left(\frac{T_2-T_1}{T_0-T_1}\right)$$

将具体数值代入方程中，应用例题所给的条件，进行计算

$$t=-\frac{190}{0.2}\ln\left(\frac{35-10}{60-10}\right)=658.5\mathrm{s}$$

所以，热水器内的水温从 60℃下降到 35℃需要 11min 左右。

【例 1.2】 一台蒸发器在常压、连续稳定的状态下以 1500kg/h 的速率蒸发四氯化碳如图 1.9 所示。一共有两股进料，1000kg/h 的 30℃液体进料和 500kg/h 的 70℃液体进料。产物是四氯化碳过热蒸气，温度为 200℃。计算蒸发器的热负荷。

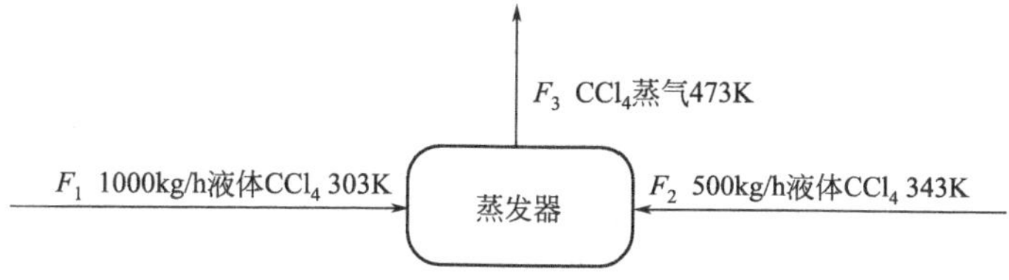

图 1.9 四氯化碳蒸发器

解：对于稳态下的连续过程，能量平衡方程式(1.14) 在轴功项为 0 的情况下为

$$F_1H_{m1}+F_2H_{m2}-F_3H_{m3}+\dot{Q}=0$$

由质量守恒原理得

$$F_3=F_1+F_2=1000+500=1500\text{kg/h}$$

在式(1.14)中，对于每一流股来说，都必须找到对应的焓值才可以计算。但是焓是状态函数，其值是相对于一个特定的参考态基础上的。对于本例题，最便于计算的参考态是30℃的液态四氯化碳。

对于流股1，$H_{m1}=0$，处于参考态。

对于流股2，液态的四氯化碳从参考态30℃加热到70℃。

$$H_{m2}=\int_{T_0}^{T_2}C_{pl}\text{d}T\approx\overline{C}_{pl}(T_2-T_0)=0.866\times(343-303)=34.64\text{kJ/kg}$$

对于流股3，总焓变等于下面3个焓变之和。

(1) 将流体从参考态（30℃）加热到它的正常沸点（76.7℃）

$$\Delta h=\int_{T_0}^{T_b}C_{pl}\text{d}T\approx\overline{C}_{pl}(T_b-T_0)=0.866\times(349.7-303)=40.44\text{kJ/kg}$$

(2) 在液体的正常沸点处的蒸发焓

$$\Delta h=194.22\text{kJ/kg}$$

(3) 将上述状态的蒸气从沸点加热到200℃时的焓变

$$\Delta h=\int_{T_b}^{473}C_{pv}\text{d}T=a(T_3-T_b)+\frac{b}{2}(T_3^2-T_b^2)+\frac{c}{3}(T_3^3-T_b^3)+\frac{d}{4}(T_3^4-T_b^4)$$

$$=\frac{4.184}{153.82}\times\left[12.24\times(473-349.7)+\frac{0.034}{2}\times(473^2-349.7^2)-\frac{2.995\times10^{-5}}{3}\times(473^3-349.7^3)+\frac{8.828\times10^{-9}}{4}\times(473^4-349.7^4)\right]=83.92\text{kJ/kg}$$

$$H_{m3}=40.44+194.22+83.92=318.58\text{kJ/kg}$$

因此

$$\dot{Q}=F_3H_{m3}-F_1H_{m1}-F_2H_{m2}=1500\times318.58-1000\times0-500\times34.64$$
$$=460550\text{kJ/h}$$
$$=128\text{kW}$$

1.5 热力学第二定律

热力学是有关能量守恒的分支学科。热与功是能量的不同表现形式。热力学第一定律阐述了能量守恒，热功转换，但是没有确定的限制。目前所有的实践和经验都证明了的确有这样一种限制存在，即热量只能从温度高的物体传向温度低的物体。功可以完全转化成其他形式的能量，比如说，举起一个物体，是将功转化成了势能；施加驱动加速一个物体，使功转化为动能；以及运转一个发电机，使功转化为电能。当然是在忽略了摩擦力的基础上。Joule实验已经证明了功可以完全转化成热。可是，其逆过程却受到限制。所有的用来设计一个可以连续地将热转化为功、机械能或者电能的努力都以失败告终。在热力学第一定律中1J的能量和1J的功所表示的意思是一样的。但是它们在本质上却是不一样的。这两种能量的差异也是热力学第二定律的重要体现。

有关热力学第二定律的表达方式有多种。其中最为广泛接受的表达方式为：

① 关于热量传递方向（Clausius 1850）——热量不可能自发地从低温物体传向高温物体；

② 关于热力循环（Kelvin 1851）——一个只将系统本身吸收的热全部转化为系统所做的功的设备是不存在的。

1.5.1 热量向功转化的上限

对于有关热力循环的表述，第二定律认为一个只将系统本身吸收的热全部转化为系统所做功的设备是不存在的。并不是说热不可以转化为功，只是不可能在这个过程中保持系统和环境完全没有变化。假设一个里面装有理想气体的活塞/汽缸组成的系统，在恒定温度下进行可逆膨胀。根据式(1.3) $\Delta U=Q+W$，对理想气体等温过程，$\Delta U=0$，则有

$$Q=-W$$

看起来好像系统从周围环境吸收的所有热，都通过可逆膨胀过程转化成了系统对周围环境所做的功。但系统条件发生了变化，从初始压力膨胀到与环境压力相同。所以用这种方法连续不断地把热转化成功是不可能的。若将系统恢复到初始状态，就一定需要周围环境中的能量以功的形式将气体压缩到它的初始压力。法国工程师 Carnot（卡诺），为了从热量中获得功，并且研究其转化效率，在 1824 年提出了一个由四步过程组成的理论可逆的热机，图 1.10 所示为它的 p-V 图。

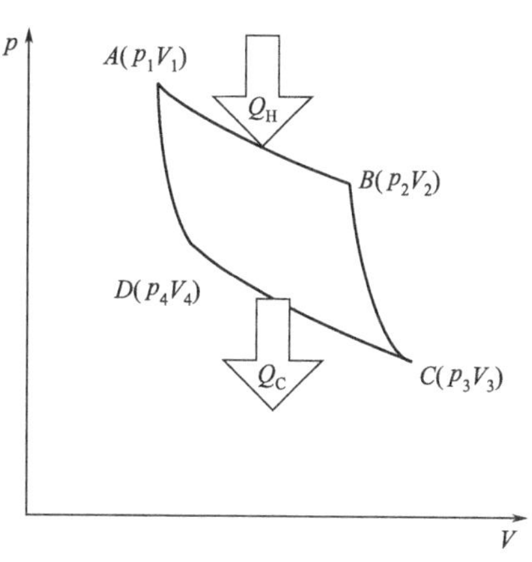

图 1.10 卡诺循环 p-V 图

第一步 $A\to B$，p_1V_1 到 p_2V_2 的等温膨胀过程。系统和一个高温热源接触，等温可逆吸收 Q_H 并且对环境做功。

第二步 $B\to C$，从 p_2V_2 到 p_3V_3 的绝热膨胀过程。在这个过程中，系统中的气体温度将会下降到低温热源的温度 T_C，并且可逆地对环境做功。

第三步 $C\to D$，等温压缩过程从 p_3V_3 到 p_4V_4。系统和低温热源接触，接收压缩功并且释放热量 Q_C 到低温热源中。

第四步 $D\to A$，绝热压缩过程从 p_4V_4 到 p_1V_1。系统气体在绝热可逆条件下接收压缩功并且将系统还原到初始状态。

卡诺热机中的任何一步都是可逆过程。这只是一个理想热机，并且在热功转换过程中使热效率达到了最大值。有关卡诺热机循环热效率的计算可表述如下。

第一步，从 p_1V_1 到 p_2V_2 的等温膨胀过程，$\Delta U=0$，系统从高温热源中吸收的热量与系统对环境所做的功相等

$$Q_H=-W_{A-B}=\int_{V_1}^{V_2}p\,\mathrm{d}V=nRT_H\ln\frac{V_2}{V_1} \tag{1.16}$$

第二步，从 p_2V_2 到 p_3V_3 的绝热膨胀过程，$Q=0$。系统对环境做功的量值与系统内能的变化相等

$$W_{B-C}=\Delta U_{B-C}=n\int_{T_H}^{T_C}C_V\,\mathrm{d}T \tag{1.17}$$

第三步，从 p_3V_3 到 p_4V_4 的等温压缩过程，$\Delta U=0$，释放到低温热源的热量为

$$Q_C=-W_{C-D}=\int_{V_3}^{V_4}p\,\mathrm{d}V=nRT_C\ln\frac{V_4}{V_3} \tag{1.18}$$

第四步，从 p_4V_4 到 p_1V_1 的绝热压缩过程，$Q=0$。需要的压缩功就是内能的变化量

$$W_{D-A}=\Delta U_{D-A}=n\int_{T_C}^{T_H}C_V\mathrm{d}T \tag{1.19}$$

对于整个循环 $\Delta U=0$

$$\begin{aligned}W&=W_{A-B}+W_{B-C}+W_{C-D}+W_{D-A}\\&=-nRT_H\ln\frac{V_2}{V_1}+n\int_{T_H}^{T_C}C_V\mathrm{d}T-nRT_C\ln\frac{V_4}{V_3}+n\int_{T_C}^{T_H}C_V\mathrm{d}T\\&=-n\left(RT_H\ln\frac{V_2}{V_1}+RT_C\ln\frac{V_4}{V_3}\right)\end{aligned} \tag{1.20}$$

由于两个绝热过程都符合绝热方程

$$T_HV_2^{\gamma-1}=T_CV_3^{\gamma-1},\ T_HV_1^{\gamma-1}=T_CV_4^{\gamma-1}$$

可证得$\frac{V_2}{V_1}=\frac{V_3}{V_4}$，所以式(1.20) 就变成了

$$W=-nR(T_H-T_C)\ln\frac{V_2}{V_1} \tag{1.21}$$

式中，W 是整个循环的净功。定义热机的热效率为

$$\eta=\frac{\text{系统对环境做的净功}}{\text{系统从高温热源所吸热量}}=\frac{|W|}{|Q_H|} \tag{1.22}$$

则通过式(1.16)、式(1.21) 和式(1.22)，卡诺热机的热效率就可以表示为

$$\eta_c=\frac{|W|}{|Q_H|}=\frac{T_H-T_C}{T_H}=1-\frac{T_C}{T_H} \tag{1.23}$$

式(1.23) 即为卡诺方程，该式表明卡诺热机的热效率只与高温热源和低温热源的温度相关，而与工作流体的性质无关。只有当热端温度 T_H 接近无限，或者冷端温度 T_C 接近 0K 时，热效率才能达到 1。但是这样的条件无法达到，因此所有的热机效率都低于 1。目前地球上大自然中的低温热源大气、湖泊、河流和海洋其 $T_C\approx25℃$。如果高温热源温度能达到大概 600℃，那么热效率就为

$$\eta_c=1-\frac{298}{873}=0.66$$

实际的热机是不可逆的，其热机效率也会远低于这个值。

以上分析揭示了卡诺热机理论：

对于两个已知的热源，任何热机的热效率都不可能高于卡诺热机效率；

一个卡诺热机的热效率只和两个热源的温位有关，与热机的工质无关；

所有在相同的高温与低温热源间工作的可逆热机的热效率都相同。

【例 1.3】 有关人员正在设计一个 800MW 的发电站，该发电站以 585K 的蒸汽作为高温热源，热力机组向 298K 的低温热源排热。如果该发电机组的热效率是最大可能热效率的 70%，那么整个系统将会从高温热源中获取多少热量？系统将会向低温热源排放多少热量？

解：最大的可能热效率就是在式(1.23) 中给出的卡诺热机热效率，其中 $T_C=298K$，$T_H=585K$，那么

$$\eta_c=1-\frac{T_C}{T_H}=1-\frac{298}{585}=0.4906$$

实际的热效率则是：$\eta=0.7\times0.4906=0.3434$
从式(1.23)

$$|Q_H|=\frac{|W|}{\eta}=\frac{800}{0.3434}=2329.64\text{MW}$$

从控制质量的热力学第一定律可知

$$\Delta U=Q+W \tag{1.3}$$

其中 $\Delta U=0$，$W=-800\text{MW}$，且 $Q=Q_H+Q_C$，可得

$$Q_C=-(Q_H+W)=-(2329.64-800)=-1529.64\text{MW}$$

Q_C 通过计算得到一个负值，意味着在正常生产情况下需排放到周围环境中的热量。

1.5.2 熵

热机的热效率定义式可由式(1.22) 给出：

$$\eta=\frac{\text{系统对环境做的净功}}{\text{系统从高温热源所吸热量}}=\frac{|W|}{|Q_H|}=1-\frac{|Q_C|}{|Q_H|} \tag{1.24}$$

对卡诺热机而言

$$\eta_c=1-\frac{T_C}{T_H} \tag{1.23}$$

将式(1.22) 和式(1.23) 结合，对于任意一个可逆热机，都可以得到

$$\frac{|Q_C|}{|Q_H|}=\frac{T_C}{T_H} \quad \text{或} \quad \frac{Q_H}{T_H}+\frac{Q_C}{T_C}=0 \tag{1.25}$$

式(1.25) 是由图 1.10 中的卡诺循环 p-V 图得出的，同时也适用于其他可逆循环。一个热力循环的净功可以用下式计算

$$W=\oint p\,\mathrm{d}V$$

可以用 p-V 图当中的各操作线所围成的封闭区域面积来表示。图 1.11(a) 代表了任意的一个可逆闭合循环。在图中，我们认为 $EFGH$ 是从椭圆形区域分割出来的次级循环。这个部分循环覆盖的面积，也就是净功，可以通过由可逆等温线 AB、DC 和绝热线 AD、BC 组成的 $ABCD$ 的面积来计算。由于 $A_{EAM}\approx A_{MFB}$ 且 $A_{DHN}\approx A_{NGC}$，则有

$$\frac{Q_H}{T_H}+\frac{Q_C}{T_C}=0$$

对于图 1.11(b) 中的整个循环，闭合曲线可以分割成很多类似的这样的“两条等温线和两条绝热线”组成的小闭合循环曲线，每一个都有自己对应的 T_{Hi}、T_{Ci} 和 Q_{Hi}、Q_{Ci}。对于第一个、第二个……直到第 i 个小闭合循环

$$\frac{Q_{H1}}{T_{H1}}+\frac{Q_{C1}}{T_{C1}}=0,\ \frac{Q_{H2}}{T_{H2}}+\frac{Q_{C2}}{T_{C2}}=0,\ \cdots,\frac{Q_{Hi}}{T_{Hi}}+\frac{Q_{Ci}}{T_{Ci}}=0$$

上式重新整理得

$$\sum_i\left(\frac{Q_i}{T_i}\right)_R=0 \tag{1.26}$$

式中，Q 是系统和环境之间传递的热量，如果热机从一个热源获得热量，那么这个值的符号就是“+”，如果把热量排放到热源中，那么符号就是“-”，脚标 R 表示该循环是可逆的。

当这些个小次级闭合循环的数量接近无穷多，这时每一个次级循环都无限小，那么等式(1.26) 给出

$$\oint \frac{dQ_R}{T}=0 \tag{1.27}$$

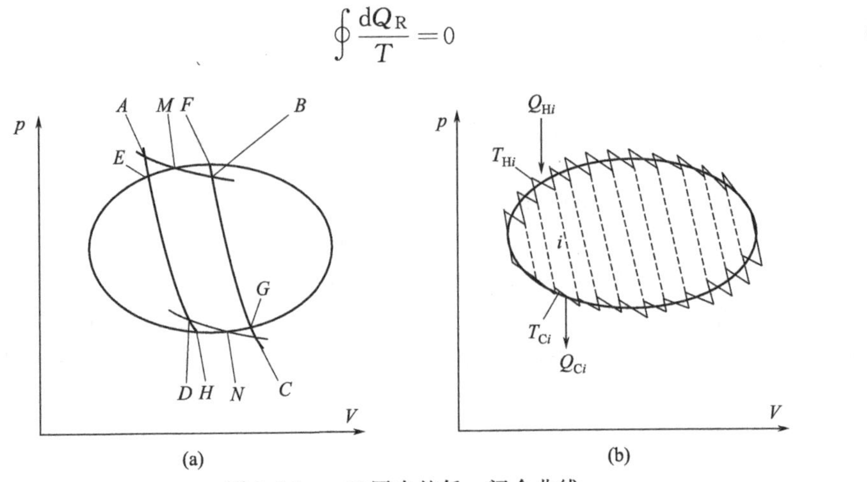

图 1.11 p-V 图中的任一闭合曲线

式(1.27) 表示，对于任意循环，dQ_R/T 的总和为 0。下边考虑只由两个可逆过程组成的循环。第一个分过程从点 A 开始通过 R_1 到 B，第二个过程从点 B 开始，从另一个路线通过 R_2 又回到了 A，如图 1.12 所示，对于整个循环来说，式(1.27) 成立，因此

$$\int_A^B \left(\frac{dQ}{T}\right)_{R_1}+\int_B^A \left(\frac{dQ}{T}\right)_{R_2}=0$$

或

$$\int_A^B \left(\frac{dQ}{T}\right)_{R_1}=\int_A^B \left(\frac{dQ}{T}\right)_{R_2}$$

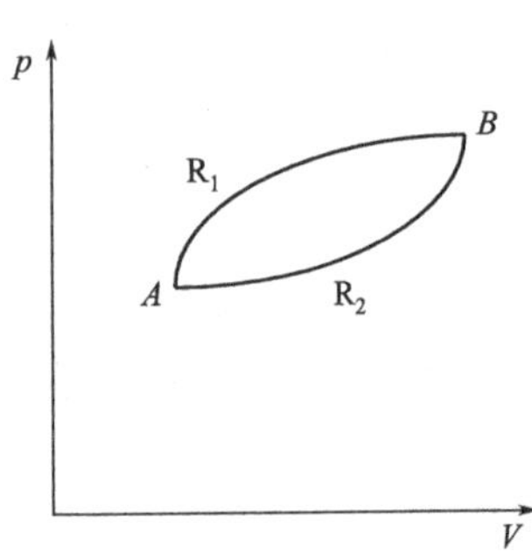

图 1.12 由两个可逆子过程 R_1 和 R_2 构成的可逆循环

其中，$\left(\frac{Q}{T}\right)_R$ 的数值表现出一个状态函数的特点，即在 p-V 图中的一个“点函数”。因此，比值$\left(\frac{Q}{T}\right)_R$ 称为流体的一种性质，称为熵。用符号 S 表示，是一个状态函数。它的微分变化为

$$dS=\frac{dQ_R}{T} \tag{1.28}$$

在图 1.12 中点 A 的熵值可以用 S_A 来表示，对于点 B 则用 S_B 表示。对于从 A 到 B 这个过程的熵变为

$$\Delta S_{A\to B}=\int_A^B \left(\frac{dQ}{T}\right)_{R_1}=\int_A^B \left(\frac{dQ}{T}\right)_{R_2}=S_B-S_A$$

可见，整个过程的熵变与路径无关。

1.5.3 热力学第二定律的数学表达

从卡诺热机理论可以知道，任何热机的热效率，只要是在相同的高温和低温热源的温度区间内工作，都不能比可逆热机的热效率高。对于不可逆热机，热效率可以由式(1.22) 给出

$$\eta_{IR}=\frac{|W|}{|Q_H|}=1-\frac{|Q_C|}{|Q_H|} \tag{1.22}$$

对于一个可逆热机，热效率可以由式(1.23) 求得

$$\eta_R=1-\frac{T_C}{T_H} \tag{1.23}$$

则有

$$\frac{Q_{\mathrm{H}}}{T_{\mathrm{H}}}+\frac{Q_{\mathrm{C}}}{T_{\mathrm{C}}}<0$$

对于任意的一个含有多对热源的不可逆热循环

$$\sum_i\left(\frac{\mathrm{d}Q_i}{T_i}\right)_{\mathrm{IR}}<0 \tag{1.29}$$

式中，下标“IR”意思是过程是不可逆的。上式的积分形式为

$$\oint\left(\frac{\mathrm{d}Q}{T}\right)_{\mathrm{IR}}<0 \tag{1.30}$$

我们分析一个由不可逆子过程 A-IR-B 和可逆子过程 B-R-A 所组成的热循环，如图 1.13 所示。对于整个过程来说，它是不可逆的，因此 $\oint\left(\frac{\mathrm{d}Q}{T}\right)_{\mathrm{IR}}<0$，则有

$$\oint\left(\frac{\mathrm{d}Q}{T}\right)_{\mathrm{IR}}=\int_A^B\left(\frac{\mathrm{d}Q}{T}\right)_{\mathrm{IR}}+\int_B^A\left(\frac{\mathrm{d}Q}{T}\right)_{\mathrm{R}}<0$$

由于

$$\int_B^A\left(\frac{\mathrm{d}Q}{T}\right)_{\mathrm{R}}=\Delta S_{B\to A}=S_A-S_B$$

则由 A 到 B

$$\Delta S-\int_A^B\left(\frac{\mathrm{d}Q}{T}\right)_{\mathrm{IR}}>0 \tag{1.31}$$

图 1.13 由一可逆子过程 A-IR-B 与一不可逆子过程 B-R-A 构成的不可逆循环

式(1.31) 指出当系统的状态发生不可逆的变化时，热/温商的总和，总是小于熵变。考虑到可逆与不可逆两种情况

$$\Delta S-\int_A^B\left(\frac{\mathrm{d}Q}{T}\right)_{\mathrm{IR}}\geqslant 0 \tag{1.32}$$

通常称式(1.32) 为克劳修斯不等式。其微分形式为

$$\mathrm{d}S\geqslant\frac{\mathrm{d}Q}{T} \tag{1.33}$$

如果整个过程是绝热的，$\mathrm{d}Q=0$，那么

$$\mathrm{d}S\geqslant 0 \quad 或 \quad \Delta S\geqslant 0 \tag{1.34}$$

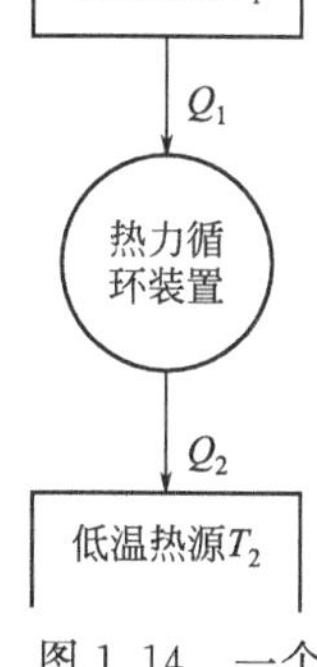

图 1.14 一个换热过程

对于一个有热传递的系统，可把系统和环境当作一个整个隔离系统，此时

$$\Delta S_{\mathrm{iso}}=\Delta S_{\mathrm{t}}=\Delta S_{\mathrm{sys}}+\Delta S_{\mathrm{sur}}\geqslant 0 \tag{1.35}$$

式(1.35) 表示，当一个系统的状态发生变化时，系统熵与环境熵的和将增加，这就是熵增原理，同时也是热力学第二定律的数学表达式。

其实热力学第二定律的两种表述方式是一样的。如果承认了开尔文的表述是正确的，那么一定会得出克劳修斯的表述也是正确的。我们讨论一下有关 T_1 和 T_2 两个热源之间的热传递过程。在这两个热源之间运行一个循环装置。这个装置从热源 1 中吸收热量 Q_1，然后做功 W，再把热量 Q_2 排放到热源 2 中，该过程如图 1.14 所示。当 $W=0$ 时，该过程就是一个纯粹的热传递过程，并且 $|Q_1|=|Q_2|=|Q|$。由第二定律的数学表达式

$$\Delta S_{\mathrm{t}}=\Delta S_{\mathrm{sys}}+\Delta S_{\mathrm{sur}}\geqslant 0$$

系统指的是这个循环装置，对于整个循环来说，$\Delta S_{\mathrm{sys}}=0$。而

$$\Delta S_{\mathrm{sur}}=\frac{Q_1}{T_1}+\frac{Q_2}{T_2}=|Q|\left(-\frac{1}{T_1}+\frac{1}{T_2}\right)=|Q|\left(\frac{T_1-T_2}{T_1T_2}\right)\geqslant 0$$

为了保证上式的正确性，必须有

$$T_1-T_2\geqslant 0$$

因此，克劳修斯的表述形式也可以得到证实。

小结

本章简要介绍了化工热力学的发展历程与特点，复习了物理化学课程中有关热力学的一些重要概念及热力学第一定律与第二定律，阐述了控制体积系统热力学第一定律的表达及应用。

本章的难点是热力学第二定律的理解与熵概念的建立。要求掌握控制体积系统热力学第一定律及其在各种化工工艺过程中的应用，深入理解热力学第二定律的内涵，正确认识熵的概念。

思考题

1.1 关于化工热力学的研究内容，下列说法中不正确的是（　　）。

A. 判断新工艺的可行性　　B. 反应速率预测

C. 化工过程能量分析　　D. 相平衡研究

1.2 $\Delta U=Q+W$ 的适用条件是什么？

1.3 $\Delta h=q+w_s$ 的适用条件是什么？

1.4 熵增原理的表达式是（　　）。

A. $dS_{系统}\geqslant 0$　　B. $dS_{孤立体系}\geqslant 0$

C. $dS_{环境}\geqslant 0$　　D. $dS_{系统}>0$

1.5 系统经过一个不可逆循环后，系统的熵值如何变化，为什么？

1.6 “从物理学来说，无机的原子逆热力学第二定律出现生物是奇迹”谈谈你的理解。

习题

1.1 有一辆质量为1250kg的汽车，以120km/h的速度行驶。那么该车的动能是多少？如果想要它停下来，需要做多少功？

1.2 水由50m高度落下驱动一个水力发电站的涡轮机。假设，势能向电能转化的转化率为91%，并且在电力传输过程中有8%的能量损失，那么总共需要多少质量流量的水源作动力，才能够供一个200W的灯泡发光？

1.3 在一个封闭系统中，有1mol的气体正在经历一个由4步组成的热力学循环。请通过下表给出的数据，来填补空缺的数值。

步骤	ΔU/J	Q/J	W/J
1-2	−200		−6000
2-3		−3800	
3-4		−800	300
4-1	4700		
1-2-3-4-1			−1400

1.4 一个空的储罐，由一个压力稳定的气源充气。那么在入口管道的气体的焓与罐内气体的内能有什么关系？忽略气体和储罐之间的热传递。

1.5 一个装有20kg 20℃水的储罐内部装有一个搅拌器，以0.25kW的功率对水做功。

假设水不会有热损失，想要水温升到 30℃共需要多长时间？

1.6 一个重 2kg 的钢制工件的初始温度为 500℃，还有一个处于保温良好的钢制储罐，重量为 5kg，内部装有 40kg 水，水的初始温度为 25℃。将钢制的工件完全浸没到储罐的水中，并且等待系统达到平衡。最终的温度是多少？忽略机胀缩的影响，水的比热容为 4.18kJ/(kg·K)，钢的比热容为 0.50kJ/(kg·K)。

1.7 试推导管道内单位质量不可压缩流体的理想流动的热力学第一定律表达式。

1.8 试推导液体节流过程的热力学第一定律表达式。

1.9 现将稳定的冷水（流量 1.0kg/s，温度 25℃）和热水（流量 0.8kg/s，温度 75℃）混合，生产出一个稳定的温水流。在混合过程中，系统以 30kJ/s 热流率向环境散失热量。该温水流的温度是多少？水的比热容恒定为 4.18kJ/(kg·K)。

1.10 在 p-V 图中，一控制质量流体的两条可逆绝热线可能相交吗？证明你的答案。

1.11 一个卡诺热机从 525℃的高温热源获得热量 250kW，然后向 50℃低温热源排放热量。求热机产功功率；热机向低温热源排放热量是多少？如果是一个实际的热机，热效率是卡诺热机的 80%，热机产功功率是多少？向低温热源排放热量是多少？

1.12 现有 1kg 的液态水：

(1) 初始温度为 0℃，被一个温度为 100℃的热源加热至 100℃。试求出水的熵变，热源的熵变，以及 ΔS_t。

(2) 初始温度为 0℃，被一个温度为 50℃的热源加热至 50℃，接着又被一个 100℃的热源加热至 100℃。试求出水的熵变、热源的熵变以及 ΔS_t。

(3) 说明在什么条件下可以将水从 0℃加热至 100℃，且 $\Delta S_t=0$。

第2章 流体的容积性质

本章重点：

首先描述了纯物质的 p-V-T 行为，然后在理想气体 p-V-T 行为的基础上，介绍了几种定量描述真实流体行为的状态方程，最后介绍了流体的普遍化关联。

本章难点：

采用真实流体状态方程及其普遍化关联法进行流体 p-V-T 性质的计算。

流体通常包括气体和液体两大类。一般将流体的压力 p、温度 T、体积 V、内能 U、焓 H、熵 S、自由能 A 和吉布斯函数 G 等统称为热力学性质。其中有的热力学性质，如 U 和 H，通常可以通过它们的计算而得到工业过程中所需要的热和功，但这些性质却不能直接测得。幸运的是，当流体处于相平衡状态时，这些不能直接测得的热力学性质是 p、V、T 的函数，而 p、V、T 是可以直接测得的。一般情况下，流体的 p 和 T 比 V 容易测量，而 V 又可以表达成 p 和 T 的函数。因此 p、V、T 称为容积性质。为便于大家理解热力学性质计算的部分背景，本章将首先描述纯物质 p-V-T 行为的普遍性质；然后介绍最简单的理想流体行为模型，即理想气体 p-V-T 行为；接着介绍流体的状态方程，这些状态方程是定量描述真实流体行为的基础；最后介绍流体的普遍化关联，用以预测在缺乏实验数据的情况下流体的 p-V-T 行为。

2.1 纯物质的 p-V-T 行为

物质的 p、V、T 数据是可直接测量的。只要有足够的数据，对任意纯物质都可以绘出其 p-V-T 关系图。在熔点以下测量不同温度时某一纯固体或纯液体的蒸气压，将 p 表达成 T 的函数，可得到纯物质的 p-T 关系图，如图 2.1 所示。

图中，曲线 1-2、2-C 和 2-3 分别为升华曲线、汽化曲线以及熔化曲线，分别表示固气、液气以及固液平衡关系。这三条曲线都分别表示两相共存时必需的 p 和 T 条件，也是单相区的边界条件，如升华曲线 1-2 将固相区与气相区分开，熔化曲线 2-3 将固相区与液相区分开，汽化曲线 2-C 将液相区与气相区分开。三条曲线交于三相点 2 处，表示三相共存并处于平衡态。熔化曲线 2-3 可以向上延续下去，而汽化曲线 2-C 则终止于临界点 C。在 C 点的坐标压力和温度相应称为临界温度 T_c 和临界压力 p_c，它代表纯物质能呈汽液平衡的最高温度和压力。

一般情况下，液相是指在恒定温度下降低压力可发生汽化的相，气相则是指在恒定压力下降低温度可以冷凝的相。有时把气相区分成两部分，如图 2.1 中垂直虚线所示。在此虚线左边的气体能够在定温下压缩或在定压下冷却而冷凝，通常称之为蒸气；在此虚线的右边，通常称之为气体。在临界点 C，气液两相难以分辨，二者之间没有非常清晰的界限，并伴有某些特殊的现象，如乳光现象。在此垂直虚线的右边与水平虚线的上方，即右上方，温度和压力分别超过了临界温度和临界压力，处于此区域的流体既不同于液体也不同于气体，而是气体与液体之间能进行无相变转换的、高于临界温度和临界压力条件下存在的物质，称为超临界流体，又称为流体。一般认为流体是气体和液体的总称，但图 2.1 中虚线右上方划出的流体却有另外的含义。无论是从液体到流体，还是从气体到流体，都是一个渐变的过程，不存在相变。例如，由图中所示液相点 A 经过流体区到气相点 B，它表示从液相区到气相区的一种渐变过程，而不是性质的突变，即观察不到相的变化。超临界流体兼有气体和液体的双重性质与优点，如密度接近液体，由于物质的溶解度与溶剂的密度成正比，因而溶解性强；黏度接近气体，具有气体易于扩散和运动的特性，因而扩散性能好。所以，超临界流体特别适用于提取和分离难挥发的、浓度很低的和热敏性的物质。目前有人将其作为萃取溶剂，从固体或液体中萃取某些有用物质以达到分离的目的；还可利用其黏度小的特点，将天然气转化为超临界态后在管道中运送，这样既可以节省动力，又可以增加运输速率；也有人广泛研究将其用在化学反应、微粒制备等领域中，有许多新成果出现，并将有关涉及超临界流体的技术称为超临界流体技术。该技术对节能、环保等都具有重要的意义。

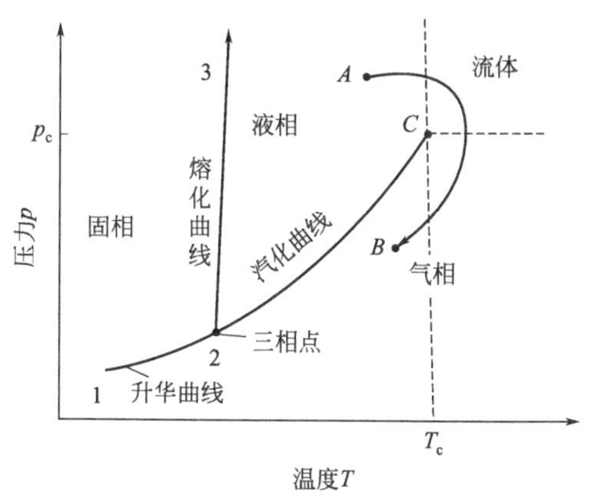

图 2.1 纯物质的 p-T 关系图

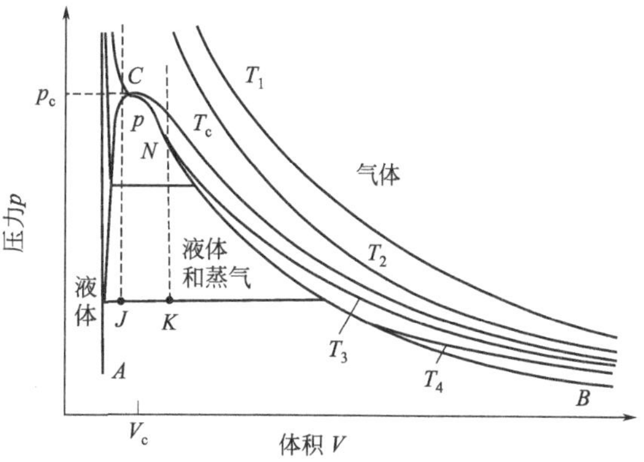

图 2.2 纯物质的 p-V 关系图

图 2.1 没有表达出关于体系体积的信息，但若把纯物质的 p-V-T 都画出，便可以得到 p-V 图，其中包括一系列等温线，如图 2.2 所示。在 p-V 图上，图 2.1 中所示的相界线变成了区域，如固-液、固-气与液-气平衡两相共存区。大于临界温度 T_c 的等温线如 T_1、T_2 曲线十分平滑，与相界线不相交；而小于 T_c 的等温线如 T_3、T_4 曲线则与相界线相交并呈现出三个部分。水平部分表示气-液间互相平衡，在恒定的温度下，压力也不变化，这就是纯物质的蒸气压。水平线上各点表示不同含量的汽-液平衡混合物，变化范围从最右端的 100% 饱和蒸气到最左端的 100% 饱和液体。曲线 AC 为饱和液体曲线，曲线 BC 为饱和蒸气曲线，曲线 AC 和曲线 BC 相交于 C 点，此点称为该物质的临界点，此时体系的压力、体积和温度分别称为临界压力 p_c、临界体积 V_c 和临界温度 T_c。在曲线 ABC 下的区域为液-气两相区，其左、右两侧的区域分别为液相区和气相区。由于压力对液体体积变化的影响很小，故液相区等温线很陡，即斜率很大。

两相区中水平等温线的长度随温度升高而缩短，到临界点时，C 成为临界等温线的拐

点。从图 2.2 上可以看出，临界等温线在临界点的斜率和曲率都等于零，数学上可表达为

$$\left.\frac{\partial p}{\partial V_m}\right|_{T=T_c}=0 \tag{2.1}$$

$$\left.\frac{\partial^2 p}{\partial V_m^2}\right|_{T=T_c}=0 \tag{2.2}$$

式中，V_m 为摩尔体积。

根据上述两式，从状态方程式以计算出临界状态下的压力、体积和温度。

2.2 流体的状态方程

从相律可知，对于一定量的纯流体，p、V、T 三者中任意两个被指定后，就确定了其状态。其函数方程式称为状态方程（equation of state，EOS），即

$$f(p,V_m,T)=0$$

上式可用来关联平衡状态下均相流体的压力、摩尔体积和温度之间的关系。到目前为止，文献上发表的 EOS 不下几百种，其中包括半经验半理论的 EOS 和纯实验的 EOS 以及从统计热力学和分子动力学出发推导得到的理论 EOS。科学理论、技术水平的提高和工业应用的大量需求促进了 EOS 的迅速发展。具体地说，计算机的出现、发展使得繁复的热力学性质、相平衡计算成为可能，新的实验数据的涌现和精度的提高为 EOS 的开发提供了基础数据。分子物理和溶液理论研究的深入，为 EOS 提供了充分的理论依据，过程开发精细化的需求，使 EOS 有了用武之地。EOS 在发展过程中已逐步显示出其优越性，如：

① EOS 的导出有一定的理论依据；

② EOS 具有多功能性；

③ EOS 在相平衡计算中简捷、方便。

当然，EOS 也有它的不足之处，如缺少既可适用于液体状态的高密度区域又可用于各种条件下相平衡推算的 EOS；其次当 EOS 用于多组分体系时，受混合规则影响很大，而混合规则的研究尚未成熟，其中的相互作用参数还没有一定的规律可循，研究者还需从理论等方面出发，加以提高、改进。

2.2.1 理想气体状态方程

理想气体状态方程是上述流体状态方程 $f(p,V_m,T)=0$ 中最简单的一种形式。

理想气体是一种科学的抽象，实际上并不存在，它是在极低压力和较高温度下各种真实气体的极限情况。理想气体有两个主要特征：其一，气体分子呈球形，它们的体积和气体的总体积相比可以忽略；气体分子间的碰撞以及气体分子和容器壁面间的碰撞是完全弹性的。其二，气体分子间不存在相互作用力。理想气体状态方程不但在工程计算上有一定的应用，而且还可以用来判断真实气体状态方程在此极限情况下的正确程度。任何真实气体状态方程在低压、高温时都应呈现出相同的形式，即理想气体状态方程。其表达式为

$$pV=nRT \quad 或 \quad pV_m=RT \tag{2.3}$$

式中，p 和 T 为绝对压力和热力学温度；V_m 为摩尔体积；R 为通用气体常数，它的单位应与 pV_mT 的单位相对应，不同单位的 R 值见附录 A 表 A.2。

没有一种真实气体能在较大范围内服从理想气体状态方程式(2.3)，但理想气体的概念却是有用的，可以通过对理想气体状态方程进行校正从而得到近似适用于真实气体的状态方

程。实际上，理想气体状态方程可近似用于较低压力下的真实气体，因此对于一些工程计算，当压力低于几个大气压时大多数气体都被当作理想气体来处理。

由于真实气体分子间存在相互作用力并作用于气体，致使真实气体的 p-V-T 行为偏离理想气体的 p-V-T 行为，加之石油化工、氮肥工业等的发展广泛采用高压过程，因而推动了真实气体状态方程的研究和运用，从而提高了对真实气体性质的认识。

2.2.2 维里（Virial）方程

维里方程是1901年，由荷兰人凯姆林·奥纳斯（Kamerling Onnes）利用统计力学的方法，并考虑了分子间的相互作用力后导出的，具有坚实的理论基础。

由图2.2可知，在气相区，沿着等温线，摩尔体积随压力的增加而减小，因此可以推测，气体或蒸气的 pV_m 乘积比构成该乘积的任何一个因子都更接近于定值。这提示可以假定沿着等温线变化的 pV_m 乘积能够用 p 的幂级数来表示

$$Z=\frac{pV_m}{RT}=1+B'p+C'p^2+D'p^3+\cdots \tag{2.4}$$

式中，比值$\frac{pV_m}{RT}$为压缩因子，用符号 Z 表示。

方程式(2.4)也可写成体积多项式的表达式

$$Z=\frac{pV_m}{RT}=1+\frac{B}{V_m}+\frac{C}{V_m^2}+\frac{D}{V_m^3}+\cdots \tag{2.5}$$

式(2.4)和式(2.5)均称为维里方程式，两式中的系数 $B',C',D'\cdots$ 和 $B,C,D\cdots$ 称为维里系数。B'和 B 称为第二维里系数，C'和 C 称为第三维里系数，依此类推。对于纯物质来说，这些系数仅是温度的函数；对于混合气体，它们是温度与组成的函数。

在所提出的真实气体状态方程中，维里方程是唯一一种有着严格理论基础的方程，因而引起了广泛关注。统计力学的方法为维里系数提出了明确的物理意义，它们与分子间的作用力有直接联系，例如第二维里系数反映两分子之间的相互作用力，第三维里系数则反映三分子之间的相互作用力，依此类推。由于两个分子之间的相互作用比三个分子之间的相互作用普遍得多，而三个分子之间的相互作用又比四个分子之间的相互作用普遍得多，依此类推，因此高次项对 Z 的作用依次迅速减小。由于对各种物质维里系数的研究迅速发展，维里系数特别是第二维里系数，在热力学性质计算和汽液平衡计算中已得到广泛应用。

通过式(2.5)可以得到

$$p=RT\left(\frac{1}{V_m}+\frac{B}{V_m^2}+\frac{C}{V_m^3}+\frac{D}{V_m^4}+\cdots\right) \tag{2.6}$$

将式(2.6)代入式(2.4)，再与式(2.5)比较同类项，可得到两种维里方程系数之间的关系

$$B'=\frac{B}{RT},\ C'=\frac{C-B^2}{(RT)^2},\ D'=\frac{D-3BC+2B^3}{(RT)^3},\ \cdots$$

应该注意，只有把式(2.4)和式(2.5)看成无穷级数时，上述关联式才是正确的。如果维里方程以舍项形式出现时，这些关联式就成为近似式。如非特别指明，维里系数常指 B，C，$D\cdots$，较少用 B'，C'，$D'\cdots$。式(2.4)和式(2.5)表明，使用维里方程的关键在于确定维里系数，这是一项很困难的工作。广泛用于热力学性质计算的是截取到第二维里系数 B 的舍项维里方程。

维里方程的两种形式都是无穷级数。从工程实用的角度上来讲，要求迅速收敛为好，用于低压和中压的气体和蒸气时，将式(2.4)和式(2.5)取两项或三项可得到合理的近似值。

当压力低于 1.5MPa、温度低于临界温度时，将维里方程截至第二项可满足工程精度的要求，即

$$Z=\frac{pV_m}{RT}\approx 1+\frac{B}{V_m} \tag{2.7}$$

此式在 $p<1.5\text{MPa}$，$T<T_c$ 时用于一般真实气体的 p-V-T 计算已足够准确。当 $T>T_c$ 时，满足此式的压力还可适当提高。但随着压力的升高，方程的计算精度相对降低，以致无法使用。为了便于工程计算（即已知 T、p 求 V_m），可将此式右端的自变量由 V_m 转换为 p，得到一种较为普遍的表达式，即

$$Z=\frac{pV_m}{RT}\approx 1+\frac{Bp}{RT} \tag{2.8}$$

式(2.8) 和式(2.7) 均称为第二维里系数截断式，但式(2.8) 应用起来比较方便，却有不低于式(2.7) 的计算精度，因而在使用第二维里系数截断式时，通常都采用式(2.8)。

第二维里系数 B 可以用统计热力学理论求得，也可以由实验测定，还可用普遍化方法计算得到，并且已经通过实验的方法确定了一些气体的第二维里系数。但是，由于实验测定比较麻烦，而依赖于物质种类与温度的理论计算又精度不够，故目前工程计算大都采用比较简单的普遍化方法。

当压力达到几兆帕（MPa）时，第三维里系数效应渐显重要，此时维里方程需要截断到第三维里系数才能够给出较满意的计算结果，其近似截断式为

$$Z=\frac{pV_m}{RT}\approx 1+\frac{B}{V_m}+\frac{C}{V_m^2} \tag{2.9}$$

式(2.9) 称为第三维里系数截断式，利用此式可以直接求得压力，而对于摩尔体积 V_m 却是立方型。尽管如此，利用迭代的方法或计算机操作可较容易地求出摩尔体积 V_m。

与第二维里系数 B 一样，第三维里系数 C 也是依赖于物质种类与温度，但目前能比较精确测得的只有第二维里系数，少数物质也测得了第三和第四维里系数。由于对超过第三维里系数以上的维里系数知之甚少，因此超过第三维里系数以上的维里方程展开式不常见，也较少应用其解决实际问题。不过，随着分子间相互作用理论研究的进展，将有可能从有关物质分子的基本性质来精确计算维里系数，从而扩大维里方程的用途。

【例 2.1】 已知 200℃时异丙醇蒸气的第二和第三维里系数分别为 $B=-0.388\text{m}^3/\text{kmol}$，$C=-0.026\text{m}^6/\text{kmol}$。试用下列方法计算 200℃、1MPa 时异丙醇蒸气的 V_m 和 Z：

（1）用理想气体 EOS；（2）用式(2.8)；（3）用式(2.9)。

解：（1）用理想气体 EOS

$$R=8.314\text{m}^3\cdot\text{Pa/mol},\ T=473.15\text{K}$$

$$V_m=\frac{RT}{p}=\frac{8.314\times 473.15}{10^6}=3.934\times 10^{-3}=3.934\text{m}^3/\text{kmol},\ Z=1$$

（2）用式(2.8)

由 $Z=\frac{pV_m}{RT}\approx 1+\frac{Bp}{RT}$ 得

$$V_m=\frac{RT}{p}+B=\left(\frac{8.314\times 473.15}{10^6}-0.388\right)$$

$$=(3.934-0.388)\times 10^{-3}=3.546\text{m}^3/\text{kmol}$$

所以 $$Z=\frac{pV_m}{RT}=\frac{V_m}{RT/p}=\frac{3.546}{3.934}=0.9014$$

(3) 用式(2.9)

由 $Z=\frac{pV_m}{RT}=1+\frac{B}{V_m}+\frac{C}{V_m^2}$ 得

$$V_{m,i+1}=\frac{RT}{p}\left(1+\frac{B}{V_{m,i}}+\frac{C}{V_{m,i}^2}\right)$$

式中，V 的下标 i 指迭代的次数，第一次迭代时，$i=0$，式中 $V_{m,0}$ 为摩尔体积的初值，取理想气体之值为初值，即 $V_{m,0}=3.934\text{m}^3/\text{kmol}$，则

$$V_{m,1}=\frac{RT}{p}\left(1+\frac{B}{V_{m,0}}+\frac{C}{V_{m,0}^2}\right)=3.934\times\left[1-\frac{0.388}{3.934}-\frac{2.6\times10^{-2}}{3.934^2}\right]=3.539\text{m}^3/\text{kmol}$$

$$V_{m,2}=\frac{RT}{p}\left(1+\frac{B}{V_{m,1}}+\frac{C}{V_{m,1}^2}\right)=3.934\times\left[1-\frac{0.388}{3.539}-\frac{0.026}{3.539^2}\right]=3.495\text{m}^3/\text{kmol}$$

……

重复上述迭代计算，直到 ($V_{m,i+1}-V_{m,i}$) 差值很小（具体视精确度而定），迭代结束。本题经 5 次迭代得

$$V_m=V_{m,5}=3.488\text{m}^3/\text{kmol}$$

则 $$Z=\frac{pV_m}{RT}=\frac{V_m}{RT/p}=\frac{3.488}{3.934}=0.8866$$

从以上三种方法的计算结果可知，用理想气体 EOS 计算比用式(2.8) 计算得到的结果大 11%，而用式(2.9) 计算比用式(2.8) 计算得到的结果仅大 1.6%。由于此处 $p=1\text{MPa}$，小于 1.5MPa，$T=200℃$，小于异丙醇的临界温度 234.9℃，所以采用式(2.8) 可完全满足工程精度的需要。

2.2.3 立方型方程

如果一种状态方程既能代表液体 p-V-T 行为又能代表蒸气 p-V-T 行为，它必然会涵盖较广范围的温度和压力，但又不能太复杂，这样在应用时才不至于出现过多的数值或分析困难。而可以展开成体积立方型的多项式方程在这种通用性与简单性之间为我们提供了较好的解决方案，能够满足一般的工程计算需要。立方型方程实际上是一种最简单的既能代表液体 p-V-T 行为又能代表蒸气 p-V-T 行为的状态方程。

2.2.3.1 范德华方程 (vander Waals equation of state)

第一个适用于真实气体的立方型状态方程是由 van der Waals 于 1873 年提出的，其形式为

$$p=\frac{RT}{V_m-b}-\frac{a}{V_m^2} \tag{2.10}$$

式中，a、b 是因物而异的正值常数，与物质临界参数有关；当 a、b 均为 0 时，式(2.10) 就复原为理想气体状态方程。

范德华方程考虑了实际气体偏离理想气体主要是由于分子本身具有一定的体积，以及分子间具有吸引力的原因，从而提出了修正理想气体状态方程的正确途径。与理想气体状态方程相比，对压力以$\left(-\frac{a}{V_m^2}\right)$进行校正，主要是由于分子间存在作用力而对压力进行校正，称

之为压力修正项。说明由于分子间存在吸引力，气体对容器壁面施加的压力要比理想气体施加的压力小。另一个是对体积以（$-b$）进行校正，是计及流体分子的有效体积 b，所以在总体积上减去 b 值，称为体积修正项。当 $p\rightarrow 0$ 时，$V_m\rightarrow\infty$，式(2.10) 中$\left(-\dfrac{a}{V_m^2}\right)$和 b 都可以忽略，此时方程复原为理想气体状态方程。

对某一流体，已知其特定的 a 和 b 值后，p 可视为恒温下 V_m 的函数。将式(2.10) 以 pV 图表示，如图 2.3 所示，内有三条等温线和一条代表饱和液体与饱和蒸气的拱形曲线。对于等温线 $T_1>T_c$ 时，随着摩尔体积的增大，压力单调下降。在临界温度线 T_c 的临界点 C 处，有一个水平拐点。对于等温线 $T_2<T_c$ 时，在液相区随着摩尔体积的增加，压力迅速下降；跨越饱和液体曲线后进入液-气两相区，继续下降至极小值，然后上升达极大值，最后又下降；跨越饱和蒸气曲线后进入蒸气区仍继续下降。

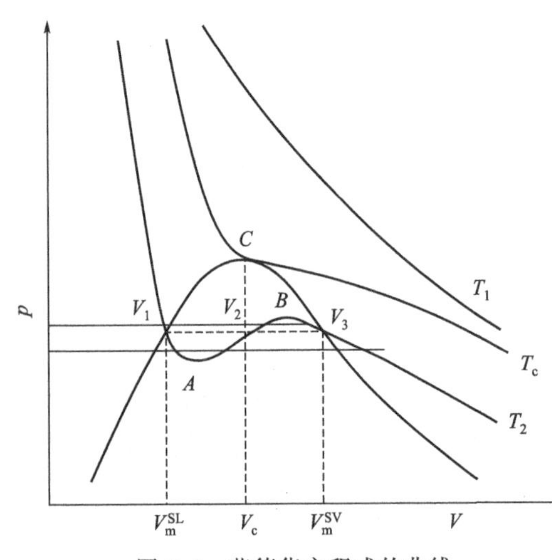

图 2.3　范德华方程式的曲线

实际上，实验的等温线在两相区内并未呈现出上述从饱和液体到饱和蒸气的平滑转变，而是如图 2.3 中水平虚线所示的液-气共存时饱和蒸气压下的一条水平线。立方型状态方程预测的两相区内流体的 p-V-T 行为不符合实际情况是可预料的，但并不是说在此区域内用立方型状态方程预测的情况就是错误的、完全不切合实际的。事实上，当饱和液体压力降低时，若能小心控制实验条件以避免形成蒸气核，就不会发生汽化现象，可以继续保持液态直至低于其饱和蒸气压。同样，当饱和蒸气压力升高时，小心控制实验条件以避免发生冷凝现象，就可以继续保持气态直至超过其饱和蒸气压。因此，在液-气两相区内，临近饱和液体和饱和蒸气处，形成这种非平衡或亚稳状态的过热液体与过冷蒸气的情况是可能的。也就是说，立方型状态方程所预测的两相区内的等温线虽然与实际情况不符，但是完全可以通过小心控制实验条件而实现这种预测，因此并不是完全不切合实际的。

式(2.10) 是 V_m 的立方型方程，应该有三个体积根，其中两个根可能是复数，但具有物理意义的根总是正的、大于常数 b 的实根。由图 2.3 可知，当 $T>T_c$ 时，在任何压力为正值的条件下只有一个这样的体积根；当 $T=T_c$ 时，情况跟 $T>T_c$ 时类似，只是在压力为 p_c 时有三个相等的体积根，即临界摩尔体积 V_c；当 $T<T_c$ 时，随压力的不同可能有一个或三个正值实根，而这三个正值实根在物理上并不总是处于稳定的状态。通常，只有在 $p=p^s$ 时的根，即最小摩尔体积（饱和液体摩尔体积 V_m^{SL}）与最大摩尔体积（饱和蒸气摩尔体积 V_m^{SV}）才是处于稳定状态的根。在其他压力（如图 2.3 中两条水平实线所示的高于和低于 p^s 的压力）下，最小的根为液体或“似液体”的摩尔体积，最大的根为蒸气或“似蒸气”的摩尔体积，居于二者之间的根没有物理意义。

范德华方程式(2.10) 中某一物质的常数 a、b 可以通过实验 p、V、T 数据拟合求得，但一般情况下往往没有实验的 p、V、T 数据，而只有临界状态下的参数 p_c、V_c 和 T_c，因此对于简单的立方型方程可以通过临界常数来估算得到 a、b 值。由于临界点 C 是临界等温线的水平拐点，van der Waals 方程应满足式(2.1) 和式(2.2)，即

$$\left(\frac{\partial p}{\partial V_{\mathrm{m}}}\right)_{T=T_{\mathrm{c}}}=\left(\frac{\partial^2 p}{\partial V_{\mathrm{m}}^2}\right)_{T=T_{\mathrm{c}}}=0$$

在 $p=p_{\mathrm{c}}$、$T=T_{\mathrm{c}}$、$V_{\mathrm{m}}=V_{\mathrm{c}}$ 的条件下令这两个导数为 0，就可得到两个用临界常数表示的方程，再把式(2.10) 用临界条件下的形式表达出来，此时共有三个方程，包含五个常数 p_{c}、T_{c}、V_{c}、a 和 b。由于临界摩尔体积 V_{c} 实验误差较大，而 p_{c} 和 T_{c} 比较容易获得，所以通常最适宜的方法是消去 V_{c}，用 p_{c} 和 T_{c} 来表示 a 和 b。

由于在临界点有三个相等的实根，即摩尔体积 $V_{\mathrm{m}}=V_{\mathrm{c}}$，所以

$$(V_{\mathrm{m}}-V_{\mathrm{c}})^3=0$$

或

$$V_{\mathrm{m}}^3-3V_{\mathrm{c}}V_{\mathrm{m}}^2+3V_{\mathrm{c}}^2V_{\mathrm{m}}-V_{\mathrm{c}}^3=0 \tag{A}$$

式(2.10) 展开成多项式的形式为

$$V_{\mathrm{m}}^3-\left(b+\frac{RT_{\mathrm{c}}}{p_{\mathrm{c}}}\right)V_{\mathrm{m}}^2+\frac{a}{p_{\mathrm{c}}}V_{\mathrm{m}}-\frac{ab}{p_{\mathrm{c}}}=0 \tag{B}$$

将式(A) 和式(B) 逐项比较，可以得到三个方程

$$3V_{\mathrm{c}}=b+\frac{RT_{\mathrm{c}}}{p_{\mathrm{c}}} \tag{C}$$

$$3V_{\mathrm{c}}^2=\frac{a}{p_{\mathrm{c}}} \tag{D}$$

$$V_{\mathrm{c}}^3=\frac{ab}{p_{\mathrm{c}}} \tag{E}$$

由式(D) 得到 a，再与式(E) 结合起来得到 b

$$a=3p_{\mathrm{c}}V_{\mathrm{c}}^2,\quad b=\frac{1}{3}V_{\mathrm{c}}$$

将 $b=\frac{1}{3}V_{\mathrm{c}}$ 代入式(C) 得到 V_{c}，从而消去 a、b 表达式中的 V_{c}，得到用 p_{c} 和 T_{c} 表示的 a、b 表达式

$$V_{\mathrm{c}}=\frac{3}{8}\frac{RT_{\mathrm{c}}}{p_{\mathrm{c}}}$$

$$a=\frac{27}{64}\frac{R^2T_{\mathrm{c}}^2}{p_{\mathrm{c}}} \tag{2.11}$$

$$b=\frac{1}{8}\frac{RT_{\mathrm{c}}}{p_{\mathrm{c}}} \tag{2.12}$$

上述方法提供的 a、b 值不一定是最佳值，最佳值应根据实验的 p、V、T 数据用最小二乘法求得；但利用这种方法得到的 a、b 值总不失为合理值，因为我们总是知道或者能够通过可靠的方法获得临界温度和临界压力（可与广泛的 p、V、T 数据相对照）。

将 $V_{\mathrm{c}}=\frac{3}{8}\frac{RT_{\mathrm{c}}}{p_{\mathrm{c}}}$代入临界压缩因子的表达式 $Z_{\mathrm{c}}\equiv\frac{p_{\mathrm{c}}V_{\mathrm{c}}}{RT_{\mathrm{c}}}$，则

$$Z_{\mathrm{c}}\equiv\frac{p_{\mathrm{c}}V_{\mathrm{c}}}{RT_{\mathrm{c}}}=\frac{3}{8} \tag{2.13}$$

根据式(2.13)，所有物质都应有相同的临界压缩因子 $Z_{\mathrm{c}}=0.375$，但遗憾的是，这样得到的 Z_{c} 值并不总是与通过实验 p_{c}、T_{c}、V_{c} 数据计算得到的临界压缩因子值相吻合。也就是说，不同的物质的临界压缩因子值也不同，是个变数。一些纯物质的临界常数列于附录 B

表 B.1。可见，几乎所有这些物质的 Z_c 值都小于式(2.13)所示的由状态方程得到的值。

van der Waals 方程虽然准确度不高，但却是能够描述真实流体包括液体和蒸气 p-V-T 行为的最简单的立方型方程，为后来的许多立方型方程的发展奠定了基础。

【例 2.2】 用 van der Waals 方程计算 0℃时将 CO_2 压缩到密度为 80kg/m³ 所需的压力，实验值为 3.09×10^6Pa。

解： 由附录 B 表 B.1 查得 CO_2 的临界参数为：$T_c=304.2$K，$p_c=7.383$MPa

$$a=\frac{27R^2T_c^2}{64p_c}=\frac{27\times(8.314)^2\times(304.2)^2}{64\times7.383\times10^6}=0.3655\text{Pa}\cdot\text{m}^6/\text{mol}^2$$

$$b=\frac{RT_c}{8p_c}=\frac{8.314\times304.2}{8\times7.383\times10^6}=4.282\times10^{-5}\text{m}^3/\text{mol}$$

而

$$V_m=\frac{1}{\rho}=1/(80\times10^3/44)=0.55\times10^{-3}\text{m}^3/\text{mol}$$

由 van der Waals 方程式(2.10) 得

$$p=\frac{RT}{V_m-b}-\frac{a}{V_m^2}=\frac{8.314\times273.15}{0.55\times10^{-3}-4.282\times10^{-5}}-\frac{0.3655}{0.55^2\times10^{-6}}=3.269\times10^6\text{Pa}$$

与实验值的相对误差为
$$\frac{(3.269-3.09)\times10^6}{3.09\times10^6}\times100\%=5.79\%$$

2.2.3.2 R-K 方程 (Redlich-Kwong equation of state)

Otto Redlich 与 J. N. S. Kwong 在 van der Waals 方程的基础上，发展了立方型方程，于 1949 年提出了一种新的两常数立方型方程，简称 R-K 方程。这是两常数状态方程中精度较高、并获得广泛承认与应用的方程，其形式如下

$$p=\frac{RT}{V_m-b}-\frac{a}{T^{1/2}V_m(V_m+b)} \tag{2.14}$$

式中，常数 a 和 b 的物理意义以及体积根的意义与范德华方程中的相同。R-K 方程与范德华方程的区别仅在于压力修正项不同。当 $p\to0$ 时，$V_m\to\infty$，式(2.14) 同样还原为理想气体状态方程。

立方型状态方程虽然可以用解析法求解，但工程计算大都使用较为简便的迭代法。下面介绍的迭代方法，在一般情况下是可行的。

(1) 饱和蒸气的摩尔体积 V_m^{SV}

将式(2.14) 两边同乘以$\left(\frac{V_m-b}{p}\right)$，得

$$V_m-b=\frac{RT}{p}-\frac{a(V_m-b)}{T^{1/2}pV_m(V_m+b)} \tag{2.15}$$

为便于迭代计算，将上式变成

$$V_{m,i+1}=\frac{RT}{p}+b-\frac{a(V_{m,i}-b)}{T^{1/2}pV_{m,i}(V_{m,i}+b)} \tag{2.16}$$

初值 $V_{m,0}$ 可由理想气体方程提供，即 $V_{m,0}=RT/p$。

(2) 饱和液体的摩尔体积 V_m^{SL}

将式(2.14) 写成标准的多项式形式为

$$V_m^3-\frac{RT}{p}V_m^2-\left(b^2+\frac{bRT}{p}-\frac{a}{pT^{1/2}}\right)V_m-\frac{ab}{pT^{1/2}}=0 \tag{2.17}$$

将式(2.17) 写成迭代式的形式为

$$\begin{cases} V_{m,i+1}=\dfrac{1}{C}\left(V_{m,i}^3-\dfrac{RT}{p}V_{m,i}^2-\dfrac{ab}{pT^{1/2}}\right) \\ C=b^2+\dfrac{bRT}{p}-\dfrac{a}{pT^{1/2}} \end{cases} \tag{2.18}$$

式中，初值取 $V_{m,0}=b$；常数 a 和 b 可采用与范德华方程相同的处理方法而得到，即联立式(2.1)、式(2.2) 和 R-K 方程，从而求出 a 和 b 的表达式，分别为

$$a=\frac{0.42748R^2T_c^{2.5}}{p_c} \tag{2.19}$$

$$b=\frac{0.08664RT_c}{p_c} \tag{2.20}$$

其中，一些纯物质的临界常数列于附录 B 表 B.1。与 van der Waals 方程中的 a、b 值一样，式(2.19) 与式(2.20) 提供的 a、b 值不一定是最佳值，却不失为一种合理值。最佳值应根据实验的 p、V、T 数据用最小二乘法求得，但这样的实验数据不是经常能够得到，在缺乏 p、V、T 数据时可以用临界常数求得 a、b 值。

求饱和蒸气和饱和液相摩尔体积的两种迭代式其实质是一样的，只是为了便于选取初值、加快收敛而采用两种不同的方式。有时在迭代过程中会出现结果不收敛，而是发散的现象，从而得不到 V_m^{SV} 或 V_m^{SL}。此时，可采用牛顿法（Newton's method），一种用以解决非线性方程的方法来处理这种问题。假如某一状态方程的根记为 x_{i+1}，用牛顿法来表示 x_{i+1} 则为

$$x_{i+1}=x_i-\frac{f(x_i)}{f'(x_i)} \quad (i=0,1,\cdots) \tag{2.21}$$

根据式(2.21) 可由 R-K 方程得到 V_m^{SV} 和 V_m^{SL} 的计算公式

$$V_{m,i+1}=V_{m,i}-\frac{f(V_{m,i})}{f'(V_{m,i})} \quad (i=0,1,\cdots) \tag{2.22}$$

式中，$f(V_{m,i})$ 为 R-K 方程表示为体积的标准多项式；$f'(V_{m,i})$ 为 $f(V_{m,i})$ 的一阶导数，即

$$f(V_{m,i})=V_{m,i}^3-\frac{RT}{p}V_{m,i}^2-\left(b^2+\frac{bRT}{p}-\frac{a}{pT^{1/2}}\right)V_{m,i}-\frac{ab}{pT^{1/2}} \tag{2.23}$$

$$f'(V_{m,i})=3V_{m,i}^2-\frac{2RT}{p}V_{m,i}-\left(b^2+\frac{bRT}{p}-\frac{a}{pT^{1/2}}\right) \tag{2.24}$$

赋予不同的初值，可得到不同的摩尔体积 V_m。如，若初值为 $V_{m,0}=RT/p$，迭代的结果是饱和蒸气的摩尔体积 V_m^{SV}；若初值为 $V_{m,0}=b$，迭代的结果是饱和液体的摩尔体积 V_m^{SL}。

【例 2.3】 用 R-K 方程计算【例 2.2】。

解： 由附录 B 表 B.1 查得 CO_2 的临界参数为：$T_c=304.2K$，$p_c=7.383MPa$。

由式(2.19) 和式(2.20) 得

$$a=\frac{0.42748R^2T_c^{2.5}}{p_c}=0.42748\times\frac{(8.314)^2(304.2)^{2.5}}{7.383\times10^6}=6.460\text{Pa}\cdot\text{m}^6\cdot\text{K}^{1/2}/\text{mol}^2$$

$$b=\frac{0.08664RT_c}{p_c}=0.08664\times\frac{8.314\times304.2}{7.383\times10^6}=2.968\times10^{-5}\text{m}^3/\text{mol}$$

求压力时，直接用式(2.14)，因此

$$p=\frac{RT}{V_m-b}-\frac{a}{T^{1/2}V_m(V_m+b)}$$

$$=\frac{8.314\times273.15}{0.55\times10^{-3}-2.968\times10^{-5}}-\frac{6.460}{\sqrt{273.15}\times0.55\times10^{-3}\times(0.55\times10^{-3}+2.968\times10^{-5})}$$

$$=3.139\times10^{6}\,\text{Pa}\cdot\text{m}^3/\text{mol}$$

与实验值的相对误差为$\frac{(3.139-3.09)\times10^{6}}{3.09\times10^{6}}\times100\%=-1.59\%$。

可见，与【例 2.2】的计算结果相比，R-K 方程的计算结果更接近实测值。

【例 2.4】 分别用下述方法计算 350K，1.2MPa 下异丙醇蒸气的摩尔体积（实验值为 $1.875\times10^{-3}\text{m}^3/\text{mol}$）。(1) R-K 方程直接迭代法；(2) 牛顿法。

解：(1) R-K 方程直接迭代法

由附录 B 表 B.1 查得异丙醇蒸气的临界参数为：$T_c=408.1\text{K}$，$p_c=3.65\text{MPa}$，则

$$a=\frac{0.42748R^2T_c^{2.5}}{p_c}=\frac{0.42748\times8.314^2\times408.1^{2.5}}{3.65\times10^{6}}=27.237\text{Pa}\cdot\text{m}^6\cdot\text{K}^{1/2}/\text{mol}^2$$

$$b=\frac{0.08664RT_c}{p_c}=\frac{0.08664\times8.314\times408.1}{3.65\times10^{6}}=8.054\times10^{-5}\text{m}^3/\text{mol}$$

$$\frac{RT}{p}=\frac{8.314\times350}{1.2\times10^{6}}=2.425\times10^{-3}\text{m}^3/\text{mol}$$

所以

$$V_{m,i+1}=\frac{RT}{p}+b-\frac{a(V_{m,i}-b)}{T^{1/2}pV_{m,i}(V_{m,i}+b)}$$

$$=2.425\times10^{-3}+8.054\times10^{-5}-\frac{27.237\times(V_{m,i}-8.054\times10^{-5})}{\sqrt{350}\times1.2\times10^{6}\times V_{m,i}\times(V_{m,i}+8.054\times10^{-5})}$$

令 $V_{m,0}=RT/p=2.425\times10^{-3}\text{m}^3/\text{mol}$，则

$V_{m,1}=2.037\times10^{-3}\text{m}^3/\text{mol}$，$V_{m,2}=1.955\times10^{-3}\text{m}^3/\text{mol}$，$V_{m,3}=1.934\times10^{-3}\text{m}^3/\text{mol}$

$V_{m,4}=1.928\times10^{-3}\text{m}^3/\text{mol}$，$V_{m,5}=1.927\times10^{-3}\text{m}^3/\text{mol}$，$V_{m,6}=1.926\times10^{-3}\text{m}^3/\text{mol}$

$V_{m,7}=1.926\times10^{-3}\text{m}^3/\text{mol}$

此时，迭代结束，$V_m=V_{m,7}=1.926\times10^{-3}\text{m}^3/\text{mol}$。

与实验值的相对误差为$\frac{(1.926-1.875)\times10^{-3}}{1.875\times10^{-3}}\times100\%=2.72\%$。

(2) 牛顿法

根据式(2.23)与式(2.24) 有

$$f(V_{m,i})=V_{m,i}^3-\frac{RT}{p}V_{m,i}^2-\left(b^2+\frac{bRT}{p}-\frac{a}{pT^{1/2}}\right)V_{m,i}-\frac{ab}{pT^{1/2}}$$

$$=V_{m,i}^3-2.425\times10^{-3}V_{m,i}^2-(6.487\times10^{-9}+1.953\times10^{-7}-1.213\times10^{-6})V_{m,i}-9.771\times10^{-11}$$

$$=V_{m,i}^3-2.425\times10^{-3}V_{m,i}^2+1.011\times10^{-6}V_{m,i}-9.771\times10^{-11}$$

$$f'(V_{m,i})=3V_{m,i}^2-\frac{2RT}{p}V_{m,i}-\left(b^2+\frac{bRT}{p}-\frac{a}{pT^{1/2}}\right)$$

$$=3V_{m,i}^2-4.85\times10^{-3}V_{m,i}+1.011\times10^{-6}$$

根据式(2.22)有

$$V_{m,i+1}=V_{m,i}-\frac{f\ (V_{m,i})}{f'\ (V_{m,i})}$$

$$=V_{m,i}-\frac{V_{m,i}^3-2.425\times10^{-3}V_{m,i}^2+1.011\times10^{-6}V_{m,i}-9.771\times10^{-11}}{3V_{m,i}^2-4.85\times10^3 V_{m,i}+1.011\times10^{-6}}$$

令 $V_{m,0}=RT/p=2.425\times10^{-3}\,m^3/mol$，则

$$V_{m,1}=2.069\times10^{-3}\,m^3/mol,\ V_{m,2}=1.920\times10^{-3}\,m^3/mol,$$

$$V_{m,3}=1.890\times10^{-3}\,m^3/mol,\ V_{m,4}=1.890\times10^{-3}\,m^3/mol$$

此时，迭代结束，$V_m=V_{m,4}=1.890\times10^{-3}\,m^3/mol$。

与实验值的相对误差为$\frac{(1.890-1.875)\ \times10^{-3}}{1.875\times10^{-3}}\times100\%=0.8\%$。

由【例 2.4】可见，牛顿法明显比 R-K 方程直接迭代法收敛快，而且精度也较高。

2.2.3.3 SRK 方程（Soave-Redlich-Kwong equation of state）

R-K 方程实际上是范德华方程的改进式，虽然也只有两个常数，但计算的精度却比范德华方程高得多。但由于 R-K 方程没有考虑物质分子的形状以及非球形分子偏离球对称的程度，即偏心因子，因此该方程主要适用于非极性或弱极性化合物。若应用于极性及含有氢键的物质，则会产生较大的误差；另外，在临界点附近计算的偏差也较大。因此，自 R-K 方程问世以来，为了提高方程的计算精度，许多研究工作者不断地对其进行修正，主要有两种不同的处理方法：第一，在偏心因子影响的基础上，引进新的参数以提高计算精度；第二，由于常数 a、b 不但因物而异，还是温度的函数，所以引入温度来进行修正，但这些修正都降低了原方程的简明性和易算性。在众多修正式中，比较成功的当数 Soave 于 1972 年提出的修正式，称为 SRK 方程，其形式为

$$p=\frac{RT}{V_m-b}-\frac{a(T)}{V_m(V_m+b)} \tag{2.25}$$

式中

$$a(T)=0.42748\,\frac{R^2T_c^2}{p_c}\alpha \tag{2.26}$$

$$b=0.08664\,\frac{RT_c}{p_c} \tag{2.27}$$

$$\alpha^{0.5}=1+m\left(1-T_r^{0.5}\right) \tag{2.28}$$

$$m=0.48+1.574\omega-0.176\omega^2 \tag{2.29}$$

式中，ω 为偏心因子；$T_r=T/T_c$，称为对比温度；α 是 T_r 和 ω 的无量纲函数，它的引进考虑了除 T_c 以外温度的影响。若已知物质的临界常数和 ω，就可根据式(2.25) 计算流体的容积性质。

经 Soave 改进后的 R-K 方程，即 SRK 方程显示出很大的优越性，特别是用它来计算纯烃和烃类混合物体系的汽液平衡，具有较高的精度，尤其当应用于汽液平衡和剩余焓的计算时所得到的结果相当精确，具有一定的工程应用价值。Soave 的工作使简单状态方程在烃加工工业中的扩大应用做出了很大的贡献。

【例 2.5】 试分别用（1）R-K 方程与（2）SRK 方程计算在 0℃、101.325MPa 时氮的压缩因子值。其实验值为 2.0685。

解：由附录 B 表 B.1 查得氮的临界参数为：$T_c=126.2\text{K}$，$p_c=3.394\text{MPa}$，$\omega=0.04$，则

（1）R-K 方程

由式(2.19) 和式(2.20) 得

$$a=\frac{0.42748R^2T_c^{2.5}}{p_c}=\frac{0.42748\times8.314^2\times126.2^{2.5}}{3.394\times10^6}=1.5577\text{Pa}\cdot\text{m}^6\cdot\text{K}^{1/2}/\text{mol}^2$$

$$b=\frac{0.08664RT_c}{p_c}=\frac{0.08664\times8.314\times126.2}{3.394\times10^6}=2.6784\times10^{-5}\text{m}^3/\text{mol}$$

代入 R-K 方程式(2.14) 得

$$101.325\times10^6=\frac{8.314\times273.15}{V_m-2.6784\times10^{-5}}-\frac{1.5577}{273.15^{0.5}V_m\ (V_m+2.6784\times10^{-5})}$$

迭代解得 $V_m=4.4269\times10^{-5}\text{m}^3/\text{mol}$

$$Z=\frac{pV_m}{RT}=\frac{101.325\times10^6\times4.4269\times10^{-5}}{8.314\times273.15}=1.9752$$

与实验值的相对误差为 $\frac{1.9752-2.0685}{2.0685}\times100\%=-4.51\%$

（2）SRK 方程

将 ω 值代入式(2.29)，得

$$m=0.48+1.574\omega-0.176\omega^2=0.543$$

由式(2.28) 得

$$\alpha^{0.5}=1+m(1-T_r^{0.5})=1+0.543\times\left[1-\left(\frac{273.15}{126.2}\right)^{0.5}\right]=0.744$$

则 $\alpha=0.554$。所以

$$a(T)=0.42748\frac{R^2T_c^2}{p_c}\alpha=0.42748\times\frac{8.314^2\times126.2^2}{3.394\times10^6}\times0.554$$
$$=7.6816\times10^{-2}\text{Pa}\cdot\text{m}^6/\text{mol}^2$$

$$b=0.08664\frac{RT_c}{p_c}=0.08664\times\frac{8.314\times126.2}{3.394\times10^6}$$
$$=2.6784\times10^{-5}\text{m}^3/\text{mol}$$

将上述值代入式(2.25) 得

$$101.325\times10^6=\frac{8.314\times273.15}{V_m-2.6784\times10^{-5}}-\frac{7.6816\times10^{-2}}{V_m(V_m+2.6784\times10^{-5})}$$

迭代解得 $V_m=4.492\times10^{-5}\text{m}^3/\text{mol}$

$$Z=\frac{pV_m}{RT}=\frac{101.325\times10^6\times4.492\times10^{-5}}{8.314\times273.15}=2.004$$

与实验值的相对误差为$\frac{2.004-2.0685}{2.0685}\times100\%=-3.12\%$。

比较（1）与（2）的计算结果表明，SRK 方程提高了计算精度。1979 年，Soave 又对 1972 年发表的 SRK 方程提出新的改进，从而提高了对极性物质和量子化流体的 p、V、T 数据计算及汽液平衡计算的精度。

2.2.3.4 P-R 方程（Peng-Robinson equation of state）

R-K 方程用于计算恒温下纯组分或混合物的容积和热力学性质时，可获得相当精确的结果，是两参数方程中既简便又较精确的方程；但是当应用于纯组分的饱和蒸气压或多组分

的汽液平衡计算时，则准确度较低，其部分原因在于 R-K 方程未能如实反映温度的影响。因此，1976 年 Ding-Yu Peng 和 D. B. Robinson 提出了一个新的两参数方程，简称 P-R 方程，其表达式为

$$p=\frac{RT}{V_m-b}-\frac{a(T)}{V_m(V_m+b)+b(V_m-b)} \tag{2.30}$$

式中

$$b=b(T_c)=0.07780\frac{RT_c}{p_c} \tag{2.31}$$

$$a(T)=a(T_c)\alpha(T_r,\omega) \tag{2.32}$$

$$a(T_c)=0.45727\frac{R^2T_c^2}{p_c} \tag{2.33}$$

式中，α 是对比温度 T_r 和偏心因子 ω 的无量纲函数。对所有的物质而言，P-R 方程中的温度函数可用与 SRK 方程同样的方法得到，即 α 与 T_r 的关系可用下式关联

$$\alpha(T_r,\omega)^{0.5}=1+m(1-T_r^{0.5}) \tag{2.34}$$

$$m=0.37464+1.54226\omega-0.26992\omega^2 \tag{2.35}$$

P-R 方程在饱和蒸气压、气液相密度以及汽-液平衡计算中具有较好的精度，比 R-K 方程有明显改进，但不适用于量子气体（如 H_2）及强极性气体（如 NH_3）等。由 P-R 方程预测的临界压缩因子值为 0.3074，比 R-K 方程所预测的 1/3 有明显改进，但仍然与实际气体的真实临界压缩因子值（H_2、H_e 除外）相差较大。尽管 P-R 方程预测的液相密度比 R-K 方程预测的有明显提高，但这两种方程在预测饱和蒸气压时都具有很大的优势，其重要原因是它们都考虑了温度的影响并给出了很好的温度函数 α。在预测稠密区的摩尔体积方面，P-R 方程优于 SRK 方程。

【例 2.6】 试用 P-R 方程计算 1kmol 甲烷在 166.7K 时进行等温压缩，当其终态体积为 $0.619\times10^{-3}\text{m}^3$ 时，应加的压力为多少？已知文献值为 1.72MPa。

解： 由附录 B 表 B.1 查得甲烷的临界参数为

$$T_c=190.6\text{K}，p_c=4.599\text{MPa}，\omega=0.012$$

则

$$T_r=T/T_c=166.7/190.6=0.8746$$

$$a(T_c)=0.45727\times\frac{8.314^2\times190.6^2}{4.599\times10^6}=0.2497\text{Pa}\cdot\text{m}^6\cdot\text{K}^{1/2}/\text{mol}^2$$

$$b=0.07780\times\frac{8.314\times190.6}{4.599\times10^6}=2.681\times10^{-5}\text{m}^3/\text{mol}$$

$$m=0.37464+1.54226\times0.012-0.26992\times0.012^2=0.3931$$

$$\alpha(T_r,\omega)^{0.5}=1+m(1-T_r^{0.5})=1+0.3931\times(1-0.8746^{0.5})=1.0255$$

$$a(T)=a(T_c)\alpha(T_r,\omega)=0.2497\times1.0255^2=0.2626\text{Pa}\cdot\text{m}^6/\text{mol}^2$$

将 a、b、V_m 和 T 的值代入 P-R 方程，得

$$p=\frac{RT}{V_m-b}-\frac{a(T)}{V_m(V_m+b)+b(V_m-b)}=\frac{8.314\times166.7}{0.619\times10^{-3}-2.681\times10^{-5}}$$

$$-\frac{0.2626}{0.619\times10^{-3}(0.619\times10^{-3}+2.681\times10^{-5})+2.681\times10^{-5}(0.619\times10^{-3}-2.681\times10^{-5})}$$

$$=1.71\text{MPa}$$

van der Waals 方程的引力参数 a 与温度无关。但后来的研究者们发现，参数 a 实际上

不仅与温度有关，还对方程的计算精度和应用范围有着重要的影响。因此从 SRK 方程开始，便考虑了 a 与温度的关系，并把 a 看作是 $a(T_c)$ 和 $\alpha(T_r)$ 两者的乘积。

2.2.3.5 立方型方程的一般形式

自 van der Waals 方程提出以后，相继出现多种形式的立方型方程，在此不一一列举，它们的一般形式如下

$$p=\frac{RT}{V_m-b}-\frac{a(T)}{(V_m+\varepsilon b)(V_m+\sigma b)} \tag{2.36}$$

式中，对于一种给定的方程，ε 和 σ 都是纯数，并且对所有的物质都是相同的，但参数 $a(T)$ 和b 是因物而异的，且每一种方程的 $a(T)$ 都不相同。如 van der Waals 方程中，$a(T)=a$，是一个只与物质有关的常数，$\varepsilon=\sigma=0$。

对于立方型方程而言，利用临界等温线在临界点为拐点的特征，与 van der Waals 方程处理方法一样，根据临界点处压力对体积的一阶和二阶偏导数均为零的性质，与状态方程的一般形式(2.36) 联立求解，可得到立方型方程中常数 $a(T_c)$ 和 b 的表达式，进而得到 $a(T)$ 的表达式。

令

$$a(T_c)=\Psi\frac{R^2T_c^2}{p_c} \tag{2.37}$$

则

$$a(T)=\Psi\frac{\alpha(T_r)R^2T_c^2}{p_c} \tag{2.38}$$

式中，$\alpha(T_r)$ 是一个经验表达式，对不同的状态方程有其特定的表达式。

常数 b 由下式给出

$$b=\Omega\frac{RT_c}{p_c} \tag{2.39}$$

在式(2.38) 与式(2.39) 中，参数 Ψ 和 Ω 都是纯数，与物质无关，对不同的状态方程由给定的 ε 和 σ 值来确定，如表 2.1 所示。

表 2.1 不同状态方程中各参数的值

状态方程	$\alpha(T_r)$	σ	ε	Ψ	Ω	Z_c
vdW(1873)	1	0	0	27/64	1/8	3/8
R-K(1949)	$T_r^{-0.5}$	1	0	0.42748	0.08664	1/3
SRK(1972)	$\alpha_{SRK}(T_r;\omega)$	1	0	0.42748	0.08664	1/3
P-R(1976)	$\alpha_{P\text{-}R}(T_r)$	$1+2^{0.5}$	$1-2^{0.5}$	0.45724	0.07779	0.30740

注：$\alpha_{SRK}(T_r;\omega)=[1+(0.480+1.574\omega-0.176\omega^2)(1-T_r^{1/2})]^2$；$\alpha_{P\text{-}R}(T_r;\omega)=[1+(0.37464+1.54226\omega-0.26992\omega^2)(1-T_r^{1/2})]^2$。

2.3 气体的普遍化关联

普遍化关联应用范围较广，其中比较著名的是压缩因子 Z 普遍化关联以及 Pitzer 和他的合作者们发展的第二维里系数 B 普遍化关联。采用普遍化关联主要优点在于，当使用对比状态参数后，可以用一个普适性的函数来描写所有流体的 p-V-T 关系。需要注意的是，对应状态原理不适用于固体，即使对气体和液体，准确度也不高。

2.3.1 对应状态原理

实验观察表明，当接近临界点时，所有气体都显示出相似的性质；不同流体的压缩因子 Z 表达成对比温度和对比压力的函数时，它们表现出相似的行为。对比温度、对比压力以及对比体积的定义分别为

$$T_r=\frac{T}{T_c} \tag{2.40}$$

$$p_r=\frac{p}{p_c} \tag{2.41}$$

$$V_r=\frac{V_m}{V_c}=\frac{1}{\rho_r} \tag{2.42}$$

式中，T_r、p_r、V_r 和 ρ_r 分别为对比温度、对比压力、对比摩尔体积和对比密度。

对应状态原理认为，所有的物质在相同的对比状态下表现出相同的性质。根据这个原理，将式(2.40)～式(2.42) 代入式(2.10)，化简后可得到普遍化 van der Waals 方程式

$$\left(p_r+\frac{3}{V_r}\right)(3V_r-1)=8T_r \tag{2.43}$$

上式中不含任何特殊参数，成为对任何气体都可适用的方程式，即对于不同的气体，若其 T_r 和 p_r 相同，则其 V_r 也必相同，在数学上可表示为

$$f(p_r,T_r,V_r)=0 \tag{2.44}$$

式(2.44) 是最原始的对应状态原理的数学表达式，但这只是个近似的方程，特别在低压时不能适用，暴露出它的局限性。

众所周知，在低压下，任何气体的状态方程都应回归为理想气体状态方程，如果用对比状态参数表示理想气体方程，则为

$$p_r p_c V_r V_c=RT_r T_c \tag{2.45}$$

令

$$Z_c=\frac{p_c V_c}{RT_c} \tag{2.46}$$

式中，Z_c 为临界压缩因子。

将式(2.46) 中 Z_c 的表达式代入式(2.45)，可得

$$p_r V_r=\frac{T_r}{Z_c} \tag{2.47}$$

根据式(2.47)，Z_c 必须是个相同的值，式(2.44) 才能成立。但是，对不同的气体而言，Z_c 并不是个常数，这就表明即使在低压下使用式(2.44)，也只能得到近似的结果。

2.3.2 普遍化的立方型状态方程

将 R-K 方程式(2.14) 乘以 V_m/RT，可得到普遍化的 R-K 方程，即

$$Z=\frac{1}{1-h}-\frac{a}{bRT^{1.5}}\left(\frac{h}{1+h}\right) \tag{2.48}$$

$$h=\frac{b}{V_m}=\frac{b}{ZRT/p}=\frac{bp}{ZRT} \tag{2.49}$$

将式(2.19) 和式(2.20) 中的 a、b 代入式(2.48) 和式(2.49)，可得

$$Z=\frac{1}{1-h}-\frac{4.9340}{T_r^{1.5}}\left(\frac{h}{1+h}\right) \tag{2.50}$$

$$h=\frac{0.08664p_r}{ZT_r} \tag{2.51}$$

在给定 T_r 和 p_r 时，将式(2.50) 和式(2.51) 用于 Z 的迭代计算十分简便。首先取 $Z_0=1$，由式(2.51) 求出 h_1；然后将 h_1 代入式(2.50) 求出 Z_1，再将 Z_1 代入式(2.51) 求出 h_2，然后由式(2.50) 得到 Z_2……如此循环反复迭代，直至前后两次求出的值之差小于预定的偏差。具体迭代步骤可表示为

$$Z_0=1\xrightarrow{\text{式}(2.51)}h_1\xrightarrow{\text{式}(2.50)}Z_1\xrightarrow{\text{式}(2.51)}h_2\xrightarrow{\text{式}(2.50)}Z_2\xrightarrow{\text{式}(2.51)}\cdots\xrightarrow{\text{式}(2.50)}Z_{i+1}$$

直至 $|Z_{i+1}-Z_i|\leqslant\varepsilon$。

式中，ε 是一个适当小的正数。此迭代计算不能用于液相。

SRK 方程的普遍化形式为

$$Z=\frac{1}{1-h}-\frac{4.9340Fh}{1+h} \tag{2.52}$$

$$F=\frac{1}{T_r}[1+S(1-T_r^{1/2})]^2 \tag{2.53}$$

$$S=0.480+1.574\omega-0.176\omega^2 \tag{2.54}$$

$$h=\frac{0.08664p_r}{ZT_r} \tag{2.51}$$

式(2.52) 对于已知 T_r 和 p_r 求 Z 的迭代计算也十分方便。先从附录 B 表 B.1 查到有关物质的 T_c、p_c 和 ω 之值，按式(2.53) 与式(2.54) 求出 S 与 F，然后采用与 R-K 普遍化方程的迭代计算相类似的方法，在式(2.52) 与式(2.51) 之间进行迭代，直至收敛。

【例 2.7】 试分别用 R-K 方程和 SRK 方程的普遍化式计算 360K、1.541MPa 下异丁烷蒸气的压缩因子。已知由实验数据求出的 $Z_{实}=0.7173$。

解： 从附录 B 表 B.1 查得异丁烷的临界参数 $T_c=408.1$K，$p_c=3.65$MPa，$\omega=0.176$，则

$$p_r=\frac{1.541}{3.65}=0.4222 \quad T_r=\frac{360}{408.1}=0.88214$$

(1) 用普遍化 R-K 方程

取 $Z_0=1$，将 T_r 和 p_r 代入式(2.50) 和式(2.51) 进行迭代计算，即

$$Z_0=1\xrightarrow{\text{式}(2.51)}h_1\xrightarrow{\text{式}(2.50)}Z_1\xrightarrow{\text{式}(2.51)}h_2\xrightarrow{\text{式}(2.50)}Z_2\xrightarrow{\text{式}(2.51)}\cdots\xrightarrow{\text{式}(2.50)}Z_{i+1}$$

经八次迭代计算，得

$$Z=0.7449$$

与实验值比较，相对误差为

$$\frac{0.7449-0.7173}{0.7173}\times100\%=3.85\%$$

(2) 用普遍化 SRK 方程

$$S=0.48+1.57\omega-0.176\omega^2=0.7516$$

$$F=\frac{1}{T_r}\left[1+S\left(1-T_r^{1/2}\right)\right]^2$$

$$=\frac{1}{0.88214}\times\left[1+0.7516\left(1-0.9392\right)\right]^2=1.240$$

将 F、T_r 和 p_r 代入式(2.52) 和式(2.51) 并令 $Z_0=1$，进行迭代计算，直至收敛。经九次迭代计算，得

$$Z=0.7322$$

与实验值比较，相对误差为

$$\frac{0.7322-0.7173}{0.7173}\times 100\%=2.08\%$$

2.3.3 两参数对应状态原理

有时通过实验得到的数据有限，此时可以通过普遍化关联来预测物质的性质。因此，普遍化的 Z-p_r 图除了可由实验测得的 p、V、T 精确数据制作外，还可通过普遍化状态方程制作而成。

根据式(2.44)，普遍化状态方程式在数学上可表达成下述形式

$$V_r=f_1(p_r,T_r)$$

又由于

$$V_r=\frac{V_m}{V_c}=\frac{ZRT}{pV_c}=\frac{ZRTp_c}{Z_cRT_cp}=\frac{ZT_r}{Z_cp_r}$$

所以

$$Z=f_2(p_r,T_r,Z_c) \tag{2.55}$$

式(2.55) 表明，Z/Z_c 是 p_r 和 T_r 的函数，这是对应状态原理的一个重要应用。多数真实气体的实验数据表明，其临界压缩因子 Z_c 在 0.25～0.31 范围内。若不要求十分精确，则可将 Z_c 视为一常数，从而这一函数关系就可简化为 Z 与 p_r 和 T_r 的两参数关系式：

$$Z=f_3(p_r,T_r) \tag{2.56}$$

这就是**两参数对应状态原理**，即所有气体处在相同的 T_r 和 p_r 时，必定具有相近的 Z 值。

根据此原理，许多研究者应用实验数据来求得 Z，并将 Z 表达成 T_r 和 p_r 的函数，从而建立两参数普遍化压缩因子 Z 图。目前此类图很多，其中以纳尔逊和奥培特（Nelson and Obett）绘制的两参数普遍化 Z 图使用较广，如图 2.4～图 2.6 所示。在这些图中，V_{ri} 为理

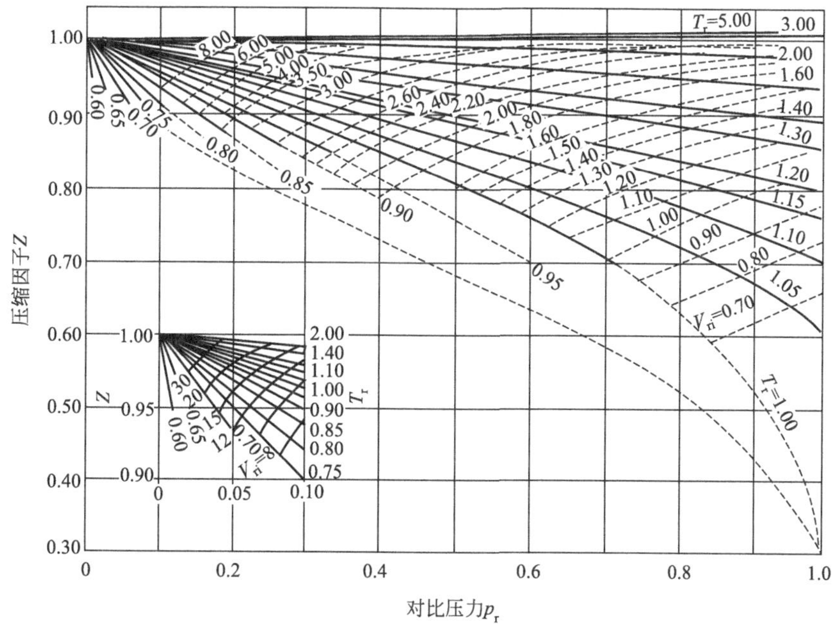

图 2.4 两参数普遍化压缩因子图（低压段）

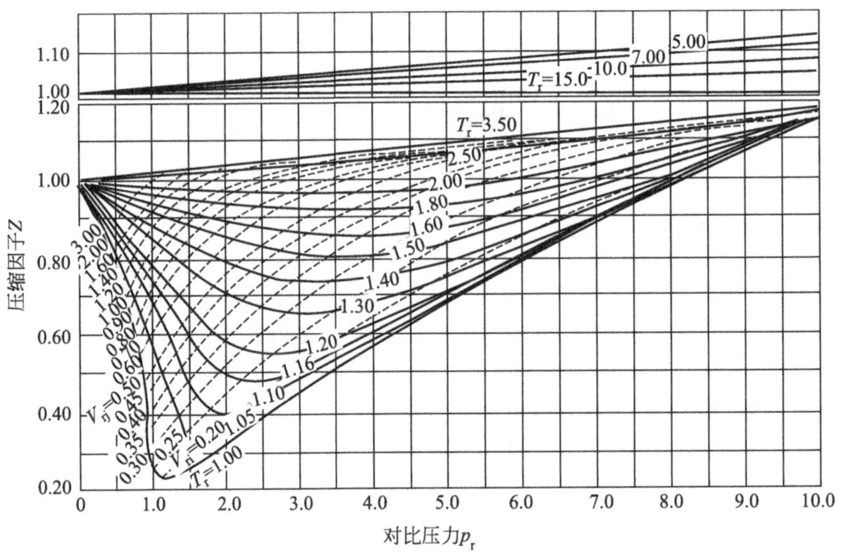

图 2.5　两参数普遍化压缩因子图（中压段）

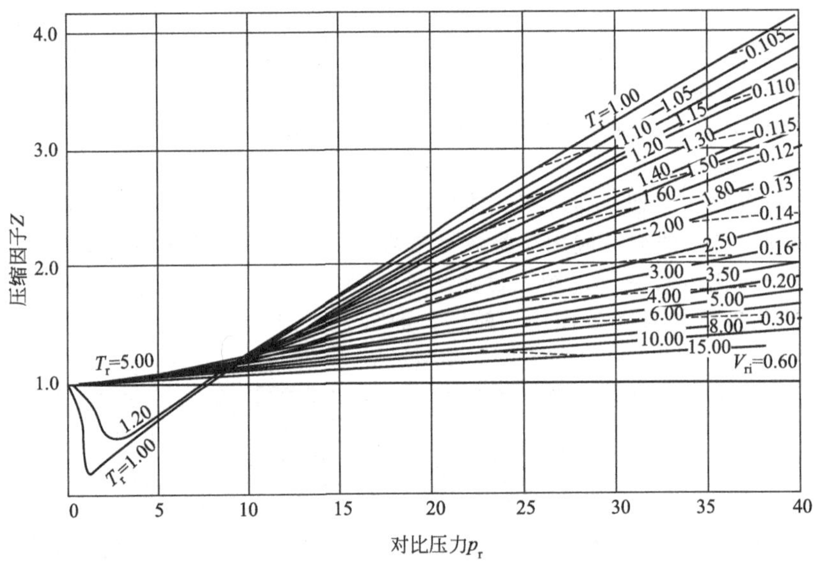

图 2.6　两参数普遍化压缩因子图（高压段）

想对比体积。图中标绘的等 V_{ri} 曲线可用于由已知体积求压力或温度的情况。

当 T_r 和 p_r 用于量子气体时，如氢、氦、氖等，其对比温度和对比压力应按下面两个经验式求出

$$T_r=\frac{T/K}{T_c/K+8} \tag{2.57}$$

$$p_r=\frac{p/\text{MPa}}{p_c/\text{MPa}+0.8106} \tag{2.58}$$

分析图 2.4～图 2.6，可以发现以下几点共同的特征。

① 当 $T_r>2.5$ 时，在所有的压力下 Z 都大于 1。在这种情况下，真实气体的体积都比其在同温同压下理想气体的体积要大，即 $V_{\text{real gas}}>V_{\text{ideal gas}}$，表明此时真实气体较理想气体

难以压缩。

② 当 $T_r<2.5$ 时，在相当低的对比压力下，对比等温线都有一个极小值，且 Z 都小于 1。在这区间内真实气体的体积都小于理想气体的体积，即 $V_{real\ gas}<V_{ideal\ gas}$，表明此时真实气体较理想气体容易压缩。

③ 在 $p_r=8\sim10$ 范围内，任何温度下所有气体对理想气体定律的偏离基本相同。

④ 当 $p_r>10$ 时，所有气体对理想气体定律的偏差可达百分之百甚至百分之几百。

⑤ 当 $p_r\to0$ 时，在所有对比温度下，气体的 Z 值都接近于 1，表明此时该真实气体可看作理想气体。

应该注意的是，两参数压缩因子图是将临界压缩因子 Z_c 视为常数而得到的。它对球形对称分子（如氩、氪、氙等）较适用，对非球型弱极性分子误差一般不太大，而对非对称的强极性分子，则有明显的偏差。对大约 80 种物质的统计发现，临界压缩因子 Z_c 值均处在 0.2～0.3 的范围内，可见其并非常数，因此两参数普遍化压缩因子图是近似的。另外在 p_r 和 T_r 相同时，分子结构相似的物质其 Z 值也相近，而分子结构不相似的物质其 Z 值则相差较大。为此，许多学者认为在对比状态方程式中，除 p_r 和 T_r 外还应引入一个与物质结构有关的第三参数，使压缩因子图较能精确地适用于各种气体。

2.3.4 三参数对应状态原理

采用两参数普遍化压缩因子图进行计算时，结果往往会产生偏差，其原因在于没有考虑到物种的特性。为了提高计算结果的精度，有人提出应将反映分子结构特征的第三参数考虑进来。目前已被普遍承认的是皮策（Pitzer）等提出的将偏心因子 ω 作为第三参数，由此而建立起来的普遍化关系式是近年来的一个重要发展。

由 Clausius-Clapeyron 方程可知，液体的饱和蒸气压与温度的关系为

$$\lg p^s=-\frac{A}{T/\mathrm{K}}+B \tag{2.59}$$

式中，A、B 为因物而异的常数。

将 $p^s=p_c p_r^s$ 以及 $T=T_c T_r$ 代入式(2.59)，得

$$\lg(p_c p_r^s)=-\frac{A}{(T_c/\mathrm{K})T_r}+B$$

即

$$\lg p_r^s=-\frac{A}{(T_c/\mathrm{K})T_r}+(B-\lg p_c) \tag{2.60}$$

令 $a=B-\lg p_c$，$b=\dfrac{A}{T_c/\mathrm{K}}$，则上式变为

$$\lg p_r^s=a-\frac{b}{T_r} \tag{2.61}$$

式中，a、b 仍是因物而异的常数；p_r^s 为对比蒸气压。因上式来自 Clausius-Clapeyron 方程，因此它适用于单组分系统汽液平衡曲线上的任一点，包括临界点。将临界点的参数代入式(2.61)，在临界点处，$T_r=p_r=1$，于是得 $a=b$，因此式(2.61) 可简化为

$$\lg p_r^s=a\left(1-\frac{1}{T_r}\right) \tag{2.62}$$

当 $\lg p_r^s$ 对 $1/T_r$ 作图时，应得到一条直线，a 是该条直线斜率的负值。

纯态物质的偏心因子 ω 是根据对比蒸气压 p_r^s 来定义的。实验发现，纯流体的对比蒸气压 p_r^s 的对数与对比温度 T_r 的倒数近似成线性关系，即

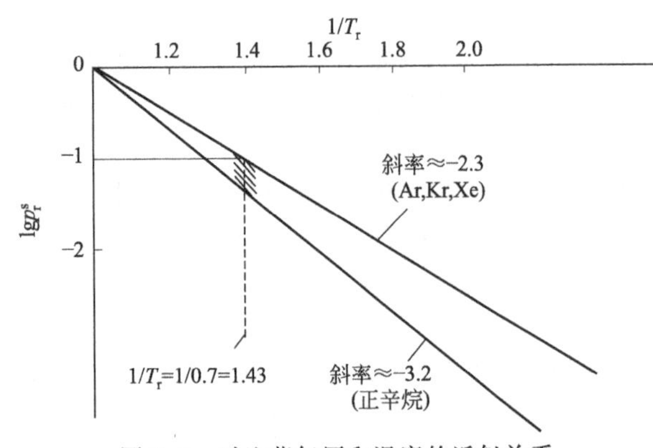

图 2.7 对比蒸气压和温度的近似关系

$$\frac{\mathrm{d}\lg p_r^s}{\mathrm{d}(1/T_r)}=a$$

式中，a 为 $\lg p_r^s$-$1/T_r$ 图的斜率。

若两参数对应状态原理是正确的，那么所有物质的 a 值必定相同。但实验结果并非如此，而是每种物质都有它自己的 a 值。可见 $\lg p_r^s$ 对 $1/T_r$ 的直线关系仅仅是近似的，斜率 a 没有精确的定义和足够的精度。因此，采用三参数对应状态原理是必要的。皮策发现，当将 $\lg p_r^s$ 对 $1/T_r$ 作图时，简单流体（氩、氪、氙）的所有对比蒸气压数据都集中在同一条线上，并且该线还通过 $\lg p_r^s=-1.0$ 和 $T_r=0.7$ 这一点，如图 2.7 所示。

对于某给定流体的对比蒸气压曲线的位置，可由 $T_r=0.7$ 时该流体的 $\lg p_r^s$ 和简单流体的 $\lg p_r^s(\mathrm{SF})$ 之间的差值 $[\lg p_r^s(\mathrm{SF})-\lg p_r^s]$ 来确定，皮策把此差值定义为偏心因子 ω，即

$$\omega=-1.0-(\lg p_r^s)|_{T_r=0.7} \tag{2.63}$$

因此，对于任何流体只需在 $T_r=0.7$ 时作简单的蒸气压测定，根据该流体的 T_c、p_c 之值即可求出 ω。有关物质的 ω 值及其他临界常数列于附录 B 表 B.1。

偏心因子是作为对分子形状和极性的某种量度的参数，表征物质分子的偏心度，即非球形分子偏离球对称的程度。由 ω 的定义可知，简单流体的偏心因子 ω 为零，这些流体的压缩因子仅是 T_r 和 p_r 的函数。对于所有 ω 值相同的流体，若处在相同的 T_r 和 p_r 下，其压缩因子 Z 必定相等，即偏离理想气体行为的程度必定相同。这就是**三参数对应状态原理**。Z 的关系式为

$$Z=Z^0+\omega Z^1 \tag{2.64}$$

式中，Z^0 与 Z^1 都是 T_r 和 p_r 的复杂函数，称为普遍化压缩因子；对于简单流体，因 $\omega=0$，所以 $Z=Z^0$。

图 2.8 和图 2.9 是建立在简单流体氩、氪、氙基础上的表示 $Z^0=f^0(T_r, p_r)$ 函数关系的曲线。由式(2.64) 可见，当给定 T_r 和 p_r 值后，Z 与 ω 具有简单的线性关系。对于非简单流体，在 T_r 和 p_r 恒定时，以 Z 的实验数据对 ω 作图必定为一直线，其斜率即为 Z 值。这样就得到了另一种函数式 $Z^1=f^1(T_r,p_r)$，如图 2.10 与图 2.11 所示。

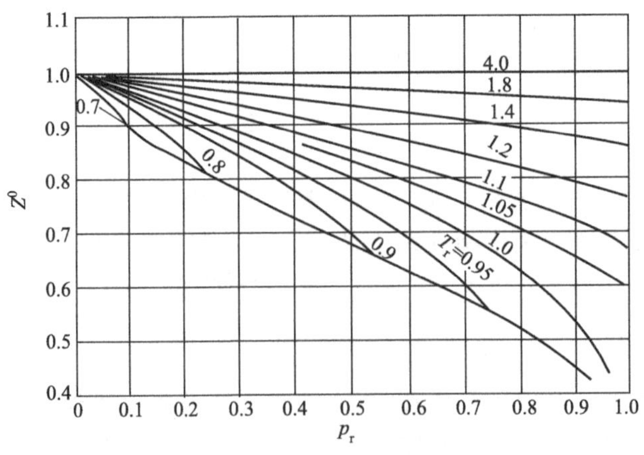

图 2.8 Z^0 普遍化图（$p_r<1.0$）

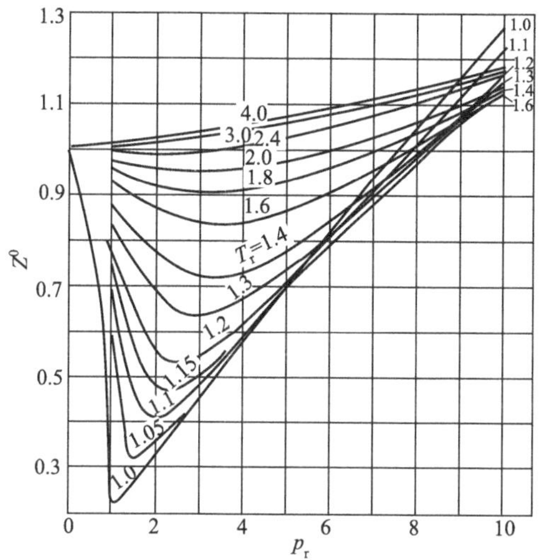

图 2.9 Z^0 普遍化图（$p_r>1.0$）

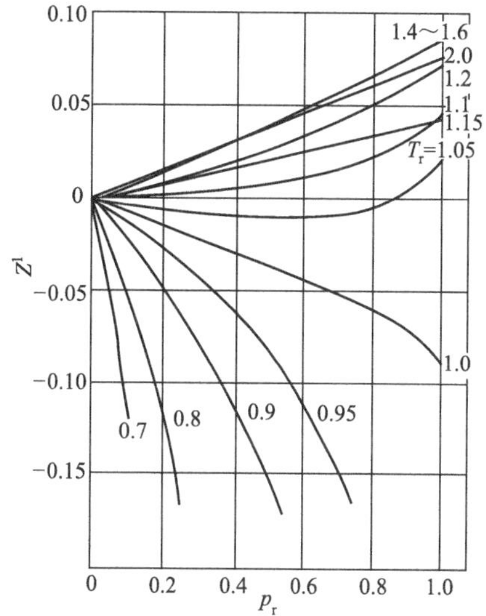

图 2.10 Z^1 普遍化图（$p_r<1.0$）

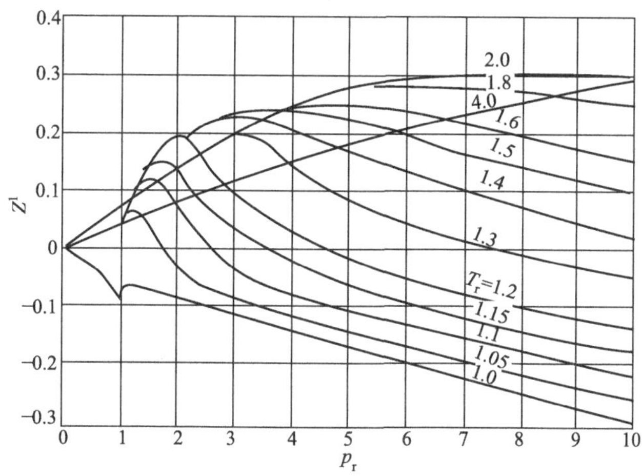

图 2.11 Z^1 普遍化图（$p_r>1.0$）

图 2.8 与图 2.9 也可作为两参数普遍化关系图单独使用，除简单流体外，对于非简单流体的估算，其精度显然要比三参数低。含有偏心因子的关联式，其精确度高于两参数普遍化方法，对于非极性与弱极性的气体能够提供可靠的结果，误差小于 2%～3%；应用于强极性气体时，误差可达 5%～10%；而用于缔合流体时，则误差很大。通常普遍化关联只能用于估算，而不能取代可靠的 p、V、T 实验数据。

Lee 和 Kesler 推广了 Pizter 等提出的关联方法，并提出了三参数对应状态原理的解析表达式

$$Z=Z^0+\frac{\omega}{\omega^r}(Z^r-Z^0) \tag{2.65}$$

式中，Z 为流体的压缩因子；Z^0 为简单流体的压缩因子；Z^r 为参考流体的压缩因子；$\omega^r=0.3978$。

2.3.5 普遍化第二维里系数关联式

采用普遍化压缩因子图进行计算的方法，主要缺陷是需要查图，得到的结果也都是近似

的，并且有时有些工程计算需要的 T_r 和 p_r 值并不在图形的范围内。另外由于 Z^0、Z^1 与 T_r 和 p_r 的函数关系也比较复杂，难以用简单的数学解析式来描述。为解决普遍化压缩因子的计算问题，这里给出一个近似的解析计算式

$$Z \approx 1+\frac{Bp}{RT}=1+\frac{Bp_c}{RT_c}\left(\frac{p_r}{T_r}\right) \tag{2.66}$$

式中，Bp_c/RT_c 为无量纲量；对于特定气体，B 仅为温度的函数，其普遍化关系只与对比温度 T_r 有关。因此，Pitzer 等提出了如下关联式

$$\frac{Bp_c}{RT_c}=B^0+\omega B^1 \tag{2.67}$$

将式(2.67) 代入式(2.66) 得

$$Z=1+B^0\frac{p_r}{T_r}+\omega B^1\frac{p_r}{T_r} \tag{2.68}$$

比较式(2.68) 与式(2.64) 可得

$$Z^0=1+B^0\frac{p_r}{T_r}$$

$$Z^1=B^1\frac{p_r}{T_r}$$

对于特定气体，第二维里系数 B 仅是温度的函数，同样，其 B^0、B^1 亦仅是 T_r 的函数。皮策等提出用下述两式求 B^0 和 B^1

$$B^0=0.083-\frac{0.422}{T_r^{1.6}} \tag{2.69}$$

$$B^1=0.139-\frac{0.172}{T_r^{4.2}} \tag{2.70}$$

前已论及，只有在中、低压下 Z 与 p_r 才有线性关系，故式(2.8) 仅在中、低压下才是正确的。同样，普遍化第二维里系数关系式(2.68)～式(2.70) 也只有在中、低压下才适用。由图 2.8～图 2.11 也可发现，在中、低压下，Z 与 p_r 确有近似的线性关系。

上述第二维里系数的普遍化关联式适用范围位于图 2.12 所示曲线上面的区域。该线是根据对比摩尔体积 $V_{m,r}\geqslant 2$ 绘制的。当对比温度 $T_r>4$ 时，对压力没有限制，但必须满足 $V_{m,r}\geqslant 2$。图 2.12 的虚线表示饱和线。图 2.12 曲线以下的条件范围内，适用于 Pitzer 提出的普遍化压缩因子关联式。需要注意的是，普遍化维里系数使用区域也适用于普遍化压缩因子法，但由于普遍化维里系数关联法计算简单，且与普遍化压缩因子关联法得到的结果相差较小，因此在两种普遍化关联都适用的情况下，通常采用普遍化维里系数关联法。另外，由

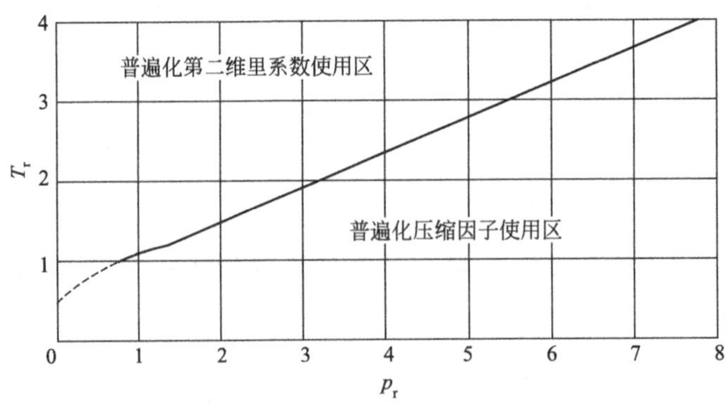

图 2.12　普遍化第二维里系数使用区域（$T_r\geqslant 1.2$，$V_{m,r}\geqslant 2$）

于一般化工过程给定的 T_r、p_r 值，都处在与压缩因子关联法相比有较小偏差的范围，因此，普遍化第二维里系数关联法颇受欢迎。

和普遍化压缩因子关联法一样，普遍化第二维里系数关联法对非极性物质是很精确的，而对强极性物质和缔合物质的计算则精度较差。

【例 2.8】 试用下列三种方法计算 510K、2.5MPa 下正丁烷的摩尔体积。已知实验值为 1.4807m³/kmol。(1) 用理想气体方程；(2) 用普遍化压缩因子关联；(3) 用普遍化第二维里系数关联。

解： 由附录 B 表 B.1 查得正丁烷的 $T_c=425.2\text{K}$，$p_c=3.8\text{MPa}$ 和 $\omega=0.193$

(1) 用理想气体方程

$$V_m=\frac{RT}{p}=\frac{8.314\times10^3\times510}{2.5\times10^6}=1.6961\text{m}^3/\text{kmol}$$

(2) 用普遍化压缩因子关联

$$T_r=\frac{510}{425.2}=1.199,\quad p_r=\frac{2.5}{3.8}=0.658$$

由图 2.8 和图 2.10，查得

$$Z^0=0.865,\quad Z^1=0.038$$

则

$$Z=Z^0+\omega Z^1=0.865+0.193\times0.038=0.872$$

所以

$$V_m=\frac{ZRT}{p}=\frac{0.872\times8.314\times10^3\times510}{2.5\times10^6}=1.4790\text{m}^3/\text{kmol}$$

若采用两参数普遍化关联，则有 $Z=Z^0=0.865$，此时 $V_m=1.4671\text{m}^3/\text{kmol}$，与三参数普遍化关联相比，其偏差不到 1%。

(3) 用普遍化第二维里系数关联

由式(2.69) 和式(2.70) 得

$$B^0=0.083-\frac{0.422}{T_r^{1.6}}=0.083-\frac{0.422}{1.199^{1.6}}=-0.233$$

$$B^1=0.139-\frac{0.172}{T_r^{4.2}}=0.139-\frac{0.172}{1.199^{4.2}}=0.059$$

由式(2.67) 得

$$\frac{Bp_c}{RT_c}=B^0+\omega B^1=-0.233+0.193\times0.059=-0.222$$

由式(2.66) 得

$$Z=1+\frac{Bp_c}{RT_c}\left(\frac{p_r}{T_r}\right)=1-0.222\times\frac{0.658}{1.199}=0.878$$

所以

$$V_m=\frac{ZRT}{p}=\frac{0.878\times8.314\times10^3\times510}{2.5\times10^6}=1.4891\text{m}^3/\text{kmol}$$

此值与 (2) 普遍化压缩因子关联的结果相比，偏差不到 1%。

2.4 液体与似液体通用立方型状态方程的根

将式(2.36) 乘以 $(V_m-b)/RT$，可得到方程的另一种形式

$$V_m=\frac{RT}{p}+b-\frac{a(T)}{p}\frac{V_m-b}{(V_m+\varepsilon b)(V_m+\sigma b)} \tag{2.71}$$

式(2.71) 经整理得

$$V_m=b+(V_m+\varepsilon b)(V_m+\sigma b)\left[\frac{RT+bp-V_m p}{a(T)}\right] \tag{2.72}$$

由式(2.72) 进行迭代求解时，可表达为

$$V_{m,i+1}=b+(V_{m,i}+\varepsilon b)(V_{m,i}+\sigma b)\left[\frac{RT+bp-V_{m,i}p}{a(T)}\right] \tag{2.73}$$

方程的右边 $V_{m,i}$ 取初值 $V_{m,0}=b$ 进行迭代直至收敛，得到的结果即为液体或似液体的根。

将 $V_m=ZRT/p$ 代入式(2.71) 可得到类似于式(2.71) 的关于 Z 的方程，再引入下述两个无量纲的量可进行简化处理，这两个无量纲的量定义为

$$\beta\equiv\frac{bp}{RT} \tag{2.74}$$

$$q\equiv\frac{a(T)}{bRT} \tag{2.75}$$

将式(2.74) 和式(2.75) 以及 $V_m=ZRT/p$ 代入式(2.71)，可得

$$Z=1+\beta-q\beta\frac{Z-\beta}{(Z+\varepsilon\beta)(Z+\sigma\beta)} \tag{2.76}$$

结合式(2.74)、式(2.75) 和式(2.38)、式(2.39)，可得

$$\beta=\Omega\frac{p_r}{T_r} \tag{2.77}$$

$$q=\frac{\Psi\alpha(T_r)^{-1/2}}{\Omega T_r} \tag{2.78}$$

由式(2.76) 求解 Z 时，可通过与式(2.72) 相似的关于 Z 的方程进行迭代求解，即

$$Z_{i+1}=\beta+(Z_i+\varepsilon\beta)(Z_i+\sigma\beta)\left(\frac{1+\beta-Z_i}{q\beta}\right) \tag{2.79}$$

迭代时，方程式(2.79) 的右侧 Z 的初值取 $Z_0=\beta$ 进行求解，得到 Z 值后，体积根即为 $V_m=ZRT/p$。

由于可普遍用于所有气体和液体，所以将 Z 表达成 T_r 和 p_r 的函数被称为普遍化。任何一种状态方程都可以表示成这种形式，从而给出流体性质的普遍化关联，进而通过有限的数据估算出流体性质的数值。状态方程，如范德华方程和 R-K 方程，仅将 Z 表达成 T_r 和 p_r 的函数，得到的是两参数对应状态关联式；而 SRK 方程和 P-R 方程，以 $\alpha(T_r, \omega)$ 的形式考虑了偏心因子 ω 的影响，得到了三参数对应状态关联式。对于这两类方程，均引入了参数 ε、σ、Ω 和 Ψ，如表 2.1 所示，同时也给出了 SRK 方程和 P-R 方程中 $\alpha(T_r,\omega)$ 的表达式。

【例 2.9】 已知正丁烷 350.07K 下的蒸气压为 946.58kPa，试用 R-K 方程给出的 Ω、Ψ 和 $\alpha(T_r)$ 来计算此条件下 (1) 正丁烷蒸气和 (2) 正丁烷液体的摩尔体积。

解： 由附录 B 表 B.1 查得正丁烷的临界常数为 $T_c=425.2\text{K}$，$p_c=3.80\text{MPa}$，则

$$T_r=\frac{T}{T_c}=\frac{350.07}{425.2}=0.8233, \quad p_r=\frac{p}{p_c}=\frac{0.94658}{3.80}=0.2491$$

由式(2.78) 以及表 2.1 中 R-K 方程给出的 Ω、Ψ 和 $\alpha(T_r)$，得

$$q=\frac{\Psi T_r^{-1/2}}{\Omega T_r}=\frac{\Psi}{\Omega}T_r^{-3/2}=\frac{0.42748}{0.08664}\times 0.8233^{-3/2}=6.6048$$

由式(2.77) 得

$$\beta=\Omega\frac{p_r}{T_r}=0.08664\times\frac{0.2491}{0.8233}=0.0262$$

(1) 正丁烷蒸气的摩尔体积

将式(2.76) 用于蒸气，则

$$Z=1+\beta-q\beta\frac{Z-\beta}{(Z+\varepsilon\beta)(Z+\sigma\beta)}=1+\beta-q\beta\frac{Z-\beta}{Z(Z+\beta)}$$

$$=1.0262-0.1730\times\frac{Z-0.0262}{Z(Z+0.0262)}$$

方程右边 Z 取初值 $Z_0=1$ 进行迭代计算，直至收敛，得到 $Z=0.8305$，所以

$$V_m^V=\frac{ZRT}{p}=\frac{0.8305\times 8.314\times 350}{946.58\times 10^3}=2.553\times 10^{-3}\,\mathrm{m^3/mol}$$

实验值为 $2.482\times 10^{-3}\,\mathrm{m^3/mol}$。

(2) 正丁烷液体的摩尔体积

将式(2.79) 用于液体，则

$$Z=\beta+(Z+\varepsilon\beta)(Z+\sigma\beta)\left(\frac{1+\beta-Z}{q\beta}\right)=\beta+Z(Z+\beta)\left(\frac{1+\beta-Z}{q\beta}\right)$$

$$=0.0262+Z(Z+0.0262)\left(\frac{1.0262-Z}{0.1730}\right)$$

方程右边 Z 初值取 $Z_0=\beta=0.0262$ 进行迭代计算，直至收敛，得到 $Z=0.0433$，所以

$$V_m^L=\frac{ZRT}{p}=\frac{0.0433\times 8.314\times 350}{946.58\times 10^3}=1.331\times 10^{-4}\,\mathrm{m^3/mol}$$

实验值为 $1.150\times 10^{-4}\,\mathrm{m^3/mol}$。

为便于比较，现将采用四种不同立方型状态方程计算得到的【例 2.9】中正丁烷蒸气与液体的摩尔体积，列于表 2.2。

表 2.2 【例 2.9】中正丁烷蒸气与液体的摩尔体积

$V_m^V/(\times 10^{-3}\,\mathrm{m^3/mol})$					$V_m^L/(\times 10^{-4}\,\mathrm{m^3/mol})$				
实验	vdW	R-K	SRK	P-R	实验	vdW	R-K	SRK	P-R
2.482	2.667	2.553	2.520	2.486	1.150	1.910	1.331	1.278	1.126

SRK 方程和 P-R 方程是为计算汽液平衡而发展起来的。通常情况下，状态方程的根通过软件包来计算比较容易得到，计算时对于不同的根，需要选取适宜的初值。

2.5 液体普遍化关联

虽然液体的摩尔体积可以通过立方型状态方程进行计算，但计算结果精度不高。通常，饱和液体的摩尔体积可以通过普遍化关联进行计算，其中 Rackett 方程是最简单的一种形式，即

$$V_m^{SL}=V_c Z_c^{(1-T_r)^{0.2857}} \tag{2.80}$$

式中，V_m^{SL} 为饱和液体的摩尔体积。只要已知临界常数，即可计算不同温度下饱和液体的摩尔体积，对强极性物质同样适用，其最大相对误差为 7%左右，一般为 1%～2%。

Yamade 和 Gunn 曾对 Rackett 方程作了某些修正，得

$$V_m^{SL}=V_m^R(0.29056-0.08775\omega)^{\theta} \tag{2.81}$$

$$\theta=\exp[(1-T_r)^{0.2857}-(1-T_r^R)^{0.2857}]$$

式中，V_m^R 是在参比态对比温度 T_r^R 下的液体摩尔体积。式(2.81) 精度高，对许多非极性饱和液体，误差均在 1%以内。

Lyderson、Greenkorn 和 Hougen 提出了一种基于对应状态原理的普遍化计算方法，如同两参数普遍化压缩因子关联法一样，这种计算方法适用于任何液体，它是将对比密度表达为对比温度 T_r 和对比压力 p_r 的函数。液体对比密度的定义为

$$\rho_r=\frac{\rho}{\rho_c}=\frac{V_c}{V_m} \tag{2.82}$$

式中，ρ_c 和 V_c 分别是临界点的密度和摩尔体积。液体的普遍化关联如图 2.13 所示。

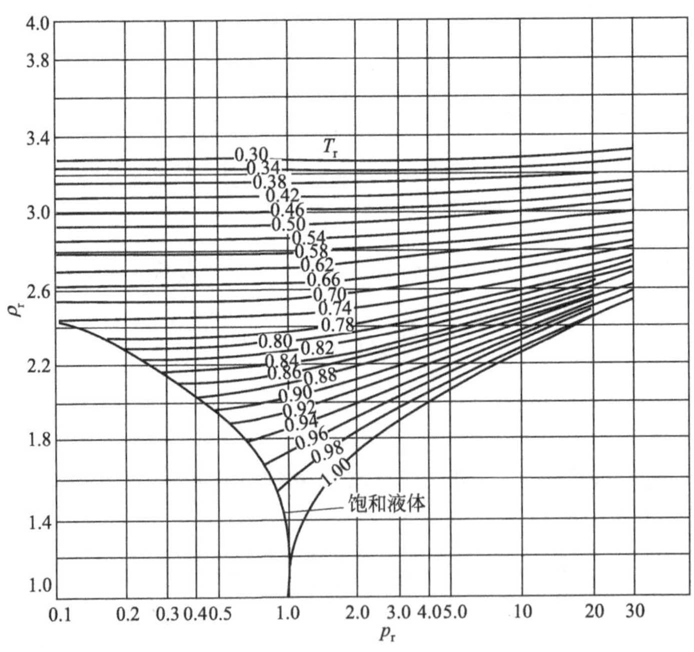

图 2.13 纯液体普遍化对比密度图（$Z_c=0.27$）

已知临界摩尔体积，就可用图 2.13 和式(2.82) 直接确定液体的摩尔体积。通常，因 $V_c(\rho_c)$ 实验数据误差较大，为此可由式(2.82) 导出另一个精度较高的方程，消去 V_c 来求液体的摩尔体积，即

$$V_{m,2}=V_{m,1}\frac{\rho_{r1}}{\rho_{r2}} \tag{2.83}$$

式中，$V_{m,2}$为需要计算的液体摩尔体积；$V_{m,1}$为已知的液体摩尔体积；ρ_{r1}和ρ_{r2}分别是从图2.13中查得的状态1和状态2时的对比密度。利用式(2.83)，只要已知某液体在某一条件下的摩尔体积，即可求出该液体在任何条件下的摩尔体积。此法需要的数据易于得到，计算结果也具有较高的精度。由图2.13可见，在接近临界点时，温度和压力对液体密度的影响不断加剧，相应的精确度也降低。

【例2.10】 试估算乙硫醇在423K时的液体摩尔体积，并与实验值进行比较。已知实验值为$9.50\times10^{-5}\,m^3/mol$；乙硫醇的临界常数及偏心因子分别为$T_c=499K$，$p_c=5.492MPa$，$V_c=2.07\times10^{-4}\,m^3/mol$，$\omega=0.190$。

解：

$$T_r=\frac{T}{T_c}=\frac{423}{499}=0.8477 \quad Z_c=\frac{p_cV_c}{RT_c}=\frac{5.492\times10^6\times2.07\times10^{-4}}{8.314\times499}=0.2740$$

将V_c、Z_c和T_r代入Rackett方程式(2.80)得

$$V_m^{SL}=V_cZ_c^{(1-T_r)0.2857}=2.07\times10^{-4}\times0.2740^{(1-0.8477)0.2857}=9.718\times10^{-5}\,m^3/mol$$

则与实验值的相对误差为

$$\frac{9.718\times10^{-5}-9.50\times10^{-5}}{9.50\times10^{-5}}\times100\%=2.29\%$$

【例2.11】 试求液氨在310K，1×10^4kPa时的摩尔体积，并与实验值进行比较。已知实验值为$2.86\times10^{-5}\,m^3/mol$；310K时，饱和液氨的摩尔体积实验值为$2.914\times10^{-5}\,m^3/mol$。

解： 由附录B表B.1查得氨的临界常数为

$$T_c=405.6K，p_c=11.28MPa，V_c=72.5\times10^{-6}\,m^3/mol$$

则

$$T_r=\frac{T}{T_c}=\frac{310}{405.6}=0.764，\quad p_r=\frac{p}{p_c}=\frac{1\times10^7}{11.28\times10^6}=0.887$$

由图2.13查得$\rho_r=2.38$，根据式(2.82)有

$$V_m=\frac{V_c}{\rho_r}=\frac{72.5\times10^{-6}}{2.38}=3.05\times10^{-5}\,m^3/mol$$

则与实验值的相对误差为

$$\frac{3.05\times10^{-5}-2.86\times10^{-5}}{2.86\times10^{-5}}\times100\%=6.64\%$$

若根据310K时饱和液氨的摩尔体积实验值为$2.914\times10^{-5}\,m^3/mol$，可采用式(2.83)来计算液氨在310K，$1\times10^4$kPa时的摩尔体积。由图2.13查得$T_r=0.764$时，饱和液氨的$\rho_{r1}=2.34$，而$T_r=0.764$和$p_r=0.887$条件下$\rho_{r2}=2.38$，所以

$$V_{m,2}=V_{m,1}\frac{\rho_{r1}}{\rho_{r2}}=2.914\times10^{-5}\times\frac{2.34}{2.38}=2.865\times10^{-5}\,m^3/mol$$

则与实验值的相对误差为

$$\frac{2.865\times10^{-5}-2.86\times10^{-5}}{2.86\times10^{-5}}\times100\%=0.17\%$$

可见，此时所计算得到的结果 2.865×10^{-5} m^3/mol 比较接近实验值 2.86×10^{-5} m^3/mol。

小结

流体的 p-V-T 关系既是计算其他热力学性质的基础，又常在设备或管道尺寸设计中用到。在这一章里，**首先**描述了纯物质 p-V-T 行为的普遍性质，并分别在 p-T 图和 p-V 图中定性表达了一些重要的概念；**然后**在介绍了理想气体 p-V-T 行为的基础上，介绍了定量描述真实流体行为的状态方程，包括维里方程和立方型状态方程，如 van der Waals、R-K、SRK 以及 P-R 方程；**接着**分别介绍了流体的两参数和三参数普遍化对应状态原理、普遍化压缩因子图、普遍化 R-K 方程、Pitzer 等发展的普遍化第二维里系数 B 关联法及普遍化压缩因子关联法，用以预测在缺乏实验数据的情况下流体的 p-V-T 行为；**最后**简单介绍了有关液体或似液体的通用立方型状态方程的根及液体普遍化关联。在化工生产中，p 与 T 是易于测量的，而 V 通常是要靠计算获得，V 又是焓、熵与逸度计算的重要参数。要求掌握采用二阶维里方程、立方型状态方程及其普遍化关联法计算流体摩尔体积与压缩因子的方法，并注意各自的适用条件。

思考题

判断题

2.1　普遍化第二维里系数关联法与普遍化压缩因子关联法的使用范围不同，但前者的使用区域也适用于后者。（　　）

2.2　由于分子间相互作用力的存在，实际气体的摩尔体积小于同温、同压下的理想气体的摩尔体积。（　　）

2.3　截止到第二维里系数的舍项维里方程在中、低压下适用，所以普遍化第二维里系数关联法也只能在中、低压下适用。（　　）

选择题

2.4　相同温度与压力下，真实气体的摩尔体积（　　）理想气体的摩尔体积。

A. 大于　　B. 小于　　C. 等于　　D. 均有可能

2.5　维里系数表示分子间的相互作用，纯物质的维里系数（　　）。

A. 仅是温度的函数　　B. 是温度和压力的函数

C. 是温度和体积的函数　　D. 是压力和体积的函数

2.6　在 pV 图上，当 $T=T_c$、$p=p_c$ 时有三个相等的体积根，即临界摩尔体积 V_c，若用 Virial 方程来获得此体积，至少需用到（　　）。

A. 第三 Virial 截断式　　B. 第二 Virial 截断式

C. 无穷项　　D. 只需理想气体方程

2.7　当压力趋于零时，1mol 气体的压力与体积乘积（pV）趋于（　　），并证明之。

A. 零　　B. 无限大　　C. 某一常数　　D. RT

填空题

2.8　对于纯物质，一定温度下的泡点压力与露点压力是________的；一定温度下的泡点与露点在 pT 图上是________的，而在 pV 图上是________的，泡点的轨迹为________，露点的轨迹为________，饱和液体曲线、饱和蒸气曲线以及三相点线所包围的区域称为________。

习 题

2.1 试分别用下述三种方法求出 500℃，4.653MPa 下甲烷气体的摩尔体积。(1) 理想气体状态方程；(2) R-K 方程；(3) 维里方程截断至第二项（其中 B 用皮策的普遍化关联法计算）；(4) P-R 方程。

2.2 请用 R-K 方程计算 CO_2 气体在 350K，8MPa 下的摩尔体积。

2.3 某反应器容积为 $1.56m^3$，内有 83.40kg 乙醇蒸气，温度为 356℃。试用下列三种方法求出反应器的压力。(1) 理想气体状态方程；(2) SRK 方程；(3) 三参数普遍化关联法。

2.4 试用普遍化 SRK 方程求算异丁烷蒸气在 350K，1.2MPa 下的压缩因子。已知实验值为 0.7731。

2.5 请用下列两种方法计算 250℃，2000kPa 下水蒸气的压缩因子 Z 和摩尔体积 V_m。(1) 维里方程截断至第三项，已知第二和第三维里系数的实验值分别为 $B=-0.1525m^3/kmol$ 和 $C=-0.5800\times10^{-2}m^6/kmol$；(2) R-K 方程。

2.6 将 2.03×10^3kPa，478K 的氨从 $2.83m^3$ 压缩至 550K，$0.1415m^3$，试问压缩后的压力为多少？分别用 (1) R-K 方程；(2) SRK 方程；(3) P-R 方程计算。

2.7 已知立方型状态方程可表达为如下形式

$$p=\frac{RT}{V_m-b}-\frac{\theta(V_m-\eta)}{(V_m-b)(V_m^2+\sigma V_m+\varepsilon)}$$

式中，θ 是温度的函数。试证明，当其中的常数赋予特殊的值时，方程则可变形为 van der Waals 方程、R-K 方程及 P-R 方程。

2.8 试估算饱和液态异丁酸在 220℃时的摩尔体积。

2.9 一个体积为 $0.283m^3$ 的封闭贮槽，内含乙烷气体，温度为 290K，压力 2.48×10^3 kPa。试问将乙烷加热到 478K 时，其压力为多少？请用 (1) R-K 方程；(2) SRK 方程；(3) P-R 方程。

第3章
流体的热力学性质

本章重点：

主要介绍了采用以剩余性质为基础的方法进行纯气体焓、熵计算的方程式以及常用的有关热力学性质图表。

本章难点：

纯气体焓、熵的计算，需要设计计算路径，通过理想气体焓、熵的计算以及剩余焓和剩余熵的计算逐步解决。

纯流体的热力学性质包括流体的温度、压力、比体积、比热容、焓、熵、Helmholtz能、Gibbs能及逸度等。这些性质都是化工过程计算、分析以及化工装置设计中不可缺少的重要依据。

有些热力学函数可以直接测得，而有些则不能。如温度、压力和比体积可以直接测得，而焓、熵、Helmholtz能、Gibbs能则需通过其与可直接测得的函数的关系来计算。因此，找出这两类热力学性质之间的关系是非常重要的，这类关系通常以微分方程式来表示，被称为热力学函数的基本微分方程。

在这一章，**首先**介绍基于热力学第一定律与第二定律的基本性质关系式；**然后**在此基础上推导出通过 p-V-T 以及热容数据进行焓、熵计算的方程式；**接下来**讨论剩余性质，并得到在缺乏实验数据的情况下的普遍化性质关联式，用以估算流体的热力学性质；**最后**，简单介绍液体焓和熵的计算以及常用的有关热力学性质图表。

3.1 均相流体系统的热力学基本关系式

热力学性质之间存在着各种函数关系，这些函数关系是计算热力学性质的基础。根据热力学第一定律和第二定律，对于单位质量定组成的均相流体封闭体系，有如下关系式

$$dU = TdS - p\,dV \tag{3.1}$$

另外三种热力学性质焓、Helmholtz能与Gibbs能方程定义式为

$$H \equiv U + pV \tag{3.2}$$

$$A \equiv U - TS \tag{3.3}$$

$$G \equiv H - TS \tag{3.4}$$

对式(3.2)～式(3.4) 两边取微分，然后将式(3.1) 代入这几个微分式，可得

$$dH = TdS + Vdp \tag{3.5}$$

$$dA=-p\,dV-S\,dT \tag{3.6}$$

$$dG=V\,dp-S\,dT \tag{3.7}$$

式(3.1) 及式(3.5)～式(3.7) 是定组成均相流体的最基本关系式，所有其他函数关系均由此导出，这些方程有时也被称为微分能量表达式。

若要得到两个状态之间 U、H、A 或 G 的变化值，即 ΔU、ΔH、ΔA 或 ΔG，由式(3.1) 及式(3.5)～式(3.7) 可见，将这四个方程积分即可获得。从数学角度分析，这四个方程右边积分时需要 p、V、T 及 S 之间的函数关系；从应用角度分析，相律规定了系统只有两个自由度，一般取 p、V、T 中的两个作为独立变量最有实际意义，因为在介绍的状态方程中，既有将 p 作为显函数，即 $p=f(T,V)$，也有以 V 为显函数的，即 $V=f(T,p)$。p、V、T 除了实验数据已经有了大量的积累并达到了相当高的准确度外，其解析关系式的状态方程也日益成熟。相对来说，U、H、S、A、G 等性质的测定就较为困难。故将它们与 p、V、T 数据或状态方程联系起来，这对于实现由容易获得的性质来推算难以测量的性质很有价值。所以，找到 U、H、S、A、G 等函数与 p-V-T 之间的关系对实际应用很重要。

以式(3.7) 为例，若要以 T、p 为独立变量，只有将 S 和 V 表达成为 T、p 的函数，才能将 G 表达成 T、p 的函数。如何得到 S、V 和 G 的 T、p 表达式呢?

假定 x、y、F 都是点函数（在热力学上就是系统的状态函数），且 F 是自变量 x、y 的连续函数，根据偏微分原理，如果 F 是 x 和 y 的函数，即 $F=f(x,y)$，F 的全微分为

$$dF=\left(\frac{\partial F}{\partial x}\right)_y dx+\left(\frac{\partial F}{\partial y}\right)_x dy$$

令 $M=\left(\frac{\partial F}{\partial x}\right)_y$，$N=\left(\frac{\partial F}{\partial y}\right)_x$，则

$$dF=M\,dx+N\,dy \tag{3.8}$$

进一步微分得

$$\left(\frac{\partial M}{\partial y}\right)_x=\frac{\partial^2 F}{\partial x\,\partial y},\qquad \left(\frac{\partial N}{\partial x}\right)_y=\frac{\partial^2 F}{\partial y\,\partial x}$$

由于混合二阶导数与微分顺序无关，所以 M 与 N 之间存在如下关系式

$$\left(\frac{\partial M}{\partial y}\right)_x=\left(\frac{\partial N}{\partial x}\right)_y \tag{3.9}$$

由于 U、H、A、G 都是状态函数，则根据式(3.9)，由方程式(3.1) 及方程式(3.5)～方程式(3.7) 可以得到另一组偏微分方程

$$\left(\frac{\partial T}{\partial V}\right)_S=-\left(\frac{\partial p}{\partial S}\right)_V \tag{3.10}$$

$$\left(\frac{\partial T}{\partial p}\right)_S=\left(\frac{\partial V}{\partial S}\right)_p \tag{3.11}$$

$$\left(\frac{\partial p}{\partial T}\right)_V=\left(\frac{\partial S}{\partial V}\right)_T \tag{3.12}$$

$$\left(\frac{\partial V}{\partial T}\right)_p=-\left(\frac{\partial S}{\partial p}\right)_T \tag{3.13}$$

这组方程通称为 Maxwell 关系式。以上各方程都是以 1mol 流体为基础的。式(3.10)～式(3.13) 内的偏导数系指在括号外右下标参量不变的条件下，另外两个变量的相对变化率。如 $\left(\frac{\partial p}{\partial T}\right)_V$ 表示体积不变时，体系的压力随温度的变化。通过这些关系式，就可以从某些易于

直接测得的数据来间接测得或计算那些难于直接测定的物理量。如可以用$\left(\frac{\partial p}{\partial T}\right)_V$代替$\left(\frac{\partial S}{\partial V}\right)_T$，这就是 maxwell 关系式的一种应用。

式(3.1) 和式(3.5)～式(3.7) 不仅是导出 Maxwell 关系式的基础，也是推导其他一些相关热力学性质方程式的基础。实际上，并不是所有的 Maxwell 关系式都那么有用，如式(3.10) 和式(3.11) 并没有多大用处，因为包含了等熵的条件，不仅难以实现，而且计算也不方便；只有部分表达式对于通过实验数据估算热力学性质是非常有用的，如式(3.12) 和式(3.13)。

以下几点需要注意：

① 等式中出现 p、V、T 三个可测性质，其实它们之间不是独立的，因为已知其中的两个，第三个就确定下来了，独立变量只有两个。

② 理论上说，取 T、p 或 T、V 为独立变量是等价的。但是，实际应用上有所差异。若所用的模型是以 p 为显函数的状态方程，则取 T、V 为独立变量较方便；若是以 V 为显函数的状态方程，则应以 T、p 为独立变量较方便。

③ 应用中常计算热力学性质的差值，故需要从微分关系式得到相应的积分式。从微分关系得到相应的积分式有不同的做法。

④ 将理想气体的状态方程与有关的热力学关系结合便可了解理想气体状态的性质，如，从式(3.12) 和式(3.13) 可分别得$\left(\frac{\partial S^{\mathrm{ig}}}{\partial V}\right)_T=\frac{R}{V}$和$\left(\frac{\partial S^{\mathrm{ig}}}{\partial p}\right)_T=-\frac{R}{p}$。

3.2 焓和熵的计算

有关热力学性质的计算，必须要有 p、V、T 数据，包括气体、饱和液体和饱和蒸气的 p-V-T 关系，这些数据可以列表或画成普遍化压缩因子图，还常常用到各种热力学函数的数值。这些数值，有的可以从手册上查到，但手册所载数据有限，通常需进行计算。

而在不能直接测量的热力学函数中，焓和熵是最基础的两个热力学性质，只要能求出焓和熵，其他几个热力学函数均能根据其定义式由焓和熵及 p、V、T 数据求得。化工计算中，将焓和熵表达成 T 和 p 的函数是十分有用的，焓和熵随 T 和 p 的变化可以通过偏导数$(\partial H/\partial T)_p$、$(\partial S/\partial T)_p$、$(\partial H/\partial p)_T$ 以及$(\partial S/\partial p)_T$ 得到。

定压摩尔热容的定义为

$$\left(\frac{\partial H_{\mathrm{m}}}{\partial T}\right)_p=C_p \tag{3.14}$$

由式(3.5) 得

$$\left(\frac{\partial H}{\partial T}\right)_p=T\left(\frac{\partial S}{\partial T}\right)_p$$

结合上式与式(3.14) 得

$$\left(\frac{\partial S_{\mathrm{m}}}{\partial T}\right)_p=\frac{C_p}{T} \tag{3.15}$$

由式(3.13) 可知，等温下熵对压力的偏导数为

$$\left(\frac{\partial S}{\partial p}\right)_T=-\left(\frac{\partial V}{\partial T}\right)_p \tag{3.13}$$

将式(3.5) 在恒温下除以 dp 得

$$\left(\frac{\partial H}{\partial p}\right)_T = T\left(\frac{\partial S}{\partial p}\right)_T + V$$

结合上式与式(3.13)得

$$\left(\frac{\partial H}{\partial p}\right)_T = V - T\left(\frac{\partial V}{\partial T}\right)_p \tag{3.16}$$

将焓和熵表达成 T 和 p 的函数分别为

$$H = H(T, p),\ S = S(T, p)$$

则焓和熵的全微分可表示成

$$\mathrm{d}H = \left(\frac{\partial H}{\partial T}\right)_p \mathrm{d}T + \left(\frac{\partial H}{\partial p}\right)_T \mathrm{d}p$$

$$\mathrm{d}S = \left(\frac{\partial S}{\partial T}\right)_p \mathrm{d}T + \left(\frac{\partial S}{\partial p}\right)_T \mathrm{d}p$$

将式(3.13)～式(3.16)代入上述两式得

$$\mathrm{d}H_\mathrm{m} = C_p \mathrm{d}T + \left[V_\mathrm{m} - T\left(\frac{\partial V_\mathrm{m}}{\partial T}\right)_p\right]\mathrm{d}p \tag{3.17}$$

$$\mathrm{d}S_\mathrm{m} = C_p \frac{\mathrm{d}T}{T} - \left(\frac{\partial V_\mathrm{m}}{\partial T}\right)_p \mathrm{d}p \tag{3.18}$$

式(3.17)与式(3.18)即为定组成均相流体摩尔焓及摩尔熵与 T 和 p 的关联式。对于理想气体，其 p-V-T 行为服从理想气体状态方程，即 $pV_\mathrm{m}=RT$，则

$$\left(\frac{\partial V_\mathrm{m}}{\partial T}\right)_p = \frac{R}{p}$$

式中，V_m 为 T 和 p 下理想气体的摩尔体积，将上式代入式(3.17)和式(3.18)，得

$$\mathrm{d}H_\mathrm{m}^\mathrm{ig} = C_p^\mathrm{ig} \mathrm{d}T \tag{3.19}$$

$$\mathrm{d}S_\mathrm{m}^\mathrm{ig} = C_p^\mathrm{ig} \frac{\mathrm{d}T}{T} - \frac{R}{p}\mathrm{d}p \tag{3.20}$$

式中，上角标“ig”表示理想气体。

另外，定容摩尔热容的定义为

$$C_V = \left(\frac{\partial U_\mathrm{m}}{\partial T}\right)_V$$

由式(3.1)得

$$C_V = \left(\frac{\partial U_\mathrm{m}}{\partial T}\right)_V = T\left(\frac{\partial S_\mathrm{m}}{\partial T}\right)_V \tag{3.21}$$

由式(3.18)得

$$\left(\frac{\partial S_\mathrm{m}}{\partial T}\right)_V = \frac{C_p}{T} - \left(\frac{\partial V_\mathrm{m}}{\partial T}\right)_p \left(\frac{\partial p}{\partial T}\right)_V$$

则

$$C_V = \left(\frac{\partial U_\mathrm{m}}{\partial T}\right)_V = T\left(\frac{\partial S_\mathrm{m}}{\partial T}\right)_V = C_p - T\left(\frac{\partial V_\mathrm{m}}{\partial T}\right)_p \left(\frac{\partial p}{\partial T}\right)_V \tag{3.22}$$

或

$$C_p - C_V = T\left(\frac{\partial V_\mathrm{m}}{\partial T}\right)_p \left(\frac{\partial p}{\partial T}\right)_V \tag{3.23}$$

对于理想气体，由于 $pV_\mathrm{m}=RT$，所以

$$\left(\frac{\partial V_\mathrm{m}}{\partial T}\right)_p = \frac{R}{p},\quad \left(\frac{\partial p}{\partial T}\right)_V = \frac{R}{V_\mathrm{m}}$$

将上两式代入式(3.23) 中得

$$C_p^{\mathrm{ig}}-C_V^{\mathrm{ig}}=\frac{R^2T}{pV_{\mathrm{m}}}=R \tag{3.24}$$

式中，C_p^{ig} 和 C_V^{ig} 都是温度的函数。

3.3 剩余性质

真实气体的热力学性质可直接由热力学函数的导数关系式进行计算，但采用以剩余性质为基础的方法更为方便。所谓剩余性质，是指气体在真实状态下的热力学性质与其在同一温度、压力下处于理想状态时的热力学性质之间的差值。应注意的是，真实气体在一定温度、压力下，是不可能成为同一温度、压力下的理想气体的。所以，剩余性质是一个假想的概念，而用此概念可以找出真实状态与假想的理想状态之间热力学性质的差值，从而计算真实状态下气体的热力学性质，这是一种处理问题的方法。因此，剩余性质可由下述通式给出

$$M^{\mathrm{R}}=M-M^{\mathrm{ig}} \tag{3.25}$$

式中，M 与 M^{ig} 分别为在相同温度和压力下真实气体与理想气体的广度摩尔热力学性质，如 V、U、H、S 和 G 等。

为了计算热力学性质 M 的值，可以将式(3.25) 表达为另一种形式

$$M=M^{\mathrm{R}}+M^{\mathrm{ig}} \tag{3.26}$$

使用式(3.26) 进行计算时包含两部分：第一部分，计算理想气体 M^{ig} 的值，用理想气体方程来计算；第二部分，计算 M^{R} 的值，它是通过 p、V、T 数据对理想气体函数进行的校正。

在等温条件下将式(3.25) 对 p 微分，得

$$\left(\frac{\partial M^{\mathrm{R}}}{\partial p}\right)_T=\left(\frac{\partial M}{\partial p}\right)_T-\left(\frac{\partial M^{\mathrm{ig}}}{\partial p}\right)_T \tag{3.27}$$

在等温条件下状态发生变化时，可以写成

$$\mathrm{d}M^{\mathrm{R}}=\left[\left(\frac{\partial M}{\partial p}\right)_T-\left(\frac{\partial M^{\mathrm{ig}}}{\partial p}\right)_T\right]\mathrm{d}p \quad (\text{恒 } T) \tag{3.28}$$

将方程式(3.28) 从 p_0 至 p 进行积分，得

$$M^{\mathrm{R}}=(M^{\mathrm{R}})_0+\int_{p_0}^{p}\left[\left(\frac{\partial M}{\partial p}\right)_T-\left(\frac{\partial M^{\mathrm{ig}}}{\partial p}\right)_T\right]\mathrm{d}p \quad (\text{恒 } T) \tag{3.29}$$

式中，$(M^{\mathrm{R}})_0$ 是在压力为 p_0 时剩余性质的值。当 $p_0\to 0$ 时，$(M^{\mathrm{R}})_0$ 为 M^{R} 在压力为零时的极限值。实际上，当压力趋近于零时，某些热力学性质的值趋近于理想气体状态时热力学性质的值，此时 $(M^{\mathrm{R}})_0=0$。实验表明，当 $M^{\mathrm{R}}\equiv H^{\mathrm{R}}$ 和 $M^{\mathrm{R}}\equiv S^{\mathrm{R}}$ 时，上述结论是成立的；但若当 $M^{\mathrm{R}}\equiv V^{\mathrm{R}}$ 时，这个结论是不成立的。对于焓和熵来说

$$M^{\mathrm{R}}=\int_{p_0}^{p}\left[\left(\frac{\partial M}{\partial p}\right)_T-\left(\frac{\partial M^{\mathrm{ig}}}{\partial p}\right)_T\right]\mathrm{d}p \quad (\text{恒 } T) \tag{3.30}$$

若 $M^{\mathrm{R}}\equiv H^{\mathrm{R}}$，将式(3.16) 和 $(\partial H^{\mathrm{ig}}/\partial p)_T=0$ 代入式(3.30) 得

$$H^{\mathrm{R}}=\int_{p_0}^{p}\left[V-T\left(\frac{\partial V}{\partial T}\right)_p\right]\mathrm{d}p \quad (\text{恒 } T) \tag{3.31}$$

若 $M^{\mathrm{R}}\equiv S^{\mathrm{R}}$，由式(3.13) 可知 $(\partial S^{\mathrm{ig}}/\partial p)_T=-nR/p$，将此式和式(3.13) 代入式(3.30) 得

$$S^{\mathrm{R}}=\int_{p_0}^{p}\left[\frac{nR}{p}-\left(\frac{\partial V}{\partial T}\right)_p\right]\mathrm{d}p \quad (\text{恒 } T) \tag{3.32}$$

式(3.31) 和式(3.32) 分别是根据 p、V、T 数据计算剩余焓和剩余熵的方程式。

对于 1mol 的气体，$V_m=ZRT/p$，所以

$$\left(\frac{\partial V_m}{\partial T}\right)_p=\frac{ZR}{p}+\frac{RT}{p}\left(\frac{\partial Z}{\partial T}\right)_p$$

将此式代入式(3.31) 和式(3.32) 得

$$\frac{H_m^R}{RT}=-T\int_{p_0}^{p}\left(\frac{\partial Z}{\partial T}\right)_p\frac{dp}{p}\quad(\text{恒 }T)\tag{3.33}$$

$$\frac{S_m^R}{R}=-T\int_{p_0}^{p}\left(\frac{\partial Z}{\partial T}\right)_p\frac{dp}{p}-\int_{p_0}^{p}(Z-1)\frac{dp}{p}\quad(\text{恒 }T)\tag{3.34}$$

式中，$\frac{H_m^R}{RT}$和$\frac{S_m^R}{R}$都为无量纲项，H_m^R 和 S_m^R 的单位取决于通用气体常数 R 的单位。

上述方程式的积分都是在等温条件下进行的，压缩因子 $Z=pV_m/RT$，所以 Z 与 $(\partial Z/\partial T)_p$ 之值可直接根据实验 p、V、T 数据求得。式(3.33) 和式(3.34) 可用数值法求解，也可用图解法求解。若用 p-V-T 状态方程来表达 Z，这两个积分式就可用解析法求解。因而只要有 p、V、T 数据或合适的状态方程，就能求出 H_m^R、S_m^R 或其他剩余性质。由于剩余性质与实验数据有着直接联系，所以在热力学实际应用中剩余性质是非常重要的。下面具体介绍如何采用剩余性质法通过实验数据来计算焓值和熵值。

对于摩尔焓和摩尔熵，式(3.26) 可写成

$$H_m=H_m^R+H_m^{ig}\tag{3.35}$$

$$S_m=S_m^R+S_m^{ig}\tag{3.36}$$

因此，H 和 S 的值可根据相应的理想气体性质与剩余性质两者相加求得。将式(3.19) 和式(3.20) 从理想气体标准态 T_0 和 p_0 开始，到理想气体状态 T 和 p 进行积分，可得

$$H_m^{ig}=H_{m,0}^{ig}+\int_{T_0}^{T}C_p^{ig}dT$$

$$S_m^{ig}=S_{m,0}^{ig}+\int_{T_0}^{T}C_p^{ig}\frac{dT}{T}-R\int_{p_0}^{p}\frac{dp}{p}$$

将上两式分别代入式(3.35) 和式(3.36)，即可得到真实气体的焓和熵的表达式

$$H_m=H_m^R+H_m^{ig}=H_{m,0}^{ig}+\int_{T_0}^{T}C_p^{ig}dT+H_m^R\tag{3.37}$$

$$S_m=S_m^R+S_m^{ig}=S_{m,0}^{ig}+\int_{T_0}^{T}C_p^{ig}\frac{dT}{T}-R\ln\frac{p}{p_0}+S_m^R\tag{3.38}$$

为计算方便，可将式(3.37) 和式(3.38) 分别写成含有平均定压摩尔热容的表达式

$$H_m=H_m^{ig}+H_m^R=H_{m,0}^{ig}+C_{pmh}^{ig}(T-T_0)+H_m^R\tag{3.39}$$

$$S_m=S_m^{ig}+S_m^R=S_{m,0}^{ig}+C_{pms}^{ig}\ln\frac{T}{T_0}-R\ln\frac{p}{p_0}+S_m^R\tag{3.40}$$

式中，H_m^R 和 S_m^R 分别由式(3.33) 和式(3.34) 给出；C_{pmh}^{ig}和 C_{pms}^{ig}分别为求焓变和熵变时需要用到的理想气体平均定压摩尔热容，其值可分别用下述两式求得

$$C_{pmh}^{ig}=\frac{\int_{T_0}^{T}C_p^{ig}dT}{T-T_0}\tag{3.41}$$

$$C_{pms}^{ig}=\frac{\int_{T_0}^{T}C_p^{ig}\frac{dT}{T}}{\ln\frac{T}{T_0}}\tag{3.42}$$

C_p^{ig} 仅是温度的函数，其函数式通常为

$$C_p^{ig}=\alpha+\beta T+\gamma T^2 \quad 或 \quad C_p^{ig}=a+bT+cT^{-2} \tag{3.43}$$

式中，α、β、γ、a、b 和 c 均为物性常数。为计算方便起见，上述两式可合并为

$$\frac{C_p^{ig}}{R}=A+BT+CT^2+DT^{-2} \tag{3.44}$$

式中，A、B、C 和 D 仍为物性常数。一些常用的有机和无机物质的 A、B、C 和 D 值列于附录 C。C_p^{ig} 的单位要与通用气体常数 R 的单位一致。

用于一般的焓变和熵变计算时，当温度从 T_1 变至 T_2，式(3.41) 和式(3.42) 可写成

$$C_{p\mathrm{mh}}^{ig}=\frac{\int_{T_1}^{T_2}C_p^{ig}\mathrm{d}T}{T_2-T_1} \tag{3.45}$$

$$C_{p\mathrm{ms}}^{ig}=\frac{\int_{T_1}^{T_2}C_p^{ig}\frac{\mathrm{d}T}{T}}{\ln\frac{T_2}{T_1}} \tag{3.46}$$

当 T_2 和 T_1 相差较小时，$C_{p\mathrm{mh}}^{ig}$ 和 $C_{p\mathrm{ms}}^{ig}$ 的值相接近，在近似计算中，可认为两者相等，即 $C_{p\mathrm{mh}}^{ig}\approx C_{p\mathrm{ms}}^{ig}$。将式(3.44) 分别代入式(3.45) 和式(3.46)，积分得

$$C_{p\mathrm{mh}}^{ig}/R=A+BT_{\mathrm{am}}+\frac{C}{3}(4T_{\mathrm{am}}^2-T_1T_2)+\frac{D}{T_1T_2} \tag{3.47}$$

$$C_{p\mathrm{ms}}^{ig}/R=A+BT_{\mathrm{lm}}+T_{\mathrm{am}}T_{\mathrm{lm}}\left[C+\frac{D}{(T_1T_2)^2}\right] \tag{3.48}$$

式中，T_{am} 为算术平均温度；T_{lm} 为对数平均温度，即 $T_{\mathrm{am}}=\frac{T_1+T_2}{2}$，$T_{\mathrm{lm}}=\frac{T_2-T_1}{\ln\frac{T_2}{T_1}}$。

根据热力学第一定律和第二定律导出的热力学性质方程式不能求出焓和熵的绝对值，只能求出其相对值。参考态是计算的起始点，参考态的焓 $H_{\mathrm{m},0}^{ig}$ 和熵 $S_{\mathrm{m},0}^{ig}$ 是计算焓和熵的基准。参考态（T_0，p_0）的选择和确定是根据计算是否简便而任意设定的，因此 $H_{\mathrm{m},0}^{ig}$ 和 $S_{\mathrm{m},0}^{ig}$ 也是任意指定的。式(3.37) 和式(3.38) 的计算仅需要理想气体的热容以及 p、V、T 数据。只要在给定的 T、p 下得到 V、H 和 S，那么其他热力学性质便可根据定义式求出。

3.4 剩余性质的计算

3.4.1 由状态方程求剩余性质

真实气体热力学性质的计算，关键在于分析压力对这些热力学函数的影响。但很多气体状态方程都以 T、V 为自变量，即取 $p=p(T,V)$ 的形式，因此可先将方程改写为 $V=V(T,p)$ 的形式，然后再进行计算。

以 R-K 方程用于等温焓差的计算为例，焓的定义为 $H=U+pV$，将此式对 V 进行微分，得

$$\left(\frac{\partial H}{\partial V}\right)_T=\left(\frac{\partial U}{\partial V}\right)_T+\left[\frac{\partial(pV)}{\partial V}\right]_T \tag{3.49}$$

由式(3.1) 可知

$$\left(\frac{\partial U}{\partial V}\right)_T = T\left(\frac{\partial S}{\partial V}\right)_T - p$$

将式(3.12) 代入上式得

$$\left(\frac{\partial U}{\partial V}\right)_T = T\left(\frac{\partial p}{\partial T}\right)_V - p \tag{3.50}$$

将式(3.50) 代入式(3.49) 得

$$\left(\frac{\partial H}{\partial V}\right)_T = \left[T\left(\frac{\partial p}{\partial T}\right)_V - p\right] + \left[\frac{\partial (pV)}{\partial V}\right]_T$$

将此方程在等温条件下从 V_1 到 V_2 进行积分，得到焓的等温变化通式

$$(H_2 - H_1)_T = \int_{V_1}^{V_2}\left[T\left(\frac{\partial p}{\partial T}\right)_V - p\right]\mathrm{d}V + \Delta(pV) \tag{3.51}$$

将 R-K 方程(2.14) 对 T 进行微分得

$$\left(\frac{\partial p}{\partial T}\right)_V = \frac{R}{V_m - b} + \frac{0.5a}{T^{1.5}V_m(V_m+b)} \tag{3.52}$$

将式(3.52) 代入式(3.51)，积分得

$$\begin{aligned}(H_{m,2} - H_{m,1})_T &= \frac{-1.5a}{bT^{0.5}}\left[\ln\frac{V_m+b}{V_m}\right]_{V_1}^{V_2} + \Delta(pV_m)\\ &= \frac{1.5a}{bT^{0.5}}\left(\ln\frac{V_{m,2}}{V_{m,2}+b} + \ln\frac{V_{m,1}+b}{V_{m,1}}\right) + \Delta(pV_m)\end{aligned} \tag{3.53}$$

状态“2”为研究的状态，状态“1”为压力为零时的理想气体状态，则

$$\lim_{V_1\to\infty}\left(\ln\frac{V_{m,1}+b}{V_{m,1}}\right) = 0$$

$$\Delta(pV_m) = p_2V_{m,2} - p_1V_{m,1} = ZRT - RT = (Z-1)RT$$

因此，式(3.53) 可写为

$$\frac{H_m - H_m^{ig}}{RT} = \frac{1.5a}{bRT^{1.5}}\ln\frac{V_m}{V_m+b} + Z - 1$$

由式(2.49) 可知

$$h = \frac{b}{V_m} = \frac{Bp}{Z}$$

令$\dfrac{A}{B} = \dfrac{a}{bRT^{1.5}}$，故

$$\begin{aligned}\frac{H_m - H_m^{ig}}{RT} = \frac{H_m^R}{RT} &= -\frac{3}{2}\frac{A}{B}\ln(1+h) + Z - 1\\ &= Z - 1 - \frac{3}{2}\frac{A}{B}\ln\left(1+\frac{Bp}{Z}\right) \quad (T=\text{常数})\end{aligned} \tag{3.54}$$

压缩因子 Z 可以由 R-K 方程迭代得到摩尔体积 V_m 后，根据 $Z=pV_m/RT$ 获得，也可由式(2.50) 和式(2.51) 直接迭代求得，然后再用式(3.54) 求出等温焓差，即剩余焓。

同样，可以得到剩余熵的计算式为

$$\frac{S_m - S_m^{ig}}{R} = \frac{S_m^R}{R} = \ln(Z - Bp) - \frac{1}{2}\frac{A}{B}\ln\left(1+\frac{Bp}{Z}\right) \tag{3.55}$$

这是一种分析计算法，只要有合适的状态方程，就可利用上述方法进行推导，得出的结果较其他方法准确。在烃类化合物热力学性质的计算上，广泛采用 R-K 方程。

【例 3.1】 试用 R-K 方程求算 125℃，1×10^7Pa 下丙烯的剩余焓（假设该状态下丙烯服从 R-K 方程）。

解： 由附录 B 表 B.1 查得丙烯的临界参数 $T_c=365.0$K，$p_c=4.620$MPa，则

$$a=\frac{0.42748R^2T_c^{2.5}}{p_c}=\frac{0.42748\times8.314^2\times365.0^{2.5}}{4.620\times10^6}=16.28;\mathrm{Pa\cdot m^6\cdot K^{1/2}/mol^2}$$

$$b=\frac{0.08664RT_c}{p_c}=\frac{0.08664\times8.314\times365.0}{4.620\times10^6}=5.69\times10^{-5}\,\mathrm{m^3/mol}$$

将 a、b 值代入 R-K 方程式(2.14) 得

$$1\times10^7=\frac{8.314\times398.15}{V_m-5.69\times10^{-5}}-\frac{16.28}{398.15^{0.5}V_m(V_m+5.69\times10^{-5})}$$

经迭代计算得

$$V_m=1.42\times10^{-4}\,\mathrm{m^3/mol}$$

然后

$$h=\frac{b}{V_m}=\frac{5.69\times10^{-5}}{1.42\times10^{-4}}=0.4007$$

$$\frac{A}{B}=\frac{a}{bRT^{1.5}}=\frac{16.28}{5.69\times10^{-5}\times8.314\times398.15^{1.5}}=4.332$$

由式(2.48) 得

$$Z=\frac{1}{1-h}-\frac{A}{B}\left(\frac{h}{1+h}\right)=\frac{1}{1-0.4007}-4.332\times\frac{0.4007}{1+0.4007}=0.4294$$

再由式(3.54) 得

$$\begin{aligned}\frac{H_m^R}{RT}&=-\frac{3}{2}\frac{A}{B}\ln(1+h)+Z-1\\&=-1.5\times4.332\times\ln(1+0.4007)+0.4294-1\\&=-2.76\end{aligned}$$

所以 $$H_m^R=-2.76\times8.314\times398.15=-9136.20\,\mathrm{J/mol}$$

由于 R-K 方程对于在 398.15K、10MPa 下的丙烯只是近似正确，因此，所得结果也是一个近似值。

3.4.2 由普遍化压缩因子关系求剩余焓和剩余熵

在计算流体热力学性质时，需要流体的热容和 p、V、T 数据，但常常缺乏所需的 p、V、T 数据，特别是计算高压下流体的热力学性质时。幸运的是，在前面 2.3 节里提及的普遍化压缩因子 Z 的关联方法也可应用于剩余性质的计算。

由对比参数的定义可知

$$p=p_cp_r,\ T=T_cT_r,\ \mathrm{d}p=p_c\mathrm{d}p_r,\ \mathrm{d}T=T_c\mathrm{d}T_r$$

将这些式子代入式(3.33) 和式(3.34)，即可转化为普遍化的形式

$$\frac{H_m^R}{RT_c}=-T_r^2\int_0^{p_r}\left(\frac{\partial Z}{\partial T_r}\right)_{p_r}\frac{\mathrm{d}p_r}{p_r}\tag{3.56}$$

$$\frac{S_m^R}{R}=-T_r\int_0^{p_r}\left(\frac{\partial Z}{\partial T_r}\right)_{p_r}\frac{\mathrm{d}p_r}{p_r}-\int_0^{p_r}(Z-1)\frac{\mathrm{d}p_r}{p_r}\tag{3.57}$$

上述两式中涉及的变量只有 Z、T_r 和 p_r，因此对于任何给定的 T_r 和 p_r 值，可以得到普遍化压缩因子 Z 的数据，然后就可以由上述两式求出 H_m^R/RT_c 和 S_m^R/RT_c 的值。

由式(2.64) 可知

$$Z=Z^0+\omega Z^1 \tag{2.64}$$

则等压下 Z 对 T_r 的偏微分为

$$\left(\frac{\partial Z}{\partial T_r}\right)_{p_r}=\left(\frac{\partial Z^0}{\partial T_r}\right)_{p_r}+\omega\left(\frac{\partial Z^1}{\partial T_r}\right)_{p_r} \tag{3.58}$$

将式(3.58) 代入式(3.56) 和式(3.57) 得

$$\frac{H_m^R}{RT_c}=-T_r^2\int_0^{p_r}\left(\frac{\partial Z^0}{\partial T_r}\right)_{p_r}\frac{dp_r}{p_r}-\omega T_r^2\int_0^{p_r}\left(\frac{\partial Z^1}{\partial T_r}\right)_{p_r}\frac{dp_r}{p_r} \tag{A}$$

$$\frac{S_m^R}{R}=-\int_0^{p_r}\left[T_r\left(\frac{\partial Z^0}{\partial T_r}\right)_{p_r}+Z^0-1\right]\frac{dp_r}{p_r}-\omega\int_0^{p_r}\left[T_r\left(\frac{\partial Z^1}{\partial T_r}\right)_{p_r}+Z^1\right]\frac{dp_r}{p_r} \tag{B}$$

式(A) 与式(B) 中的积分仅与 T_r 和 p_r 有关；$\left(\frac{\partial Z^0}{\partial T_r}\right)_{p_r}$ 和 $\left(\frac{\partial Z^1}{\partial T_r}\right)_{p_r}$ 的值可由图 2.8～图 2.11 读取或由计算的方法求出。为便于书写起见，式(A) 与式(B) 中的第一项积分值分别用 $\frac{(H_m^R)^0}{RT_c}$ 和 $\frac{(S_m^R)^0}{R}$ 表示，第二项紧随 ω 后的积分值分别用 $\frac{(H_m^R)^1}{RT_c}$ 和 $\frac{(S_m^R)^1}{R}$ 来表示，于是剩余焓和剩余熵可写成如下的表达式

$$\frac{H_m^R}{RT_c}=\frac{(H_m^R)^0}{RT_c}+\omega\frac{(H_m^R)^1}{RT_c} \tag{3.59}$$

$$\frac{S_m^R}{R}=\frac{(S_m^R)^0}{R}+\omega\frac{(S_m^R)^1}{R} \tag{3.60}$$

算出 $\frac{(H_m^R)^0}{RT_c}$、$\frac{(S_m^R)^0}{R}$、$\frac{(H_m^R)^1}{RT_c}$ 和 $\frac{(S_m^R)^1}{R}$ 的值以后，以 T_r 和 p_r 作参数，即可绘出相应的普遍化图，这就是普遍化热力学性质图，如图 3.1～图 3.8 所示。将这些图与式(3.59)

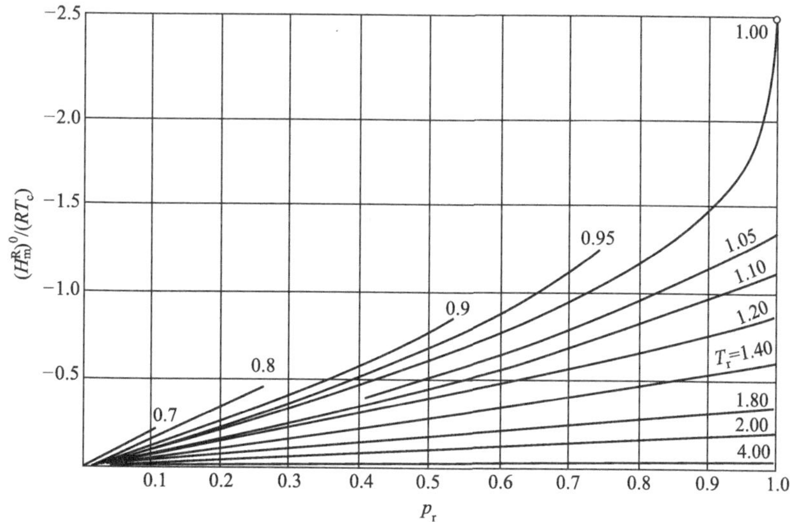

图 3.1 $\frac{(H_m^R)^0}{RT_c}$ 的普遍化关联（$p_r<1$）

和式(3.60) 相结合，就可求出 H_m^R 和 S_m^R 的值。显然，此计算方法是以 Pitzer 提出的三参数对应状态原理为基础的，适用于图 2.12 整个区域范围内的 T_r 和 p_r 值。

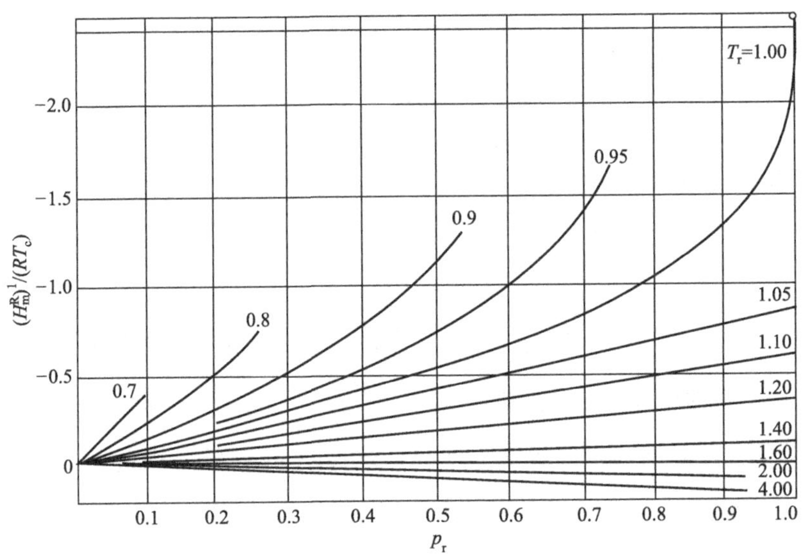

图 3.2 $\frac{(H_m^R)^1}{RT_c}$的普遍化关联（p_r<1）

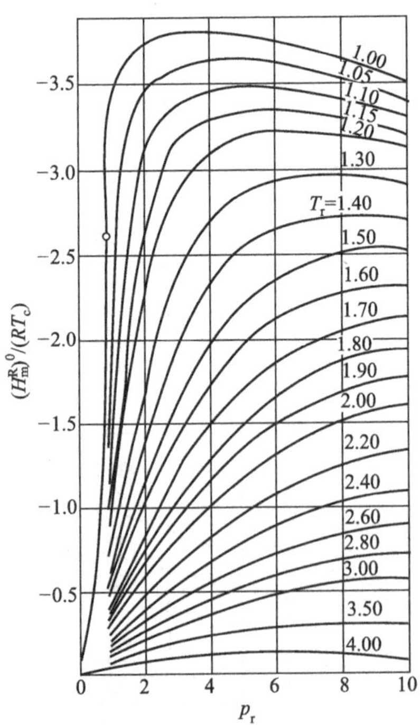

图 3.3 $\frac{(H_m^R)^0}{RT_c}$的普遍化关联（p_r>1）

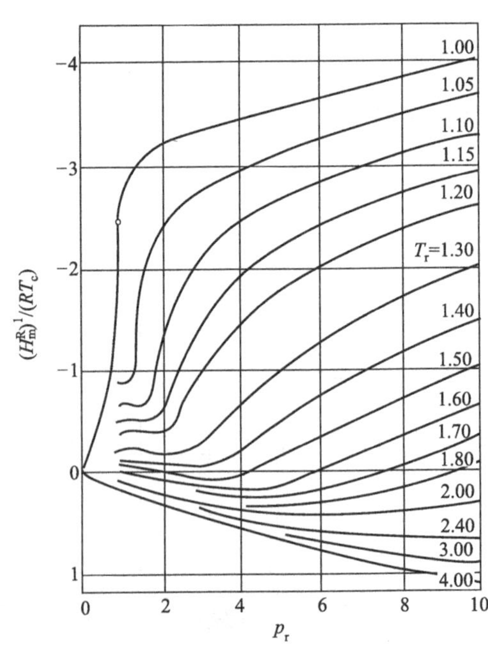

图 3.4 $\frac{(H_m^R)^1}{RT_c}$的普遍化关联（p_r>1）

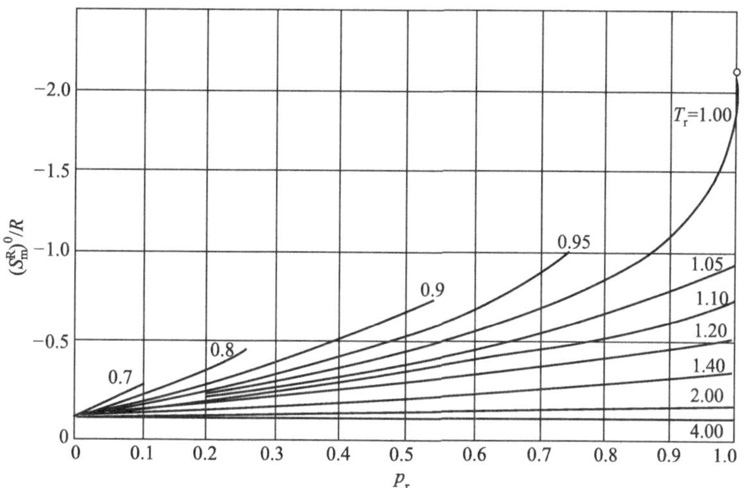

图 3.5 $\frac{(S_m^R)^0}{R}$的普遍化关联（p_r<1）

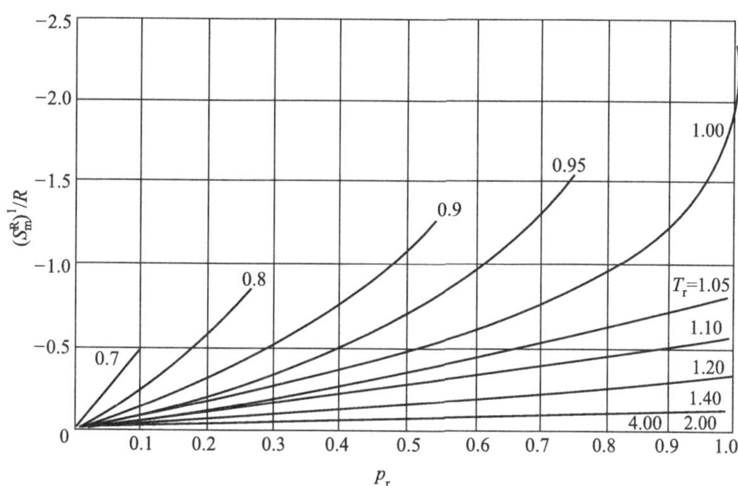

图 3.6 $\frac{(S_m^R)^1}{R}$的普遍化关联（p_r<1）

3.4.3 由普遍化维里系数求剩余焓和剩余熵

与普遍化压缩因子关联相似，由于复杂的函数关系使得$\frac{(H_m^R)^0}{RT_c}$、$\frac{(S_m^R)^0}{R}$、$\frac{(H_m^R)^1}{RT_c}$和$\frac{(S_m^R)^1}{R}$无法用简单的方程式表达。但在低压下普遍化维里系数与压缩因子 Z 之间的关联方法对剩余性质仍然适用。Pitzer 提出的三参数对应状态关联式用于第二维里系数时，在有限压力范围内可表示成式(2.68)

$$Z=1+B^0\frac{p_r}{T_r}+\omega B^1\frac{p_r}{T_r} \tag{2.68}$$

由式(2.68) 得

$$\left(\frac{\partial Z}{\partial T_r}\right)_{p_r}=p_r\left(\frac{dB^0/dT_r}{T_r}-\frac{B^0}{T_r^2}\right)+\omega p_r\left(\frac{dB^1/dT_r}{T_r}-\frac{B^1}{T_r^2}\right)$$

将这两个方程代入式(3.56) 和式(3.57) 得

$$\frac{H_m^R}{RT_c}=-T_r\int_0^{p_r}\left[\left(\frac{dB^0}{dT_r}-\frac{B^0}{T_r}\right)+\omega\left(\frac{dB^1}{dT_r}-\frac{B^1}{T_r}\right)\right]dp_r$$

$$\frac{S_m^R}{R}=-\int_0^{p_r}\left(\frac{dB^0}{dT_r}+\omega\frac{dB^1}{dT_r}\right)dp_r$$

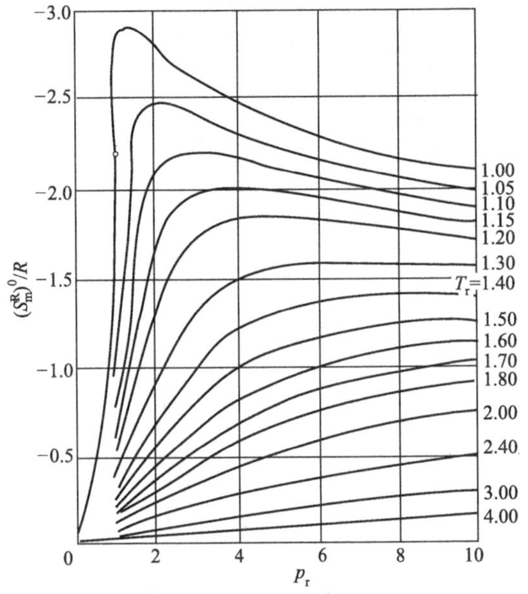

图 3.7 $\frac{(S_m^R)^0}{R}$的普遍化关联（$p_r>1$）

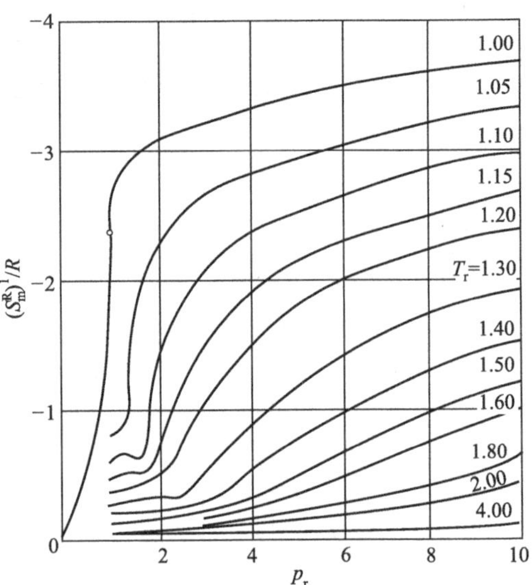

图 3.8 $\frac{(S_m^R)^1}{R}$的普遍化关联（$p_r>1$）

由于对特定气体 B^0 和 B^1 仅是温度的函数，则上述两个方程在恒温下积分，可得

$$\frac{H_m^R}{RT_c}=p_r\left[B^0-T_r\frac{dB^0}{dT_r}+\omega\left(B^1-T_r\frac{dB^1}{dT_r}\right)\right] \tag{3.61}$$

$$\frac{S_m^R}{R}=-p_r\left(\frac{dB^0}{dT_r}+\omega\frac{dB^0}{dT_r}\right) \tag{3.62}$$

式中

$$B^0=0.083-\frac{0.422}{T_r^{1.6}}$$

$$\frac{dB^0}{dT_r}=\frac{0.675}{T_r^{2.6}}$$

$$B^1=0.139-\frac{0.172}{T_r^{4.2}}$$

$$\frac{dB^1}{dT_r}=\frac{0.722}{T_r^{5.2}}$$

图 2.12 原是表示维里系数与压缩因子关联情况的偏差，它亦适用于判别基于第二维里系数与基于压缩因子关联的剩余性质之间的偏差。所有其他关联方法与基于压缩因子关联的方法相比，用于剩余性质的计算时精度均较低，尤其对于强极性分子和缔合分子而言，精度

更低。

根据 H_m^R 和 S_m^R 的普遍化关联式，结合理想气体热容，运用式(3.39) 和式(3.40) 可以求出任何温度和压力下的焓和熵值。假设某一物系从状态 1 变化到状态 2，两个状态下的焓值用式(3.39) 可表示为

$$H_{m,2}=H_{m,0}^{ig}+C_{pmh}^{ig}\left(T_2-T_0\right)+H_{m,2}^{R}$$

$$H_{m,1}=H_{m,0}^{ig}+C_{pmh}^{ig}\left(T_1-T_0\right)+H_{m,1}^{R}$$

过程的焓变为上述两式之差，即 $\Delta H_m=H_{m,2}-H_{m,1}$

$$\Delta H_m=C_{pmh}^{ig}\left(T_2-T_1\right)+H_{m,2}^{R}-H_{m,1}^{R} \tag{3.63}$$

同样可得

$$\Delta S_m=C_{pms}^{ig}\ln\frac{T_2}{T_1}-R\ln\frac{p_2}{p_1}+S_{m,2}^{R}-S_{m,1}^{R} \tag{3.64}$$

上面两式右边诸项可与物系从初态变化到末态时所经历的路径相联系，从而得到过程的焓变与熵变，如图 3.9 所示。

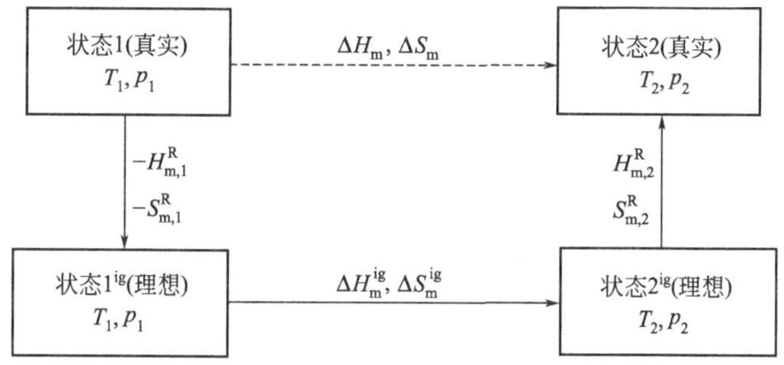

图 3.9 计算焓变和熵变的路径

实际过程是从 1→2（用虚线表示），可以设计用三步计算途径来实现，包括 $1\to1^{ig}$，$1^{ig}\to2^{ig}$ 和 $2^{ig}\to2$。$1\to1^{ig}$ 表示在 T_1、p_1 下由真实气体转化为理想气体，这是一个虚拟的过程，其焓变和熵变分别为 $H_{m,1}^{ig}-H_{m,1}=-H_{m,1}^{R}$，$S_{m,1}^{ig}-S_{m,1}=-S_{m,1}^{R}$。$1^{ig}\to2^{ig}$ 表示理想气体从状态 $1^{ig}(T_1,p_1)$ 变化到状态 $2^{ig}(T_2,p_2)$，此过程的焓变和熵变分别为

$$\Delta H_m^{ig}=H_{m,2}^{ig}-H_{m,1}^{ig}=C_{pmh}^{ig}\left(T_2-T_1\right) \tag{3.65}$$

$$\Delta S_m^{ig}=S_{m,2}^{ig}-S_{m,1}^{ig}=C_{pms}^{ig}\ln\frac{T_2}{T_1}-R\ln\frac{p_2}{p_1} \tag{3.66}$$

最后 $2^{ig}\to2$ 表示在 T_2、p_2 下由理想气体回到真实气体，这也是一个虚拟的过程，其焓变和熵变分别为 $H_{m,2}-H_{m,2}^{ig}=H_{m,2}^{R}$，$S_{m,2}-S_{m,2}^{ig}=S_{m,2}^{R}$。将这三个过程的焓变和熵变相加，即为式(3.63) 和式(3.64)。

【例 3.2】 试求在 200℃、7MPa 下 1-丁烯蒸气的 V_m、H_m 和 S_m。假定 1-丁烯饱和液体在 0℃的 H_m 和 S_m 值为零。

已知 1-丁烯正常沸点为 $T_b=267\text{K}$，$C_p^{ig}/R=1.967+31.630\times10^{-3}T-9.837\times10^{-6}T^2$，$(T/\text{K})$。

解： 由附录 B 表 B.1 查得 1-丁烯的临界参数为 $T_c=419.6\text{K}$，$p_c=4.02\text{MPa}$，$\omega=0.187$，则

$$T_r=\frac{200+273.15}{419.6}=1.13, \quad p_r=\frac{70}{40.2}=1.74$$

分别查图 2.9 和图 2.11，得

$$Z^0=0.476, \quad Z^1=0.135$$

则

$$Z=Z^0+\omega Z^1=0.476+0.187\times0.135=0.501$$

所以

$$V_m=\frac{ZRT}{p}=\frac{0.501\times8.314\times10^3\times473.15}{7\times10^6}=0.2815\text{m}^3/\text{kmol}$$

为了计算 H_m 和 S_m，用类似于图 3.10 的计算路径。初态为 0℃ 1-丁烯饱和液体，其 H_m 和 S_m 值为零，终态为 473.15K、7MPa 1-丁烯蒸气。共设四步计算，如图 3.10 所示。

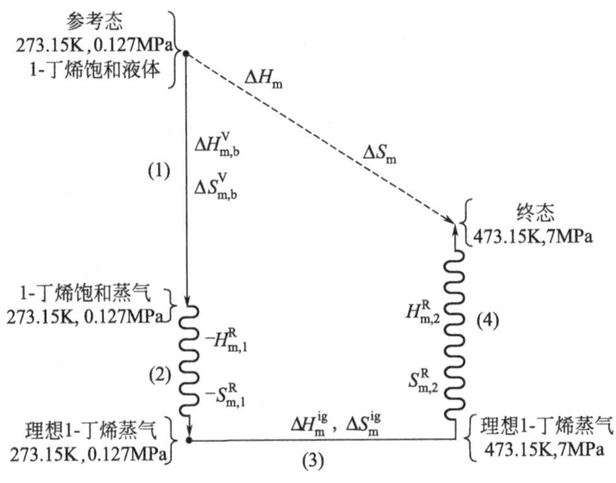

图 3.10 【例 3.2】计算步骤图

【例 3.2】计算步骤如下：

(1) 1-丁烯饱和液体在 T_1、p_1 下汽化为饱和蒸气（p_1 为饱和蒸气压）；

(2) 1-丁烯饱和蒸气在 T_1、p_1 下转化为理想气体；

(3) T_1、p_1 下的 1-丁烯理想气体变为 T_2、p_2 下的理想气体；

(4) 1-丁烯理想气体在 T_2、p_2 下转化为真实气体。

步骤 (1)：1-丁烯饱和液体在 T_1、p_1 下汽化为饱和蒸气

其饱和蒸气压 p^s（即 p_1）用式(a) 估算

$$\ln p^s=A-\frac{B}{T/\text{K}} \tag{a}$$

式(a) 中，A、B 为物性常数，可利用正常沸点和临界点的数据求出

$$\ln 0.10133=A-\frac{B}{267} \tag{b}$$

$$\ln 4.02=A-\frac{B}{419.6} \tag{c}$$

联立式(b) 和式(c) 求解出 A 和 B 分别为

$$A=7.8312, \quad B=2702.2$$

将 A 和 B 的值代入式(a)，求得 273.15K 时 1-丁烯饱和蒸气的蒸气压 $p^s=0.127\text{MPa}$，即

$$p_1=0.127\text{MPa}$$

此值在步骤（2）与（3）中要用到。

估算汽化焓可用雷狄尔（Riedel）推荐的公式

$$\frac{\Delta H_{m,b}^V}{T_bR}=\frac{1.092(\ln p_c+1.2896)}{0.930-T_{rb}} \tag{d}$$

式中，T_b 为正常沸点，K；$\Delta H_{m,b}^V$ 为正常沸点下的汽化焓，J/mol；p_c 为临界压力，MPa；T_{rb} 为正常沸点的对比温度，且 $T_{rb}=267/419.6=0.636$。

将有关数据代入式(d)，得

$$\frac{\Delta H_{m,b}^V}{T_bR}=\frac{1.092(\ln p_c+1.2896)}{0.930-T_{rb}}=\frac{1.092(\ln 4.02+1.2896)}{0.930-0.636}=9.958$$

所以

$$\Delta H_{m,b}^V=9.958\times 8.314\times 267=22105\text{J/mol}$$

已知正常沸点下的汽化焓求 273.15K 时的汽化焓，可以用瓦逊（Watson）推荐的公式

$$\frac{\Delta H_2}{\Delta H_1}=\left(\frac{1-T_{r2}}{1-T_{r1}}\right)^{0.38}$$

在 273.15K 下，$T_r=273.15/419.6=0.651$，则

$$\frac{\Delta H_m^V}{\Delta H_{m,b}^V}=\left(\frac{1-0.651}{1-0.636}\right)^{0.38}$$

所以

$$\Delta H_m^V=\left(\frac{0.349}{0.364}\right)^{0.38}\times 22105=21754\text{J/mol}$$

$$\Delta S_m^V=\Delta H_m^V/T=(21754/273.15)\text{J/(mol·K)}=79.64\text{J/(mol·K)}$$

步骤（2）：1-丁烯饱和蒸气在 T_1、p_1 下转化为理想气体

$$T_r=\frac{273.15}{419.6}=0.651 \quad p_r=\frac{0.127}{4.02}=0.0316$$

$H_{m,1}^R$ 和 $S_{m,1}^R$ 分别由普遍化第二维里系数关联式(3.61) 和式(3.62) 求得

$$B^0=0.083-\frac{0.422}{T_r^{1.6}}=-0.756 \quad \frac{dB^0}{dT_r}=\frac{0.675}{T_r^{2.6}}=2.06$$

$$B^1=0.139-\frac{0.172}{T_r^{4.2}}=-0.904 \quad \frac{dB^1}{dT_r}=\frac{0.722}{T_r^{5.2}}=6.73$$

则

$$\frac{H_{m,1}^R}{RT_c}=0.0316\times[(-0.756-0.651\times 2.06)+0.187\times(-0.904-0.651\times 6.73)]=-0.0975$$

$$\frac{S_{m,1}^R}{R}=-0.0316\times(2.06+0.187\times 6.73)=-0.105$$

所以

$$H_{m,1}^R=-0.0975\times 8.314\times 419.6=-340\text{J/mol}$$

$$S_{m,1}^R=-0.105\times 8.314=-0.87\text{J/(mol·K)}$$

步骤（3）：T_1、p_1 下的 1-丁烯理想气体变为 T_2、p_2 下的理想气体

$$T_{\rm lm}=\frac{T_2-T_1}{\ln\dfrac{T_2}{T_1}}=\frac{473.15-273.15}{\ln\dfrac{473.15}{273.15}}=364.04\text{K},\ T_{\rm am}=\frac{T_1+T_2}{2}=\frac{273.15+473.15}{2}=373.15\text{K}$$

根据 $C_p^{\rm ig}/R=1.967+31.630\times10^{-3}T-9.837\times10^{-6}T^2$，$(T/\text{K})$，有

$$C_{p\rm mh}^{\rm ig}/R=A+BT_{\rm am}+\frac{C}{3}(4T_{\rm am}^2-T_1T_2)+\frac{D}{T_1T_2}$$

$$=1.967+31.630\times10^{-3}\times373.15-\frac{9.837\times10^{-6}}{3}\times(4\times373.15^2-273.15\times473.15)=12.367$$

$$C_{p\rm ms}^{\rm ig}/R=A+BT_{\rm lm}+T_{\rm am}T_{\rm lm}\left[C+\frac{D}{(T_1T_2)}\right]$$

$$=1.967+31.630\times10^{-3}\times364.04-9.837\times10^{-6}\times373.15\times364.04=12.145$$

由式(3.65) 和式(3.66) 得

$$\Delta H_{\rm m}^{\rm ig}=C_{p\rm mh}^{\rm ig}(T_2-T_1)=12.367\times8.314\times(473.15-273.15)\text{J/mol}=20564\text{J/mol}$$

$$\Delta S_{\rm m}^{\rm ig}=C_{p\rm ms}^{\rm ig}\ln\frac{T_2}{T_1}-R\ln\frac{p_2}{p_1}=12.145\times8.314\times\ln\frac{473.15}{273.15}-8.314\times\ln\frac{7}{0.127}\text{J/(mol·K)}$$

$$=22.16\text{J/(mol·K)}$$

步骤（4）：1-丁烯理想气体在 T_2、p_2 下转化为真实气体

$$T_{\rm r}=1.13,\ p_{\rm r}=1.74$$

由图 2.12 可知，$H_{\rm m,2}^{\rm R}$ 和 $S_{\rm m,2}^{\rm R}$ 应由普遍化压缩因子关联法求得，查图 3.3 和图 3.4 以及图 3.7 和图 3.8，得

$$\frac{(H_{\rm m,2}^{\rm R})^0}{RT_{\rm c}}=-2.34,\quad \frac{(H_{\rm m,2}^{\rm R})^1}{RT_{\rm c}}=-0.62$$

$$\frac{(S_{\rm m,2}^{\rm R})^0}{R}=-1.63,\quad \frac{(S_{\rm m,2}^{\rm R})^1}{R}=-0.56$$

由式(3.59) 和式(3.60) 得

$$\frac{H_{\rm m,2}^{\rm R}}{RT_{\rm c}}=\frac{(H_{\rm m,2}^{\rm R})^0}{RT_{\rm c}}+\omega\frac{(H_{\rm m,2}^{\rm R})^1}{RT_{\rm c}}=-2.34+0.187\times(-0.62)=-2.46$$

$$\frac{S_{\rm m,2}^{\rm R}}{R}=\frac{(S_{\rm m,2}^{\rm R})^0}{R}+\omega\frac{(S_{\rm m,2}^{\rm R})^1}{R}=-1.63+0.187\times(-0.56)=-1.73$$

所以

$$H_{\rm m,2}^{\rm R}=(-2.46)\times8.314\times419.6=-8582\text{J/mol}$$

$$S_{\rm m,2}^{\rm R}=(-1.73)\times8.314=-14.38\text{J/(mol·K)}$$

将步骤（1）～(4）的焓变和熵变分别各自相加，即可得到从初态（$H_{\rm m}$ 和 $S_{\rm m}$ 值为零）变至终态的总焓变和总熵变（即终态的焓和熵之值）

$$H_{\rm m}=\Delta H_{\rm m}=\Delta H_{\rm m}^{\rm V}+\Delta H_{\rm m}^{\rm ig}+H_{\rm m,2}^{\rm R}-H_{\rm m,1}^{\rm R}$$

$$=21754+20564-8582+340=34076\text{J/mol}$$

$$S_{\rm m}=\Delta S_{\rm m}=\Delta S_{\rm m}^{\rm V}+\Delta S_{\rm m}^{\rm ig}+S_{\rm m,2}^{\rm R}-S_{\rm m,1}^{\rm R}$$

$$=79.64+22.16-14.38+0.87=88.29\text{J/(mol·K)}$$

本例计算结果与实验值比较符合。倘若将 1-丁烯蒸气视为理想气体，则与实验值相差甚大。

3.5 液体焓和熵的计算

在计算气体的焓和熵时，式(3.35) 和式(3.36) 包含着计算比较复杂的剩余性质项 H_m^R 和 S_m^R，其值是比较小的，它们相对于数值较大的 H_m^{ig} 和 S_m^{ig} 而言，只是一个修正值而已。但当计算液体的焓和熵时，剩余性质的方法却丧失了上述优点，式(3.35) 和式(3.36) 无法适用，这是因为液体的 H_m^R 和 S_m^R 中包含了汽化过程较大的焓变和熵变。因此对于液体通常采用下述方法来计算焓变和熵变。

通常，定义流体体积膨胀系数 β 为

$$\beta \equiv \frac{1}{V_m}\left(\frac{\partial V_m}{\partial T}\right)_p \tag{3.67}$$

将式(3.67) 代入式(3.13) 和式(3.16) 得

$$\left(\frac{\partial S_m}{\partial p}\right)_T = -\beta V_m \tag{3.68}$$

$$\left(\frac{\partial H_m}{\partial p}\right)_T = \left(1-\beta T\right)V_m \tag{3.69}$$

对于液体，当状态远离临界点时，其体积较小，β 也较小。通常压力对液体的焓和熵影响较小。对于不可压缩流体，β 值可视为零，此时 $(\partial S_m/\partial p)_T=0$，即熵与压力无关。但要注意，由式(3.69) 可见，不可压缩流体的焓与压力 p 有关。

将式(3.67) 代入式(3.17) 和式(3.18) 得

$$dH_m = C_p dT + V_m\left(1-\beta T\right)dp \tag{3.70}$$

$$dS_m = C_p\frac{dT}{T} - \beta V_m dp \tag{3.71}$$

通常用上述两式的积分求出液体的焓变和熵变。这两个式子的积分可由图 3.11(a) 或图 3.11(b) 所示的框图得到。

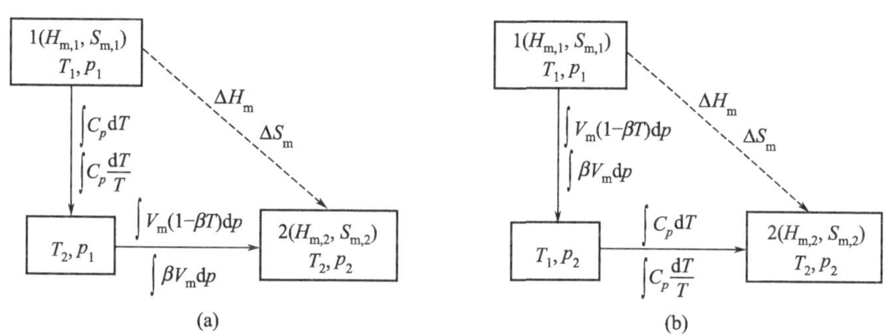

图 3.11 计算液体焓变和熵变的路径

由于液体的 C_p 是 T 的弱函数，β 和 V 是 p 的弱函数，所以在进行积分时可取适当的平均值作简化计算即可。

当式(3.70) 和式(3.71) 从 T_1、p_1 到 T_2、p_2 按图 3.11(a) 所示的路径进行积分时，分别变为

$$\Delta H_m = C_{p1m}\left(T_2 - T_1\right) + V_{m,m}\left(1-\beta_m T_2\right)\left(p_2 - p_1\right) \tag{3.72}$$

$$\Delta S_{\mathrm{m}}=C_{p1\mathrm{m}}\ln\frac{T_2}{T_1}-\beta_{\mathrm{m}}V_{\mathrm{m,m}}(p_2-p_1) \tag{3.73}$$

当式(3.70) 和式(3.71) 从 T_1、p_1 到 T_2、p_2 按图 3.11(b) 所示的路径进行积分时，则分别变为

$$\Delta H_{\mathrm{m}}=C_{p2\mathrm{m}}(T_2-T_1)+V_{\mathrm{m,m}}(1-\beta_{\mathrm{m}}T_1)(p_2-p_1) \tag{3.74}$$

$$\Delta S_{\mathrm{m}}=C_{p2\mathrm{m}}\ln\frac{T_2}{T_1}-\beta_{\mathrm{m}}V_{\mathrm{m,m}}(p_2-p_1) \tag{3.75}$$

式中，$C_{p\mathrm{m}}$、β_{m} 和 $V_{\mathrm{m,m}}$ 分别为液体平均定压摩尔热容、平均体积膨胀系数和平均摩尔体积。

【例 3.3】 已知 $H_2O(l)$ 从 25℃、0.1MPa 变化到 50℃、100MPa，试求 $H_2O(l)$ 经历这一过程的焓变和熵变。$H_2O(l)$ 的相关参数如下所示：

t/℃	p/MPa	C_p/[kJ/(kmol·K)]	V/(m^3/kmol)	β/K^{-1}
25	0.1	75.305	0.018075	256×10^{-6}
25	100	…	0.017358	366×10^{-6}
50	0.1	75.314	0.018240	458×10^{-6}
50	100	…	0.017535	568×10^{-6}

解： 由于没有 100MPa 下 C_p 的值，所以分别采用式(3.72) 和式(3.73) 来计算 $H_2O(l)$ 的焓变和熵变。此时

$$C_{p\mathrm{m}}=\frac{75.305+75.314}{2}=75.310\mathrm{kJ/(kmol\cdot K)}$$

当 $t=50$℃时

$$V_{\mathrm{m,m}}=\frac{0.018240+0.017535}{2}=0.017888\mathrm{m^3/kmol}$$

$$\beta_{\mathrm{m}}=\frac{458+568}{2}\times10^{-6}=513\times10^{-6}\mathrm{K^{-1}}$$

分别由式(3.72) 和式(3.73) 得

$$\begin{aligned}\Delta H_{\mathrm{m}}&=C_{p1\mathrm{m}}(T_2-T_1)+V_{\mathrm{m,m}}(1-\beta_{\mathrm{m}}T_2)(p_2-p_1)\\&=75.310\times(323.15-298.15)+0.017888\times(1-513\times10^{-6}\times\\&\quad 323.15)\times(100-0.1)\times10^3\\&=(1882.75+1490.77)\mathrm{kJ/kmol}=3373.52\mathrm{kJ/kmol}\end{aligned}$$

$$\begin{aligned}\Delta S_{\mathrm{m}}&=C_{p1\mathrm{m}}\ln\frac{T_2}{T_1}-\beta_{\mathrm{m}}V_{\mathrm{m,m}}(p_2-p_1)\\&=75.310\times\ln\frac{323.15}{298.15}-513\times10^{-6}\times0.017888\times(100-0.1)\times10^3\\&=(6.0639-0.9167)\mathrm{kJ/(kmol\cdot K)}=5.1472\mathrm{kJ/(kmol\cdot K)}\end{aligned}$$

由上述结果可见，对于 $H_2O(l)$ 来说，压力变化了 100MPa 还不及温度变化 25℃对其焓变和熵变的影响大。

3.6 热力学性质图表

对化工过程进行热力学性质分析时需要流体热力学性质的信息，为此用前面介绍的一系

列普遍化曲线图来进行一般计算是很方便的。在实际生产和设计中，除普遍化图线外，人们对某些常用物质制作了综合热力学性质图，由给定条件可直接从图中查到某些热力学性质。常用的热力学性质图有：温-熵图（T-S）、焓-熵图（H-S，称为 Mollier 图）、压-焓图（p-H）。也有其他热力学性质图，但很少用。这些热力学性质图都是根据实验所得的 p、V、T 数据、汽化潜热和热容数据，经过一系列微分、积分等运算绘制而成的。如果能够完全使用实验数据直接绘制图线当然是最精确的，但是实验数据往往是不完整的或者根本就没有实验数据，这时就需要通过状态方程的计算来进行补充和引申。

为了用最简便的形式提供不同温度、压力下物质的热力学性质数据，很多情况下可以用数据表格，其优点是比通过热力学图得到的数据精确，但使用时经常需要内插，比较麻烦。因此，目前只有少数物质的热力学性质数据已经绘制成表格（如附录 E 饱和水蒸气表）。热力学性质图虽然读数不如由热力学性质表中得到的数据准确，但是用起来很方便，并且容易看出其变化趋势，因此进行热力学过程分析一般都使用热力学性质图。在这些图中，一般都有等压、等容、等熵、等焓以及其他曲线。下面介绍温-熵图（T-S）、压-焓图（p-H）和焓-熵图（H-S）。

3.6.1 *T-S* 图

图 3.12 为氨的 T-S 图。图的左下方的拱形曲线为饱和曲线，该饱和曲线的左半边为饱和液体曲线，右半边为饱和蒸气曲线。

在图 3.13 中，曲线 $C\to2'\to2\to A$ 称为饱和液体曲线，$C\to3'\to3\to B$ 称为饱和蒸气曲线。在相同温度下，气相的熵总是大于液相的熵，因此饱和蒸气曲线在熵值较大的那半边。饱和蒸气曲线和饱和液体曲线的汇合点 C 称为临界点。饱和液体曲线以左、临界温度以下的区域为液相（liquid，L）区；饱和蒸气曲线以右、临界温度以下的区域为蒸气（vapour，V）区；临界温度以上、临界压力以右的区域为气相（gas，G）区；临界温度以上、临界压力以左的区域为超临界流体（supercritical fluid，SF）区。

饱和曲线下面的区域为液-气（liquid/vapour，L/V）共存区，亦称为湿蒸气区。气-液共存区的水平线与饱和曲线的两个交点，表示互成平衡的气、液两个相，它们的温度、压力均相等。水平线的长度表示气液相变时的熵变，此熵变与其绝对温度的乘积为汽化热。随着液体温度的升高，汽化热逐渐下降；直到临界点，汽化热为零。气液相平衡线（如图 3.13 中线 2-3）上的任意一点都为气液混合物，其中气液量的多少可由杠杆规则求得。例如，图 3.13 中两相区内 m 点，蒸气量/液体量=2-m 线段长/3-m 线段长。湿蒸气中所含饱和蒸气的质量分数称为干度 x。有些 T-S 图上标有等干度线，如图 3.13 中的 x_1，x_2，x_3…曲线。在等干度曲线上的湿蒸气具有相同的干度。

在 T-S 图上还标有一系列从左下角往右上角偏斜的近乎平行的曲线，称为等压线，等压线从左往右偏斜，是因为压力一定时，随温度的升高气体和液体的熵值也随之增大。在液相区的等压线为液体等压线，其他均为气体等压线。在气-液两相区内等压线是水平的。在其他区域内的等压线中，高压线在左边，低压线在右边，也就是说等压线从右往左逐渐升高，这是由于在相同的温度下，高压下的熵值较低压下的小。

在等压线之间，有一系列等焓线，它们是由不同的等压线上焓值相等的点联结起来所成的。湿蒸气的焓可以根据等焓线求出，也可以由湿蒸气中所含饱和蒸气与饱和液体的焓值按它们分别在湿蒸气中的百分含量加和求得，即

$$H_m=H_g x+(1-x)H_f \tag{3.76}$$

式中，H_m 是湿蒸气的比焓（每 1kg 物料的焓）；H_g 和 H_f 分别为组成湿蒸气的饱和蒸气和饱和液体的比焓；x 为湿蒸气的干度。同样，对于湿蒸气的熵也有：

$$S_m=S_g x+(1-x)S_f \tag{3.77}$$

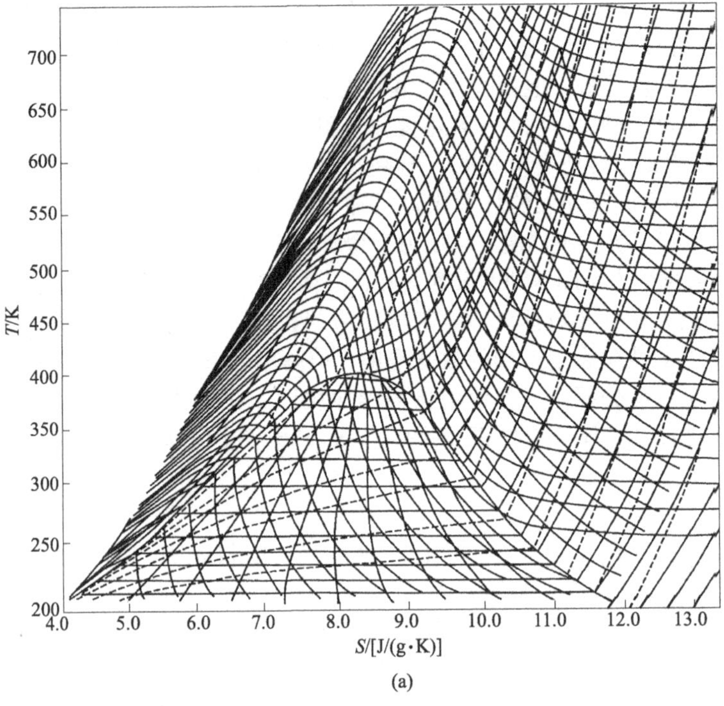

(a)

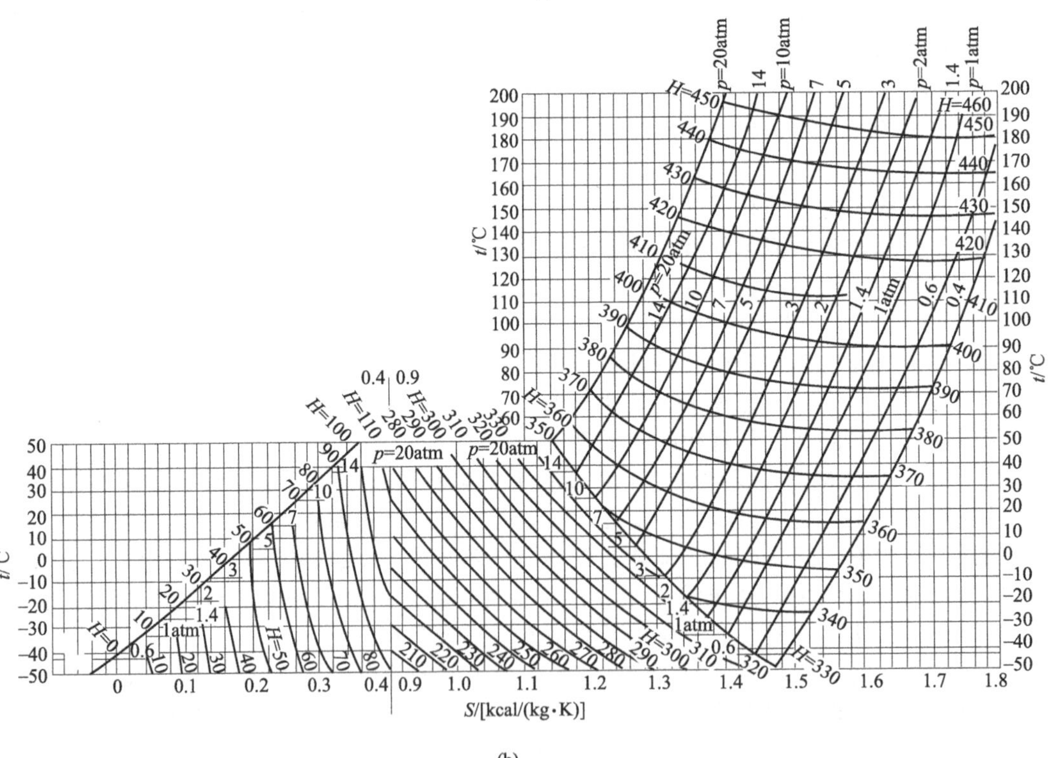

(b)

图 3.12　氨的 T-S 图（可供查用）

1atm＝101325Pa；1cal＝4.18J

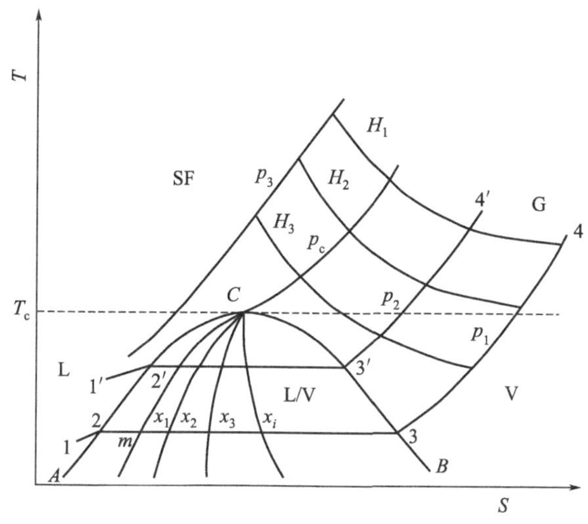

图 3.13 *T-S* 图示意

当压力恒定时，焓值随温度的升高而增加，所以焓值大的等焓线在上面，小的在下面。压力不太高时，在同一温度下，高压下的焓一般低于低压下的焓，因此在压力不太高时等焓线是从左上方向右下方偏斜；当压力很高时，分子间以排斥力为主，等焓线就从左下方向右上方偏斜［如图 3.12(a) 所示］。

在 *T-S* 图上还标有等比体积线［见图 3.12(a) 中的虚线］，在两相区内等比体积线是斜的，这是因为饱和蒸气的比体积比饱和液体的大。

T-S 图概括了物质性质变化的规律。当物质状态确定后，其热力学性质可从 *T-S* 图上查得，也就是说，物质状态一旦确定，则 p、T、H、S 等其他热力学性质均可确定。因此无论过程可逆与否，只要已知物系变化的路径和始、末状态，其过程均可用 *T-S* 图来描述，同时这些状态函数的变化值也可直接从 T-S 图上求得。

下面就用 *T-S* 图来描述如下几种过程。

(1) 等压加热或冷却过程

如图 3.14 所示，某物系在压力 p_1 下由 T_1 加热到 T_2，此过程在等压线上由曲线 1→2 表示；相反，如果是在等压下冷却，也可以采用与等压加热相同的方法来表示，只是方向相反，即在图 3.14 中，以曲线 2→1 来表示等压冷却过程。

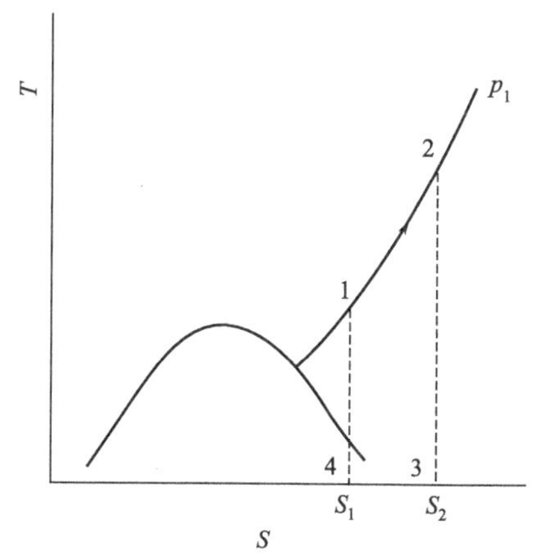

图 3.14 等压加热过程

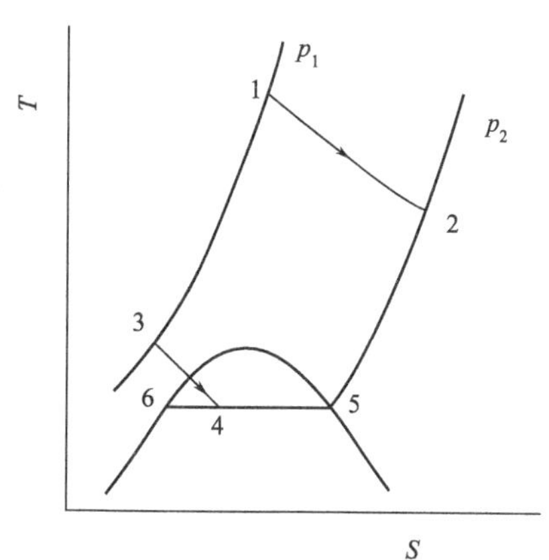

图 3.15 节流膨胀过程

(2) 节流膨胀过程

节流膨胀过程是一个等焓的过程，所以节流过程可以在等焓线上表示出来，如图 3.15 所示。状态 1（p_1 和 T_1）的高压气体节流至低压 p_2 时，将沿等焓线进行，直至与等焓线上 p_2 相交，其过程由曲线 1→2 表示。节流后气体的温度降低，可直接从图上读出。若节流膨胀前物流温度较低，如图 3.15 中 3 点所示，则等焓膨胀至低压 p_2 后，末态点 4 处于两相区，这时它就自动分为气液两相，气液比可由杠杆规则求得，这里气/液＝4-6 线段长/5-4 线段长。

(3) 等熵膨胀或压缩过程

可逆绝热膨胀过程是等熵过程，在 T-S 图上可用垂直于横坐标的线段表示，如图 3.16 所示。物系由状态 1（p_1 和 T_1）等熵膨胀至 p_2 时，垂直线段 1-2 与等压线 p_2 的交点 2 即为过程的终态。这时膨胀后物系的终态温度 T_2 可以直接从图上读出。如果某一绝热过程是不可逆的，一部分机械功会耗散为热，并被流体本身吸收，因此膨胀后流体的温度 T_2'要比 T_2 高，且流体的熵 S_2'也大于 S_2，即不可逆绝热膨胀过程内部有熵产生，过程如图 3.16 中曲线 1-2′所示。

等熵压缩过程与等熵膨胀过程是类似的，同样可以用等熵线表示，只是方向相反，如图 3.17 所示。1→2 为可逆绝热压缩过程，1→2′为不可逆绝热压缩过程。

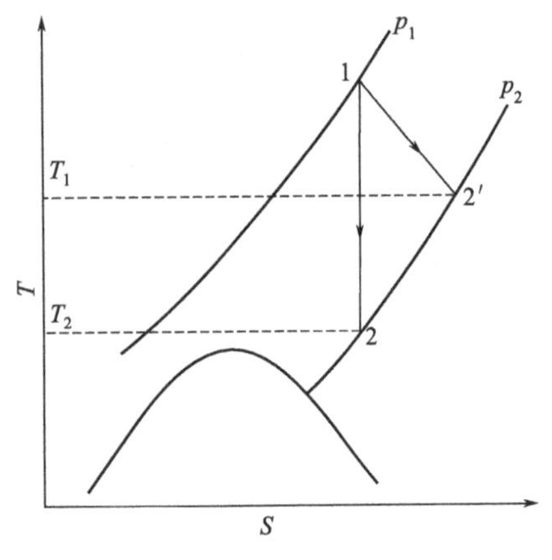

图 3.16 等熵膨胀过程

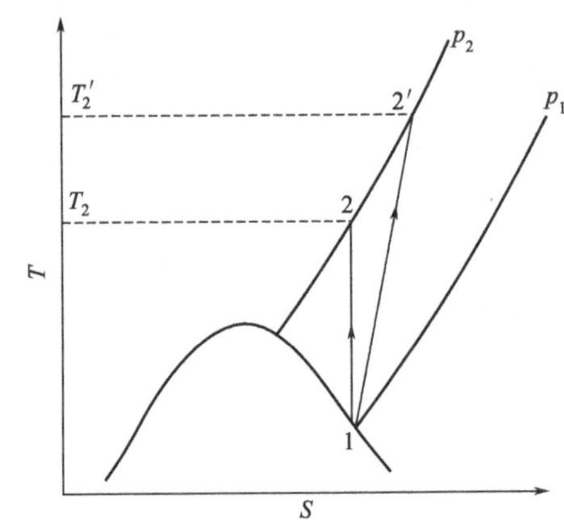

图 3.17 等熵压缩过程

3.6.2 *p*-*H* 图

图 3.18(a) 所示为 p-H 示意图，此图对于制冷循环很有用，因为制冷循环中各个理想过程均可用线段表示。两相区内水平线的长度表示汽化热的数据。由于汽化热随着压力的增加而减小，所以当趋近临界点时，这些水平线变得越来越短。

在液相区内等温线几乎是垂直的，这是因为压力对焓的影响很小；而在过热蒸气区内，等温线陡峭下降，在低压区接近于垂直，这同样是由于压力对稀薄蒸气焓的影响很小的缘故。图 3.18(b) 所示为氟利昂 R12 的 p-H 图。

3.6.3 *H*-*S* 图

图 3.19(a) 所示为 H-S 图示意，即莫里尔图（Mollier 图），这是为了纪念该图的创始人而命名的。构成 H-S 图和构成 T-S 图所使用的数据是相同的。

在 H-S 图中有饱和曲线（包括饱和液体曲线和饱和蒸气曲线）、等温线和等压线。等温线和等压线在 H-S 图的两相区内是倾斜的，而在 T-S 图上是水平的，这是因为前者的纵坐标是焓，饱和蒸气的焓大于饱和液体的焓。H-S 图与 T-S 图十分相似，它包含的数据通常是工程计算与分析最常用的，因此，应用也很广泛。从 H-S 图查得的焓值较 T-S 图查得的更为准确，尤其是对等熵过程和等焓过程，应用 H-S 图尤为方便。因此它对喷嘴、扩压管、压缩机、透平机以及热交换器等设备的计算与分析都很实用。图 3.19(b) 所示为水蒸气的 H-S 图。

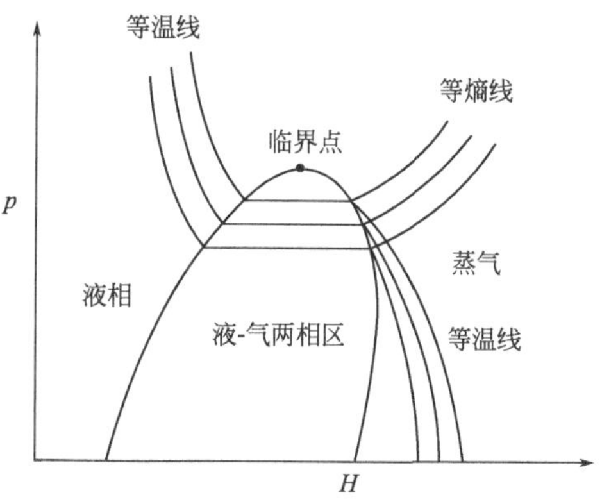

(a) p-H图示意

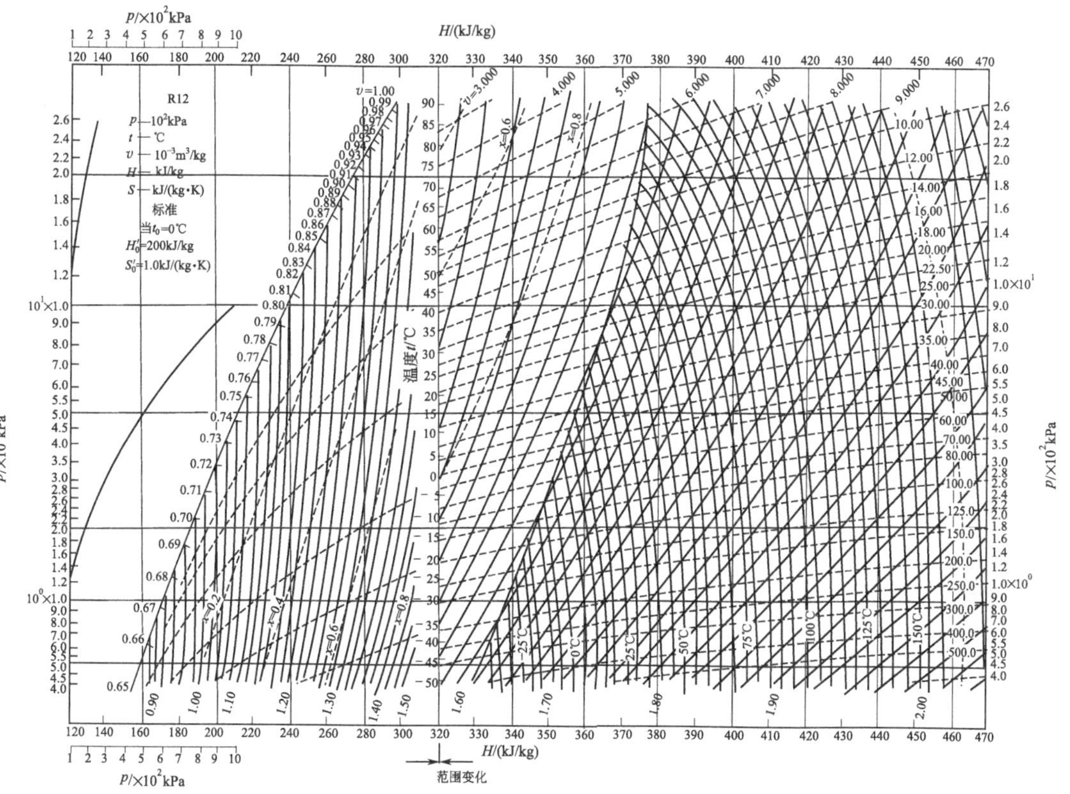

(b) 氟利昂R12的p-H图

图 3.18 p-H 图

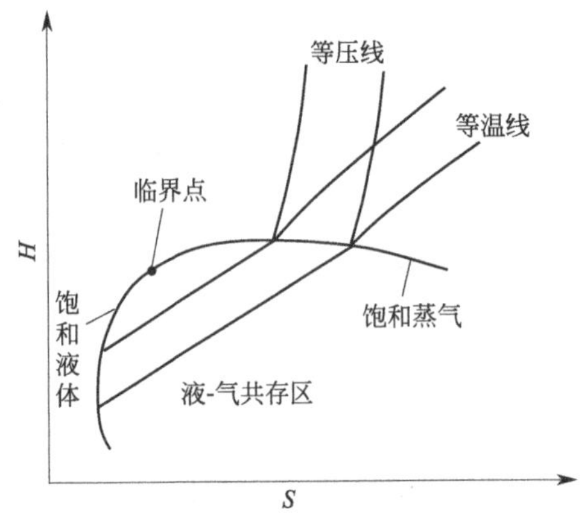

(a) H-S图示意

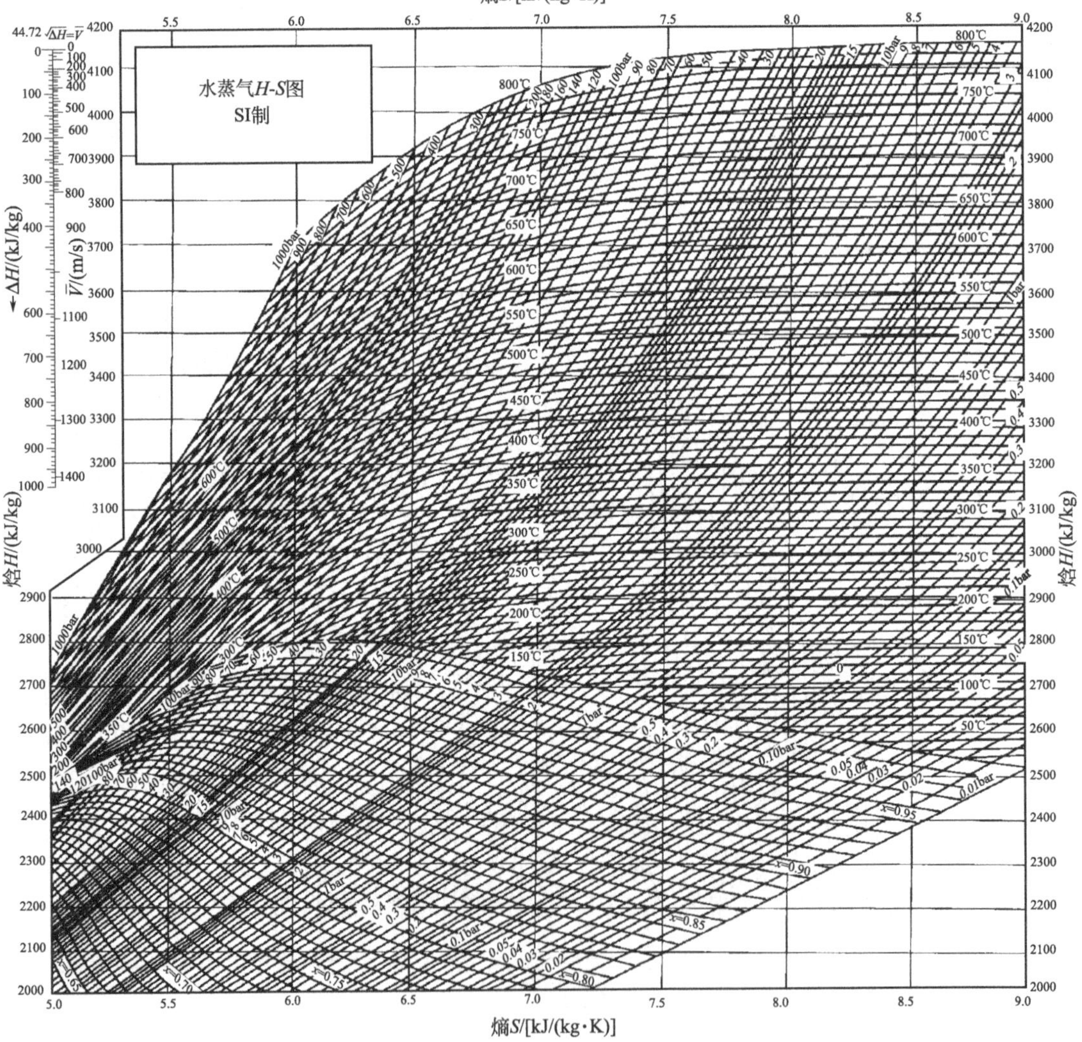

(b) 水蒸气的H-S图

图 3.19 H-S 图

1bar$=10^5$Pa

小结

流体的热力学性质是化工过程计算、分析以及化工装置设计中不可缺少的重要依据。在这一章里，首先介绍了定组成均相流体的微分能量表达式及 Maxwell 关系式；然后在此基础上推导出通过 p、V、T 及热容数据进行纯气体焓、熵计算的方程式；接下来采用以剩余性质为基础的方法进行真实气体焓和熵的计算，其中涉及理想气体焓和熵及其定压比热容的计算、剩余焓和剩余熵的计算，并分别讨论了由 R-K 方程、普遍化压缩因子关系、普遍化第二维里系数关系计算纯气体剩余焓和剩余熵的方法及其适用条件；最后，简单介绍了液体焓和熵的计算以及常用的有关热力学性质图表，如温-熵图（T-S）、焓-熵图（H-S）、压-焓图（p-H）、水蒸气表等。本章的教学重点与难点在于纯气体焓、熵的计算，需要设计计算路径，通过理想气体焓、熵的计算以及剩余焓和剩余熵的计算逐步解决。要求掌握采用剩余性质的方法进行纯气体的焓和熵的计算，会根据给定的条件熟练查阅相关的热力学性质图表。

思考题

判断题

3.1 由于剩余函数是两个等温状态的性质之差，故不能用剩余函数来计算性质随着温度的变化。（　　）

3.2 节流膨胀过程是一个等焓的过程，所以节流过程可以在等焓线上表示出来。（　　）

3.3 若某一绝热过程是不可逆的，则部分机械功会耗散为热，并被流体本身吸收，因此绝热不可逆膨胀或压缩后流体的温度会升高，熵会增加。（　　）

选择题

3.4 一气体符合 $p=\frac{RT}{V-b}$（b 为常数），则$\left(\frac{\partial S}{\partial p}\right)_T=$（　　），并证明之。

A. 0　　B. $\frac{R}{V-b}$　　C. RT　　D. $-\frac{R}{p}$

3.5 下面属于绝热不可逆压缩过程的是（　　）。

A.
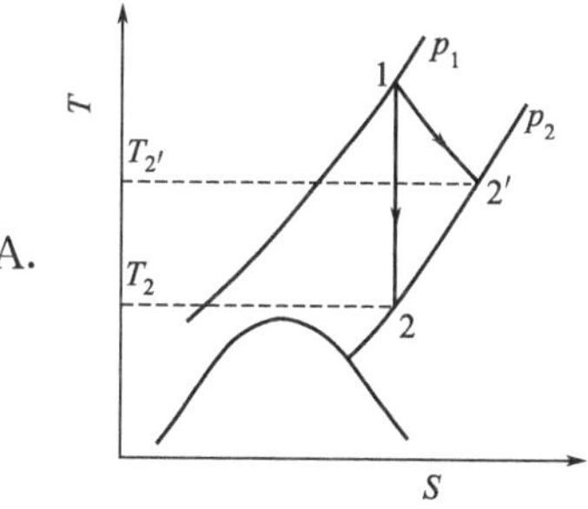

B.
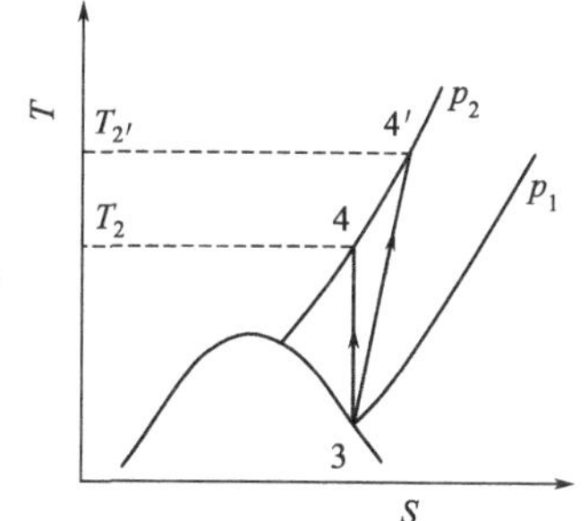

3.6 8000kPa、500℃的过热水蒸气的焓 $h_1=3398.3$kJ/kg，熵 $S_1=6.7240$kJ/(kg·K)，绝热可逆膨胀至 10kPa，已知 10kPa 下饱和水蒸气的焓 $h_2=2584.7$kJ/kg，熵 $S_2=8.1502$kJ/(kg·K)，则该过热蒸汽膨胀后的终态为（　　）。

A. 过热蒸汽　　B. 饱和蒸汽　　C. 气液混合物　　D. 无法确定

填空题

3.7 在 T-S 图中，图的左下方的拱形曲线为________，其左半边为________，右半边为________，二者的汇合点 C 称为________。饱和液体曲线以左、临界温度以下的区域为

________；饱和蒸气曲线以右、临界温度以下的区域为________；临界温度以上、临界压力以右的区域为________；临界温度以上、临界压力以左的区域为________；饱和曲线下面的区域为________。

3.8 在 T-S 图上，等压线由________向________偏斜，近乎平行，但在气-液两相区内是________的。在其他区域内的等压线中，高压线在________边，低压线在________边，也就是说等压线从右往左逐渐________。在等压线之间，有一系列等焓线，在压力不太高时等焓线是从________向________偏斜；当压力很高时，分子间以排斥力为主，等焓线就从________向________偏斜。当压力恒定时，焓值随温度的升高而增加，所以焓值大的等焓线在________面，小的在________面。

3.9 附图中曲线 1-2 与曲线 3-4 均为等焓线，则 1→2 与3→4均为________过程，其中由 3 至 4 的过程末态点 4 处于________区，这时流体自动分为________相和________相，其气液比＝________。

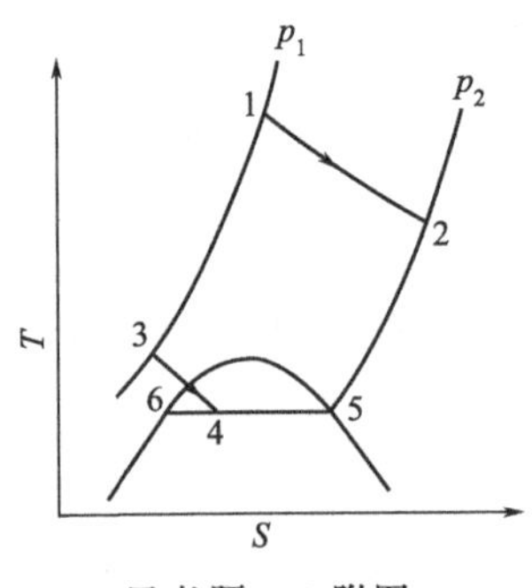

思考题 3.9 附图

3.10 若均相系统的状态方程为 $p(V_m-b)=RT$，b 为常数，$H_m^R=\int_{p_0}^{p}\left[V_m-T\left(\frac{\partial V_m}{\partial T}\right)_p\right]dp$，则焓变 $H(T_2,\ p_2)-H(T_1,\ p_1)=$______________。

习 题

3.1 试分别用下述三种方法计算 CO_2 气体在 350K、8MPa 下的剩余焓和剩余熵。(1) R-K 方程；(2) 普遍化第二维里系数关联；(3) 普遍化压缩因子关联。

3.2 推出$\left(\frac{\partial H}{\partial T}\right)_V$和$\left(\frac{\partial H}{\partial T}\right)_p$两个导数的表达式，并证明它们是不相等的。

3.3 以 T 和 V 为自变量推导下列方程式：

(1) $\left(\frac{\partial S}{\partial V}\right)_T=\left(\frac{\partial p}{\partial T}\right)_V$；(2) $\left(\frac{\partial U}{\partial V}\right)_T=T\left(\frac{\partial p}{\partial T}\right)_V-p$

3.4 某气体的状态方程为 $pV_m=RT+\alpha p$，求此气体的剩余焓和剩余熵。其中，α 是因物而异的常数。

3.5 纯苯由 0.1013MPa、353K 的饱和液体变为 1.013MPa、453K 的饱和蒸气，试估算该过程的 ΔV_m、ΔH_m 和 ΔS_m。已知：苯在正常沸点时的汽化焓为 30733J/mol；饱和液体苯在正常沸下的摩尔体积为 $95.7\times10^{-6}\ m^3/mol$；定压摩尔热容为 $C_{p,m}=(16.036+0.2357T)$J/(mol·K)；第二维里系数 $B=-78\left(\frac{1}{T}\times10^3\right)^{2.4}\ cm^3/mol$。

3.6 试计算水银从 0.1013MPa、373K 变化到 101.3MPa、273K 时的焓变。已知水银有关数据如下：

T/K	p/MPa	V/(m^3/kmol)	β/K^{-1}	C_p/[kJ/(kmol·K)]
273	0.1013	0.01472	181×10^{-6}	28.01
273	101.3	0.01467	174×10^{-6}	28.01
373	0.1013	—	—	27.51

3.7 试证明：(1) $\left(\frac{\partial U}{\partial V}\right)_T=T^2\left[\frac{\partial(p/T)}{\partial T}\right]_V$；(2) $\left(\frac{\partial U}{\partial T}\right)_S=C_V\left(\frac{\partial \ln T}{\partial \ln V}\right)_p$

3.8 1mol 的 1,3-丁二烯从 2.533MPa、400K 压缩到 12.665MPa、550K。试计算这一过程的 ΔV_{m}、ΔH_{m} 和 ΔS_{m}。

3.9 若 van der Waals 方程可以运用时，试推导出 H^{R}，S^{R}，C_V^{R} 和（C_p-C_V）的表达式。

3.10 试在 T-S 图上指出气体、蒸气、液体以及气-液共存四个区的位置，并用示意图表示下述过程：(1) 气体等压冷却、冷凝成过冷液体；(2) 饱和蒸气绝热可逆压缩与绝热不可逆压缩过程。

第4章 真实气体混合物的热力学性质

本章重点：

常见的用于混合物参数计算的混合规则、真实气体混合物压缩因子和摩尔体积的计算方法以及真实气体混合物剩余焓和剩余熵的计算方法。

本章难点：

真实气体混合物压缩因子、摩尔体积、剩余焓和剩余熵的计算方法。

在化工过程中，经常遇到多组分的真实气体混合物，例如在基本有机合成工艺和合成氨工艺中碰到的物系。而在石油炼制与石油化工中，气体组分则更多。真实气体混合物的非理想性由两个原因所致：其一是气体纯组分的非理想性，其二是由于混合引起的非理想性，即混合效应。

目前已经积累了不少纯物质和少部分混合物的 p、V、T 数据，但即便对纯化合物而言，许多设计所需的数据仍然缺乏，混合物的实验数据则更少。为此，必须求助于关联的方法，从纯物质的 p、V、T 关系来预测混合物的性质。

通常采用虚拟性质参数，即混合物参数的方法，将气体混合物看作纯气体，然后将这些虚拟参数代入 p、V、T 方程，从而得到混合物的 p、V、T 方程。例如，当 R-K 方程和普遍化关联分别用于混合物时，其中的参数可分别表示为 a_{mix}、b_{mix}、$T_{\text{c,mix}}$（混合物临界温度）、$p_{\text{c,mix}}$（混合物临界压力）、$V_{\text{c,mix}}$（混合物临界摩尔体积）以及 ω_{mix}（混合物偏心因子）。如何通过纯物质的参数得到这些混合物的虚拟性质参数是解决问题的关键，也就是说，只有选用适宜的混合规则从而得到合适的虚拟参数，才能保证数据的精度。

在这一章，首先介绍几种常见的用于混合物参数计算的混合规则；然后在此基础上介绍真实气体混合物压缩因子和摩尔体积的计算方法，并给出用于二元真实气体混合物的关联式；最后在纯气体剩余焓和剩余熵计算方法的基础上，讨论真实气体混合物剩余焓和剩余熵的计算方法，并得到用于二元真实气体混合物的关联式，使得流体热力学性质的计算更具系统性。

4.1 混合规则

混合规则指由纯组分的参数 M_i 和组成 y_i 来表示混合物虚拟参数 M_{mix} 的关联式，即

$$M_{\text{mix}}=f(M_i,y_i)$$

可见，一旦给定混合规则，混合物虚拟参数 M_{mix} 便可由纯组分的参数 M_i 和组成 y_i 得到。

在已知的混合规则中，最简单的是 Kay 规则，即线性组合法，是 Kay 在 20 世纪 30 年代首先提出的。具体为，若设 y_i、p_{ci} 和 T_{ci} 分别为气体混合物中组分 i 的摩尔分数、临界

压力和临界温度，则各组分的临界参数与其摩尔分数乘积的线性加和即为混合物的虚拟临界参数，即

$$M_{\mathrm{mix}}=\sum_i y_i M_i \tag{4.1}$$

据此，混合气体的虚拟临界压力 $p_{\mathrm{c,mix}}$ 和虚拟临界温度 $T_{\mathrm{c,mix}}$ 可分别表示为

$$T_{\mathrm{c,mix}}=\sum_i y_i T_{\mathrm{c}i} \tag{4.2}$$

$$p_{\mathrm{c,mix}}=\sum_i y_i p_{\mathrm{c}i} \tag{4.3}$$

按上式求得虚拟临界参数后，混合物即可作为纯组分进行计算。这种最简单的混合规则是复杂混合规则中的一个特例。应该注意的是，虚拟临界参数只是个数学上的比例参数，不像真实临界参数那样具有确切的物理意义。经验表明，用虚拟临界参数计算真实气体混合物的热力学性质，对工程需要来说，精确度是足够的，因而获得了广泛的应用。

这套规则简便易行，工程计算中常采用。根据 Kay 规则，计算 $T_{\mathrm{c,mix}}$ 的适用条件为：所有组分的临界温度的比值均在 0.5～2 范围内，即 $T_{\mathrm{c}i}/T_{\mathrm{c}j}=0.5\sim2$，相比于其他较复杂的规则，所计算的偏差小于 2%。按式(4.3) 计算虚拟临界压力 $p_{\mathrm{c,mix}}$ 时，则要求所有组分的临界压力、临界摩尔体积相接近，不然将会带来较大误差。

虽然混合规则种类繁多，配合各异，但还是有一定规律的。通常情况下，与组分 i 和组分 j 体积有关的相互作用参数 Y_{ij} 的形式可表示为

$$Y_{ij}^{1/3}=\frac{Y_i^{1/3}+Y_j^{1/3}}{2} \tag{4.4}$$

式中，Y 和体积 V 成比例。

假设相互作用分子直径 σ_{ij} 等于组分 i 和组分 j 分子直径的算术平均值，即

$$\sigma_{ij}=\frac{\sigma_i+\sigma_j}{2} \tag{4.5}$$

若 Y 和 σ^3 成比例，则可得到式(4.5)。

同样，参数 W_{ij} 和相互作用吸引能成比例，它可近似表达为

$$W_{ij}=(W_i W_j)^{0.5} \tag{4.6}$$

由于相互作用能常和临界温度有关，所以式(4.6) 常作为组分 i 和 j 的混合临界温度 $T_{\mathrm{c}ij}$ 的组合规则。

若一个混合物的参数 Q_{m} 能通过组成的二次型来表达，则

$$Q_{\mathrm{m}}=\sum_i\sum_j y_i y_j Q_{ij} \tag{4.7}$$

式中，Q_{m} 代表混合物的参数，可由式(4.4)～式(4.7) 联合求出；Q_{ii} 和 Q_{jj} 相应地代表纯组分 i 和 j 的性质和参数，即 $Q_{ii}=Q_i$，$Q_{jj}=Q_j$；Q_{ij} 是表征组分 i 和组分 j 的相互作用参数。

若按式(4.5) $Q_{ij}=\dfrac{Q_i+Q_j}{2}$，则

$$Q_{\mathrm{m}}=\sum_i y_i Q_i \quad \text{（线性）} \tag{4.8}$$

若按式(4.6) $Q_{ij}=(Q_iQ_j)^{0.5}$，则

$$Q_{\mathrm{m}}=\left(\sum_i y_i Q_i\right)^{1/2} \quad \text{（几何平均）} \tag{4.9}$$

若按式(4.4) $Q_{ij}=\left(\dfrac{Q_i^{1/3}+Q_j^{1/3}}{2}\right)^3$，则

$$Q_m=\frac{1}{8}\sum_i\sum_j y_iy_j(Q_i^{1/3}+Q_j^{1/3})^3 \qquad \text{(Lorentz)} \tag{4.10}$$

式(4.8)～式(4.10) 是最常见的三种混合规则，不但可以用于混合物临界参数的计算，还可用于混合物的偏心因子、第二维里系数、压缩因子、分子量以及有关状态方程中参数的计算。

4.2　真实气体混合物普遍化压缩因子和摩尔体积的计算

计算真实气体混合物普遍化压缩因子和摩尔体积的方法很多，并在不断发展之中，这里仅介绍几种常用的方法。

4.2.1　Amagat 定律（分体积定律）和普遍化压缩因子图联用

设 Amagat 分体积定律适用于真实气体混合物，则气体混合物的总体积为

$$V_{mix}=\sum_{i=1}^{n}V_i=\frac{Z_{mix}nRT}{p}$$

式中，V_i 为在混合物温度、压力下纯组分的体积；n、Z_{mix} 分别为混合物的摩尔数和压缩因子。由于

$$V_i=\frac{Z_in_iRT}{p}$$

式中，n_i 和 Z_i 分别为混合物中某一纯组分的摩尔数和压缩因子。

$$\sum_{i=1}^{n}\frac{Z_in_iRT}{p}=\frac{Z_{mix}nRT}{p}$$

则

$$Z_{mix}=\sum_i y_iZ_i \tag{4.11}$$

式中，Z_i 为在混合物温度、压力下纯组分的压缩因子，可由 2.3.3 节或 2.3.4 节中介绍的两参数或三参数普遍化压缩因子图查得。Amagat 定律和普遍化压缩因子图联用的方法即为式(4.11)，此式压力应用范围较广，其上限可达 30MPa 以上，但此法用于极性气体混合物计算时，精确度很低。

【例 4.1】 某合成氨厂原料气的配比是 $n(N_2):n(H_2)=1:3$，进合成塔前，先把混合气压缩到 40.5MPa，并加热到 300℃。试用下列方法计算此时混合气的摩尔体积：(1) 理想气体定律；(2) Amagat 定律和普遍化压缩因子图联用；(3) 虚拟临界参数法。已知文献值 $Z_{mix,ref}=1.1155$。

解：(1) 理想气体定律

$$V_{m,mix}=\frac{RT}{p}=\frac{8.314\times573.15}{40.5\times10^6}=1.177\times10^{-4}\,m^3/mol$$

(2) Amagat 定律和普遍化压缩因子图联用

由附录 B 表 B.1 查得氢和氮的临界常数，由临界常数求出氢和氮的 T_r 和 p_r。

N_2：$p_c=3.40MPa$，$T_c=126.2K$，$\omega=0.038$

H_2：$p_c=1.31MPa$，$T_c=33.2K$，$\omega=0.216$

则

$$N_2: T_r=\frac{573.15}{126.2}=4.54,\ p_r=\frac{40.5}{3.40}=11.91$$

$$H_2: T_r=\frac{573.15}{33.2+8}=13.91,\ p_r=\frac{40.5}{1.31+0.8106}=19.10$$

由图 2.6 查得

$$Z_{N_2}=1.20,\qquad Z_{H_2}=1.15$$

按式(4.11) 求混合气体的压缩因子 Z_{mix}，即

$$Z_{mix}=\sum_i y_i Z_i=0.75\times1.15+0.25\times1.20=1.163$$

所以

$$V_{m,mix}=\frac{1.163\times8.314\times10^3\times573.15}{40.5\times10^6}=1.368\times10^{-4}\,m^3/mol$$

(3) 虚拟临界参数法

分别由式(4.2) 和式(4.3) 得

$$T_{c,mix}=\sum_i y_i T_{ci}=0.75\times33.2+0.25\times126.2=56.45K$$

$$p_{c,mix}=\sum_i y_i p_{ci}=0.75\times1.31+0.25\times3.39=1.83MPa$$

则 $$T_{r,mix}=\frac{573.15}{56.45}=10.15,\qquad p_{r,mix}=\frac{40.5}{1.83}=22.13$$

由图 2.6 查得 $$Z_{mix}=1.17$$

所以 $$V_{m,mix}=\frac{Z_{mix}RT}{p}=\frac{1.17\times8.314\times573.15}{40.5\times10^6}=1.377\times10^{-4}\,m^3/mol$$

从上例可知，以 Amagat 定律和普遍化压缩因子图联合应用法为最好，但此法对于极性气体混合物的计算，精度很低；此外，此题所需的 Z 值都是从两参数法的图中查得，如果应用三参数法，可能会提高精度。

4.2.2 真实气体混合物的状态方程

由于真实气体分子间的相互作用非常复杂，因此在真实气体状态方程中，这种分子间的相互作用通过不同的参数予以体现。状态方程式应用于气体混合物时，要求得混合物的参数，需要知道参数与组成之间的关系。除维里方程外，大多数状态方程至今尚没有从理论上建立这种关系式(即混合规则)，目前主要依靠经验或半经验的混合规则。各状态方程一般有特定的混合规则，使用时要注意其配套关系，不能随便使用。

(1) 维里方程

用维里方程或第二维里系数关系式计算真实气体混合物的 p-V-T 关系时，也是把混合物虚拟为一种纯气体，然后通过混合第二维里系数 B_{mix} 按纯气体的方法进行计算。如前所述，维里方程中的第二维里系数 B 反映两个分子交互作用的影响。对于纯气体 i，仅有一种情况，即 i-i 分子交互作用。但对于含有 i、j 组分的二元混合物，则有三种类型的两分子交互作用，即 i-i、j-j 和 i-j，因此混合物第二维里系数 B_{mix} 应该能够反映不同类型的两分子交互作用的影响。由统计力学可以导出混合物的第二维里系数 B_{mix} 与组成 y_i、y_j 的关系为

$$B_{mix}=\sum_i\sum_j (y_i y_j B_{ij}) \tag{4.12}$$

式中，下角标 i、j 均代表二元混合物中的任一组分；y 为气体混合物中任一组分的摩尔分数；加和符号代表考虑了所有可能的双分子之间的效应。对于二元混合物体系，$i=1$，2 和 $j=1$，2，此时式(4.12) 可展开为

$$B_{\mathrm{mix}}=y_1^2B_{11}+2y_1y_2B_{12}+y_2^2B_{22} \tag{4.13}$$

式中，B_{11}和 B_{22}为纯组分的系数，它们仅是温度的函数；B_{12}为交叉系数，由混合物的性质或由关联式求得。

Pitzer 等提出的式(2.67) 已由普劳斯尼兹（Prausnitz）推广应用到混合物，并将式(2.67) 改写成

$$B_{ij}=\frac{RT_{cij}}{p_{cij}}(B^0+\omega_{ij}B^1) \tag{4.14}$$

式中，B^0 与 B^1 可由式(2.69) 和式(2.70) 求出，它们仅是温度的函数；式(4.13) 中的交叉系数 B_{12}可用式(4.14) 求得。Prausnitz 对 T_{cij}、p_{cij}和 ω_{ij}提出下列混合规则

$$T_{cij}=\sqrt{T_{ci}T_{cj}}(1-k_{ij}) \tag{4.15}$$

$$V_{cij}=\left(\frac{\sqrt[3]{V_{ci}}+\sqrt[3]{V_{cj}}}{2}\right)^3 \tag{4.16}$$

$$Z_{cij}=\frac{Z_{ci}+Z_{cj}}{2} \tag{4.17}$$

$$\omega_{ij}=\frac{\omega_i+\omega_j}{2} \tag{4.18}$$

$$p_{cij}=\frac{Z_{cij}RT_{cij}}{V_{cij}} \tag{4.19}$$

式(4.15) 中，k_{ij}称为二组分相互作用参数，表征组分 i 和 j 之间的相互作用，代表对 T_{cij}几何平均值的偏差，其值由实验求出，约在 0.01～0.2 之间。在近似计算中，k_{ij}可取为零。当 $i=j$ 时，上述方程式(4.15)～式(4.19) 都简化为纯组分的相应值；当 $i\neq j$ 时，T_{cij}、p_{cij}和 ω_{ij}为虚拟参数，没有物理意义。对比温度 T_{rij}和对比压力 p_{rij}分别由 T/T_{cij}和p/p_{cij}来计算，即

$$T_{rij}=\frac{T}{T_{cij}}$$

$$p_{rij}=\frac{p}{p_{cij}}$$

通常，在中、低压下，二元混合物体系中两分子交互作用系数 B_{11}、B_{22}和 B_{12}的求算总结如表 4.1 所示，得到 B_{11}、B_{22}和 B_{12}的值后，即可按式(4.13) 求出混合物的第二维里系数 B_{mix}。

表 4.1　第二维里系数用于二元真实气体混合物时交互作用系数 B_{11}、B_{22}和 B_{12}的计算

ij	B^0	B^1	B_{ij}
11(纯物质 1)	$B^0=0.083-\frac{0.422}{T_{r1}^{1.6}}$ $T_{r1}=\frac{T}{T_{c1}}$	$B^1=0.139-\frac{0.172}{T_{r1}^{4.2}}$ $T_{r1}=\frac{T}{T_{c1}}$	$\frac{B_{11}p_{c1}}{RT_{c1}}=B^0+\omega_1B^1$ $B_{11}=\frac{RT_{c1}}{p_{c1}}(B^0+\omega_1B^1)$
22(纯物质 2)	$B^0=0.083-\frac{0.422}{T_{r2}^{1.6}}$ $T_{r2}=\frac{T}{T_{c2}}$	$B^1=0.139-\frac{0.172}{T_{r2}^{4.2}}$ $T_{r2}=\frac{T}{T_{c2}}$	$\frac{B_{22}p_{c2}}{RT_{c2}}=B^0+\omega_2B^1$ $B_{22}=\frac{RT_{c2}}{p_{c2}}(B^0+\omega_2B^1)$

续表

ij	B^0	B^1	B_{ij}
12(混合物)	$B^0=0.083-\dfrac{0.422}{T_{r12}^{1.6}}$ $T_{r12}=\dfrac{T}{T_{c12}}$ $T_{c12}=\sqrt{T_{c1}T_{c2}}(1-k_{12})$	$B^1=0.139-\dfrac{0.172}{T_{r12}^{4.2}}$ $T_{r12}=\dfrac{T}{T_{c12}}$ $T_{c12}=\sqrt{T_{c1}T_{c2}}(1-k_{12})$	$\dfrac{B_{12}p_{c12}}{RT_{c12}}=B^0+\omega_{12}B^1$ $B_{12}=\dfrac{RT_{c12}}{p_{c12}}(B^0+\omega_{12}B^1)$　$p_{c12}=\dfrac{Z_{c12}RT_{c12}}{V_{c12}}$ $T_{c12}=\sqrt{T_{c1}T_{c2}}(1-k_{12})$　$Z_{c12}=\dfrac{Z_{c1}+Z_{c2}}{2}$ $\omega_{12}=\dfrac{\omega_1+\omega_2}{2}$　$V_{c12}=\left(\dfrac{\sqrt[3]{V_{c1}}+\sqrt[3]{V_{c2}}}{2}\right)^3$

然后，根据式(2.66) 得

$$Z_{mix}\approx 1+\frac{B_{mix}p}{RT}$$

则

$$V_{m,mix}=\frac{Z_{mix}RT}{p}$$

同样，第三维里系数与组成间的关系可表示为

$$C_{mix}=\sum_i\sum_j\sum_k y_iy_jy_kC_{ijk} \tag{4.20}$$

对于二元混合物体系，有

$$C_{mix}=y_1^3C_{111}+3y_1^2y_2C_{112}+3y_1y_2^2C_{122}+y_2^3C_{222} \tag{4.21}$$

式中，C_{111}、C_{222}分别为纯组分 1 和 2 的第三维里系数；C_{112}和C_{122}均为交叉系数。纯物质的第三维里系数数据很少，而第三交叉维里系数就更少了。

在工程计算中，一般将维里方程截至第二项即能满足精度要求。此时的计算步骤是，先根据表 4.1 计算出 B_{11}、B_{22}和 B_{12}，然后代入式(4.13) 求得混合物的 B_{mix}；然后再由式 $Z_{mix}\approx 1+\dfrac{B_{mix}p}{RT}$计算混合物的压缩因子，进而求出混合物的摩尔体积。具体计算步骤如图 4.1 所示。

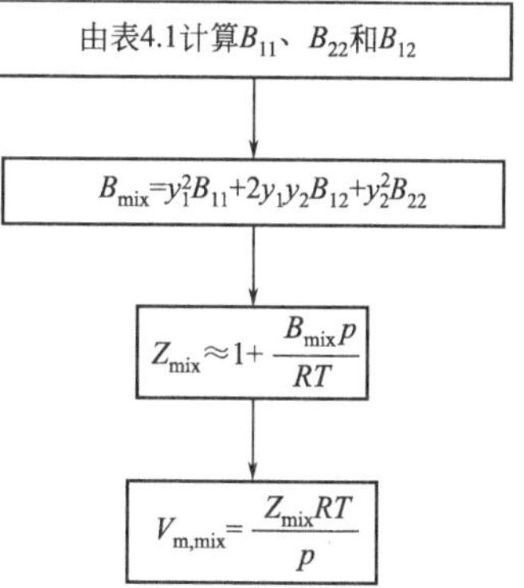

由表4.1计算B_{11}、B_{22}和B_{12}
$B_{mix}=y_1^2B_{11}+2y_1y_2B_{12}+y_2^2B_{22}$
$Z_{mix}\approx 1+\frac{B_{mix}p}{RT}$
$V_{m,mix}=\frac{Z_{mix}RT}{p}$

图 4.1　用第二维里系数截断式计算二元真实气体混合物压缩因子和摩尔体积的框图

对混合物的计算，虽步骤较多，但并不复杂。整个过程可编程用电子计算机求解。注意，应使用图 2.12 来判断或校验所用方法的适用性。

(2) R-K 方程

R-K 方程用于混合物时，方程中的常数 a_{mix}和 b_{mix}按下列经验混合规则计算

$$a_{mix}=\sum_i\sum_j(y_iy_ja_{ij}) \tag{4.22}$$

$$b_{mix}=\sum_i y_ib_i \tag{4.23}$$

式中，下角标 i、j 均代表二元混合物中的任一组分；y 为气体混合物中任一组分的摩尔分数；当 $i=j$ 时，a_{ij}代表纯组分系数；当 $i\neq j$ 时，a_{ij}代表混合物性质，称之为交叉系数，且 $a_{ij}=a_{ji}$；加和符号代表考虑了所有可能的双分子之间的效应；b_i 为纯组分的系数，且 b 没有交叉系数。

对于一个二元混合物体系来说，式(4.22) 和式(4.23) 变为

$$a_{mix}=y_1^2a_{11}+2y_1y_2a_{12}+y_2^2a_{22} \tag{4.24}$$

$$b_{\text{mix}}=y_1b_1+y_2b_2 \tag{4.25}$$

式中，a_{ij}和b_i分别用式(4.26)和式(4.27)来计算

$$a_{ij}=\frac{0.42748R^2T_{cij}^{2.5}}{p_{cij}} \tag{4.26}$$

$$b_i=\frac{0.08664RT_{ci}}{p_{ci}} \tag{4.27}$$

式中，T_{cij}和p_{cij}由式(4.15)、式(4.19)来计算。

通常，R-K方程用于二元混合物体系时，方程中的常数a_{mix}和b_{mix}的求算总结如表4.2所示。

表4.2 R-K方程用于二元真实气体混合物时常数a_{mix}和b_{mix}的计算

ij	a_{ij}	b_i
11(纯物质1)	$a_{11}=\frac{0.42748R^2T_{c1}^{2.5}}{p_{c1}}$	$b_1=\frac{0.08664RT_{c1}}{p_{c1}}$
22(纯物质2)	$a_{22}=\frac{0.42748R^2T_{c2}^{2.5}}{p_{c2}}$	$b_2=\frac{0.08664RT_{c2}}{p_{c2}}$
12(混合物)	$a_{12}=\frac{0.42748R^2T_{c12}^{2.5}}{p_{c12}}$ $T_{c12}=\sqrt{T_{c1}T_{c2}}(1-k_{12})$　$Z_{c12}=\frac{Z_{c1}+Z_{c2}}{2}$ $p_{c12}=\frac{Z_{c12}RT_{c12}}{V_{c12}}$　$V_{c12}=\left(\frac{\sqrt[3]{V_{c1}}+\sqrt[3]{V_{c2}}}{2}\right)^3$	—

求得a_{mix}和b_{mix}后，根据式(2.48)和式(2.49)进行迭代求解，得到混合物的压缩因子，进而求出混合物的摩尔体积。具体计算步骤如图4.2所示。

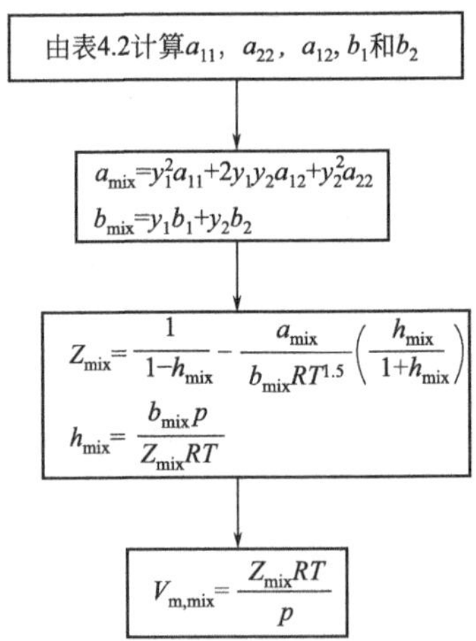

由表4.2计算a_{11}，a_{22}，a_{12}，b_1和b_2
$a_{\text{mix}}=y_1^2a_{11}+2y_1y_2a_{12}+y_2^2a_{22}$
$b_{\text{mix}}=y_1b_1+y_2b_2$
$Z_{\text{mix}}=\frac{1}{1-h_{\text{mix}}}-\frac{a_{\text{mix}}}{b_{\text{mix}}RT^{1.5}}\left(\frac{h_{\text{mix}}}{1+h_{\text{mix}}}\right)$
$h_{\text{mix}}=\frac{b_{\text{mix}}p}{Z_{\text{mix}}RT}$
$V_{\text{m,mix}}=\frac{Z_{\text{mix}}RT}{p}$

图4.2 用R-K方程计算二元真实气体混合物压缩因子和摩尔体积的框图

在迭代计算过程中，先假设$Z_{\text{mix},0}=1$，然后由式(2.49)求出$h_{\text{mix},1}$；再将$h_{\text{mix},1}$代入式(2.48)，得到$Z_{\text{mix},1}$；再由式(2.49)求出$h_{\text{mix},2}$；然后$Z_{\text{mix},2}$，$h_{\text{mix},3}$，$Z_{\text{mix},3}\cdots$，即

$$Z_{\text{mix},0}=1\xrightarrow{\text{式(2.49)}}h_{\text{mix},1}\xrightarrow{\text{式(2.48)}}Z_{\text{mix},1}\xrightarrow{\text{式(2.49)}}h_{\text{mix},2}\xrightarrow{\text{式(2.48)}}Z_{\text{mix},2}\longrightarrow\cdots$$

迭代计算一直到$|Z_{\text{mix},i+1}-Z_{\text{mix},i}|\leqslant\varepsilon$即可停下来，其中$\varepsilon$是一个适当小的正数，此时可得到

$$Z_{\text{mix}}=Z_{\text{mix},i+1}\quad\text{或}\quad Z_{\text{mix},i}$$

然后

$$V_{m,mix}=\frac{Z_{mix}RT}{p}$$

在此，只是将 R-K 方程作为例子，其他立方型状态方程也可按类似方法用于真实气体混合物的 p-V-T 计算。

【例 4.2】 乙烷和丙烯在 400.15K，1.5MPa 下以等摩尔比混合成二元气体混合物，试由下述方法及 Prausnitz 混合规则求出混合物的摩尔体积，假设 $k_{12}=0.15$。(1) 维里方程截至第二项；(2) R-K 方程。

解：(1) 维里方程截至第二项及 Prausnitz 混合规则

本题所需临界常数及偏心因子为：

物质	p_c/MPa	T_c/K	V_c/(10^{-6}m^3/mol)	Z_c	ω
C_2H_6(1)	4.88	305.4	148	0.285	0.098
C_3H_6(2)	4.62	365.0	181	0.275	0.148

由式(4.14) 得

$$B_{11}=\frac{RT_{c1}}{p_{c1}}(B^0+\omega_1B^1)$$

又
$$T_{r1}=\frac{T}{T_{c1}}=\frac{400.15}{305.4}=1.310$$

所以
$$B^0=0.083-\frac{0.422}{T_{r1}^{1.6}}=-0.191,\quad B^1=0.139-\frac{0.172}{T_{r1}^{4.2}}=0.084$$

则
$$\begin{aligned}B_{11}&=\frac{RT_{c1}}{p_{c1}}\ (B^0+\omega_1B^1)\\&=\frac{8.314\times305.4}{4.88\times10^6}\times\ (-0.191+0.098\times0.084)\\&=-9.510\times10^{-5}\text{m}^3/\text{mol}\end{aligned}$$

同理
$$T_{r2}=\frac{T}{T_{c2}}=\frac{400.15}{365.0}=1.096$$

$$B^0=0.083-\frac{0.422}{T_{r2}^{1.6}}=-0.281,\quad B^1=0.139-\frac{0.172}{T_{r2}^{4.2}}=0.022$$

$$\begin{aligned}B_{22}&=\frac{RT_{c2}}{p_{c2}}\ (B^0+\omega_2B^1)\\&=\frac{8.314\times365.0}{4.62\times10^6}\times\ (-0.281+0.148\times0.022)\\&=-18.243\times10^{-5}\text{m}^3/\text{mol}\end{aligned}$$

下一步，由 Prausnitz 混合规则求出 T_{c12}、p_{c12} 和 ω_{12}，有

$$T_{c12}=\sqrt{T_{c1}\times T_{c2}}\,(1-k_{12})=\sqrt{305.4\times365.0}\,(1-0.15)=283.79\text{K}$$

$$Z_{c12}=\frac{Z_{c1}+Z_{c2}}{2}=\frac{0.285+0.275}{2}=0.28$$

$$V_{c12}=\left(\frac{\sqrt[3]{V_{c1}}+\sqrt[3]{V_{c2}}}{2}\right)^3=\left(\frac{\sqrt[3]{148}+\sqrt[3]{181}}{2}\right)^3\times10^{-6}=163.947\times10^{-6}\text{m}^3/\text{mol}$$

$$p_{c12}=\frac{Z_{c12}RT_{c12}}{V_{c12}}=\frac{0.28\times8.314\times283.79}{163.947\times10^{-6}}=4.03\times10^6\text{Pa}$$

$$\omega_{12}=\frac{\omega_1+\omega_2}{2}=\frac{0.098+0.148}{2}=0.123$$

另外
$$T_{r12}=\frac{T}{T_{c12}}=\frac{400.15}{283.79}=1.41$$

$$B^0=0.083-\frac{0.422}{T_{r12}^{1.6}}=-0.161,\quad B^1=0.139-\frac{0.172}{T_{r12}^{4.2}}=0.098$$

$$\begin{aligned}B_{12}&=\frac{RT_{c12}}{p_{c12}}(B^0+\omega_{12}B^1)\\&=\frac{8.314\times283.79}{4.03\times10^6}\times(-0.161+0.123\times0.098)\\&=-8.720\times10^{-5}\text{m}^3/\text{mol}\end{aligned}$$

则
$$\begin{aligned}B_{mix}&=y_1^2B_{11}+2y_1y_2B_{12}+y_2^2B_{22}\\&=[0.5^2\times(-9.510)+2\times0.5\times0.5\times(-8.720)+0.5^2\times(-18.243)]\times10^{-5}\\&=-11.298\times10^{-5}\text{m}^3/\text{mol}\end{aligned}$$

所以
$$Z_{mix}\approx1+\frac{B_{mix}p}{RT}=1+\frac{-11.298\times10^{-5}\times1.5\times10^6}{8.314\times400.15}=0.949$$

$$V_{m,mix}=\frac{Z_{mix}RT}{p}=\frac{0.949\times8.314\times400.15}{1.5\times10^6}=2.104\times10^{-3}\text{m}^3/\text{mol}$$

(2) R-K 方程及 Prausnitz 混合规则

$$a_{11}=\frac{0.42748R^2T_{c1}^{2.5}}{p_{c1}}=\frac{0.42748\times8.314^2\times305.4^{2.5}}{4.88\times10^6}=9.869\text{Pa}\cdot\text{m}^6\cdot\text{K}^{1/2}/\text{mol}^2$$

$$a_{22}=\frac{0.42748R^2T_{c2}^{2.5}}{p_{c2}}=\frac{0.42748\times8.314^2\times365.0^{2.5}}{4.62\times10^6}=16.279\text{Pa}\cdot\text{m}^6\cdot\text{K}^{1/2}/\text{mol}^2$$

T_{c12}和 p_{c12}仍由 Prausnitz 混合规则求出，其值与（1）中的结果相同，即

$$T_{c12}=283.79\text{K}\quad p_{c12}=4.03\times10^6\text{Pa}$$

则
$$a_{12}=\frac{0.42748R^2T_{c12}^{2.5}}{p_{c12}}=\frac{0.42748\times8.314^2\times283.79^{2.5}}{4.03\times10^6}=9.948\text{Pa}\cdot\text{m}^6\cdot\text{K}^{1/2}/\text{mol}^2$$

又
$$b_1=\frac{0.08664RT_{c1}}{p_{c1}}=\frac{0.08664\times8.314\times305.4}{4.88\times10^6}=4.508\times10^{-5}\text{m}^3/\text{mol}$$

$$b_2=\frac{0.08664RT_{c2}}{p_{c2}}=\frac{0.08664\times8.314\times365.0}{4.62\times10^6}=5.691\times10^{-5}\text{m}^3/\text{mol}$$

所以
$$\begin{aligned}a_{mix}&=y_1^2a_{11}+2y_1y_2a_{12}+y_2^2a_{22}\\&=[0.5^2\times9.869+2\times0.5\times0.5\times9.948+0.5^2\times16.279]\\&=11.511\text{Pa}\cdot\text{m}^6\cdot\text{K}^{1/2}/\text{mol}^2\end{aligned}$$

$$b_{mix}=y_1b_1+y_2b_2=(0.5\times4.508+0.5\times5.691)\times10^{-5}=5.100\times10^{-5}\text{m}^3/\text{mol}$$

则

$$\begin{aligned}Z_{mix}&=\frac{1}{1-h_{mix}}-\frac{a_{mix}}{b_{mix}RT^{1.5}}\left(\frac{h_{mix}}{1+h_{mix}}\right)\\&=\frac{1}{1-h_{mix}}-\frac{11.511}{5.100\times10^{-5}\times8.314\times400.15^{1.5}}\times\left(\frac{h_{mix}}{1+h_{mix}}\right)\\&=\frac{1}{1-h_{mix}}-3.392\times\left(\frac{h_{mix}}{1+h_{mix}}\right)\end{aligned}$$

$$h_{mix}=\frac{b_{mix}p}{Z_{mix}RT}=\frac{5.100\times10^{-5}\times1.5\times10^{6}}{8.314\times400.15\times Z_{mix}}=\frac{0.0230}{Z_{mix}}$$

令 $Z_{mix,0}=1$，则由上式可得

$h_{mix,1}=0.0230$，　$Z_{mix,1}=0.9473$；　$h_{mix,2}=0.0243$，　$Z_{mix,2}=0.9444$；

$h_{mix,3}=0.0244$，　$Z_{mix,3}=0.9442$；　$h_{mix,4}=0.0244$，　$Z_{mix,4}=0.9442$

所以 $Z_{mix}=Z_{mix,4}=0.9442$，则

$$V_{m,mix}=\frac{Z_{mix}RT}{p}=\frac{0.9442\times8.314\times400.15}{1.5\times10^{6}}=2.094\times10^{-3}\,m^3/mol$$

4.3 真实气体混合物剩余焓和剩余熵的计算

真实气体混合物剩余焓和剩余熵的计算，是将混合物看作一种虚拟的纯组分，选择合适的混合规则，然后采用与计算纯物质剩余焓和剩余熵相类似的方法进行计算

4.3.1 由 R-K 方程计算真实气体混合物的剩余焓和剩余熵

将 R-K 方程用于计算纯气体的剩余焓和剩余熵时，其计算公式分别如式(3.54) 和式(3.55) 所示，即

$$\frac{H_m-H_m^{ig}}{RT}=\frac{H_m^R}{RT}=-\frac{3}{2}\frac{A}{B}\ln(1+h)+Z-1$$

$$=Z-1-\frac{3}{2}\frac{A}{B}\ln\left(1+\frac{Bp}{Z}\right)\qquad(T=\text{常数})\tag{3.54}$$

$$\frac{S_m-S_m^{ig}}{R}=\frac{S_m^R}{T}=\ln(Z-Bp)-\frac{1}{2}\frac{A}{B}\ln\left(1+\frac{Bp}{Z}\right)\tag{3.55}$$

式中，$\frac{A}{B}=\frac{a}{bRT^{1.5}}$。

根据式(3.54) 和式(3.55)，真实气体混合物剩余焓和剩余熵的计算公式可分别表达为

$$\frac{H_m^R}{RT}=-\frac{3}{2}\frac{A}{B}\ln(1+h_{mix})+Z_{mix}-1\tag{4.28}$$

$$\frac{S_m^R}{T}=\ln[Z_{mix}(1-h_{mix})]-\frac{1}{2}\frac{A}{B}\ln(1+h_{mix})\tag{4.29}$$

式中，$\frac{A}{B}=\frac{a_{mix}}{b_{mix}RT^{1.5}}$。

对于二元体系，a_{mix} 和 b_{mix} 分别按式(4.24) 和式(4.25) 经验混合规则计算；h_{mix} 和 Z_{mix} 按 4.2.2 节中介绍的表 4.2 和框图 4.2 进行迭代求解；再将 Z_{mix}、h_{mix} 及 $\frac{A}{B}=\frac{a_{mix}}{b_{mix}RT^{1.5}}$ 的值代入式(4.28) 和式(4.29)，从而求得二元真实气体混合物剩余焓和剩余熵。

4.3.2 由普遍化第二维里系数计算真实气体混合物的剩余焓和剩余熵

由式(3.33) 和式(3.34) 可知

$$\frac{H_m^R}{RT}=-T\int_{p_0}^{p}\left(\frac{\partial Z}{\partial T}\right)_p\frac{dp}{p}\quad(\text{恒 }T)\tag{3.33}$$

$$\frac{S_{\mathrm{m}}^{\mathrm{R}}}{R}=-T\int_{p_0}^{p}\left(\frac{\partial Z}{\partial T}\right)_p\frac{\mathrm{d}p}{p}-\int_{p_0}^{p}(Z-1)\frac{\mathrm{d}p}{p}\quad(\text{恒 }T) \tag{3.34}$$

在第 2 章中有普遍化第二维里系数关系式

$$Z=\frac{pV_{\mathrm{m}}}{RT}\approx 1+\frac{Bp}{RT} \tag{2.8}$$

将式(2.8) 用于真实气体混合物时，可表达为

$$Z=1+\frac{B_{\mathrm{mix}}p}{RT}$$

则

$$\left(\frac{\partial Z}{\partial T}\right)_p=\frac{p}{RT}\frac{\mathrm{d}B_{\mathrm{mix}}}{\mathrm{d}T}-\frac{B_{\mathrm{mix}}p}{RT^2} \tag{4.30}$$

$$Z-1=\frac{B_{\mathrm{mix}}p}{RT} \tag{4.31}$$

将式(4.30) 代入式(3.33) 得

$$\frac{H_{\mathrm{m}}^{\mathrm{R}}}{RT}=\frac{p}{R}\left(\frac{B_{\mathrm{mix}}}{T}-\frac{\mathrm{d}B_{\mathrm{mix}}}{\mathrm{d}T}\right)\quad(\text{恒温}) \tag{4.32}$$

将式(4.30) 和式(4.31) 代入式(3.34) 得

$$\frac{S_{\mathrm{m}}^{\mathrm{R}}}{R}=-\frac{p}{R}\frac{\mathrm{d}B_{\mathrm{mix}}}{\mathrm{d}T}\quad(\text{恒温}) \tag{4.33}$$

对于二元体系，根据 Prausnitz 混合规则

$$B_{\mathrm{mix}}=y_1^2B_{11}+2y_1y_2B_{12}+y_2^2B_{22} \tag{4.13}$$

所以

$$\frac{\mathrm{d}B_{\mathrm{mix}}}{\mathrm{d}T}=y_1^2\frac{\mathrm{d}B_{11}}{\mathrm{d}T}+2y_1y_2\frac{\mathrm{d}B_{12}}{\mathrm{d}T}+y_2^2\frac{\mathrm{d}B_{22}}{\mathrm{d}T} \tag{4.34}$$

又

$$\frac{Bp_{\mathrm{c}}}{RT_{\mathrm{c}}}=B^0+\omega B^1 \tag{2.67}$$

其中

$$B^0=0.083-\frac{0.422}{T_{\mathrm{r}}^{1.6}} \tag{2.69}$$

$$B^1=0.139-\frac{0.172}{T_{\mathrm{r}}^{4.2}} \tag{2.70}$$

所以，对纯组分 1、纯组分 2 以及混合物，有

$$B_{11}=\frac{RT_{\mathrm{c1}}}{p_{\mathrm{c1}}}(B_1^0+\omega_1B_1^1)$$

$$B_{22}=\frac{RT_{\mathrm{c2}}}{p_{\mathrm{c2}}}(B_2^0+\omega_2B_2^1)$$

$$B_{12}=\frac{RT_{\mathrm{c12}}}{p_{\mathrm{c12}}}(B_{12}^0+\omega_{12}B_{12}^1)$$

在上面这三个式子中

$$B_1^0=0.083-\frac{0.422}{T_{\mathrm{r1}}^{1.6}},\quad B_1^1=0.139-\frac{0.172}{T_{\mathrm{r1}}^{4.2}}$$

$$B_2^0=0.083-\frac{0.422}{T_{\mathrm{r2}}^{1.6}},\quad B_2^1=0.139-\frac{0.172}{T_{\mathrm{r2}}^{4.2}}$$

$$B_{12}^0=0.083-\frac{0.422}{T_{\mathrm{r12}}^{1.6}},\quad B_{12}^1=0.139-\frac{0.172}{T_{\mathrm{r12}}^{4.2}}$$

则
$$\frac{dB_{11}}{dT}=\frac{RT_{c1}}{p_{c1}}\left(\frac{dB_1^0}{dT}+\omega_1\frac{dB_1^1}{dT}\right)=\frac{R}{p_{c1}}\left(\frac{0.675}{T_{r1}^{2.6}}+\omega_1\frac{0.722}{T_{r1}^{5.2}}\right)$$
$$\frac{dB_{22}}{dT}=\frac{RT_{c2}}{p_{c2}}\left(\frac{dB_2^0}{dT}+\omega_2\frac{dB_2^1}{dT}\right)=\frac{R}{p_{c2}}\left(\frac{0.675}{T_{r2}^{2.6}}+\omega_2\frac{0.722}{T_{r2}^{5.2}}\right)$$
$$\frac{dB_{12}}{dT}=\frac{RT_{c12}}{p_{c12}}\left(\frac{dB_{12}^0}{dT}+\omega_{12}\frac{dB_{12}^1}{dT}\right)=\frac{R}{p_{c12}}\left(\frac{0.675}{T_{r12}^{2.6}}+\omega_{12}\frac{0.722}{T_{r12}^{5.2}}\right)$$
将这三个式子代入式(4.34) 则有
$$\frac{dB_{mix}}{dT}=y_1^2\frac{R}{p_{c1}}\left(\frac{0.675}{T_{r1}^{2.6}}+\omega_1\frac{0.722}{T_{r1}^{5.2}}\right)+2y_1y_2\frac{R}{p_{c12}}\left(\frac{0.675}{T_{r12}^{2.6}}+\omega_{12}\frac{0.722}{T_{r12}^{5.2}}\right)+y_2^2\frac{R}{p_{c2}}\left(\frac{0.675}{T_{r2}^{2.6}}+\omega_2\frac{0.722}{T_{r2}^{5.2}}\right) \tag{4.35}$$
式中，T_{r12}、p_{c12}及ω_{12}按 4.2.2 节的表 4.1 进行计算。

将式(4.13) 和式(4.35) 代入式(4.32)，即可求出二元真实气体混合物的剩余焓；将式(4.35) 代入式(4.33)，即可求出二元真实气体混合物的剩余熵。

4.3.3 由普遍化关联图计算真实气体混合物的剩余焓和剩余熵

由第 3 章可知，将普遍化关联图用于计算纯气体的剩余焓和剩余熵时，有如下公式
$$\frac{H_m^R}{RT_c}=\frac{(H_m^R)^0}{RT_c}+\omega\frac{(H_m^R)^1}{RT_c} \tag{3.59}$$
$$\frac{S_m^R}{R}=\frac{(S_m^R)^0}{R}+\omega\frac{(S_m^R)^1}{R} \tag{3.60}$$
将式(3.59) 和式(3.60) 分别用于真实气体混合物剩余焓和剩余熵的计算时，可分别表达为
$$\frac{H_m^R}{RT_{c,mix}}=\frac{(H_m^R)^0}{RT_{c,mix}}+\omega_{mix}\frac{(H_m^R)^1}{RT_{c,mix}} \tag{4.36}$$
$$\frac{S_m^R}{R}=\frac{(S_m^R)^0}{R}+\omega_{mix}\frac{(S_m^R)^1}{R} \tag{4.37}$$
此时所用到的$p_{c,mix}$、$T_{c,mix}$和ω_{mix}均由 Kay 混合规则计算得到。

对于二元体系，有
$$p_{c,mix}=y_1p_{c1}+y_2p_{c2}$$
$$T_{c,mix}=y_1T_{c1}+y_2T_{c2}$$
$$\omega_{mix}=y_1\omega_1+y_2\omega_2$$
则
$$p_{r,mix}=\frac{p}{p_{c,mix}}$$
$$T_{r,mix}=\frac{T}{T_{c,mix}}$$
根据$p_{r,mix}$和$T_{r,mix}$的值，查图 3.1～图 3.8 可得到$\frac{(H_m^R)^0}{RT_{c,mix}}$、$\frac{(H_m^R)^1}{RT_{c,mix}}$、$\frac{(S_m^R)^0}{R}$和$\frac{(S_m^R)^1}{R}$的值，将这些值及$\omega_{mix}$值分别代入式(4.36) 和式(4.37)，即可求得二元真实气体混合物的剩余焓和剩余熵。

【例 4.3】 试用不同的方法计算【例 4.2】中二元气体混合物的剩余焓和剩余熵。(1) R-K 方程及 Prausnitz 混合规则；(2) 维里方程截至第二项及 Prausnitz 混合规则；(3) 普遍化关联图及 Kay 混合规则。

解：(1) R-K 方程及 Prausnitz 混合规则

在【例 4.2】中，已有

$$a_{\text{mix}}=11.511\text{Pa}\cdot\text{m}^6\cdot\text{K}^{1/2}/\text{mol}^2,\quad b_{\text{mix}}=5.100\times10^{-5}\text{m}^3/\text{mol}$$

$$Z_{\text{mix}}=0.9442,\quad h_{\text{mix}}=0.0244$$

则

$$\frac{A}{B}=\frac{a_{\text{mix}}}{b_{\text{mix}}RT^{1.5}}=\frac{11.511}{5.100\times10^{-5}\times8.314\times400.15^{1.5}}=3.392$$

所以

$$\frac{H_{\text{m}}^{\text{R}}}{RT}=-\frac{3}{2}\frac{A}{B}\ln(1+h_{\text{mix}})+Z_{\text{mix}}-1$$

$$=-\frac{3}{2}\times3.392\times\ln(1+0.0244)+0.9442-1=-0.178$$

$$\frac{S_{\text{m}}^{\text{R}}}{R}=\ln[Z_{\text{mix}}(1-h_{\text{mix}})]-\frac{1}{2}\frac{A}{B}\ln(1+h_{\text{mix}})$$

$$=\ln[0.9442\times(1-0.0244)]-\frac{1}{2}\times3.392\times\ln(1+0.0244)=-0.123$$

从而 $H_{\text{m}}^{\text{R}}=-592.176\text{J/mol},\quad S_{\text{m}}^{\text{R}}=-1.0226\text{J/(mol}\cdot\text{K)}$

(2) 维里方程截至第二项及 Prausnitz 混合规则

在【例 4.2】中，已知如下信息

物质/混合物	y	p_c/MPa	T_c/K	$B/(10^{-5}\text{m}^3/\text{mol})$	$B_{\text{mix}}/(10^{-5}\text{m}^3/\text{mol})$	T_r	ω
$C_2H_6(1)$	0.5	4.88	305.4	−9.510	−11.298	1.310	0.098
$C_3H_6(2)$	0.5	4.62	365.0	−18.243		1.096	0.148
$C_2H_6(1)+C_3H_6(2)$		4.03	283.79	−8.720		1.410	0.123

由式(4.35) 可得

$$\frac{\text{d}B_{\text{mix}}}{\text{d}T}=y_1^2\frac{R}{p_{c1}}\left(\frac{0.675}{T_{r1}^{2.6}}+\omega_1\frac{0.722}{T_{r1}^{5.2}}\right)+2y_1y_2\frac{R}{p_{c12}}\left(\frac{0.675}{T_{r12}^{2.6}}+\omega_{12}\frac{0.722}{T_{r12}^{5.2}}\right)$$

$$+y_2^2\frac{R}{p_{c2}}\left(\frac{0.675}{T_{r2}^{2.6}}+\omega_2\frac{0.722}{T_{r2}^{5.2}}\right)$$

$$=0.5^2\times\frac{8.314}{4.88\times10^6}\times\left(\frac{0.675}{1.310^{2.6}}+0.098\times\frac{0.722}{1.310^{5.2}}\right)+2\times0.5\times0.5\times\frac{8.314}{4.03\times10^6}\times$$

$$\left(\frac{0.675}{1.410^{2.6}}+0.123\times\frac{0.722}{1.410^{5.2}}\right)+0.5^2\times\frac{8.314}{4.62\times10^6}\times\left(\frac{0.675}{1.096^{2.6}}+0.148\times\frac{0.722}{1.096^{5.2}}\right)$$

$$=7.194\times10^{-7}\text{m}^3/(\text{mol}\cdot\text{K})$$

又

$$\frac{B_{\text{mix}}}{T}=\frac{-11.298\times10^{-5}}{400.15}=-2.823\times10^{-7}\text{m}^3/(\text{mol}\cdot\text{K})$$

则分别由式(4.32) 和式(4.33) 得

$$\frac{H_{\text{m}}^{\text{R}}}{RT}=\frac{p}{R}\left(\frac{B_{\text{mix}}}{T}-\frac{\text{d}B_{\text{mix}}}{\text{d}T}\right)=\frac{1.5\times10^6}{8.314}\times(-2.823\times10^{-7}-7.194\times10^{-7})=-0.181$$

$$\frac{S_m^R}{R}=-\frac{p}{R}\frac{dB_{mix}}{dT}=-\frac{1.5\times10^6}{8.314}\times7.194\times10^{-7}=-0.1298$$

所以
$$H_m^R=-0.181RT=-0.181\times8.314\times400.15=-602.159\text{J/mol}$$
$$S_m^R=-0.1298R=-0.1298\times8.314=-1.079\text{J/(mol}\cdot\text{K)}$$

(3) 普遍化关联图及 Kay 混合规则

由 Kay 混合规则，得

$$p_{c,mix}=y_1p_{c1}+y_2p_{c2}=0.5\times4.88+0.5\times4.62=4.75\text{MPa}$$
$$T_{c,mix}=y_1T_{c1}+y_2T_{c2}=0.5\times305.4+0.5\times365.0=335.2\text{K}$$
$$\omega_{mix}=y_1\omega_1+y_2\omega_2=0.5\times0.098+0.5\times0.148=0.123$$

则
$$p_{r,mix}=\frac{p}{p_{c,mix}}=\frac{1.5\times10^6}{4.75\times10^6}=0.316$$
$$T_{r,mix}=\frac{T}{T_{c,mix}}=\frac{400.15}{335.2}=1.194$$

分别查图 3.1 和图 3.2 得

$$\frac{(H_m^R)^0}{RT_{c,mix}}=-0.205,\quad \frac{(H_m^R)^1}{RT_{c,mix}}=-0.08$$

分别查图 3.5 和图 3.6 得

$$\frac{(S_m^R)^0}{R}=-0.11,\quad \frac{(S_m^R)^1}{R}=-0.12$$

则
$$\frac{H_m^R}{RT_{c,mix}}=\frac{(H_m^R)^0}{RT_{c,mix}}+\omega_{mix}\frac{(H_m^R)^1}{RT_{c,mix}}=-0.205+0.123\times(-0.08)=-0.215$$
$$\frac{S_m^R}{R}=\frac{(S_m^R)^0}{R}+\omega_{mix}\frac{(S_m^R)^1}{R}=-0.11+0.123\times(-0.12)=-0.125$$

所以
$$H_m^R=-599.173\text{J/mol},\quad S_m^R=-1.039\text{J/(mol}\cdot\text{K)}$$

由上述实例计算结果可以看出，文中所述 R-K 方程、维里方程以及普遍化关联图计算二元真实气体混合物的剩余焓和剩余熵时，计算结果比较接近，说明此条件下这三种方法正确可靠。

但必须指出的是，对于维里方程截断式

$$Z=\frac{pV_m}{RT}\approx1+\frac{Bp}{RT}\tag{2.8}$$

在 $T<T_c$，$p<1.5$MPa 下应用时有较好的计算精度；并且若 $T>T_c$，满足式(2.8) 的压力还可适当提高。但当压力达到数兆帕（MPa）时，第三维里系数就渐显重要，而此时第二维里系数截断式已无法满足要求。所以，用维里方程第二维里系数截断式来计算二元真实气体混合物的剩余焓和剩余熵时，也是在中、低压下才适用。此例中，温度为 400.15K，大于 T_{c12}（283.79K）以及虚拟临界温度 $T_{c,mix}$（335.2K），所以在压力为 1.5MPa 下，这三种方法计算结果比较接近，都是正确可靠的。可以预测，倘若压力稍大于 1.5MPa，三种方法得到的结果应该还是比较相近并正确可靠；但若是压力升高至数兆帕（MPa）时，由于此时使用维里方程第二维里系数截断式会出现较大误差，或者说，在压力较高时，维里方程第二维里系数截断式已不再适用，所以若仍采用这三种方法来计算二元真实气体混合物的剩余焓和剩余熵，得到的结果之间必定会出现较大差别，其中采用 R-K 方程和普遍化关联图得到的结果应该还是比较接近并正确可靠，而此时采用维里方程第二维里系数截断式计算得到的结果将会产生较大误差，是不可靠的。

由此看来，上述三种方法在中、低压下都是适用的；而在高压下，R-K 方程和普遍化关联图仍可采用，而维里方程第二维里系数截断式则不再适用。

小结

在化工过程中，通常采用通过纯物质的参数得到混合物的虚拟性质参数的方法来解决混合物的性质的计算问题。在这一章里，首先介绍了几种常见的用于混合物参数计算的混合规则，如 Kay 规则（线性组合规则）、与临界温度有关的混合规则以及与体积有关的混合规则等；然后在此基础上介绍了分别由 Amagat 定律与普遍化压缩因子图联用法、虚拟临界参数法、第二维里系数截断式、R-K 方程计算真实气体混合物尤其是二元混合物压缩因子和摩尔体积的方法；最后讨论了真实气体混合物剩余焓和剩余熵的计算方法，并推导出分别由 R-K 方程、普遍化第二维里系数关系、普遍化压缩因子图计算二元真实气体混合物剩余焓和剩余熵的关联式。本章的教学重点与难点在于真实气体混合物压缩因子、摩尔体积、剩余焓和剩余熵的计算方法。要求掌握二元真实气体混合物压缩因子、摩尔体积、剩余焓和剩余熵的计算方法。

思考题

判断题

4.1 均相定组成混合物可视为虚拟纯物质，其性质计算过程与公式形式与纯物质的类似，只需引入适宜的混合规则将纯物质的模型参数改为混合物的虚拟参数。（ ）

4.2 真实气体混合物的非理想性主要由每一纯组分的非理想性所致。（ ）

4.3 在已知的混合规则中，Kay 规则，即线性组合法简便易行，它的适用条件为：所有组分的临界温度的比值均在 0.5～2 范围内，所有组分的临界压力、临界摩尔体积相接近，不然将会带来较大误差。（ ）

选择题

4.4 某二元混合物，组分 1 和组分 2 的混合临界温度 T_{c12} 通常可用式（ ）表达。

A. $T_{c12}^{1/3}=\dfrac{T_{c1}^{1/3}+T_{c2}^{1/3}}{2}$　　B. $T_{c12}=\sqrt{T_{c1}T_{c2}}(1-k_{12})$

C. $T_{c12}=\dfrac{T_{c1}+T_{c2}}{2}$　　D. $T_{c12}=y_1T_{c1}+y_2T_{c2}$

4.5 对于混合物，其第二维里系数 B_{mix}（ ）。

A. 仅是温度的函数　　B. 仅是组成的函数

C. 是温度与组成的函数　　D. 与温度和组成无关

4.6 对于含有 i、j 组分的二元混合物，有（ ）交互作用。

A. i-i 和 j-j 两种两分子　　B. i-i、j-j 和 i-j 三种两分子

C. i-i-j 和 i-j-j 两种三分子　　D. i-j 一种两分子

填空题

4.7 400K、1.5MPa 下，若某二元真实气体混合物的混合临界温度 $T_{c12}=283$K，混合物虚拟临界温度 $T_{c,mix}=335$K，则分别采用 R-K 方程、第二维里系数关系以及普遍化关联图计算该混合物的剩余焓和剩余熵时，计算结果差别________；若压力升高至 10MPa，则采用的________与________的方法正确可靠，而采用________时，其结果将会产生

较大误差，是不可靠的。

4.8 R-K 方程主要适用于极性或极性化合物，用于真实气体混合物时，若 $i=j$，a_{ij} 代表系数；若 $i\neq j$，a_{ij} 代表性质，称之为__________，且 $a_{ij}=a_{ji}$；加和符号代表考虑了所有可能的分子之间的效应；b_i 代表__________的系数，且 b 没有__________。对于一个二元混合物体系来说，$a_{\text{mix}}=$__________，$b_{\text{mix}}=$__________。

习题

4.1 在 50℃、60.97MPa 时由 0.401（摩尔分数）的氮和 0.599（摩尔分数）的乙烯组成混合气体，试用下列三种方法求算混合气体的摩尔体积。已知实验数据求出的 $Z=1.40$。(1) 理想气体方程；(2) Amagat 定律和普遍化压缩因子图联用；(3) 虚拟临界常数法与 Kay 混合规则。

4.2 用 R-K 方程计算 (1) CO_2(1) 和 C_3H_8(2) 在 444K 和 13.78MPa 下等分子混合时混合物的摩尔体积；(2) CO_2(1) 和丙烷 (2) 在 444℃和 1.50MPa 下以 3∶7 的摩尔比混合时混合物的摩尔体积。

4.3 有一摩尔组成为 82%CH_4、10%N_2 和 8%C_2H_6 的天然气，经压缩并冷却到 310.8K，如果被压缩的气体混合物的摩尔体积为 $1.44\times10^{-4}\text{m}^3/\text{mol}$，试用下述方法计算该气体必须被压缩到多大压力？(1) 虚拟临界法与 Kay 混合规则；(2) Amagat 定律和普遍化压缩因子图联用。

4.4 在 461.05K、6.88MPa 下，30%（摩尔分数）的 N_2 和 70%（摩尔分数）的正丁烷组成二元气体混合物，试用维里方程截至第三项和 Prausnitz 混合规则计算混合气体的摩尔体积（假设 $B_{11}=14\text{cm}^3/\text{mol}$，$B_{22}=-265\text{cm}^3/\text{mol}$，$B_{12}=B_{21}=-9.5\text{cm}^3/\text{mol}$，$C_{111}=1300\text{cm}^6/\text{mol}^2$，$C_{222}=30250\text{cm}^6/\text{mol}^2$，$C_{112}=4950\text{cm}^6/\text{mol}^2$，$C_{122}=7270\text{cm}^6/\text{mol}^2$）。

4.5 试用 R-K 方程和 Prausnitz 混合规则（假设 $k_{12}=0.06$）计算 H_2S(1)-C_2H_6(2) 二元气体混合物（$y_1=0.2$）在 413.15K、8MPa 时的剩余焓和剩余熵。

4.6 75%（摩尔分数）的 C_2H_6 和 25%（摩尔分数）的 C_3H_8 以 671.6kg/h 的流率进入压缩机，在 5.06MPa、100℃下离开压缩机。试用 R-K 方程和 Prausnitz 混合规则（假设 $k_{12}=0$）求算混合气每小时离开压缩机的体积。

4.7 氮和 CO_2 在 40.53MPa、50℃下混合，已知混合气的摩尔体积为 $59.68\times10^{-6}\text{m}^3/\text{mol}$，试求混合气的组成。

4.8 试分别用下述方法计算氮 (1)-异丁烷 (2) 的二元气体混合物（$y_1=0.35$）在 423.15K、6.0MPa 时的 V_m、H_m^R 和 S_m^R：(1) 普遍化关联图或 Lee-Kesler 表；(2) R-K 方程与 Prausnitz 混合规则（假设 $k_{12}=0.11$）；(3) Virail 方程与 Prausnitz 混合规则（假设 $k_{12}=0.11$）。

第5章

溶液热力学

本章重点：

偏摩尔性质、混合性质、过量性质、逸度、活度等溶液热力学的重要概念与计算方法。为流体相平衡与化学平衡的阐述奠定了基础。

本章难点：

组分偏摩尔量与溶液摩尔量的互算、逸度与活度的概念与计算。

化工生产的目的是将原材料转化为产品。在众多的化工过程中，原料混合、化学反应与产物分离占据了最主要的部分。在加工过程中大多物料流都是混合物。均匀的混合物形成多组分溶液。溶液性质的研究对于化学过程的设计、建设与运行都至关重要，因此本章将重点介绍溶液的热力学性质。

溶液可以是液态、气态，也可以是固态。通常认为溶液中含量较多的组分是溶剂，而其余组分为溶质。但在热力学分析中，溶液中的每一个组分的地位都是相同的。为方便在热力学中的讨论，用特定的大写字母来表示系统的性质，比如热力学能 U、焓 H、亥姆霍兹能 A 和吉布斯能 G，并写在字母旁引入下标“m”来表示摩尔性质，比如摩尔热力学能 U_m、摩尔焓 H_m、摩尔亥姆霍兹能 A_m 和摩尔吉布斯能 G_m 等。

读者们已经在物理化学课程中了解了控制质量系统中纯组分热力学性质之间的基本关系

$$H \equiv U + pV \tag{3.2}$$

$$A \equiv U - TS \tag{3.3}$$

$$G \equiv H - TS \tag{3.4}$$

$$dU = TdS - pdV \tag{3.1}$$

$$dH = TdS + Vdp \tag{3.5}$$

$$dA = -pdV - SdT \tag{3.6}$$

$$dG = Vdp - SdT \tag{3.7}$$

若系统中所含物质的量为1mol，则

$$dU_m = TdS_m - pdV_m \tag{5.1}$$

$$dH_m = TdS_m + V_m dp \tag{5.2}$$

$$dA_m = -S_m dT - pdV_m \tag{5.3}$$

$$dG_m = -S_m dT + V_m dp \tag{5.4}$$

比较式(3.1)，式(3.5)～式(3.7) 和式(5.1)～式(5.4) 可以发现，任一广度性质都可以由其摩尔值来代替。若 M 代表系统的某一基本性质而系统内含有 n 摩尔的物

质，则

$$M_{\mathrm{m}}=\frac{M}{n} \quad 或 \quad M=nM_{\mathrm{m}} \tag{5.5}$$

5.1 敞开系统的热力学关系式与化学势

对于一个没有组分变化的封闭系统，根据式(3.7) 可写出如下关系

$$G=G(p,T) \tag{5.6}$$

且

$$\mathrm{d}G=\left(\frac{\partial G}{\partial p}\right)_T \mathrm{d}p+\left(\frac{\partial G}{\partial T}\right)_p \mathrm{d}T \tag{5.7}$$

与式(3.7) 相比较，显然可以得到

$$\left(\frac{\partial G}{\partial p}\right)_{T,n}=V, \quad \left(\frac{\partial G}{\partial T}\right)_{p,n}=-S \tag{5.8}$$

下标 n 表示所有化学物质组分的摩尔数是恒定不变的。

对于一个单相的敞开系统，吉布斯能 G 依然是温度 T 与压力 p 的函数。但考虑到物质可以添入或移出系统，因此 G 也是系统中存在的各化学物质摩尔数的函数。所以

$$G=G(p,T,n_1,n_2,\cdots,n_i,\cdots)$$

G 的全微分形式为

$$\mathrm{d}G=\left[\frac{\partial G}{\partial p}\right]_{T,n}\mathrm{d}p+\left[\frac{\partial G}{\partial T}\right]_{p,n}\mathrm{d}T+\sum_i\left[\frac{\partial G}{\partial n_i}\right]_{p,T,n_j}\mathrm{d}n_i$$

式中，加和项包含了所有存在的物质种类，下标 n_j 则表示除了第 i 项以外的所有物质摩尔数都是恒定的。结合式(5.8) 得到

$$\mathrm{d}G=V\mathrm{d}p-S\mathrm{d}T+\sum_i \mu_i \mathrm{d}n_i \tag{5.9}$$

式中，μ_i 是由美国物理化学家 J. W. Gibbs（1839—1903）定义的组分 i 的化学势

$$\left(\frac{\partial G}{\partial n_i}\right)_{T,p,n_{j(j\neq i)}}\equiv\mu_i \tag{5.10}$$

其含义是在温度、压力以及除了物质 i 以外所有组分的摩尔数均不变的条件下，混合物的吉布斯能对物质 i 的摩尔数的偏导数。

这一概念可以简单地表述为："在温度和压力恒定的条件下，在溶液中加入无穷小量的组分 i，并使混合物保持均匀，其吉布斯能的变化量与所添加组分的变化量之比就是该组分在溶液中的化学势。"

化学势扮演着与温度、压力类似的角色。温度显示出热传递的趋势，压力则表示流体流动的趋势，而化学势体现出化学反应或相间质量传递的趋势。

化学势的概念也可以由式(3.1)、式(3.5) 和式(3.6) 分析给出定义

$$\mathrm{d}U=T\mathrm{d}S-p\mathrm{d}V+\sum_i \mu_i \mathrm{d}n_i \tag{5.11}$$

$$\mathrm{d}H=T\mathrm{d}S+V\mathrm{d}p+\sum_i \mu_i \mathrm{d}n_i \tag{5.12}$$

$$\mathrm{d}A=-S\mathrm{d}T-p\mathrm{d}V+\sum_i \mu_i \mathrm{d}n_i \tag{5.13}$$

因此

$$\left[\frac{\partial U}{\partial n_i}\right]_{V,S,n_j}=\left[\frac{\partial H}{\partial n_i}\right]_{S,p,n_j}=\left[\frac{\partial A}{\partial n_i}\right]_{V,T,n_j}=\left[\frac{\partial G}{\partial n_i}\right]_{T,p,n_j}=\mu_i \tag{5.14}$$

【例 5.1】 试证四种化学势的表达式是一致的。

解： 先证明$\left[\frac{\partial H}{\partial n_i}\right]_{S,p,n_j}=\left[\frac{\partial G}{\partial n_i}\right]_{T,p,n_j}$。由定义 $G=H-TS$，其全微分的形式为 $dG=dH-TdS-SdT$。

将式(5.9) 与式(5.12) 代入上述方程

$$Vdp-SdT+\sum_i\left[\frac{\partial G}{\partial n_i}\right]_{T,p,n_j}dn_i=TdS+Vdp+\sum_i\left[\frac{\partial H}{\partial n_i}\right]_{S,p,n_j}dn_i-TdS-SdT$$

整理得

$$\sum_i\left[\frac{\partial G}{\partial n_i}\right]_{T,p,n_j}dn_i=\sum_i\left[\frac{\partial H}{\partial n_i}\right]_{S,p,n_j}dn_i \quad 或 \quad \left[\frac{\partial H}{\partial n_i}\right]_{S,p,n_j}=\left[\frac{\partial G}{\partial n_i}\right]_{T,p,n_j}=\mu_i$$

其余等式同理可证明。

对于 1mol 流体，式(5.9) 可写为

$$dG_m=V_m dp-S_m dT+\sum_i\mu_i dx_i \tag{5.15}$$

因此

$$G_m=G_m(p,T,x_1,x_2,\cdots,x_i,\cdots)$$

5.2 偏摩尔性质

由式(5.10) 定义的化学势可以看出，这种恒温、恒压条件下的导数形式在溶液热力学中有着特定的应用，因为大多数的化学过程都是在恒定的温度与压力条件下进行的。因而，对于一般性的广度量性质可以写出

$$\overline{M_i}\equiv\left(\frac{\partial M}{\partial n_i}\right)_{T,p,n_j(j\neq i)} \tag{5.16}$$

式(5.16) 定义出溶液中组分 i 的偏摩尔性质$\overline{M_i}$，其中 M 可以表示 V、H、S、A、G 等。特别地，当 M 为吉布斯能 G 时，$\overline{G_i}$所表示的偏摩尔吉布斯能就是化学势（$\overline{G_i}=\mu_i$）。

偏摩尔性质与摩尔性质在热力学关系上有某些相同的运算规则，表 5.1 列出了部分对应关系式。

表 5.1 摩尔性质与偏摩尔性质的热力学关系式

摩尔性质	偏摩尔性质	摩尔性质	偏摩尔性质
$H=U+pV$	$\overline{H_i}=\overline{U_i}+p\overline{V_i}$	$\left(\frac{\partial H}{\partial p}\right)_T=V-\left(\frac{\partial V}{\partial T}\right)_p$	$\left(\frac{\partial \overline{H_i}}{\partial p}\right)_T=\overline{V_i}-\left(\frac{\partial \overline{V_i}}{\partial T}\right)_p$
$A=U-TS$	$\overline{A_i}=\overline{U_i}-T\overline{S_i}$	$nC_p=\left(\frac{\partial H}{\partial T}\right)_p$	$\overline{nC_{pi}}=\left(\frac{\partial \overline{H_i}}{\partial T}\right)_p$
$G=H-TS$	$\overline{G_i}=\overline{H_i}-T\overline{S_i}$	…	…

【例 5.2】 定压比热容被定义为 $C_p=\left(\frac{\partial H_{\mathrm{m}}}{\partial T}\right)_p$。试证明 $\overline{nC_{pi}}=\left(\frac{\partial \overline{H_i}}{\partial T}\right)_p$。

解：

$$nC_p=\left(\frac{\partial H}{\partial T}\right)_p$$

$$\overline{nC_{pi}}=\left[\frac{\partial(nC_p)}{\partial n_i}\right]_{T,p,n_j}=\left[\frac{\partial(\partial H/\partial T)_p}{\partial n_i}\right]_{T,p,n_j}=\left[\frac{\partial(\partial H/\partial n_i)_{T,p,n_j}}{\partial T}\right]_p=\left[\frac{\partial \overline{H_i}}{\partial T}\right]_p$$ 证毕。

均相热力学性质 M 是温度、压力，以及组成该相的各个物质摩尔数的函数。

$$M=M(p,T,n_1,n_2,\cdots,n_i,\cdots)$$

M 的全微分形式是

$$\mathrm{d}M=\left[\frac{\partial M}{\partial p}\right]_{T,n}\mathrm{d}p+\left[\frac{\partial M}{\partial T}\right]_{p,n}\mathrm{d}T+\sum_i\left[\frac{\partial M}{\partial n_i}\right]_{p,T,n_j}\mathrm{d}n_i$$

由于方程中的最后一项已由式(5.16) 定义出，因此可简写为

$$\mathrm{d}M=n\left[\frac{\partial M_{\mathrm{m}}}{\partial p}\right]_{T,x}\mathrm{d}p+n\left[\frac{\partial M_{\mathrm{m}}}{\partial T}\right]_{p,x}\mathrm{d}T+\sum_i\overline{M_i}\,\mathrm{d}n_i \tag{5.17}$$

式中，下标 x 表示在固定组成下的微分。

由于 $n_i=x_in$，$\mathrm{d}n_i=x_i\mathrm{d}n+n\mathrm{d}x_i$ 和 $M=nM_{\mathrm{m}}$，$\mathrm{d}M=n\mathrm{d}M_{\mathrm{m}}+M_{\mathrm{m}}\mathrm{d}n$，将这些表达式代入式(5.17) 得

$$n\mathrm{d}M_{\mathrm{m}}+M_{\mathrm{m}}\mathrm{d}n=n\left[\frac{\partial M_{\mathrm{m}}}{\partial p}\right]_{T,x}\mathrm{d}p+n\left[\frac{\partial M_{\mathrm{m}}}{\partial T}\right]_{p,x}\mathrm{d}T+\sum_i\overline{M_i}(x_i\mathrm{d}n+n\mathrm{d}x_i) \tag{5.18}$$

整理式(5.18) 得

$$n\left[\mathrm{d}M_{\mathrm{m}}-\left(\frac{\partial M_{\mathrm{m}}}{\partial p}\right)_{T,x}\mathrm{d}p-\left(\frac{\partial M_{\mathrm{m}}}{\partial T}\right)_{p,x}\mathrm{d}T-\sum_i\overline{M_i}\,\mathrm{d}x_i\right]+\left(M_{\mathrm{m}}-\sum_i x_i\overline{M_i}\right)\mathrm{d}n=0 \tag{5.19}$$

式中，n 与 $\mathrm{d}n$ 是独立且任意的。使式(5.19) 左侧恒为 0 的唯一可能情况为

$$\mathrm{d}M_{\mathrm{m}}-\left(\frac{\partial M_{\mathrm{m}}}{\partial p}\right)_{T,x}\mathrm{d}p-\left(\frac{\partial M_{\mathrm{m}}}{\partial T}\right)_{p,x}\mathrm{d}T-\sum_i\overline{M_i}\,\mathrm{d}x_i=0 \tag{5.20}$$

且

$$M_{\mathrm{m}}-\sum_i x_i\overline{M_i}=0 \quad 或 \quad M_{\mathrm{m}}=\sum_i x_i\overline{M_i} \tag{5.21}$$

将式(5.21) 两侧各乘以总摩尔数 n 得到

$$M=\sum_i n_i\overline{M_i} \tag{5.22}$$

可加和性关系式(5.21) 与式(5.22) 有着特别的意义，当每个组分物质的偏摩尔性质均已知时，上式可用作计算混合物的摩尔性质。因此这两个方程被认为是偏摩尔性质的**可加和性关系**。对于纯组分或接近纯的组分，即 $x_i\to1$，有 $\lim\limits_{x_i\to1}\overline{M_i}=M_{\mathrm{m}i}$，偏摩尔性质等于或接近于摩尔性质。

由式(5.21) 可以明显看出，对于真实溶液，偏摩尔性质就像理想溶液中的摩尔性质一样。溶液的摩尔性质就是所有组分的偏摩尔性质与其摩尔分数之积的加和。

(1) 偏摩尔性质的计算

偏摩尔性质的定义式(5.16)，提供了一种从溶液性质数据来计算偏摩尔性质的方法。

$$\overline{M_i}=\left[\frac{\partial(nM_{\mathrm{m}})}{\partial n_i}\right]_{T,p,n_j}=M_{\mathrm{m}}\left(\frac{\partial n}{\partial n_i}\right)_{T,p,n_j}+n\left(\frac{\partial M_{\mathrm{m}}}{\partial n_i}\right)_{T,p,n_j} \tag{5.23}$$

由于 $$\left(\frac{\partial n}{\partial n_i}\right)_{T,p,n_j}=\left[\frac{\partial(n_1+n_2+\cdots+n_i+\cdots)}{\partial n_i}\right]_{T,p,n_j}=1$$

式(5.23) 变成 $$\overline{M_i}=M_m+n\left(\frac{\partial M_m}{\partial n_i}\right)_{T,p,n_j} \tag{5.24}$$

在恒定的 T 和 p 条件下，M_m 只是摩尔分数的函数

$$M_m=M_m(x_1,x_2,\cdots,x_k,\cdots)$$

全微分形式为 $$dM_m=\sum\left[\left(\frac{\partial M_m}{\partial x_k}\right)_{T,p,x_j}dx_k\right] \tag{5.25}$$

在恒定的 T、p 和 n_j 的条件下，将式(5.25) 除以 dn_i，可得

$$\left(\frac{\partial M_m}{\partial n_i}\right)_{T,p,n_j}=\sum\left[\left(\frac{\partial M_m}{\partial x_k}\right)_{T,p,x_j}\left(\frac{\partial x_k}{\partial n_i}\right)_{n_j}\right]$$

式中

$$x_k=n_k/n$$

$$\left(\frac{\partial x_k}{\partial n_i}\right)_{n_j}=\frac{1}{n}\left(\frac{\partial n_k}{\partial n_i}\right)_{n_j}-\frac{n_k}{n^2}\left(\frac{\partial n}{\partial n_i}\right)_{n_j}=-\frac{n_k}{n^2}=-\frac{x_k}{n}$$

因此 $$\left(\frac{\partial M_m}{\partial n_i}\right)_{T,p,n_j}=-\frac{1}{n}\sum_k\left[x_k\left(\frac{\partial M_m}{\partial x_k}\right)_{T,p,x_j}\right] \tag{5.26}$$

将式(5.26) 代入式(5.24) 中，可得到式(5.27)，通过溶液的摩尔组成来计算组分 i 的偏摩尔性质。

$$\overline{M_i}=M_m-\sum_{k\neq i}\left[x_k\left(\frac{\partial M_m}{\partial x_k}\right)_{T,p,x_j(j\neq i,k)}\right] \tag{5.27}$$

式中，k 是除了 i 以外的其他组分；j 是除了 i 和 k 以外的其他组分。

式(5.27) 适用于 1mol 流体，但同时也适用于单位质量流体，此时 M_m 和$\overline{M_i}$被称为比性质和偏比性质。$\overline{M_i}$通常指是偏摩尔性质。

在实际应用中，在恒定的温度和压力下摩尔性质或者比性质的数值均可由实验数据关联成系统组成的函数。则从式(5.27) 可以计算出偏摩尔性质。

对于一个双组分系统，式(5.27) 可以展开成

$$\overline{M_1}=M_m-x_2\left(\frac{\partial M_m}{\partial x_2}\right)_{T,p} \tag{5.28}$$

或 $$\overline{M_1}=M_m+x_2\left(\frac{\partial M_m}{\partial x_1}\right)_{T,p} \tag{5.29}$$

$$\overline{M_2}=M_m-x_1\left(\frac{\partial M_m}{\partial x_1}\right)_{T,p} \tag{5.30}$$

或 $$\overline{M_2}=M_m+x_1\left(\frac{\partial M_m}{\partial x_2}\right)_{T,p} \tag{5.31}$$

上述等式可以由图 5.1 描述。

将实验数据 M_m 对 x_2 做曲线图如图 5.1 曲线 $M_{m1}-M_m-M_{m2}$所示，对 x_2 的任意值，溶液的摩尔性质为 M_m。通过点 M_m 做一个曲线的正切线，切线和 $x_2=0$ 处的垂线，$x_2=1$ 处的垂线分别相较于$\overline{M_1}$和$\overline{M_2}$点。很容易看出，切线满足式 $M_m=x_1\overline{M_1}+x_2\overline{M_2}$，点$\overline{M_1}$和$\overline{M_2}$就分别代表了组分 1 和组分 2 在组成为 x_2 的点上的偏摩尔量。因此

$$\overline{M_1}=M_m-x_2\left(\frac{\partial M_m}{\partial x_2}\right)_{T,p} \tag{5.28}$$

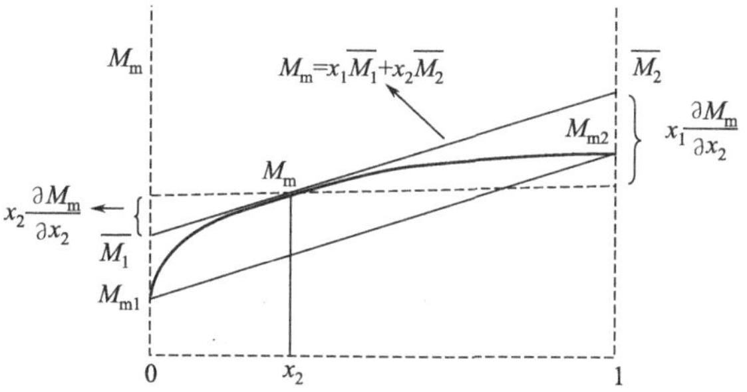

图 5.1 偏摩尔性质的图示说明

和
$$\overline{M_2} = M_m + x_1\left(\frac{\partial M_m}{\partial x_2}\right)_{T,p} \tag{5.31}$$

交点（$\overline{M_1}$和$\overline{M_2}$的值）将会随着组分含量变化而改变，极限值则会变成$\lim\limits_{x_2\to 0}\overline{M_1} = M_{m1}$，$\lim\limits_{x_2\to 0}\overline{M_2} = \overline{M_2^{\infty}}$ 和$\lim\limits_{x_1\to 0}\overline{M_1} = \overline{M_1^{\infty}}$，$\lim\limits_{x_1\to 0}\overline{M_2} = M_{m2}$，符号“∞”表示对于溶液中所含组分来说，该溶液是被无限稀释的稀溶液。

【例 5.3】 双组分混合物的摩尔焓在温度 298K、压力 1.0133×10^5Pa 条件下的实验数据可以关联如下形式：$H_m = 100x_1 + 150x_2 + x_1x_2(10x_1 + 5x_2)$，$H_m$ 单位为 J/mol。试找出：(1) 用 x_1 所表示的偏摩尔焓$\overline{H_1}$和$\overline{H_2}$的表达式；(2) 纯组分时候的摩尔焓 H_{m1}和 H_{m2}；(3) 对于各个组分分别在无限稀释时所对应的偏摩尔焓$\overline{H_1^{\infty}}$ 和$\overline{H_2^{\infty}}$。

解：(1) 将 x_2 用代数式 $1-x_1$ 代替，代入已知的 H_m 表达式

$$H_m = 150 - 45x_1 - 5x_1^3$$

由此

$$\frac{dH_m}{dx_1} = -45 - 15x_1^2$$

通过式(5.29) 和式(5.30)

$$\overline{H_1} = H_m + (1-x_1)\frac{dH_m}{dx_1}$$

$$\overline{H_2} = H_m - x_1\frac{dH_m}{dx_1}$$

代入 H_m 和$\frac{dH_m}{dx_1}$可得

$$\overline{H_1} = 105 - 15x_1^2 + 10x_1^3$$

$$\overline{H_2} = 150 + 10x_1^3$$

(2)

$$H_{m1} = \lim_{x_1\to 1, x_2\to 0} H_m = \lim_{x_1\to 1}\overline{H_1} = 100\text{J/mol}$$

$$H_{m2} = \lim_{x_1\to 0, x_2\to 1} H_m = \lim_{x_1\to 0}\overline{H_2} = 150\text{J/mol}$$

(3)

$$\overline{H_1^{\infty}} = \lim_{x_1\to 0}\overline{H_1} = 105\text{J/mol}$$

$$\overline{H_2^{\infty}} = \lim_{x_1\to 1}\overline{H_2} = 160\text{J/mol}$$

(2) Gibbs-Duhem 方程

对式(5.21) 求微分

$$dM_m = \sum_i x_i d\overline{M_i} + \sum_i \overline{M_i} dx_i \tag{5.32}$$

通过对比该式与式(5.20)，可得 Gibbs-Duhem 方程的一般形式

$$\left(\frac{\partial M_m}{\partial p}\right)_{T,x} dp + \left(\frac{\partial M_m}{\partial T}\right)_{p,x} dT - \sum_i x_i d\overline{M_i} = 0 \tag{5.33}$$

对于比较常见与重要的等温和等压下有组成变化的情况，该式可以简化为

$$\sum_i x_i d\overline{M_i} = 0 (T, p \text{ 恒定}) \tag{5.34}$$

式(5.33) 和式(5.34) 中，M 应为如 H、V、U、S、A、G 等的广度性质。对于强度性质 I，比如 $I_i = \frac{\hat{f}_i}{x_i}$、$p_i$、$\hat{\phi}_i$、$\gamma_i$，Gibbs-Duhem 方程就变成

$$\sum_i (x_i d\ln I_i) = 0 (T, p \text{ 恒定}) \tag{5.35}$$

Gibbs-Duhem 方程的应用主要在于两个方面：

① 通过一般性的理论来检测实验数据的一致性；

② 由溶液中其他组分的偏摩尔性质，计算某一特定组分的偏摩尔性质。

【例 5.4】 对于一个恒温恒压双组分系统，实验数据可以用$\overline{H}_1 = H_{m1} + ax_2^2$ 式关联。试推出$\overline{H}_2$ 和 H_m 的表达式。

解： 对于双组分系统焓值，恒温恒压下的 Gibbs-Duhem 方程式(5.34)，则

$$x_1 d\overline{H}_1 + x_2 d\overline{H}_2 = 0$$

解出 $d\overline{H}_2 = -\frac{x_1}{x_2} d\overline{H}_1 = -\frac{x_1}{x_2}\frac{d\overline{H}_1}{dx_2} dx_2$ 及 $\frac{d\overline{H}_1}{dx_2} = 2ax_2$，$dx_2 = -dx_1$

$$d\overline{H}_2 = 2ax_1 dx_1$$

积分得

$$\overline{H}_2 = H_{m2} + ax_1^2$$

且

$$H_m = \sum x_i \overline{H}_i = x_1 H_{m1} + x_2 H_{m2} + ax_1 x_2$$

5.3 逸度和逸度系数

相平衡理论是很多分离过程的基础，是化工热力学的重要组成部分。逸度的概念对于讨论相平衡问题有十分重要的意义。著名的物理化学家 Gilbert Newton Lewis（1875～1946）在考虑到真实流体的化学势的表达时，首先提出了逸度这个概念。在热力学性质中一个很重要的关系是

$$dG = -SdT + Vdp \tag{3.7}$$

在恒定温度条件下

$$dG = Vdp \quad (\text{恒 } T) \tag{5.36}$$

对于理想气体，$V = nRT/p$，将该式代入式(5.36)，并积分得

$$G_i^{ig} = \lambda_i(T) + nRT\ln p \tag{5.37}$$

对于真实流体来说，这个积分可能就会变得很复杂。Lewis 引入了一个新的变量 f_i，用来代替式中的 p

$$G_i \equiv \lambda_i(T) + nRT\ln f_i \tag{5.38}$$

式中，f_i 与压力具有相同的量纲与单位，称作纯组分 i 的逸度。在同样的 T 和 p 下，将式

(5.38) 与式(5.37) 相减，可得：

$$G_i - G_i^{ig} = nRT\ln\frac{f_i}{p} \tag{5.39}$$

这里的 $G_i - G_i^{ig} = G_i^R$，是剩余 Gibbs 能。对于无量纲量 f_i/p，则被定义为一个新的参数，称为逸度系数，用符号 ϕ_i 表示，因此

$$G_i^R = nRT\ln\phi_i \tag{5.40}$$

式中逸度系数

$$\phi_i \equiv f_i/p \tag{5.41}$$

对于理想气体，有 $G_i^R = 0$，$\phi_i = 1$ 和 $f_i = p$。一般来说，逸度可以被当作“校准”后的压力。

5.3.1 纯气体的逸度计算

和其他的热力学性质一样，例如在第 2 章和第 3 章中讨论过的 Z、H^R、S^R、G^R，逸度可以通过多种方法计算。

(1) 通过熵和焓的数据计算逸度

在恒温条件下，式(5.38) 积分可得

$$\mathrm{d}\ln f_i = \frac{1}{nRT}\mathrm{d}G_i = \frac{1}{RT}\mathrm{d}G_{mi} \quad (\text{恒 } T) \tag{5.42}$$

从参考态（由 * 标注）向目标真实状态进行积分

$$\ln\frac{f_i}{f_i^*} = \frac{1}{RT}(G_{mi} - G_{mi}^*) \tag{5.43}$$

与式(3.4) 结合

$$\ln\frac{f_i}{f_i^*} = \frac{1}{R}\left[\frac{H_{mi} - H_{mi}^*}{T} - (S_{mi} - S_{mi}^*)\right] \tag{5.44}$$

如果选标准态作参考态，式(5.44) 变为

$$\ln\frac{f_i}{p^\ominus} = \frac{1}{R}\left[\frac{H_{mi} - H_{mi}^\ominus}{T} - (S_{mi} - S_{mi}^\ominus)\right] \tag{5.45}$$

式(5.45) 可以在熵和焓的数据已知的条件下用来计算逸度。

(2) 通过 p-V-T 数据计算逸度和逸度系数

将式(5.42) 和式(5.36) 结合可得

$$\mathrm{d}\ln f_i = \frac{1}{RT}V_{mi}\,\mathrm{d}p \tag{5.46}$$

由式(5.41) 可知

$$\mathrm{d}\ln\phi_i = \frac{pV_{mi}}{RT}\frac{\mathrm{d}p}{p} - \frac{\mathrm{d}p}{p} \quad \text{或} \quad \mathrm{d}\ln\phi_i = (Z_i - 1)\frac{\mathrm{d}p}{p} \tag{5.47}$$

对式(5.47) 作 $p=0$（此时 $f_i=1$，$\ln\phi_i=0$）到 p 的积分

$$\ln\phi_i = \int_0^p (Z_i - 1)\frac{\mathrm{d}p}{p} \tag{5.48}$$

或

$$\ln\phi_i = \frac{1}{RT}\int_0^p V_{mi}^R\,\mathrm{d}p \tag{5.49}$$

式(5.48) 和式(5.49) 可以通过 p-V-T 数据来进行逸度的数值计算。

(3) 利用状态方程进行逸度和逸度系数的计算

实际应用中，可在诸多状态方程中选用最适宜的状态方程进行计算。这里仅以应用 R-K 方程计算逸度和逸度系数为例，阐述计算过程。

由式(5.49) 可知

$$\ln\phi=\frac{1}{RT}\int_{p_0}^{p} V_{\mathrm{m}}\mathrm{d}p-\int_{\ln p_0}^{\ln p}\mathrm{d}\ln p \tag{5.50}$$

为了更加方便地应用 R-K 方程，上述等式右侧的第一个积分式可以通过如下关系获得

$$\int V\mathrm{d}p=\Delta(pV)-\int p\,\mathrm{d}V \tag{5.51}$$

通过将 R-K 方程代入式(5.51)，然后再代入式(5.50)，可以得到

$$\ln\frac{f}{p}=Z-1-\ln\frac{pV_{\mathrm{m}}-pb}{RT-p_0b}+\frac{a}{bRT^{1.5}}\ln\left[\left(\frac{V_{\mathrm{m}}}{V_{\mathrm{m0}}}\right)\left(\frac{V_{\mathrm{m0}}+b}{V_{\mathrm{m}}+b}\right)\right] \tag{5.52}$$

如果初始的压力 $p_0\to 0$，$RT-p_0b\to RT$，$\dfrac{V_{\mathrm{m0}}+b}{V_{\mathrm{m0}}}\to 1$，那么

$$\ln\frac{f}{p}=Z-1-\ln\left(Z-\frac{pb}{RT}\right)-\frac{a}{bRT^{1.5}}\ln\left(1+\frac{b}{V_{\mathrm{m}}}\right) \tag{5.53}$$

式(5.53) 就是在 R-K 方程基础上用来计算纯气体逸度的表达式。在一些参考文献中应用了式(5.53) 的另一种形式：

$$\ln\frac{f}{p}=Z-1-\ln(Z-Bp)-\frac{A}{B}\ln\left(1+\frac{Bp}{Z}\right) \tag{5.54}$$

其中，$\dfrac{pb}{RT}=Bp$，$\dfrac{b}{V_{\mathrm{m}}}=\dfrac{Bp}{Z}$，$\dfrac{a}{bRT^{1.5}}=\dfrac{A}{B}$。

式(5.53) 或者式(5.54) 若是被用于计算逸度和逸度系数，就必须先知道气体的摩尔体积，摩尔体积则可以通过状态方程的迭代法获得。

(4) 通过对比状态计算 f 和 ϕ

从式(5.48)，很容易看出 $\phi=f(Z,\ p)$，或 $\phi=g(Z,\ p_{\mathrm{r}})$，但 $Z=Z(T_{\mathrm{r}},\ p_{\mathrm{r}})$，所以

$$\phi=\phi(T_{\mathrm{r}},p_{\mathrm{r}}) \tag{5.55}$$

图 5.2 是以 T_{r} 作为参数的 ϕ-p_{r} 的曲线图，曲线展示了大量不同系统的实验结果的关联关系，

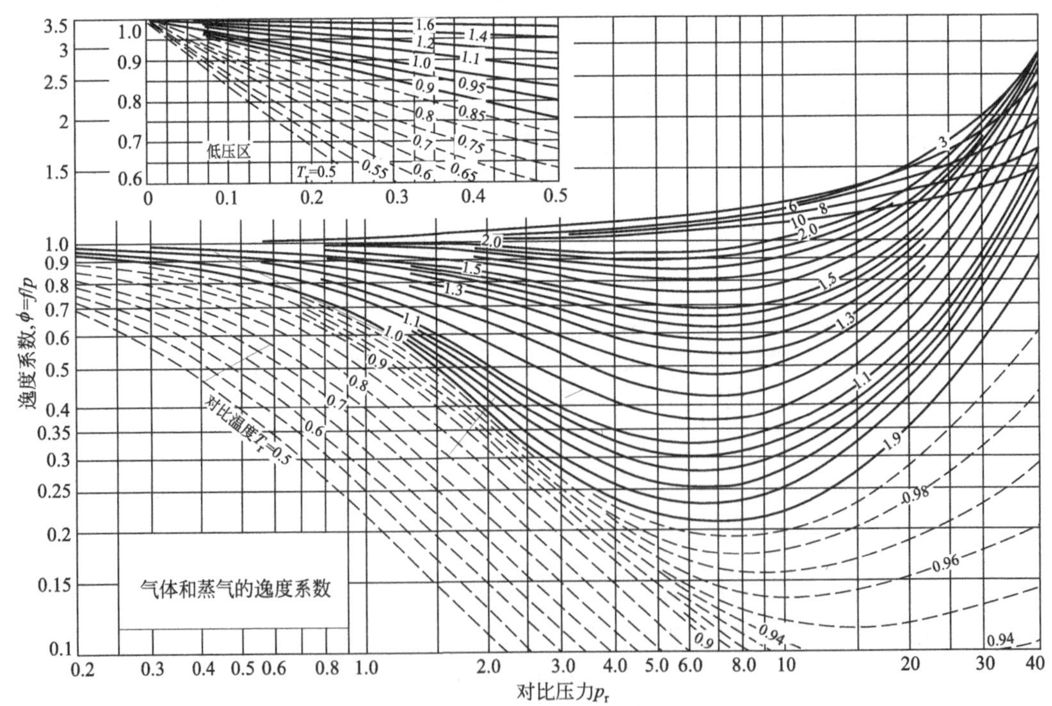

图 5.2　两参数逸度系数关联图

通过该图可以找到 f 和 ϕ。该图的最大优点是便于应用，但是该图计算的准确性并不是很高。

两参数对比状态关联可以通过引入第三个参数偏心因子 Ω（与在三参数 Z 的关联图中的作用相同）来提高数值预测的准确性。式(5.48) 也可以写作

$$\ln\phi_i=\int_0^{p_r}(Z_i-1)\frac{\mathrm{d}p_r}{p_r} \tag{5.56}$$

引入 Pitzer 的关联式

$$Z=Z^0+\omega Z^1 \tag{2.64}$$

可得

$$\phi=(\phi^0)(\phi^1)\omega \tag{5.57}$$

式中

$$\ln\phi^0\equiv\int_{(p_0)_r}^{p_r}(Z^0-1)\frac{\mathrm{d}p_r}{p_r} \tag{5.58}$$

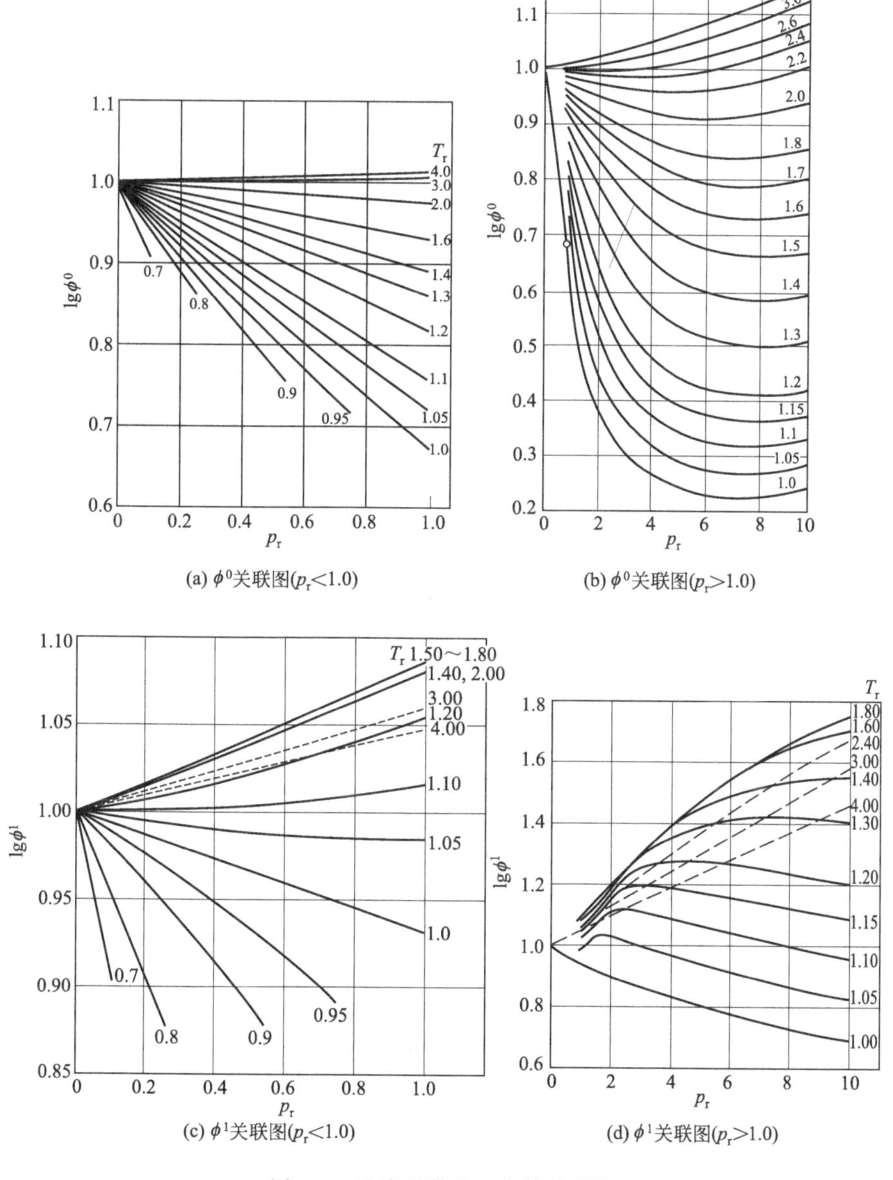

(a) ϕ^0关联图(p_r<1.0)　(b) ϕ^0关联图(p_r>1.0)

(c) ϕ^1关联图(p_r<1.0)　(d) ϕ^1关联图(p_r>1.0)

图 5.3　逸度系数的三参数关联图

$$\ln\phi^1 \equiv \int_{(p_0)_r}^{p_r} Z^1 \frac{dp_r}{p_r} \tag{5.59}$$

式(5.58) 和式(5.59) 说明 ϕ^0 和 ϕ^1 都是 T_r 和 p_r 的函数，并已被前人绘制成关联图，如图 5.3 所示。

图 5.3 的数据已经被制成表格，这就是附录 D 中的 Lee-Kesler 表格，该表格往往可以提供比关联图更加精确的数值。

(5) 应用普遍化的维里方程计算 f 和 ϕ

如果二阶维里方程可用于计算

$$Z-1=\frac{Bp}{RT} \tag{5.60}$$

式(5.60) 与式(5.48) 结合并计算积分值

$$\ln\phi \equiv \int_0^p \frac{Bp}{RT}\frac{dp}{p}=\frac{Bp}{RT} \tag{5.61}$$

式中，第二个维里系数 B 可以用 Pitzer 关联式计算

$$B=(B^0+\omega B^1)\frac{RT_c}{p_c}$$

因此

$$\ln\phi=(B^0+\omega B^1)\frac{p_r}{T_r}$$

【例 5.5】 试求出丙烷气体在 10.203MPa 和 407K 条件下的逸度，并与实验值进行比较。

$$\phi_{exp}=0.4934 \text{（来自文献）}$$

解： (1) 将丙烷蒸气视为理想气体，则 $f=p=10.203\text{MPa}$

(2) 由 R-K 方程计算：从附录 D 的表格中找出对应的丙烷的临界参数

$p_c=4.25\text{MPa}$，$V_c=203\times10^{-6}\text{m}^3/\text{mol}$，$T_c=369.8\text{K}$，$Z_c=0.281$，$\omega=0.152$

计算 R-K 方程中的参数 a 和 b

$$a=\frac{0.42748R^2T_c^{2.5}}{p_c}=\frac{0.42748\times8.314^2\times369.8^{2.5}}{4.25}$$
$$=1.8284\times10^7\text{MPa}\cdot\text{cm}^3\cdot\text{K}^{1/2}/\text{mol}^2$$

$$b=\frac{0.08664RT_c}{p_c}=\frac{0.08664\times8.314\times369.8}{4.25}=62.677\text{cm}^3/\text{mol}$$

将状态方程参数和已知变量代入到 R-K 方程之中，通过迭代法计算气体的摩尔体积

$$10.203=\frac{8.314\times407}{V_m-62.677}-\frac{1.8284\times10^8}{407^{1/2}V_m(V_m+62.677)}$$

迭代法计算 V_m 的结果为 $V_m=151.17\text{cm}^3/\text{mol}$，然后

$$h=\frac{b}{V_m}=\frac{62.677}{151.17}=0.4146,\ Z=\frac{1}{1-h}-\frac{a}{bRT^{1.5}}\left(\frac{h}{1+h}\right)=0.4558 \text{ 并且}$$

$$\ln\frac{f}{p}=(0.4558-1)-\ln(0.4558-0.1890)-4.273\ln\left(1+\frac{0.1890}{0.4558}\right)$$
$$=-0.5442+1.3212-1.4822=-0.7052$$

$$\frac{f}{p}=0.4940$$

$$f=0.4940\times10.203=5.0403\text{MPa}$$

(3) 通过普遍化的双参数关联

$$p_r=\frac{10.203}{4.25}=2.401, \ T_r=\frac{407}{369.8}=1.101$$

由图 5.2 可以得出 $\frac{f}{p}=0.452$，则 $f=0.452\times10.203=4.612\text{MPa}$。

（4）通过普遍化三参数关联

$$\omega=0.152, \ p_r=2.401, \ T_r=1.101$$

从图 5.3 可以查得

$$\lg\phi^0=-0.311, \ \phi^0=0.4887, \ \lg\phi^1=0.03, \ \phi^1=1.0715$$

因此

$$\phi=0.4887\times1.0715^{0.152}=0.4939$$

$$f=0.4939\times10.203=5.0393\text{MPa}$$

通过不同计算方法的结果误差比较：

方法	实验	理想气体定律	R-K 方程	双参数关联	三参数关联
误差/%	0	102.67	0.12	−8.39	0.101

通过比较发现，理想气体定律并不适用，R-K 方程和三参数关联所得出的结果比较满意，并且三参数关联所得结果要优于双参数关联的结果。

5.3.2 纯液体的逸度计算

式(5.38) 定义了纯组分 i 的逸度，可以应用于饱和蒸气，也可应用于平衡态下的饱和液体

$$G_i^V=\lambda_i(T)+nRT\ln f_i^V \tag{5.62}$$

$$G_i^L=\lambda_i(T)+nRT\ln f_i^L \tag{5.63}$$

两式相减可得

$$G_i^V-G_i^L=nRT\ln\frac{f_i^V}{f_i^L}$$

其中，等式左侧在平衡态时为 0。因此

$$f_i^V=f_i^L=f_i^s \tag{5.64}$$

且

$$\phi_i^V=\phi_i^L=\phi_i^s \tag{5.65}$$

式中，f_i^s 是饱和液体或者饱和蒸气的逸度值；ϕ_i^s 则是饱和逸度系数。

对于液体，由式(5.49) 和式(5.65)，可得

$$RT\ln\phi_i^L=RT\ln\frac{f_i^L}{p}=\int_0^{p_i^s}\left(V_{mi}-\frac{RT}{p}\right)dp+\int_{p_i^s}^{p}\left(V_{mi}^L-\frac{RT}{p}\right)dp$$

其中，等式右侧的第一个积分式是饱和蒸汽态，第二个则是 p 相对于 p_i^s 的液态校正，则

$$RT\ln\phi_i^L=RT\ln\phi_i^s+\int_{p_i^s}^{p}\left(V_{mi}^L-\frac{RT}{p}\right)dp$$

或

$$f_i^L=p_i^s\phi_i^s\exp\int_{p_i^s}^{p}\frac{V_{mi}^L dp}{RT}$$

一般来说，$V_{\mathrm{m}}^{\mathrm{L}}$ 是 p 的弱函数，那么

$$f_i^{\mathrm{L}}=p_i^{\mathrm{s}}\phi_i^{\mathrm{s}}\exp\left[\frac{V_{\mathrm{m}i}^{\mathrm{L}}(p-p_i^{\mathrm{s}})}{RT}\right] \tag{5.66}$$

式中，指数部分就是 Poynting 因子。由于液体的摩尔体积要比气体的摩尔体积小得多，所以一般来说式$\left[\frac{V_{\mathrm{m}i}^{\mathrm{L}}(p-p_i^{\mathrm{s}})}{RT}\right]$在低压的情况下非常小，所以在低压条件下有

$$\exp\left[\frac{V_{\mathrm{m}i}^{\mathrm{L}}(p-p_i^{\mathrm{s}})}{RT}\right]\rightarrow 1$$

则

$$f_i^{\mathrm{L}}=p_i^{\mathrm{s}}\phi_i^{\mathrm{s}}\qquad (p<1.0\mathrm{MPa}) \tag{5.67}$$

【例 5.6】 312K、6.890MPa 下丙烷的逸度是多少？312K 时丙烷的蒸气压是 1.312MPa，在压力范围内其液体的平均摩尔体积是 $9.064\times10^{-5}\mathrm{m^3/mol}$。

解：Poynting 因子

$$\exp\left[\frac{V_{\mathrm{m}i}^{\mathrm{L}}(p-p_i^{\mathrm{s}})}{RT}\right]=\exp\left[\frac{90.64\times(6.89-1.312)}{8.314\times312}\right]=1.215$$

(1) 饱和蒸气的逸度可以通过普遍化关联图来计算

$$p_{\mathrm{r}}=\frac{1.312}{4.25}=0.308,\ T_{\mathrm{r}}=\frac{312}{369.8}=0.844$$

从图 5.3 可以查到

$$\frac{f^{\mathrm{V}}}{p}=0.81,\ f^{\mathrm{V}}=0.81\times1.312=1.062\mathrm{MPa}$$

所以

$$f^{\mathrm{L}}=1.062\mathrm{MPa}\times1.215=1.291\mathrm{MPa}$$

(2) 若饱和蒸气的逸度采用三参数关联计算，从附录 D Lee-Kesler 表格可知：

$$p_{\mathrm{r}}=0.308,\ T_{\mathrm{r}}=0.844,\ \omega=0.152$$

$$p_{\mathrm{r}}=0.2,\ T_{\mathrm{r}}=0.80,\ \phi^0=0.837;\ p_{\mathrm{r}}=0.4,\ T_{\mathrm{r}}=0.80,\ \phi^0=0.5445$$

$$p_{\mathrm{r}}=0.2,\ T_{\mathrm{r}}=0.85,\ \phi^0=0.8933;\ p_{\mathrm{r}}=0.4,\ T_{\mathrm{r}}=0.85,\ \phi^0=0.7534$$

通过 p_{r} 的内插得： $p_{\mathrm{r}}=0.308,\ T_{\mathrm{r}}=0.80$

$$\phi^0=0.8730+\frac{0.5445-0.8730}{0.4-0.2}(0.308-0.2)=0.6956$$

$$p_{\mathrm{r}}=0.308,\ T_{\mathrm{r}}=0.85$$

$$\phi^0=0.8933+\frac{0.7534-0.8933}{0.4-0.2}(0.308-0.2)=0.8178$$

通过 T_{r} 的内插得

$$\phi^0=0.6956+\frac{0.8178-0.6956}{0.85-0.8}(0.844-0.8)=0.8031$$

类似地

$$p_{\mathrm{r}}=0.308,\ T_{\mathrm{r}}=0.80,\ \phi^1=0.5949$$

$$p_{\mathrm{r}}=0.308,\ T_{\mathrm{r}}=0.85,\ \phi^1=0.6890$$

$$p_{\mathrm{r}}=0.308,\ T_{\mathrm{r}}=0.844,\ \phi^1=0.6777$$

因此

$$\phi=0.8031\times0.6777^{0.152}=0.7570$$

并且

$$f^{\mathrm{V}}=0.757\times1.312=0.9932\mathrm{MPa}$$

$$f^{\mathrm{L}}=0.9932\times1.215=1.2067\mathrm{MPa}$$

5.3.3 溶液中组分的逸度计算

热力学性质是十分复杂的，仅仅通过实验无法获得全部数据。因此通过有限的实验数据应用理论或半理论方法来获得热力学数据是一条重要的途径。

（1）溶液中组分逸度的定义

对于均相混合物来说，其中某一组分逸度的定义与纯组分逸度的定义是类似的。

对于溶液中的某一组分 i，定义

$$\mu_i \equiv \lambda_i(T)+RT\ln\hat{f}_i \tag{5.68}$$

式中，$\hat{f}_i$ 是溶液中组分 i 的逸度（在逸度符号上面加一个角号予以注明）。

对于理想气体混合物中的组分 i，可知

$$\mu_i^{\mathrm{ig}}=\lambda_i(T)+RT\ln x_i p \tag{5.69}$$

在温度和压力都相同的条件下用式(5.68) 减去式(5.69) 得

$$\mu_i-\mu_i^{\mathrm{ig}}=RT\ln\frac{\hat{f}_i}{x_i p}$$

上式也可以写成如下形式

$$\overline{G}_i^{\mathrm{R}}=RT\ln\hat{\phi}_i \tag{5.70}$$

加上定义式

$$\hat{\phi}_i \equiv \frac{\hat{f}_i}{x_i p} \tag{5.71}$$

无量纲比率 $\hat{\phi}_i$ 被称作溶液中组分 i 的逸度系数。对于理想气体混合物，式(5.70) 中的 $\overline{G}_i^{\mathrm{R}}$ 应该为 0，$\hat{\phi}_i^{\mathrm{ig}}=1$。因此

$$\hat{f}_i^{\mathrm{ig}}=x_i p \tag{5.72}$$

式(5.72) 指出理想气体混合物中组分 i 的逸度等于它的分压。

（2）逸度之间的关系

对于纯组分气体由理想气体向真实气体变化时其剩余 Gibbs 函数为

$$G-G^{\mathrm{ig}}=nRT\ln\frac{f}{p}=nRT\ln f-nRT\ln p \tag{5.39}$$

对式中每一项都求偏摩尔量

$$\left[\frac{\partial G}{\partial n_i}\right]_{T,p,n_j}-\left[\frac{\partial G^{\mathrm{ig}}}{\partial n_i}\right]_{T,p,n_j}=RT\left[\frac{\partial(n\ln f)}{\partial n_i}\right]_{T,p,n_j}-RT\ln p$$

$$\overline{G}_i-\overline{G}_i^{\mathrm{ig}}=RT\left[\frac{\partial(n\ln f)}{\partial n_i}\right]_{T,p,n_j}-RT\ln p \tag{5.73}$$

对于从理想气体混合物变成真实气体溶液中的组分 i

$$\overline{G}_i-\overline{G}_i^{\mathrm{ig}}=RT\ln\hat{f}_i-RT\ln x_i p=RT\ln\frac{\hat{f}_i}{x_i}-RT\ln p \tag{5.74}$$

对比式(5.73) 和式(5.74) 的对应项得

$$\left[\frac{\partial(n\ln f)}{\partial n_i}\right]_{T,p,n_j}=\ln\frac{\hat{f}_i}{x_i} \tag{5.75}$$

从式(5.75) 可以看出 $\ln\dfrac{\hat{f}_i}{x_i}$是相对于 $\ln f$ 的一个偏摩尔性质，并且符合加和性关系

$$\ln f=\sum_i x_i\ln\frac{\hat{f}_i}{x_i} \tag{5.76}$$

式(5.70) 与式(5.40) 结合可得

$$\ln\hat{\phi}_i=\frac{\overline{G}_i^{\mathrm{R}}}{RT}=\left[\frac{\partial(G^{\mathrm{R}}/RT)}{\partial n_i}\right]_{T,p,n_j}=\left[\frac{\partial(n\ln\phi)}{\partial n_i}\right]_{T,p,n_j} \tag{5.77}$$

式(5.77) 说明，$\ln\hat{\phi}_i$ 是 $G_{\mathrm{m}}^{\mathrm{R}}/RT$ 或 $\ln\phi$ 的偏摩尔性质，因此它也满足加和关系

$$G_{\mathrm{m}}^{\mathrm{R}}/RT=\ln\phi=\sum_i x_i\ln\hat{\phi}_i \tag{5.78}$$

$\ln\hat{\phi}_i$ 的值符合 Gibbs-Duhem 方程

$$\sum_i x_i\mathrm{d}\ln\hat{\phi}_i=0\ (T,p\ \text{恒定}) \tag{5.79}$$

(3) 根据 Lewis-Randall 的混合规则计算溶液中的组分逸度

从式(5.49) 可知，对于混合物中的组分 i

$$RT\ln\hat{\phi}_i=\int_0^p\left(\overline{V}_{\mathrm{i}}-\frac{RT}{p}\right)\mathrm{d}p$$

对于纯组分 i

$$RT\ln\hat{\phi}_i=\int_0^p\left(V_{\mathrm{m}i}-\frac{RT}{p}\right)\mathrm{d}p$$

两式相减得

$$\ln\left(\frac{\hat{\phi}_i}{\phi_i}\right)=\frac{1}{RT}\int_0^p\left(\overline{V}_i-\frac{RT}{p}+\frac{RT}{p}-V_{\mathrm{m}i}\right)\mathrm{d}p=\frac{1}{RT}\int_0^p(\overline{V}_i-V_{\mathrm{m}i})\mathrm{d}p$$

由于 $\hat{\phi}_i=\dfrac{\hat{f}_i}{x_ip}$ 与 $\phi_i=\dfrac{f_i}{p}$，所以可以得到

$$\ln\frac{\hat{f}_i}{f_ix_i}=\frac{1}{RT}\int_0^p(\overline{V}_i-V_{\mathrm{m}i})\mathrm{d}p \tag{5.80}$$

如果在理想溶液中组分 i 的偏摩尔体积与纯组分的摩尔数十分相近，那么上式的右侧等于0，因此

$$\hat{f}_i^{\mathrm{is}}=x_if_i \tag{5.81}$$

式(5.81) 被称作 Lewis-Randall 规则，对于理想溶液中的任何组分都适用。该式说明在理想溶液中的任何组分的逸度似乎都与它所占的摩尔比成正比。比例常数就是等温等压的情况下，与溶液处在同样物理条件下的纯组分的逸度。

(4) 通过维里方程计算溶液中的某一组分的逸度

气体混合物维里方程与纯物质维里方程的表达是完全一样的

$$Z-1=\frac{Bp}{RT} \tag{5.60}$$

混合物的逸度系数可以通过下式计算出

$$\ln\phi=\int_0^p(Z-1)\frac{\mathrm{d}p}{p}=\frac{Bp}{RT} \tag{5.61}$$

由式(5.77) 得

$$\ln\hat{\phi}_i=\left[\frac{\partial(n\ln\phi)}{\partial n_i}\right]_{T,p,n_j}=\frac{p}{RT}\left[\frac{\partial(nB)}{\partial n_i}\right]_{T,p,n_j} \tag{5.82}$$

式中，B 是混合物的第二维里系数，可以通过二次型混合规则算出

$$B=\sum_i\sum_j y_iy_jB_{ij}$$

对于一个双组分系统，$i=1$，2；$j=1$，2，展开可得

$$B=y_1^2B_{11}+2y_1y_2B_{12}+y_2^2B_{22}=y_1B_{11}+y_2B_{22}+y_1y_2\delta_{12}$$

式中，$\delta_{12}=2B_{12}-B_{11}-B_{22}$，又 $y_2=1-y_1$，$y_i=n_i/n$，则

$$nB=n_1B_{11}+n_2B_{22}+\frac{n_1n_2}{n}\delta_{12}$$

$$\left[\frac{\partial(nB)}{\partial n_1}\right]_{T,n_2}=B_{11}+\left(\frac{1}{n}-\frac{n_1}{n^2}\right)n_2\delta_{12}=B_{11}+y_2^2\delta_{12}$$

因此

$$\ln\hat{\phi}_1=\frac{p}{RT}(B_{11}+y_2^2\delta_{12}) \tag{5.83}$$

$$\ln\hat{\phi}_2=\frac{p}{RT}(B_{22}+y_1^2\delta_{12}) \tag{5.84}$$

类似地对于一个任意组分数的多组分系统可推得组分逸度系数计算的一般形式为

$$\ln\hat{\phi}_i=\frac{p}{RT}\left[B_{ii}+\frac{1}{2}\sum_j\sum_k y_jy_k(2\delta_{ji}-\delta_{jk})\right] \tag{5.85}$$

式中，$\delta_{ji}=2B_{ji}-B_{jj}-B_{ii}$，$\delta_{jk}=2B_{jk}-B_{jj}-B_{kk}$，且 $\delta_{ii}=\delta_{jj}=\delta_{kk}=0$，$\delta_{ij}=\delta_{ji}$。

【例 5.7】 在 500K 和 2MPa 条件下，有等分子的甲烷和正己烷混合物，试求各组分逸度。用计算结果验证：$\ln\phi=\sum_i x_i\ln\hat{\phi}_i$，$\ln f=\sum_i x_i\ln\frac{\hat{f}_i}{x_i}$。

解： 由于压力并不是很高，所以认为该条件下维里方程是适用的。首先通过附录 D 中的表格找出每一种组分的物性参数。

$T_{c1}=190.6\text{K}$，$p_{c1}=4.60\text{MPa}$，$V_{c1}=99\text{cm}^3/\text{mol}$，$Z_{c1}=0.288$，$\omega_1=0.008$

$T_{c2}=507.4\text{K}$，$p_{c2}=2.97\text{MPa}$，$V_{c2}=370\text{cm}^3/\text{mol}$，$Z_{c2}=0.260$，$\omega_2=0.296$

甲烷：$T_{r1}=\frac{500}{196.0}=2.6233$

$$B^0(T_{r1})=0.083-\frac{0.422}{T_{r1}^{1.6}}=0.083-\frac{0.422}{(2.6233)^{1.6}}=-7.1897\times10^{-3}$$

$$B^1(T_{r1})=0.139-\frac{0.172}{T_{r1}^{4.2}}=0.139-\frac{0.172}{(2.6233)^{4.2}}=0.1360$$

$$B_{11}=\frac{RT_{c1}}{p_{c1}}(B^0+\omega B^1)=-2.1020\times10^{-6}\text{m}^3/\text{mol}$$

正己烷：$T_{r2}=\frac{500}{507.4}=0.9854$

$$B^0(T_{r2})=0.083-\frac{0.422}{T_{r2}^{1.6}}=-0.3490$$

$$B^1(T_{r2})=0.139-\frac{0.172}{T_{r2}^{4.2}}=-0.0439$$

$$B_{22}=\frac{RT_{c2}}{p_{c2}}(B^0+\omega B^1)=-514.24\times10^{-6}\text{m}^3/\text{mol}$$

混合物的虚拟参数为

$$Z_{c12}=(Z_{c1}+Z_{c2})/2=(0.288+0.260)/2=0.274,\ \omega_{12}=(0.008+0.296)/2=0.152$$

$$T_{c12}=(T_{c1}T_{c2})^{\frac{1}{2}}(1-k_{12})=(190.6\times507.4)^{1/2}=311.0\text{K}$$

$$V_{c12}=\left(\frac{V_{c1}^{1/3}+V_{c2}^{1/3}}{2}\right)^3=\frac{1}{8}\times(99^{1/3}+370^{1/3})^3\times10^{-6}=206\times10^{-6}\text{m}^3/\text{mol}$$

$$p_{c12}=\frac{Z_{c12}RT_{c12}}{V_{c12}}=\frac{0.274\times 8.314\times 311.0}{206}=3.44\text{MPa}$$

$$T_{r12}=\frac{T}{T_{c12}}=\frac{500}{311}=1.6077,\ B_{12}^{0}(T_{r12})=-0.1144,\ B_{12}^{1}(T_{r12})=0.1156$$

$$B_{12}=\frac{RT_{c12}}{p_{c12}}(B^0+\omega B^1)_{12}=-72.7807\times 10^{-6}\text{m}^3/\text{mol}$$

$$B_{\text{mix}}=y_1^2B_{11}+2y_1y_2B_{12}+y_2^2B_{22}=-164.9398\times 10^{-6}\text{m}^3/\text{mol}$$

$$\delta_{12}=2B_{12}-B_{11}-B_{22}=370.78\times 10^{-6}\text{m}^3/\text{mol}$$

由式(5.83)和式(5.84)可得

$$\ln\hat{\phi}_1=\frac{p}{RT}(B_{11}+y_2^2\delta_{12})=\frac{2}{8.314\times 500}[-2.1020+0.5^2\times 370.78]=0.0436;\ \hat{\phi}_1=1.0445$$

$$\ln\hat{\phi}_2=\frac{p}{RT}(B_{22}+y_1^2\delta_{12})=\frac{2}{8.314\times 500}[-514.24+0.5^2\times 370.78]=-0.2028;\ \hat{\phi}_2=0.8164$$

因此

$$\hat{f}_1=\hat{\phi}_1x_1p=1.0445\times 0.5\times 2=1.0445\text{MPa}$$

$$\hat{f}_2=\hat{\phi}_2x_2p=0.8164\times 0.5\times 2=0.8164\text{MPa}$$

混合物的逸度系数可以通过式(5.61) 计算

$$\ln\phi=\frac{B_{\text{mix}}p}{RT}=\frac{-164.9398\times 2}{8.314\times 500}=-0.0794,\ \phi=0.9237$$

$$\ln\phi=0.5\ln\hat{\phi}_1+0.5\ln\hat{\phi}_2=0.5\times 0.0436+0.5\times(-0.2028)=-0.0796,\ \phi=0.9235$$

$$f=\phi p=0.9235\times 2=1.8470\text{MPa}$$

$$\ln f=0.5\ln\left(\frac{\hat{f}_1}{x_1}\right)+0.5\ln\left(\frac{\hat{f}_2}{x_2}\right)=0.5\ln\frac{1.0445}{0.5}+0.5\ln\frac{0.8164}{0.5}=0.6135,\ f=1.8469\text{MPa}$$

计算结果和加和性关系相符良好。

(5) 通过立方型状态方程计算溶液中组分的逸度

如果气体处于它的临界点附近，那么二阶维里方程就无法继续使用了。这时可尝试立方型状态方程。

由式(5.49)，对于混合物中的组分 i

$$RT\ln\hat{\phi}_i=\int_0^p\left(\overline{V}_i-\frac{RT}{p}\right)\mathrm{d}p$$

当使用立方型状态方程计算溶液中的组分逸度系数时，由于独立变量是 p，用该式并不是十分方便。可以将该式转化成如下形式

$$RT\ln\hat{\phi}_i=\int_{V_m}^{\infty}\left[\left(\frac{\partial p}{\partial n_i}\right)_{T,V,n_j}-\left(\frac{RT}{V_m}\right)\right]\mathrm{d}V_m-RT\ln Z \tag{5.86}$$

式中，摩尔体积成为了独立变量，因此更加有利于积分计算。对于一个双组分系统，应用 R-K 方程和 Prausnitz 混合规则，可以得到最终的组分逸度系数计算式

$$\ln\hat{\phi}_i=\ln\left(\frac{V_m}{V_m-b_{\text{mix}}}\right)+\left(\frac{b_i}{V_m-b_{\text{mix}}}\right)-\frac{2\sum\limits_{j=1}^{n}y_ja_{ij}}{b_{\text{mix}}RT^{1.5}}\ln\left(\frac{V_m+b_{\text{mix}}}{V_m}\right)+\frac{a_{\text{mix}}b_i}{b_{\text{mix}}^2RT^{1.5}}\left[\ln\left(\frac{V_m+b_{\text{mix}}}{V_m}\right)-\left(\frac{b_{\text{mix}}}{V_m+b_{\text{mix}}}\right)\right]-\ln Z \tag{5.87}$$

式中，V_m 是混合的摩尔体积，一般需通过迭代法求得，且

$$a_{\text{mix}}=\sum_i\sum_j y_iy_ja_{ij},\ b_{\text{mix}}=\sum_i y_ib_i,\ a_{ij}=\frac{0.42748R^2T_{cij}^{2.5}}{p_{cij}},\ b_i=\frac{0.08664RT_{ci}}{p_{ci}}$$

$$T_{cij}=(T_{ci}T_{cj})^{\frac{1}{2}}(1-k_{ij}),\ p_{cij}=\frac{Z_{cij}RT_{cij}}{V_{cij}},\ Z_{cij}=\frac{Z_{ci}+Z_{cj}}{2},\ V_{cij}=\left(\frac{V_{ci}^{1/3}+V_{cj}^{1/3}}{2}\right)^3$$

【例 5.8】 在温度为 344.8K，压力为 3.7972MPa 的条件下，H_2(1) 与 C_3H_8(2) 组成 $y_1=0.208$ 的气态混合物，试计算混合物中氢气的逸度（$\hat{\phi}_{1\text{exp}}=1.439$）。

解：查到各个组分的临界性质。

组分	T_c/K	p_c/MPa	V_c/($\times10^{-6}$m^3/mol)	ω	k_{ij}	Z_c
H_2(1)	42.26	1.924	65	−0.22	0.07	0.305
C_3H_8(2)	369.8	4.25	203	0.152		0.281

H_2 是一种量子气体，Prausnitz 给出了有效 T_r 和 p_r 的计算方法

$$T_{c1}=\frac{T_{c1}^0}{1+\dfrac{21.8}{mT}}=\frac{43.60}{1+\dfrac{21.8}{2\times344.8}}=42.26\text{K}$$

$$p_{c1}=\frac{p_{c1}^0}{1+\dfrac{44.2}{mT}}=\frac{20.2}{1+\dfrac{44.2}{2\times344.8}}=18.983\text{atm}=1.923\text{MPa}$$

R-K 方程中的参数为

$$a_{11}=\frac{0.42748\times8.314^2\times42.26^{2.5}}{1.924}=1.783\times10^5\text{MPa}\cdot\text{cm}^6\cdot\text{K}^{1/2}/\text{mol}^2$$

$$a_{22}=\frac{0.42748\times8.314^2\times369.8^{2.5}}{4.25}=1.8284\times10^7\text{MPa}\cdot\text{cm}^6\cdot\text{K}^{1/2}/\text{mol}^2$$

$$b_1=\frac{0.08664\times8.314\times42.26}{1.924\times10^6}=15.82\times10^{-6}\text{m}^3/\text{mol}$$

$$b_2=\frac{0.08664\times8.314\times369.8}{4.25\times10^6}=62.677\times10^{-6}\text{m}^3/\text{mol}$$

虚拟临界性质与参数为

$$T_{c12}=(1-k_{12})(T_{c1}T_{c2})^{1/2}=(1-0.07)(369.8\times42.26)^{1/2}=116.26\text{K}$$

$$V_{c12}=\frac{1}{8}(V_{c1}^{1/3}+V_{c2}^{1/3})^3=\frac{1}{8}(65^{1/3}+203^{1/3})^3\times10^{-6}=121.21\times10^{-6}\text{m}^3/\text{mol}$$

$$\omega_{12}=(\omega_1+\omega_2)/2=(-0.22+0.152)/2=-0.034$$

$$Z_{c12}=(Z_{c1}+Z_{c2})/2=(0.305+0.281)/2=0.293$$

$$p_{c12}=\frac{Z_{c12}RT_{c12}}{V_{c12}}=\frac{0.293\times8.314\times116.26}{121.21}=2.3365\text{MPa}$$

$$a_{12}=\frac{0.42748R^2T_{c12}^{2.5}}{p_{c12}}=\frac{0.42748\times8.314^2\times116.26^{2.5}}{2.3365}$$

$$=1.8431\times10^6\text{MPa}\cdot\text{cm}^6\cdot\text{K}^{1/2}/\text{mol}^2$$

$$a_{\text{mix}}=\sum_i\sum_j y_iy_ja_{ij}=0.208^2\times1.783\times10^5+2\times0.208\times0.792\times1.8431\times10^6$$

$$+0.792^2\times1.8284\times10^7=1.2084\times10^7\text{MPa}\cdot\text{cm}^6\cdot\text{K}^{1/2}/\text{mol}^2$$

$$b_{\text{mix}}=\sum_i y_ib_i=0.208\times15.822+0.792\times62.677=52.931\text{cm}^3/\text{mol}$$

代入到 R-K 方程中

$$\left[3.7972+\frac{1.2084\times10^7}{344.8^{0.5}V_m(V_m+52.931)}\right](V_m-52.931)=8.314\times344.8$$

数值求解得 $V_m=551.58\text{cm}^3/\text{mol}$，$Z=\dfrac{pV_m}{RT}=0.7306$，则由式(5.87) 得

$$\ln\hat{\phi}_i=\ln\left(\frac{V_m}{V_m-b_{mix}}\right)+\left(\frac{b_i}{V_m-b_{mix}}\right)-\frac{2\sum_{j=1}^{n}y_j a_{ij}}{b_{mix}RT^{1.5}}\ln\left(\frac{V_m+b_{mix}}{V_m}\right)+$$

$$\frac{a_{mix}b_i}{b_{mix}^2RT^{1.5}}\left[\ln\left(\frac{V_m+b_{mix}}{V_m}\right)-\left(\frac{b_{mix}}{V_m+b_{mix}}\right)\right]-\ln Z$$

$$\hat{\phi}_1=1.4252$$

$$误差=\frac{1.4252-1.439}{1.439}\times 100=-0.96\%$$

5.3.4 利用 Microsoft Excel 进行热力学性质计算

摩尔体积、压缩因子、剩余焓、剩余熵以及逸度的计算是流体热力学性质计算中的重要内容。这些计算通常都非常复杂，包含试差计算与迭代计算。多数情况下需要对不同流体重复进行相同的计算，这使工作变得十分冗杂。在这里介绍一种针对上述计算的方法，即使用 Microsoft Excel 求解计算。Microsoft Excel 电子数据表格具备强大的计算能力。它不仅可以用于数据处理，而且可以帮助我们解决复杂的优化问题。将已知值和计算公式输入到电子数据表格的每个单元格中，计算结果就会即刻显示出来。计算过程简洁明快，是一种在实际应用中值得推荐的方法。

【例 5.9】 试用 R-K 方程计算 323K、1.5MPa 条件下乙烷的摩尔体积、压缩因子、剩余焓、剩余熵以及气体逸度。

解： 这些复杂的计算可以用 Microsoft Excel 文档轻松解决，在计算中会涉及以下方程。

R-K 方程

$$p=\frac{RT}{V_m-b}-\frac{a}{T^{1/2}V_m(V_m+b)} \tag{a}$$

方程参数

$$a=\frac{0.42748R^2T_c^{2.5}}{p_c} \tag{b}$$

$$b=\frac{0.08664RT_c}{p_c} \tag{c}$$

压缩因子

$$Z=\frac{pV_m}{RT} \tag{d}$$

剩余焓

$$\frac{H_m^R}{RT}=Z_m-1-\frac{3}{2}\frac{A}{B}\ln(1+h) \tag{e}$$

剩余熵

$$S_m^R=\ln(Z-Bp)-\frac{1}{2}\frac{A}{B}\ln\left(1+\frac{Bp}{Z}\right) \tag{f}$$

式中

$$h=\frac{b}{V_m}=\frac{Bp}{Z} \tag{g}$$

$$\frac{A}{B}=\frac{a}{bRT^{1.5}} \tag{h}$$

逸度表达式

$$\ln\frac{f}{p}=Z-1-\ln(Z-Bp)-\frac{A}{B}\ln\left(1+\frac{Bp}{Z}\right) \tag{i}$$

在 Excel 文档中建立一个电子数据表，如图 5.4 所示，然后根据以下步骤完成计算。

	A	B	C	D	E	F
1	variables		caln for PVT		caln for HR & SR	
2	T(K)	3.2315E+02	P=	2.2882E+06	h=	4.5079E-02
3	P(Pa)	1.5000E+06	Z=	5.5831E-01	A/B=	4.5331E+00
4	V(m3 · mol	1.0000E-03	A=	7.6060E-08	HR/RT=	-7.4150E-01
5	Tc(K)	3.0540E+02	B=	1.6779E-08	HR=	-1.9922E+03
6	Pc(Pa)	4.8800E+06	SR/R=	-7.2890E-01	SR=	-6.0601E+00
7	R	8.3140E+00				caln for f
8	a	9.8694E+00			ln(f/p)=	-1.2601E-02
9	b	4.5079E-05			f/p=	9.8748E-01
10	V_{ig}=	1.7911E-03			f=	1.4812E+06

图 5.4 用 R-K 方程求算纯物质热力学性质的 Excel 电子表

① 在前两列的前 7 行的网格中输入温度 T、压力 p、乙烷的初始摩尔体积 V_m、乙烷的临界温度 T_c 与临界压力 p_c 以及理想气体常数。

② 将式(b) 和式(c) 转换为 Excel 适配形式："=0.42748 * B7 ^ 2 * B5 ^ 2.5/B6" 和 "=0.08664 * B7 * B5/B6"。然后分别将它们填入 B8 和 B9 格中，计算出状态方程的参数 a 和 b。

③ 将方程式(a) 转换为下述形式填入网格 D2 中："=B7 * B2/(B4-B9)-B8 * POWER(B2,−0.5)/B4/(B4+B9)"，计算压力。

④ 相似地，将式(d)～式(i) 转换后填入相对应的网格中来计算压缩因子、剩余焓、剩余熵和逸度。此时得到的值并不是最终结果，是因为摩尔体积值是初始值，且压力与题中所提供的值并不一致。

⑤ 对于 Excel 2013 软件，在"数据"选项栏中"数据工具"中单击"模拟分析"选项卡，选择"单变量求解"项，会出现图 5.5 所示对话框。在"目标单元格"中，选择 D2 单元格；在"目标值"中输入值"1.5e6"，表示压力为 1.5×10^6Pa；在"可变单元格"中选择储存摩尔体积的初始值的 B4 单元格，然后点击"确定"。Excel 会依靠其强大的单变量求解程序立即显示出最终结果。之后，其他性质例如压缩因子、剩余焓、剩余熵还有逸度的计算值都会显示出来，如图 5.6 所示。

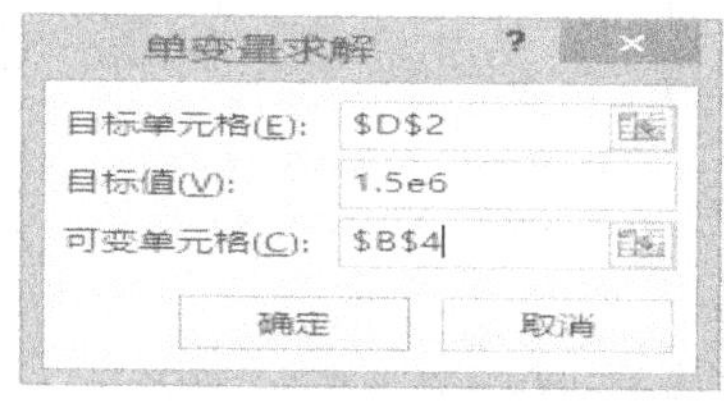

图 5.5 【例 5.9】单变量求解对话框

	A	B	C	D	E	F
1	variables		caln for PVT		caln for HR & SR	
2	T(K)	3.2315E+02	P=	1.5000E+06	h=	2.7778E-02
3	P(Pa)	1.5000E+06	Z=	9.0605E-01	A/B=	4.5331E+00
4	V(m3 · mol	1.6228E-03	A=	7.6060E-08	HR/RT=	-2.8025E-01
5	Tc(K)	3.0540E+02	B=	1.6779E-08	HR=	-7.5294E+02
6	Pc(Pa)	4.8800E+06	SR/R=	-1.8893E-01	SR=	-1.5707E+00
7	R	8.3140E+00				caln for f
8	a	9.8694E+00			ln(f/p)=	-9.1322E-02
9	b	4.5079E-05			f/p=	9.1272E-01
10	V_{ig}=	1.7911E-03			f=	1.3691E+06

图 5.6 计算结果

最终计算结果为

$$V_m=1.6228\times10^{-3}\text{m}^3/\text{mol},\ Z=0.9061,\ H_m^R=-752.94\text{J/mol}$$

$$S_m^R=-1.5707\text{J/(mol·K)},\ f=1.3691\text{MPa}$$

【例 5.10】 硫化氢 (1) 和乙烷 (2) 在 323K，1.5MPa 的条件下混合，混合物组成为 $y_1=0.2$。已知相互作用系数 k_{ij} 为 0.06。试用 P-R 方程计算混合气体的摩尔体积、压缩因子、剩余熵、剩余焓以及逸度。

解：求解过程中用到的方程如下。

立体状态方程的基本形式为

$$p=\frac{RT}{V-b}-\frac{a(T)}{(V+\varepsilon b)(V+\delta b)} \tag{a}$$

对于 P-R 方程

$$\delta=1+\sqrt{2},\ \varepsilon=1-\sqrt{2},\ \Omega=0.07779,\ \Psi=0.45724,$$

$$a(T)=\Psi\frac{\alpha(T_r)R^2T_c^2}{p_c},\ b=\Omega\frac{RT_c}{p_c},\ \beta=\Omega\frac{p_r}{T_r}$$

且 $\alpha(T_r,\omega)=[1+m(1-T_r^{1/2})]^2,\ m=(0.37464+1.54226\omega-0.26992\omega^2)$

对比温度与对比压力为

$$T_{ri}=\frac{T}{T_c} \tag{b}$$

$$p_{ri}=\frac{p}{p_c} \tag{c}$$

虚拟临界参数为

$$T_{c12}=(T_{c1}T_{c2})^{0.5}(1-k_{12}) \tag{d}$$

$$V_{c12}=\left(\frac{V_{c1}^{1/3}+V_{c2}^{1/3}}{2}\right)^3 \tag{e}$$

$$Z_{c12}=\frac{Z_{c1}+Z_{c2}}{2} \tag{f}$$

$$p_{c12}=\frac{Z_{c12}RT_{c12}}{V_{c12}} \tag{g}$$

$$T_{r12}=\frac{T}{T_{c12}} \tag{h}$$

$$p_{r12}=\frac{p}{p_{c12}} \tag{i}$$

$$\omega_{12}=\frac{\omega_1+\omega_2}{2} \tag{j}$$

混合规则

$$b_{mix}=y_1b_1+y_2b_2 \tag{k}$$

$$a_{mix}(T)=y_1^2a_{11}(T)+2y_1y_2a_{12}(T)+y_2^2a_{22}(T) \tag{l}$$

压缩因子

$$Z=\frac{pV_m}{RT} \tag{m}$$

剩余焓

$$\frac{H_m^R}{RT}=Z-1+\left[\frac{\mathrm{d}\ln\alpha(T_r)}{\mathrm{d}\ln T_r}-1\right]qI \tag{n}$$

剩余熵

$$\frac{S_m^R}{R}=\ln(Z-\beta)+\frac{\mathrm{d}\ln\alpha(T_r)}{\mathrm{d}\ln T_r}qI \tag{o}$$

式中，$q=\dfrac{\Psi\alpha(T_r)}{\Omega T_r}$，$I=\dfrac{1}{\delta-\varepsilon}\ln\left(\dfrac{Z_m+\delta\beta}{Z_m+\varepsilon\beta}\right)$，$\dfrac{\mathrm{d}\ln\alpha(T_r)}{\mathrm{d}\ln T_r}=-m\left[\dfrac{T_r}{\alpha(T_r)}\right]^{0.5}$。

逸度

$$\ln\hat{\phi}_i=\frac{b_i(Z-1)}{b_{mix}}-\ln\left[Z\left(1-\frac{b_{mix}}{V_m}\right)\right]+\frac{a_{mix}b_i/b_{mix}-2\sum y_ia_{ij}}{2\sqrt{2}b_{mix}RT}\ln\frac{V_m+2.4142b_{mix}}{V_m-0.4142b_{mix}} \tag{p}$$

可加和性关系

$$\ln\phi=y_1\ln\hat{\phi}_1+y_2\ln\hat{\phi}_2 \tag{q}$$

$$\hat{f}_i=\hat{\phi}_iy_ip \tag{r}$$

$$f=\phi p \tag{s}$$

如图 5.7 所示，在 Excel 文件中建立一个电子表格，按照以下步骤完成计算。

	A	B	C	D	E	F	G	H
1	混合物变量	T(K)	P(Pa)	k_{12}	R	y1	y2	理想Vm（初值）
2		3.2315E+02	1.5000E+06	6.0000E-02	8.3140E+00	2.0000E-01	8.0000E-01	1.7911E-03
3								
4	组分	T_c/K	P_c/pa	Vc(m³ · mol-1)	Z_c	ω	T_r	P_r
5	H_2S(1)	3.7320E+02	8.9400E+06	9.8500E-05	2.8400E-01	1.0000E-01	8.6589E-01	1.6779E-01
6	C_2H_6(2)	3.0540E+02	4.8800E+06	1.4800E-04	2.8500E-01	9.8000E-02	1.0581E+00	3.0738E-01
7	(1)-(2)	3.1735E+02	6.1742E+06	1.2158E-04	2.8450E-01	9.9000E-02	1.0183E+00	2.4295E-01
8	δ=	2.4142E+00	ε=	-4.1421E-01	Ω=	7.7790E-02	ψ=	4.5724E-01
9	组分	m	$\alpha_{ij}(T_r,\omega)$	$a_{ij}(T_c)$	$a_{ij}(T)$	b		
10	H_2S(1)	5.2617E-01	1.0744E+00	4.9239E-01	5.2904E-01	2.6998E-05		
11	C_2H_6(2)	5.2319E-01	9.7025E-01	6.0406E-01	5.8609E-01	4.0475E-05		
12	(1)-(2)	5.2468E-01	9.9047E-01	5.1553E-01	5.1061E-01			
13								
14	bmix=	3.7779E-05	amix(T)=	5.5966E-01				
15								
16	Vm(m³ · mol	1.8000E-03	$\frac{H_m^R}{RT}$=	-2.6840E-01	HR=	-7.2110E+02		
17	p=	1.3541E+06						
18	Z=	9.0724E-01	$\frac{S_m^R}{R}$=	-1.7901E-01	SR=	-1.4883E+00		
19	$\frac{d\ln\alpha(T_r)}{d\ln T_r}$=	-5.3200E-01						
20			ln(fi1)=	4.9048E-02	f1=	3.1508E+05		
21	q=	5.7173E+00	ln(fi2)=	-2.1483E-01	f2=	9.6801E+05		
22	I=	2.0052E-02	ln(fi)=	-1.6206E-01	f=	1.2756E+06		
23								

图 5.7 用 Excel 计算二元气体混合物热力学性质

① 在表格的前两行分别输入混合气体的温度 T、压力 p、相互作用参数 k_{ij}、理想气体常数 R、两组分 y_1 和 y_2 的摩尔分数以及摩尔体积的初始值 V_m。之后在表格的 4～6 行输入 H_2S 和 C_2H_6 的临界参数，并计算两组分的对比温度与对比压力。在第 7 行利用方程式(d)～式(j) 计算出反应相互作用的准临界常数以及对比温度、对比压力。

② 在表格的第 8 行输入状态方程参数 δ、ε、Ω、Ψ 的值，并在表格的第 9～第 12 行计算出 m_{ij}、$\alpha_{ij}(T_r,\omega)$、$a_{ij}(T_c)$、$a_{ij}(T)$ 和 b_i 的值。

③ 用混合规则的两个方程式(k) 和式(l) 计算 b_{mix}，$a_{mix}(T)$，将方程式(a) 转换成 Excel 适配形式"＝E2 ∗ B2/(B16-B14)-D14/((B16＋D8 ∗ B14) ∗ (B16＋B8 ∗ B14))"并输入到 B17 网格中以计算压力。

④ 同理，将方程式(m)～式(o) 转化为 Excel 适配形式，输入对应的网格中计算压缩因子、剩余焓、剩余熵。

⑤ 重写方程式(p) 和式(q)："＝F10 ∗ (B18-1)/B14-LN(B18 ∗ (1-B14/B16))＋(D14 ∗ F10/B14-2 ∗ (F2 ∗ E10＋F2 ∗ E12))/2/2^0.5/B14/E2/B2 ∗ LN((B16＋2.4142 ∗ B14)/(B16-0.4142 ∗ B14))"（相对于 $\hat{\phi}_1$，对于 $\hat{\phi}_2$ 计算，将 F10，E10 分别换为 F11，E11）和"＝F2 ∗ D20＋G2 ∗ D21"，分别输入到网格 D20、D21 与 D22 中，计算逸度系数 $\hat{\phi}_1$，$\hat{\phi}_2$ 与 ϕ。

⑥ 最后，在网格 F20、F21 和 F22 中用方程式(r) 和式(s) 计算出 $\hat{f}_1$、$\hat{f}_2$ 与 f。

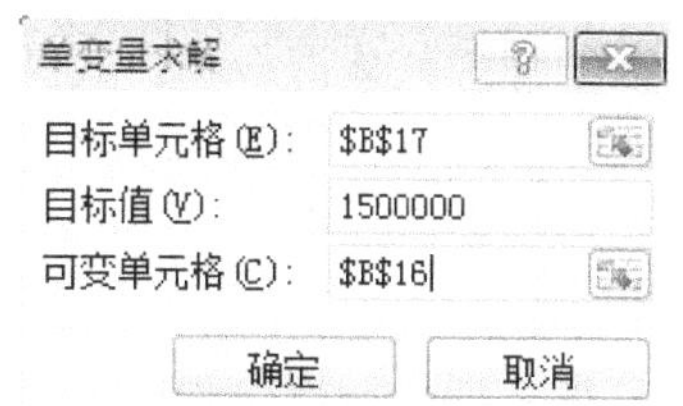

图 5.8 【例 5.10】单变量求解对话框

⑦ 到目前为止，虽然每个格子中都有一个值，但是它们并不是答案，原因就是所有的计算都基于摩尔体积的初始值，计算出的压力与题目所给值并不相符，所以接下来：对于 Excel2007 与 Excel2013 软件，单击"数据"选项卡中"数据工具"选项中的"模拟分析"，选择"单变量求解"。出现如图 5.8 所示的对话框。在"目标单元格"栏中，选择 B17 网格（压力计算式）；在"目标值"栏中输入数值 1.5e6，表示压力为

1.5×10^6 Pa；在“可变单元格”栏中选择 B16 网格（储存着摩尔体积的初始值）。单击“确认”键，Excel 会启动单变量求解程序立即显示出最终结果。之后，其他性质（如压缩因子、剩余焓、剩余熵、逸度）的计算值都会显示出来，如图 5.9 所示。

	A	B	C	D	E	F	G	H
1	混合物变量	T(K)	P(Pa)	k_{12}	R	y1	y2	理想Vm（初值）
2		3.2315E+02	1.5000E+06	6.0000E-02	8.3140E+00	2.0000E-01	8.0000E-01	1.7911E-03
3								
4	组分	T_c/K	P_c/pa	Vc($m^3\cdot mol^{-1}$)	Z_c	ω	T_r	P_r
5	H_2S	3.7320E+02	8.9400E+06	9.8500E-05	2.8400E-01	1.0000E-01	8.6589E-01	1.6779E-01
6	C_2H_6	3.0540E+02	4.8800E+06	1.4800E-04	2.8500E-01	9.8000E-02	1.0581E+00	3.0738E-01
7	(1)-(2)	3.1735E+02	6.1742E+06	1.2158E-04	2.8450E-01	9.9000E-02	1.0183E+00	2.4295E-01
8	δ=	2.4142E+00	ε=	-4.1421E-01	Ω=	7.7790E-02	ψ=	4.5724E-01
9	组分	m	$\alpha_{ij}(T_r,\omega)$	$a_{ij}(T_c)$	$a_{ij}(T)$	b		
10	H_2S	5.2617E-01	1.0744E+00	4.9239E-01	5.2904E-01	2.6998E-05		
11	C_2H_6	5.2319E-01	9.7025E-01	6.0406E-01	5.8609E-01	4.0475E-05		
12	(1)-(2)	5.2468E-01	9.9047E-01	5.1553E-01	5.1061E-01			
13								
14	bmix=	3.7779E-05	amix(T)=	5.5966E-01				
15								
16	Vm($m^3\cdot$mol	1.6053E-03	$\frac{H_m^R}{RT}=$	-2.8147E-01	HR=	-7.5621E+02		
17	p=	1.5000E+06						
18	Z=	8.9627E-01	$\frac{S_m^R}{R}=$	-1.9216E-01	SR=	-1.5976E+00		
19	$\frac{d\ln\alpha(T_r)}{d\ln T_r}=$	-5.3200E-01						
20			ln(fi1)=	5.5592E-02	f1=	3.1715E+05		
21	q=	5.7173E+00	ln(fi2)=	-2.3956E-01	f2=	9.4437E+05		
22	I=	2.0293E-02	ln(fi)=	-1.8053E-01	f=	1.2522E+06		

图 5.9 计算结果

最终结果为

$$V_m=1.6053\times10^{-3}\,m^3/mol,\ Z=0.8963,\ H_m^R=-756.21J/mol$$

$$S_m^R=-1.5976J/(mol\cdot K),\ \hat{f}_1=0.3172MPa,\ \hat{f}_2=0.9444MPa,\ f=1.2522MPa$$

5.4 理想溶液与标准态

溶液通常比较复杂，而理想溶液可以近似表示真实溶液的性质，并能简化计算，是分析真实溶液的一种基本概念，同时为真实溶液的分析提供一个比较标准。

理想气体是研究气体行为的一种非常有用的模型，可以作为一种标准比较真实气体的行为，可以引入剩余性质来描述。另一个有用的模型是理想溶液，同样可以作为一种标准比较真实溶液的行为。接下来具体分析真实溶液与理想溶液的区别。

对于理想气体混合物，其某一组分的偏摩尔体积、内能以及焓值均与相同温度压力条件下的纯组分相同。而当纯组分经过混合变成混合物时，其吉布斯能与熵值会因为混合而发生改变，对于 Gibbs 能

$$\overline{G}_i^{ig}=G_{mi}^{ig}+RT\ln x_i \tag{5.88}$$

这里，理想溶液也被定义为类似的方程

$$\overline{G}_i^{is}=G_{mi}+RT\ln x_i \tag{5.89}$$

式中，上标“is”为理想溶液性质的符号；G_{mi} 表示与溶液相同温度压力下的纯组分 i 的摩尔 Gibbs 能。

以下方程是理想溶液其他所有的热力学性质，可自行推导。

$$\overline{S}_i^{is}=S_{mi}-RT\ln x_i \tag{5.90}$$

$$\overline{V}_i^{\text{is}}=V_{\text{m}i} \tag{5.91}$$

$$\overline{H}_i^{\text{is}}=H_{\text{m}i} \tag{5.92}$$

$$\overline{U}_i^{\text{is}}=U_{\text{m}i} \tag{5.93}$$

可加和性关系，式(5.21)，对于理想气态溶液这种特定状态为

$$M_{\text{m}}^{\text{is}}=\sum_i x_i\overline{M}_i^{\text{is}}$$

应用于式(5.89)～式(5.93) 有

$$G_{\text{m}}^{\text{is}}=\sum_i x_iG_{\text{m}i}+RT\sum_i x_i\ln x_i \tag{5.94}$$

$$S_{\text{m}}^{\text{is}}=\sum_i x_iS_{\text{m}i}+RT\sum_i x_i\ln x_i \tag{5.95}$$

$$V_{\text{m}}^{\text{is}}=\sum_i x_iV_{\text{m}i} \tag{5.96}$$

$$H_{\text{m}}^{\text{is}}=\sum_i x_iH_{\text{m}i} \tag{5.97}$$

$$U_{\text{m}}^{\text{is}}=\sum_i x_iU_{\text{m}i} \tag{5.98}$$

$$C_p^{\text{is}}=\sum_i x_iC_{pi} \tag{5.99}$$

$$C_V^{\text{is}}=\sum_i x_iC_{Vi} \tag{5.100}$$

理想溶液的逸度定义为

$$\mu_i^{\text{is}}=\lambda_i(T)+RT\ln\hat{f}_i^{\text{is}}$$

与式(5.38) 和式(5.89) 结合，得到 Lewis-Randall 规则

$$\hat{f}_i^{\text{is}}=x_if_i \tag{5.81}$$

两边同时除以 px_i 得到

$$\hat{\phi}_i^{\text{is}}=\phi_i \tag{5.101}$$

因此，理想溶液中组分 i 的逸度系数就等于纯物质 i 在相同温度、压力和物理状态下的逸度系数。

理想溶液的状态通常与由分子尺寸、化学性质相近的组分构成的溶液的行为相近。因此，同分异构体的混合物，例如邻、间、对二甲苯溶液就非常符合理想溶液。同样邻近的同系物形成的混合物也可以看成理想溶液，例如正己烷-正庚烷、乙醇-丙醇，还有苯-甲苯，其他例子还有丙酮-乙腈、乙腈-硝基甲烷等。

式(5.81) 适用于所有温度、压力和组成情况下理想溶液中的各种组分。更普遍的表达式为

$$\hat{f}_i^{\text{is}}=x_if_i^{\ominus} \tag{5.102}$$

式中，$f_i^{\ominus}$ 为标准状态下组分 i 的逸度。

一共有两种标准状态，Lewis-Randall 标准状态与 Henry 标准状态。对于 Lewis-Randall 标准状态，是在相同的物理状态下，与溶液相同温度和压力的条件下的纯组分 i 的状态。

$$f_i^{\ominus}(\text{LR})=\lim_{x_i\to 1}\frac{\hat{f}_i^{\text{is}}}{x_i}=f_i \tag{5.103}$$

对于 Henry 标准状态

$$\hat{f}_i^{\text{is}}=x_iH_i \tag{5.104}$$

$$f_i^{\ominus}(\text{HL})=\lim_{x_i\to 0}\frac{\hat{f}_i^{\text{is}}}{x_i}=H_i \tag{5.105}$$

图5.10显示了在恒定 T 与 p 的条件下两种标准状态的 $\hat{f}_i \sim x_i$ 曲线。Lewis-Randall规则的虚线在 $x_i=1$ 处取值为 f_i，正是 $\hat{f}_i \sim x_i$ 曲线在 $x_i=1$ 处的切线。而Henry定律的虚线在 $x_i=1$ 处取值为 H_i，是 $\hat{f}_i \sim x_i$ 曲线在 $x_i=0$ 处的切线。

Henry定律适用于稀溶液的溶质。例如，对于一个溶有95%的乙醇与5%的水的溶液，乙醇适用于Lewis-Randall规则，而水则适用于Henry定律。

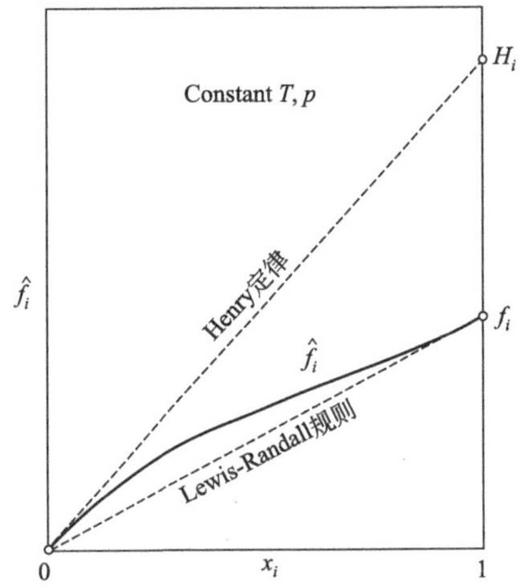

图5.10 Lewis-Randall标准状态与Henry标准状态

5.5 过量性质与混合过程中的性质变化

5.5.1 过量性质

对于气体而言，利用剩余性质表征真实气体与理想气体的差异是方便的。然而，液态溶液也可通过对比得到其与理想溶液的差异。与剩余性质类似，定义溶液的过量性质。

如果 M_{m} 代表任何摩尔（或单位质量）热力学性质，那么过量性质 M_{m}^{E} 定义为真实溶液性质与相同温度、压力及物理条件下假想的理想溶液性质之差

$$M_{\text{m}}^{\text{E}} = M_{\text{m}} - M_{\text{m}}^{\text{is}} \tag{5.106}$$

作为一般意义的性质，过量性质也符合偏摩尔性质关系

$$\overline{M}_{\text{m}i}^{\text{E}} = \overline{M}_{\text{m}i} - \overline{M}_{\text{m}i}^{\text{is}} \tag{5.107}$$

式中，$\overline{M}_{\text{m}i}^{\text{E}}$ 是偏摩尔过量性质。

【例5.11】 在298K、1.0133×10^5Pa条件下，纯组分1的摩尔焓为100J/mol，纯组分2的摩尔焓为150J/mol。将两种组分混合形成不同组成含量的均相溶液。基于Lewis-Randall规则将 H_{m}^{E} 用含有组成 x 的函数进行实验测量与关联得到（式中 H_{m}^{E} 的单位为J/mol）

$$H_{\text{m}}^{\text{E}} = x_1 x_2 (10x_1 + 5x_2)$$

(1) 基于Lewis-Randall标准，求出理想溶液与真实溶液的摩尔焓与组成 x 函数关系。

(2) 写出真实溶液中每个组分的偏摩尔过量焓与 x_1 的函数关系。

(3) 试求出在极稀溶液条件下各组分的偏摩尔过量焓 $(\overline{H_1^E})^\infty$ 与 $(\overline{H_2^E})^\infty$。

(4) 当 $x_1=0.35$ 时，各个组分的偏摩尔过量焓分别是多少？

解：(1) 基于 Lewis-Randall 标准，理想溶液的摩尔焓为

$$H_m^{is}=\sum_i x_i\overline{H}_i^{is}=\sum_i x_iH_i=(100x_1+150x_2)\ (\text{J/mol})$$

则

$$H_m=H_m^{is}+H_m^E=[100x_1+150x_2+x_1x_2(10x_1+5x_2)]\ (\text{J/mol})$$

(与【例 5.3】问题相同)

将 x_2 替换为 $1-x_1$，得到

$$H_m=150-45x_1-5x_1^3$$

(2)

$$H_m^E=x_1x_2(10x_1+5x_2)=(5x_1-5x_1^3)\ (\text{J/mol});\quad \frac{dH_m^E}{dx_1}=5-15x_1^2$$

$$\overline{H_1^E}=H_m^E+x_2\frac{dH_m^E}{dx_1}=5x_1-5x_1^3+(1-x_1)(5-15x_1^2)$$

$$=(5-15x_1^2+10x_1^3)\ (\text{J/mol})$$

$$\overline{H_2^E}=H_m^E-x_1\frac{dH_m^E}{dx_1}=5x_1-5x_1^3-x_1(5-15x_1^2)=10x_1^3(\text{J/mol})$$

(3)

$$(\overline{H_1^E})^\infty=\lim_{x_1\to 0}\overline{H_1^E}=5\text{J/mol},\quad (\overline{H_2^E})^\infty=\lim_{x_1\to 1}\overline{H_2^E}=10\text{J/mol}$$

(4)

$$\overline{H_1^E}\Big|_{x_1=0.35}=(5-15x_1^2+10x_1^3)_{x_1=0.35}=3.59\text{J/mol}$$

$$\overline{H_2^E}\Big|_{x_1=0.35}=(10x_1^3)_{x_1=0.35}=0.43\text{J/mol}$$

5.5.2 混合过程中的性质变化

式(5.106) 给出了过量性质的定义，根据式 (5.94)～式(5.97) 得到

$$G_m^E=G_m-\sum_i x_iG_{mi}-RT\sum_i x_i\ln x_i \tag{5.108}$$

$$S_m^E=S_m-\sum_i x_iS_{mi}+RT\sum_i x_i\ln x_i \tag{5.109}$$

$$V_m^E=V_m-\sum_i x_iV_{mi} \tag{5.110}$$

$$H_m^E=H_m-\sum_i x_iH_{mi} \tag{5.111}$$

如果定义混合过程中性质的变化为

$$\Delta M_m=M_m-\sum_i x_iM_{mi} \tag{5.112}$$

式(5.108)～式(5.111) 变为

$$G_m^E=\Delta G_m-RT\sum_i x_i\ln x_i \tag{5.113}$$

$$S_m^E=\Delta S_m+RT\sum_i x_i\ln x_i \tag{5.114}$$

$$V_m^E=\Delta V_m \tag{5.115}$$

$$H_m^E=\Delta H_m \tag{5.116}$$

式(5.115) 与式(5.116) 表明混合过程中体积与焓值的变化量就是过量体积与过量焓。图 5.11 显示出在等于或低于 50℃时乙醇(1)-水(2) 的混合热效应，混合过程是放热的。而

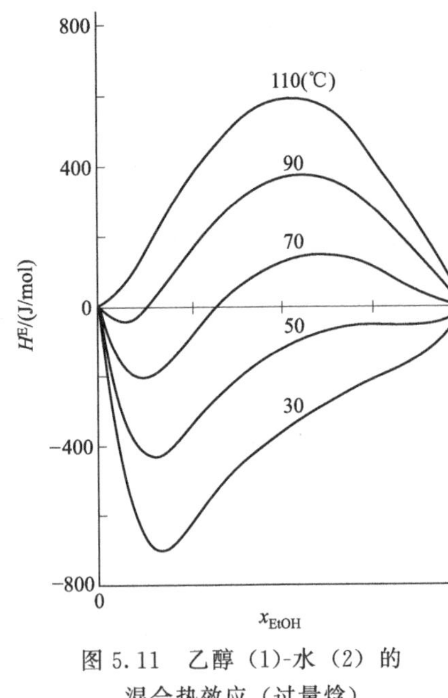

图 5.11 乙醇 (1)-水 (2) 的混合热效应 (过量焓)

高于 100℃时，混合过程是吸热的。

式(5.112) 说明当纯组分混合形成均相溶液时，其性质会发生变化，称为混合过程中的性质变化。并且式 (5.113)～式(5.116) 显示出混合过程中的性质变化与过量性质之间的关系。此外，混合过程中的性质变化也具有过量值和偏过量值

$$\Delta M_m^E = \Delta M_m - \Delta M_m^{is} \tag{5.117}$$

$$\Delta \overline{M}_i^E = \Delta \overline{M}_i - \Delta \overline{M}_i^{is} \tag{5.118}$$

从过量性质的定义式(5.106) 中可以看出，用右侧两个代数式各减去 $\sum_i (x_i M_i)$，得到

$$M^E = \left[M - \sum_i (x_i M_i)\right] - \left[M^{is} - \sum_i (x_i M_i)\right] = \Delta M - \Delta M^{is} = \Delta M^E \tag{5.119}$$

类似地

$$\overline{M}_i^E = \Delta \overline{M}_i^E \tag{5.120}$$

混合过程中性质的变化符合可加和性关系

$$\Delta M_m = \sum_i x_i \overline{\Delta M_i} \tag{5.121}$$

将式(5.21) 代入到式(5.112) 得到

$$\Delta M_m = \sum_i x_i (\overline{M_i} - M_{mi}) \tag{5.122}$$

将上述两个方程做比较得到

$$\overline{\Delta M_i} = \overline{M_i} - M_{mi} \tag{5.123}$$

5.5.3 焓浓图

当溶液由多种组分配制而成时，由于分子间的相互作用不同，能量通常会发生变化。相比与化学键相关的能量变化而言，这种能量的改变非常小，因此混合热往往远小于反应热。

混合过程中焓值的改变，也叫混合热，可以由式(5.112) 定义得到。

$$\Delta H_m = H_m - \sum_i x_i H_{mi} \tag{5.124}$$

它表明了纯组分在恒定温度与压力的条件下混合形成 1mol (或单位质量) 溶液的焓变。式(5.124) 也可以写成

$$H_m = \sum_i x_i H_{mi} + \Delta H_m \tag{5.125}$$

式(5.125) 说明溶液的摩尔焓是其组成的函数，绝大多数的双组元数据是符合这一规律的。H_m-x 焓浓图是表示双组分溶液焓值最简便的方法。这类图以温度作为参数，将溶液的焓值表达为其组成 (某一组分的摩尔分数或质量分数) 的函数。图 5.12 为某双组分溶液的 H_m-x 焓浓图。图中下凹的实曲线代表两组分混合为溶液时的放热过程，而连接两

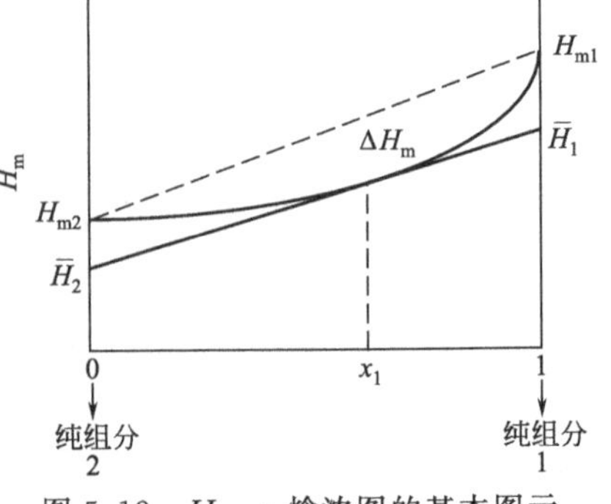

图 5.12 H_m-x 焓浓图的基本图示

个纯组分焓值点的虚线代表的是理想溶液线。在图中同样可以看到，过点 x_1 的切线与两边纵坐标有两个交点，分别代表了两组分的偏摩尔焓。而混合过程中产生的焓变就是在 x_1 点处实曲线与虚线的差值。

图 5.13 表示的是氢氧化钠-水溶液系统的 H_m-x 图，通过该图就可以进行混合或分离的能量平衡计算。

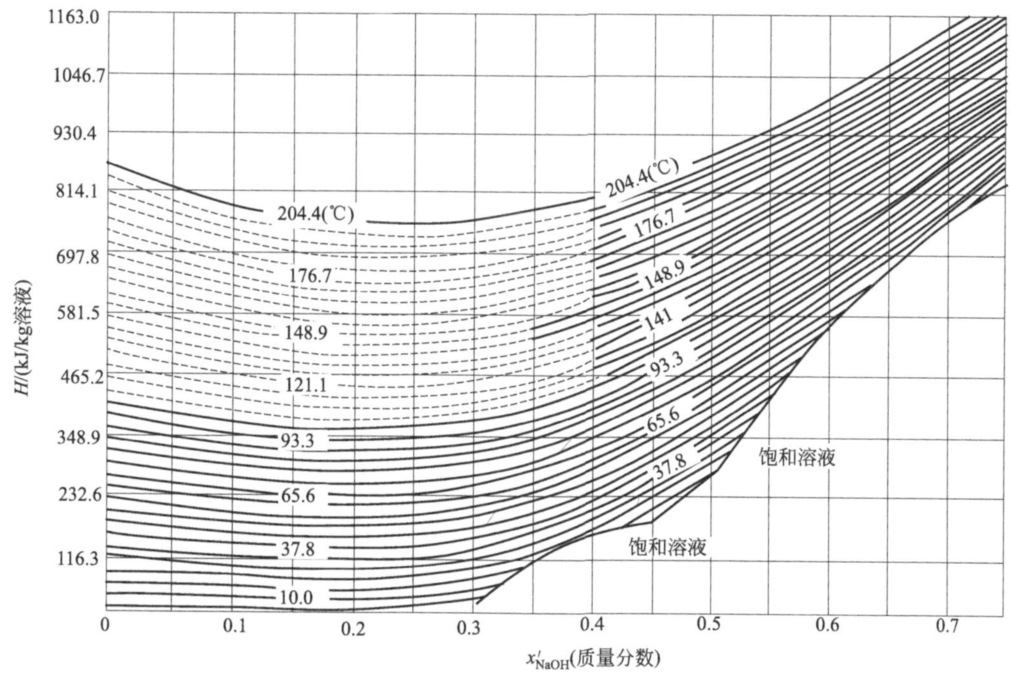

图 5.13 氢氧化钠-水溶液系统的 H_m-x 图

5.6 活度和活度系数

在处理气体物料时常直接计算逸度。而对于液体，常采用另一种方法，引入一个新的热力学性质，即活度。

溶液中组分 i 的逸度定义

$$\mu_i \equiv \lambda_i(T) + RT\ln\hat{f}_i \tag{5.68}$$

对于标准态来说

$$G_i^{\ominus} = \lambda_i(T) + RT\ln f_i^{\ominus} \tag{5.126}$$

两式相减可得

$$\mu_i - G_i^{\ominus} = RT\ln\frac{\hat{f}_i}{f_i^{\ominus}} \tag{5.127}$$

比率 $\hat{f}_i/f_i^{\ominus}$ 被称为溶液中组分 i 的活度 $\hat{\alpha}_i$。因此有定义式

$$\hat{\alpha}_i \equiv \frac{\hat{f}_i}{f_i^{\ominus}} \tag{5.128}$$

式(5.127) 变成

$$\mu_i = G_i^{\ominus} + RT\ln\hat{\alpha}_i \tag{5.129}$$

对于理想溶液来说，该式变为

$$\overline{G}_i^{\text{is}}=\lambda_i(T)+RT\ln x_i f_i \tag{5.130}$$

用式(5.68) 减式(5.130) 可得

$$\overline{G_i}-\overline{G}_i^{\text{is}}=RT\ln\frac{\hat{f}_i}{x_i f_i} \tag{5.131}$$

该方程的左边指的是偏过量 Gibbs 自由能，等式右侧的无量纲比值 $\hat{f}_i/x_i f_i$ 则给出了溶液中物质 i 的活度系数的定义，用 γ_i 表示

$$\gamma_i\equiv\frac{\hat{f}_i}{x_i f_i} \tag{5.132}$$

将式(5.128) 和式(5.132) 结合可得

$$\hat{\alpha}_i=\gamma_i x_i\frac{f_i}{f_i^{\ominus}}$$

液体逸度与压力呈弱函数关系，在低压与中压下，比值 $f_i/f_i^{\ominus}$ 近于1，则有

$$\hat{\alpha}_i=\gamma_i x_i\text{（低、中压力时）} \tag{5.133}$$

所以常将活度看作是“校正浓度”或者是“有效浓度”。

将 $\hat{f}_i/x_i f_i$ 用 γ_i 替换，代入式(5.131) 中可得

$$\overline{G}_i^{\text{E}}=RT\ln\gamma_i \tag{5.134}$$

式(5.134) 说明 $RT\ln\gamma_i$ 就是 G_i^{E} 的偏性质，并且遵从可加和性关系

$$G_{\text{m}}^{\text{E}}=\sum_i x_i RT\ln\gamma_i \tag{5.135}$$

式(5.134) 和式(5.135) 体现了过量 Gibbs 能和活度系数的关系。可以通过这两个等式，利用活度系数计算过量 Gibbs 能，或者是利用溶液的 Gibbs 能模型来计算活度系数。

【例 5.12】 对于一个双组分液态溶液

$$\ln\gamma_1=\frac{a}{(1+bx_1/x_2)^2}$$

将 G_{m}^{E} 表示为组成的函数。

解： 由式（5.134）可得

$$\left(\frac{\partial G^{\text{E}}}{\partial n_1}\right)_{T,p,n_2}=RT\ln\gamma_1=\frac{aRT}{(1+bx_1/x_2)^2}=\frac{aRT}{\left(1+b\dfrac{n_1}{n_2}\right)^2}$$

所以

$$\text{d}G^{\text{E}}=\frac{aRT}{\left(1+b\dfrac{n_1}{n_2}\right)^2}\text{d}n_1\quad\text{（恒定的 }T,p,n_2\text{）}$$

$$G^{\text{E}}=\int_0^{n_1}\frac{aRT}{\left(1+b\dfrac{n_1}{n_2}\right)^2}\text{d}n_1=\frac{-aRT}{\left(1+b\dfrac{n_1}{n_2}\right)}\frac{n_2}{b}\Bigg|_0^{n_1}=\frac{-aRT}{\left(1+b\dfrac{n_1}{n_2}\right)}\frac{n_2}{b}+\frac{aRTn_2}{b}=\frac{aRTn_1n_2}{n_2+bn_1}$$

$$G_{\text{m}}^{\text{E}}=\frac{G^{\text{E}}}{n}=\frac{aRTx_1x_2}{x_2+bx_1}\quad\text{或}\quad\frac{G_{\text{m}}^{\text{E}}}{RTx_1x_2}=\frac{a}{x_2+bx_1}$$

【例 5.13】 现有一个双组分液态溶液，由甲醇（1）和水（2）在常压下混合而成。实验所得到的活度系数数据如下：

项目 \ T/K	375.15	365.54	360.68	357.16	354.63	351.05
x_1	0.00	0.05	0.10	0.15	0.20	0.30
γ_1		2.034	1.826	1.682	1.548	1.344
γ_2	1.000	1.005	1.018	1.033	1.053	1.109
项目 \ T/K	348.51	346.31	344.44	342.73	339.29	337.66
x_1	0.40	0.50	0.60	0.70	0.90	1.00
γ_1	1.203	1.118	1.058	1.019	1.001	1.000
γ_2	1.183	1.261	1.354	1.457	1.618	

试求出不同组成下溶液的过量吉布斯能。

解：

$$G_{\mathrm{m}}^{\mathrm{E}}=\sum_i x_i\overline{G_i^{\mathrm{E}}}=x_1RT\ln\gamma_1+x_2RT\ln\gamma_2$$

在点 $x_1=0.3$，$\gamma_1=1.344$，$\gamma_2=1.109$ 处

$$G_{\mathrm{m}}^{\mathrm{E}}=(0.30\ln1.344+0.70\ln1.109)\times8.314\times351.05=470.24\mathrm{J/mol}$$

利用同样的方式可以逐一计算在其他组成时的过量 Gibbs 能，数据列表如下。

x_1	T	γ_1	γ_2	G^{E}/(J/mol)	x_1	T	γ_1	γ_2	G^{E}/(J/mol)
0.000	373.15	—	1.000	0.000	0.400	348.51	1.203	1.183	506.62
0.050	365.54	2.034	1.005	121.42	0.500	346.31	1.118	1.261	494.07
0.100	360.68	1.826	1.018	226.10	0.600	344.44	1.058	1.354	443.82
0.150	357.16	1.682	1.033	314.03	0.700	342.73	1.019	1.457	360.08
0.200	354.63	1.548	1.053	381.02	0.900	339.29	1.001	1.618	133.98
0.300	351.05	1.344	1.109	470.24	1.000	337.66	1.000	—	0

（1）正规溶液与无热溶液

溶液性质是十分复杂的。在处理复杂的系统情况时，应用简化模型会使过程变得十分简便。在溶液理论中，发展了两种模型，一是正规溶液模型；另一是无热溶液模型。

正规溶液模型是假设混合物是由尺寸相近，并且相互作用的能量也相近的分子组成的。分子均匀地分散在混合物中，并且分子间距也和纯流体相近。所以在指定压力条件下

$$\Delta V_{\mathrm{m}}=0\quad 或\quad V_{\mathrm{m}}^{\mathrm{E}}=0，且\ S_{\mathrm{m}}^{\mathrm{E}}=0$$

因此对于这样的液体混合物有

$$G_{\mathrm{m}}^{\mathrm{E}}=U_{\mathrm{m}}^{\mathrm{E}}+pV_{\mathrm{m}}^{\mathrm{E}}-TS_{\mathrm{m}}^{\mathrm{E}}=U_{\mathrm{m}}^{\mathrm{E}}=\Delta U_{\mathrm{m,mix}}$$

利用过量 Gibbs 能求解该液态混合物的活度系数，只需找到过量内能或者混合产生的内能变。

虽然有一些系统是由分子尺寸不大相近的分子构成的，但是当它们从纯组分混合变成溶液的时候，在等温条件下，几乎不会有热量吸收或者释放出来。这种混合物可以归为无热溶液模型。对于这样的系统

$$H_{\mathrm{m}}^{\mathrm{E}}=0\quad 且\quad S_{\mathrm{m}}^{\mathrm{E}}\neq0$$

因此

$$G_{\mathrm{m}}^{\mathrm{E}}=H_{\mathrm{m}}^{\mathrm{E}}-TS_{\mathrm{m}}^{\mathrm{E}}=-TS_{\mathrm{m}}^{\mathrm{E}}$$

所以活度系数只与系统的过量熵有关。

（2）过量吉布斯能模型

式(5.134) 将活度系数和过量 Gibbs 能关联起来。为了计算溶液中某一组分的活度系数，必须知道溶液组成与过量 Gibbs 能的关系。一般来说，过量 Gibbs 能往往是温度、压力和组成的函数。

$$G_m^E = f(T, p, x_1, x_2, \cdots)$$

低、中压力的液态溶液性质受压力 p 的影响很小，因此，在恒定的温度条件下，有

$$\frac{G_m^E}{RT} = g(x_1, x_2, \cdots) \quad (T\ 恒定)$$

比较常用的双组分混合物表达式是用多项式表示的

$$\frac{G_m^E}{x_1 x_2 RT} = a + b x_1 + c x_1^2 + \cdots \quad (T\ 恒定)$$

一个更优越的等价幂级数表达是 Redlich-Kister 展开式

$$\frac{G_m^E}{x_1 x_2 RT} = A + B(x_1 - x_2) + C(x_1 - x_2)^2 + \cdots \quad (T\ 恒定)$$

在实际应用中，这个展开式系列可以根据实际情况截到不同的项数，当 $A=B=C=\cdots=0$ 时，$\frac{G_m^E}{x_1 x_2 RT}=0$，此时是理想溶液。当 $A \neq 0$ 且 $B=C=\cdots=0$ 时，$\frac{G_m^E}{x_1 x_2 RT}=A$，符合对称模型。当 $A \neq 0$，$B \neq 0$ 而 $C=\cdots=0$ 时，$\frac{G_m^E}{x_1 x_2 RT}=A+B(x_1-x_2)$ 符合 Margules 模型。

5.6.1 Wohl 型方程

Wohl 提出了一个基于正规溶液模型的过量 Gibbs 能的表达式

$$\frac{G_m^E}{RT \sum q_i x_i} = \sum_{ij} z_i z_j a_{ij} + \sum_{ijk} z_i z_j z_k a_{ijk} + \sum_{ijk1} z_i z_j z_k z_1 a_{ijk1} + \cdots \tag{5.136}$$

式中，q_i 是组分 i 的分子体积；具有不同下角标的 a 则是分子相互作用参数；z_i 为体积分数，定义为

$$z_i = \frac{q_i x_i}{\sum_i q_i x_i}$$

对于双组分溶液，式(5.136) 变成

$$\frac{G_m^E}{RT} = \left(x_1 + \frac{q_2}{q_1} x_2\right) z_1 z_2 \left[z_1 B \frac{q_1}{q_2} + z_2 A\right] \tag{5.137}$$

式中

$$A = q_1(2a_{12} + 3a_{122}) \tag{5.138}$$

$$B = q_2(2a_{12} + 3a_{112}) \tag{5.139}$$

将该式代入式(5.134) 得

$$\ln\gamma_1 = z_2^2 \left[A + 2z_1 \left(B \frac{q_1}{q_2} - A\right)\right] \tag{5.140}$$

$$\ln\gamma_2 = z_1^2 \left[B + 2z_2 \left(A \frac{q_2}{q_1} - B\right)\right] \tag{5.141}$$

这两个方程其实用起来并不是很方便，因为参数 A 和 B 以及有效体积 q_1 和 q_2 并不确定。

下面来讨论一些特殊情况。

如果用纯组分摩尔体积 V_{m1}^L 和 V_{m2}^L 来替换其中的有效体积 q_1 和 q_2，可得

$$\ln\gamma_1 = z_2^2 \left[A + 2z_1 \left(B \frac{V_{m1}^L}{V_{m2}^L} - A\right)\right] \tag{5.142}$$

$$\ln\gamma_2 = z_1^2 \left[A + 2z_2 \left(A \frac{V_{m2}^L}{V_{m1}^L} - B\right)\right] \tag{5.143}$$

式中

$$z_1=\frac{x_1}{x_1+x_2\dfrac{V_{m2}^L}{V_{m1}^L}},\ z_2=\frac{x_2\dfrac{V_{m2}^L}{V_{m1}^L}}{x_1+x_2\dfrac{V_{m2}^L}{V_{m1}^L}}$$

式(5.142) 和式(5.143) 被称作 Scatchard-Hamer 方程。在这个方程中有两个参数，这两个参数都需要通过实验数据进行关联。

如果取 $q_1=q_2$，那么 $z_i=\dfrac{q_ix_i}{\sum\limits_i q_ix_i}x_i$，则

$$\frac{G_m^E}{RT}=x_1x_2(x_1B+x_2A) \tag{5.144}$$

$$\ln\gamma_1=x_2^2[A+2x_1(B-A)] \tag{5.145}$$

$$\ln\gamma_2=x_1^2[B+2x_2(A-B)] \tag{5.146}$$

式(5.144) 是 Margules 的过量 Gibbs 能模型，而式(5.145) 和式(5.146) 则是 Margules 的活度系数方程。

在 Margules 方程的应用中，似乎两个参数 A 和 B 都可以通过式(5.138) 和式(5.139) 得到，但是分子相互作用项在实际应用中是无法计算出来的。实际上，它们是通过实验数据回归得到的。还有一个更加简便的方法，就是从已知的活度系数值当中，通过式(5.145) 和式(5.146) 解出参数 A 和参数 B。举例来说，若已知无限稀释溶液的活度系数，γ_1^∞ 和 γ_2^∞，从式(5.145) 和式(5.146) 中，就可以找到参数 A 和参数 B 的值

$$A=\ln\gamma_1^\infty,\quad B=\ln\gamma_2^\infty$$

如果分子间的内部作用相似，假设 $a_{112}=a_{122}$，分子的尺寸也相近，那么通过式(5.138) 和式(5.139) 可以发现 $A=B$。Margules 方程变成

$$\ln\gamma_1=Ax_2^2 \tag{5.147}$$

$$\ln\gamma_2=Ax_1^2 \tag{5.148}$$

也就是**对称 Margules 方程**，或者是**单参数 Margules 方程**。式(5.144) 变成

$$\frac{G_m^E}{RT}=Ax_1x_2 \tag{5.149}$$

【例 5.14】 一个无限稀释的双组分溶液的活度系数在指定温度下分别为 $\gamma_1^\infty=1.5$ 和 $\gamma_2^\infty=2.0$。试用双参数 Margules 方程求出每种组分在溶液不同组成时的活度系数。

解：Margules 方程

$$\ln\gamma_1=x_2^2[A+2x_1(B-A)]$$

$$\ln\gamma_2=x_1^2[B+2x_2(A-B)]$$

式中，$A=\ln\gamma_1^\infty=\ln1.5=0.4055$，$B=\ln\gamma_2^\infty=\ln2.0=0.6931$。

对于不同的 x_1 的值，从 0～1，逐一计算 γ_1 和 γ_2，并将结果整理成表格，作图见图 5.14。

当 $x_1=0.2$，$\gamma_1=\exp\{0.8^2\times[0.4055+2\times0.2(0.6931-0.4055)]\}=1.3954$

$\gamma_2=\exp\{0.2^2\times[0.6931+2\times0.8(0.4055-0.6931)]\}=1.0094$

x_1	0	0.1	0.2	0.3	0.4	0.5	0.6	0.7	0.8	0.9	1.0
γ_1	1.50	1.45	1.40	1.33	1.26	1.19	1.13	1.08	1.04	1.01	1.00
γ_2	1.00	1.00	1.01	1.03	1.06	1.11	1.18	1.29	1.45	1.67	2.00

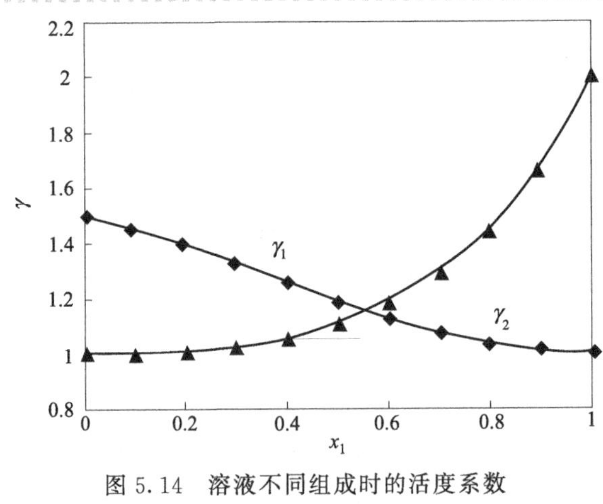

图 5.14 溶液不同组成时的活度系数

Margules 方程要求 $q_1=q_2$，即分子之间的尺寸相近。如果溶液的成分体积相差很大，那么误差就会随之增大。对于 Wohl 型溶液，另一个假设由 van Laar 提出，认为尽管 q_1 和 q_2 可能会相差很大，但是分子间的内部作用若十分相似，比如 $a_{112}=a_{122}$，从式(5.138) 和式(5.139) 得到

$$\frac{q_2}{q_1}=\frac{B}{A}$$

则得 vanLaar 方程

$$\ln\gamma_1=A\left(1+\frac{A}{B}\frac{x_1}{x_2}\right)^{-2} \tag{5.150a}$$

$$\ln\gamma_2=B\left(1+\frac{B}{A}\frac{x_2}{x_1}\right)^{-2} \tag{5.150b}$$

van Laar 方程经常用于关联活度系数的数据。方程中的参数可以通过拟合实验数据得到。其中比较常用的是无限稀释溶液的参数，或者是对于任何组成与活度系数已知情况下获得参数

在 $x_1=0$ 时，$A=\ln\gamma_1^{\infty}$，而在 $x_2=0$ 时，$B=\ln\gamma_2^{\infty}$。

如果已知在给定的组成下 van Laar 的活度系数，可以通过求解方程式(5.150) 求得 A 和 B。

$$A=\ln\gamma_1\left(1+\frac{x_2\ln\gamma_2}{x_1\ln\gamma_1}\right)^2,\ B=\ln\gamma_2\left(1+\frac{x_1\ln\gamma_1}{x_2\ln\gamma_2}\right)^2 \tag{5.151}$$

这样只要知道某一特定摩尔分数时的 γ_1 和 γ_2，就可以获得两个 van Laar 常数，然后就可以估算其他组成时的活度系数值。另外，如果已知多个组成时的活度系数的数据，就可以采用回归法找出最符合 A、B 的数值作为参数。表 5.2 列出的是通过实验得到的多个双组分混合物测得的参数值。

表 5.2 常见二元混合物 van Laar 参数

组分 1-2	温度范围/℃	A	B	组分 1-2	温度范围/℃	A	B
乙醛-水	19.8～100	1.59	1.80	苯-异丙醇	71.9～82.3	1.36	1.95
丙酮-苯	56.1～80.1	0.405	0.405	二硫化碳-丙酮	39.5～56.1	1.28	1.39
丙酮-甲醇	56.1～64.6	0.58	0.56	二硫化碳-四氯化碳	46.3～76.7	0.23	0.16
丙酮-水	25	1.89	1.66	四氯化碳-苯	76.4～80.2	0.12	0.11
丙酮-水	56.1～100	2.05	1.50	乙醇-苯	67.0～80.1	1.946	1.610

续表

组分 1-2	温度范围/℃	A	B	组分 1-2	温度范围/℃	A	B
乙醇-环已烷	66.3～80.8	2.101	1.729	异丁烯-糠醛	51.7	2.51	2.83
乙醇-甲苯	76.4～110.7	1.757	1.757	异丙醇-水	82.3～100	2.40	1.13
乙醇-水	25	1.54	0.97	甲醇-苯	55.5～64.6	0.56	0.56
乙酸乙酯-苯	71.1～80.2	1.15	0.92	甲醇-乙醚	62.1～77.1	1.16	1.16
乙酸乙酯-乙醇	71.7～78.3	0.896	0.896	甲醇-水	25	0.58	0.46
乙酸乙酯-甲苯	77.2～110.7	0.09	0.58	甲醇-水	64.6～100	0.83	0.51
乙醚-丙酮	34.6～56.1	0.741	0.741	甲醚-甲醇	53.7～64.6	1.06	1.06
乙醚-乙醇	34.6～78.3	0.97	1.27	甲醚-水	57～100	2.99	1.89
正已烷-乙醇	59.3～78.3	1.57	2.58	正丙醇-水	88～100	2.53	1.13
异丁烯-糠醛	37.8	2.62	3.02	水-苯酚	100～181	0.83	3.22

【例 5.15】 现将异丙醇和水在 363K，大气压力下混合成溶液。当异丙醇的摩尔分数为 0.3 的时候，其中每种组分的活度系数是多少？

解： 这里应用 van Laar 方程进行计算。从表 5.2 查到 van Laar 方程的参数值分别为 $A=2.4$、$B=1.13$。应用 van Laar 方程

$$\ln\gamma_1=A\left(1+\frac{Ax_1}{Bx_2}\right)^{-2}=2.4\times\left(1+\frac{2.4\times0.3}{1.13\times0.7}\right)^{-2}=0.6577$$

$$\gamma_1=1.9304$$

$$\ln\gamma_2=B\left(1+\frac{Bx_2}{Ax_1}\right)^{-2}=1.13\times\left(1+\frac{1.13\times0.7}{2.4\times0.3}\right)^{-2}=0.2566$$

$$\gamma_2=1.2925$$

5.6.2 基于局部组成概念的活度系数方程

对于液态溶液来说，局部组成可能和总体混合物平均组成有所区别。1964 年，G.M. Wilson 最早提出了局部组成的概念，提出了一种新的溶液计算模型，也就是 Wilson 方程。这里直接给出 Wilson 方程以供实际应用。

Wilson 方程与 Margules 方程和 vanLaar 方程在方程参数上类似，对于双组分系统来说也只包括两个参数（λ_{12}和 λ_{21}）。

过量 Gibbs 能的表达式

$$\frac{G_m^E}{RT}=-x_1\ln(x_1+\lambda_{12}x_2)-x_2\ln(x_2+\lambda_{21}x_1)$$

活度系数

$$\ln\gamma_1=-\ln(x_1+\lambda_{12}x_2)+x_2\left(\frac{\lambda_{12}}{x_1+\lambda_{12}x_2}-\frac{\lambda_{21}}{x_2+\lambda_{21}x_1}\right) \tag{5.152a}$$

$$\ln\gamma_2=-\ln(x_2+\lambda_{21}x_1)+x_1\left(\frac{\lambda_{21}}{x_2+\lambda_{21}x_1}-\frac{\lambda_{12}}{x_1+\lambda_{12}x_2}\right) \tag{5.152b}$$

式中

$$\lambda_{12}=\frac{V_{m2}^L}{V_{m1}^L}\exp\left(-\frac{g_{12}-g_{11}}{RT}\right),\ \lambda_{21}=\frac{V_{m1}^L}{V_{m2}^L}\exp\left(-\frac{g_{21}-g_{22}}{RT}\right) \tag{5.153}$$

（$g_{12}-g_{11}$）和（$g_{21}-g_{22}$）指的是相互作用的能量参数，而 V_{mi}^L 则是液体组分 i 的摩尔体积。

对于无限稀释的溶液，式(5.152a) 和式(5.152b) 变成

$$\ln\gamma_1^\infty=-\ln\lambda_{12}+1-\lambda_{21},\ \ln\gamma_2^\infty=-\ln\lambda_{21}+1-\lambda_{12} \tag{5.154}$$

利用这两个方程，就可以在已知无限稀溶液的活度系数的情况下，求解这两个常数了。

对于多组分溶液，Wilson 方程的一般形式为

$$\frac{G_m^E}{RT}=-\sum_{i=1}^{N}x_i\ln\left(\sum_{j=1}^{N}\lambda_{ij}x_j\right) \tag{5.155}$$

$$\lambda_{ij}=\frac{V_j^L}{V_i^L}\exp\left(-\frac{g_{ij}-g_{ii}}{RT}\right) \tag{5.156}$$

$$\ln\gamma_i=1-\ln\left(\sum_{j=1}^{N}\lambda_{ij}x_j\right)-\sum_{k=1}^{N}\frac{\lambda_{ki}x_k}{\sum_{j=1}^{N}\lambda_{kj}x_j} \tag{5.157}$$

【例 5.16】 对于一个由丙酮（1）-水（2）构成的双组分系统，温度 30℃，组成 $x_1=0.3$，在混合物中的每种物质的活度系数是多少？液体的活度系数符合 Wilson 模型。实验测得无限稀溶液的活度系为 $\gamma_1^\infty=6.65$，$\gamma_2^\infty=6.01$。

解： 对于无限稀溶液来说，Wilson 方程变成

$$\ln\gamma_1^\infty=1-\ln\lambda_{12}-\lambda_{21}，\quad \ln\gamma_2^\infty=1-\ln\lambda_{21}-\lambda_{12}$$

代入数值解上述方程组可得

$$\lambda_{12}=0.2915，\lambda_{21}=0.3379$$

则

$$\ln\gamma_1=-\ln(x_1+\lambda_{12}x_2)+x_2\left(\frac{\lambda_{12}}{x_1+\lambda_{12}x_2}-\frac{\lambda_{21}}{x_2+\lambda_{21}x_1}\right)$$

$$=-\ln(0.3+0.2915\times0.7)+0.7\times\left(\frac{0.2915}{0.3+0.2915\times0.7}-\frac{0.3379}{0.7+0.3379\times0.3}\right)$$

$$=0.7947$$

$$\gamma_1=2.2138$$

$$\ln\gamma_2=-\ln(x_2+\lambda_{21}x_1)+x_1\left(\frac{\lambda_{21}}{x_2+\lambda_{21}x_1}-\frac{\lambda_{12}}{x_1+\lambda_{12}x_2}\right)$$

$$=-\ln(0.7+0.3379\times0.3)+0.3\times\left(\frac{0.3379}{0.7+0.3379\times0.3}-\frac{0.2915}{0.3+0.2915\times0.7}\right)$$

$$=0.1744$$

$$\gamma_2=1.1906$$

Renon 和 Prausnitz 在 1986 年提出有规双液体（NRTL）活度系数模型，对于双组分系统，该模型包含了三个参数。

过量 Gibbs 能的表达式

$$\frac{G_m^E}{x_1x_2RT}=\frac{G_{21}\tau_{21}}{x_1+x_2G_{21}}+\frac{G_{12}\tau_{12}}{x_2+x_1G_{12}} \tag{5.158}$$

活度系数

$$\ln\gamma_1=x_2^2\left[\frac{\tau_{21}G_{21}^2}{(x_1+x_2G_{21})^2}+\frac{\tau_{12}G_{12}}{(x_2+x_1G_{12})^2}\right] \tag{5.159}$$

$$\ln\gamma_2=x_1^2\left[\frac{\tau_{12}G_{12}^2}{(x_2+x_1G_{12})^2}+\frac{\tau_{21}G_{21}}{(x_1+x_2G_{21})^2}\right] \tag{5.160}$$

参数

$$\tau_{12}=(g_{12}-g_{22})/RT \tag{5.161}$$

$$\tau_{21}=(g_{21}-g_{11})/RT \tag{5.162}$$

$$G_{12}=\exp(-\alpha\tau_{12}) \tag{5.163}$$

$$G_{21}=\exp(-\alpha\tau_{21}) \tag{5.164}$$

式中，$g_{12}-g_{22}$、$g_{21}-g_{11}$和α是相互作用能量参数，随着某一对物质种类而改变，与组成和温度无关。对于无限稀溶液

$$\ln\gamma_1^{\infty}=\tau_{21}+\tau_{12}\exp(-\alpha\tau_{12}),\ \ln\gamma_2^{\infty}=\tau_{12}+\tau_{21}\exp(-\alpha\tau_{21})$$

对于多组分溶液，方程组变为：

过量 Gibbs 能表达式

$$\frac{G_{\rm m}^{\rm E}}{RT}=\sum_{i=1}^{N}x_i\frac{\sum\limits_{j=1}^{N}\tau_{ji}G_{ji}x_j}{\sum\limits_{k=1}^{N}G_{ki}x_k} \tag{5.165}$$

活度系数

$$\ln\gamma_i=\frac{\sum\limits_{j=1}^{N}X_{ji}G_{ji}x_i}{\sum\limits_{k=1}^{N}G_{ki}x_k}+\sum_{j=1}^{N}\frac{x_jG_{ij}}{\sum\limits_{k=1}^{N}G_{kj}x_j}\left(\tau_{ij}-\frac{\sum\limits_{k=1}^{N}x_i\tau_{kj}G_{kj}}{\sum\limits_{k=1}^{N}G_{kj}x_j}\right) \tag{5.166}$$

每一对组分的参数都与双组分系统的参数相同。

5.6.3 UNIQUAC 和 UNIFAC 模型

通用准化学（UNIQUAC）模型是一个更加复杂的模型，它是基于局部组成模型和统计力学模型。其过量 Gibbs 能包括了两个新增的部分，一个组合项$\left(\frac{G_{\rm m}^{\rm E}}{RT}\right)^{\rm C}$和一个剩余项$\left(\frac{G_{\rm m}^{\rm E}}{RT}\right)^{\rm R}$。

对于多组分系统来说

$$\left(\frac{G_{\rm m}^{\rm E}}{RT}\right)^{\rm C}=\sum_{i=1}^{N}x_i\ln\frac{\phi_i}{x_i}+5\sum_{i=1}^{N}q_ix_i\ln\frac{\theta_i}{\phi_i},\ \left(\frac{G_{\rm m}^{\rm E}}{RT}\right)^{\rm R}=-\sum_{i=1}^{N}q_ix_i\ln\left(\sum_{j=1}^{N}\theta_i\tau_{ji}\right)$$

过量 Gibbs 自由能表达式

$$\frac{G_{\rm m}^{\rm E}}{RT}=\sum_{i=1}^{N}x_i\ln\frac{\phi_i}{x_i}+5\sum_{i=1}^{N}q_ix_i\ln\frac{\theta_i}{\phi_i}-\sum_{i=1}^{N}q_ix_i\ln\left(\sum_{j=1}^{N}\theta_i\tau_{ji}\right) \tag{5.167}$$

活度系数

$$\ln\gamma_i=(\ln\gamma_i)^{\rm C}+(\ln\gamma_i)^{\rm R} \tag{5.168}$$

$$(\ln\gamma_i)^{\rm C}=\ln\frac{\phi_i}{x_i}+5q_i\ln\frac{\theta_i}{\phi_i}+l_i-\frac{\phi_i}{x_i}\sum_{j=1}^{N}x_jl_j \tag{5.169}$$

$$(\ln\gamma_i)^{\rm R}=q_i\left[1-\ln\left(\sum_{j=1}^{N}\theta_i\tau_{ji}\right)-\sum_{j=1}^{N}\frac{\theta_j\tau_{ij}}{\sum\limits_{j=1}^{N}\theta_k\tau_{kj}}\right] \tag{5.170}$$

式中

相对分子体积分数 $$\phi_i=\frac{r_ix_i}{\sum\limits_{j=1}^{N}r_jx_j} \tag{5.171}$$

相对分子表面积分数 $$\theta_i=\frac{q_ix_i}{\sum\limits_{j=1}^{N}q_jx_j} \tag{5.172}$$

$$l_i=5(r_i-q_i)-(r_i-1) \tag{5.173}$$

$$\tau_{ij}=\exp\left[-\frac{u_{ji}-u_{ii}}{RT}\right] \tag{5.174}$$

式中，r 是相对分子体积；q 是相对分子表面积；$u_{ji}-u_{ii}$ 是相互作用能量参数。由于 r 和 q 可以通过分子结构信息估算出来，与 van Laar 方程和 Wilson 方程类似，对于双组分系统，UNIQUAC 方程只包含了对应每个二元对的两个可调节参数 τ_{12} 和 τ_{21}（或者等价地说，$u_{12}-u_{22}$ 和 $u_{21}-u_{11}$）。

通用基团活度系数法（UNIFAC）应用很广。UNIFAC 法基于 UNIQUAC 方程，并开发了估算 r 和 q 值的方法。不像 UNIQUAC 模型中要用每一个分子的 r 和 q，UNIFAC 法是通过基团贡献法求算这些参数。用来估算活度系数的方法主要是依靠有关液体混合物的理论，该理论将液体混合物看做是由结构元组成溶液，是这种结构元构成了溶液分子，而不是分子本身构成溶液。这些小的结构元称为子基团，表 5.3 中的第二列就列举了一些子基团。子基团的相对体积 r 和相对表面积 q 如表 5.3 第三和第四列所示。第五列则是列举一些由各种子基团构成的分子。当一个分子是由多个基团构成时，含有不同子基团种类最少的子基团就是可用于计算的。UNIFAC 法的优点在于它是一个相对数量比较少的子基团构成了数量很多的分子。分子中参数 r 和 q 是组成它的子基团参数对应的和。

表 5.3 用于 UNIQUAC 和 UNIFAC 方法的 r 值与 q 值

主基团	子基团	r	q	例子
CH_2	CH_3	0.9011	0.8480	
	CH_2	0.6744	0.5400	正己烷 4 CH_2，2 CH_3
	CH	0.4496	0.2280	异丁烷 1 CH，3 CH_3
	C	0.2195	0.0000	新戊烷 1 C，4 CH_3
C=C	CH_2=CH	1.3454	1.1760	1-己烯：1 CH_2=CH，3 CH_2，1 CH_3
	CH=CH	1.1167	0.6870	2-己烯：1 CH=CH，2 CH_2，2 CH_3
	CH_2=C	1.1173	0.9880	
	CH=C	0.8886	0.6760	
	C=C	0.6605	0.4850	
ACH	ACH	0.5313	0.4000	苯：6 ACH
	AC	0.3652	0.1200	
$ACCH_2$	$ACCH_3$	1.2663	0.9680	甲苯：5ACH，1$ACCH_3$
	$ACCH_2$	1.0396	0.6600	乙苯：1CH_3，5ACH，1$ACCH_2$
OH	OH	1.0000	1.2000	乙醇：1CH_3，1CH_2，1OH
CH_3OH	CH_3OH	1.4311	1.4320	甲醇
H_2O	H_2O	0.9200	1.4000	水
ACOH	ACOH	0.8952	0.6800	苯酚：1ACOH，5ACH
CH_2CO	CH_3CO	1.6724	1.4880	丙酮：1CH_3CO，1CH_3
	CH_2CO	1.4457	1.1800	3-戊酮（二乙基甲酮）：1CH_2CO，2CH_3，1CH_2
CHO	CHO	0.9980	0.9480	乙醛：1CHO，1CH_3
CCOO	CH_3COO	1.9031	1.7280	醋酸甲酯：1CH_3COO，1CH_3
	CH_3COO	1.6764	1.4200	丙酸甲酯：1CH_2COO，2CH_3
HCOO	HCOO	1.2420	1.1880	甲酸甲酯：1HCOO，1CH_3
CH_2O	CH_3O	1.1450	1.0880	
	CH_2O	0.9183	0.7800	乙醚：1CH_2O，2CH_3，1CH_2
	CHO	0.6908	0.4680	
	FCH_2O	0.9183	0.1000	四氢呋喃：1 FCH_2O，3 CH_2
CNH_2	CH_3NH_2	1.5959	1.5440	丙胺：1 CH_2NH_2，1 CH_3，1 CH_2
	CH_2NH_2	1.3692	1.2360	
	$CHNH_2$	1.1417	0.9240	
CNH	CH_3NH	1.4337	1.2440	二乙胺：1 CH_2NH，2 CH_3，1 CH_2
	CH_2NH	1.2070	0.9360	

续表

主基团	子基团	r	q	例子
	CHNH	0.9795	0.6240	
$(C)_3N$	CH_3N	1.1865	0.9400	三乙胺:1 CH_2N,2 CH_2,3 CH_3
	CH_2N	0.9597	0.6320	
$ArNH_2$	$ArNH_2$	1.0600	0.8160	苯胺:1 $ArNH_2$,5 ArH
吡啶	C_5H_5N	2.9993	2.1130	甲基吡啶:1 C_5H_4N,1CH_3
	C_5H_4N	2.8332	1.8330	
	C_5H_3N	2.6670	1.5530	
CCN	CH_3CN	1.8701	1.7240	丙腈:1 CH_2CN, 1CH_3
	CH_2CN	1.6434	1.4160	
COOH	COOH	1.3013	1.2240	乙酸(醋酸):1 COOH, 1CH_3
	HCOOH	1.5280	1.5320	甲酸
CCl	CH_2Cl	1.4654	1.2640	氯乙烷:1 CH_2Cl,1 CH_3
	CHCl	1.2380	0.9520	
	CCl	1.0060	0.7240	
CCl_2	CH_2Cl_2	2.2564	1.9880	1,1-二氯乙烷:1$CHCl_2$,1 CH_3
	$CHCl_2$	2.0606	1.6840	
	CCl_2	1.8016	1.4480	
CCl_3	$CHCl_3$	2.8700	2.4100	氯仿
	CCl_3	2.6401	2.1840	1,1,1-三氯乙烷:1 CCl_3,1 CH_3
CCl_4	CCl_4	3.3900	2.9100	四氯化碳
ArCl	ArCl	1.1562	0.8440	氯苯:1 ArCl,5 ArH
CNO_2	CH_3NO_2	2.0086	1.8680	硝基甲烷
	CH_2NO_2	1.7818	1.5600	硝基乙烷:1 CH_2NO_2,1CH_3
	$CHNO_2$	1.5544	1.2480	
$ArNO_2$	$ArNO_2$	1.4199	1.1040	硝基苯:1 $ArNO_2$,5 ArH
CS_2	CS_2	2.0570	1.6500	二硫化碳
CH_3SH	CH_3SH	1.8770	1.6760	甲硫醇
	CH_2SH	1.6510	1.3680	乙硫醇:1 CH_2SH,1 CH_3
糠醛	糠醛	3.1680	2.4810	糠醛
DOH	$(CH_2OH)_2$	2.4088	2.2480	乙二醇
I	I	1.2640	0.9920	碘甲烷:1 I,1 CH_3
Br	Br	0.9492	0.8320	溴甲烷:1 Br,1 CH_3
C≡C	CH≡C	1.2920	1.0880	1-己炔:1 CH≡C,1 CH_3,3 CH_2
	C≡C	1.0613	0.7840	2-己炔:1 C≡C,2 CH_3,2 CH_2
Me_2SO	Me_2SO	2.8266	2.4720	二甲亚砜
ArRY	ArRY	2.3144	2.0520	丙烯腈
ClCC	Cl(C=C)	0.7910	0.7240	三氯乙烯:3 Cl(C=C),1 CH=C
ArF	ArF	0.6948	0.5240	六氟苯:6 ArF
DMF	DMF-1	3.0856	2.7360	二甲基甲酰胺
	DMF-2	2.6322	2.1200	二甲基甲酰胺:1 DMF-2,2 CH_3
CF_2	CF_3	1.4060	1.3800	
	CF_2	1.0105	0.9200	全氟己烷:4 CF_2,2 CF_3
	CF	0.6150	0.4600	
COO	COO	1.3800	1.2000	醋酸丁酯:1 COO,2 CH_3,3 CH_2
SiH_2	SiH_3	1.6035	1.2632	甲基硅烷:1 SiH_3,1 CH_3
	SiH_2	1.4443	1.0063	
	SiH	1.2853	0.7494	
	Si	1.0470	0.4099	六甲基二硅氧烷:1 Si,1 SiO,6 CH_3
SiO	SiH_2O	1.4838	1.0621	
	SiHO	1.3030	0.7639	
	SiO	1.1044	0.4657	六甲基二硅氧烷:1 Si,1 SiO,6 CH_3
NMP	NMP	3.9810	3.2000	*N*-甲基吡咯烷酮

注：A（如 ACH 中的 A）指的是芳香环中的一个基团；F（如 FCH_2O 中的 F）指的是环状化合物中的基团。

【例 5.17】 对于双组分苯（1）和2,2,4-三甲基戊烷(2）混合物，$x_1=0.3$，那么在UNIQUAC模型中应用时每个组分的体积分数和表面积分数是多少？

解：应用表5.3，苯是由6个芳香性的CH(ACH）基团构成的，因此

$$r_{\text{ben}}=6\times0.5133=3.1878$$

$$q_{\text{ben}}=6\times0.4=2.4$$

2,2,4-三甲基戊烷（TMP）的结构是

```
       CH3      CH3
       |        |
CH3—C—CH2—CH—CH3
       |
       CH3
```

整个分子由5个CH_3基团，1个CH_2，基团，1个CH基团，1个C基团，因此

$$r_{\text{TMP}}=5\times0.9011+0.6744+0.4469+0.2195=5.8463$$

$$q_{\text{TMP}}=5\times0.8480+0.5400+0.2280+0.0=5.0080$$

所以有

$$\phi_{\text{ben}}=\frac{0.3\times3.1878}{0.3\times3.1878+0.7\times5.8463}=0.1894,\quad \phi_{\text{TMP}}=1-0.1894=0.8106$$

$$\theta_{\text{ben}}=\frac{0.3\times2.4}{0.3\times2.4+0.7\times5.008}=0.1704,\quad \theta_{\text{TMP}}=1-0.1704=0.8296$$

小结

本章阐述了偏摩尔性质、混合性质、过量性质、逸度、活度等溶液热力学的重要概念与计算方法。为流体相平衡与化学平衡的阐述奠定了基础。本章难点是组分偏摩尔量与溶液摩尔量的互算、逸度与活度的概念与计算。要求掌握由双组分系统摩尔性质求算偏摩尔性质的方法、公式及互算方法，若由溶液的摩尔性质求算偏摩尔性质，可采用偏摩尔性质的定义式，式(5.16）或式(5.27)；若由溶液组分的偏摩尔性质求算摩尔性质可采用式(5.22)；若由溶液已知组分的偏摩尔性质求算溶液中唯一未知组分的偏摩尔性质可采用Gibbs-Duhem方程。将“剩余Gibbs函数导出逸度系数计算”与“过量Gibbs函数导出活度系数计算”联系起来；将“逸度计算的几种方法与以前各章中的压缩因子、剩余焓、剩余熵的计算方法”联系起来，便于知识的掌握。领会理想溶液的定义与标准态规定。在活度系数的计算里，正确理解正规溶液模型与无热溶液模型、模型简化与所导得的几个重要活度系数的计算方法，即Margules方程、vanLaar方程、Wilson方程、有规双液体（NRTL）等模型，要特别掌握各模型参数的获取途径以及不同操作条件下不同组成溶液各组分活度系数的计算。

思考题

5.1 偏摩尔体积的定义可表示为 $\overline{M}_i=\left[\frac{\partial(nM)}{\partial n_i}\right]_{T,p,n_{j\neq i}}=\left[\frac{\partial M}{\partial x_i}\right]_{T,p,x_{j\neq i}}$ （　　）

5.2 计算混合物中组分逸度系数$\hat{\phi}_i$的参考态是与其同温、同压的理想气体混合物。（　　）

5.3 真实稀溶液的溶剂和溶质分别符合Lewis-Randall规则和Herry定律。（　　）

5.4 中压下的丙烷-正丁烷二元系统中气相可视为理想气体的混合物还是理想溶液，为什么？

5.5 逸度的物理意义是________________，逸度的单位是________。

5.6 理想溶液的活度系数 $\gamma_i=$______，理想溶液的超额吉布斯自由能 $G^E=$______。

5.7 一定 T、p 的二元等物质的量混合物的：$\hat{\phi}_1=e^{-0.1}$，$\hat{\phi}_2=e^{-0.2}$，则混合物的逸度系数为________。

习题

5.1 试证明

$$\left[\frac{\partial U}{\partial n_i}\right]_{V,S,n_j}=\left[\frac{\partial H}{\partial n_i}\right]_{S,p,n_j}=\left[\frac{\partial A}{\partial n_i}\right]_{V,T,n_j}=\left[\frac{\partial G}{\partial n_i}\right]_{T,p,n_j}=\mu_i$$

5.2 在一个已知的温度和压力下，一个纯组分(1) 和组分(2) 混合组成了溶液。溶液的摩尔焓经过实验测量并关联成 $H_m=200x_1+300x_2+x_1x_2(20x_1+10x_2)$，J/mol。

求 $\overline{H}_1$、$\overline{H}_2$ 关于 x_1 函数的表达式以及 $\overline{H}_1^{\infty}$、$\overline{H}_2^{\infty}$；验证 $H_m=\sum_i x_i\overline{H}_i$ 。

5.3 对于双组分系统的组分 1 来说，偏摩尔焓可以用下式关联

$$\overline{H}_1=[101-x_1(x_2+1)]\ (\text{J/mol})$$

若组分 2 的摩尔焓为 150J/mol，那么溶液中组分 2 的偏摩尔焓是多少？溶液的摩尔焓又是多少？

5.4 计算乙烷在的 50℃，1.5MPa 条件下的 f，请应用下列方法计算：(1) 双参数 ϕ 关联图；(2) Lee-Kesler 表格；(3) R-K 方程；(4) 截止到第二维里系数的维里方程。

5.5 分别计算 100℃水在 0.1MPa，1.0MPa，10MPa 和 100MPa 时的逸度。

5.6 现有 H_2S(1) 和 C_2H_6(2) 组成的气态混合物，组成为 $y_1=0.20$，保持在 413.15K，8.0MPa 条件下。应用下列方法分别计算混合物中每一种组分的逸度和逸度系数 ($k_{ij}=0.06$)：

(1) 对于 f_i 查找 Lee-Kesler 表格，并应用 Lewis-Randall 混合规则；

(2) 维里方程截止到第二维里系数；

(3) R-K 方程。

5.7 在 473K，5MPa 条件下，一个双组分气态混合物的逸度系数可用下式表示

$$\ln\phi=y_1y_2(1+y_2)$$

式中，y_1 和 y_2 分别是组分 1 和组分 2 的摩尔分数。试找出 $\ln\hat{\phi}_1$ 和 $\ln\hat{\phi}_2$ 关于组成函数的表达式。当 $y_1=y_2=0.5$ 时，$\hat{f}_1$ 和 $\hat{f}_2$ 的值分别是多少？

5.8 在 25℃、1.013×10^5Pa 条件下，一双组分混合物的摩尔体积经过实验测量，可以关联成摩尔分数的函数 $V_m=3\times10^{-6}+2\times10^{-6}(x_1-x_2)+(x_1-x_2)^2$，其中 V_m 的单位是 m^3/mol。求 (1) $\overline{V}_1$ 和 $\overline{V}_2$ 的表达式；(2) 当两种纯组分根据 Lewis-Randall 混合规则组成溶液时，摩尔体积变化的表达式 ΔV_m；(3) $\overline{V}_1^E$ 和 $\overline{V}_2^E$ 的表达式。

5.9 在 50℃和 9.18MPa 条件下，一个双组分气态混合物的逸度可表示为

$$\ln f=2.69-0.325x_1 \qquad (f:\text{MPa})$$

(1) 当 $x_1=0.4$ 时，求 $\hat{f}_1$ 与 $\hat{f}_2$ 的值；(2) 求出 f_1 与 f_2 的值。

5.10 一个 38℃的 NaOH 饱和溶液流股以 10kg/s 的速率与 5kg/s 纯水在同温度下等温混合。那么每秒将会需要移走多少热量？

5.11 在指定的温度和压力下，一个双组分溶液的过剩 Gibbs 自由能可以写成组成的函数：

$$G_m^E/RT=(-1.5x_1-1.8x_2)x_1x_2$$

(1) 将 $\ln\gamma_1$ 和 $\ln\gamma_2$ 表示成组成的函数形式；

(2) 求出 $\ln\gamma_1^{\infty}$ 与 $\ln\gamma_2^{\infty}$ 的值。

5.12 在特定的压力下，一个双组分溶液的过剩焓可以写成是组成和温度的函数：$H_m^E=x_1x_2(A+Bx_1+Cx_1T)\mathrm{J\cdot mol^{-1}}$其中，$A$、$B$ 和 C 是常数。

(1) 试将 $\overline{H}_1^E$ 与 $\overline{H}_2^E$ 写成 x 与 T 的函数形式，并验证 $M_m=\sum_i x_i\overline{M}_i$；

(2) 如果溶液可以视为正规溶液，写出 $\ln\gamma_1$ 与 $\ln\gamma_2$ 的表达式。

5.13 一个由丙酮 (1) 和水 (2) 组成的双组分系统，在 30℃的温度下达到气液相平衡。通过实验测试，溶液无限稀释活度系数为 $\gamma_1^{\infty}=6.65$ 和 $\gamma_2^{\infty}=6.01$。试应用下列方程计算在溶液组成 $x_1=0.3$ 时，液体中每一种组分的活度系数：(1) Margules 方程；(2) van Laar 方程；(3) Wilson 方程。

5.14 在某一双组分混合物中物质1的活度系数可以表达为

$$\ln\gamma_1=ax_2^2+bx_2^3+cx_2^4$$

式中，a、b、c 是常数。那么应用相同的常数，$\ln\gamma_2$ 的表达式是什么？

第6章

相平衡

本章重点：

基于热力学第二定律讨论流体相平衡条件与相平衡计算。

本章难点：

汽液平衡的泡点、露点与闪蒸过程的计算方法，气液平衡计算、数值计算程序设计与机算技巧、多液相产生条件与液液平衡计算。

物质以三种状态存在，固态、液态和气/汽态，常分别称为固相、液相和气/汽相。相是指系统中一个性质均匀的部分。不同的相具有不同的性质，在两相之间存在着明显的相界面。从图 2.1 纯物质的 p-T 关系图中可以看到固相区、液相区和气/汽相区。相界线代表两相共存的状态，即固-液、液-汽和固-汽，相与相之间存在质量传递直到达到平衡。许多重要的分离过程，如蒸馏、吸收、萃取都涉及两相或多相的接触，形成多相平衡系统。

6.1 相平衡的判据

相平衡是指系统中的热力学性质不随时间变化的静止状态。在平衡状态，相与相之间各组分的净传递速率接近零。根据热力学第二定律

$$\Delta S_{\text{iso}}=\Delta S_{\text{sys}}+\Delta S_{\text{sur}}\geqslant 0 \tag{1.35}$$

结合吉布斯自由能的定义（$G\equiv H-TS$），可以得到

$$(\mathrm{d}G)_{T,p}\leqslant 0 \tag{6.1}$$

对于 α 和 β 两相共存系统有

$$\mathrm{d}(G)_{T,p}=\sum_i \mu_i^{\alpha}\mathrm{d}n_i^{\alpha}+\sum_i \mu_i^{\beta}\mathrm{d}n_i^{\beta}$$

若组分 i 由 α 相转向 β 相时，则 $\mathrm{d}n_i^{\alpha}=-\mathrm{d}n_i^{\beta}$，因此

$$\sum_i(\mu_i^{\alpha}-\mu_i^{\beta})\mathrm{d}n_i^{\alpha}\leqslant 0$$

由于 $\mathrm{d}n_i^{\alpha}<0$，故

$$\mu_i^{\alpha}\geqslant\mu_i^{\beta}$$

当达到相平衡时，宏观上不再有物质传递，因此

$$\mu_i^{\alpha}=\mu_i^{\beta}$$

对于存在 N 个组分的多相系统

$$\mu_i^{\alpha}=\mu_i^{\beta}=\cdots=\mu_i^{\pi} \quad (i=1,2,\cdots,N) \tag{6.2}$$

由于

$$\mu_i \equiv \lambda_i(T)+RT\ln \hat{f}_i \tag{5.68}$$

得到相平衡判据

$$\hat{f}_i^{\alpha}=\hat{f}_i^{\beta}=\cdots=\hat{f}_i^{\pi} \tag{6.3}$$

化学工业中最常见的共存状态是汽-液、气-液和液-液共存系统。本章中，将对这些系统进行讨论。

6.2 汽液平衡

当纯液体在一定压力下加热时，其温度会上升，直到液体开始沸腾；如果液体被进一步加热，它将维持在沸点温度下持续蒸发，直至所有的液体转化为蒸汽；这便是纯液体在沸点下蒸发。但是对于在恒定压力下加热的溶液，没有恒定的沸腾温度，沸腾温度从泡点向露点变化。对于一个二元溶液，当其被加热时，它的状态变化如图 6.1 所示。图中，T_{b2}是纯组分 2 的沸点，T_{b1}是纯组分 1 的沸点。曲线 T_{b2}-a-b-d-T_{dew}-T_{b1} 称为饱和蒸气线，曲线 T_{b2}-T_{bub}-c-e-g-T_{b1} 称为饱和液体线。饱和蒸气线上方的区域称为过热蒸气区，饱和液体线以下的区域称为过冷液体区，而饱和蒸气线和饱和液体线之间的区域称为汽-液共存区。当 A 点的过冷二元液体混合物在一定压力下加热时，其温度开始上升。当温度达到 T_{bub}时，液体开始蒸发，此时产生第一个气泡。液体到达泡点，相应的温度称为“泡点温度”，气泡的组成与 a 点的组成相同。进一步加热，温度从 T_1 持续升到 T_2，液体蒸发得越来越多，到达 T_{dew}时，所有的液体都转化为蒸气。最后一滴液体的组成与 g 点的组成相同。各条水平平行线 a-T_{bub}、b-c，d-e、T_{dew}-g 是连接平衡的汽相和液相组成的连线，被称为结线。若进一步加热，混合物将成为过热蒸气。

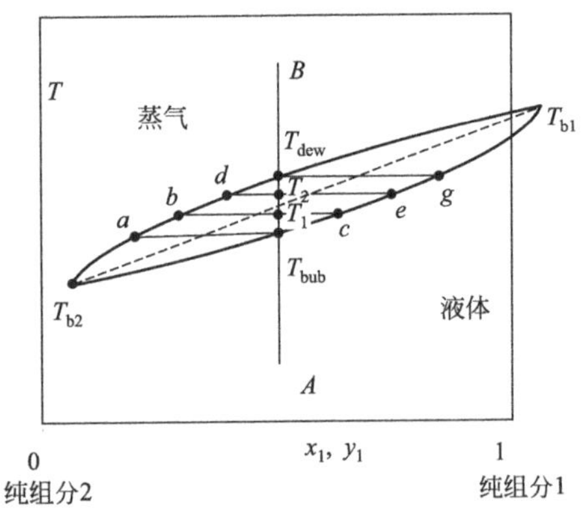

图 6.1 二元系统的 T-x-y 关系图

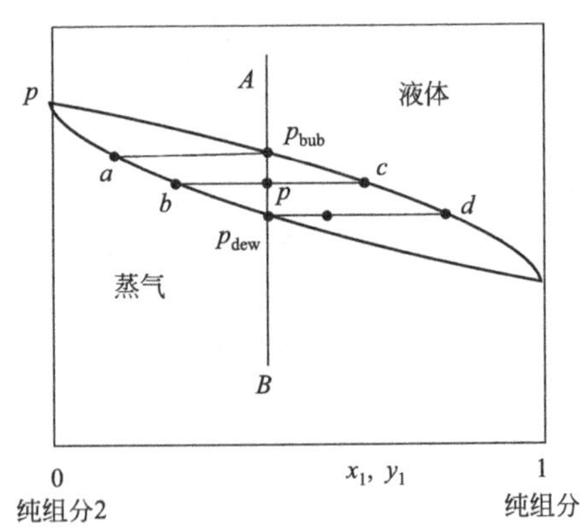

图 6.2 二元系统的 p-x-y 关系图

图 6.2 表示的是一个二元系统的 p-x-y 关系图。整个区域被饱和液体线和饱和蒸气线分为液相区、汽相区和汽-液共存区三个区域。当 A 点的过冷二元液体混合物的压力降至 p_{bub}时，产生第一个气泡，p_{bub}称为泡点压力。该气泡的组成与 a 点的组成相同。当液体压力进一步降低，将产生更多的气体，到达露点压力 p_{dew}时，最后一滴液体蒸发，其组成与 d 点组成相同。若进一步降低压力，混合物将成为过热蒸气。由 p-x-y 图和 p-T 图结合形成的三维 p-T-x-y 图如图 6.3 所示。

汽-液两相共存区被一个泡点面（面 K-A-C_2-C_1-B-U-L-M）和露点面（面 K-A-C_2-C_1-

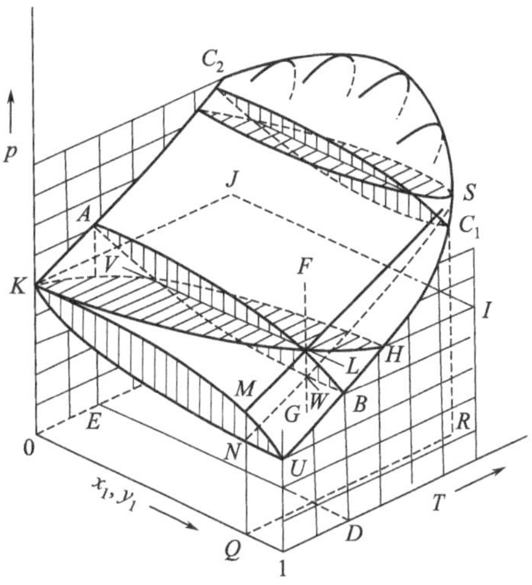

B-U-W-N）所围成。泡点面上方是过冷液体区，露点面下方是过热蒸气区。曲线 K-A-C_2 和 U-B-H-C_1 代表组分 1 和组分 2 的 p-T 线。上面的饱和液体面和下面的饱和蒸气面构成了一个 C_1 和 C_2 之间的圆形面，C_1 和 C_2 是纯组分 1 和纯组分 2 的临界点。由两种组分构成的不同组成的混合物的临界点在 C_1 和 C_2 之间圆形的边缘线上。本节将重点关注汽液两相共存区的汽液平衡现象。

图 6.3 三维 p-T-x-y 图

汽液平衡计算主要涉及以下计算：

泡点压力 p：已知 $\{x_i\}$ 和 T，计算 $\{y_i\}$ 和 p。

露点压力 p：已知 $\{y_i\}$ 和 T，计算 $\{x_i\}$ 和 p。

泡点温度 T：已知 $\{x_i\}$ 和 p，计算 $\{y_i\}$ 和 T。

露点温度 T：已知 $\{y_i\}$ 和 p，计算 $\{x_i\}$ 和 T。

闪蒸：已知 T，p 和 $\{z_i\}$，计算 $\{x_i\}$、$\{y_i\}$ 和汽化率 α。

由汽液平衡的 Gamma/Phi 方程式

$$\hat{f}_i^{\mathrm{V}}=y_i\hat{\phi}_i p \tag{6.4}$$

$$\hat{f}_i^{\mathrm{L}}=x_i\gamma_i f_i^{\mathrm{L}} \tag{6.5}$$

将上述两式代入式(6.3) 得

$$y_i\hat{\phi}_i p=x_i\gamma_i f_i^{\mathrm{L}} \tag{6.6}$$

其中

$$f_i^{\mathrm{L}}=p_i^{\mathrm{s}}\phi_i^{\mathrm{s}}\exp\left[\frac{V_{\mathrm{m}i}^{\mathrm{L}}(p-p_i^{\mathrm{s}})}{RT}\right] \tag{5.66}$$

定义

$$\Phi_i=\frac{\hat{\phi}_i}{\phi_i^{\mathrm{s}}\exp\left[\dfrac{V_{\mathrm{m}i}^{\mathrm{L}}(p-p_i^{\mathrm{s}})}{RT}\right]} \tag{6.7}$$

将上述两式代入式(6.6)，得到

$$py_i\Phi_i=x_i\gamma_i p_i^{\mathrm{s}} \tag{6.8}$$

该式提供了平衡计算的基础，适用于多组分系统中的任一组分 i。

式(6.8) 也可写成

$$y_i=\frac{x_i\gamma_i p_i^{\mathrm{s}}}{\Phi_i p} \tag{6.9}$$

或

$$x_i=\frac{y_i\Phi_i p}{\gamma_i p_i^{\mathrm{s}}} \tag{6.10}$$

由于 $\sum\limits_{i=1}^{n}y_i=1$ 和 $\sum\limits_{i=1}^{n}x_i=1$ 可得

$$\sum_i\frac{x_i\gamma_i p_i^{\mathrm{s}}}{\Phi_i p}=1 \quad 或 \quad p=\sum_i\frac{x_i\gamma_i p_i^{\mathrm{s}}}{\Phi_i} \tag{6.11}$$

和

$$\sum_i\frac{y_i\Phi_i p}{\gamma_i p_i^{\mathrm{s}}}=1 \quad 或 \quad p=\frac{1}{\sum\limits_i\dfrac{y_i\Phi_i}{\gamma_i p_i^{\mathrm{s}}}} \tag{6.12}$$

式中，$\Phi_i=\Phi_i(T,p,x_1,x_2,\cdots)$；$\gamma_i=\gamma_i(T,x_1,x_2,\cdots)$，可由前面章节的知识讨论确定。纯组分的蒸气压只是温度的函数，$p_i^s=p_i^s(T)$。常用的关系式是安托因（Antoine）方程

$$\ln p^s=A-\frac{B}{T+C} \tag{6.13}$$

一些物质对应的常数A、B和C的值都可在附录B中查到。

6.2.1 低压下的汽液平衡

当操作压力足够低时，理想气体定律可适用于气体，组分i的气体逸度由$\hat{\phi}_i=1$确定

$$\hat{f}_i^V=y_ip=p_i \tag{6.14}$$

而液体逸度为

$$\hat{f}_i=x_i\gamma_ip_i^s \tag{6.15}$$

因为

$$\phi_i^s\approx1,且\ \exp\left[\frac{V_{mi}^L(p-p_i^s)}{RT}\right]\approx1$$

则

$$py_i=x_i\gamma_ip_i^s \tag{6.16}$$

6.2.1.1 泡点压力计算：已知$\{x_i\}$和T，计算$\{y_i\}$和p

因为

$$p=\sum p_i=\sum y_ip=\sum x_i\gamma_ip_i^s \tag{6.17}$$

且

$$y_i=\frac{x_i\gamma_ip_i^s}{\sum x_i\gamma_ip_i^s} \tag{6.18}$$

【例6.1】 计算30℃下，液相组成$x_1=0.3$的二元混合物的泡点压力与气相组成。已知30℃下：

$$p_1^s=0.380\times10^5\,\text{Pa}；p_2^s=0.042\times10^5\,\text{Pa}；\gamma_1^\infty=6.65；\gamma_2^\infty=6.01$$

若（1）液相为理想溶液；（2）液相活度系数关系符合Margules模型。

解：（1）理想溶液，$\gamma_1=\gamma_2=1$

$$p=x_1p_1^s+x_2p_2^s=(0.3\times0.38+0.7\times0.042)\times10^5=0.1434\times10^5\,\text{Pa}$$

$$y_1=x_1p_1^s/p=0.3\times0.38/0.1434=0.7950$$

$$y_2=x_2p_2^s/p=0.7\times0.042/0.1434=0.2050$$

（2）Margules方程：$\ln\gamma_1^\infty=A$，$\ln\gamma_2^\infty=B$；$A=1.8946$，$B=1.7934$

$$\ln\gamma_1=x_2^2[A+2x_1(B-A)]=0.7^2[1.8946+2\times0.3(1.7934-1.8946)]=0.8986，\gamma_1=2.4562$$

$$\ln\gamma_2=x_1^2[B+2x_2(A-B)]=0.3^2[1.7934+2\times0.7(1.8946-1.7934)]=0.1742，\gamma_2=1.1902$$

$$p=\gamma_1x_1p_1^s+\gamma_2x_2p_2^s=2.4562\times0.3\times0.380\times10^5+1.1902\times0.7\times0.042\times10^5=0.3150\times10^5\,\text{Pa}$$

$$y_1=\gamma_1xp_1^s/p=2.4562\times0.3\times0.380\times10^5/0.3150\times10^5=0.8889$$

$$y_2=\gamma_2x_2p_2^s/p=1.1902\times0.7\times0.042\times10^5/0.3150\times10^5=0.1111$$

【例6.2】 在总压1.013MPa、温度77.6℃下，苯（1）和环己烷（2）形成$x_1=0.525$的恒沸物。此温度下，两组分的蒸气压分别为0.993bar和0.980bar。运用van Laar模型计算苯和环己烷在整个组成范围内的活度系数。并用活度系数信息计算77.6℃下的液相组成对应的平衡压力与气相组成。根据计算结果作出γ-x图和p-x-y图。

解：出发点是平衡关系$\hat{f}_i^V=\hat{f}_i^L$，该压力下有

$$py_i=x_i\gamma_ip_i^s$$

在共沸点，$x_i=y_i$，得到 $\gamma_i=p/p_i^s$，所以 $x_1=0.525$ 时

$$\gamma_1=\frac{1.013}{0.993}=1.020, \gamma_2=\frac{1.013}{0.980}=1.034$$

然后由式(5.151)，得到

$$A=\ln\gamma_1\left(1+\frac{x_2\ln\gamma_2}{x_1\ln\gamma_1}\right)^2=\ln 1.02\left(1+\frac{0.475\ln 1.034}{0.525\ln 1.02}\right)^2=0.1265$$

$$B=\ln\gamma_2\left(1+\frac{x_1\ln\gamma_1}{x_2\ln\gamma_2}\right)^2=\ln 1.034\left(1+\frac{0.525\ln 1.02}{0.475\ln 1.034}\right)^2=0.0915$$

因此

$$\ln\gamma_1=0.1265\left(1+1.3825\frac{x_1}{1-x_1}\right)^{-2}, \quad \ln\gamma_2=0.0915\left(1+0.7233\frac{1-x_1}{x_1}\right)^{-2}$$

最后

$$p=\sum x_i\gamma_i p_i^s, \quad y_i=\frac{x_i\gamma_i p_i^s}{p}$$

不同液相组成下的活度系数、汽相组成和平衡压力，可由上述方程计算得出，列于表 6.1。

表 6.1 活度系数、汽相组成和平衡压力值

x_1	γ_1	γ_2	y_1	p/bar
0.00001	1.1348	1.0000	0.0000	0.9800
0.1	1.0997	1.0016	0.1100	0.9926
0.2	1.0724	1.0061	0.2126	1.0017
0.3	1.0511	1.0127	0.3107	1.0079
0.4	1.0348	1.0213	0.4063	1.0116
0.5	1.0225	1.0313	0.5012	1.0130
0.525	1.0200	1.0340	0.5249	1.0131
0.6	1.0135	1.0425	0.5964	1.0125
0.7	1.0071	1.0548	0.6930	1.0101
0.8	1.0030	1.0678	0.7920	1.0061
0.9	1.0007	1.0815	0.8940	1.0003
0.99999	1.0000	1.0958	1.0000	0.9930

根据计算结果作 γ-x 图和 p-x-y 图如图 6.4 和图 6.5 所示。

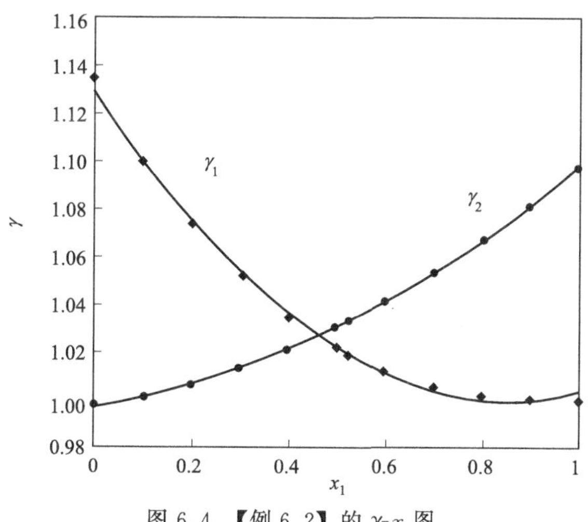

图 6.4 【例 6.2】的 γ-x 图

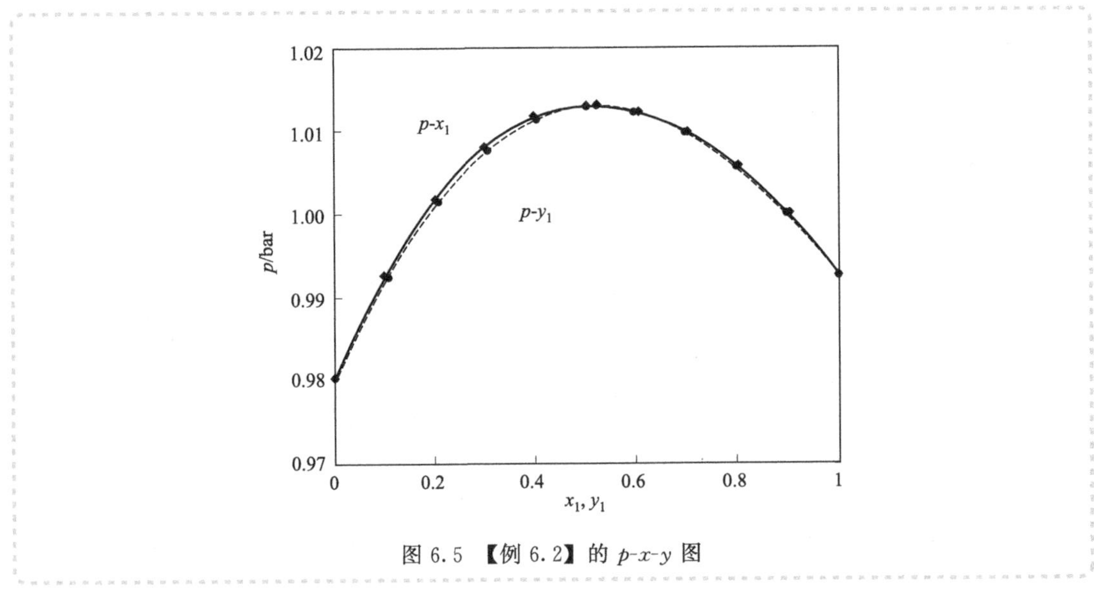

图 6.5 【例 6.2】的 p-x-y 图

6.2.1.2 泡点温度计算：已知 $\{x_i\}$ 和 p，计算 $\{y_i\}$ 和 T

将式(6.16) 对于所有组分加和得到

$$p=\sum_i x_i \gamma_i p_i^s$$

开始

输入 p, $\{x_i\}$, Antoine常数

$T_i^s=B_i/(A_i-\ln p)-C_i$ (i=1,2, ⋯)

$T^*=\sum_i x_i T_i^s$

m=0

m=m+1

p_i^s=exp$\{A_i-B_i/(C_i+T^*)\}$ (i=1,2, ⋯)

$\gamma_i=\gamma_i(T^*, x_1, x_2, \cdots)$

$m<2$

是

$f=p-\sum_i x_i\gamma_i p_i^s$

$T^*=T^*+\delta$

否

$f_\delta=p-\sum_i x_i\gamma_i p_i^s$

$T=T-\delta$

$f'=\dfrac{f_d-f}{\delta}$

$T=T^*-f/f'$

$\left|\dfrac{T-T^*}{T^*}\right|<\varepsilon$

否

$T^*\Leftarrow T$

是

$y_i=x_i\gamma_i p_i^s/p$ (i=1,2, ⋯)

$y_i\Leftarrow y_i/\sum_i y_i$

输出T, $\{y_i\}$

结束

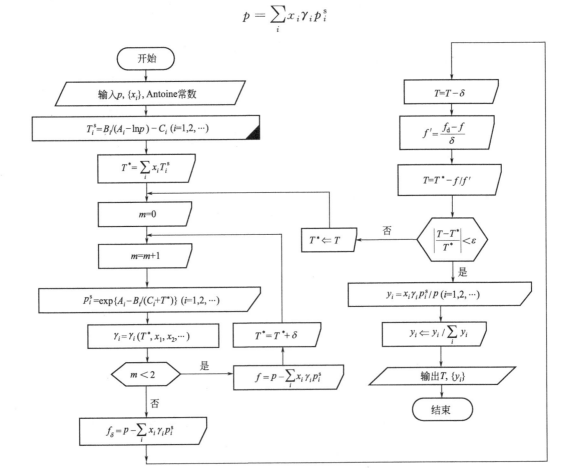

图 6.6 低压下液相为理想溶液的泡点温度计算框图

因为 p_i^s 是温度 T 的函数，上述方程的计算需要一个初始值 T^*。下面就牛顿法计算进行说明。

构造一个函数

$$f=p-\sum_i x_i\gamma_i p_i^s$$

然后
$$T=T^*-\frac{f}{f'}$$

进行迭代计算直到满足
$$\left|\frac{T-T^*}{T^*}\right|\leqslant\varepsilon$$

然后
$$y_i=\frac{x_i p_i^s}{p}$$

计算流程框图如图 6.6 所示。

6.2.1.3 露点压力计算：已知 $\{y_i\}$ 和 T，计算 $\{x_i\}$ 和 p

对于理想溶液，$\gamma_1=\gamma_2=1$，那么式(6.12) 简化为

$$p=\frac{1}{\sum_i \frac{y_i}{p_i^s}} \tag{6.19}$$

$$x_i=\frac{y_i p}{p_i^s} \tag{6.20}$$

【例 6.3】 对 60℃下，汽相组成 $y_1=0.3$ 的环戊烷(1) 和环己烷(2) 二元混合物进行露点压力计算。

已知 60℃下，$p_1^s=1.419\times10^5\text{Pa}$，$p_2^s=0.519\times10^5\text{Pa}$。

解：环戊烷(C_5H_{10}) 和环己烷(C_6H_{12}) 分子结构相似，所以它们可混合形成任意组成的理想溶液。由式(6.19) 和式(6.20)，可以得到

$$p=\frac{1}{\sum_i\frac{y_i}{p_i^s}}=\frac{1}{\frac{y_1}{p_1^s}+\frac{y_2}{p_2^s}}=\frac{1}{\frac{0.3}{1.419}+\frac{0.7}{0.519}}=0.641\times10^5\text{Pa}$$

$$x_1=\frac{y_1 p}{p_1^s}=\frac{0.3\times0.641}{1.419}=0.1355;\ x_2=\frac{y_2 p}{p_2^s}=\frac{0.7\times0.641}{0.519}=0.8645$$

对于真实溶液

$$p=\frac{1}{\sum_i\frac{y_i}{\gamma_i p_i^s}},\ x_i=\frac{y_i p}{\gamma_i p_i^s}$$

但是
$$\gamma_i=\gamma_i(T,x_1,x_2,\cdots)$$

且 x_i 均未知。计算需从 x_i 或 γ_i 的一系列初始值开始进行迭代计算。计算框图如图 6.7 所示。

6.2.1.4 露点温度计算：已知 $\{y_i\}$ 和 p，计算 $\{x_i\}$ 和 T

在泡点压力和露点压力计算中，温度最初是已知的，这就可以快速地计算出 p_i^s。但这不适用于温度未知情况下泡点温度和露点温度的计算。尽管各组分的饱和蒸气压 p_i^s 是温度的强函数，但蒸气压的比值却是温度的弱函数，因此计算过程中可以通过这些比值进行简化。在式(6.11) 和式(6.12) 的右侧，加和符号外侧乘以 p_j^s，加和符号内侧除以 p_j^s。导出加和符号外侧的 p_j^s 表达式

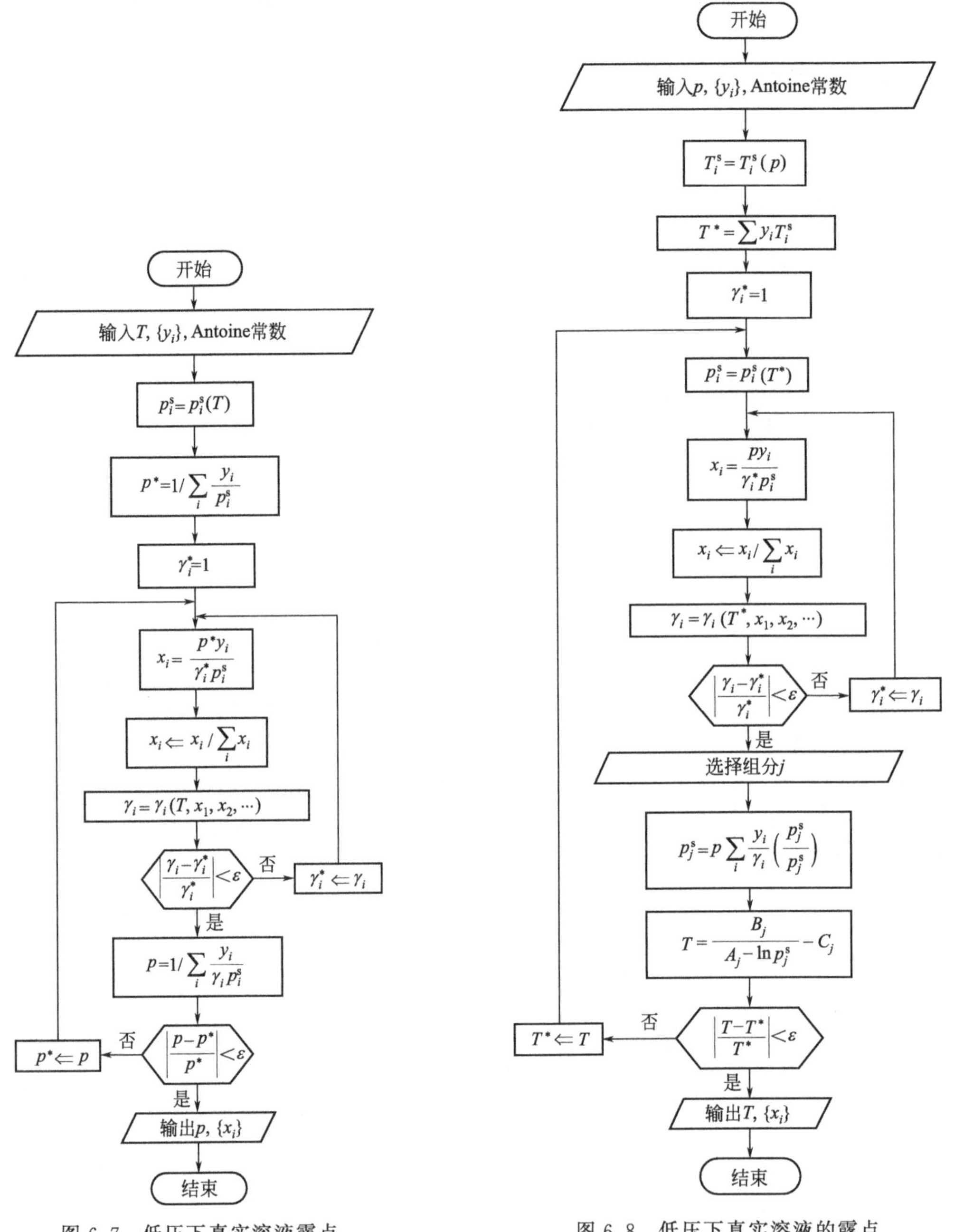

图 6.7 低压下真实溶液露点压力计算框图

图 6.8 低压下真实溶液的露点温度计算框图

$$p_j^s = \frac{p}{\sum_i \frac{x_i \gamma_i}{\Phi_i}\left(\frac{p_i^s}{p_j^s}\right)} \tag{6.21}$$

$$p_j^s = p\sum_i \frac{y_i \Phi_i}{\gamma_i}\left(\frac{p_j^s}{p_i^s}\right) \tag{6.22}$$

在这些方程中，求和包含了 j 组分在内的所有组分，其中 j 组分是集合 $\{i\}$ 组分中的任一组分。蒸气压 p_j^s 对应的温度可由 Antoine 方程求出

$$T=\frac{B_j}{A_j-\ln p_j^{\mathrm{s}}}-C_j \tag{6.23}$$

为了找到一个温度的初始值用来进行迭代计算，就需要知道压力 p 下对应的纯组分的饱和温度值 T_i^{s}

$$T_i^{\mathrm{s}}=\frac{B_i}{A_i-\ln p}-C_i \tag{6.24}$$

低压下，理想气体定律适用于气体，且 $\Phi_i=1$，则式(6.21) 和式(6.22) 简化为

$$p_j^{\mathrm{s}}=\frac{p}{\sum\limits_i x_i\gamma_i\left(\frac{p_i^{\mathrm{s}}}{p_j^{\mathrm{s}}}\right)} \tag{6.25}$$

$$p_j^{\mathrm{s}}=p\sum_i\frac{y_i}{\gamma_i}\left(\frac{p_j^{\mathrm{s}}}{p_i^{\mathrm{s}}}\right) \tag{6.26}$$

低压下的露点温度计算从 γ_i 和 T 的初始值开始，然后利用式(6.20) 计算 $\{x_i\}$，再计算 γ_i，将 γ_i 与其初始值进行比较并对 γ_i 进行迭代计算，分别利用式(6.26) 和式(6.23) 计算 p_j^{s} 和 T，将温度 T 与其初始值进行比较并对其进行迭代计算；最后输出计算结果 T 和 $\{x_i\}$。计算框图如图 6.8 所示。

6.2.1.5 闪蒸计算：已知 T、p 和 $\{z_i\}$，计算 $\{x_i\}$、$\{y_i\}$ 和 α

汽液平衡的一个重要的应用就是闪蒸过程。在如图 6.9 所示的过程中，进料量为 F，组成为 $\{z_i\}$ 的液体在等于或高于泡点压力下进料，当压力降至泡点压力以下时，将在给定的温度和压力下闪蒸，形成汽液两相平衡系统。闪蒸后的汽相以流量 V，组成 $\{y_i\}$ 从顶部流出，而液相以流量 L，组成 $\{x_i\}$ 从底部流出。如果这一过程在一稳定状态下连续操作，依据物料衡算原理，可以得到如下方程式：

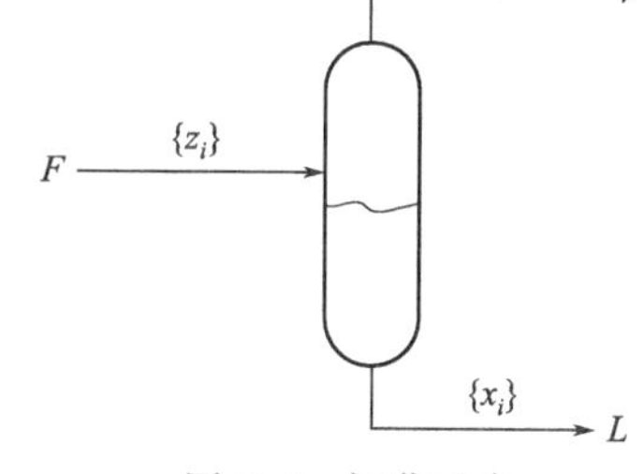

图 6.9 闪蒸示意

$$Fz_i=Vy_i+Lx_i \tag{6.27}$$

$$\sum y_i=1 \tag{6.28}$$

$$\sum x_i=1 \tag{6.29}$$

$$y_i=k_ix_i \tag{6.30}$$

这里的 k_j 为汽液平衡常数，其定义由式(6.16) 导出

$$k_i=y_i/x_i=\gamma_i p_i^{\mathrm{s}}/p \tag{6.31}$$

将式(6.30) 代入式(6.27)，求出 x_i

$$x_i=\frac{z_i}{\alpha(k_i-1)+1} \tag{6.32}$$

这里的 $\alpha=V/F$ 是汽化率。联立式(6.28)～式(6.30) 和式(6.32) 得到

$$\sum_i\frac{z_i(1-k_i)}{\alpha(k_i-1)+1}=0 \tag{6.33}$$

式(6.33) 通常称为闪蒸方程，可以求出 α 值。下面对牛顿法求解进行说明。

定义

$$f(\alpha)=\sum_i\frac{z_i(1-k_i)}{\alpha(k_i-1)+1}$$

那么

$$f'(\alpha)=\sum_i\frac{z_i(1-k_i)^2}{[\alpha(k_i-1)+1]^2}$$

$$\alpha^{(n+1)}=\alpha^{(n)}-\frac{f(\alpha^{(n)})}{f'(\alpha^{(n)})}$$

α 解出后，通过联立 α 的定义式和总物料平衡方程得出 V 和 L

$$V=\alpha F,\ L=(1-\alpha)F$$

$\{x_i\}$ 和 $\{y_i\}$ 值可以通过式(6.32) 和式 (6.30) 得到。计算流程图如图 6.10 所示。

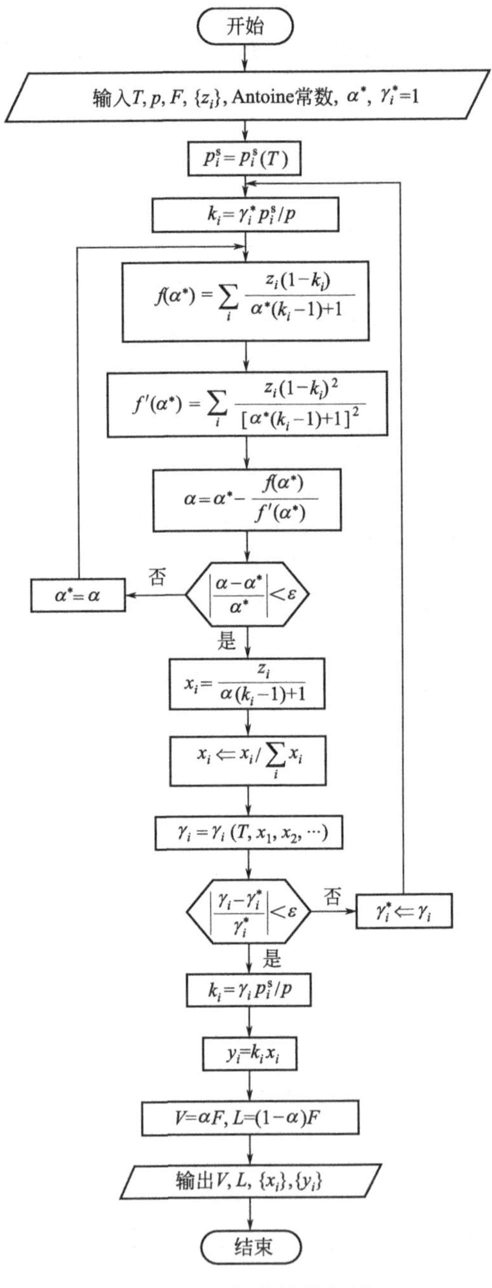

图 6.10 闪蒸计算框图

在泡点下 $V\rightarrow 0$，且 $\alpha\rightarrow 0$；闪蒸方程式(6.33) 将简化为

$$1-\sum_i z_i k_i=0 \tag{6.34}$$

露点下 $V\rightarrow F$，且 $\alpha\rightarrow 1$。闪蒸方程式简化为

$$\sum_i \frac{z_i}{k_i} - 1 = 0 \tag{6.35}$$

式(6.34) 和式(6.35) 可以用来按照图 6.11 和图 6.12 所示过程计算泡点温度和露点温度(其中，T_{bpj} 为给定压力下 j 组分的沸点温度)。

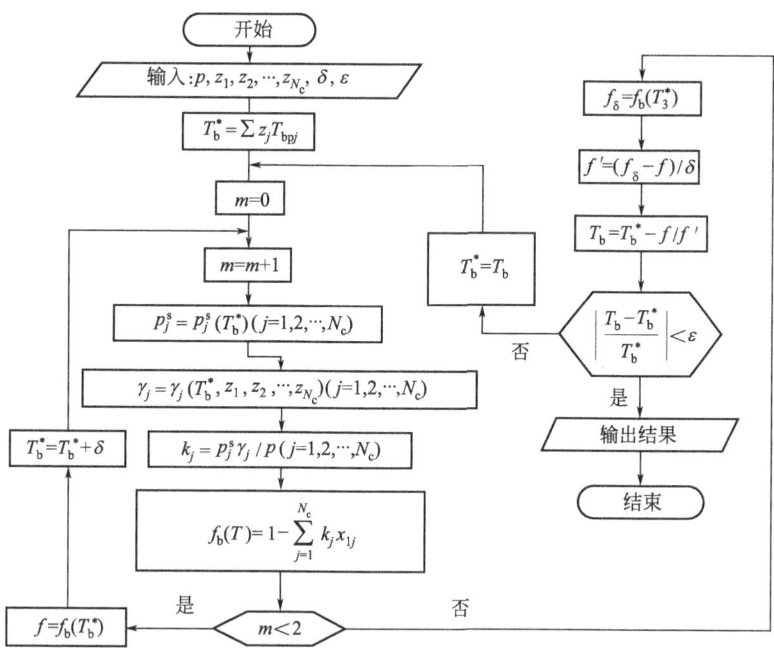

图 6.11 运用 k_j 计算泡点温度的框图

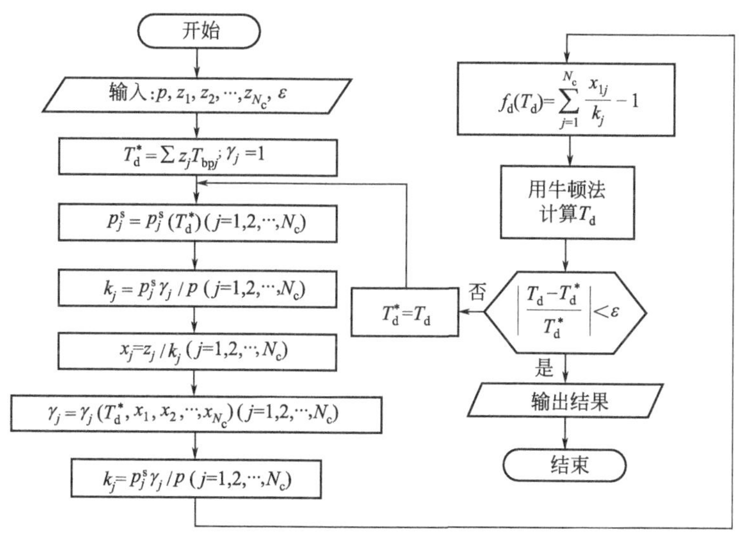

图 6.12 运用 k_j 计算露点温度的框图

式(6.34) 和式(6.35) 可以用来确定混合物的物理状态。定义

$$f(0) = 1 - \sum_{j=1}^{N_c} k_j x_{1j}$$

且

$$f(1)=\sum_{j=1}^{N_c}\frac{x_{1j}}{k_j}-1$$

那么：

如果 $f(0)<0$，溶液处于泡点以上；

如果 $f(0)>0$，溶液处于泡点以下；

如果 $f(0)=0$，溶液处于泡点；

如果 $f(1)<0$，溶液处于露点以上；

如果 $f(1)>0$，溶液处于露点以下；

如果 $f(1)=0$，溶液处于露点；

且

如果 $f(0)<0$，且 $f(1)>0$，则溶液处于汽液两相平衡状态。

【例 6.4】 一个组成为 $z_1=0.45$，$z_2=0.35$，$z_3=0.2$ 且进料量为 $F_1=1000\text{mol/h}$ 的丙酮(1)/乙腈(2)/硝基甲烷(3) 的预热过的进料，进入闪蒸罐后，汽液两相在温度 80℃、压力 110kPa 下达平衡。如果液相可以被看作理想溶液，且闪蒸过程在稳态下操作，计算产品的流量和组成。

解：80℃下，各纯组分的饱和蒸气压为

$$p_1^s=195.75\text{kPa},\ p_2^s=97.84\text{kPa},\ p_3^s=50.32\text{kPa}$$

因为液相为理想溶液，$\gamma_i=1$

$$\{k_i\}=\{p_i^s/p\}=\{1.7795, 0.8895, 0.4575\}$$

将已知值代入式(6.33) 得到：

$$\sum_i\frac{z_i(1-k_i)}{\alpha(k_i-1)+1}=\frac{0.45\times(1-1.7795)}{\alpha(1.7795-1)+1}+\frac{0.35\times(1-0.8895)}{\alpha(0.8895-1)+1}+\frac{0.2\times(1-0.4575)}{\alpha(0.4575-1)+1}=0$$

按照图 6.10 的计算过程，可以求出 α 为 0.7367，精度为 10^{-4}。那么

$$V=\alpha F=0.7367\times1000=736.7\text{mol/h}$$

$$L=F-V=1000-736.65=263.36\text{mol/h}$$

$$x_i=\frac{z_i}{\alpha(k_i-1)+1};\ x_1=\frac{0.45}{0.7367\times(1.7795-1)+1}=0.2858,\ x_2=0.3810,\ x_3=0.3332$$

$$y_i=k_ix_i,\ y_1=1.7795\times0.2858=0.5087,\ y_2=0.3389,\ y_3=0.1524$$

6.2.2 中压下的汽液平衡

在中压下，汽相的逸度系数就需要考虑了。可以运用二阶维里方程进行逸度计算。根据 Pitzers 混合规则

$$T_{cij}=(T_{ci}T_{cj})^{\frac{1}{2}}(1-k_{ij}) \tag{4.15}$$

$$V_{cij}=\left(\frac{V_{ci}^{1/3}+V_{cj}^{1/3}}{2}\right)^3 \tag{4.16}$$

$$Z_{cij}=\frac{Z_{ci}+Z_{cj}}{2} \tag{4.17}$$

$$\omega_{ij}=\frac{\omega_i+\omega_j}{2} \tag{4.18}$$

$$p_{cij}=\frac{Z_{cij}RT_{cij}}{V_{cij}} \tag{4.19}$$

Antoine 方程计算蒸气压

$$\ln p_j^s=A_j-\frac{B_j}{C_j+T} \tag{6.13}$$

和 Pitzers 关系式

$$T_{rj}=T/T_{cj} \tag{2.40}$$

$$p_{rj}=p/p_{cj} \tag{2.41}$$

$$B^0=0.083-\frac{0.422}{T_r^{1.6}} \tag{2.69}$$

$$B^1=0.139-\frac{0.172}{T_r^{4.2}} \tag{2.70}$$

$$B_{ij}=\frac{RT_{cij}}{p_{cij}}(B^0+\omega_{ij}B^1) \tag{4.14}$$

组分 i 的逸度系数由下式给出

$$\ln\hat{\phi}_i=\frac{p}{RT}\left[B_{ii}+\frac{1}{2}\sum_j\sum_k y_j y_k(2\delta_{ji}-\delta_{jk})\right] \tag{5.85}$$

其中

$$\delta_{ji}=2B_{ji}-B_{jj}-B_{ii}$$

式(5.61) 对于纯组分

$$\ln\phi_i^s=\frac{B_{ii}p_i^s}{RT}$$

式(6.7) 中的 $\exp\left[\frac{V_{mi}^L(p-p_i^s)}{RT}\right]\rightarrow 1$，则

$$\Phi_i=\exp\frac{B_{ii}(p-p_i^s)+\frac{p}{2}\sum_j\sum_k y_j y_k(2\delta_{ji}-\delta_{jk})}{RT} \tag{6.36}$$

对于一个二组分系统

$$\Phi_1=\exp\frac{B_1(p-p_1^s)+py_2^2\delta_{12}}{RT} \tag{6.37}$$

$$\Phi_2=\exp\frac{B_2(p-p_2^s)+py_1^2\delta_{12}}{RT} \tag{6.38}$$

6.2.2.1 泡点压力计算：已知 $\{x_i\}$ 和 T，计算 $\{y_i\}$ 和 p

由组分 j 在汽相和液相中的逸度相等的关系，式(6.8)，可以得到

$$p=\sum_i\frac{x_i\gamma_i p_i^s}{\Phi_i} \tag{6.11}$$

和

$$y_i=\frac{x_i\gamma_i p_i^s}{\Phi_i p} \tag{6.9}$$

但是 $\Phi_i=\Phi_i(T, p, y_1, y_2, y_3, \cdots)$，需要进行迭代计算。计算框图如图 6.13 所示。

6.2.2.2 泡点温度计算：已知 $\{x_i\}$ 和 p，计算 $\{y_i\}$ 和 T

由组分 j 在汽相和液相中的逸度相等的关系，式(6.8)，可以得到

$$y_i=\frac{x_i\gamma_i p_i^s}{\Phi_i p} \tag{6.9}$$

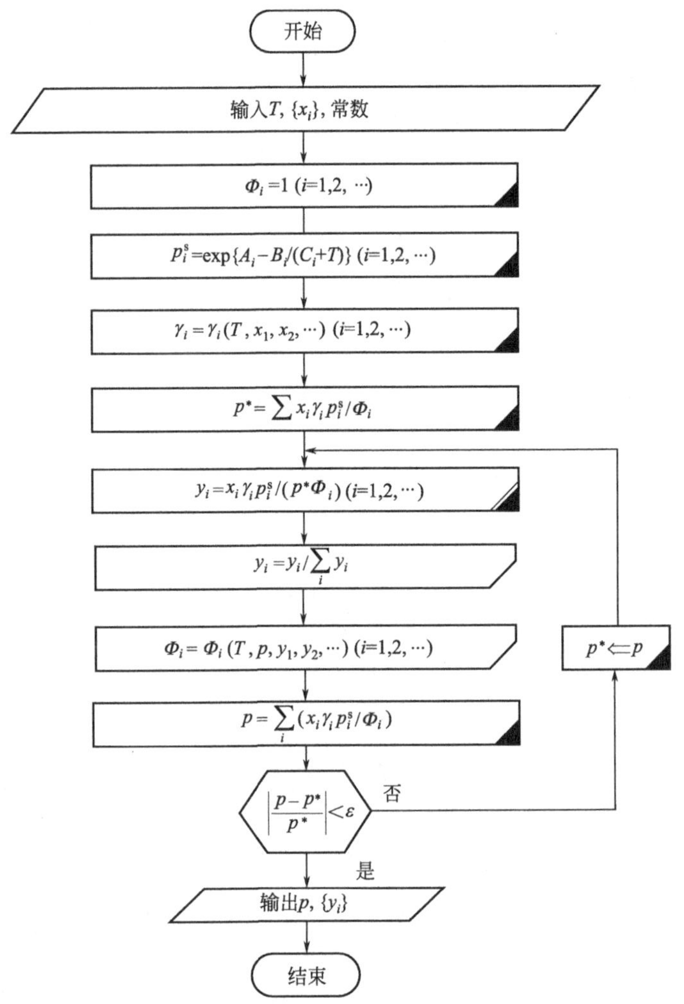

图 6.13　中压下的泡点压力计算框图

$$p_j^s = \frac{p}{\sum_i \frac{x_i \gamma_i}{\Phi_i}\left(\frac{p_i^s}{p_j^s}\right)} \tag{6.21}$$

且

$$T = \frac{B_j}{A_j - \ln p_j^s} - C_j \tag{6.23}$$

但是 $\Phi_i = \Phi_i(T, p, y_1, y_2, y_3, \cdots)$，$\gamma_i = \gamma_i(T, x_1, x_2,)$，需要进行迭代计算，计算框图如图 6.14 所示。

6.2.2.3　露点压力计算：已知 $\{y_i\}$ 和 T，计算 $\{x_i\}$ 和 p

由组分 j 在汽相和液相中的逸度相等的关系，$py_i\Phi_i = x_i\gamma_i p_i^s$，可以得到

$$p = \frac{1}{\sum_i \frac{y_i \Phi_i}{\gamma_i p_i^s}} \tag{6.12}$$

和

$$x_i = \frac{y_i \Phi_i p}{\gamma_i p_i^s} \tag{6.10}$$

但是 $\Phi_i = \Phi_i(T, p, y_1, y_2, y_3, \cdots)$，$\gamma_i = \gamma_i(T, x_1, x_2, \cdots)$需要进行迭代计算。计算框图如

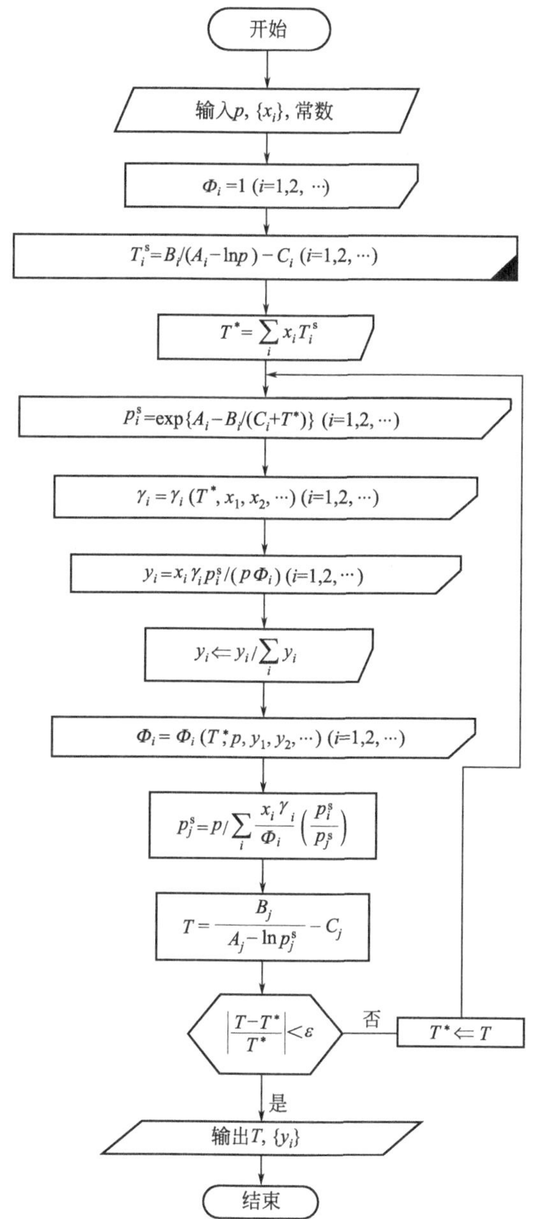

图 6.14 中压下泡点温度计算框图

图 6.15 所示。

6.2.2.4 露点温度计算：已知 $\{y_i\}$ 和 p，计算 $\{x_i\}$ 和 T

由组分 j 在汽相和液相中的逸度相等的关系，式(6.8)，得到

$$x_i=\frac{y_i\Phi_i p}{\gamma_i p_i^s} \tag{6.10}$$

$$p_j^s=p\sum_i\frac{y_i\Phi_i}{\gamma_i}\left(\frac{p_j^s}{p_i^s}\right) \tag{6.22}$$

且

$$T=\frac{B_j}{A_j-\ln p_j^s}-C_j \tag{6.23}$$

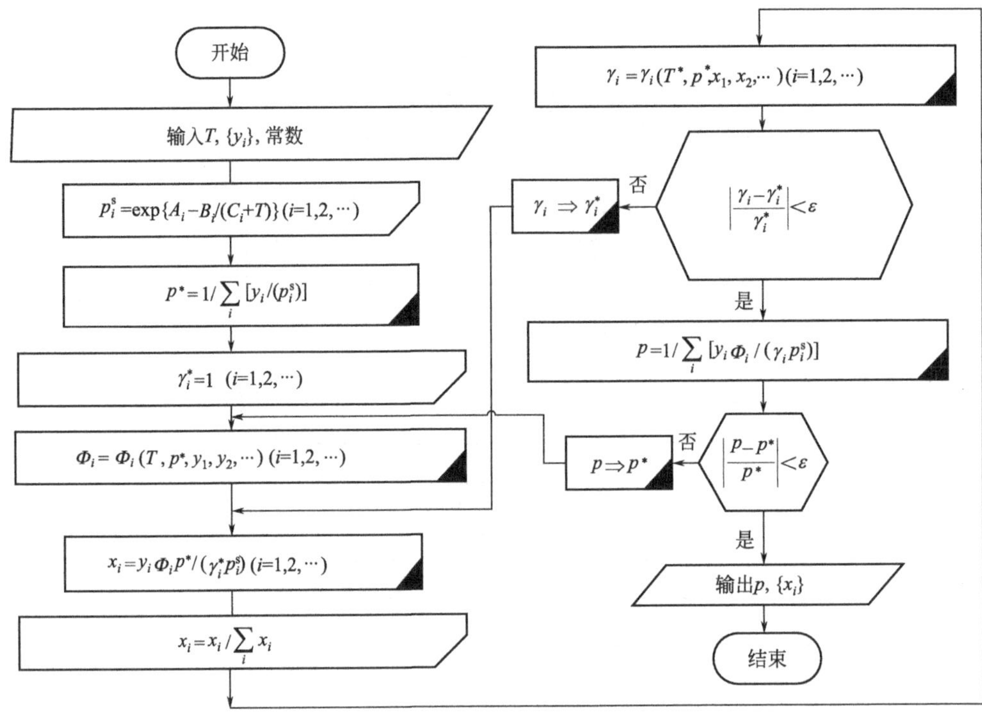

图 6.15 中压下真实溶液的露点压力计算框图

其中 $\Phi_i=\Phi_i(T,p,y_1,y_2,y_3,\cdots)$，$\gamma_i=\gamma_i(T,x_1,x_2,\cdots)$，需要进行迭代计算。计算框图如图 6.16 所示。

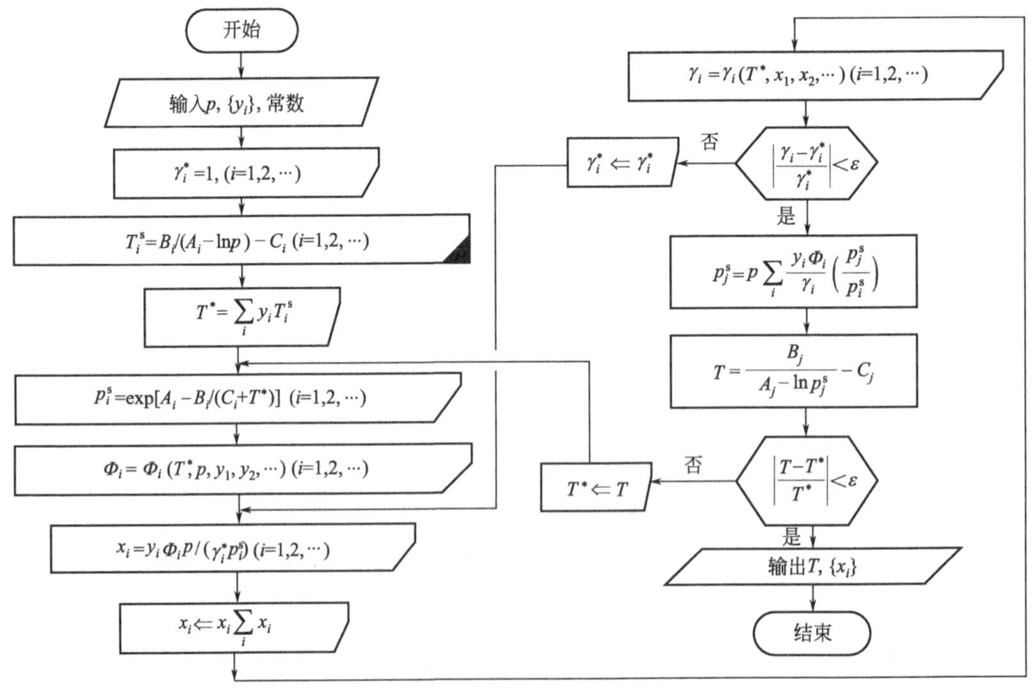

图 6.16 中压下真实溶液的露点温度计算框图

【例 6.5】 计算 311.65K 和 411.65K 下，液相组成为 $x_1=0.4$ 的甲醇(1)-苯(2) 溶液的泡点压力与气相组成。

解：在中低压下，运用二阶维里方程对汽相逸度进行计算。而液体逸度可由 Margules、van Laar、Wilson、NRTL 和 UNIQUAC 等活度模型计算得出。仿照图 6.11 的计算框图，运用 C 语言编程计算泡点压力的源程序如下：

```
#include<stdio.h>
#include<math.h>
double dp,dy,y3,y4,ps4,ps,ps1,ps2,gamma1,gamma2,b1,b2,b12,d12;
double
yz,pz,T,x1,x2,EPS,A1,B1,C1,A2,B2,C2,Pc1,Pc2,Tc1,Tc2,Vc1,Vc2,Zc1,Zc2,W1,W2,M_A12,M_A21,V_A12,V_A
21,W_A12,W_A21,Vm1,Vm2,N_A12,N_A21,
ALPHA12,q1,q2,r1,r2,U_A12,U_A21,R;
double phi1s=1.0;
double phi2s=1.0;
void inputdata()
{
    FILE *fp1,*fp2;
    if((fp1=fopen("parameter1.txt","r"))==NULL)
    {
        printf("can't open file\n");
        exit(0);
    }
    while(fgetc(fp1)!='=');
    fscanf(fp1,"%lf",&EPS);
    while(fgetc(fp1)!='=');
    fscanf(fp1,"%lf",&A1);
    while(fgetc(fp1)!='=');
    fscanf(fp1,"%lf",&B1);
    while(fgetc(fp1)!='=');
    fscanf(fp1,"%lf",&C1);
    while(fgetc(fp1)!='=');
    fscanf(fp1,"%lf",&A2);
    while(fgetc(fp1)!='=');
    fscanf(fp1,"%lf",&B2);
    while(fgetc(fp1)!='=');
    fscanf(fp1,"%lf",&C2);
    while(fgetc(fp1)!='=');
    fscanf(fp1,"%lf",&Pc1);
    while(fgetc(fp1)!='=');
    fscanf(fp1,"%lf",&Pc2);
```

```
while(fgetc(fp1)!='=');
fscanf(fp1,"%lf",&Tc1);
while(fgetc(fp1)!='=');
fscanf(fp1,"%lf",&Tc2);
while(fgetc(fp1)!='=');
fscanf(fp1,"%lf",&Vc1);
while(fgetc(fp1)!='=');
fscanf(fp1,"%lf",&Vc2);
while(fgetc(fp1)!='=');
fscanf(fp1,"%lf",&Zc1);
while(fgetc(fp1)!='=');
fscanf(fp1,"%lf",&Zc2);
while(fgetc(fp1)!='=');
fscanf(fp1,"%lf",&W1);
while(fgetc(fp1)!='=');
fscanf(fp1,"%lf",&W2);
while(fgetc(fp1)!='=');
fscanf(fp1,"%lf",&M_A12);
while(fgetc(fp1)!='=');
fscanf(fp1,"%lf",&M_A21);
while(fgetc(fp1)!='=');
fscanf(fp1,"%lf",&V_A12);
while(fgetc(fp1)!='=');
fscanf(fp1,"%lf",&V_A21);
while(fgetc(fp1)!='=');
fscanf(fp1,"%lf",&W_A12);
while(fgetc(fp1)!='=');
fscanf(fp1,"%lf",&W_A21);
while(fgetc(fp1)!='=');
fscanf(fp1,"%lf",&Vm1);
while(fgetc(fp1)!='=');
fscanf(fp1,"%lf",&Vm2);
while(fgetc(fp1)!='=');
fscanf(fp1,"%lf",&N_A12);
while(fgetc(fp1)!='=');
fscanf(fp1,"%lf",&N_A21);
while(fgetc(fp1)!='=');
fscanf(fp1,"%lf",&ALPHA12);
while(fgetc(fp1)!='=');
fscanf(fp1,"%lf",&q1);
while(fgetc(fp1)!='=');
fscanf(fp1,"%lf",&q2);
```

```
    while(fgetc(fp1)!='=');
    fscanf(fp1,"%lf",&r1);
    while(fgetc(fp1)!='=');
    fscanf(fp1,"%lf",&r2);
    while(fgetc(fp1)!='=');
    fscanf(fp1,"%lf",&U_A12);
    while(fgetc(fp1)!='=');
    fscanf(fp1,"%lf",&U_A21);
    while(fgetc(fp1)!='=');
    fscanf(fp1,"%lf",&R);
    if((fp2=fopen("parameter2.txt","r"))==NULL)
    {
        printf("can't open file\n");
        exit(0);
    }
    while(fgetc(fp2)!='=');
    fscanf(fp2,"%lf",&T);
    while(fgetc(fp2)!='=');
    fscanf(fp2,"%lf",&x1);
    while(fgetc(fp2)!='=');
    fscanf(fp2,"%lf",&yz);
    while(fgetc(fp2)!='=');
    fscanf(fp2,"%lf",&pz);
    fclose(fp1);
    fclose(fp2);
}
void antoine()
{
    ps1=exp(A1-B1/(T+C1))*1000;
    ps2=exp(A2-B2/(T+C2))*1000;
    x2=1.0-x1;
}
void margules()
{
    double ln_gamma1,ln_gamma2;
    ln_gamma1=x2*x2*(M_A12+2*(M_A21-M_A12)*x1);
    ln_gamma2=x1*x1*(M_A21+2*(M_A12-M_A21)*x2);
    gamma1=exp(ln_gamma1);
    gamma2=exp(ln_gamma2);
}
void van_laar()
{
```

```
        double ln_gamma1,ln_gamma2;
        ln_gamma1=V_A12*pow((1+V_A12/V_A21*x1/x2),-2);
        ln_gamma2=V_A21*pow((1+V_A21/V_A12*x2/x1),-2);
        gamma1=exp(ln_gamma1);
                gamma2=exp(ln_gamma2);
}
void wilson()
{
        double ln_gamma1,ln_gamma2,w_A12,w_A21;
        w_A12=Vm2/Vm1*exp(-W_A12/R/T);
        w_A21=Vm1/Vm2*exp(-W_A21/R/T);
        ln_gamma1=-log(x1+w_A12*x2)+x2*(w_A12/(x1+w_A12*x2)-w_A21/(x2+w_A21*x1));
        ln_gamma2=-log(x2+w_A21*x1)+x1*(w_A21/(x2+w_A21*x1)-w_A12/(x1+w_A12*x2));
        gamma1=exp(ln_gamma1);
        gamma2=exp(ln_gamma2);
}
void NRTL()
{
        double ln_gamma1,ln_gamma2,t12,t21,g12,g21;
        t12=N_A12/R/T;
        t21=N_A21/R/T;
        g12=exp(-ALPHA12*t12);
        g21=exp(-ALPHA12*t21);
        ln_gamma1=x2*x2*(t21*g21*g21/(x1+x2*g21)/(x1+x2*g21)+t12*g12/(x2+x1*g12)/(x2+x1*g12));
        ln_gamma2=x1*x1*(t12*g12*g12/(x2+x1*g12)/(x2+x1*g12)+t21*g21/(x1+x2*g21)/(x1+x2*g21));
        gamma1=exp(ln_gamma1);
         gamma2=exp(ln_gamma2);
}
void UNIQUAC()
{
        double ln_gamma1,ln_gamma2,sita1,sita2,phi1,phi2,t12,t21,l1,l2;
        sita1=q1*x1/(q1*x1+q2*x2);
        sita2=q2*x2/(q1*x1+q2*x2);
        phi1=r1*x1/(r1*x1+r2*x2);
        phi2=r2*x2/(r1*x1+r2*x2);
        t12=exp(-U_A12/R/T);
        t21=exp(-U_A21/R/T);
        l1=5*(r1-q1)-(r1-1);
        l2=5*(r2-q2)-(r2-1);
        ln_gamma1=log(phi1/x1)+5*q1*log(sita1/phi1)+phi2*(l1-r1/r2*l2)-
q1*log(sita1+sita2*t21)+sita2*q1*(t21/(sita1+sita2*t21)
                        -t12/(sita2+sita1*t12));
```

```
        ln_gamma2=log(phi2/x2)+5*q2*log(sita2/phi2)+phi1*(l2-r2/r1*l1)-
q2*log(sita2+sita1*t12)+sita1*q2*(t12/(sita2+sita1*t12)
            -t21/(sita1+sita2*t21));
    gamma1=exp(ln_gamma1);
    gamma2=exp(ln_gamma2);
}
void virial()
{
    double tc12,vc12,zc12,w12,pc12,tr1,tr2,tr12,b_0_1,b_0_2,b_0_12,b_1_1,b_1_2,b_1_12,b1,b2,b12,d12;
    tc12=sqrt(Tc1*Tc2);
    vc12=pow(((pow(Vc1,(1/3))+pow(Vc2,(1/3)))/2),3);
    zc12=(Zc1+Zc2)/2;
    w12=(W1+W2)/2;
    pc12=zc12*R*tc12/vc12;
    tr1=T/Tc1;
    tr2=T/Tc2;
    tr12=T/tc12;
    b_0_1=0.083-0.422/pow(tr1,1.6);
    b_1_1=0.139-0.172/pow(tr1,4.2);
    b_0_2=0.083-0.422/pow(tr2,1.6);
    b_1_2=0.139-0.172/pow(tr2,4.2);
    b_0_12=0.083-0.422/pow(tr12,1.6);
    b_1_12=0.139-0.172/pow(tr12,4.2);
    b1=R*Tc1/Pc1*(b_0_1+W1*b_1_1);
    b2=R*Tc2/Pc2*(b_0_2+W2*b_1_2);
    b12=R*tc12/pc12*(b_0_12+w12*b_1_12);
    d12=2*b12-b1-b2;
}
void calc()
{
    double y1,y2,p,ps,phi1s,phi2s;
    ps=x1*gamma1*ps1/phi1s+x2*gamma2*ps2/phi2s;
    do
    {
      p=ps;
      y1=x1*gamma1*ps1/(p*phi1s);
      y2=x2*gamma2*ps2/(p*phi2s);
      y1=y1/(y1+y2);
      y2=1-y1;
      phi1s=exp((b1*(p-ps1)+p*y2*y2*d12)/(R*T));
      phi2s=exp((b2*(p-ps2)+p*y1*y1*d12)/(R*T));
      ps=x1*gamma1*ps1/phi1s+x2*gamma2*ps2/phi2s;
```

```
        }while(fabs((p-ps)/p)>EPS);
        printf("y1=%5.4lf,y2=%5.4lf,p=%8.2lfpa,dy=%5.4lf,dp=%6.2lf\n",y1,y2,ps,y1-yz,ps-pz);
        y3=y1;
        y4=y2;
        ps4=ps;
}
void main()
{
    FILE *fp3;
    fp3=fopen("result.txt","w");
    inputdata();
    antoine();
    virial();
    margules();
    printf("Results with Margules Eqn.:");
    calc();
    fprintf(fp3,"Results with Margules Eqn.:");
    fprintf(fp3,"y1=%5.4lf,y2=%5.4lf,p=%8.2lfpa,dy=%5.4lf,dp=%6.2lf\n",y3,y4,ps4,y3-yz,ps4-pz);
    van_laar();
    printf("Results with van Laar Eqn.:");
    calc();
    fprintf(fp3,"Results with van Laar Eqn.:");
    fprintf(fp3,"y1=%5.4lf,y2=%5.4lf,p=%8.2lfpa,dy=%5.4lf,dp=%6.2lf\n",y3,y4,ps4,y3-yz,ps4-pz);
    wilson();
    printf("Results with wilson Eqn.:");
    calc();
    fprintf(fp3,"Results with wilson Eqn.:");
    fprintf(fp3,"y1=%5.4lf,y2=%5.4lf,p=%8.2lfpa,dy=%5.4lf,dp=%6.2lf\n",y3,y4,ps4,y3-yz,ps4-pz);
    NRTL();
    printf("Results with NRTL Method:");
    calc();
    fprintf(fp3,"Results with NRTL Method:");
    fprintf(fp3,"y1=%5.4lf,y2=%5.4lf,p=%8.2lfpa,dy=%5.4lf,dp=%6.2lf\n",y3,y4,ps4,y3-yz,ps4-pz);
    UNIQUAC();
    printf("Results with UNIQUAC Method:");
    calc();
    fprintf(fp3,"Results with UNIQUAC Method:");
    fprintf(fp3,"y1=%5.4lf,y2=%5.4lf,p=%8.2lfpa,dy=%5.4lf,dp=%6.2lf\n",y3,y4,ps4,y3-yz,ps4-pz);
    fclose(fp3);
    getch();
}
```

输入相关数据见表 6.2。

表 6.2 甲醇(1)-苯(2) 系统参数

参数	甲醇(1)	苯(2)	参数	甲醇(1)	苯(2)
Antoine 常数 A	16.4948	14.1603	van Laar 参数	2.2350	1.6871
Antoine 常数 B	3593.39	2948.78	Wilson 参数	7187.6873	823.5087
Antoine 常数 C	−35.2249	−44.5633	NRTL 参数	3351.6647	4813.0347
p_c/Pa	8100000	4890000	α_{12}	0.5011	
V_c/(m^3/mol)	0.000118	0.000259	UNIQUAC 参数	−310.3963	4639.0050
T_c/K	512.6	562.1	表面积参数 q	1.4320	2.4000
Z_c	0.224	0.271	体积参数 r	1.4311	3.1878
ω	0.559	0.212	液相摩尔体积 V_m/(m^3/mol)	0.00004073	0.00008941
Margules 参数	2.1873	1.6654			

当 $x_1=0.4000$，$T=311.65$K 时，计算结果为：

Margules 方程计算结果：$y_1=0.5598$，$y_2=0.4402$，$p=44532.82$Pa

vanLaar 方程计算结果：$y_1=0.5571$，$y_2=0.4429$，$p=44447.95$Pa

Wilson 方程计算结果：$y_1=0.5548$，$y_2=0.4452$，$p=44548.76$Pa

NRTL 法计算结果：$y_1=0.5555$，$y_2=0.4445$，$p=44493.83$Pa

UNIQUAC 法计算结果：$y_1=0.5557$，$y_2=0.4443$，$p=44467.98$Pa

411.65K 下：

Margules 方程计算结果：$y_1=0.6651$，$y_2=0.3349$，$p=1184743.59$Pa

vanLaar 方程计算结果：$y_1=0.6626$，$y_2=0.3374$，$p=1181078.64$Pa

Wilson 方程计算结果：$y_1=0.6668$，$y_2=0.3332$，$p=1111502.58$Pa

NRTL 法计算结果：$y_1=0.6596$，$y_2=0.3404$，$p=1102959.42$Pa

UNIQUAC 法计算结果：$y_1=0.6692$，$y_2=0.3308$，$p=1108413.53$Pa

从计算结果中可以看出，使用上述 5 种活度模型进行计算，结果十分相似。

6.2.2.5 应用 Excel 进行泡点温度和露点温度计算

在下面的例子中，泡点温度和露点温度可以使用一个 Excel 电子表格进行计算。

【例 6.6】 计算甲醇(1) 和乙醇(2) 组成的二元混合物在 $x_1=0.7$、1.0MPa 下的泡点温度和露点温度。

解： 计算所用到的公式如下。

混合规则

$$T_{cij}=(T_{ci}T_{cj})^{\frac{1}{2}}(1-k_{ij}) \tag{a}$$

$$Z_{cij}=\frac{Z_{ci}+Z_{cj}}{2} \tag{b}$$

$$\omega_{ij}=\frac{\omega_i+\omega_j}{2} \tag{c}$$

$$V_{cij}=\left(\frac{V_{ci}^{1/3}+V_{cj}^{1/3}}{2}\right)^3 \tag{d}$$

$$p_{cij}=\frac{Z_{cij}RT_{cij}}{V_{cij}} \tag{e}$$

蒸气压计算

$$\lg p_j^{\mathrm{s}}=A_j-\frac{B_j}{c_j+T} \tag{f}$$

二阶维里方程计算汽相逸度：

$$T_{\mathrm{r}j}=T/T_{\mathrm{c}j} \tag{g}$$

$$p_{\mathrm{r}j}=p/p_{\mathrm{c}j} \tag{h}$$

$$B^0=0.083-\frac{0.422}{T_{\mathrm{r}}^{1.6}} \tag{i}$$

$$B^1=0.139-\frac{0.172}{T_{\mathrm{r}}^{4.2}} \tag{j}$$

$$B_{ij}=\frac{RT_{\mathrm{c}ij}}{p_{\mathrm{c}ij}}(B^0+\omega_{ij}B^1) \tag{k}$$

$$\delta_{ji}=2B_{ji}-B_{jj}-B_{ii} \tag{l}$$

$$\ln\hat{\phi}_i=\frac{p}{RT}\left[B_{ii}+\frac{1}{2}\sum_j\sum_k y_j y_k(2\delta_{ji}-\delta_{jk})\right] \tag{m}$$

$$\hat{f}_j^{\mathrm{V}}=py_i\hat{\phi}_i^{\mathrm{V}} \tag{n}$$

Wilson 活度模型计算液相逸度

$$\lambda_{12}=\frac{V_{\mathrm{m2}}^{\mathrm{L}}}{V_{\mathrm{m1}}^{\mathrm{L}}}\exp\left(-\frac{g_{12}-g_{11}}{RT}\right) \tag{o}$$

$$\lambda_{21}=\frac{V_{\mathrm{m1}}^{\mathrm{L}}}{V_{\mathrm{m2}}^{\mathrm{L}}}\exp\left(-\frac{g_{21}-g_{22}}{RT}\right) \tag{p}$$

$$\ln\gamma_i=1-\ln\left(\sum_{j=1}^{N}\lambda_{ij}x_j\right)-\sum_{k=1}^{N}\frac{\lambda_{ki}x_k}{\sum_{j=1}^{N}\lambda_{kj}x_j} \tag{q}$$

$$\phi_i^{\mathrm{s}}=\exp\frac{B_i p_i^{\mathrm{s}}}{RT} \tag{r}$$

$$\hat{f}_i^{\mathrm{L}}=x_i\gamma_i\phi_i^{\mathrm{s}}p_i^{\mathrm{s}} \tag{s}$$

在 Excel 文件中建立一个如图 6.17 所示的数据表，然后按照下列步骤完成计算。

(1) 从手册中查找甲醇和乙醇的临界参数和 Antoine 常数，分别输入到数据表的 B4～B13 和 C4～C13 单元格。将方程式(a)～式(e) 写成 Excel 函数形式，并分别输入到 D4～D10 单元格，计算混合物的虚拟临界参数，例如对于方程式(a)，在 D4 单元格中输入“=(C4 *B4)^(1/2)*(1－C8)”。

(2) 找出 Wilson 方程计算的能量参数，输入到 D14 和 D15，把组分 1 在汽相和液相中的摩尔分数输入 B16 和 B17，并在 D18 和 D19 单元格中输入温度 T 和压力 p。

(3) 将方程式(g)～式(n) 写成 Excel 函数形式，并将其填入相应栏中，计算两种组分的汽相逸度。对于方程式(m)，即在 B28 和 C28 中输入“＝EXP(D19/B2/D18 *(B25＋C16 *C16 *D26))”和“＝EXP(D19/B2/D18 *(C25＋B16 *B16 *D26))”。

(4) 将方程式(o)～式(s) 写成 Excel 函数形式，将其输入相应单元格中计算两种组分的液相逸度，对于方程式(q)，将“＝EXP(-LN(B17＋C17 *D31)＋C17 *(D31/(B17＋C17 *D31)-D32/(C17＋D32 *B17)))”和“＝EXP(-LN(C17＋B17 *D32)＋B17 *(D32/(C17＋B17 *D32)-D31/(B17＋D31 *C17)))”，输入单元格 B33 和 C33。汽液平衡时，各组分的汽相和液相逸度相等。得出它们偏差的平方值并加和输入到 D36 单元格。从图 6.17 可以看出，偏差平方和的值相当大，可通过多参数目标优化予以缩小。

	A	B	C	D
1	双组分溶液泡点与露点计算			
2	R(J/mol.K)	8.314		
3		甲醇（1）	乙醇（2）	混合物（12）
4	Tc(K)	512.6	516.2	514.3968507
5	Pc(Pa)	8.10E+06	6.38E+06	7153845.304
6	omega	0.559	0.635	0.597
7	Zc	0.224	0.248	0.236
8	kij	0	0	
9		0	0	
10	Vc(m3/mol)	1.18E-04	1.67E-04	1.41E-04
11	A	8.08097	8.1122	
12	B	1582.271	1592.866	
13	C	239.726	226.184	
14	g12-g11			507.3868
15	g21-g11			-452.5062
16	Vapor（y）	0.7	0.3	
17	Liquid（x）	0.7	0.3	
18	T(K)			360
19	P(Pa)			1000000
20	Tr	0.70230199	0.697404107	0.699848764
21	Pr	0.12345679	0.156739812	0.139784963
22	P^s(Pa)	229531.1021	140807.8956	
23	B0	-0.659803964	-0.6681683	-0.663974423
24	B1	-0.619801309	-0.64243623	-0.631035607
25	Bij	-0.000529443	-0.00072388	-0.00062215
26	δ12			9.0215E-06
27	Vjs(m3/mol)	4.09501E-05	6.1995E-05	
28	Φjv	0.838098049	0.786331155	
29	Φjs	0.960211131	0.966518363	
30	fjv (Pa)	586668.6343	235899.3465	
31	λ12			0.744843485
32	λ21			1.243416758
33	γ	1.00289695	1.021965236	
34	fjl (Pa)	154725.7614	41724.82224	
35	deltaf^2	1.86575E+11	37703745879	
36	Σdf^2			2.24278E+11

图 6.17 Excel 计算 323K、1.0MPa 下，甲醇（1)-乙醇（2）混合物的汽液平衡截屏

求解程序需要按以下步骤设置 Excel，对 Excel 2007 与 Excel2013：

a. 运行 Excel。

b. 点击屏幕左上角的按钮（Excel2013 点击“文件”），然后点击“Excel 选项”。

c. 点击“加载项”按钮和在“管理”下拉菜单中选择“Excel 加载项”，点击‘转到’按钮。

d. 点击插件窗口（Excel2013 出现加载宏窗口），选中“规划求解加载项”，然后点击“确定”。Excel 会询问是否允许安装该“规划求解”插件，回答 Yes 以允许。安装过程可能需要几分钟；然后在数据选项卡中，出现带有“规划求解”按钮的分析选项卡。

e. 关闭 Excel 或执行 Excel 操作。

对于泡点温度计算，p 和 x_1 分别为 1MPa 和 0.7 已知。

在“数据”选项卡中的“分析”项中点击‘规划求解’，出现一个如图 6.18 所示的求解参数对话框。在“设置目标单元格”中，选择单元格 D36，对应的是偏差平方和的公式。对于“等于”选项，选择“最小值”。在“可变单元格”中，选择 D18 和 B16，即温度的初始值和汽相摩尔分数 y_1 的值。然后点击“求解”按钮。很快，就会如图 6.19 所示呈现出 T_{bub} 和 y_1 的值分别为 412.9K 和 0.7568。组分 1 的汽相和液相逸度现在非常接近了。

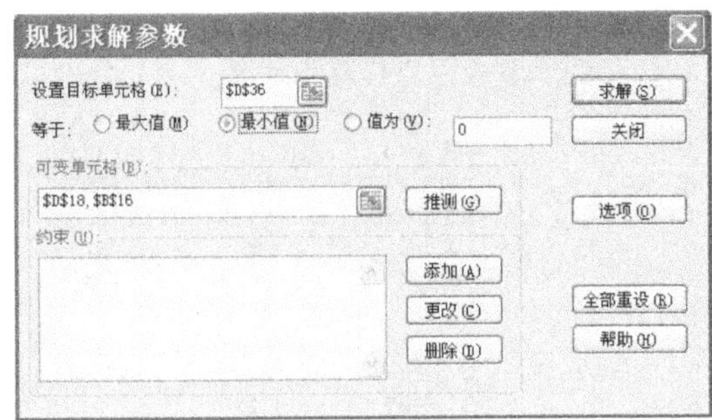

图 6.18 泡点温度计算的对话框

	A	B	C	D
1	双组分溶液泡点与露点计算			
2	R(J/mol.K)	8.314		
3		甲醇（1）	乙醇（2）	混合物（12）
4	Tc(K)	512.6	516.2	514.3968507
5	Pc(Pa)	8.10E+06	6.38E+06	7153845.304
6	omega	0.559	0.635	0.597
7	Zc	0.224	0.248	0.236
8	kij	0	0	
9		0	0	
10	Vc(m3/mol)	1.18E-04	1.67E-04	1.41E-04
11	A	8.08097	8.1122	
12	B	1582.271	1592.866	
13	C	239.726	226.184	
14	g12-g11			507.3868
15	g21-g11			-452.5062
16	Vapor（y）	0.756830672	0.243169328	
17	Liquid（x）	0.7	0.3	
18	T(K)			412.896507
19	P(Pa)			1000000
20	Tr	0.805494551	0.799876999	0.802680861
21	Pr	0.12345679	0.156739812	0.139784963
22	P^s(Pa)	1086960.843	765920.3847	
23	B0	-0.513502516	-0.52021942	-0.516851568
24	B1	-0.287643858	-0.30037058	-0.293960458
25	Bij	-0.000354776	-0.00047824	-0.000413897
26	δ12			5.22605E-06
27	Vjs(m3/mol)	4.62254E-05	6.92319E-05	
28	Φjv	0.901894162	0.870712834	
29	Φjs	0.893744479	0.898791456	
30	fjv (Pa)	682581.1653	211730.6544	
31	λ12			0.806958751
32	λ21			1.159041092
33	γ	1.003753539	1.025214022	
34	fjl (Pa)	682578.1793	211728.0297	
35	deltaf^2	8.916009127	6.889356868	
36	Σdf^2			15.80536599

图 6.19 执行求解程序得到的 T_{bub} 计算结果

对于露点温度计算，p 和 y_1 分别为 1MPa 和 0.7 已知。

（5）在“数据”选项卡中的“分析”项中点击“规划求解”，出现一个如图 6.20 所示的求解参数对话框。在“设置目标单元格”中，选择单元格 D36（汽液逸度累加平方差）。对于“等于”选项，也是选择“最小值”。在“可变单元格”中，选择 D18 和 B17，即温度的初始值和液相摩尔分数 x_1 的初始值。然后点击“求解”按钮。很快，就会如图 6.21 所示，得到 T_{dew} 和 x_1 的值，分别为 413.66K 和 0.6352。组分 1 的汽相和液相逸度现在也非常接近了。

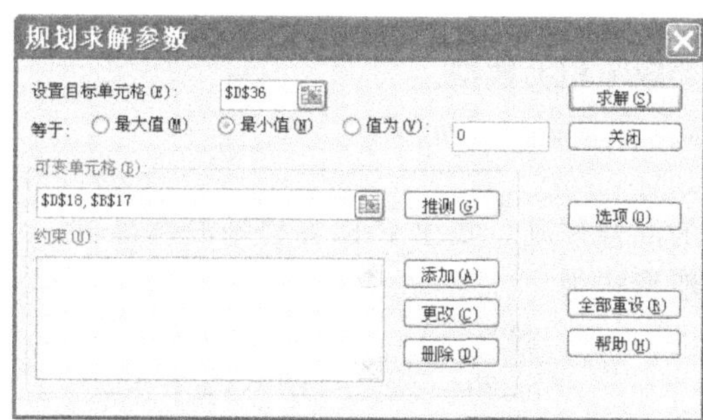

图 6.20　求解参数对话框

	A	B	C	D
1	双组分溶液泡点与露点计算			
2	R(J/mol.K)	8.314		
3		甲醇（1）	乙醇（2）	混合物（12）
4	Tc(K)	512.6	516.2	514.3968507
5	Pc(Pa)	8.10E+06	6.38E+06	7153845.304
6	omega	0.559	0.635	0.597
7	Zc	0.224	0.248	0.236
8	kij	0	0	
9		0	0	
10	Vc(m3/mol)	1.18E-04	1.67E-04	1.41E-04
11	A	8.08097	8.1122	
12	B	1582.271	1592.866	
13	C	239.726	226.184	
14	g12-g11			507.3868
15	g21-g11			-452.5062
16	Vapor（y）	0.7	0.3	
17	Liquid（x）	0.635247471	0.364752529	
18	T(K)			413.6574269
19	P(Pa)			1000000
20	Tr	0.806978983	0.801351079	0.804160108
21	Pr	0.12345679	0.156739812	0.139784963
22	P^s(Pa)	1108047.008	782017.2874	
23	B0	-0.511747866	-0.51844501	-0.515087066
24	B1	-0.284357351	-0.29698603	-0.290625293
25	Bij	-0.000352886	-0.0004756	-0.000411652
26	δ12			5.18725E-06
27	Vjs(m3/mol)	4.63203E-05	6.93607E-05	
28	Φjv	0.902602727	0.871488776	
29	Φjs	0.892530082	0.897496344	
30	fjv (Pa)	631821.909	261446.6329	
31	λ12			0.807722901
32	λ21			1.158087062
33	γ	1.00570492	1.021257641	
34	fjl (Pa)	631821.7436	261446.4036	
35	deltaf^2	0.027358559	0.052577209	
36	Σdf^2			0.079935768

图 6.21　执行求解程序得到的 T_{dew} 的计算结果

6.2.3　高压下的汽液平衡

高压下流体的汽液平衡计算可以按照中压下的类似算法执行，但是有三点需要考虑。第一点是二阶维里方程只能用来进行低压到中压下的计算，而对于高压下的计算，要用三次维里方程或者 EOS（适用于高压）来进行汽相逸度计算。第二点就是需要对液相逸度计算的指定因素进行说明。第三点是针对高压，选择更适宜的饱和蒸气压计算关联式。

【例 6.7】 用 PR 方程和 Wilson 方程对二元系统进行泡点温度 T_{bub} 计算。

解：（1）搜集临界参数和相关数据。

（2）设定初始值：y_1^* 和 $T_{\mathrm{bub}}^*=\sum x_i T_{\mathrm{b}}$

汽相逸度

（3）确定一个适用的混合规则，找出 P-R 方程的混合参数。

立方状态方程的一般形式为

$$p=\frac{RT}{V_{\mathrm{m}}-b}-\frac{a(T)}{(V_{\mathrm{m}}+\varepsilon b)(V_{\mathrm{m}}+\delta b)}$$

式中 $a(T)=\Psi\dfrac{\alpha(T_{\mathrm{r}})R^2T_{\mathrm{c}}^2}{p_{\mathrm{c}}}$，$b=\Omega\dfrac{RT_{\mathrm{c}}}{p_{\mathrm{c}}}$ 且

$\alpha(T_{\mathrm{r}})$	δ	ε	Ω	Ψ	Z_{c}
P-R 方程 $\alpha_{\mathrm{PR}}(T_{\mathrm{r}},\omega)$①	$1+\sqrt{2}$	$1-\sqrt{2}$	0.07779	0.45724	0.30740

① $\alpha_{\mathrm{PR}}(T_{\mathrm{r}},\omega)=[1+(0.37464+1.54226\omega-0.26992\omega^2)(1-T_{\mathrm{r}}^{1/2})]^2=[1+m_{\mathrm{PR}}(1-T_{\mathrm{r}}^{1/2})]^2$

$$T_{\mathrm{r}i}=\frac{T}{T_{\mathrm{c}}},p_{\mathrm{r}i}=\frac{p}{p_{\mathrm{c}}},T_{\mathrm{c}12}=(T_{\mathrm{c}1}T_{\mathrm{c}2})^{0.5}(1-k_{12}),V_{\mathrm{c}12}=\left(\frac{V_{\mathrm{c}1}^{1/3}+V_{\mathrm{c}2}^{1/3}}{2}\right)^3,Z_{\mathrm{c}12}=\frac{Z_{\mathrm{c}1}+Z_{\mathrm{c}2}}{2}$$

$$p_{\mathrm{c}12}=\frac{Z_{\mathrm{c}12}RT_{\mathrm{c}12}}{V_{\mathrm{c}12}},T_{\mathrm{r}12}=\frac{T}{T_{\mathrm{c}12}},p_{\mathrm{r}12}=\frac{p}{p_{\mathrm{c}12}},\omega_{12}=\frac{\omega_1+\omega_2}{2}$$

$$m_{12}=0.37464+1.54226\omega_{12}-0.26992\omega_{12}^2,\alpha_{12}(T_{\mathrm{r}},\omega)=[1+m_{12}(1-T_{\mathrm{r}12}^{0.5})]^2,$$

$$a_{12}(T_{\mathrm{c}})=\Psi\frac{R^2T_{\mathrm{c}12}^2}{p_{\mathrm{c}12}}$$

$$a_{12}(T)=a_{12}(T_{\mathrm{c}})\alpha_{12}(T_{\mathrm{r}},\omega),b_i=\frac{\Omega RT_{\mathrm{c}i}}{p_{\mathrm{c}i}},b_{\mathrm{mix}}=y_1b_1+y_2b_2$$

$$a_{\mathrm{mix}}(T)=y_1^2a_{11}(T)+2y_1y_2a_{12}(T)+y_2^2a_{22}(T)$$

（4）运用迭代计算求出 P-R 方程的 V_{m}、V_{m1}、V_{m2}。

（5）$Z=\dfrac{pV_{\mathrm{m}}}{RT}$

（6）计算每种组分的汽相逸度

$$\ln\frac{\hat{f}_l}{py_i}=\frac{b_i(Z-1)}{b_{\mathrm{mix}}}-\ln\left[Z\left(1-\frac{b_{\mathrm{mix}}}{V_{\mathrm{m}}}\right)\right]+\frac{a_{\mathrm{mix}}b_i/b_{\mathrm{mix}}-2\sum y_ia_{ij}}{2\sqrt{2}b_{\mathrm{mix}}RT}\ln\frac{V_{\mathrm{m}}+2.4142b_{\mathrm{mix}}}{V_{\mathrm{m}}-0.4142b_{\mathrm{mix}}}$$

液相逸度

（7）计算 $V_{\mathrm{m1}}^{\mathrm{L}}$、$V_{\mathrm{m2}}^{\mathrm{L}}$ 和 Wilson 方程参数

$$V_{\mathrm{m}i}^{\mathrm{SL}}=V_{\mathrm{c}i}Z_{\mathrm{c}i}^{(1-T_{\mathrm{r}})0.2857}$$

$$\lambda_{12}=\frac{V_{\mathrm{m2}}^{\mathrm{sL}}}{V_{\mathrm{m1}}^{\mathrm{sL}}}\exp\left(-\frac{g_{12}-g_{11}}{RT}\right),\ \lambda_{21}=\frac{V_{\mathrm{m1}}^{\mathrm{sL}}}{V_{\mathrm{m2}}^{\mathrm{sL}}}\exp\left(-\frac{g_{21}-g_{22}}{RT}\right)$$

（8）计算各组分的液相逸度系数

$$\ln\gamma_i=1-\ln\left(\sum_{j=1}^{N}\lambda_{ij}x_j\right)-\sum_{k=1}^{N}\frac{\lambda_{ki}x_k}{\sum\limits_{j=1}^{N}\lambda_{kj}x_j}$$

（9）运用 Riedel 方程计算各组分的饱和蒸气压

$$\ln p_{\mathrm{r}i}^{\mathrm{s}}=A_i-B_i/T_{\mathrm{r}i}+C_i\ln T_{\mathrm{r}i}+D_iT_{\mathrm{r}i}^6$$

（10）计算 ϕ_i^s $$p_i^s=\frac{RT}{V_{mi}-b}-\frac{a(T)}{(V_{mi}+\varepsilon b)(V_{mi}+\delta b)}$$

求出 V_{mi} 并计算 Z_i 和 ϕ_i^s

$$Z_i=\frac{pV_{mi}}{RT}$$

$$\ln\phi_i^s=Z_i-1-\ln\frac{p_i^s(V_{mi}-b_i)}{RT}-\frac{a_i}{2\sqrt{2}b_iRT}\ln\frac{V_{mi}+(\sqrt{2}+1)b_i}{V_{mi}-(\sqrt{2}-1)b_i}\ln\phi_i^s$$

（11）计算各组分的液相逸度

$$\hat{f}_i^L=x_i\gamma_ip_i^s\phi_i^s\exp\left(\frac{V_{mi}(p-p_i^s)}{RT}\right)$$

（12）检查是否有 $\hat{f}_i^V=\hat{f}_i^L$。如果是，进入到步骤（13）；如果不是，调整 T 和 y_1，然后回到第（3）步，执行迭代计算。

（13）输出结果，终止计算。

3.0MPa 下，对于摩尔组成为甲醇（1）70%、乙醇（2）30%的二元混合物：

$$T_{bub}=434.51\text{K},\ y_1=0.9410$$

6.3 气液平衡

在汽液平衡中，如果某些组分以气体形式存在，即系统温度超过这些组分的临界温度，则系统处于气液平衡。气体作为溶质溶于液体中形成稀溶液。气液平衡为气体吸收过程提供理论基础。以一个中低压两组分系统为例，组分 1 为气相（溶质），组分 2 为液相（溶剂）。溶质的组成可以用亨利定律来计算，溶质的液相逸度和溶质组成关系如图 6.22 所示。亨利系数定义为在无限稀溶液中，液相逸度和溶质组成的比值。

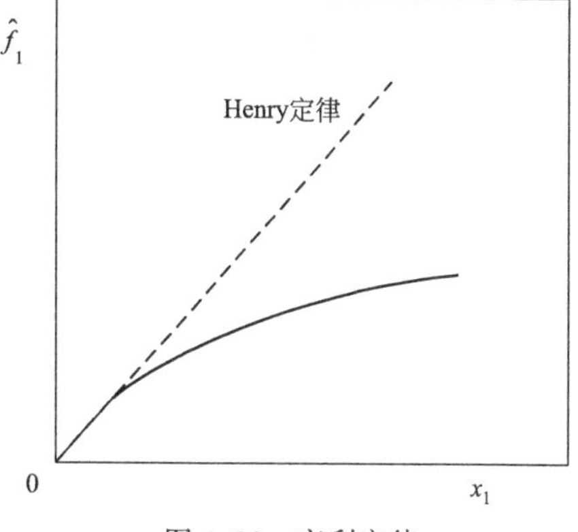

图 6.22 亨利定律

$$H_1\equiv\lim_{x_1\to 0}\frac{\hat{f}_1}{x_1} \tag{6.39}$$

溶质的活度系数和逸度的关系用下式表示

$$\frac{\hat{f}_1}{x_1}=\gamma_1 f_1 \tag{6.40}$$

代入式(6.39) 得

$$H_1=\gamma_1^\infty f_1 \tag{6.41}$$

式中，γ_1^∞ 为无限稀溶液中溶质的活度系数。由式(6.40) 和式(6.41) 得

$$\hat{f}_1=x_1\frac{\gamma_1}{\gamma_1^\infty}H_1 \tag{6.42}$$

对于气液（两组分）系统溶质的逸度

$$\hat{f}_1^g=py_1\hat{\phi}_1^g \tag{6.43}$$

$$\hat{f}_1^l=x_1\frac{\gamma_1}{\gamma_1^\infty}H_1 \tag{6.44}$$

溶剂的逸度
$$\hat{f}_2^{V}=py_2\hat{\phi}_2^{V} \tag{6.45}$$
$$\hat{f}_2^{L}=x_2\gamma_2p_2^{s}\phi_2^{s} \tag{6.46}$$

达到平衡状态时
$$py_1\hat{\phi}_1^{g}=x_1\frac{\gamma_1}{\gamma_1^{\infty}}H_1 \tag{6.47}$$
$$py_2\hat{\phi}_2^{V}=x_2\gamma_2p_2^{s}\phi_2^{s} \tag{6.48}$$

对于泡点压力的计算
$$y_1=\frac{x_1(\gamma_1/\gamma_1^{\infty})H_1}{\hat{\phi}_1^{g}p} \tag{6.49}$$
$$y_2=\frac{x_2\gamma_2\phi_2^{s}p_2^{s}}{\hat{\phi}_2^{V}p} \tag{6.50}$$
$$p=\frac{x_1(\gamma_1/\gamma_1^{\infty})H_1}{\hat{\phi}_1^{g}}+\frac{x_2\gamma_2\phi_2^{s}p_2^{s}}{\hat{\phi}_2^{V}} \tag{6.51}$$

对于二组分系统，由 Gibbs-Duhem 方程式(5. 34)，$\overline{M}_i$ 用$\overline{G}_i=\mu_i$ 表示，则

$$x_1\mathrm{d}\mu_1+x_2\mathrm{d}\mu_2=0 \quad (T,p\ \text{恒定}) \tag{6.52}$$

在一定温度和压力下，对式(5. 68) 微分得 $\mathrm{d}\mu_i=RT\mathrm{d}\ln\hat{f}_i$，则有
$$x_1\mathrm{d}\ln\hat{f}_1+x_2\mathrm{d}\ln\hat{f}_2=0 \quad (T,p\ \text{恒定}) \tag{6.53}$$

上式除以 $\mathrm{d}x_1$ 得
$$x_1\frac{\mathrm{d}\ln\hat{f}_1}{\mathrm{d}x_1}+x_2\frac{\mathrm{d}\ln\hat{f}_2}{\mathrm{d}x_1}=0 \quad (T,p\ \text{恒定}) \tag{6.54}$$

上式第二项中，以 $-\mathrm{d}x_2$ 代替 $\mathrm{d}x_1$ 得
$$x_1\frac{\mathrm{d}\ln\hat{f}_1}{\mathrm{d}x_1}=x_2\frac{\mathrm{d}\ln\hat{f}_2}{\mathrm{d}x_2} \quad \text{或} \quad \frac{\mathrm{d}\hat{f}_1/\mathrm{d}x_1}{\hat{f}_1/x_1}=\frac{\mathrm{d}\hat{f}_2/\mathrm{d}x_2}{\hat{f}_2/x_2}$$

当 $x_2\to1$ 时，$x_1\to0$，上式可改写为
$$\lim_{x_1\to0}\frac{\mathrm{d}\hat{f}_1/\mathrm{d}x_1}{\hat{f}_1/x_1}=\lim_{x_2\to1}\frac{\mathrm{d}\hat{f}_2/\mathrm{d}x_2}{\hat{f}_2/x_2}$$
$$\frac{H_1}{H_1}=\frac{(\mathrm{d}\hat{f}_2/\mathrm{d}x_2)_{x_2\to1}}{f_2} \quad \text{或} \quad f_2=\left(\frac{\mathrm{d}\hat{f}_2}{\mathrm{d}x_2}\right)_{x_2=1} \tag{6.55}$$

即
$$\int_{\hat{f}_2}^{f_2}\mathrm{d}\hat{f}_2=f_2\int_{x_2}^{1}\mathrm{d}x_2,\quad f_2-\hat{f}_2=f_2(1-x_2)$$

所以
$$\hat{f}_2=x_2f_2 \tag{5.81}$$

上式即为 Lewis-Randall 规则，适用于真实溶液中的溶剂逸度的计算。从上面讨论可以得出：如果亨利定律适用于两组分无限稀溶液系统，Gibbs-Duhem 方程又能保证当为纯物质时 Lewis-Rundall 规则的正确性，因此，当 $\gamma_2=1$，$\gamma_1/\gamma_1^{\infty}\to1$。故当 x_1 很小，式(6. 49)～式(6. 51) 简化为
$$y_1=\frac{x_1H_1}{\hat{\phi}_1^{g}p} \tag{6.56}$$
$$y_2=\frac{x_2\phi_2^{s}p_2^{s}}{\hat{\phi}_2^{V}p} \tag{6.57}$$
$$p=\frac{x_1H_1}{\hat{\phi}_1^{g}}+\frac{x_2\phi_2^{s}p_2^{s}}{\hat{\phi}_2^{V}} \tag{6.58}$$

【例 6.8】 饱和 CO_2 水溶液流入分离器内，在 40℃下 CO_2 发生解吸，当 $x_{CO_2}=0.001$ 时，试估算操作压力和蒸汽组成。

解： 查阅手册：40℃时，水中 CO_2 的亨利系数为 235.98MPa，水的饱和蒸气压为 7620Pa。通常解析在较低压力下进行。假设蒸汽为理想气体混合物，则式(6.56)～式(6.58) 中的逸度系数都为 1，CO_2 为组分 1，H_2O 为组分 2。所以

$$p=\frac{x_1H_1}{\hat{\phi}_1^{g}}+\frac{x_2\phi_2^{s}p_2^{s}}{\hat{\phi}_2^{V}}=x_1H_1+x_2p_2^{s}=0.001\times235.98\times10^6+0.999\times7620$$
$$=243592\text{Pa}$$

$$y_1=\frac{x_1H_1}{p}=\frac{0.001\times235.98\times10^6}{243592}=0.9687,\quad y_2=\frac{x_2p_2^{s}}{p}=\frac{0.999\times7620}{243592}=0.0313$$

所得结果与理想气体压力近似相等，计算结果有效。

6.4 液液平衡

液液平衡是液液萃取过程的基础。在低压下所有气体可以以任意比相互混合。但液体却不总是这样。在一定温度和组成范围内，两组分液体混合的平衡状态是以稳定的不同组成的两相形式存在，而非单一相。本节的目标是理解液液平衡原理，建立平衡相的热力学方程，及寻求解决化工生产中液液平衡问题的方法。

6.4.1 液液平衡相图

液液混合可以是均相，也可能是两相或多相。如果两组分以不同摩尔分数部分互溶，则会出现单相或两相，可用相图来表示。因为压力对凝聚相的影响很小，所以涉及的变量仅为温度和组成。对于二组分液液系统，最大自由度是 3。若忽略压力对液相的影响，则系统的最大自由度是 2，故可以将系统表示在 T-x_1 图上。图 6.23 为压力一定下三种不同类型的二组分系统液液相图。第一种类型［图 6.23(a)］岛型曲线所包围的是两相共存区，在曲线外液体为均相；在曲线内液体两相共存。曲线 UAL 表示组分 1 在组分 2 中的溶解度，而曲线 UBL 代表组分 2 在组分 1 中的溶解度。在特定温度 T 时，水平线与双峰曲线的割线 AB 为

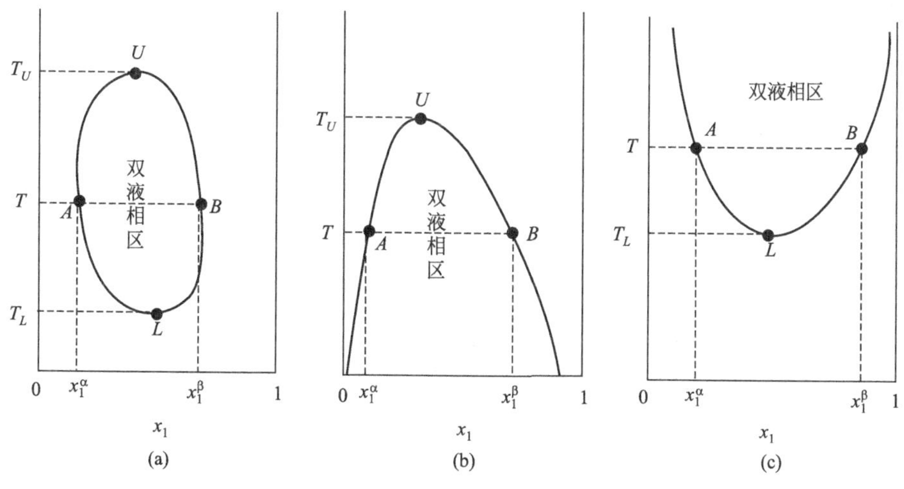

图 6.23 三种不同类型的二组分系统液液相图

结线，A 和 B 所对应的组成 x_1^α 和 x_1^β 分别为两个液相平衡的组成。温度 T_L 和 T_U 分别称为下临界溶解温度（LCST）和上临界溶解温度（UCST）。在 $T_U>T>T_L$ 的温度范围内，才可能出现液液平衡；当 $T>T_U$ 或 $T<T_L$ 时，在全浓度范围内都是完全互溶的均相。

实际上，液液平衡的岛型曲线常常会和其他相变线相交。当岛型曲线和固相区相交时，只有 UCST 存在，如图 6.23(b) 所示。当岛型曲线和泡点线相交时，只有 LCST 存在，如图 6.23(c) 所示。

在一定的温度和压力下，三组分液液混合相图可以用等边三角形表示。三角形内任意一点到三边距离的和等于三角形的高。若设高度为 1，则摩尔分数约束条件成立。图 6.24 所示为几种不同类型的三组分多液相相图，顶点分别表示三种纯组分：(a) 一对部分互溶系统；(b)、(c) 和 (d) 两对部分互溶系统；(e) 和 (f) 三对部分互溶系统。

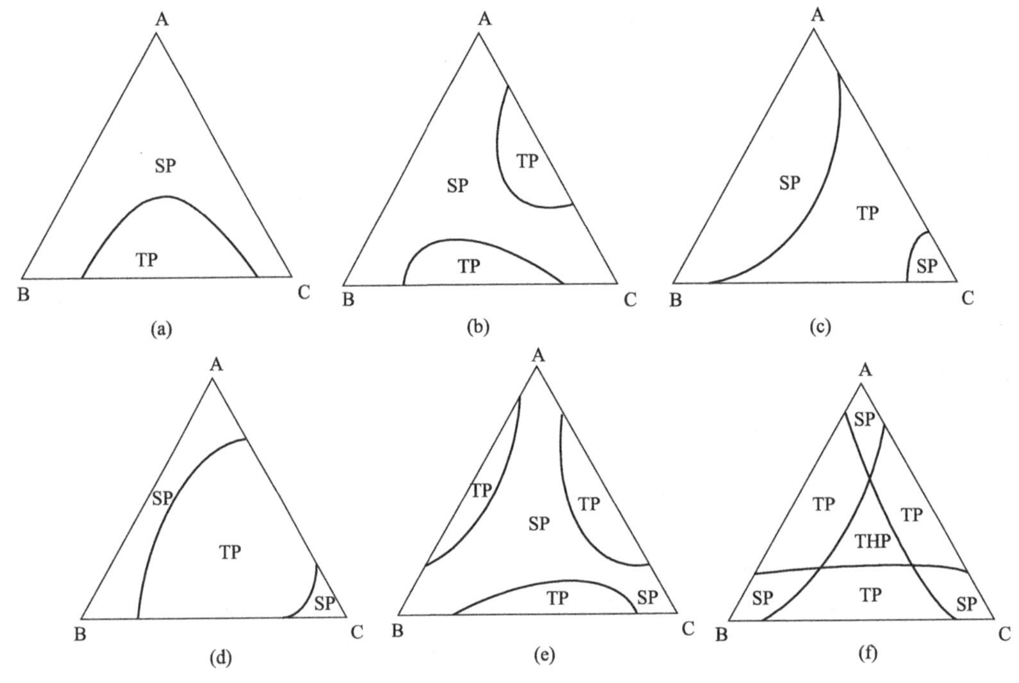

图 6.24 几种不同类型的三组分多液相相图

SP—单相；TP—两相；THP—三相

6.4.2 溶液的稳定性

从图 6.23 可以看出，在 T_L 到 T_U 范围内，当 x_1 很小时，混合物均相或单一稳定相存在，随着 x_1 逐渐增大至岛型曲线边缘时，溶液开始变得不稳定，当穿过岛型曲线时，溶液变为两相。另一方面，在岛型曲线组成范围内，当温度高于 UCST 或低于 LCST 时，溶液以稳定的单一相存在，当溶液被加热或冷却到岛型曲线时，溶液失去其稳定性，变为两相。溶液的稳定性可以用热力学第二定律进行分析。

对于封闭系统，克劳修斯不等式简化为

$$dQ \leqslant T\,dS \tag{6.59}$$

热力学第一定律

$$dU + p\,dV \leqslant T\,dS$$

或

$$dU + p\,dV - T\,dS \leqslant 0 \tag{6.60}$$

式(6.60) 在非平衡状态下系统变化过程中一直成立，且规定变化的方向至平衡状态，平衡状态下等式成立。在一定温度和压力下，式(6.60) 改写为

$$d(U+pV-TS)_{T,p}\leqslant 0 \tag{6.61}$$

或

$$(dG_m)_{T,p}\leqslant 0 \tag{6.62}$$

式(6.62) 表明在一定温度和压力下，所有过程朝着系统吉布斯自由能减少的方向进行。因此，在给定温度和压力下，封闭系统的平衡状态是吉布斯自由能达到最小值时的状态。

平衡判据为平衡状态的确定提供了一个通用方法。G 可表达为组成函数，在质量守恒的约束下，摩尔分数可以获得，并可使 G 值最小化。平衡时，吉布斯自由能达到最小值，式(6.62) 变为

$$(dG_m)_{T,p}=0 \tag{6.63}$$

对于二组分系统

$$\left(\frac{dG_m}{dx_1}\right)_{T,p}=0 \tag{6.64}$$

方程包含三种情形，不稳定平衡、介稳平衡、稳定平衡，如图 6.25 所示。很明显，图 6.25 中的第 3 点，溶液组成的任何改变都将引起吉布斯自由能的增加，并且

$$\left(\frac{d^2G_m}{dx_1^2}\right)_{T,p}>0 \tag{6.65}$$

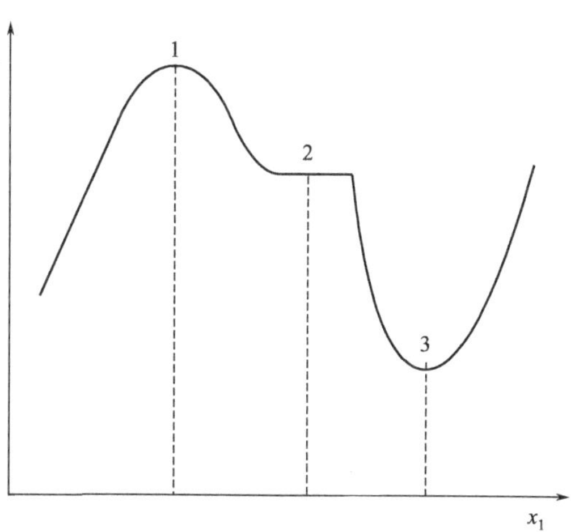

图 6.25 二元溶液的稳定性

式(6.65) 是溶液是否处于稳定平衡的判据。

若 $\left(\frac{d^2G_m}{dx_1^2}\right)_{T,p}>0$，则混合物为稳定的均相溶液；若 $\left(\frac{d^2G_m}{dx_1^2}\right)_{T,p}<0$，溶液将变为两相；如果 $\left(\frac{d^2G_m}{dx_1^2}\right)_{T,p}=0$，混合液处于岛型曲线上，极易发生相变。

【例 6.9】 试证明二元理想溶液是稳定的。

解： 二元理想溶液的吉布斯自由能用溶液组成来表示

$$G_m=x_1G_{m1}+x_2G_{m2}+x_1RT\ln x_1+x_2RT\ln x_2$$

$$\left(\frac{\partial G_m}{\partial x_1}\right)_{T,p}=G_{m1}-G_{m2}+RT\ln x_1+RT-RT\ln x_2+RT$$

$$\left(\frac{\partial^2 G_m}{\partial x_1^2}\right)_{T,p}=\frac{RT}{x_1}+\frac{RT}{x_1}=\frac{2RT}{x_1}>0$$

所以，溶液在所有组成范围内处于稳定状态。

【例 6.10】 两纯液体混合为均相溶液过程中吉布斯自由能的特性。

解： 混合过程性质改变量

$$\Delta M_m=M_m-\sum_i x_iM_{mi} \tag{5.112}$$

对于吉布斯自由能

$$\Delta G_m=G_m-\sum_i x_iG_{mi}$$

均相溶液混合吉布斯自由焓向变小方向进行。$\Delta G_{\mathrm{m}} \sim x_1$ 曲线如图 6.26 所示。对于曲线Ⅱ，尚需进一步思考，曲线在 α 和 β 间出现凸起，当混合发生时，形成两相溶液的吉布斯自由能比形成单相溶液时小，则系统会分为两相。

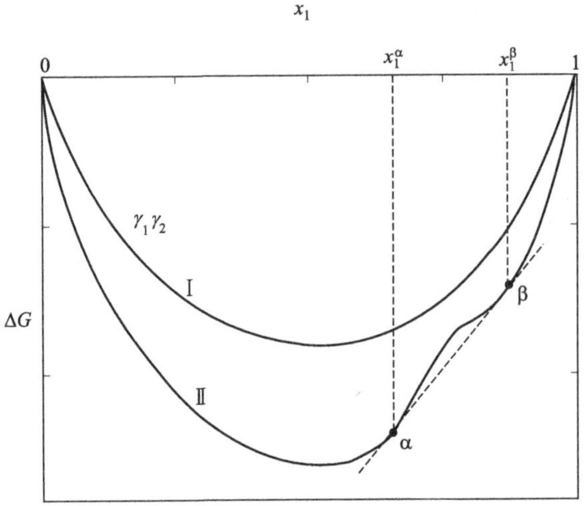

图 6.26 溶液混合吉布斯函数变

（曲线Ⅰ，完全互溶；曲线Ⅱ，在 α 与 β 间出现分相）

6.4.3 液液平衡计算

很多液体在一定组成范围内，不能互相混合形成单一相溶液，式(6.65) 对这些液体不适用。系统将分散成不同组成的两相，若系统处于热力学平衡，即属液液平衡（LLE）。液液平衡判据和汽液平衡判据一样。在相同温度和压力下，通过各相中各组分的逸度来判定是否达到平衡。对 N 组分液液平衡系统，在同样的温度和压力下，用上标 α 和 β 表示各相，平衡判据可写为

$$\hat{f}_i^{\alpha}=\hat{f}_i^{\beta} \quad (i=1,2,\cdots,N)$$

引入活度系数

$$x_i^{\alpha}\gamma_i^{\alpha}f_i^{\alpha}=x_1^{\beta}\gamma_1^{\beta}f_i^{\beta}$$

在系统温度下，各纯组分以液态形式存在，即 $f_i^{\alpha}=f_i^{\beta}=f_i$，故

$$x_i^{\alpha}\gamma_i^{\alpha}=x_i^{\beta}\gamma_i^{\beta} \quad (i=1,2,\cdots,N) \tag{6.66}$$

在式(6.66) 中，活度系数 γ_i^{α} 和 γ_i^{β} 是温度、压力和组成的函数

$$\gamma_i^{\alpha}=\gamma_i^{\alpha}(T,p,x_1^{\alpha},x_2^{\alpha},\cdots,x_{N-1}^{\alpha}) \tag{6.67a}$$

$$\gamma_i^{\beta}=\gamma_i^{\beta}(T,p,x_1^{\beta},x_2^{\beta},\cdots,x_{N-1}^{\beta}) \tag{6.67b}$$

根据式(6.66) 和式(6.67a)，N 个平衡方程包含 $2N$ 个强度变量（各相的温度、压力和 $N-1$个独立的摩尔分数)，方程的求解需要已知 N 个强度变量值，与相律自由度分析 $F=N-\pi+2=N-2+2=N$ 一致（π 为相数）。

【例 6.11】 低压下二元液液平衡计算。

解： 对于低压下二元液液平衡状态，压力对活度系数的影响可以忽略不计，由式(6.66) 有：

$$x_1^\alpha \gamma_1^\alpha = x_1^\beta \gamma_1^\beta \tag{a}$$

$$x_2^\alpha \gamma_2^\alpha = x_2^\beta \gamma_2^\beta \tag{b}$$

式中

$$\gamma_1^\alpha = \gamma_1^\alpha (T, x_1^\alpha) \tag{c}$$

$$\gamma_1^\beta = \gamma_1^\beta (T, x_1^\beta) \tag{d}$$

$$\gamma_2^\alpha = \gamma_2^\alpha (T, x_1^\alpha) \tag{e}$$

$$\gamma_2^\beta = \gamma_2^\beta (T, x_1^\beta) \tag{f}$$

$$x_1^\alpha + x_2^\alpha = 1 \tag{g}$$

$$x_1^\beta + x_2^\beta = 1 \tag{h}$$

在上述方程里，8 个方程有 9 个变量；如果已知 1 个变量，则余下 8 个变量都可以通过方程求解得出。若温度 T 已知，则计算过程如下：

① 设初始值 x_1^α、x_1^β；

② 通过方程式(g) 和式(h) 求出 x_2^α、x_2^β；

③ 通过方程式(c)～式(f) 求出 γ_1^α，γ_1^β，γ_2^α，γ_2^β；

④ 再通过方程式(a)、式(b) 求得 x_1^α、x_1^β；

⑤ 再把步骤④计算的计算结果返回到步骤②作为新的初始值进行迭代计算。

6.5 汽液液平衡（VLLE）

在 6.4.1 节已述及，液液平衡的岛型曲线有时会和汽液平衡的泡点曲线相交，这将出现汽液液平衡状态。根据相律可知二元三相（两液相一气相）系统自由度为 1。在给定压力下，三相的温度和组成确定唯一。在温度组成曲线上，系统处于温度为 T^* 的水平线上的三相平衡态。图 6.27 中，C、D 两点表示系统处于两液相状态，E 点表示系统只有蒸气相（汽相）。在温度 T^* 以上，根据总组成不同，系统可能是单一的液相或两相（汽相和液相）或只有蒸气相。在 α 区域，系统为单一的液相，富含组分 2，在 β 区域，系统也是单一的液相，富含组分 1。在 α-V 区域，呈汽液平衡状态。AC 和 AE 分别表示饱和液相线和饱和汽相线。同理 β-V 区域，亦属液、汽相平衡共存，BD 和 BE 分别表示饱和液相线和饱和汽相线。

当温度低于三相平衡温度 T^* 时，系统处于液相，其特点已在 6.4.1 节中讨论。

在定压下蒸气被冷却，系统状态沿着铅垂线变化，如图 6.27 所示。当系统从 k 点开始冷却，蒸气先经过露点线 BE，然后再过泡点线 BD，最后冷却为单相液体 β。若系统从 n 点开始冷却，在到达温度 T^* 前没有蒸气冷凝为液体，当达到温度 T^* 时，蒸气全部冷凝为液体，系统变为两液相，用 C、D 两点表示。如果系统从中间点 m 开始冷却，则冷却过程是上述两个过程的结合。在到露点线温度之后，系统呈汽液平衡。温度下降为 T^* 时，蒸气全部冷凝为液体，形成组成分别为 C、D 两点的两个液相。

图 6.27 是在定压下绘制。平衡相组成和各线的位置随着压力的变化而改变。但是在一定压力范围内，图的一般性（形状）不变。

图 6.28 所示为稳态两液相等温闪蒸模型。在一定温度和压力下，原料液以 F 速率流进闪蒸罐内，原料液含有 N 个组分，组成为 z_j，根据各组分的性质和组成，闪蒸罐内可能存在两液相和一蒸气相。设稳态时蒸气流量为 V，组成为 y_j，液相 1 流量为 L_1，组成为 x_{1j}，液相 2 流量为 L_2，组成为 x_{2j}，这一 VLLE 系统的计算任务是计算出各相的流量和组成。

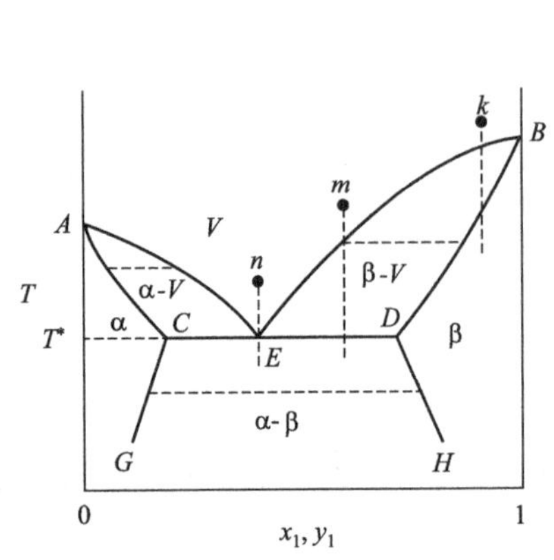

图 6.27 定压下二元系统汽液液平衡 T-x-y 图

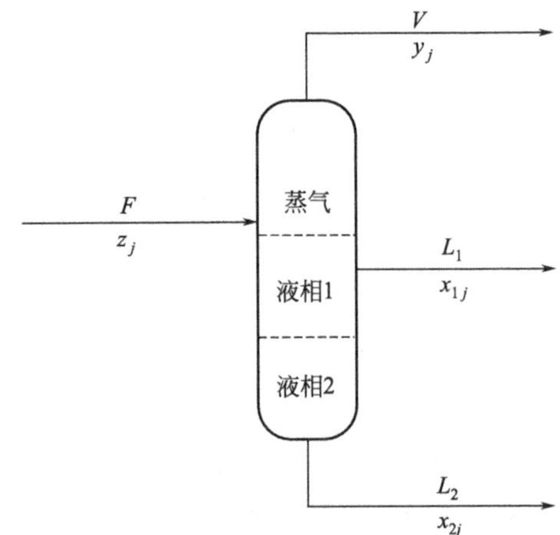

图 6.28 稳态二液相等温闪蒸模型

对 j 组分进行物料衡算

$$Fz_j = Vy_j + L_1 x_{1j} + L_2 x_{2j}$$

$$k_{1j} = y_i / x_{1j}$$

$$k_{2j} = y_j / x_{2j}$$

$$\sum y_j = 1$$

$$\sum x_{1j} = 1$$

$$\sum x_{2j} = 1$$

定义汽化率 α 和液相分配系数 β

$$\alpha = V/F \tag{6.68}$$

$$\beta = L_1/(L_1 + L_2) \tag{6.69}$$

有

$$x_{1j} = \frac{z_j}{\alpha k_{1j} + \beta(1-\alpha) + (1-\alpha)(1-\beta)\dfrac{k_{1j}}{k_{2j}}} \tag{6.70}$$

$$x_{2j} = \frac{z_j k_{1j}/k_{2j}}{\alpha k_{1j} + \beta(1-\alpha) + (1-\alpha)(1-\beta)\dfrac{k_{1j}}{k_{2j}}} \tag{6.71}$$

$$y_j = k_{1j} x_{1j} \tag{6.72}$$

和

$$\sum \frac{z_j(1-k_{1j})}{\alpha k_{1j} + \beta(1-\alpha) + (1-\alpha)(1-\beta)\dfrac{k_{1j}}{k_{2j}}} = 0 \tag{6.73}$$

$$\sum \frac{z_j\left(1-\dfrac{k_{1j}}{k_{2j}}\right)}{\alpha k_{1j} + \beta(1-\alpha) + (1-\alpha)(1-\beta)\dfrac{k_{1j}}{k_{2j}}} = 0 \tag{6.74}$$

由相平衡判据可以求得相平衡常数 k_{1j} 和 k_{2j}

$$y_j \hat{\phi}_j^{V} p = x_{1j} \gamma_{ij} \phi_j^{s} p_j^{s}$$

$$k_{ij} = y_j / x_{ij} = \gamma_{ij} \phi_j^{s} p_j^{s} / (\hat{\phi}_j^{V} p) \tag{6.75}$$

式(6.73) 和式(6.74) 是闪蒸方程，可以通过 Newton-Raphson 方法求得 α 和 β。然后再结合式(6.68)、式(6.69) 和物料平衡方程 $F = V + L_1 + L_2$，求出 V、L_1 和 L_2，最后由式

(6.70)～式(6.72) 得出产品流的组成。

(1) 泡点

如果 $V\to 0$，混合液在泡点温度上，即 $\alpha\to 0$，闪蒸方程式(6.73) 和式(6.74) 简化为

$$\sum\frac{z_j(1-k_{1j})}{\beta+(1-\beta)\dfrac{k_{1j}}{k_{2j}}}=0 \tag{6.76}$$

和

$$\sum\frac{z_j\left(1-\dfrac{k_{1j}}{k_{2j}}\right)}{\beta+(1-\beta)\dfrac{k_{1j}}{k_{2j}}}=0 \tag{6.77}$$

泡点温度的计算是为了找到适合两个方程的温度，计算过程如下所示：

① 设初始值 x_1、x_2、y，假设 T_b；

② 计算 k_{1j}、k_{2j}；

③ 由式(6.76) 求出 β；

④ 当 $\alpha=0$ 时，由式(6.70)～式(6.72) 求 x_1、x_2 和 y；

⑤ 对 x_1、x_2 和 y 进行归一化计算；

⑥ 将归一化值和初始值进行比较，若在误差允许范围内，则进行步骤⑦，反之，用归一化值迭代返回步骤②。

⑦ 检查式(6.77) 是否成立。若成立则完成计算。反之，通过一阶非线性方程重新假设泡点温度 T_b，返回步骤②。

(2) 露点

在露点，只存在一个液相，$k_{1j}=k_{2j}=k_j$，$V\to F$ 且 $\alpha\to 1$，式(6.73) 简化为

$$\sum_i\frac{z_i}{k_i}-1=0$$

露点计算如［例 6.12］所示。

【例 6.12】 25℃时，二元溶液 A 和 B 处于汽液液平衡。两液相组成 $x_A^\alpha=0.02$，$x_B^\alpha=0.98$，$x_A^\beta=0.98$，$x_B^\beta=0.02$。25℃时两组分饱和蒸气压为 $p_A^s=0.01\text{MPa}$，$p_B^s=0.1013\text{MPa}$，试计算平衡压力和蒸气组成。

解： 由 Lewis-Randall 规则：

在相 α 中，$x_B\to 1$，$\gamma_B^\alpha\approx 1$；在相 β 中，$x_A\to 1$，$\gamma_A^\beta\approx 1$

由液液平衡方程得

$$x_A^\alpha\gamma_A^\alpha=x_A^\beta\gamma_A^\beta$$

$$\gamma_A^\alpha=\frac{x_A^\beta\gamma_A^\beta}{x_A^\alpha}=\frac{0.98\times 1}{0.02}=49$$

$$\gamma_B^\beta=\frac{x_B^\alpha\gamma_B^\alpha}{x_B^\beta}=\frac{0.98\times 1}{0.02}=49$$

由汽液平衡方程得

$$y_ip=x_i\gamma_ip_i^s$$

平衡压力

$$\begin{aligned}p&=x_A\gamma_Ap_A^s+x_B\gamma_Bp_B^s\\&=(0.02\times 49\times 0.01+0.98\times 1\times 0.1013)\times 10^3=109.1\text{kPa}\end{aligned}$$

蒸气组成

$$y_A=\frac{x_A\gamma_Ap_A^s}{p}=\frac{0.02\times 49\times 0.01\times 10^3}{109.1}=0.0898,\quad y_B=1-y_A=0.9102$$

小结

本章基于热力学第二定律讨论了流体相平衡条件与相平衡计算。要求同学能够灵活运用前述各章的知识，熟练进行各种压力条件下气相逸度与液相逸度的计算方法，依据相平衡条件，进行相平衡计算，解决化工分离过程中的相平衡问题。通过典型例题与习题的计算，强化计算机计算技能。相平衡计算的基本条件是任一组分在相平衡的不同相态中的逸度相等，气相逸度一般通过状态方程与逸度系数计算，而液相逸度则常通过活度系数模型与标准态逸度计算。汽液平衡计算是相平衡计算中的重要组成部分，含泡点、露点与闪蒸计算，其中只有低压下泡点压力计算不需迭代，而低压下的其他计算与中、高压下的全部计算均需要试差与迭代计算，液液平衡计算也都离不开迭代计算。要求同学掌握计算原理与迭代方法，消化理解教材中的计算框图，能够设计、编制正确的计算程序，进行计算机求解化工中相平衡问题。微软 Excel 电子表格亦是一个有效的单变量求根与多变量规划求解的计算工具，可用于进行许多化工热力学问题计算。

思考题

选择题

6.1 混合物系统达到汽液平衡时，总有（　　）。

A. $f_i^{\mathrm{V}}=f_i^{\mathrm{L}}$　　B. $\hat{f}_i=\hat{f}_i^{\mathrm{id}}$　　C. $\hat{f}_i^{\mathrm{V}}=\hat{f}_i^{\mathrm{L}}$　　D. $f_{\mathrm{m}}^{\mathrm{V}}=f_{\mathrm{m}}^{\mathrm{L}}$

6.2 低压汽液相平衡，液相组分的逸度等于（　　）。

A. p_i^{s}　　B. f_i　　C. $x_i\hat{f}_1$　　D. $y_i p$

填空题

6.3 给定压力下低于泡点温度存在的液体为__________，给定压力下高于泡点温度存在的蒸气为__________。

6.4 对于一个具有 UCST 和 LCST 的二元液体混合物系统，当 $T>T_{\mathrm{UCST}}$ 和 $T<T_{\mathrm{LCST}}$ 时，混合物呈______相（1或2），此时__________。

习题

6.1 在55℃时，氯仿（1）/乙醇（2）系统的过量吉布斯函数可用 Margules 方程表示：

$$G^{\mathrm{E}}/RT=(1.42x_1+0.59x_2)x_1x_2$$

假设蒸气为理想气体，试进行在55℃时，当液相氯仿摩尔分数为0.25时泡点压力计算。

6.2 试进行在30℃时二元丙酮-水系统的泡点压力计算，其中 $x_1=0.3$，假设蒸气为理想气体，且液相活度符合 Wilson 模型。30℃：$\gamma_1^{\infty}=6.65$；$\gamma_2^{\infty}=6.01$。

6.3 在45℃和24.4kPa下，测得二元系统汽液平衡数据：$x_1=0.3$，$y_1=0.634$。在45℃，$p_1^{\mathrm{s}}=23.06\mathrm{kPa}$，$p_2^{\mathrm{s}}=10.05\mathrm{kPa}$。假设蒸气是理想气体，计算液相：$\gamma_1$，$\gamma_2$、$G_{\mathrm{m}}^{\mathrm{E}}$、$\Delta G_{\mathrm{m}}$。

6.4 二元系统处于汽液平衡，试根据汽液平衡原理计算表格空白处数据。假设气体为理想气体，溶液为真实溶液。溶液符合 van Laar 方程。

A（1）-B（2）在87.8℃下汽液平衡

x_1	y_1	γ_1	γ_2	p/kPa
0.0000		$\gamma_1^{\infty}=$		64.39
0.4320	0.4320			101.325
0.7000				
1.0000			$\gamma_2^{\infty}=$	69.86

6.5 试计算在压力为1bar下，甲苯（1）（摩尔分数0.3）和正丁醇（2）（摩尔分数0.7）混合系统的泡点温度和蒸气组成。系统符合 van Laar 方程。$\ln\gamma_1^{\infty}=0.3897$，$\ln\gamma_2^{\infty}=0.5595$。

6.6 试进行在压力为1bar下，甲苯（1）（摩尔分数0.3）和正丁醇（2）（摩尔分数0.7）混合系统的露点温度计算。系统符合 van Laar 方程。$\ln\gamma_1^{\infty}=0.3897$，$\ln\gamma_2^{\infty}=0.5595$。

6.7 在311.65K下，甲醇（1）（摩尔分数0.4）和苯（2）（摩尔分数0.6）混合物达汽液平衡，气体逸度系数和液体逸度系数分别用第二维里方程和 Wilson 方程计算。试进行系统的泡点压力计算。其中 $g_{12}-g_{11}=7187.6873\text{J/mol}$，$g_{21}-g_{22}=823.5087\text{J/mol}$。

6.8 在311.65K下，甲醇（1）（摩尔分数0.6490）和苯（2）（摩尔分数0.3510）混合物达汽液平衡，气体逸度系数和液体逸度系数分别用第二维里方程和 Wilson 方程计算。试进行系统的露点压力计算。其中 $g_{12}-g_{11}=7187.6873\text{J/mol}$，$g_{21}-g_{22}=823.5087\text{J/mol}$。

6.9 在311.65K下，甲醇（1）和苯（2）混合物达汽液平衡，当系统组成为 $z_1=0$，0.1，0.2，…，1.0，气体逸度系数和液体逸度系数分别用第二维里方程和 Wilson 方程计算。试进行系统的泡点压力和露点压力计算，作出 p-x-y 和 x-y 图。其中 $g_{12}-g_{11}=7187.6873\text{J/mol}$，$g_{21}-g_{22}=823.5087\text{J/mol}$。

6.10 在1.52MPa下，甲醇（1）和乙醇（2）混合物达汽液平衡，当系统组成为 $z_1=0$，0.1，0.2，…，1.0.，气体逸度系数和液体逸度系数分别用第二维里方程和 Wilson 方程计算。试进行系统的泡点温度和露点温度计算，作出 T-x-y 和 x-y 图。其中 $g_{12}-g_{11}=568.2345\text{J/mol}$，$g_{21}-g_{22}=-552.5290\text{J/mol}$。

6.11 在2.0MPa下，对于二元甲醇（1）（摩尔分数0.7）和乙醇（2）（摩尔分数0.3）系统混合物，试计算泡点温度和蒸气组成。其中分别用 P-R 方程和 Wilson 模型来计算气体逸度系数和液相逸度系数。

6.12 在200K和30bar下，二元系统甲醇（1）和轻油（2），形成气相（甲醇摩尔分数0.95）和液相（含轻油和甲醇），甲醇逸度由亨利定律计算，亨利常数 $H_1=200\text{bar}$，基于任何假设，试计算平衡时液相中甲醇组成。纯甲醇第二维里系数200K时是 $-105\text{cm}^3/\text{mol}$。

6.13 对于二组分均相系统，溶液稳定平衡判据 $\left(\dfrac{\mathrm{d}^2G_\mathrm{m}}{\mathrm{d}x_1^2}\right)_{T,p}>0$，试证明：

$$\left(\frac{\mathrm{d}^2(G_\mathrm{m}^\mathrm{E}/RT)}{\mathrm{d}x_1^2}\right)_{T,p}>-\frac{1}{x_1x_2}$$

进一步证明 $\left(\dfrac{\mathrm{d}\ln\gamma_1}{\mathrm{d}x_1}\right)_{T,p}>-\dfrac{1}{x_1}$。

6.14 一个二元系统在25℃时处于液液平衡，其中 $x_1^{\alpha}=0.20$，$x_1^{\beta}=0.90$。试计算在25℃时 Margules 方程中系数 A_{12} 和 A_{21}。

6.15 计算习题6.14条件下 van Laar 方程系数 A_{12} 和 A_{21}。

6.16 设二元气体系统符合维里方程，$Z=1+\dfrac{Bp}{RT}$，$B_{\text{mix}}=y_1^2B_{11}+2y_1y_2B_{12}+y_2^2B_{22}$。试说明在何种情形下，气体会变为不相容的两相。

6.17 试推导证明对于符合 Margules 对称过剩 Gibbs 模型的二元液体混合物，其液液平衡系统分相条件为 $G_\mathrm{m}^\mathrm{E}\geqslant 0.5RT$。

6.18 已知：液体2和液体3不相溶，液体1分别和液体2、液体3互溶。分别取三种液体各1mol搅拌混合形成α和β两相，其中α相组分为液体1和液体2，β相组分为液体1和液体3。求液体1在α和β两相的摩尔分数。在实验温度下，α和β两相过量吉布斯函数 $\frac{(G_m^E)^\alpha}{RT}=0.4x_1^\alpha x_2^\alpha$，$\frac{(G_m^E)^\beta}{RT}=0.8x_1^\beta x_3^\beta$。

6.19 液态甲苯（1）和水（2）基本不互溶。在压力101.33kPa下，甲苯和水气态混合物被冷却，摩尔分数 $z_1=0.2$，试计算露点温度及第一滴液相组成和泡点温度及最后微量蒸汽的气相组成。

第7章

化学反应平衡

本章重点：

运用热力学定律来讨论化学平衡、平衡常数的测定和计算以及温度、压力及反应物的比率对平衡转化率的影响，以及多个反应平衡的计算方法。对于燃料电池涉及化学热力学、电化学、电催化、材料科学、电力系统及自动控制等众多学科相关理论有一个基本概念了解。

本章难点：

明确化学平衡的规律、平衡过程描述，特别是平衡常数和经典热力学概念的区别。

对于任一可逆的化学反应，在一定条件下达到化学平衡状态（chemistry equilibrium state）时，体系中各反应物和生成物的物质的量不再发生变化，其活度商为一定值。

化学反应平衡的标志是化学反应体系内的各物质的浓度不再随时间的变化而变化。因此建立平衡后，各物质的浓度就不发生改变了。反过来说，如果化学反应达到平衡后，各物质的浓度不再发生改变，则平衡就没有发生移动。例如在一个装满水的杯子中，加入多少水就会有多少水流出，加入的水和流出的水始终相等，化学反应平衡也是这样，就是生成的物质的质量等于被消耗的物质质量，物质的总质量始终不变化。

平衡状态的特征：

逆：化学平衡状态只是讨论可逆反应形成的一种状态。

等：正反应逆反应速率相等。

动：化学平衡是一种动态平衡。

定：在平衡混合物中，各组成成分的含量保持一定。

变：化学平衡是在一定条件下的平衡状态和平衡体系。

同：对于一个可逆反应来说，如果外界条件不变时，无论采取任何途径，最后平衡状态相同。

工业生产的一个主要部分就是通过化学反应将原材料转变成价值更高的产品，大量商品都是通过化学合成的方法获得的。美国每年都要生产数十亿吨的化学品，如硫酸、氨、乙烯、丙烯、磷酸、氯、硝酸、尿素、苯、甲醇、乙醇、乙二醇等。这些物质大量用于生产纤维、涂料、洗衣粉、塑料、橡胶、纸张、肥料以及杀虫剂等。显然，化学工程师必须对化学反应器的设计和操作十分熟悉。

反应速率及平衡转化率都取决于过程的温度、压力及反应物的组成。通常，要达到合适的反应速率需要具有适当的催化剂。例如，二氧化硫氧化生成三氧化硫的反应，通过加入催化剂五氧化二矾在300℃时可达到可观的氧化速率，并随着温度的升高反应速率进一步加快。如果单独考虑反应速率，那么只需将操作温度设置到允许的最大值。但事实上，随着温度的上升三氧化硫的平衡转化率降低，在520℃时转化率为90%，而680℃时却降为50%左右，这些是在不考虑催化剂或反应速率的情况下得出的最大可能的平衡转化率值。所以，在一个实际的化学反应中，平衡转化率与反应速率必须同时考虑。虽然反应速率受热力学条件的影响不大，但是转化率却与其紧密相关。因此，在本章中，将讨论温度、压力及反应物初始组成对化学反应平衡转化率的影响。

工业应用中的许多化学反应都不在平衡状态下进行，因此反应器的设计主要依据反应速率。然而，反应平衡仍然影响着操作条件的选择。此外，反应的平衡转化率为过程设备的改进提供了一个评价标准。类似地，它可以确定一个新反应的实验研究是否有价值。例如，如果热力学分析表明某反应平衡时转化率只有20%，而实际需要达到至少50%的转化率才可获利，那么这个反应的实验研究就对实际生产毫无意义。另一方面，如果平衡时的转化率能达到80%，那么通过实验来确定各种操作条件（如催化剂、温度、压力等）下的反应速率就有了根据。

本章7.1节将介绍反应计量学；7.2节介绍反应平衡的有关知识；7.3节将引入平衡常数的概念；7.4节、7.5节将分别介绍平衡常数与温度的关系及其计算；7.6节介绍平衡常数与组分组成的关系；7.7节介绍单一反应中平衡转化率的计算；7.8节重提一下相律的知识；7.9节介绍多个反应平衡；最后，7.10节简要介绍一下燃料电池。

7.1 反应坐标

根据 $\Delta H^{\ominus}$ 与温度的关系，反应可表示为

$$|\nu_1|A_1+|\nu_2|A_2+\cdots=|\nu_3|A_3+|\nu_4|A_4+\cdots \tag{7.1}$$

式中，$|\nu_i|$ 是化学计量系数；A_i 表示某一分子式。ν_i 作化学计量数，根据 $\Delta H^{\ominus}$ 与温度关系的符号规定，产物的计量值为正，反应物的计量值为负。因此对如下的反应式：

$$CH_4+H_2O \longrightarrow CO+3H_2$$

化学计量数分别为 $\nu_{CH_4}=-1$，$\nu_{H_2O}=-1$，$\nu_{CO}=1$，$\nu_{H_2}=3$，惰性组分的化学计量数规定为0。

如式(7.1)的反应，物质的量的改变与各组分的化学计量数成比例，因此在上述反应中假如反应掉0.5mol的 CH_4，则必然消耗掉0.5mol的 H_2O，同时生成0.5mol的CO和1.5mol的 H_2。化为微分表达式，$\frac{dn_2}{\nu_2}=\frac{dn_1}{\nu_1}$，$\frac{dn_3}{\nu_3}=\frac{dn_1}{\nu_1}$等。对所有组分都有这样的关系式。通过比较这些方程，得到 $\frac{dn_1}{\nu_1}=\frac{dn_2}{\nu_2}=\frac{dn_3}{\nu_3}=\frac{dn_4}{\nu_4}=\cdots$

上式所有项都是相等的，它们可以用一个表示反应量的简单数量来等价。因此，通过下式定义 $d\varepsilon$ 为

$$\frac{dn_1}{\nu_1}=\frac{dn_2}{\nu_2}=\frac{dn_3}{\nu_3}=\frac{dn_4}{\nu_4}=\cdots\equiv d\varepsilon \tag{7.2}$$

反应物物质的量的微分 dn_i 与 $d\varepsilon$ 的普遍关系为

$$dn_i=\nu_i d\varepsilon \quad (i=1,2,\cdots,N) \tag{7.3}$$

式中，新变量 ε 称为反应坐标，它表示反应进行的程度。式(7.2)及式(7.3)定义了反应坐标 ε 与反应物物质的量变化的关系。在反应前系统的初始状态该值设为0，因此，式(7.3)从未反应的初始状态即 $\varepsilon=0$，$n_i=n_{i0}$ 到任意反应程度后某状态的积分式为

$$\int_{n_{i0}}^{n_i} \mathrm{d}n_i = \int_0^{\varepsilon} \nu_i \mathrm{d}\varepsilon$$

或

$$n_i = n_{i0} + \nu_i \varepsilon \quad (i=1,2,\cdots,N) \tag{7.4}$$

对所有组分加和

$$n = \sum_i n_i = \sum_i n_{i0} + \varepsilon \sum_i \nu_i$$

$$n = n_0 + \nu\varepsilon$$

其中

$$n \equiv \sum n_i, \quad n_0 \equiv \sum n_{i0}, \quad \nu \equiv \sum \nu_i$$

因此组分的摩尔分数 y_i 与反应坐标 ε 的关系为

$$y_i = \frac{n_i}{n} = \frac{n_{i0} + \nu_i \varepsilon}{n_0 + \nu\varepsilon} \tag{7.5}$$

化学计量数是没有单位的，所以式(7.3) 中反应坐标 ε 的单位为摩尔。这就引入了反应摩尔的概念，即 1mol 物质中 ε 的变化值。当 $\Delta\varepsilon = 1\text{mol}$，反应达到这样一种程度即每种反应物的消耗量与产物的生成量等于各自的化学计量数。

【例 7.1】 假设某容器中含有 $n_0$mol 的水蒸气，且水蒸气发生如下分解

$$H_2O \longrightarrow H_2 + 1/2O_2$$

试将每种化学组分的物质的量和摩尔分数表示为反应坐标 ε 的函数。

解： 对给定的反应 $\nu = -1+1+1/2$。应用式(7.4) 和式(7.5) 得到

$$n_{H_2O} = n_0 - \varepsilon$$

$$y_{H_2O} = \frac{n_0 - \varepsilon}{n_0 + 1/2\varepsilon}$$

$$n_{H_2} = \varepsilon$$

$$y_{H_2} = \frac{\varepsilon}{n_0 + 1/2\varepsilon}$$

$$n_{O_2} = \frac{1}{2}\varepsilon$$

$$y_{O_2} = \frac{\frac{1}{2}\varepsilon}{n_0 + \frac{1}{2}\varepsilon}$$

水蒸气的分解分数为

$$\frac{n_0 - n_{H_2O}}{n_0} = \frac{n_0 - (n_0 - \varepsilon)}{n_0} = \frac{\varepsilon}{n_0}$$

因此，当 $n_0 = 1$ 时，ε 直接与水蒸气的分解分数相关。

多个反应的化学计量数

当有两个或两个以上独立的反应同时进行时，每一个反应都有各自的反应坐标 ε_j，下标 j 表示第 j 个反应。化学计量数下标的双重标注代表组分和反应。因此，$\nu_{i,j}$ 表示第 j 个反应的组分 i 的化学计量数。组分的物质的量 n_i 由于发生反应会产生变化，于是，类似于式(7.3) 的通用方程可由下式表示

$$\mathrm{d}n_i = \sum_{j=1}^{r} \nu_{i,j} \mathrm{d}\varepsilon_j \quad (i=1,2,\cdots,N)$$

从 $n_i = n_{i0}$ 和 $\varepsilon_j = 0$ 到任意的 n_i 和 ε_j 进行积分，得到

$$n_i = n_{i0} + \sum_{j=1}^{r} \nu_{i,j}\varepsilon_j \quad (i=1,2,\cdots,N) \tag{7.6}$$

对所有的物种求和得到

$$n = \sum_{i=1}^{N} n_{i0} + \sum_{i=1}^{N}\sum_{j=1}^{r} \nu_{i,j}\varepsilon_j = n_0 + \sum_{j=1}^{r}\left(\sum_{i=1}^{N}\nu_{i,j}\right)\varepsilon_j$$

总的化学计量数 ν 的定义 $\left(\equiv \sum_i \nu_i\right)$ 与单一反应有类似的定义

$$\nu_j \equiv \sum_{i=1}^{N} \nu_{i,j}$$

$$n = n_0 + \sum_{j=1}^{r} \nu_j\varepsilon_j$$

将该方程与式(7.6) 联立求解得到摩尔分数的表达式为

$$y_i = \frac{n_{i0} + \sum_{j=1}^{r}\nu_{i,j}\varepsilon_j}{n_0 + \sum_{j=1}^{r}\nu_j\varepsilon_j} \quad (i=1,2,\cdots,N) \tag{7.7}$$

【例 7.2】 一系统中发生如下反应

$$CH_4 + H_2O \longrightarrow CO + 3H_2 \tag{1}$$

$$CH_4 + 2H_2O \longrightarrow CO_2 + 4H_2 \tag{2}$$

数字 (1) 和 (2) 代表反应编号 j 的值。反应开始有 3mol CH_4、5mol H_2O，试将摩尔分数 y_i 表示为反应坐标 ε_1、ε_2 的函数。

解： 化学计量数 $\nu_{i,j}$ 可排列如下：

j \ i	CH_4	H_2O	CO	CO_2	H_2	ν_j
1	−1	−1	1	0	3	2
2	−1	−2	0	1	4	2

应用式(7.7) 得到

$$y_{CH_4} = \frac{3-\varepsilon_1-\varepsilon_2}{8+2\varepsilon_1+2\varepsilon_2}$$

$$y_{H_2O} = \frac{5-\varepsilon_1-2\varepsilon_2}{8+2\varepsilon_1+2\varepsilon_2}$$

$$y_{CO} = \frac{\varepsilon_1}{8+2\varepsilon_1+2\varepsilon_2}$$

$$y_{CO_2} = \frac{\varepsilon_2}{8+2\varepsilon_1+2\varepsilon_2}$$

$$y_{H_2} = \frac{3\varepsilon_1+4\varepsilon_2}{8+2\varepsilon_1+2\varepsilon_2}$$

系统组成是独立变量 ε_1、ε_2 的函数。

7.2　化学反应平衡判据的应用

由化学平衡与稳定性可知对于一个不可逆过程，在恒定的温度 T、压力 p 下，封闭系

统的总 Gibbs 能将减小，当其减小到最低时反应达到平衡。在平衡状态时

$$(dG^t)_{T,p}=0 \tag{7.8}$$

因此如果系统没有达到化学平衡，在恒定的 T、p 下发生的任何反应会导致系统总 Gibbs 能的减小。图 7.1 示出了单一反应 Gibbs 能与反应坐标的关系，自变量 ε 表示反应坐标，也表示系统的组成。在一定的温度压力下，Gibbs 能随着反应坐标的变化而变化。曲线中的箭头方向表示由于反应所产生的总 Gibbs 能变化的方向，曲线的最低点为反应坐标的平衡值 ε_e。式(7.8) 表明反应处于平衡时，系统的总 Gibbs 能不变。

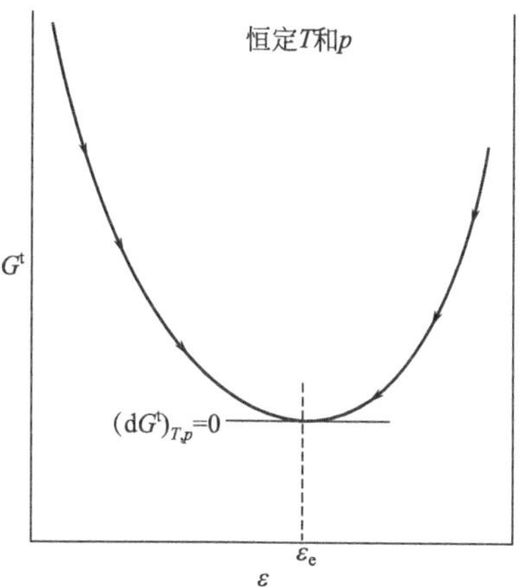

图 7.1 单一反应 Gibbs 能与反应坐标的关系

图 7.1 表明了给定的温度、压力下平衡状态的两个独特的特征：

① 总 Gibbs 能 G^t 为最小值；

② G^t 的微分为 0。

这些就是反应平衡的判据。由此可以写出 G^t 作为 ε 的函数表达式，并求得 G^t 最小时的 ε 值，或者令该式的微分式为零从而求得 ε 的值。后一种方法应用于单一反应（图 7.1)，并能由此求出平衡常数，这将在后面的章节中介绍。同样也可应用于多个反应的化学平衡，但在这种情形下常常直接令 G^t 为最小更为方便，该内容将在 7.9 节中介绍。

虽然平衡表达式是在恒定温度、压力下的封闭系统中得出的，但是它们的应用并不局限于真实的封闭系统以及沿着恒定的温度、压力的路径达到平衡的情况。一旦反应达到平衡，不会再有任何变化，并且在该温度和压力下系统将维持这种状态，实际中如何达到该状态并不重要。只要在给定的温度、压力下达到平衡状态，即可应用该判据。

7.3 标准 Gibbs 能的变化及平衡常数

可逆化学反应达到平衡时，每个产物浓度系数次幂的连乘积与每个反应物浓度系数次幂的连乘积成正比，这个比值叫做平衡常数。反应进行得越完全，平衡常数就越大。用浓度计算的平衡常数以 K_c 表示。用分压力计算的平衡常数以 K_p 表示。例如氨的合成

$$N_2+3H_2 \xlongequal{} 2NH_3$$

在压力（或各物质的浓度）不大时，平衡常数在温度一定的情况下保持不变。从平衡常数的大小，可确定在该温度下可逆反应中的正反应可能达到的程度。平衡常数不仅在分析化学和物理化学中有重要的理论意义，而且在化学工艺中也是一项重要的数据，可通过计算来确定生产条件。

① 平衡常数是化学反应的特性常数。它不随物质的初始浓度（或分压）而改变，仅取决于反应的本性。对于一定的反应，只要温度一定，平衡常数就是定值，其他任何条件改变都不会影响它的值。

② 平衡常数数值的大小是反应进行程度的标志。它能很好地表示出反应进行的完全程度。一个反应的 K 值越大，说明平衡时生成物的浓度越大，反应物剩余浓度越小，反应物的转化率也越大，也就是正反应的趋势越强。反之亦然。

平衡常数就是平衡状态的一种数量标志，是表明化学反应限度的一种特征值。

标准平衡常数（$K^\ominus$)：表达式中，溶质以相对浓度表示，即该组分的平衡浓度 c_i 除以

标准浓度 $c^{\ominus}$ 的商；气体以相对分压表示，即该组分的平衡分压 p_i 除以标准分压 $p^{\ominus}$ 的商。以平衡时的生成物各组分的相对浓度和相对分压之积为分子，反应物各组分的相对浓度和相对分压之积为分母，各组分相对浓度或相对分压的指数等于反应方程式中相应组分的计量系数。

考查化学平衡常数的意义：

① 在一定条件下，某可逆反应的化学平衡常数越大，说明平衡体系中生成物所占的比例越大，它的正反应进行的程度越大，即该反应进行得越完全，反应物转化率越大；反之，就越不完全，转化率就越小。

② 当平衡常数大于 10^5 或小于 -10^5 时，该反应基本进行完全，一般可看作不可逆反应；而在 $-10\sim10$ 之间的反应被认为是典型的可逆反应。

③ 平衡常数的大小只能预示某可逆反应向某方向进行的最大限度，但不能预示反应达到平衡所需要的时间。

单相反应系统的基本性质关系给出了 Gibbs 能的全微分表达式如下

$$d(nG)=(nV)dp-(nS)dT+\sum_i \mu_i dn_i \tag{7.9}$$

如果封闭系统单一化学反应的发生使得物质的量 n_i 有所变化，那么根据式(7.3) 每一组分的物质的量的微分用 dn_i 表示，化学计量数 ν_i 和反应坐标微分 $d\varepsilon$ 的乘积用 $\nu_i d\varepsilon$ 表示，则式(7.9) 变为

$$d(nG)=(nV)dp-(nS)dT+\sum_i \nu_i\mu_i d\varepsilon$$

由于 nG 是状态函数，等式的右边可用精确的微分形式表示，则

$$\sum_i \nu_i\mu_i=\left[\frac{\partial(nG)}{\partial\varepsilon}\right]_{T,p}=\left[\frac{\partial(G^{t})}{\partial\varepsilon}\right]_{T,p}$$

可见，$\sum_i \nu_i\mu_i$ 表示了在一定温度、压力下反应的总 Gibbs 能随着反应坐标的变化速率。图 7.1 表明当反应达到平衡时该值为 0。因此，判定一个反应达到平衡的依据为

$$\sum_i \nu_i\mu_i=\left[\frac{\partial(nG)}{\partial\varepsilon}\right]_{T,p}=0 \tag{7.10}$$

回顾溶液组分的逸度的定义

$$\mu_i=\Gamma_i(T)+RT\ln\hat{f}_i \tag{7.11}$$

此外，式(7.11) 也可以用相同温度下处于标准态的纯组分 i 的逸度表示如下

$$G_{t}^{\ominus}=\Gamma_i(T)+RT\ln\hat{f}_i^{\ominus} \tag{7.12}$$

以上两式之差为

$$\mu_i-G_i^{\ominus}=RT\ln\frac{\hat{f}_i}{f_i^{\ominus}} \tag{7.13}$$

联立式(7.10) 和式(7.13) 消去 μ_i，可得化学反应平衡状态方程

$$\sum_i \nu_i[G_i^{\ominus}+RT\ln(\hat{f}_i/\hat{f}_i^{\ominus})]=0$$

$$\sum_i \nu_i G_i+RT\sum\ln(\hat{f}_i/\hat{f}_i^{\ominus})^{\nu_i}=0$$

$$\ln\prod_i(\hat{f}_i/\hat{f}_i^{\ominus})^{\nu_i}=\frac{-\sum_i \nu_i G_i^{\ominus}}{RT}$$

式中，$\prod_i$ 表示所有组分 i 的乘积，该式用指数形式表示为

$$\prod_i(\hat{f}_i/\hat{f}_i^{\ominus})^{\nu_i}=K \tag{7.14}$$

式中，K 的定义和它的对数形式由下式给定

$$K=\exp\left(\frac{-\Delta G^{\ominus}}{RT}\right) \tag{7.15a}$$

$$\ln K=\frac{-\Delta G^{\ominus}}{RT} \tag{7.15b}$$

同样根据定义

$$\Delta G^{\ominus}=\sum_i \nu_i G_i^{\ominus} \tag{7.16}$$

由于 $G_i^{\ominus}$ 为纯组分 i 在某固定压力，标准态下的性质，仅是温度的函数。由式(7.16) 可见 $G_i^{\ominus}$ 和 K 都仅是温度的函数。

K 称为反应的平衡常数，是温度的函数；$\sum_i \nu_i G_i^{\ominus}$ 称为反应的标准 Gibbs 能的变化。

式(7.16) 中的逸度比表示了平衡态与单个组分标准态的关系，式中的物理量将在 7.5 节中讨论。标准态是任意确定的，但是必须在平衡态的温度下。反应中所有组分的标准态的选取并不需要全部相同，但是对某一特定的组分而言，由 $G_i^{\ominus}$ 表示的标准态必须与其逸度表示的状态一致。式(7.16) 中的函数 $\Delta G^{\ominus}=\sum_i \nu_i G_i^{\ominus}$ 为反应产物和反应物在系统温度和标准态压力下各自作为纯组分标准态 Gibbs 能的差（由计量系数加权）。因此对给定的反应而言，一旦反应的温度确定，$\Delta G_p^{\ominus}$ 的值就确定了，而与平衡时的压力和组成无关。其他反应的标准性质变化可用类似的方法定义。因此，对一般的性质 M

$$\Delta M^{\ominus}\equiv\sum_t \nu_t M_t^{\ominus}$$

与此相一致，$\Delta H^{\ominus}$ 通过式 $\Delta H^{\ominus}=\sum_i \nu_i \Delta H_i^{\ominus}$ 定义，$\Delta G_p^{\ominus}$ 由式 $\Delta G_p^{\ominus}=\sum_i \nu_i G_{pi}^{\ominus}$ 定义。对于给定的反应而言，$\Delta H^{\ominus}$、$\Delta G_p^{\ominus}$ 也仅是温度的函数，并且两者的关系与纯组分中的关系相似。例如，标准反应热与标准反应 Gibbs 能变化的关系可由式 $\frac{H}{RT}=-T\left[\frac{\partial(G/RT)}{\partial T}\right]$ 所给出的对组分 i 在标准态下的形式加以改进得到

$$H_i^{\ominus}=-RT^2\ \frac{\mathrm{d}(G^{\ominus}/RT)}{\mathrm{d}T}$$

由于在标准态时 Gibbs 能仅是温度的函数，所以可以写成全微分的形式。等式两边同乘以 ν_i，并对所有的组分求和得到下式

$$\sum_i \nu_i H_i^{\ominus}=-RT^2\ \frac{\mathrm{d}\left(\sum_i \nu_i G^{\ominus}/RT\right)}{\mathrm{d}T}$$

由式($\Delta H^{\ominus}=\sum_i \nu_i \Delta H_i^{\ominus}$)和式(7.16)，上式化为

$$\Delta H^{\ominus}=-RT^2\ \frac{\mathrm{d}(\Delta G^{\ominus}/RT)}{\mathrm{d}T} \tag{7.17}$$

7.4 温度对平衡常数的影响

由于标准态的温度即为平衡混合物的温度，反应的标准性质的变化如 $\Delta G^{\ominus}$、$\Delta H^{\ominus}$，随平衡温度而变化：$G^{\ominus}$ 与 T 的关系由式(7.18) 给出，该式可写为

$$\frac{d(\Delta G^{\ominus}/RT)}{dT}=-\frac{\Delta H^{\ominus}}{RT^2} \tag{7.18}$$

由式(7.15b) 可得

$$\frac{d\ln K}{dT}=\frac{\Delta H^{\ominus}}{RT^2} \tag{7.19}$$

式(7.19) 反映了温度对平衡常数的影响及对平衡转化率的影响。如果 $\Delta H^{\ominus}$ 为负值，即为放热反应，反应的平衡常数随温度的升高而降低。相反，当 $\Delta H^{\ominus}$ 为正值，即为吸热反应，反应常数 K 随 T 升高而增加。

假设反应的标准焓变 $\Delta H^{\ominus}$ 与温度 T 无关，那么将式(7.19) 从某一特定的温度 T' 到一任意的温度 T 进行积分，得到如下简单的结果

$$\ln\frac{K}{K_1}=-\frac{\Delta H^{\ominus}}{R}\left(\frac{1}{T}-\frac{1}{T'}\right) \tag{7.20}$$

该近似的方程表明 $\ln K$ 对 $1/T$ 作图可得到一条直线。如图 7.2 所示，由一系列常见的反应得到的 $\ln K$ 对 $1/T$ 作图得到。式(7.20) 为平衡常数的内插和外推提供了相当精确的关联式。

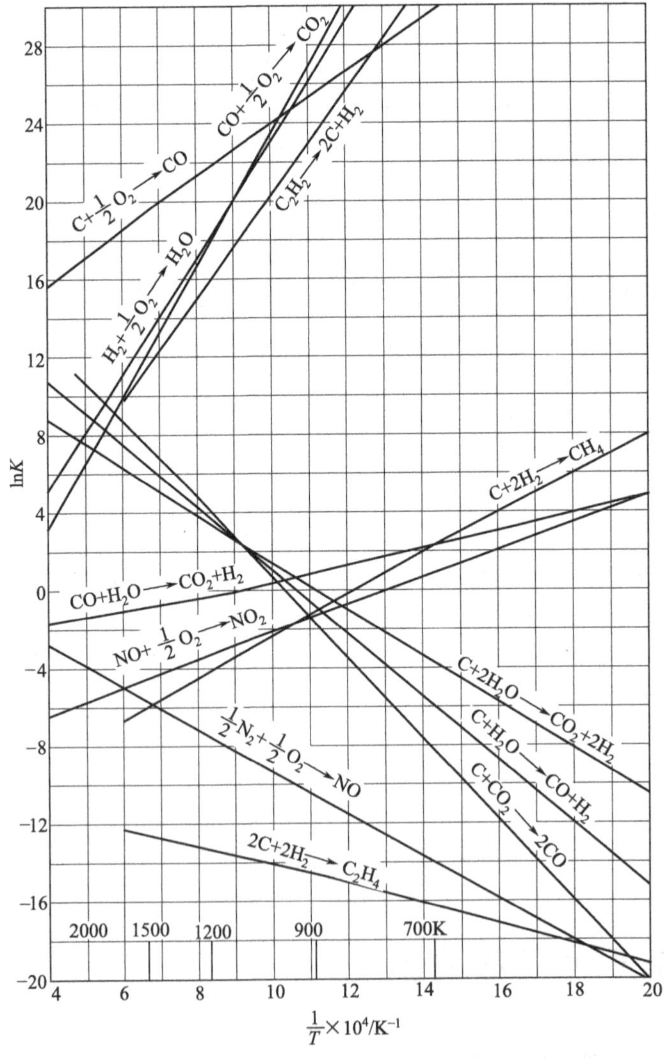

图 7.2 平衡常数与温度的关系

由 Gibbs 能的定义式可以推出温度对平衡常数影响的严格关系，其定义式写成化学组分标准态的形式为

$$G_i^{\ominus}=H_i^{\ominus}-TS_i^{\ominus}$$

等式两边同时乘以各组分的化学计量数并对所有的组分加和得到下式

$$\sum_i \nu_i G_i^{\ominus}=\sum_i \nu_i H_i^{\ominus}-T\sum_i \nu_i S_i^{\ominus}$$

由反应的标准性质变化的定义，该式可简化为

$$\Delta G_i^{\ominus}=\Delta H_i^{\ominus}-T\Delta S_i^{\ominus} \tag{7.21}$$

反应的标准焓变与温度的关系为

$$\Delta H^{\ominus}=\Delta H_0^{\ominus}+R\int_{T_0}^{T}\frac{\Delta C_p^{\ominus}}{R}\mathrm{d}T \tag{7.22}$$

同理，可以得到反应的标准熵变与温度的关系。式 $\mathrm{d}S=C_p\dfrac{\mathrm{d}T}{T}-\left(\dfrac{\partial V}{\partial T}\right)_p\mathrm{d}p$ 可以写成在一恒定的标准压力下反应中某组分的标准态与温度的关系为

$$\mathrm{d}S_i^{\ominus}=C_{pi}^{\ominus}\frac{\mathrm{d}T}{T}$$

同乘以 ν_i，并对所有的组分求和，根据反应的标准性质变化的定义（在压力不变的条件下）可得所有组分的熵变与温度的关系为

$$\mathrm{d}\Delta S^{\ominus}=\Delta C_{pi}^{\ominus}\frac{\mathrm{d}T}{T}$$

积分式为

$$\Delta S^{\ominus}=\Delta S_0^{\ominus}+R\int_{T_0}^{T}\frac{\Delta C_p^{\ominus}}{R}\frac{\mathrm{d}T}{T} \tag{7.23}$$

式中，$\Delta S^{\ominus}$、$\Delta S_0^{\ominus}$ 分别为在温度 T 和参比温度 T_0 下反应的标准熵变，结合式(7.21)～式(7.23) 可得

$$\Delta G^{\ominus}=\Delta H_0^{\ominus}+R\int_{T_0}^{T}\frac{\Delta C_p^{\ominus}}{R}\mathrm{d}T-T\Delta S_0^{\ominus}-RT\int_{T_0}^{T}\frac{\Delta C_p^{\ominus}}{R}\frac{\mathrm{d}T}{T}$$

然而

$$\Delta S_0^{\ominus}=\frac{\Delta H_0^{\ominus}-\Delta G_0^{\ominus}}{T_0}$$

据此

$$\Delta G^{\ominus}=\Delta H_0^{\ominus}+\frac{T}{T_0}(\Delta G_0^{\ominus}-\Delta H_0^{\ominus})+R\int_{T_0}^{T}\frac{\Delta C_p^{\ominus}}{R}\mathrm{d}T-RT\int_{T_0}^{T}\frac{\Delta C_p^{\ominus}}{R}\frac{\mathrm{d}T}{T}$$

最后等式两边同除以 RT 得

$$\frac{\Delta G^{\ominus}}{RT}=\frac{\Delta G_0^{\ominus}-\Delta H_0^{\ominus}}{RT_0}+\frac{\Delta H_0^{\ominus}}{RT}+\frac{1}{T}\int_{T_0}^{T}\frac{\Delta C_p^{\ominus}}{R}\mathrm{d}T-\int_{T_0}^{T}\frac{\Delta C_p^{\ominus}}{R}\frac{\mathrm{d}T}{T} \tag{7.24}$$

回顾式(7.15b)，$\ln K=-\Delta G^{\ominus}/RT$。

每个组分的热容与温度的关系由式$\left(\dfrac{C_p}{R}=A+BT+CT^2+DT^{-2}\right)$给出，式(7.24) 的等号右边第三项积分式表达为计算机运算命令，由式$\left[\displaystyle\int_{T_0}^{T}\frac{\Delta C_p^{\ominus}}{R}\mathrm{d}T=\Delta AT_0(\tau-1)+\frac{\Delta B}{2}T_0^2(\tau^2-1)+\frac{\Delta C}{3}T_0^3(\tau^3-1)+\frac{\Delta D}{T_0}\left(\frac{\tau-1}{\tau}\right)\right]$给出：

$$\int_{T_0}^{T}\frac{\Delta C_p^{\ominus}}{R}\mathrm{d}T=\mathrm{IDCPH}(\mathrm{T_0,T;DA,DB,DC,DD})$$

式中，D表示“Δ”。同样第四个积分项类似于式$\left\{\int_{T_0}^{T}\frac{C_p^{ig}}{R}\frac{dT}{T}=\ln\tau+\left[BT_0+\left(CT_0^2+\frac{D}{\tau^2T_0^2}\right)\left(\frac{\tau+1}{2}\right)\right](\tau-1)\right\}$为：

$$\int_{T_0}^{T}\frac{\Delta C_p^{\ominus}}{R}\frac{dT}{T}=\Delta A\ln\tau+\left[\Delta BT_0+\left(\Delta CT_0^2+\frac{\Delta D}{\tau^2T_0^2}\right)\left(\frac{\tau+1}{2}\right)\right](\tau-1) \tag{7.25}$$

其中

$$\tau\equiv\frac{T}{T_0}$$

由式$\left\{\int_{T_0}^{T}\frac{\Delta C_p^{ig}}{R}\frac{dT}{T}=\ln\tau+\left[BT_0+\left(CT_0^2+\frac{D}{\tau^2T_0^2}\right)\left(\frac{\tau+1}{2}\right)\right](\tau-1)\right\}$给出的相同的形式可求得积分值，因此相同的计算机程序用来计算每个积分。唯一不同的就是命令的函数名称，这里用：IDCPS（T_0，T；DA，DB，DC，DD）表示，根据定义

$$\int_{T_0}^{T}\frac{\Delta C_p^{\ominus}}{R}\frac{dT}{T}=\mathrm{IDCPS}(T_0,T;DA,DB,DC,DD)$$

由式(7.24）给出的$-\Delta G^{\ominus}/RT(=-\ln K)$可用于由参考温度（一般取298.15K）下，反应的标准焓变和标准Gibbs能变化以及标准计算程序估算的两个函数，计算任何温度下的值。

前几个式子可以将系数分解成三项，每一项的值代表一基本贡献

$$K=K_0K_1K_2 \tag{7.26}$$

第一因数K_0代表在参考温度T_0下的平衡常数

$$K_0=\exp\left(\frac{-\Delta G_0^{\ominus}}{RT_0}\right) \tag{7.27}$$

第二因数K_1是一个提供了主要温度影响项的因子，如K_0K_1的乘积表示当假设反应热与温度无关时，温度T下的平衡常数

$$K_1=\exp\left[\frac{\Delta H_0^{\ominus}}{RT_0}\left(1-\frac{T_0}{T}\right)\right] \tag{7.28}$$

第三因数K_2表示由ΔH随温度变化导致的受温度影响较小的项。

$$K_2=\exp\left(-\frac{1}{T}\int_{T_0}^{T}\frac{\Delta C_p^{\ominus}}{R}dT+\int_{T_0}^{T}\frac{\Delta C_p^{\ominus}}{R}\frac{dT}{T}\right) \tag{7.29}$$

由上式进一步展开得到热容后可得K_2

$$K_2=\exp\left\{\Delta A\left[\ln\tau-\left(\frac{\tau-1}{\tau}\right)\right]+\frac{1}{2}\Delta BT_0\frac{(\tau-1)^2}{\tau}+\frac{1}{6}\Delta CT_0^2\frac{(\tau-1)^2(\tau+2)}{\tau}+\frac{1}{2}\frac{\Delta D}{T_0^2}\frac{(\tau-1)^2}{\tau^2}\right\} \tag{7.30}$$

7.5 平衡常数的估算

对许多生成反应而言，$\Delta G^{\ominus}$的值列表于标准参考文献中。所报道的$\Delta G_f^{\ominus}$的值并不是通过实验测得的，而是根据式(7.21）计算得出的。$\Delta S_f^{\ominus}$可根据热力学第三定律得到，结合式$\left[S=\int_0^{T_f}\frac{(C_p)_s}{T}dT+\frac{\Delta H_f}{T_f}+\int_{T_f}^{T_v}\frac{(C_p)_l}{T}dT+\frac{\Delta H_v}{T_v}+\int_{T_v}^{T}\frac{(C_p)_s}{T}dT\right]$中反应组分熵的绝对值

可以得到 $\Delta S_f^\ominus$ 的值，熵（和热容）也可以通过光谱数据经统计计算得到。

几种常见化学物质的 $\Delta G_{f298}^\ominus$ 的值已列于附录 C 表 C.4 中，这些是 298.15K 下的 $\Delta G_{f298}^\ominus$ 和 $\Delta H_{f298}^\ominus$ 的值。由生成反应值计算其他反应的 $\Delta G^\ominus$ 值的计算方法同 $\Delta H^\ominus$ 的方法完全一样。一些书刊给出了较宽温度范围的 $\Delta G_f^\ominus$ 和 $\Delta H_f^\ominus$ 的值，而不只是 298.15K 下的值。当数据缺乏时，可利用估算的方法获得。

【例 7.3】 由附录 C 的数据计算 145℃、320℃下乙烯汽相水合反应的平衡常数。

解：首先确定反应中 ΔA、ΔB、ΔC、ΔD 的值：

$$C_2H_4(g)+H_2O(g)\longrightarrow C_2H_5OH(g)$$

Δ 的含义为：$\Delta=(C_2H_5OH)-(C_2H_4)-(H_2O)$，由附录表 C.1 中热容数据可得

$$\Delta A=3.518-1.424-3.470=-1.376$$

$$\Delta B=(20.001-14.394-1.450)\times10^{-3}=4.157\times10^{-3}$$

$$\Delta C=(-6.002+4.392-0.000)\times10^{-6}=-1.610\times10^{-6}$$

$$\Delta D=(0.000-0.000-0.121)\times10^{5}=-0.121\times10^{5}$$

水合反应的 $\Delta H_{298}^\ominus$ 和 $\Delta G_{298}^\ominus$ 的值由附录表 C.4 查得

$$\Delta H_{298}^\ominus=-235100-52510-(-241818)=-45792\text{J/mol}$$

$$\Delta G_{298}^\ominus=-168490-68460-(-228572)=-8378\text{J/mol}$$

对 $T=145+273.15=418.15\text{K}$，式(7.24) 的积分值为：

IDCPH(298.15,418.15;−1.376,4.157E−3,−1.610E−6,−0.121E+5)=−23.121

IDCPS(298.15,418.15;−1.376,4.157E−3,−1.610E−6,−0.121E+5)=−0.0692

在参考温度 298.15K 时，将值代入式(7.24) 可得

$$\frac{\Delta G_{418}^\ominus}{RT_0}=\frac{-8378+45792}{8.314\times298.15}+\frac{-45792}{8.314\times418.15}+\frac{-23.121}{418.15}+0.0692=1.9356$$

$$\ln K=-1.9356,\quad K=1.443\times10^{-1}$$

对 $T=320+273.15=593.15\text{K}$

IDCPH(298.15,593.15;−1.376,4.157E−3,−1.610E−6−0.121E+5)=22.632

IDCPS(298.15,593.15;−1.376,4.157E−3,−1.610E−6−0.121E+5)=0.0173

因此 $$\frac{\Delta G_{593}^\ominus}{RT_0}=\frac{-8378+45792}{8.314\times298.15}+\frac{-45792}{8.314\times593.15}+\frac{22.632}{593.15}-0.0173=5.8286$$

当 593.15K 时 $\ln K=-5.8286$，$K=2.942\times10^{-3}$

运用式(7.27)、式(7.28)、式(7.30) 有另一种解法。由式(7.27) 得

$$K_0=\exp\left(\frac{8378}{8.314\times298.15}\right)=29.366$$

$$\frac{\Delta H_0^\ominus}{RT_0}=\frac{-45792}{8.314\times298.15}=-18.473$$

由式(7.28) 分别得出 418.15K 和 593.15K 时的 K_1。

再由式(7.29) 和 IDCPH、IDCPS 函数分别得出 418.15K 和 593.15K 时的 K_2。由此可得以下数据：

T/K	τ	K_0	K_1	K_2	K
298.15	1	29.366	1	1	29.366
418.15	1.4025	29.366	4.985×10^{-3}	0.9860	1.443×10^{-1}
593.15	1.9894	29.366	1.023×10^{-4}	0.9794	2.942×10^{-3}

显然温度对 K_1 的影响远大于对 K_2 的影响，这一典型结果符合图 7.2，接近线形。

7.6 平衡常数与组成的关系

7.6.1 气相反应

气体的标准状态是在标准态压力 $p^{\ominus}$ 为 1bar（10^5Pa）下纯气体的理想气体状态。因为理想气体的逸度等于它的分压，即各个组分 $f_i^{\ominus}=p^{\ominus}$，因此，对气相反应$\hat{f}_i/\hat{f}_i^{\ominus}=\hat{f}_i/p_i^{\ominus}$，于是式(7.14) 变为：

$$\prod_i\left(\frac{\hat{f}_i}{p^{\ominus}}\right)=K \tag{7.31}$$

这里的平衡常数只是温度的函数，而式(7.31) 中的 K 由于是在实际混合体系中，与反应组分的逸度有关。逸度反映了混合物的非理想性，并且是温度、压力和组分的函数。这表明在给定的温度下，平衡组成必定随压力改变，而 $\prod\limits_i(\hat{f}_i/p^{\ominus})^{\nu_i}$ 保持恒定。

逸度与逸度系数的关系参见式$\left(\hat{\phi}_i=\dfrac{\hat{f}_i}{y_ip}\right)$

$$\hat{f}_i=\hat{\phi}_iy_ip$$

将该式代入到式(7.31) 中可得描述压力和组成的平衡表达式

$$\prod_i(\hat{\phi}_iy_i)^{\nu_i}=\left(\frac{p}{p^{\ominus}}\right)^{-\nu}K \tag{7.32}$$

式中，$\nu\equiv\sum\limits_i\nu_i$；标准压力 $p^{\ominus}=1\text{bar}$，与压力 p 的单位一致。消去 y_i 有利于计算反应坐标的平衡值ε_e。因此在固定的温度下，式(7.32) 将 ε_e 与 p 关联起来。原则上可以由 p 求出 ε_e，然而，$\hat{\phi}_i$ 是组成的函数即为 ε_e 的函数，这使得问题又变得复杂。5.3 节介绍的方法可用于计算$\hat{\phi}_i$ 的值，例如应用式 $\ln\hat{\phi}_i=\dfrac{p}{RT}\left[B_{ii}+\dfrac{1}{2}\sum\limits_j\sum\limits_k y_jy_k(2\delta_{ji}-\delta_{jk})\right]$。由于计算复杂，这里可以选择一种计算机求解的方法，设$\hat{\phi}_i$ 的初值为 1。一旦一组 $\{y_i\}$ 的初值算出，$\{\hat{\phi}_i\}$ 就确定了，计算过程重复迭代直至收敛。

如果平衡混合物为理想溶液的假设成立，则可用同样 T、p 下纯组分的逸度系数 ϕ_i 代替$\hat{\phi}_i$，于是式(7.32) 变为

$$\prod_i(\phi_iy_i)^{\nu_i}=\left(\frac{p}{p^{\ominus}}\right)^{-\nu}K \tag{7.33}$$

对于纯组分，一旦平衡温度、压力确定就可以从一般关联式得到逸度系数。当压力足够低或温度足够高时，平衡混合物可看作理想气体。这样的话，$\hat{\phi}_i=1$，式(7.32) 可化简为

$$\prod_i(y_i)^{\nu_i}=\left(\frac{p}{p^{\ominus}}\right)^{-\nu}K \tag{7.34}$$

该式中温度、压力和组成决定的项各不相同且互相独立，只要 ε_e、T 和 p 中任意两个量给定，则另一个就可确定。

虽然式(7.34) 只适用于理想气体的反应，但是基于此可以得出几点结论：

① 根据式(7.19)，温度对平衡常数 K 的影响由 $\Delta H^{\ominus}$的符号决定。当 $\Delta H^{\ominus}$为正，即标准反应为吸热反应时，温度的升高导致 K 值的增大。由式(7.34) 可知，在恒压下，K 的增加导致 $\prod\limits_i(y_i)^{\nu_i}$ 的增加，这使得反应向右进行，且反应坐标增大。相反，当 $\Delta H^{\ominus}$为负，

即标准反应为放热反应时，温度的升高使得 K 减小，从而在恒压下，引起 $\prod_i (y_i)^{\nu_i}$ 减小，反应向左进行且反应坐标减小。

② 如果总化学计量数 $\nu=(\equiv\sum_i \nu_i)$ 为负，由式(7.34) 可知，恒 T 下，p 的增加导致 $\prod_i (y_i)^{\nu_i}$ 增加，意味着反应向右进行且反应坐标增大。如果总化学计量数 ν 为正值，恒 T 下，p 的增加导致 $\prod_i (y_i)^{\nu_i}$ 减小，意味着反应向左进行且反应坐标减小。

7.6.2 液相反应

对于一个液相反应，回到式(7.14)

$$\prod_i (\hat{f}_i/f_i^{\ominus})^{\nu_i}=K \tag{7.14}$$

对于液体而言，通常标准态的逸度 $f_i^{\ominus}$ 就是在系统的温度，压力为 1bar 时的纯液体 i 的逸度。根据式$\left(\gamma_i=\dfrac{\hat{f}_i}{x_i f_i}\right)$，定义了活度因子，式中，$f_i$ 为在该平衡混合体系所处的温度和压力下纯液体 i 的逸度。逸度之比可表达为

$$\frac{\hat{f}_i}{f_i^{\ominus}}=\frac{\gamma_i x_i f_i}{f_i^{\ominus}}=\gamma_i x_i\left(\frac{f_i}{f_i^{\ominus}}\right) \tag{7.35}$$

由于压力对液体逸度的影响不大，$f_i/f_i^{\ominus}$ 的值可取为 1，很容易估算。对纯液体而言，式$[G_i=\Gamma_i(T)+RT\ln f_i]$ 需要写两次，即首先是纯液体 i 在温度 T、压力 p 下的 Gibbs 能，其次是纯液体 i 在相同的温度 T 和压力为标准态压力 $p^{\ominus}$ 下的 Gibbs 能。两式之差为

$$G_i-G_i^{\ominus}=RT\ln\frac{f_i}{f_i^{\ominus}}$$

在恒定温度 T 下，对式 $\mathrm{d}G=V\mathrm{d}p-S\mathrm{d}T$ 从标准压力 $p^{\ominus}$ 到 p 积分，可得

$$G_i-G_i^{\ominus}=\int_{p^{\ominus}}^{p} V_i\,\mathrm{d}p$$

结果

$$RT\ln\frac{f_i}{f_i^{\ominus}}=\int_{p^{\ominus}}^{p} V_i\,\mathrm{d}p$$

对液体（和固体）而言，由于体积 V_i 随压力变化很小，从标准压力 $p^{\ominus}$ 到 p 进行积分可得到较好的近似

$$\ln\frac{f_i}{f_i^{\ominus}}=\frac{V_i(p-p^{\ominus})}{RT} \tag{7.36}$$

结合式(7.35) 和式(7.36)，式(7.14) 可写为

$$\prod_i (x_i\gamma_i)^{\nu_i}=K\exp\left[\frac{(p^{\ominus}-p)}{RT}\sum_i \nu_i V_i\right] \tag{7.37}$$

当压力不很高时，指数项接近 1，可以忽略，上式简化为

$$\prod_i (x_i\gamma_i)^{\nu_i}=K \tag{7.38}$$

可见，唯一需要确定的就是活度因子，可以应用 Wilson 方程，式$\left[\ln\gamma_1=-\ln(x_1+x_2\Lambda_{12})+x_2\left(\dfrac{\Lambda_{12}}{x_1+x_2\Lambda_{12}}-\dfrac{\Lambda_{21}}{x_2+x_1\Lambda_{21}}\right),\ \ln\gamma_2=-\ln(x_2+x_1\Lambda_{21})-x_1\left(\dfrac{\Lambda_{12}}{x_1+x_2\Lambda_{12}}-\dfrac{\Lambda_{21}}{x_2+x_1\Lambda_{21}}\right)\right]$或 UNIFSC 方法，由式(7.38) 通过复杂的计算迭代程序可以得到液体混合物的组成。然而，对液体混合物，

实验研究却与式(7.38) 的应用不太一致。

如果平衡混合体系是理想溶液，则活度因子为 1，式(7.38) 变为

$$\prod_i (x_i)^{\nu_i} = K \tag{7.39}$$

上述简化的关系式即为质量作用定理。由于液体常形成非理想溶液，式(7.39) 在很多实例中所获的结果误差较大。

在混合液体中对高浓度的组分而言，等式$\hat{f}_i/f_i^{\ominus}=x_i$ 通常近乎准确（参见 5.4 节），因为 Lewis-Randall 规则［式($\hat{f}_i^{\text{is}}=x_i f_i$)］对摩尔分数 x_i 接近 1 时的组分适用。在水溶液中对低浓度的组分而言，普遍采用一种不同的方法，因为在这种情形下$\hat{f}_i/f_i^{\ominus}=x_i$ 式通常不准确。该方法基于溶质服从一假想的标准态，即认为如果溶质的质量摩尔浓度 m 达到 1 时遵守 Henry 定律，应用这一标准态，Henry 定律表达为

$$\hat{f}_i = k_i m_i \tag{7.40}$$

该式在溶液中组分的浓度接近 0 时成立。其假想的状态示于图 7.3，图中虚线为曲线在原点处的切线，代表了 Henry 定律，且在质量摩尔浓度远小于 1 的情况下有效。然而，如果溶质质量摩尔浓度达到 1 时仍遵守 Henry 定律，那么可以计算该溶质的性质（如果它存在的话），且这个假想态常常可作为方便使用的标准态。

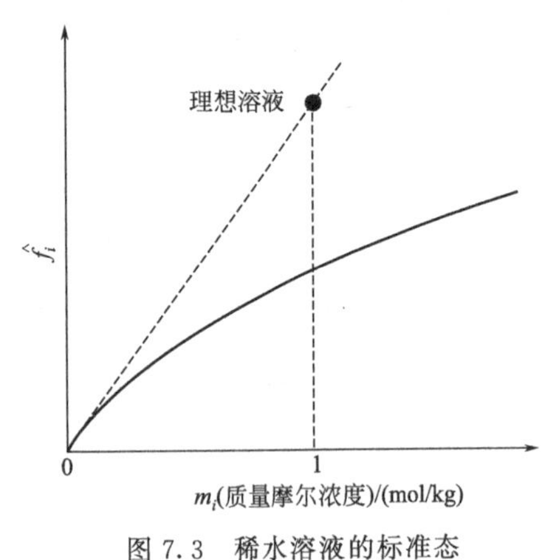

图 7.3 稀水溶液的标准态

标准态逸度为：

$$\hat{f}_i^{\ominus} = k_i m_i^{\ominus} = k_i \times 1 = k_i$$

因此，任一组分在足够低浓度时都符合 Henry 定律

$$\hat{f}_i = k_i m_i = \hat{f}_i^{\ominus} m_i$$

$$\frac{\hat{f}_i}{\hat{f}_i^{\ominus}} = m_i \tag{7.41}$$

上述标准态的优势在于它提供了逸度和浓度的简单关系，在这种情形中 Henry 定律至少近似有效，组分的质量摩尔浓度一般不超过 1。在少数情况下，这种标准态可看作溶质的真实状态。仅仅当 1mol 浓度溶液标准态的 $\Delta G^{\ominus}$ 可知时，上述标准态才有用，否则不能由式(7.15) 计算平衡常数的值。

7.7 单一反应的平衡转化率

平衡转化率指的是某一可逆化学反应达到化学平衡状态时，转化为目的产物的某种原料量占该种原料起始量的百分数。

如
$$a\text{A} + b\text{B} = c\text{C} + d\text{D}$$

$$\begin{aligned} a(\text{A}) &= [(\text{A 的初始浓度} - \text{A 的平衡浓度})/\text{A 的初始浓度}] \times 100\% \\ &= \{[c_0(\text{A}) - c(\text{A})]/c_0(\text{A})\} \times 100\% \end{aligned}$$

① 若反应物只有一种时，如 $a\text{A(g)} = b\text{B(g)} + c\text{C(g)}$，在恒容下加入 A，开始平衡向正方向移动，但达到的新平衡点与原平衡点比较：

若 $a=b+c$，新平衡与原平衡等效，A 的转化率不变；

若 $a>b+c$，新平衡向正方向移动，A 的转化率增大；

若 $a<b+c$，新平衡向负方向移动，A 的转化率减小。

② 若反应物有两种及以上时，如：$m\mathrm{A(g)}+n\mathrm{B(g)} \rightleftharpoons p\mathrm{C(g)}+q\mathrm{D(g)}$

a. 若增大 A 的量，平衡向正方向移动，B 的转化率增大，A 的转化率减小；若增大 B 的量，平衡向正方向移动，A 的转化率增大，B 的转化率减小。

b. 若按原比例同倍数增加 A 和 B 的量，相当在加压：

若 $m+n=p+q$ 时，新平衡与原平衡等效，A 和 B 的转化率不变；

若 $m+n>p+q$ 时，新平衡向正方向移动，A 和 B 的转化率增大；

若 $m+n<p+q$ 时，新平衡向负方向移动，A 和 B 的转化率减小。

③ 温度或压强改变后，若能引起平衡向正反应方向移动，则反应物的转化率一定增大。

假如均相体系中发生一个单一反应，反应的平衡常数已知，那么如果反应物是理想气体［参考式(7.34)］或理想溶液［参考式(7.33) 或式(7.39)］时，平衡时的相组成可直接求得。如果系统是非理想的，那么对于气相反应，可以通过应用状态方程和复杂的迭代计算得到。而对于非均相体系，由于不止一相存在，所以情况就更为复杂，需要应用相平衡判据（见 5.3 节）。在达到平衡状态时，系统中没有相之间的质量转移和反应发生。下面通过举例来介绍均相反应，再介绍非均相反应的平衡计算。

7.7.1 均相反应

【例 7.4】 试计算在 250℃、35bar 下，乙烯制乙醇反应的最大转化率，反应的初始蒸汽/乙烯的比值为 5。

解： 该反应平衡常数 K 的计算方法如【例 7.3】所示，在 250℃或 523.15K 下计算得到

$$K=10.02\times10^{-3}$$

近似的平衡表达式为式(7.32)。该式要求计算平衡混合物中组分的逸度系数。逸度系数可以由式$\left(\ln\hat{\phi}_i=\dfrac{p}{RT}\left[B_{ii}+\dfrac{1}{2}\sum_j\sum_k y_j y_k(2\delta_{ji}-\delta_{jk})\right]\right)$求得。但是由于逸度系数又是组分的函数，所以计算过程需要迭代。为了便于说明，这里仅执行第一次迭代，该次迭代中假设反应混合物为理想溶液。在这种情形下，式(7.32) 变为式(7.33)，需要知道在平衡温度和压力下反应混合物中纯气体的逸度系数。由于 $\nu=\sum_i \nu_i=-1$，该式变为

$$\frac{y_{\mathrm{EtOH}}\phi_{\mathrm{EtOH}}}{y_{\mathrm{C_2H_4}}\phi_{\mathrm{C_2H_4}}y_{\mathrm{H_2O}}\phi_{\mathrm{H_2O}}}=\frac{p}{p^{\ominus}}(10.02\times10^{-3}) \tag{a}$$

联立式$\left(\phi=\exp\left[\dfrac{p_{\mathrm r}}{T_{\mathrm r}}(B^0+\omega B^1)\right]\right)$、式$\left(B^0=0.083-\dfrac{0.422}{T_{\mathrm r}^{1.6}}\right)$和式$\left(B^1=0.139-\dfrac{0.172}{T_{\mathrm r}^{4.2}}\right)$，计算结果如下：

物质	T_c/K	p_c/bar	ω_i	T_{ri}	p_{ri}	B^0	B^1	ϕ_i
C_2H_4	282.3	50.40	0.087	1.853	0.694	−0.074	0.126	0.977
H_2O	647.1	220.55	0.345	0.808	0.159	−0.511	−0.281	0.887
EtOH	513.9	61.48	0.654	1.018	0.569	−0.327	−0.021	0.827

临界数据和 ω_i 的值参见附录 B，在所有情形下的温度、压力为 523.15K、35bar。将 ϕ_i 和（$p/p^{\ominus}$）的值代入式(a) 得

$$\frac{y_{\mathrm{EtOH}}}{y_{\mathrm{C_2H_4}}y_{\mathrm{H_2O}}}=\left(\frac{0.977\times0.887}{0.827}\right)\times35\times10.02\times10^{-3}=0.367 \tag{b}$$

由式(7.7)

$$y_{C_2H_4}=\frac{1-\varepsilon_e}{6-\varepsilon_e},\quad y_{H_2O}=\frac{5-\varepsilon_e}{6-\varepsilon_e},\quad y_{EtOH}=\frac{\varepsilon_e}{6-\varepsilon_e}$$

代入式(b) 得

$$\frac{\varepsilon_e(6-\varepsilon_e)}{(5-\varepsilon_e)(1-\varepsilon_e)}=0.376\varepsilon_e^2-6.000\varepsilon_e+1.342=0$$

求解二次方程解得较小的根为 $\varepsilon_e=0.233$。由于较大的根大于 1，不符合实际情况。故该反应在题设条件下的最大转化率为 23.3%。

在这个反应中随着温度的升高平衡常数减小，因此转化率减小；增大压力，转化率增加。所以从平衡的角度来看，操作压力应尽可能地高，温度应尽可能地低。然而，即使采用已知的最好的催化剂，要达到适当的反应速率，温度不能低于 150℃。这是反应平衡和反应速率同时影响反应过程商业化的实例。

平衡转化率是温度、压力及进料中乙烯含量的函数。这三个变量对转化率的影响见图 7.4。图中的曲线是【例 7.4】计算所得。

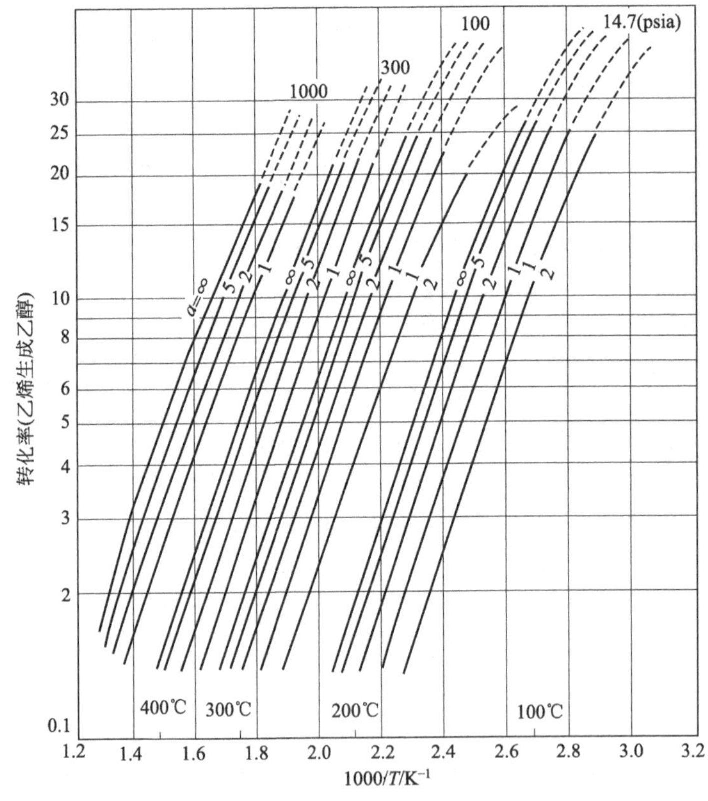

图 7.4 在汽相中乙烯生成乙醇的平衡转化率

1psia=6894.76Pa（绝），a=水的物质的量/乙烯的物质的量；虚线表示水的凝聚态，该数据由式（$\ln K=5200/T-15.0$）得到

7.7.2 非均相反应

当反应组分的平衡混合物中同时存在气相和液相时，汽液平衡判据式[$\hat{f}_i^V=\hat{f}_i^L$ $(i=1,$

2，…，N）］和化学反应平衡方程必须同时满足。例如，假设某气体 A 与液体水 B 形成水溶液 C，有以下几种方法来计算这样的反应系统。反应有可能在气相中进行，伴随着相间进行物料转移以维持平衡状态。在这种情况下，平衡常数由基于气体组分标准态即在反应温度和 1bar 的压力下理想气体的 $\Delta G^{\ominus}$ 值计算；另一方面，反应也有可能在液相中发生，那么在这种情形下，$\Delta G^{\ominus}$ 就基于液体组分的标准态。最后，反应式如下

$$A(g)+B(l)\longrightarrow C(aq)$$

$\Delta G^{\ominus}$ 为混合物标准态下的值；C 为 1mol 理想水溶液中的溶质；B 为 1bar 下的纯液体；A 为 1bar 下的纯理想气体。在上述标准态下，平衡常数可由式(7.14) 给出

$$\frac{\hat{f}_C/f_C^{\ominus}}{(\hat{f}_B/f_B^{\ominus})(\hat{f}_A/f_A^{\ominus})}=\frac{m_C}{(\gamma x_B)(\hat{f}_A/p^{\ominus})}=K$$

等式的第二项来自式(7.41)，应用于组分 C，式(7.35) 应用于组分 B，$f_B/f_B^{\ominus}=1$，并且在气相中 $f_A^{\ominus}=p^{\ominus}$。由于 K 值与标准态有关，此时的值与不同的标准态下计算得出的 K 值不同。然而，只要在溶液中组分 C 可应用 Henry 定律计算，所有的方法理论均可求出相同的平衡组成。实际上，选择合适的标准态可以使计算简化并得到较为准确的结果。

7.8 反应系统的相律和 Duhem 定理

(1) 相律的一般推导

假设一个平衡系统中有 C 个组分、P 个相，对于每一个相来说，温度、压力及其相成分（即所含各组分的浓度）可变。确定每个相的成分，需要确定（$C-1$）个组分浓度，因为 C 个组分浓度之和为 100%。现有 P 个相，故有 $P(C-1)$ 个浓度变量。所有描述整个系统的状态有 $P(C-1)+2$ 个变量。但这些变量并不是彼此独立的，由热力学可知，平衡时每个组分在各相中的化学势都必须彼此相等。

一个化学式相等的关系式对应一个浓度关系式，应减少一个系统独立变量。C 个组分在 P 个相中共有 $C(P-1)$ 个化学势相等的关系式，因此整个系统的自由度数应为

$$F=P(C-1)+2-C(P-1)=C-P+2$$

(2) 注意事项

① 相律是根据热力学平衡条件推导而得，因而只能处理真实的热力学平衡体系，不能预告反应动力学（即反应速率问题）。

② 相律表达式中的“2”是代表外界条件温度和压强。如果电场、磁场或重力场对平衡状态有影响，则相律中的“2”应为“3”、“4”、“5”。如果研究的系统为固态物质，可以忽略压强的影响，相律中的“2”应为“1”。

③ 必须正确判断独立组分数、独立化学反应式、相数以及限制条件数，才能正确应用相律。

④ 只表示系统中组分和相的数目，不能指明组分和相的类型和含量。

⑤ 自由度只取“0”以上的正值。如果出现负值，则说明系统可能处于非平衡态。

当系统中没有反应发生时，下式成立：

$$F=2-\pi+N$$

式中，π 表示存在的相数；N 表示组分数。

当系统中发生反应时，该式需要校正。相律中的变量保持不变：温度、压力、每相中 $N-1$ 个摩尔分数。总的变量个数为 $2+(N-1)(\pi)$，如前应用相平衡方程可以得到 $(\pi-1)(N)$ 个方程。然而，式(7.10) 为每一个独立反应提供了平衡时满足的附加关系。因为，

μ_i 是温度、压力和相组成的函数，式(7.10) 代表了与相律变量关联的关系式。如果系统平衡时有 r 个独立的化学反应，那么总共有 $(\pi-1)(N)+r$ 个独立的方程与相律变量相关联。考察变量数与方程数的差可得到下式

$$F=[2+(N-1)(\pi)]-[(\pi-1)(N)+r]$$

或

$$F=2-\pi+N-r \tag{7.42}$$

剩下的问题即为确立独立的化学平衡反应数，可以根据以下步骤来有系统地判定：

① 写出所有的化学反应式，系统中所有的元素及化合物都要包含在内。

② 合并这些反应式，消去系统中不予考虑的元素。一种常规的方法是选择一个反应式与方程组的另一个方程联立，以便消去一个特定的元素，然后与其他方程联立，消去其他元素。消去每个元素需要一个方程。也可以同时消去两个或两个以上的元素。

通过这个简化程序可得系统中 N 个组分的 r 个独立的反应式。然而，由于不同的消去过程独立的反应式可能会不同，但是所有独立反应数 r 都是相同的，消去过程保证下式成立：

$r\geqslant$系统中化合物的数目－反应过程中出现但最后消去的组分数

在上述过程中只考虑相平衡和化学反应平衡与相律变量的关系。但在有些情况，系统有特殊的限制条件，则式(7.42) 有另一种表达式。如果限制的条件数为 s，则考虑 s 个附加的方程式(7.42) 得以改进。相律可表示为一种更加普遍的形式

$$F=2-\pi+N-r-s \tag{7.43}$$

【例 7.5】 试确定以下系统的自由度 F。

(1) 某体系包含两种混溶的不发生反应的组分，以共沸物的形式存在于汽液平衡状态。

(2) 真空体系中，$CaCO_3$ 发生部分分解反应。

(3) 真空体系中，NH_4Cl 发生部分分解反应。

(4) 由 CO、CO_2、H_2、H_2O 和 CH_4 组成的系统处于化学平衡状态。

解：(1) 两相系统中有两个不发生反应的组分。如果不是共沸物，则根据式(7.42)，相律为

$$F=2-\pi+N-r=2-2+2-0=2$$

这是常见的汽液平衡系统，然而该系统有一限制条件，是共沸物。这样就多了一个方程

$$x_1=y_1$$

式(7.42) 没有考虑这种变化，则应用式(7.43)，其中 $s=1$，得 $F=1$。如果是共沸系统，则相律变量 T、p 或 $x_1(=y_1)$ 中只有一个变量可以任意指定。

(2) 该系统中只有一个反应

$$CaCO_3(s) \longrightarrow CaO(s)+CO_2(g)$$

$r=1$，有 3 个组分，3 个相——固相 $CaCO_3$、固相 CaO 和气相 CO_2。由于 $CaCO_3$ 发生分解反应，也许有人认为还存在一个限制条件。然而，事实上并不存在限制条件。因此，自由度

$$F=2-\pi+N-r-s=2-3+3-1-0=1$$

系统只有一个自由度，所以 $CaCO_3$ 必须在固定的温度、在一特定的压力下分解。

(3) 该系统中的反应为

$$NH_4Cl(s) \longrightarrow NH_3(g)+HCl(g)$$

该系统有 3 个组分，但仅有两相：NH_4Cl 固相和 NH_3+HCl 混合气体。另外由于 NH_4Cl 分解还需考虑一限制条件。这说明气相中的 NH_3、HCl 是等摩尔的，即 $y_{NH_3}=y_{HCl}(=0.5)$，与相律变量关联，运用式(7.43) 得

$$F=2-\pi+N-r-s=2-2+3-1-1=1$$

系统只有1个自由度，与（2）的结果相同，根据经验，NH_4Cl 在给定的温度下有一给定的分解压力。两种情况下结论不同。

（4）该系统包含5个组分，都是气相的，没有限制条件。故只需确定 r，反应方程式如下：

$$C+1/2O_2 \longrightarrow CO \quad (a)$$

$$C+O_2 \longrightarrow CO_2 \quad (b)$$

$$H_2+1/2O_2 \longrightarrow H_2O \quad (c)$$

$$C+2H_2 \longrightarrow CH_4 \quad (d)$$

消去系统中不存在的C、O_2，最后剩下两个方程，将式(b) 首先与式(a) 结合，再与式(d) 结合消去组分C，最后的反应式为

由式(a) 和式(b)：$$CO+1/2O_2 \longrightarrow CO_2 \quad (e)$$

由式(b) 和式(d)：$$CH_4+O_2 \longrightarrow 2H_2+CO_2 \quad (f)$$

将式(c) 与式(e)、式(f) 结合消去组分 O_2，最后的反应式为：

由式(c) 和式(e)：$$CO_2+H_2 \longrightarrow CO+H_2O \quad (g)$$

由式(c) 和式(f)：$$CH_4+2H_2O = CO_2+4H_2 \quad (h)$$

式(g) 和式(h) 两式是独立的，故 $r=2$。不同的消去方法可得到不同的方程组，但最后只有两个方程。

根据式(7.43) 得

$$F=2-\pi+N-r-s=2-1+5-2-0=4$$

自由度为4，表明在由5个组分组成的平衡混合系统中，一个自由变量可以确定4个变量，如温度、压力和两个摩尔组成。换句话说，系统没有限制条件，如系统给定 H_2O、CH_4 的量，那么就通过物料守恒的特殊限制条件使得自由度减少为2（Duhem 定理参见下面的章节）。

在具有一定质量的各化学组分的封闭系统中，指定任意两个独立变量后，则该系统的平衡态就完全确定（强度性质和广度性质）。该定律表明完全确定系统状态的独立变量个数与关联这些变量的独立方程数之差为：

$$[2+(N-1)(\pi)+\pi]-[(\pi-1)(N)+(N)]=2$$

当发生化学反应时，对每个独立的反应而言，在物料守恒方程中引入一个新的变量 ε_j。此外，对每个独立反应可以写出一个新的平衡关系式[式(7.10)]。因此，当化学反应平衡建立在相平衡的基础上时，出现了 r 个新的变量和 r 个新的方程，而变量数与方程数之差不变，故 Duhem 定理既适用于反应系统也适用于非反应系统。

大多数化学反应平衡问题都能应用 Duhem 定理解决，常见的问题为当温度、压力给定时，由给定反应物的量的初始条件求出系统平衡组成。

7.9 多个反应平衡

当反应系统中存在两个或两个以上独立的化学反应并达到平衡，平衡组分可通过由解决单一反应的方法直接拓展而确定。首先要确定一组独立的反应，见7.8节。每个独立的反应都有各自的反应坐标，见7.1节。此外，需要求解每个反应 j 各自的平衡常数，式(7.14)变为

$$\prod_i \left(\frac{\hat{f}_i}{f_i^{\ominus}}\right)^{\nu_{i,j}} = K_j \tag{7.44}$$

式中

$$K_j \equiv \exp\left(\frac{-\Delta G_j^{\ominus}}{RT}\right)$$

在气相反应中，式(7.44) 变为

$$\prod_i \left(\frac{\hat{f}_i}{p^{\ominus}}\right)^{\nu_{i,j}} = K_j \tag{7.45}$$

如果平衡混合体系可视为理想气体，则

$$\prod_i (y_i)^{\nu_{i,j}} = \left(\frac{p}{p^{\ominus}}\right)^{-\nu_j} K_j \tag{7.46}$$

对 r 个独立的反应有 r 个反应方程，其中 y_i 可以用式(7.7) 消去，从而计算反应坐标 ε_j，然后同时求解反应坐标的方程组。

【例 7.6】 在 750K 和 1.2bar 下纯正丁烷裂解生成石蜡，在该条件下存在两个转化率较高的反应：

$$C_4H_{10} \longrightarrow C_2H_4 + C_2H_6 \tag{Ⅰ}$$

$$C_4H_{10} \longrightarrow C_3H_6 + CH_4 \tag{Ⅱ}$$

试求达到平衡时，产物的组成。

由附录 C 的数据和 7.4 节介绍的程序，可得 750K 下反应的平衡常数分别为：

$$K_{\text{Ⅰ}} = 3.856 \qquad K_{\text{Ⅱ}} = 268.4$$

解：由反应坐标与产物组成的关系，以 1mol 正丁烷进料量为基准，得

$$y_{C_4H_{10}} = (1-\varepsilon_{\text{Ⅰ}}-\varepsilon_{\text{Ⅱ}})/(1+\varepsilon_{\text{Ⅰ}}+\varepsilon_{\text{Ⅱ}})$$

$$y_{C_2H_4} = y_{C_2H_6} = \varepsilon_{\text{Ⅰ}}/(1+\varepsilon_{\text{Ⅰ}}+\varepsilon_{\text{Ⅱ}})$$

$$y_{C_3H_6} = y_{CH_4} = \varepsilon_{\text{Ⅱ}}/(1+\varepsilon_{\text{Ⅰ}}+\varepsilon_{\text{Ⅱ}})$$

由式(7.46) 得平衡关系为

$$y_{C_2H_4}\ y_{C_2H_6}/y_{C_2H_4} = (p/p^{\ominus})^{-1}K_{\text{Ⅰ}}$$

$$y_{C_3H_6}\ y_{CH_4}/y_{C_4H_{10}} = (p/p^{\ominus})^{-1}K_{\text{Ⅱ}}$$

将这些方程与摩尔分数方程结合得

$$\frac{\varepsilon_{\text{Ⅰ}}^2}{(1-\varepsilon_{\text{Ⅰ}}-\varepsilon_{\text{Ⅱ}})(1+\varepsilon_{\text{Ⅰ}}+\varepsilon_{\text{Ⅱ}})} = (p/p^{\ominus})^{-1}K_{\text{Ⅰ}} \tag{a}$$

$$\frac{\varepsilon_{\text{Ⅱ}}^2}{(1-\varepsilon_{\text{Ⅰ}}-\varepsilon_{\text{Ⅱ}})(1+\varepsilon_{\text{Ⅰ}}+\varepsilon_{\text{Ⅱ}})} = (p/p^{\ominus})^{-1}K_{\text{Ⅱ}} \tag{b}$$

式(b) 除以式(a)，解出 $\varepsilon_{\text{Ⅱ}}$ 得

$$\varepsilon_{\text{Ⅱ}} = \kappa\varepsilon_{\text{Ⅰ}} \tag{c}$$

其中

$$\kappa = (K_{\text{Ⅱ}}/K_{\text{Ⅰ}})^{1/2} \tag{d}$$

合并式(a) 和式(c)，化简后，解出 $\varepsilon_{\text{Ⅰ}}$

$$\varepsilon_{\text{Ⅰ}} = \left[\frac{K_{\text{Ⅰ}}(p^{\ominus}/p)}{1+K_{\text{Ⅰ}}(p^{\ominus}/p)(\kappa+1)^2}\right]^{1/2} \tag{e}$$

将数值代入到式(d)、式(e) 和式(c) 得

$$\kappa = (268.4/3.856)^{1/2} = 8.343$$

$$\varepsilon_{\text{Ⅰ}} = \left[\frac{3.856\times(1/1.2)}{1+3.856\times(1/1.2)\times(9.343)^2}\right]^{1/2} = 0.1068$$

$$\varepsilon_{\text{Ⅱ}} = 8.343\times0.1068 = 0.8914$$

故气相产物中组成为

$y_{C_4H_{10}}=0.0010$　　$y_{C_2H_4}=y_{C_2H_6}=0.0534$　　$y_{C_3H_6}=y_{CH_4}=0.4461$

【例 7.7】 水蒸气和空气通入煤气化炉的煤层（假定为纯碳），产出的煤气流股包含 H_2、CO、O_2。H_2O、CO_2 和 N_2。如果进料为 1mol 水蒸气、2.38mol 空气，试计算在平衡压力 $p=20$bar 下，温度分别为 1000K、1100K、1200K、1300K、1400K 和 1500K 时汽相中的平衡组成。所需的数据如下。

T/K	$\Delta G_f^{\ominus}$/(J/mol)		
	H_2O	CO	CO_2
1000	−192420	−200240	−395790
1100	−187000	−209110	−395960
1200	−181380	−217830	−396020
1300	−175720	−226530	−396080
1400	−170020	−235150	−396130
1500	−164310	−243740	−396160

解： 进料中通入 1mol 水蒸气和 2.38mol 空气，则

$$O_2: 0.21\times 2.38=0.5\text{mol}\qquad N_2: 0.79\times 2.38=1.88\text{mol}$$

平衡时组分有 C、H_2、CO、O_2、H_2O、CO_2 和 N_2，涉及以下反应

$$H_2+1/2O_2 \longrightarrow H_2O \tag{Ⅰ}$$

$$C+1/2O_2 \longrightarrow CO \tag{Ⅱ}$$

$$C+O_2 \longrightarrow CO_2 \tag{Ⅲ}$$

由于氢、氧、碳元素是系统中已经存在的，所以这三个独立反应是完整的一组反应。

所有组分除了碳以纯固相存在外、其余都在气相中存在。在式(7.44)的平衡表达式中，纯碳的逸度比值为$\hat{f}_C/f_C^{\ominus}=f_C/f_C^{\ominus}$，即碳在 20bar 的逸度除以碳在 1bar 的逸度。由于压力对固体逸度的影响很小，误差可以忽略，$\hat{f}_C/f_C^{\ominus}=1$，在平衡表达式中的该式可以省略。假定其余的气体为理想气体，式(7.46)仅适用于气相，将该式应用于反应式(Ⅰ)～式(Ⅲ)得到下列平衡表达式

$$K_{\text{Ⅰ}}=\frac{y_{H_2O}}{y_{O_2}^{1/2}y_{H_2}}\left(\frac{p}{p^{\ominus}}\right)^{-1/2},\quad K_{\text{Ⅱ}}=\frac{y_{CO}}{y_{O_2}^{1/2}}\left(\frac{p}{p^{\ominus}}\right)^{-1/2},\quad K_{\text{Ⅲ}}=\frac{y_{CO_2}}{y_{O_2}}$$

三个反应的反应坐标分别为 $\varepsilon_{\text{Ⅰ}}$、$\varepsilon_{\text{Ⅱ}}$ 和 $\varepsilon_{\text{Ⅲ}}$，且这里的值为平衡值。初始状态时

$$n_{H_2}=n_{CO}=n_{CO_2}=0,\quad n_{H_2O}=1,\quad n_{O_2}=0.5,\quad n_{N_2}=1.88$$

此外，由于只考虑气相组分，则

$$\nu_{\text{Ⅰ}}=-1/2,\quad \nu_{\text{Ⅱ}}=1/2,\quad \nu_{\text{Ⅲ}}=0$$

对各个组分应用式(7.7)，得

$$y_{H_2}=\frac{-\varepsilon_{\text{Ⅰ}}}{3.38+(\varepsilon_{\text{Ⅱ}}-\varepsilon_{\text{Ⅰ}})/2},\quad y_{CO_2}=\frac{\varepsilon_{\text{Ⅲ}}}{3.38+(\varepsilon_{\text{Ⅱ}}-\varepsilon_{\text{Ⅰ}})/2}$$

$$y_{O_2}=\frac{\frac{1}{2}(1-\varepsilon_{\text{Ⅰ}}-\varepsilon_{\text{Ⅱ}})-\varepsilon_{\text{Ⅲ}}}{3.38+(\varepsilon_{\text{Ⅱ}}-\varepsilon_{\text{Ⅰ}})/2},\quad y_{H_2O}=\frac{1+\varepsilon_{\text{Ⅰ}}}{3.38+(\varepsilon_{\text{Ⅱ}}-\varepsilon_{\text{Ⅰ}})/2}$$

$$y_{CO}=\frac{\varepsilon_{\text{Ⅱ}}}{3.38+(\varepsilon_{\text{Ⅱ}}-\varepsilon_{\text{Ⅰ}})/2},\quad y_{N_2}=\frac{1.88}{3.88+(\varepsilon_{\text{Ⅱ}}-\varepsilon_{\text{Ⅰ}})/2}$$

将这些 y_i 的表达式代入平衡方程，得

$$K_{\mathrm{I}}=\frac{(1+\varepsilon_{\mathrm{I}})(2n)^{1/2}(p/p^{\ominus})^{-1/2}}{(1-2\varepsilon_{\mathrm{III}}-\varepsilon_{\mathrm{II}}-\varepsilon_{\mathrm{I}})^{1/2}(-\varepsilon_{\mathrm{I}})},\quad K_{\mathrm{II}}=\frac{\sqrt{2}\varepsilon_{\mathrm{II}}(p/p^{\ominus})^{-1/2}}{(1-2\varepsilon_{\mathrm{III}}-\varepsilon_{\mathrm{II}}-\varepsilon_{\mathrm{I}})^{1/2}n^{1/2}}$$

$$K_{\mathrm{III}}=\frac{2\varepsilon_{\mathrm{III}}}{(1-2\varepsilon_{\mathrm{III}}-\varepsilon_{\mathrm{II}}-\varepsilon_{\mathrm{I}})}$$

式中，$n\equiv 3.38+(\varepsilon_{\mathrm{II}}-\varepsilon_{\mathrm{I}})/2$

由式(7.15) 计算得到的 K_i 值很大，如在 1500K 时

$$\ln K_{\mathrm{I}}=\frac{-\Delta G_{\mathrm{I}}^{\ominus}}{RT}=164310/(8.314\times 1500)=13.2,\ K_{\mathrm{I}}\sim 10^{6}$$

$$\ln K_{\mathrm{II}}=\frac{-\Delta G_{\mathrm{II}}^{\ominus}}{RT}=243740/(8.314\times 1500)=19.6,\ K_{\mathrm{I}}\sim 10^{8}$$

$$\ln K_{\mathrm{III}}=\frac{-\Delta G_{\mathrm{III}}^{\ominus}}{RT}=396160/(8.314\times 1500)=31.8,\ K_{\mathrm{I}}\sim 10^{14}$$

由于 K_i 值很大，平衡方程的分母中 $1-\varepsilon_{\mathrm{I}}-\varepsilon_{\mathrm{II}}-2\varepsilon_{\mathrm{III}}$ 必须接近于 0，这说明氧气在平衡体系中的分量很小，在实际情况下，不存在氧气。

因此把反应式中的氧气消去。为此，首先将式(Ⅰ) 与式(Ⅱ) 结合，然后与式(Ⅲ) 结合，得到以下两个反应方程

$$C+CO_2 = 2CO \tag{a}$$

$$H_2O+C = H_2+CO \tag{b}$$

相应的平衡方程为

$$K_{\mathrm{a}}=\frac{y_{CO}^2}{y_{CO_2}}\left(\frac{p}{p^{\ominus}}\right),\quad K_{\mathrm{b}}=\frac{y_{CO}y_{H_2}}{y_{H_2O}}\left(\frac{p}{p^{\ominus}}\right)$$

进料气体中含 1mol H_2O、0.5mol O_2 和 1.88mol N_2，由于从反应方程组中已将 O_2 消去，故用 0.5mol CO_2 代替 0.5mol O_2，假定 CO_2 由 0.5mol O_2 与碳反应生成。故相当于进料中 1mol H_2、0.5mol CO_2 和 1.88mol N_2，将式(7.7) 应用到本例，得

$$y_{H_2}=\frac{\varepsilon_{\mathrm{b}}}{3.38+\varepsilon_{\mathrm{a}}+\varepsilon_{\mathrm{b}}},\quad y_{CO}=\frac{2\varepsilon_{\mathrm{a}}+\varepsilon_{\mathrm{b}}}{3.38+\varepsilon_{\mathrm{a}}+\varepsilon_{\mathrm{b}}}$$

$$y_{H_2O}=\frac{1-\varepsilon_{\mathrm{b}}}{3.38+\varepsilon_{\mathrm{a}}+\varepsilon_{\mathrm{b}}},\quad y_{CO_2}=\frac{0.5-\varepsilon_{\mathrm{a}}}{3.38+\varepsilon_{\mathrm{a}}+\varepsilon_{\mathrm{b}}}$$

$$y_{N_2}=\frac{1.88}{3.38+\varepsilon_{\mathrm{a}}+\varepsilon_{\mathrm{b}}}$$

由于 y_i 介于 0～1 之间，左边的两个表达式和右边的两个表达式表明

$$0\leqslant\varepsilon_{\mathrm{b}}\leqslant 1,\quad -0.5\leqslant\varepsilon_{\mathrm{a}}\leqslant 0.5$$

将 y_i 代入到平衡方程中，得

$$K_{\mathrm{a}}=\frac{(2\varepsilon_{\mathrm{a}}+\varepsilon_{\mathrm{b}})^2}{(0.5-\varepsilon_{\mathrm{a}})(3.38+\varepsilon_{\mathrm{a}}+\varepsilon_{\mathrm{b}})}\left(\frac{p}{p^{\ominus}}\right)$$

$$K_{\mathrm{b}}=\frac{\varepsilon_{\mathrm{b}}(2\varepsilon_{\mathrm{a}}+\varepsilon_{\mathrm{b}})}{(1-\varepsilon_{\mathrm{b}})(3.38+\varepsilon_{\mathrm{a}}+\varepsilon_{\mathrm{b}})}\left(\frac{p}{p^{\ominus}}\right)$$

对 1000K 下的反应 (a) 有

$$\Delta G_{1000}^{\ominus}=2\times(-200240)-(-395790)=-4690$$

且由式(7.15) 得

$$\ln K_{\mathrm{a}}=4690/(8.314\times 1000)=0.5641,\quad K_{\mathrm{a}}=1.758$$

同样，对反应(b) 有

$$\Delta G_{1000}^{\ominus}=-200240-(-192420)=-7820$$

$$\ln K_b=7820/(8.314\times 1000)=0.9406 \qquad K_b=2.561$$

结合 K_a、K_b 的值以及 $(p/p^{\ominus})=20$ 和未知的 ε_a、ε_b 组成了两个非线形方程。迭代方法经改进后可以求解该方程组，但牛顿迭代方法用于求解非线性代数方程组也很有效。在所有温度下的计算结果见表 7.1。

表 7.1 K 及 ε 的计算结果

T/K	K_a	K_b	ε_a	ε_b
1000	1.758	2.561	−0.0506	0.5336
1100	11.405	11.219	0.1210	0.7124
1200	53.155	38.609	0.3168	0.8551
1300	194.430	110.064	0.4301	0.9357
1400	584.85	268.76	0.4739	0.9713
1500	1514.12	583.58	0.4896	0.9863

平衡混合物中组分的摩尔分数 y_i 值由上述公式可以求得，所有的计算结果见表 7.2 和图 7.5。

表 7.2 平衡混合物中组分的摩尔分数

T/K	y_{H_2}	y_{CO}	y_{H_2O}	y_{CO_2}	y_{N_2}
1000	0.138	0.112	0.121	0.143	0.486
1100	0.169	0.226	0.068	0.090	0.447
1200	0.188	0.327	0.032	0.040	0.413
1300	0.197	0.378	0.014	0.015	0.396
1400	0.201	0.398	0.006	0.005	0.390
1500	0.203	0.405	0.003	0.002	0.387

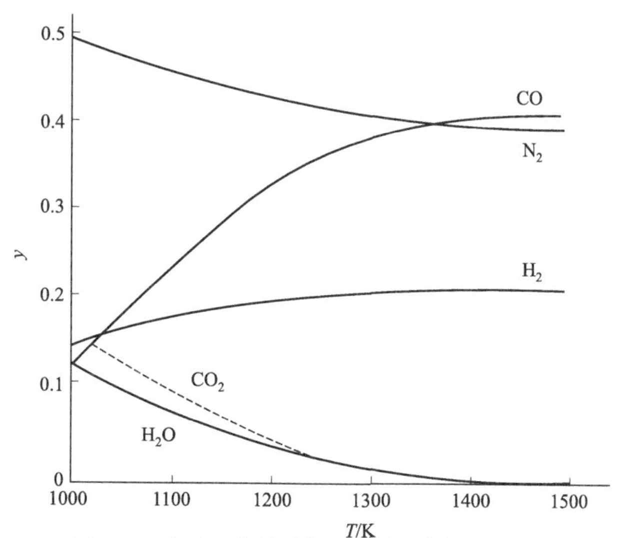

图 7.5 产物气体的平衡组成随温度的变化

在较高的温度下，ε_a、ε_b 的值接近它们各自的上限 0.5 和 1.0，说明这两个反应趋于完全，且温度越高，越趋于反应完全，同时产物中 CO_2 和 H_2O 的含量接近于 0。

$$y_{H_2}=\frac{1}{3.38+0.5+1.0}=0.205$$

$$y_{CO}=\frac{1+1}{3.38+0.5+1.0}=0.410$$

$$y_{N_2}=\frac{1.88}{3.38+0.5+1.0}=0.385$$

虽然上例很容易求解，但是这个方法并不标准，因此需要一个普遍适用的计算程序来解决这类问题。7.2 节介绍了平衡态的判据为系统的总 Gibbs 能最小，见图 7.1 中单一反应中的 Gibbs 能图线。应用到多个反应中，这个判据为通用计算机求解程序的基础。

由式$\left[\mathrm{d}(nG)=(nV)\mathrm{d}p-(nS)\mathrm{d}T+\sum_i \mu_i \mathrm{d}n_i\right]$给出的单相系统的总 Gibbs 能的表达式可知

$$(G^t)_{T,p}=g(n_1,n_2,n_3,\cdots,n_N)$$

解决问题的关键是确立一组 $\{n_i\}$ 使得在给定的 T、p 下，G^t 最小，并符合物料守恒的条件。该问题的标准解法是基于 Lagrange 待定乘子法，对于气相反应的计算步骤如下。

① 第一步列出限制的方程，即物料平衡方程。虽然在封闭系统中反应的分子数不守恒，但是每种元素的总原子数要守恒。用下标 k 表示待定的原子，A_k 表示体系中存在的第 k 种元素的原子数，该值由体系的初始组成确定。此外，a_{ik} 表示组分 i 每个分子中第 k 种元素的原子数。每种元素 k 的物料衡算式可写成

$$\sum n_i a_{ik}=A_k \tag{7.47}$$

② 对每种元素引入一个 Lagrange 待定因子 λ_k，上式两边同乘以 λ_k：

$$\lambda_k(\sum n_i a_{ik}-A_k)=0$$

③ 将上式加上 G^t，得到新的函数 F 为

$$F=G^t+\sum\lambda_k(\sum n_i a_{ik}-A_k)$$

由于等式第二项等于 0，所以此新函数 F 与 G^t 是相等的。然而，由于 F 要受到物料平衡的限制，函数 F 和 G^t 对 n_i 的偏导数是不同的。

④ 只有当所有的偏导数 $(\partial F/\partial n_i)_{T,p,n_j}=0$ 时，F（和 G^t）达到最小值。因此，对前述的方程进行微分，且设结果的导数为 0

$$(\partial F/\partial n_i)_{T,p,n_j}=(\partial G/\partial n_i)_{T,p,n_j}+\sum_k\lambda_k a_{ik}=0$$

由于上式右边第一项是化学势的定义式$\left(\mu_i\equiv\left[\frac{\delta(nG)}{\delta n_i}\right]_{p,T,n_j}\right)$，故可写成

$$\mu_i+\sum_k\lambda_k a_{ik}=0\quad(i=1,2,\cdots,N) \tag{7.48}$$

然而，由式(7.13) 得化学势为

$$\mu_i=G_i^{\ominus}+RT\ln(\hat{f}_i/f_i^{\ominus})$$

对于气相反应和纯理想气体在 1bar（或 1atm）下的标准态而言

$$\mu_i=G_i^{\ominus}+RT\ln(\hat{f}_i/p^{\ominus})$$

如果所有组分在标准态下 G_i 设为 0，那么 $G_i^{\ominus}=\Delta G_{fi}^{\ominus}$，$\Delta G_{fi}^{\ominus}$ 为组分 i 的标准 Gibbs 自由能变。此外，由式$\left(\hat{\phi}_i\equiv\frac{\hat{f}_i}{y_i p}\right)$可以消去逸度而用逸度系数代替，$\hat{f}_i=y_i\hat{\phi}_i p$，则 $\mu_i=G_{fi}^{\ominus}+RT\ln(y_i\hat{\phi}_i p_i/p^{\ominus})$

与式(7.48) 合并得

$$G_{fi}^{\ominus}+RT\ln(y_i\hat{\phi}_i p_i/p^{\ominus})+\sum_k\lambda_k A_{ik}=0 \tag{7.49}$$

注意 $p^{\ominus}$采用压力的单位，如果系统只有一个组分，$\Delta G_{fi}^{\ominus}$ 为 0。

式(7.49) 包含了 N 个平衡方程，每个化学组分一个方程，式(7.47) 包含了 w 个物料衡算方程，每种元素一个方程，所以总共有 $N+w$ 个方程。未知量为 N 个 n_i $\left(注意\ y_i=n_i/\sum\limits_i n_i\right)$和 w 个 λ_k，因此共有 $N+w$ 个未知量，所以方程用于求解所有的变量是足够的。

前述的讨论假定$\hat{\phi}_i$ 为已知。如果是理想气体，则对每种组分而言，$\hat{\phi}_i=1$。如果是理想溶液，$\hat{\phi}_i=\phi_i$，且至少可以估算出值。对于真实气体，$\hat{\phi}_i$ 是一组 $\{y_i\}$ 的函数，需要通过迭代计算得到。对所有的 i，计算的初值为$\hat{\phi}_i=1$。通过求解方程可得到一组 $\{y_i\}$ 的值。对于低压或高温条件，计算的结果通常是足够的。当不满足该条件时，则需一个状态方程与计算得到的一组 $\{y_i\}$ 联立，由式(7.49) 以求得一组新的和更精确的 $\{\hat{\phi}_i\}$ 值，从而求得一组新的 $\{y_i\}$ 值。重复以上步骤，直到求出的两组 $\{y_i\}$ 的值相差不大时结束。所有计算步骤都可以通过计算机完成，包括应用如式$\left(\ln\hat{\phi}_k=\dfrac{p}{RT}\left[B_{kk}+\dfrac{1}{2}\sum\limits_i\sum\limits_j y_iy_j(2\delta_{ik}-\delta_{ij})\right]\right)$的方程计算 $\{\hat{\phi}_i\}$ 值。

在上述的步骤中，需要考虑的问题是哪些反应对计算无直接影响。然而，选择一组组分与选择一组这些组分的独立反应式是等价的。在很多情况下，总是需要假定一组组分或等价的一组独立反应，不同的假定会导致不同的结果。

7.10 燃料电池

燃料电池是一种主要透过氧或其他氧化剂进行氧化还原反应，把燃料中的化学能转换成电能的电池。燃料和空气分别送进燃料电池，就可产生电，它从外表上看有正负极和电解质等，像一个蓄电池，但实质上它不能“储电”，而是一个“发电厂”。燃料电池有别于原电池，因为需要稳定的氧和燃料来源，以确保其运作供电。此电池的优点是可以提供不间断的稳定电力，直至燃料耗尽。2014 年 2 月 19 日，据物理学家组织网报道，美国科学家开发出一种直接以生物质为原料的低温燃料电池，这种燃料电池只需借助太阳能或废热就能将稻草、锯末、藻类甚至有机肥料转化为电能，能量密度比基于纤维素的微生物燃料电池高出近 100 倍。

燃料电池在某些方面与电池相似，是通过燃料发生电化学氧化而产生电的。它与电池一样，有两个电极，由电解质隔开。但是反应物并不储存在电池里，而是不断地供给它，同时生成的产物也不断地移出。因此不供给燃料电池以初始电荷，在运作中也没有电荷的损失。只要燃料和氧气连续供应，整个系统就能产生稳定的电流。

将一种燃料如氢气、甲烷、丁烷、甲醇等，与阳极或燃料电极充分接触，并将氧气（常常在空气中）与阴极或氧电极充分接触。每个电极上发生半电池反应，总的反应等于两个电极上反应的加和。几种现存的燃料电池都有其特定类型的电解质。

燃料电池是将燃料具有的化学能直接变为电能的发电装置。

燃料电池其原理是一种电化学装置，其组成与一般电池相同。其单体电池是由正负两个电极（负极即燃料电极和正极即氧化剂电极）以及电解质组成。不同的是一般电池的活性物质储存在电池内部，因此，限制了电池容量。而燃料电池的正、负极本身不包含活性物质，只是个催化转换元件。因此燃料电池是名副其实的把化学能转化为电能的能量转换机器。电池工作时，燃料和氧化剂由外部供给，进行反应。原则上只要反应物不断输入，反应产物不断排出，燃料电池就能连续地发电。这里以氢-氧燃料电池为例来说明。

氢-氧燃料电池反应原理是电解水的逆过程。电极反应为：

负极：　　$H_2+2OH^- \longrightarrow 2H_2O+2e^-$

正极：　　$1/2O_2+H_2O+2e^- \longrightarrow 2OH^-$

电池反应：　　$H_2+1/2O_2 = H_2O$

另外，只有燃料电池本体还不能工作，必须有一套相应的辅助系统，包括反应剂供给系统、排热系统、排水系统、电性能控制系统及安全装置等。

用氢气作为燃料的燃料电池是最简单的一种，这里通过氢气燃料电池来简述它的基本原理（图 7.6）。

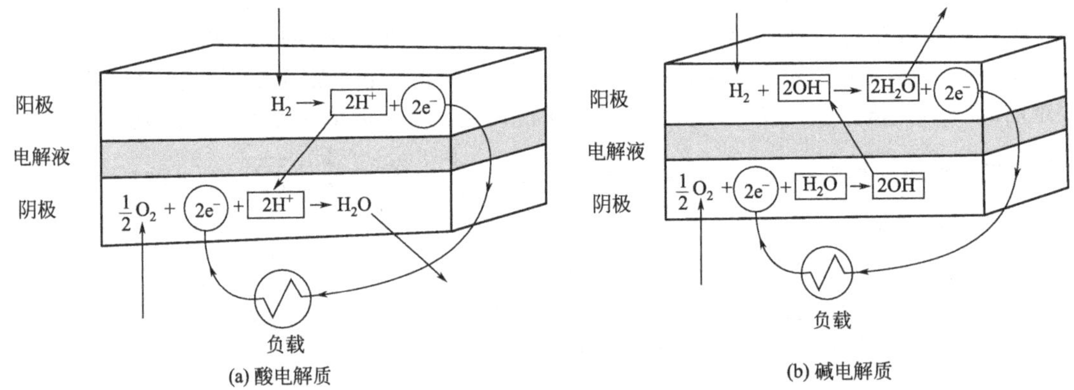

图 7.6　氢燃料电池的结构

当电解质呈酸性时［见图 7.6(a)］，在氢电极（阳极）上的半电池反应为

$$H_2 \longrightarrow 2H^+ + 2e^-$$

在氧电极（阴极）上的反应为

$$1/2O_2+2e^- +2H^+ \longrightarrow H_2O(g)$$

当电解质呈碱性时［见图 7.6(b)］，阳极上的半电池反应为

$$H_2+2OH^- \longrightarrow 2H_2O(g)+2e^-$$

阴极上为：　　$1/2O_2+2e^- +H_2O\ (g) \longrightarrow 2OH^-$

两个半电池反应的加和，就是电池的总反应

$$H_2+1/2O_2 \longrightarrow H_2O(g)$$

这个反应很显然是氢气的燃烧反应，但是并没有着火燃烧的形式在电池中出现。

图 7.6 所示的两个电池中，带负电荷的电子（e^-）从阳极释放出来，在外电路形成电流，并参与阴极上的反应。电解质不让电子通过，但提供离子从一极到另一极的迁移通道。在酸电解质中阳离子 H^+ 从阳极迁向阴极，而在碱性电解质中，OH^- 从阴极迁向阳极。

实际应用中，许多氢-氧燃料电池都用固体聚合物作为酸性电解质。由于它很薄且产生 H^+ 离子或质子，通常叫做质子交换膜。膜的两侧连接了一个多孔的碳电极，电极上涂有很薄一层金属铂作为催化剂。多孔的碳电极为反应提供了很大的表面积，使氢气、氧气以及水蒸气易于扩散，电解池可以一个个连接起来形成非常紧密的单元，达到要求的终端电动势。一般操作温度在 60℃左右。

因为燃料电池中的反应是连续的稳态过程，由热力学第一定律得

$$\Delta H = Q + W_{\text{elect}}$$

忽略了势能和动能项，且轴功被电功代替，如果电池在可逆、等温条件下操作，则

$$Q = T\Delta S$$

$$\Delta H = T\Delta S + W_{\text{elect}}$$

可逆电池所做的电功为

$$W_{\text{elect}}=\Delta H-T\Delta S=\Delta G \tag{7.50}$$

Δ 表示反应前后的变化量，对等温操作而言，与环境的热传递为

$$Q=\Delta H-\Delta G \tag{7.51}$$

参见图 7.6(a)，每消耗 1 分子氢气，就会产生 2 个电子到外电路。以 1mol 的 H_2 为基准，电极间的电荷转移为

$$q=2N_A(-e)\quad (\text{C})$$

式中，$-e$ 为每个电子的电荷量；N_A 为 Avogadro 常数。由于 N_Ae 为 Faraday 常数 F，$q=-2F$，因此电功等于电量和电动势（E 伏特）的乘积，可表达为以下的形式

$$W_{\text{elect}}=-2FE\quad (\text{J})$$

可逆电池的电动势为

$$E=\frac{-W_{\text{elect}}}{2F}=\frac{-\Delta G}{2F} \tag{7.52}$$

这些方程可运用到氢-氧燃料电池中去。

【例 7.8】 计算 1bar 时氢-氧燃料电池在 25℃和 60℃的电动势

解： 在 25℃及 1bar 下由纯的 H_2 和 O_2 反应生成 H_2O。如果这些组分可看作为理想气体，那么在 298.15K 时该反应为标准反应，则由附录表 C.4 得

$$\Delta H=\Delta H^{\ominus}_{f298}=-241818\text{J/mol},\quad \Delta G=\Delta G^{\ominus}_{f298}=-228572\text{J/mol}$$

由式(7.50)～式(7.52) 得

$$W_{\text{elect}}=-228572\text{J/mol},\quad Q=-13246\text{J/mol},\ E=1.184\text{V}$$

在更加常见的情况下，如果空气是氧气的来源，电池获得的是在空气中分压下的氧气。因为理想气体的焓与压力无关，所以电池反应的焓变不变。而反应中的 Gibbs 能变化受到影响，由式$\mu_i^{ig}=\bar{G}_i^{ig}=G_i^{ig}+RT\ln y_i$

$$G_i^{ig}-\bar{G}_i^{ig}=-RT\ln y_i$$

故每生成 1mol 水蒸气

$$\begin{aligned}\Delta G&=\Delta H^{\ominus}_{f298}+0.5\times(G^{ig}_{O_2}-\bar{G}^{ig}_{O_2})=\Delta G^{\ominus}_{f298}-0.5RT\ln y_{O_2}\\&=-228572-0.5\times8.314\times298.15\times\ln0.21\\&=-226638\text{J/mol}\end{aligned}$$

则由式(7.50)～式(7.52) 得

$$W_{\text{elect}}=-226638\text{J/mol},\ Q=-15180\text{J/mol},\ E=1.174\text{V}$$

用空气代替氧气并没有使可逆电池的电动势和电功降低很多。

由式$\left(\Delta H^{\ominus}=\Delta H^{\ominus}_0+R\int_{T_0}^{T}\frac{\Delta C^{\ominus}_p}{R}\text{d}T\right)$和式(7.24)，反应的焓变和 Gibbs 能的变化是温度的函数，当电池反应的温度为 60℃（333.15K），计算这些方程的积分为

$$\begin{aligned}\int_{298.15}^{333.15}\frac{\Delta C^{\ominus}_p}{R}\text{d}T&=\text{IDCPH}(298.15,333.15;-1.5985,0.775\text{E}-3,0.0,0.1515\text{E}+5)\\&=-42.0472\end{aligned}$$

$$\begin{aligned}\int_{298.15}^{333.15}\frac{\Delta C^{\ominus}_p}{R}\frac{\text{d}T}{T}&=\text{IDCPS}(298.15,333.15;-1.5985,0.775\text{E}-3,0.0,0.1515\text{E}+5)\\&=-0.13334\end{aligned}$$

则由式 $\left(\Delta H^{\ominus}=\Delta H_0^{\ominus}+R\int_{T_0}^{T}\frac{\Delta C_p^{\ominus}}{R}\mathrm{d}T\right)$ 和式(7.24) 得

$$\Delta H_{f333}^{\ominus}=-242168\mathrm{J/mol},\ \Delta G_{f333}^{\ominus}=-226997\mathrm{J/mol}$$

由于反应在 1bar 下进行，且从空气中得到氧气，则 $\Delta H=\Delta H_{f333}^{\ominus}$ 且

$$\Delta G=-226997-0.5\times 8.314\times 33.15\times \ln 0.21=-224836\mathrm{J/mol}$$

由式(7.50)～式(7.52) 得

$$W_{elect}=-224836\mathrm{J/mol},\ Q=-17332\mathrm{J/mol},\ E=1.165\mathrm{V}$$

在 60℃下的反应的电动势和电功比 25℃下的小一点。

以上关于可逆电池的计算表明输出的电功超过燃料燃烧实际放出的热量的 90%，如果这个热量提供给实际温度下工作的 Carnot 电机，只有很小一部分的热转化为功。燃料电池的可逆过程表明电位计使得电动势处于平衡，因此电流的输出可以忽略。实际操作中，在适当的负荷下，内部的不可逆性必然会降低电池的电动势和输出的电功，而向环境放出的热却增加。氢-氧燃料电池的操作电动势为 0.6～0.7V，输出的功约为燃烧热值的 50%。然而，燃料电池的不可逆性比燃料燃烧所固有的不可逆性小得多。而且燃料电池过程简单、无污染、无噪声，且直接产生电能。除了氢气外，其余燃料也可应用到燃料电池中，但是需要进一步开发有效的催化剂。比如甲醇在质子交换膜的阳极发生以下反应：

$$CH_3OH+H_2O \longrightarrow 6H^{+}+6e^{-}+CO_2$$

在阴极氧的反应产生水蒸气。

燃料电池用途广泛，既可应用于军事、空间、发电厂领域，也可应用于机动车、移动设备、居民家庭等领域。早期燃料电池发展焦点集中在军事空间等专业应用以及千瓦级以上分散式发电上。电动车领域成为燃料电池应用的主要方向，市场已有多种采用燃料电池发电的自动车出现。另外，透过小型化的技术将燃料电池运用于一般消费型电子产品也是应用发展方向之一，随着技术的进步，未来小型化的燃料电池将可用以取代现有的锂电池或镍氢电池等高价值产品，作为用于笔记本电脑、无线电电话、录像机、照相机等携带型电子产品的电源。近 20 多年来，燃料电池经历了碱性、磷酸、熔融碳酸盐和固体氧化物等几种类型的发展阶段，燃料电池的研究和应用正以极快的速度在发展。在所有燃料电池中，碱性燃料电池（AFC）发展速度最快，主要为空间任务，包括航天飞机提供动力和饮用水；质子交换膜燃料电池（PEMFC）已广泛作为交通动力和小型电源装置来应用；磷酸燃料电池（PAFC）作为中型电源应用进入了商业化阶段，是民用燃料电池的首选；熔融碳酸盐型燃料电池（MCFC）也已完成工业试验阶段；起步较晚的固态氧化物燃料电池（SOFC）作为发电领域最有应用前景的燃料电池，是未来大规模清洁发电站的优选对象。

多年来人们一直在努力寻找既有较高的能源利用效率又不污染环境的能源利用方式，而燃料电池就是比较理想的发电技术。燃料电池十分复杂，涉及化工热力学、电化学、电催化、材料科学、电力系统及自动控制等众多学科相关理论，具有发电效率高、环境污染少等优点。

小结

本章结合经典热力学平衡性质和所学知识进行对比，对于化学反应平衡基础，应明确化学反应方向的判据和化学平衡条件；对于平衡常数与平衡组成间的关系，要熟练掌握化学反应系统的计量关系，能以反应进度表达转化率和平衡常数；对于工艺参数对化学平衡组成的影响，能从有关热化学数据计算化学平衡常数，并掌握平衡常数随温度的变化规律；并且对于复杂体系的化学反应平衡有所基本了解。在有条件情况下，可以 Aspen 等软件计算相结合的方法加以辅助理解。

思考题

7.1 经典热力学平衡性质和所学知识有何区别？

7.2 如何确定化学反应方向的判据和化学平衡条件？

7.3 如何利用化学反应系统的计量关系并以反应进度表达转化率和平衡常数？

7.4 工艺参数对化学平衡组成有什么样的影响？

7.5 平衡常数随温度的变化规律是什么？

7.6 软件在复杂体系的化学反应平衡计算过程中有何前提？

习题

7.1 某体系发生如下反应：$CH_4 + H_2O \longrightarrow CO + 3H_2$，假如反应开始前有 2mol CH_4、1mol H_2O、1mol CO 和 4mol H_2，试将摩尔分数 y_i 表示成反应坐标 ε 的函数。

7.2 在下列不同条件下发生水煤气变换反应：

$$CO(g) + H_2O(g) \longrightarrow CO_2(g) + H_2(g)$$

试计算在下列不同条件下上述反应中反应掉的水蒸气的分数，假定混合物为理想气体。

(1) 反应物为 1mol H_2O 和 1mol CO，温度为 1100K，压力为 1bar。

(2) 压力为 10bar，其余条件与 (1) 同。

(3) 反应物中加入 2mol N_2，其余条件与 (1) 同。

(4) 反应物为 2mol 水蒸气和 1mol CO 其余条件与 (1) 同。

(5) 反应物为 1mol 水蒸气和 2mol CO，其余条件与 (1) 同。

(6) 初始混合物为 1mol 水蒸气、1mol CO 和 1mol CO_2，其余条件与 (1) 同。

(7) 温度为 1650K，其余条件与 (1) 同。

7.3 在 200℃、34.5bar 下，乙烯和水反应生成乙醇。反应条件确保气相、液相同时存在，试计算该反应气相、液相的组成。反应釜通过连接到乙烯源使得压力维持在 34.5bar。假设没有其他的反应发生。

7.4 在实验条件 1120℃、1bar 下，乙炔催化加氢生成乙烯，如果进料为等摩尔的乙炔和氢气，试求达到平衡时产物的组成。

7.5 100℃，1atm 下，液相中乙酸可与乙醇发生酯化反应为：

$$CH_3COOH(l) + C_2H_5OH(l) \longrightarrow CH_3COOC_2H_5(l) + H_2O(l)$$

如果反应初始各有 1mol 乙酸和乙醇，试计算反应平衡时乙酸乙酯的摩尔分数。

7.6 在 1bar 压力与 20%过量空气的条件下，SO_2 在绝热反应器中反应生成 SO_3，如果进料温度在 25℃且在出口处反应达到平衡，试计算反应达到平衡时产物量的组成和温度。

第8章

流动系统的热力学分析

本章重点：

根据质量守恒、能量守恒、熵传递和熵产等热力学原理，介绍流动系统中控制体的质量、能量、熵的衡算方程；并根据这些方程进行流动过程功和热、流速和压力以及熵和焓的分析，从而形成利用流体热力学状态，分析流动过程的能量问题，或利用能量问题分析流动过程特性和规律的系统方法。几个典型流动过程的热力学分析，例如管道内流动、膨胀和压缩过程、节流膨胀过程等。

本章难点：

能量方程的简化原则和应用；熵平衡方程各项意义和分析；焓变熵变方程与能量方程联合分析过程；*H-S* 图上等压线的分析。

流体运动是石油、化工等许多相关行业设备中的常见过程。稳定流动系统广泛存在于工业生产中。作为化工工程师，对流体系统和流动现象的了解、认识和分析是必不可少的。流动过程的分析主要基于以下几个条件：

① 质量守恒；

② 动量守恒（牛顿第二定律）；

③ 热力学第一、第二定律；

④ 基于实验数据和经验关联式的流体力学关系。

虽然基于动量守恒定律的流体力学分析，其应用似乎更为广泛，通过流体力学分析可以获得诸如速度场、压力场等信息。但化工热力学针对流动过程的分析，则主要涉及质量守恒定律及热力学第一、第二定律，即便如此，热力学的方法在很大程度上已经可以解决过程的热、功等能量问题。通常来说，热力学对流动系统的分析方法主要通过质量、能量及熵等建立的平衡方程，再借助于 *p-V-T* 状态方程等方程，并基于系统状态的分析来解决问题。简单地说，这些平衡方程的建立，是通过对控制体（系统）的分析得到。通过计算发生在控制体进出口的流入和流出量、发生于控制体边界的传递量以及发生在控制体内的生成量，从而衡算控制体内的积累量而得到，其方程可表述为

$$\begin{aligned}\text{控制体内积累速率}&=+\text{入口处流入速率}-\text{出口处流出速率}\\&\quad+\text{控制体边界的传递速率}+\text{控制体内生成速率}\end{aligned}\tag{8.1}$$

其中，可以统一针对控制体热力学量衡算时的代数符号作如下约定：将控制体（系统）“得到”的皆视为“正”，如环境对系统做功，环境给系统传热等，而系统“失去”的皆视为“负”，如系统对环境，或系统向外传热。以及，如果将流动过程中，出口视为末态，进口视为始态，那么“进口－出口”就可表示为过程的“$-\Delta$”。另外，这里热力学所研究的系统，

根据化工生产过程的特点，选择空间位置一定的“控制体”作为研究对象，容易与化工设备相联系。这种“系统”的选择，类似于“欧拉”的概念。而，有些时候，可能把某一部分流体作为研究对象，这个对象，即系统则随着流体流动，空间位置可能发生变化，它类似于“拉格朗日”的概念。一般情况下，热力学分析的系统为前者，欧拉模型。这时候，可以将进出于控制体的单位质量物流，视为某一封闭系统，其所“携带”的能量包括：内能、动能和位能。并且这些物流由于流动的作用（推动或受其他流体的推导）而具有与控制体交换功的作用，这部分交换的功，则可以视为“流动功”。

针对热力学分析流动系统的主要物理量，质量、能量、熵，其平衡方程分别介绍如下。

8.1 质量守恒

公式(8.1) 所描述的控制体衡算问题，对于质量衡算而言，由于质量守恒的自然规律，没有凭空“生成”这个概念，且，对于流动系统中的控制体而言，除了进出口发生的流动传质，没有发生边界上的质量传递。因此，流动过程中质量守恒连续性方程通常就可以写做

控制体内质量积累速率＝入口处质量流入速率－出口处质量流出速率 (8.2)

那么，对于整个控制体通过以下积分方程表示

$$\frac{\mathrm{d}}{\mathrm{d}t}\int_V \rho\,\mathrm{d}V+\int_{A_e}\rho(\mathbf{v}\cdot\mathbf{n})\mathrm{d}A=0 \tag{8.3}$$

式中，t 为时间；ρ 为密度。方程左边第一项代表控制体内质量积累量，第二项代表净质量流出速率，由流入和流出面 A_e 的积分构成。向量 $\mathbf{v}$ 和 $\mathbf{n}$ 是分别代表流体流速和垂直于控制体表面向外的单位法向量。$\mathbf{v}\cdot\mathbf{n}$ 表示垂直于表面的速度分量，当速度分量指向外侧时该数积是正值，当速度分量指向内侧时是负值。控制体无穷小时，方程式(8.3) 可简化为连续性方程的微分形式

$$\frac{\partial\rho}{\partial t}+\nabla\cdot\rho\mathbf{v}=0 \tag{8.4}$$

以上方程中式中的$\nabla\cdot\rho\mathbf{v}$ 为控制体质量流率的散度。这也称为连续性方程，表明连续性介质流动所具有的质量守恒特性。

如果假定物流总是垂直于进出口流动，且流动截面上各处物理性质相同（经验表明，这种假设很大程度上，已经符合化工系统的工程分析），则式(8.3) 可写作

$$\frac{\mathrm{d}}{\mathrm{d}t}\int_V \rho\,\mathrm{d}V+\sum_i(\rho_i v_i A_i)=0 \tag{8.5}$$

并且如果流体密度是均匀的，可进一步简化为

$$\frac{\mathrm{d}\dot{m}}{\mathrm{d}t}+\Delta(\rho vA)_{\mathrm{fs}}=0 \tag{8.6}$$

稳态的流动过程是一个重要的特例，在稳态流动时控制体内的状态参数不随时间变化。控制体内的流体质量保持不变，也就是流入控制体的质量恰好等于流出控制体的质量。因此，式(8.6) 变为

$$\Delta(\rho vA)_{\mathrm{fs}}=0 \tag{8.7}$$

更进一步，如果只有一个入口流和一个出口流，则两个流体的质量流率相同，式(8.7)变为

$$\rho_2 v_2 A_2-\rho_1 v_1 A_1=0 \tag{8.8}$$

或

$$\dot{m}=\rho_2 v_2 A_2=\rho_1 v_1 A_1 \tag{8.9}$$

写成比体积的形式为

$$\dot{m}=\frac{v_1 A_1}{V_1}=\frac{v_2 A_2}{V_2} \tag{8.10}$$

8.2　能量守恒

在第 1 章中已经对控制体内的热力学第一定律进行讨论，对于流动系统，在这里简单回顾一下：控制体内由于流动或能量传递（传热或功传递）而发生的能量累积率，应该为物流进出控制体在控制体内造成的变化（因为如前所述，单位质量的流体，视为某一封闭系统，带有内能、动能和位能）以及所发生的热和功的和。此外，对于控制体与环境所交换的功，则可以分为流动功和其他类型的功，其中流动功即由于流体具有的压力，并且由压力方向上的流动所产生，此项在进出口的衡算，与控制体携带的内能变化项合并，即为单位质量流体的焓变

$$\frac{\mathrm{d}E}{\mathrm{d}t}=\sum_i F_i\left(h_i+\frac{1}{2}v_i^2+gz_i\right)+\sum_i \dot{Q}_i+\sum_i \dot{W}_{si}\text{（控制体积）} \tag{1.12}$$

如果势能和动能在控制体内的变化可以忽略不计，则等式可以改写为

$$\frac{\mathrm{d}(U)_{\mathrm{CV}}}{\mathrm{d}t}+\Delta\left[\left(H+\frac{1}{2}v_i^2+gz_i\right)\dot{m}\right]_{\mathrm{fs}}=\Sigma\dot{Q}+\Sigma\dot{W} \tag{8.11}$$

即热力学中代表流动过程中的总能量衡算方程。由于该式在推导过程中使用了一些理想化假设和近似，因而有一些内在使用限制。概括起来有以下几个前提假设：

① 控制体无整体运动，并且进口端和出口端的控制体表面是固定的。

② 控制体内的势能和动能变化是可以忽略不计的。这同时意味着高度 z 必须从控制体的质心测量。

③ 流动在入口和出口处都是单向的，且控制体表面与流动方向垂直。同时，认为流体的物性参数在进口端和出口端截面上是不变的。

式(8.11) 可以整理成其他的有用形式。方程两边乘以 $\mathrm{d}t$，并从 $t=0$ 积分到 $t=t$ 得到

$$\Delta U_{\mathrm{V}}+\int_0^t \Delta\left[\left(H+\frac{v^2}{2}+zg\right)\dot{m}\right]\mathrm{d}t=\Sigma Q+\Sigma W \tag{8.12}$$

式(8.12) 中的功可能包括轴功，也可能包括控制体内由于膨胀和压缩而产生的体积功。对于无流动的过程，没有流动的流股，式中第二项等于零。从而回到封闭体系方程

$$\mathrm{d}(U)_{\mathrm{V}}=\mathrm{d}Q+\mathrm{d}W \tag{8.13}$$

对于稳态流动的过程，控制体内的总内能 U 是常数，于是 $\mathrm{d}(U)_{\mathrm{V}}$ 等于零。并且，因为控制体表面在空间各处都是固定不动的，所以 $\mathrm{d}W=\mathrm{d}W_{\mathrm{s}}$。式(8.12) 变为

$$\int_0^t \Delta\left[\left(H+\frac{v^2}{2}+zg\right)\dot{m}\right]\mathrm{d}t=\Sigma Q+\Sigma W_{\mathrm{s}} \tag{8.14}$$

这些等式被广泛地应用于各个领域，因为它代表了一般的工业操作情况。当控制体只有一个入口和一个出口时，可以进行进一步的特殊简化。在此情况下对于进出口两流股，式(8.14) 中的质量流率 $\dot{m}$ 一定相等，于是

$$\Delta\left(H+\frac{v^2}{2}+zg\right)\dot{m}=\dot{Q}+\dot{W}_{\mathrm{s}} \tag{8.15}$$

两边同除以 $\dot{m}$ 得到

$$\Delta\left(H+\frac{v^2}{2}+zg\right)=q+w \tag{8.16}$$

或

$$\Delta H+\frac{\Delta \upsilon^2}{2}+g\Delta z=q+w_s \tag{8.17}$$

该式每项都基于单位质量流过控制体的流体。

【例 8.1】 储水箱中有温度为95℃的热水，用一个功率2.0kW的泵将其运输到换热器中。热水的质量流率是3.5kg/s。水在最初被换热器以698kW的恒定传热速率冷却后，运输到比第一个储水箱高15m的第二个储水箱中。试求第二个储水箱中水的温度。

解： 假设最初的热水箱高度是 z_1，水的温度和焓分别是 T_1 和 H_1。在第二个储水箱中以上变量分别为 z_2、T_2 和 H_2。热传导热量为 Q 且泵的轴功为 W_s。热水和冷水的流速分别为 υ_1 和 υ_2。重力加速度为 g，利用能量衡算方程可以得到

$$\Delta\left(H+\frac{\upsilon^2}{2}+zg\right)\dot{m}=\dot{Q}+\dot{W}_s$$

其中，知道 $\upsilon_1=\upsilon_2$，$z_2-z_1=15\text{m}$，$\dot{Q}=-698\text{kW}$，$\dot{W}_s=2.0\text{kW}$。m_w 为水的质量流率，C_{pw1} 和 C_{pw2} 分别为恒压下热水和冷水的比热容。水的比热容在常压下随温度变化很小。因此，可以认为常压下热水和冷水的比热容是4.20kJ/(kg·℃)。因此，第二个储水箱的温度可以写做

$$T_2=\frac{C_{pw1}}{C_{pw2}}T_1-\frac{\dfrac{\dot{m}_w\upsilon_2^2}{2}-\dfrac{\dot{m}_w\upsilon_1^2}{2}+\dot{m}_w g(z_2-z_1)-\dot{Q}-\dot{W}}{\dot{m}_w C_{pw}}$$

$$=95-\frac{3.5\times15\times9.8+(698-2.0)\times1000}{3.5\times4200}=47.62℃$$

所以，第二个水箱的温度是47.62℃。

特殊条件下的简化形式（近似形式）

（1）机械能守恒方程（不可压缩流体在环境无热交换和轴功情况下的稳态能量平衡式）

摩擦阻力在流体流动时是不可避免的。摩擦阻力的计算过程相当复杂，因为许多因素可以影响摩擦阻力。为了简化问题，可以先研究流动中流体不可压缩且摩擦阻力可忽略的理想情况。进一步的研究则可以考虑摩擦阻力和流体压缩性。流动中不受摩擦阻力的流体称作理想流体。理想流体的能量守恒方程可以由能量守恒一般式为基础得到。能量守恒一般式如式(8.17) 所示。

其中，ΔH 可以展开，并针对不可压缩流体，V 是常数，得到

$$\Delta H=\Delta U+\Delta(pV)=\Delta(pV)=V\Delta p \tag{8.18}$$

因此，此时式(8.17) 变形为

$$\frac{\Delta p}{\rho}+\frac{\Delta \upsilon^2}{2}+g\Delta z=q+w_s \tag{8.19}$$

对于理想流体，摩擦阻力可以忽略不计。且流体与环境之间不存在热量传导和轴功。也就是说，在式(8.19) 中，$q=0$，$w_s=0$。因此，方程可以化简为

$$\frac{\Delta p}{\rho}+\frac{\Delta \upsilon^2}{2}+g\Delta z=0 \tag{8.20}$$

式(8.20) 是不可压缩流体在无热和轴功交换情况下，稳态流动的机械能守恒方程。可以看出该方程与伯努利方程形式相同。

（2）可压缩流体的绝热稳态能量方程（可压缩流体与环境之间没有热量传递和轴功）

对于绝热稳态过程，可压缩流体与环境之间没有热量传递和轴功。更进一步，流体摩擦阻力可忽略不计。则等式(8.17) 可化简为

$$\Delta H+\frac{\Delta v^2}{2}+g\Delta z=0 \tag{8.21}$$

进一步，对于一般的化学工业生产中的复杂管网内的流动，纵向的高度差在其流动过程中可以忽略，且没有附加重力场时，上述等式简化为

$$\Delta H+\frac{\Delta v^2}{2}=0 \tag{8.22}$$

也可以将之称为纯流动的形式。

(3) 存在做功和热量传递情况下的流体做功方程

对于稳态流体，其主要任务是大量传热和做功。在这种情况下，流体速度差和高度差可以忽略不计而不产生错误。上述等式变为

$$\Delta H=W+Q \tag{8.23}$$

于是，当只有热量传递或做功时

$$\Delta H=W \tag{8.24}$$

$$\Delta H=Q \tag{8.25}$$

这些等式在特定情况下可以很方便地使用。但是对于一个严谨的工程师而言，如何胸有成竹地使用这些“简化”方程？事实上，在一般的工业应用背景下，能量典型的数量级一般在 10～100kJ/kg。与之形成对比的是，流速在高达 45m/s 时能量才能达到 1kJ/kg，而高度差达到 102m 时，位能差才能达到 1kJ/kg。在通常工业生产或设计中，如此极端的操作条件一般不存在，而且即使在极端的操作条件下，忽略位能和动能而产生的误差仍然微乎其微。所以，以上方程式确实可以放心使用。可以将式(8.24)、式(8.25) 两个方程分别称为做功方程和传热方程。在 8.4 节中将以工业实际问题分析为例介绍如何使用上述方程。下面来看以下例子。

【例 8.2】 一个单效蒸发器用来将流率为 5000kg/h 的 NaOH 溶液从浓度 10%浓缩到 50%。其他的操作条件为：进口温度为 20℃，蒸发过程的压力是 10.133kPa，且 50%的 NaOH 的沸点是 361K。设计蒸发器时，应考虑多大的热流量？

解： 首先对操作过程的条件进行明确

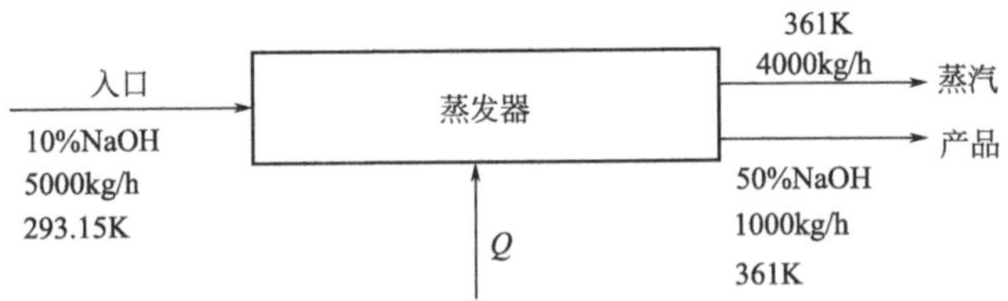

于是，利用质量守恒定律，可以得到以下式

$$\dot{m}_{\text{steam}}=5000-5000\times0.1/0.5=4000\text{kg/h}$$

注意到：当压强为 10.133kPa，温度为 361K 时，蒸发的蒸汽是过热的。从蒸汽表中查出其焓 $H=2660$kJ/kg。在等压条件下的蒸发过程有 $\Delta H=Q_p$，从 H-浓度表中可以查到：10%的 NaOH 在 293.15K 时的 H 是 79kJ/kg，且 50%的 NaOH 在 293.15K 时的 H 是 499kJ/kg。

因此，利用能量守恒方程，可利用传热方程，最终变为

$$\dot{Q}=\Delta H=\sum_{\text{fs}}\dot{m}_i H=4000\times2660+1000\times499-5000\times79=10744000\text{kJ/h}$$

8.3 熵衡算

正如流动过程的质量和能量衡算，熵衡算也存在。然而，熵衡算有一个重要的区别，即熵并不守恒。

8.3.1 熵的概念

熵的概念在第 1 章中已经介绍，这里进行一个简单的回顾。

在 1865 年，Clausius 发现热力学第二定律可以被表示为

$$dS \geqslant dQ/T$$

该表达式可以被总结为以下形式

① 系统经历可逆过程的熵变为 dQ_R/T，亦即

$$dS = \frac{dQ_R}{T}$$

或

$$\Delta S = \int \frac{dQ_R}{T}$$

该式可被看作是熵的定义式。

② 对于一个孤立系统或绝热系统中，系统经历可逆或不可逆状态变化后的熵变可以描述为 $dS \geqslant 0$。

在封闭系统中，系统从一个平衡态到另一个平衡态的绝热过程中熵不会减小。该结论由热力学第二定律证明，除非在绝热可逆过程中，否则熵并不守恒。

$$\Delta S_{iso} = \Delta S_{sys} + \Delta S_{sur} \geqslant 0$$

所以计算此平衡衡算时应该考虑额外生成（熵增）的部分，但是该如何计算呢?

8.3.2 熵的衡算

首先，环境的熵输入系统的方法有两种：

① 随流体流动而进出控制体的熵，这是因为流体具有熵值。其统计为

$$\left(\sum_i \dot{m}_i S_i\right)_{in} - \left(\sum_i \dot{m}_i S_i\right)_{out}$$

② 随着热量交换，系统与环境传递的熵

$$S_{sur} = -\frac{\dot{Q}}{T_{sur}}$$

需要说明的是，第一，通常系统所传递的热，由于温差等因素的存在，不能视为可逆热。对于环境而言，可以认为其热容很大，所传热量对其状态影响很小，且温度恒定，因此，可认为环境侧传递了可逆热。因此，环境侧传递的熵即上式所表示。而通过传热，系统侧传递的熵，则与环境侧传递的熵互为相反数。

第二，除了系统与环境间输送或传递的熵外，根据熵增原理，系统内的不可逆过程导致产生更多的熵，记为 $\dot{S}_g$。

于是熵衡算方程式可以写做

$$\frac{dS}{dt} = \left(\sum_i \dot{m}_i S_i\right)_{in} - \left(\sum_i \dot{m}_i S_i\right)_{out} + \sum_j \frac{\dot{Q}_j}{T_{sur,j}} + \dot{S}_g \tag{8.26}$$

类似的，对于稳态流动，单流股流入和流出，该方程简化为

$$\sum_j \frac{\dot{Q}_j}{T_{\text{sur},j}} - \Delta S + \dot{S}_g = 0 \tag{8.27}$$

对于绝热过程，则

$$\Delta S = \dot{S}_g$$

从这里可以看出并值得注意的是，衡算并不是指守恒。

【例 8.3】 1mol 冰，初态为温度 273K，压力 0.1013MPa，被加热成温度为 473K，压力为 0.1013MPa 的蒸汽。试计算该过程的熵变。以下为已知的参数：

冰在 273K，0.1013MPa 时的液化潜热 h_{ig} 为 6.02×10^3 J/mol；

水的汽化潜热为 4.07×10^4 J/mol；

水在 273.373K 的恒压摩尔比热容 C_p 为 75.4J/(mol·K)；

水蒸气的恒压摩尔比热容可以表示为

$$C_p = (60.226 + 9.940\times10^{-3}T + 1.118\times10^{-6}T^2)\text{J/(mol·K)}$$

解： 变化的过程可以根据初态和末态被分解为以下几步。各步骤如图 8.1 所示。

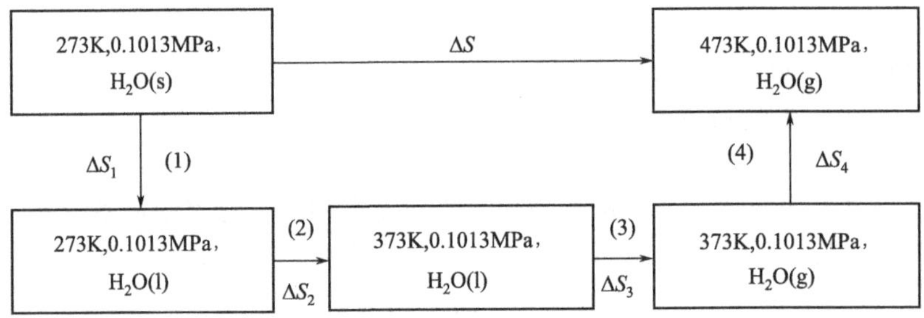

图 8.1 分解变化过程

(1) 冰的融化过程

$$\Delta S_1 = \frac{nh_{sl}}{T_1} = \frac{1\times6.02\times10^3}{273} = 22.05\text{J/K}$$

(2) 水的加热过程

$$\Delta S_2 = nC_p \ln\frac{T_2}{T_1} = 1\times75.4\times\ln\frac{373}{273} = 23.53\text{J/K}$$

(3) 水的蒸发过程

$$\Delta S_3 = \frac{nh_{fg}}{T_2} = \frac{1\times4.07\times10^4}{373} = 109.12\text{J/K}$$

(4) 蒸汽的加热过程

$$\begin{aligned}\Delta S_4 &= n\int_{T_2}^{T_1}\frac{C_p\,\mathrm{d}T}{T} \\ &= 1\times\int_{373}^{473}\frac{60.226+9.940\times10^{-3}T+1.118\times10^{-6}T^2}{T}\mathrm{d}T \\ &= 8.22\text{J/K}\end{aligned}$$

所以，总过程中的熵变可以表达为

$$\Delta S = \Delta S_1 + \Delta S_2 + \Delta S_3 + \Delta S_4 = 22.05 + 23.53 + 109.12 + 8.22 = 162.92\text{J/K}$$

【例 8.4】 在常压下稳态流动中，600K 的 1mol/s A 气体，不断地与 450K 的 2mol/s 的 B 气体混合。用示意图来表示该过程如下

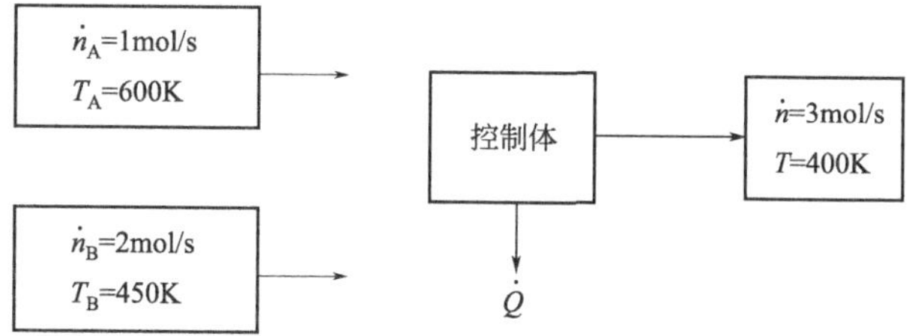

试确定该过程中传热速率和熵的生成速率。假设流体可视为是 $C_p=(7/2)R$ 的理想气体，环境温度为 300K，且动能、位能可忽略不计。

解：首先，分析流动过程。

流股 A：1atm，600K～1/3atm，400K

流股 B：1atm，450K～2/3atm，400K

流股 A、B 最终的压力为混合气体的分压。

根据过程的特性，运用能量方程

$$Q=\Delta H$$

对于理想气体

$$\Delta H=\int_{T_1}^{T_2}C_p^{ig}\mathrm{d}T$$

根据 $C_p=(7/2)R$

流股 A：$$\dot{Q}_A=\dot{n}_A\Delta H_A=1\times\int_{600}^{400}\frac{7R}{2}\mathrm{d}T=-5.82\mathrm{kJ/s}$$

流股 B：$$\dot{Q}_B=\dot{n}_B\Delta H_B=2\times\int_{450}^{400}\frac{7R}{2}\mathrm{d}T=-2.91\mathrm{kJ/s}$$

于是该过程的热流率是

$$\dot{Q}_A+\dot{Q}_B=-8.73\mathrm{kJ/s}$$

根据理想气体的熵变方程

$$\Delta S=\int_{T_1}^{T_2}C_p^{ig}\mathrm{d}\ln T-\int_{p_1}^{p_2}R\,\mathrm{d}\ln p$$

该过程各流股的熵变为

流股 A $$\Delta\dot{S}_A=\dot{n}_A\int_{600}^{400}\frac{7R}{2}\mathrm{d}\ln T-\dot{n}_A\int_{1}^{1/3}R\,\mathrm{d}\ln p=-0.0118-(-0.00913)=-0.00267\mathrm{kJ/(K\cdot s)}$$

流股 B $$\Delta\dot{S}_B=\dot{n}_B\int_{450}^{400}\frac{7R}{2}\mathrm{d}\ln T-\dot{n}_B\int_{1}^{2/3}R\,\mathrm{d}\ln p=-0.006855-(-0.006742)=-0.0001125\mathrm{kJ/(K\cdot s)}$$

所以，过程中的熵变为

$$\Delta\dot{S}=-0.00267-0.0001125=-0.002783\mathrm{kJ/(K\cdot s)}$$

由式(8.27)，可得

$$\sum_j \frac{\dot{Q}_j}{T_{\mathrm{sur},j}} - \Delta S + \dot{S}_g = 0$$

所以　$\dot{S}_g = \Delta\dot{S} - \sum_j \frac{\dot{Q}_j}{T_{\mathrm{sur},j}} = -0.002783 - (-8.73/300) = 0.02632\mathrm{kJ/(K \cdot s)}$

从分析的结果来看，流动过程中蒸汽的熵变可以是负数，但整个过程的熵产是正值。

【例 8.5】 考虑在横截面积不变的水平管内不可压缩流体的稳态、绝热及不可逆流动过程。证明：

(1) 流速是定值；

(2) 温度在流动方向上升高；

(3) 压力在流动方向上减小。

解：(1) 这里控制体简化为一段有限长的水平管，记进口端和出口端分别为 1 和 2。由连续性方程可知

$$\frac{v_2 A_2}{V_2} = \frac{v_1 A_1}{V_1}$$

注意到 $A_1 = A_2$（恒定横截面积）且 $V_1 = V_2$（不可压缩流体），可得 $v_1 = v_2$

(2) 熵衡算方程被简化为 $S_g = S_2 - S_1$。对于不可压缩流体，比热容为 C，则

$$S_g = S_2 - S_1 = \int_{T_1}^{T_2} C \frac{\mathrm{d}T}{T}$$

该式右边为熵产，总是正的，因此得到 $T_2 > T_1$，即温度在流动方向上增加。

(3) (1) 中已经证明，$v_1 = v_2$，因此本例所述流动情形中，能量方程可以简化为 $H_2 - H_1 = 0$。将之应用于不可压缩流体焓变的积分式得到

$$H_2 - H_1 = n\int_{T_1}^{T_2} C\mathrm{d}T + V(p_2 - p_1) = 0$$

即

$$V(p_2 - p_1) = -n\int_{T_1}^{T_2} C\mathrm{d}T$$

由于 (1) 中已经证明的，$T_2 > T_1$；于是得到 $p_2 < p_1$，即压力沿流动方向减小。

对于可逆绝热流动的情况，重复这个例子的计算可以对比得到有用的结论。在绝热可逆流动情况下，仍然有 $v_1 = v_2$，但是 $S_g = 0$，则通过熵衡算表明 $T_2 = T_1$，再通过能量衡算得到 $p_2 = p_1$。即流动过程温度的升高和压力的减小，是源于流动的不可逆性，具体是指流动中存在的不可逆摩擦阻力。

质量，能量和熵的衡算方程已经介绍过了。现在可以用这些方程来分析一些过程中的热量或做功情况。下面给出几个有用的例子。

8.4 热力学方法的过程分析

热力学过程分析，重要的分析内容为能量的转化和传递问题，或者反过来通过能量问题来分析过程状态的变化。然后根据分析的结果，尝试提出工业过程的优化方案或能源利用的

改进方案。

如今过程的热力学分析已经得到广泛的应用和快速的发展，涵盖从热力能源，制冷工业到化工、石油开采、金属冶炼、轻工业和土木工程。许多过程，包括流体流动、热量传递、做功、膨胀和压缩，都与上述工业过程中涉及的设备有密切的关系。因此，对这些过程展开精确的热力学分析是很有必要的。

8.4.1 流体流动过程分析

有关流动过程的问题，在化工原理课程中已经涉及。但是，这些课程往往只涉及不可压缩流体和理想流动的情况。这些问题利用伯努利方程可进行分析。对于可压缩流体的过程，伯努利方程表达为

$$\int_{p_0}^{p}\frac{dp}{\rho}+\frac{1}{2}\upsilon^2+gz=C$$

其中，对于空气来说，可以证明当流动速率较低时（低到什么程度?“低到”例如飞机的流动速率 700km/h,）仍然满足

$$\frac{p}{\rho_0}+\frac{1}{2}\upsilon^2=\frac{p_0}{\rho_0}$$

即，在较广的流速范围内，空气仍可视为不可压缩流体，且利用毕托管测量流率，误差在 2%以内。因此，如果讨论可压缩流体的流动，很明显，涉及的流率要相对较大。那么大到何种程度呢? 通过飞机的例子可以想象，流速需要达到与声速可比。或者，流体在压力作用下具有较大的变化。这样，才能反映出流体的压缩特性。

首先，考虑圆管内可压缩流体的一维流动，无位能变化，绝热无轴功且稳态的流动过程。则能量方程可化简为绝热流动形式

$$\Delta H_{\rm m}+\frac{\Delta\upsilon^2}{2}=0$$

或其微分形式

$$dH_{\rm m}=-\upsilon d\upsilon$$

又由于

$$dH=TdS+Vdp$$

可得

$$-\upsilon d\upsilon=TdS_{\rm m}+V_{\rm m}dp \tag{8.28}$$

此时，流速描述为关于 S 和 p 的函数。那么，就可再讨论表征可压缩特性如密度或比体积的方程。为方便结合能量方程的讨论，将比体积也写为 S 和 p 的函数。

$$dV=\left(\frac{\partial V}{\partial S}\right)_p dS+\left(\frac{\partial V}{\partial p}\right)_S dp$$

按热力学“惯用”的分析手段，希望将上式中的那些偏微分，转换为容易研究的函数关系，比如 p、V、T、热容等物理量之间的关系。比如上式右边第一个偏微分，可以用麦克斯韦方程进行这样的转换

$$\left(\frac{\partial V}{\partial S}\right)_p=\left(\frac{\partial T}{\partial p}\right)_S$$

但转换后，仍然没有去掉“S”函数，且转换为 T 和 p 的偏微分，反而失去了讨论比体积“V”的目标。因此，换一种方式来转换

$$\left(\frac{\partial V}{\partial S}\right)_p=\left(\frac{\partial V}{\partial T}\right)_p\left(\frac{\partial T}{\partial S}\right)_p$$

可以定义体积膨胀比

$$\beta \equiv \frac{1}{V}\left(\frac{\partial V}{\partial T}\right)_p \tag{8.29}$$

来讨论流体密度随温度的变化，已经知道

$$\left(\frac{\partial S}{\partial T}\right)_p = \frac{C_p}{T}$$

因此将这个偏微分，转换为容易讨论的函数之间的关系

$$\left(\frac{\partial V}{\partial S}\right)_p = \frac{\beta V T}{C_p} \tag{8.30}$$

接下来考虑偏微分$\left(\frac{\partial V}{\partial p}\right)_S$

那么，如何分析该偏导数呢？该偏导数表示比体积随压力的变化特性。因为前面提到，只有在流体流速与声速大约处于同一数量级的时候，才可以观察到流体的可压缩性。那么，暂时把这个偏微分放到一边，先了解一些关于声速的知识，这是一个特定的物理问题：

液体和气体只能实现比体积变化的弹性形变，这种性质叫做容变。因此也只有纵波可以在液相和气相中传播。那么，声波的传递速度方程可表示为

$$C_{\text{longitudinal-wave}} = \sqrt{\frac{B}{\rho}} \tag{8.31}$$

这里 B 是容变模量，即压强（力）随比体积变化率（形变）的变化系数，即由于

$$\Delta p \propto \frac{\Delta V}{V}$$

那么容变模量为

$$B = -V\left(\frac{dp}{dV}\right)$$

所以

$$\Delta p = -B\,\frac{\Delta V}{V} \tag{8.32}$$

此时，发现刚才放到一边的偏微分，可以关联到声速 c 这个物理量

$$\left(\frac{\partial V}{\partial p}\right)_S = -\frac{V^2}{c^2} \tag{8.33}$$

该偏微分所满足的等熵条件解释如下：

① 在声波传递中，通常空间上没有热效应，所以可认为是绝热过程；

② 在声波传递之后空间上恢复原状，所以可以认为是可逆的过程。

这样，就把比体积关于熵和压力的微分方程，转化为便于分析的方程

$$\frac{dV}{V} = \frac{\beta T}{C_p}dS - \frac{V}{c^2}dp \tag{8.34}$$

上面的方程虽然引入了声速来讨论，但还需关联流速的问题，可以联想到连续性方程，它正是关于密度、流道截面积、流速的关系，即从连续性方程得到（将连续性方程取对数，并求导，就可得到如下微分形式）

$$\frac{dV}{V} = \frac{d\upsilon}{\upsilon} + \frac{dA}{A}$$

代入到方程式(8.34) 可以得到

$$\frac{\beta T}{C_p}\mathrm{d}S-\frac{V}{c^2}\mathrm{d}p-\frac{\mathrm{d}\upsilon}{\upsilon}-\frac{\mathrm{d}A}{A}=0 \tag{8.35}$$

此时，讨论密度或比体积的方程，既和能量方程的函数变量相似，又可针对容易分析的物理量进行讨论。再将以上方程与能量方程关联，可以整理得到如下两个方程

$$\upsilon\mathrm{d}\upsilon-\left(\frac{\frac{\beta\upsilon^2}{C_p}+M^2}{1-M^2}\right)T\mathrm{d}S+\left(\frac{1}{1-M^2}\right)\frac{\upsilon^2}{A}\mathrm{d}A=0 \tag{8.36}$$

$$(1-M^2)V\frac{\mathrm{d}p}{\mathrm{d}x}+\left(1+\frac{\beta\upsilon^2}{C_p}\right)T\frac{\mathrm{d}S}{\mathrm{d}x}-\frac{\upsilon^2}{A}\frac{\mathrm{d}A}{\mathrm{d}x}=0 \tag{8.37}$$

那么这两个方程可以分析得到什么样的结论呢？首先，根据热力学第二定律，在绝热过程中，摩擦阻力将使流体在流动方向上逐渐产生熵增，该过程是非可逆过程，也就意味着

$$\frac{\mathrm{d}S}{\mathrm{d}x}\geqslant 0 \tag{8.38}$$

若将上述不等式分别用来讨论流动截面不变、增加或减小的情况下，以及流动速度分别在高于或低于声速的情况下，可压缩流体压力或者流速的变化规律。

例如，对于水平管内的绝热稳态流动过程，假设管道的横截面积是常数，也就是 $\mathrm{d}A/\mathrm{d}x=0$。那么对于进入直管内的亚声速流体，压力将持续下降，然而速度却在不超过声速的前提下持续上升。而对于超声速流体，进入直管后，压力将持续上升，速度却持续下降直到达到声速。

再举一例，如图 8.2 所示的一种喉管，如果可压缩流体在喉管中的流动被视作是绝热可逆的过程：那么对于亚声速的流体，$M^2<1$。在收缩段，流动截面不断减小，压力不断减小，速度不断增大。如果收缩段足够长，流速在收缩段咽喉点达到最大值即声速。在发散段，与之前相反，随着截面面积不断增大，压力不断增大且速度不断减小。

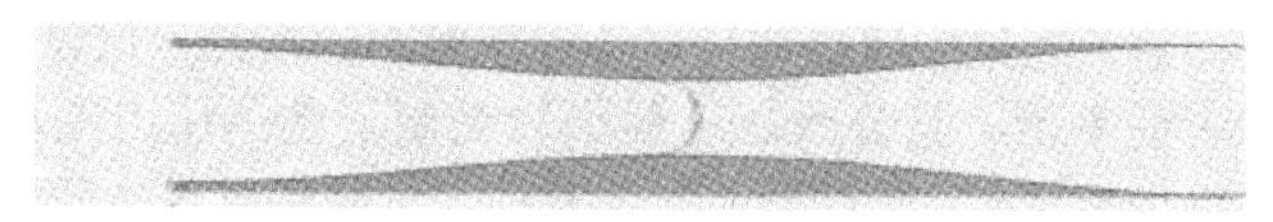

图 8.2 喉管中的流体流动

对于超声速流体，$M>1$。在收缩段，压力不断增加，速度不断减小。在发散段，随着截面面积不断增大，压力不断减小且速度不断增大。

需要一提的是，这里没有讨论喉管的截面积和长度之间的关系、对于热力学分析的影响。但是，在分析流动机理时却不能忽略这一参数。这涉及流体的能量利用效率等问题。只进行热力学分析是不够的。

8.4.2 压缩过程

压缩机、风扇、鼓风机以及真空泵广泛用于以下这些工业过程：

① 流体输送；

② 给工艺过程、分离过程以及气动机械等提供合适的压力；

③ 给流体提供机械能，用来搅拌或输送固体粒子等。

其中，往复式和回旋式压缩机属于容积式的，其他为动力式的。具体的压缩机工作原理和机械设计，可以翻阅相关的著作，这里不做赘述。

几种常见类型的压缩机如图 8.3 所示。

(1) 往复式压缩机

往复式压缩机一般可以提供较大的压力。以往复式压缩机为例来说明压缩机的运转十分

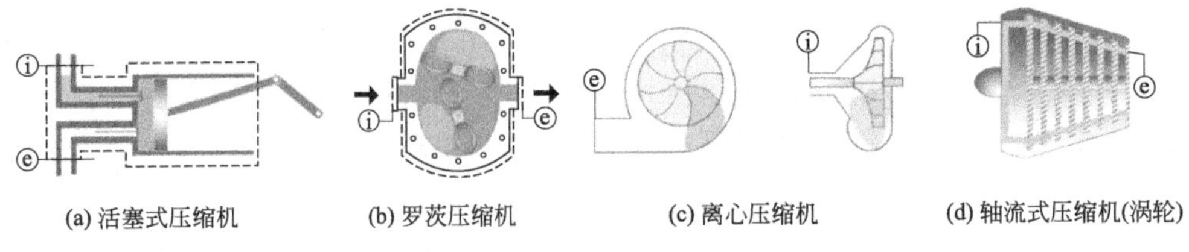

图 8.3 几种常见类型的压缩机

方便，流体的状态可以在 pV 图上方便地表示。对于理想的往复式压缩过程，假设压缩循环结束时，气缸内不残留任何气体。一个压缩周期包含如下过程：

① 随着进气阀的打开和排出阀关闭，当活塞穿过其行程时，低压气体被压缩到气缸中（图 8.4 线 a-1 表示其理想情况）。

② 气缸吸满气体后，吸入和排出阀关闭，活塞反转行程，将气体压缩到排气压力，如图 8.4 中 1-2″所示。两个特殊情况分别是绝热压缩 1-2 和等温压缩 1-2′。假定其他条件都相同，当绝热压缩变到 p_2 时，温度明显高于等温压缩过程。同时，压缩后的气体体积也比上述等温压缩过程大。在实践中，一般压缩过程介于等温压缩和绝热压缩之间，可称为多变压缩。等温过程所需压缩功较少，假定是可逆过程，则相当于区域 a-1-2′-b 的面积。但实际操作中，压缩过程更接近绝热过程，因为伴随活塞的冲程，不易通过气缸壁在短时间内传送出大量的热。

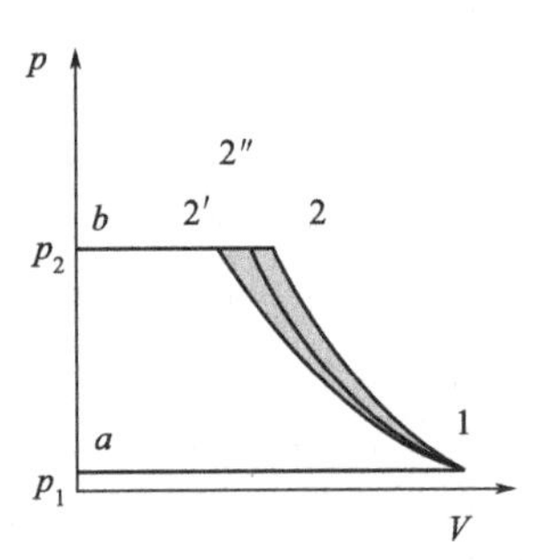

图 8.4 往复式压缩机的压缩过程

尽管如此，还是可以设计一些操作，使整个压缩过程接近等温操作（甚至降温操作）的特点。例如将压缩过程分级进行，并在级间设置中间冷却器。通过中间冷却可以节省压缩功的损耗，但设备成本相应增加，实际的设计一般基于二者的平衡，且分级压缩的级数受制于整体压力差和流量。大型压缩机组，每级中的压缩比很少超过 6。而对于小型压缩机，总的耗电成本较低，压缩比则设计得较高。

③ 随着排出阀的开启和进气阀的关闭，高压气体被排出（2-b）。

④ 排除阀关闭，缸内压力下降到进气管压力，进气阀打开。

在此过程中，压缩机气缸相当于所研究的控制体（对于控制体，并没有限制体积必须恒定），那么控制体的能量方程如下

$$\Delta H+\frac{1}{2}\Delta v^2+\Delta gz=Q+W_s$$

但对于压缩过程，实践表明，可以忽略流体动能和位能的影响，因此能量方程简化为

$$W_s=\Delta H-Q \tag{8.39}$$

因此，对于理想气体，在等温条件下

$$\Delta H=0$$

以及 $pV=RT=$常数，则

$$W_s=-Q=\int_{p_1}^{p_2}V\mathrm{d}p=RT\ln\frac{p_2}{p_1} \tag{8.40}$$

对于真实气体压缩过程，若可视为可逆过程，并且在压缩工序中的 pV 变化曲线可以测得，那么可逆过程体积功仍可由 V 对 p 的曲线积分得到。例如

$$pV^{\delta}=\text{常数}$$

式中，δ 是一个根据经验确定的常数，这往往表示不完全绝热的压缩过程。积分可得

$$W_s=\frac{\delta}{\delta-1}p_1V_1\left[\left(\frac{p_2}{p_1}\right)^{\frac{\delta-1}{\delta}}-1\right] \tag{8.41}$$

此式即多级压缩过程的可逆压缩功。它也适用于绝热压缩过程的分析。对于绝热可逆压缩过程，则 $\delta=\gamma$ 是绝热指数。对于理想气体，$\gamma=C_p/C_V$。

单级压缩过程，压缩比的设计，除了效率的原因，还有机械制造等方面的原因。选择高压缩比，则对于一定的处理量，吸气时气缸容积较大，而压缩终了气体所占气缸容积比例很小，但整个气缸却需要昂贵的结构来承受活塞冲程最后的高压。此外，在实际压缩过程中很难保持温度恒定，随着压缩过程温度升高，甚至可能超越润滑油在压缩机中的闪点，或导致气体的热反应及高温加速某些气体的腐蚀。所以，经常采用多级压缩并在每级之间放置冷凝器，这种方式也将使压缩过程更接近等温（甚至降温）压缩，从而降低能量成本。考虑限制因素，如设备的复杂性和维护，多级压缩往往是不超过 6 级。在多级压缩设计中，每级压缩比的选择也应考虑。从节能的角度来看，压缩比的分配应使总功耗减少。例如对于理想气体的两级绝热压缩，级间压力 p_m 的选择应使能量消耗最少。并且，两级绝热可逆压缩的能量消耗是

$$W_S=\frac{\gamma}{\gamma-1}p_1V_1\left[\left(\frac{p_m}{p_1}\right)^{\frac{\gamma-1}{\gamma}}-1\right]+\frac{\gamma}{\gamma-1}p_mV_m\left[\left(\frac{p_2}{p_1}\right)^{\frac{\gamma-1}{\gamma}}-1\right] \tag{8.42}$$

使能量消耗最少的压力 p_m 应该符合下面的条件

$$\left[\frac{\partial W_s}{\partial p_m}\right]_{p_1,p_2,V_1}=0$$

根据理想气体的状态方程，求导之后可以得到下式

$$\frac{p_m}{p_1}=\frac{p_2}{p_m}$$

可以看到两个阶段的压缩比是相同的。多级压缩时，可获得相同的结果。所以，如果多级压缩具有初始状态压力 p_1 和终极状态压力 p_2 时，每个阶段的压缩比为

$$r=\sqrt[s]{\frac{p_2}{p_1}} \tag{8.43}$$

对于实际的多级压缩，有热交换器、液气分离器等，每级的实际压缩比为 r 的 1.1～1.5 倍，以抵消压力损耗。

（2）涡轮式压缩机

气体在涡轮式压缩机中的压缩过程，可视为绝热压缩过程，即绝热膨胀过程的逆过程，根据能量方程可以得到，压缩过程所需要的轴功为

$$W_s=(\Delta H)_S$$

对于真实气体的压缩过程，则可以通过压缩过程的始末状态，以及过程的焓变和熵变进行分析。其中

$$W_s=\Delta H=C_{p\mathrm{mh}}^{\mathrm{ig}}(T_2-T_1)+H_2^{\mathrm{R}}-H_1^{\mathrm{R}}$$

$$\Delta S=C_{p\mathrm{ms}}^{\mathrm{ig}}\ln\frac{T_2}{T_1}-R\ln\frac{p_2}{p_1}+S_2^{\mathrm{R}}-S_1^{\mathrm{R}}$$

其中

$$C_{p\mathrm{ms}}^{\mathrm{ig}}=\frac{\int_{T_1}^{T_2}C_p^{\mathrm{ig}}\frac{\mathrm{d}T}{T}}{\ln\frac{T_2}{T_1}},\quad C_{p\mathrm{mh}}^{\mathrm{ig}}=\frac{\int_{T_1}^{T_2}C_p^{\mathrm{id}}\mathrm{d}T}{T_2-T_1}$$

对于绝热压缩过程，过程可逆时所需的压缩功最小，此时为绝热可逆过程，压缩功也可

称为等熵功。实际的绝热压缩过程，是偏离可逆过程的，即所需的功要大于等熵功，由此得到实际过程压缩机的效率，称为等熵效率，表示如下

$$\eta=\frac{(\Delta H)_S}{\Delta H} \tag{8.44}$$

在 H-S 图上表示绝热压缩过程，如图 8.5 所示。从状态 1 开始，垂直向上的虚线与 p_2 等压线相交于点 2′，1-2′表示绝热可逆压缩过程。实际的过程是不可逆的，则过程中熵不断增加，沿着线 1-2 进行。从图 8.5 中可以看出，过程焓变即压缩功，实际过程所需要的压缩功，要大于可逆过程压缩功。

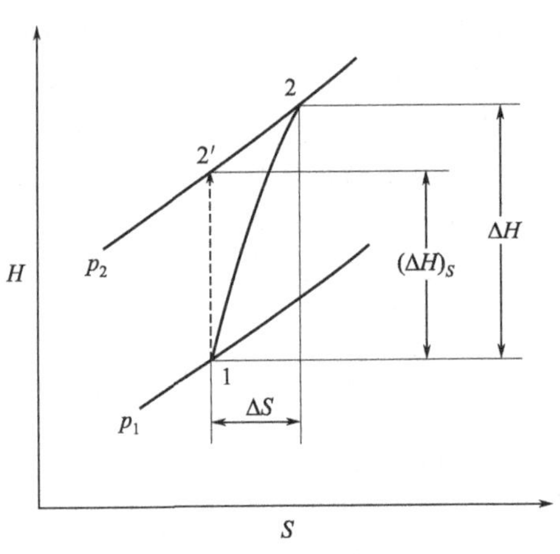

图 8.5 绝热压缩过程

通常，涡轮压缩机的效率 η 在 0.7～0.8 之间。

下面通过例子介绍如何通过状态函数及焓变和熵变的计算，分析压缩过程。

【例 8.6】 乙烯在涡轮压缩机中从初始状态温度 $T_1=21℃$，压力 $p_1=100\text{kPa}$ 压缩到压力为 $p_2=1800\text{kPa}$ 的终态。压缩机等熵效率 75%。求乙烯的终态温度 T_2 及过程实际的压缩功。设乙烯的状态方程满足第二维里系数关联式，其理想状态比热容为

$$C_p^{\text{ig}}/R=1.424+14.394\times10^{-3}(T/\text{K})-4.392\times10^{-6}(T/\text{K})^2$$

解： 过程焓变、熵变计算框架如图 8.6 所示。

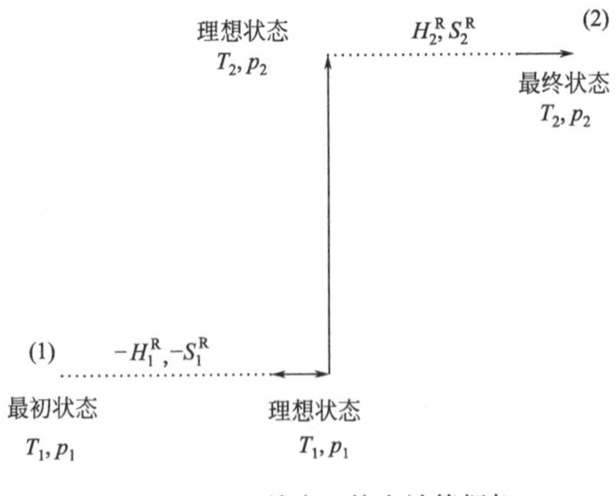

图 8.6 过程焓变、熵变计算框架

乙烯的最终状态的温度未知。因此，H_2^R 和 S_2^R 并不能确定。因此，乙烯的最终温度 T_2 需通过试差确定。首先通过等熵过程条件，得到等熵压缩时的终态温度及焓变，再通过等熵效率得到真实过程的焓变。有了真实过程的焓变，就可以通过焓变方程试差得到实际过程的终态温度以及实际过程的熵变。

为此，首先计算等熵压缩过程的终态温度和焓变，等熵过程，即

$$-S_1^R+\Delta S_{12}+S_2^R=0$$

$$\Delta S_{12}=\int_{T_1}^{T_2}C_p^{ig}\mathrm{d}T-R\ln\frac{p_2}{p_1}$$

需要通过试差得到等熵过程的终态温度，为此首先以理想气体绝热方程求得试差初值

$$T_2=T_1\left(\frac{p_2}{p_1}\right)^{(\gamma-1)/\gamma}$$

其中，绝热指数 γ 为

$$\gamma=\frac{C_p^{ig}}{C_V^{ig}}=\frac{C_p^{ig}}{C_p^{ig}-R}$$

式中，C_p^{ig} 是乙烯理想状态下的比热容，并以初温时的值来估算

$$C_p^{ig}/R=1.424+14.394\times10^{-3}\times294-4.392\times10^{-6}\times294^2=5.28$$

$$C_p^{ig}=5.28\times8.314=43.90\mathrm{J/(mol\cdot K)}$$

$$\gamma=\frac{43.90}{43.90-8.314}=1.234,\quad \frac{\gamma-1}{\gamma}=\frac{0.234}{1.234}=0.19$$

因此，T_2 的试差初值为

$$T_2=T_1\left(\frac{p_2}{p_1}\right)^{(\gamma-1)/\gamma}=294\times\left(\frac{1800}{100}\right)^{0.19}=509\mathrm{K}$$

此外，查得 $T_c=283.1\mathrm{K}$，$p_c=50.4\times10^2\mathrm{kPa}$，$\omega=0.085$，并通过第二维里系数关联，来计算剩余熵。

对于状态 1：

$$T_{r1}=T_1/T_c=294/283.1=1.04,\quad p_{r1}=p_1/p_c=100/50.4\times10^2=0.02$$

$$B^0=0.083-\frac{0.422}{T_{r1}^{1.6}}=0.083-\frac{0.422}{1.04^{1.6}}=-0.31$$

$$\frac{\mathrm{d}B^0}{\mathrm{d}T_r}=\frac{0.675}{T_{r1}^{2.6}}=\frac{0.675}{1.04^{2.6}}=0.61$$

$$B^1=0.139-\frac{0.172}{T_{r1}^{5.2}}=0.139-\frac{0.172}{1.04^{4.2}}=-0.007$$

$$\frac{\mathrm{d}B^1}{\mathrm{d}T_r}=\frac{0.722}{T_{r1}^{5.2}}=\frac{0.722}{1.04^{5.2}}=0.59$$

$$\frac{S_1^R}{R}=-p_{r1}\times\left(\frac{\mathrm{d}B^0}{\mathrm{d}T_r}+\omega\times\frac{\mathrm{d}B^1}{\mathrm{d}T_r}\right)=-0.02\times(0.61+0.085\times0.59)=-0.013$$

$$S_1^R=-0.013\times8.314=-0.11\mathrm{J/(mol\cdot K)}$$

对于状态 2：

$$T_{r2}=T_2/T_c=509/283.1=1.80,\quad p_{r2}=p_2/p_c=1800/50.4\times10^2=0.357$$

$$\frac{\mathrm{d}B^0}{\mathrm{d}T_r}=\frac{0.675}{T_{r2}^{2.6}}=\frac{0.675}{1.80^{2.6}}=0.15$$

$$\frac{dB^1}{dT_r}=\frac{0.722}{T_{r2}^{5.2}}=\frac{0.722}{1.80^{5.2}}=0.034$$

$$S_2^R=-p_{r2}R\left(\frac{dB^0}{dT_r}+\omega\frac{dB^1}{dT_r}\right)$$
$$=-0.357\times8.314\times(0.15+0.085\times0.034)=-0.454\text{J/(mol}\cdot\text{K)}$$

对于焓变、熵变计算框图中，理想气体从状态1（T_1，p_1）变化到状态2（T_2，p_2）的过程

$$\Delta S_{12}^*=\int_{T_1}^{T_2}C_p^{ig}\frac{dT}{T}-R\ln\frac{p_2}{p_1}$$
$$=\int_{294}^{509}R\left(\frac{1.424}{T}+14.394\times10^{-3}-4.392\times10^{-6}T\right)dT-R\ln\frac{p_2}{p_1}$$
$$=5.02\text{J/(mol}\cdot\text{K)}$$

因此整个过程的熵变

$$\Delta S=-S_1^R+\Delta S_{12}^*+S_2^R=0.11+5.02-0.454=4.676\text{J/(mol}\cdot\text{K)}\neq0$$

这个结果表明，假设的终态温度初值 $T_2=509\text{K}$ 不满足等熵条件，需要继续试差。实际上，此时，熵变大于零，说明所假设温度偏高，等熵过程的终态温度应该介于状态1温度294K和509K之间。可以使用二分法进行试差，直到 $S_1=S_2$。试差结果为 $T_2=473\text{K}$。有了这个温度解，就可以计算等熵过程的焓变

$$(\Delta H)_S=-H_1^R+\Delta H_{12}^*+H_2^R$$

其中

$$\Delta H_{12}^*=\int_{T_1}^{T_2}C_p^{ig}dT=R\int_{294}^{473}(1.424+14.394\times10^{-3}T-4.392\times10^{-6}T^2)dT=9355.50\text{J/mol}$$

对于 $T_2=473\text{K}$，$p_2=1800\text{kPa}$

$$T_{r2}=T_2/T_c=473/283.1=1.67,\quad p_{r2}=p_2/p_c=1800/50.4\times10^2=0.357$$

$$B^0=0.083-\frac{0.422}{T_{r2}^{1.6}}=0.083-\frac{0.422}{1.67^{1.6}}=-0.103$$

$$\frac{dB^0}{dT_r}=\frac{0.675}{T_{r2}^{2.6}}=\frac{0.675}{1.67^{2.6}}=0.178$$

$$B^1=0.139-\frac{0.172}{T_{r2}^{4.2}}=0.139-\frac{0.172}{1.67^{4.2}}=0.119$$

$$\frac{dB^1}{dT_r}=\frac{0.722}{T_{r2}^{5.2}}=\frac{0.722}{1.67^{5.2}}=0.050$$

$$\frac{H_2^R}{RT_2}=-p_{r2}\times\left[\left(\frac{dB^0}{dT_r}-\frac{B^0}{T_{r2}}\right)+\omega\times\left(\frac{dB^1}{dT_r}-\frac{B^1}{T_{r2}}\right)\right]$$
$$=-0.357\times\left[\left(0.178-\frac{-0.103}{1.67}\right)+0.085\times\left(0.050-\frac{0.119}{1.67}\right)\right]=-0.0849$$

$$H_2^R=-0.0849\times8.314\times473=-333.87\text{J/mol}$$

同理，可以计算状态1条件下的剩余焓 $H_1^R=-46.44\text{J/mol}$。

所以

$$(\Delta H)_S=-H_1^R+\Delta H_{12}^*+H_2^R=46.44+9355.50-333.87=9068.07\text{J/mol}$$

这就是等熵条件下，所需要的轴功。那么根据等熵效率，实际过程中压缩机的轴功为

$$W_s=\Delta H=\frac{(\Delta H)_S}{\eta}=\frac{9068.07}{0.75}=12090.76\text{J/mol}$$

也就是说
$$\Delta H=-H_1^R+\Delta H_{12}^*+H_2^R=12090.76\text{J/mol}$$

那么，实际绝热压缩过程的终态温度可以通过上式试差求解获得。实际上，实际压缩过程，由于不可逆性，终态温度要高于可逆过程，甚至高于理想气体的绝热过程，但一般也低于其等容过程。选择试差初值和区间时，可适当考虑。假定 $T_2=521\text{K}$ 可以得到

$$\Delta H_{12}^*=\int_{T_1}^{T_2}C_p^{ig}\mathrm{d}T=R\int_{294}^{521}(1.424+14.394\times10^{-3}T-4.392\times10^{-6}T^2)\mathrm{d}T=12345.40\text{J/mol}$$

$$T_{r2}=T_2/T_c=521/283.1=1.84,\ p_{r2}=p_2/p_c=1800/50.4\times10^2=0.357$$

$$B^0=0.0830-\frac{0.422}{T_{r2}^{1.6}}=0.083-\frac{0.422}{1.84^{1.6}}=-0.08,\ \frac{\mathrm{d}B^0}{\mathrm{d}T_r}=\frac{0.675}{T_{r2}^{2.6}}=\frac{0.675}{1.84^{2.6}}=0.138$$

$$B^1=0.139-\frac{0.172}{T_{r2}^{4.2}}=0.139-\frac{0.172}{1.84^{4.2}}=0.126,\ \frac{\mathrm{d}B^1}{\mathrm{d}T_r}=\frac{0.722}{T_{r2}^{5.2}}=\frac{0.722}{1.84^{5.2}}=0.030$$

$$\frac{H_2^R}{RT_2}=-p_{r2}\times\left[\left(\frac{\mathrm{d}B^0}{\mathrm{d}T_r}-\frac{B^0}{T_{r2}}\right)+\omega\times\left(\frac{\mathrm{d}B^1}{\mathrm{d}T_r}-\frac{B^1}{T_{r2}}\right)\right]$$

$$=-0.357\times\left[\left(0.138-\frac{-0.08}{1.84}\right)+0.085\times\left(0.030-\frac{0.126}{1.84}\right)\right]=-0.0636$$

$$H_2^R=-0.0636\times8.314\times521=-75.49\text{J/mol}$$

$$\Delta H=-H_1^R+\Delta H_{12}^*+H_2^R=46.44+12345.40-75.49=12116.35\text{J/mol}$$

说明假定值满足实际的焓变方程。因此，可以得到乙烯的最终温度大约是 521K。如果需要，还可以根据这个温度，计算出实际压缩过程的熵变。

8.4.3 膨胀过程

典型的膨胀过程是高压蒸汽在涡轮中膨胀，并对外做功。这个过程一般也可以忽略位能、动能、散热的影响，即能量方程满足

$$W_s=\Delta H=H_2-H_1$$

在这个过程中，进口温度 T_1、压力 p_1 以及出口压力 p_2 通常是确定的或为工艺设计的，但出口乏汽的状态未知。这里出口的乏汽状态，不仅指温度，也包含压力状态。因为绝热膨胀过程，蒸汽可能在膨胀后，压力降低，进入汽液两相平衡的状态。此时的温度即压力对应的饱和温度，其状态的确定，需要分析蒸汽的干度。但仍然与前面讨论的压缩过程的分析类似，所不同的是，终态的确定，可能不仅是温度，并且对于绝热压缩过程，可逆绝热过程所需的压缩功最小，而对于绝热可逆的膨胀过程，可逆绝热过程输出的功却是最大的。对于绝热膨胀过程，其等熵效率为

$$\eta=\frac{\Delta H}{(\Delta H)_S}\tag{8.45}$$

式中，下标 S 表示等熵。通常，涡轮的等熵效率值介于 0.7～0.8。这里仍然通过一个例子来介绍膨胀过程的分析。

【例 8.7】 某蒸汽涡轮机的额定功率是 56400kW，它的入口压力 8600kPa 和入口温度 500℃，并在 10kPa 的压力下排入冷凝器。假定涡轮机等熵效率是 0.75，确定蒸汽在排出时的状态以及蒸汽的质量流率。

解： 要求蒸汽的质量流率，本例中需要知道蒸汽工质的比焓变，即单位质量流体所能做的功，然后根据额定功率获得所需流率。类似于压缩过程的分析，需要通过等熵条件获得等熵过程的末态温度，从而得到等熵过程的焓变，再通过等熵效率获得实际过程的焓变，以及末态温度。只不过，这里计算过程焓变、熵变时，可以采用蒸汽状态函数表或图来进行。对于常见的化工工质，此类数据是普遍应用的。

在 8600kPa，500℃下，通过过热蒸汽表格可以查得

$$H_1=3391.6\text{kJ/kg},S_1=6.6858\text{kJ/(kg}\cdot\text{K)}$$

然后，根据等熵过程，膨胀到 10kPa，$S_2'=S_1=6.6858\text{J/(kg}\cdot\text{K)}$，由此获得等熵过程终态的状态特性。但需要注意的是，从温熵图或其他热力学图表，或通过计算的方法，可以发现，过热蒸汽膨胀后，可能进入湿蒸汽的状态，即汽液两相平衡的状态。此时，工质的压力和温度并不是独立变量，温度为该压力下的饱和温度。若该状态下的蒸汽是湿蒸汽，那么处于汽液平衡的工质，其中液相状态即该温度、压力下饱和液体的状态，汽相则为相应饱和蒸汽的状态，可以分别通过饱和蒸汽数据表得到。假设湿蒸汽的干度为 x_2，则

$$S_2'=S_2^{\text{L}}+x_2'(S_2^{\text{V}}-S_2^{\text{L}})$$

因此

$$6.6858=0.6493+x_2'(8.1511-0.6493)$$

$$x_2'=0.8047$$

这就是释放蒸汽的性质，可得

$$H_2'=H_2^{\text{L}}+x_2'(H_2^{\text{V}}-H_2^{\text{L}})$$

因此

$$H_2'=191.8+0.8047\times(2584.8-191.8)=2117.4\text{kJ/kg}$$

$$(\Delta H)_S=H_2^{\text{L}}-H_1=2117.4-3391.6=-1274.2\text{kJ/kg}$$

根据等熵效率可得实际过程的焓变为

$$\Delta H=\eta(\Delta H)_S=0.75\times(-1274.2)=-955.6\text{kJ/kg}$$

及实际过程，末态的焓值

$$H_2=H_1+\Delta H=3391.6-955.6=2436.0\text{kJ/kg}$$

根据焓值可以看出，实际过程末态仍在两相区内，即最终状态的蒸汽为湿蒸汽状态，通过焓可以求得干度。

$$2436.0=191.8+x_2(2584.8-191.8)$$

$$x_2=0.9387$$

并且，对于 56400kJ/s 的额定功率，所需的质量流率可如下计算得到

$$\dot{W}_{\text{s}}=-56400=\dot{m}(2436.0-3391.6)$$

$$\dot{m}=59.02\text{kg/s}$$

8.4.4 节流过程

节流过程指流体在绝热，无功交换的情况下，通过节流装置的过程，例如，流体流过孔

板、阀门、多孔塞等过程。经过节流装置，流体压力降低，但动能却没有明显变化。这是由于对于通过节流装置前后，流体流通面积不变，根据连续性方程，如果是不可压缩流体，则流速不变。或者当压力变化不大的情况下，流体比体积变化也不是很多，仍然可认为其流速不变。再或者，此过程中动能的变化，相比流体焓值，可以忽略。在这种情况下，首先根据流动特征，绝热、无功交换的流动，符合能量方程的“绝热流动”简化方程，即

$$\Delta H+\frac{1}{2}\Delta u^2=0$$

由于流体动能的变化可以忽略，从能量方程可以得到，节流流动过程是个等焓过程。如图 8.7 所示，一种气体由温度 T_1 和压力 p_1（这通常有工艺设计可以确定），流经能提供流动阻力的多孔塞阀，或类似的装置时，装置与周围环境绝热，并且也无轴功交换。

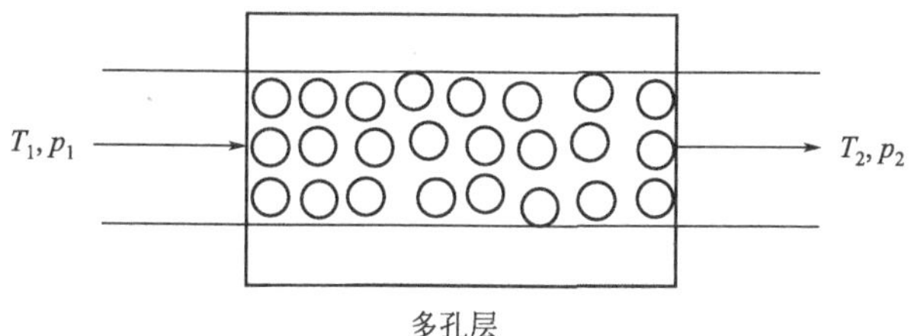

图 8.7 流体通过多孔层

在流过节流装置后，气体压力降为 p_2（这也可以由装置所处的工艺条件所确定）。但此过程气体的温度将变为多少，则由气体的性质所决定。那如何分析流经节流装置后，流体温度的变化？实际上，节流过程可视为等焓过程，即过程的焓变已知，并且为零。这就是一个关于状态 2 温度的方程，通过这个方程，可以求解节流过程流体末态的温度。通常节流过程流体温度随着压力的降低而降低。而温度随压力的变化率被称为焦耳-汤姆逊系数，数学表达式为

$$\mu=\left(\frac{T_2-T_1}{p_2-p_1}\right)_H$$

或

$$\mu=\left(\frac{\partial T}{\partial p}\right)_H \tag{8.46}$$

现在，可以分析，焦耳-汤姆逊系数与气体性质之间的关系。首先，这是关于温度、压力以及焓之间关系的偏微分，那么，首先分析这三个状态函数的全微分方程，即 $H=H(T,\ p)$，所以

$$\mathrm{d}H=\left(\frac{\partial H}{\partial p}\right)_T \mathrm{d}p+\left(\frac{\partial H}{\partial T}\right)_p \mathrm{d}T$$

对于一个等焓过程，即 $\mathrm{d}H=0$（注意，这不表明关于焓的偏微分式也为零，因为那些偏微分式表明了焓在另外过程条件下的变化规律），并且根据焦耳-汤姆逊系数的定义，以及比热容的定义，上式可写为

$$\left(\frac{\partial H}{\partial p}\right)_T=-\left(\frac{\partial T}{\partial p}\right)_H\left(\frac{\partial H}{\partial T}\right)_p=-C_p\,\mu \tag{8.47}$$

再根据“常规”的热力学分析思路，需要将上式的偏微分式子，转换为容易分析的 p-V-T 或比热容相关的函数关系。那么上式左边的偏微分式子可由关于焓的基本热力学方程式，以及麦克斯韦关系式得到

$$\left(\frac{\partial H}{\partial p}\right)_T=V-T\left(\frac{\partial V}{\partial T}\right)_p$$

再将$V=ZRT/p$（根据压缩因子定义）代入方程得到

$$\left(\frac{\partial H}{\partial p}\right)_T=-\frac{RT^2}{p}\left(\frac{\partial Z}{\partial T}\right)_p$$

结合式(8.47) 可以得到下列方程

$$\mu=\frac{RT^2}{C_p p}\left(\frac{\partial Z}{\partial T}\right)_p \tag{8.48}$$

注意，利用这个方程，也可以通过测定焦耳-汤姆逊系数（实际上即测量流体的p、V、T数据）求出流体的比热容。并且可以看出，对于真实流体，C_p不仅是温度的函数，其受压力的影响特性与其焦耳-汤姆逊系数有关。

从式(8.48) 还可以看出，μ的数值可以是正、负或零。例如对于理想气体，压缩因子为1，则μ为零。对于大多数真实气体μ在中等压力和温度下是正值；也就是说，该气体经过节流膨胀温度降低。这可以从普遍化压缩因子图上分析看出。随着压力的增加，μ下降为$\mu=0$，再升高压力，则μ成为负值。$\mu=0$时称为反转点。

节流过程被广泛用于制冷和气体液化装置中。有时，它们也被用来确定流体的焓，并进而确定管内高压流体的其他状态特征。例如，利用节流式热量计来测定主管道蒸汽的性质。高压蒸汽从主管道通过节流装置进入测量室，由于节流膨胀过程中焓没有变化，所以测量室与主管路中的高压蒸汽具有相同的焓值。

【例 8.8】 2MPa、400K 时，丙烷稳定流通过节流装置，压力降至0.1MPa。求节流后的温度和过程的熵变。

解：这是典型的节流过程，即等焓过程，因此：$\Delta H=C_{p\text{mh}}^{\text{ig}}(T_2-T_1)+H_2^{\text{R}}-H_1^{\text{R}}=0$ 出口压力是0.1MPa时，可假定此时丙烷是理想气体，则$H_2^{\text{R}}=0$

因此由焓变计算式可以得到 $T_2=\dfrac{H_1^{\text{R}}}{C_{p\text{mh}}^{\text{ig}}}+T_1$

根据手册，丙烷$T_c=369.8$，$p_c=4.25\text{MPa}$，$\omega=0.125$，以及根据初始状态：

$$T_{r1}=\frac{400}{369.8}=1.0817$$

$$P_{r1}=\frac{2}{4.25}=0.4706$$

由普遍化第二维里系数方程，可以得到剩余的焓和熵计算式为

$$\frac{H^{\text{R}}}{RT_c}=p_r\left[B^0-T_r\frac{dB^0}{dT_r}+\omega\left(B^1-T_r\frac{dB^1}{dT_r}\right)\right]$$

$$\frac{S^{\text{R}}}{R}=-p_r\left(\frac{dB^0}{dT_r}+\omega\frac{dB^1}{dT_r}\right)$$

其中

$$B^0=0.083-\frac{0.422}{T_r^{1.6}}$$

$$B^1=0.139-\frac{0.172}{T_r^{4.2}}$$

$$\frac{dB^0}{dT_r}=\frac{0.675}{T_r^{2.6}}$$

$$\frac{dB^1}{dT_r}=\frac{0.722}{T_r^{5.2}}$$

因此，根据丙烷初始状态性质有

$$B^0=-0.289$$

$$B^1=0.015$$

$$\frac{\mathrm{d}B^0}{\mathrm{d}T_r}=0.550$$

$$\frac{\mathrm{d}B^1}{\mathrm{d}T_r}=0.480$$

所以初始状态的剩余焓满足

$$\frac{H_1^R}{RT_c}=-0.452$$

$$H_1^R=8.3145\times369.8\times(-0.452)=-1390\mathrm{J/mol}$$

此外，查表得

$$C_p^{ig}/R=1.213+28.785\times10^{-3}T-8.824\times10^{-6}T^2$$

焓变计算方程还需要计算下式，但注意到其中 T_2 未知，需要通过等焓方程试差求解。

$$C_{pmh}^{ig}=\frac{\int_{T_1}^{T_2}C_p^{ig}\mathrm{d}T}{T_2-T_1}$$

前面有例子提到了试差初值的选择，以及试差温度范围的估计。但一般节流膨胀过程的温度变化比较小，并通常可能是降低的。依据这个特点，可以适当选择试差初值和范围。如果解不在估计的试差范围内，就适当扩大范围重新进行计算。至于判断试差温度偏高还是偏低，就看所计算的焓变偏离零的程度。试差结果，T_2 约为 385K。丙烷的熵变也可以计算，因为剩余熵 $S_2^R=0$。

$$\Delta S=C_{pms}^{ig}\ln\frac{T_2}{T_1}-R\ln\frac{p_2}{p_1}-S_1^R$$

将 $C_{pms}^{ig}=\dfrac{\int_{T_1}^{T_2}C_p^{ig}\dfrac{\mathrm{d}T}{T}}{\ln\dfrac{T_2}{T_1}}$ 代入已知的方程可得

$$C_{pms}^{ig}\approx92.74$$

$$S_1^R=-2.437\mathrm{J/(mol\cdot K)}$$

因此 $\Delta S=92.74\ln\dfrac{385.0}{400}-8.3145\ln\dfrac{0.1}{2.0}+2.437=23.8\mathrm{J/(mol\cdot K)}$

结果证明熵变是正值。绝热过程中环境没有熵变。所以由系统和环境组成的孤立系统的熵变也是正值。这就说明节流过程是一个不可逆过程。

小结

本章在回顾控制体积系统的质量衡算与能量衡算的基础上，阐述了控制体积系统的熵衡算。值得注意的是，对于控制体积系统的稳态过程，质量与能量都是守恒的，但熵是不守恒的。一个过程的熵产表达了过程的不可逆性。在此基础上，阐述了气体膨胀、压缩与节流过程的计算，这三种计算，往往给出初始工况与终态压力，需求出终态温度。对前两者，可通过等熵效率关系求得终态温度，进而求出过程的轴功；对后者，则通过等焓关系求得终态温度，进而求出过程的熵产。一般说来，过程始末状态确定时，可以通过求解焓变熵变，以及结合能量方程，分析过程的热功传递，以及不可逆程度等；反之，若始末状态不完全确定，则可结合焓熵变化规律和方程，求解状态的温度或压力，以及分析过程热功传递特性。

思考题

8.1 从 H-S 图的分析，可以直观体现压缩或膨胀过程、等熵效率的问题。可以看出，H-S 图上的等压线为倾斜向上的方向，从而可得例如绝热压缩过程，等熵功总是小于实际过程功。那么，H-S 图上的等压线，是否可能是倾斜向下的趋势？

8.2 稳定流动过程，流股的熵变可能为负，那么控制体的熵变呢？

8.3 熵产是否是状态函数？为什么？

习 题

8.1 透平膨胀机中，一股 10^4kg/h 的流体进入时 $h_1=3230$kJ/kg，速度 $\upsilon_1=50$m/s；排出时 $h_2=2300$kJ/kg，速度 $\upsilon_2=120$m/s。入口管比出口管高 3m。如果热量损失可以忽略，试估计下列值：(1) 透平膨胀机的输出功；(2) 如果忽略动能和势能，会给透平膨胀机的输出功计算带来多大的相对误差。

8.2 对于一个从高温热源（600℃）到低温热源（20℃）的传热过程，传热量为 100kJ。试求过程的熵变。

8.3 在一个压力不变的绝热容器中，2kg、90℃的水（A）和 3kg、10℃的水（B）混合。试求过程的熵变。水的比热容 $C_p=4184$J/(kg·K)

8.4 将 1mol、127℃、0.1MPa 下的理想气体在活塞式压缩机内恒温压缩至 1MPa。试根据下述条件计算该过程气体的熵变 ΔS_{sys}、环境的熵变 ΔS_{sur} 和总熵变 ΔS_t：

(1) $T_{sur}=127$℃的可逆压缩；

(2) $T_{sur}=27$℃的可逆压缩；

(3) $T_{sur}=27$℃，$\eta_S=0.8$ 的不可逆压缩。

8.5 将一个 40kg、450℃的铸件放入装有 150kg、25℃的冷却油的重为 10kg 的绝热箱中。试求出当体系达到平衡后，铸件的熵变 $\Delta S_{铸件}$、绝热箱的熵变 $\Delta S_{箱}$、冷却油的熵变 $\Delta S_{油}$ 和总熵变 ΔS_t。已知 $C_{p,铸件}=9.5$kJ/(kg·K)，$C_{p,箱}=0.5$kJ/(kg·K)，$C_{p,油}=2.5$kJ/(kg·K)。

8.6 在一个稳态过程中，温度为 600K，压力为 0.1MPa，流速为 10kg/s 的空气，持续绝热地与温度为 300K，压力为 0.1MPa，流速为 5kg/s 的空气混合。混合气体的压力仍为 0.1MPa。假设空气的定压比热容 $C_p=1.01$kJ/(kg·K)。试确定混合过程的熵增速率。

8.7 一流股以 24m/s 的速度流入 ϕ0.0254m，温度为 320℃，压力为 1.62MPa 的管子，流出管子时压力为 0.415MPa。管路的热损失为 117kJ/kg。流股从管子流出再流入一绝热可逆喷嘴。最后，流股从喷嘴流出时为大气压下的饱和状态。试求：(1) 当流入喷嘴时，流股的温度；(2) 从喷嘴流出时的流股流速。

8.8 温度为 200℃的乙烷气体通过一绝热可逆透平，使其从 2.5MPa 膨胀到 0.2MPa。试计算最终状态时乙烷的温度和膨胀过程中产生的轴功。乙烷的热力学性质由以下方法计算：(1) 理想气体方程；(2) 合适的普遍化方法。

8.9 40℃、0.31MPa 的丙烷气体在单级压缩机中绝热可逆压缩，排出压力为

2.76MPa，体积流量为 $110m^3/h$。试计算压缩机的功率。

8.10 25℃、101.33kPa，摩尔流率为 100mol/s 的空气进入绝热压缩机。排出压力为 375kPa，压缩机效率为 0.75。计算压缩机所需功率和空气出口温度。

8.11 5000kPa、250℃，流速为 0.7kmol/s 的异丁烷在透平中绝热膨胀至 500kPa。若透平效率为 0.80，试求透平产出的功率和异丁烷排出时的温度。

8.12 温度为 350K，压力为 80bar 的 CO_2 气体经一节流装置压力减为 1.2bar。利用 Redlich・Kwong 方程计算节流后的气体温度和气体的熵变。

第9章 热力学循环

本章重点：

在前面章节介绍的流动过程热力学的基础上，介绍典型的热力学循环过程的分析。主要介绍蒸汽动力循环、热泵循环的热力学原理和分析手段，理解提高循环热力学效率的途径和思路。

本章难点：

T-S 图、*p-H* 图上循环的分析，循环中过程路径在热力学图上的形态和物理意义等。循环工程实现的技术考虑和实现方法，循环热力学效率的分析，以及提高热力学效率的原理等。

工业革命进程中最具革命性的技术是蒸汽动力。J. L. Hammond 和 Barbara Hammond 说过，蒸汽动力“宣示了工业的巨大成就和人类的荣光”。蒸汽动力的迅速发展推进了工业化的进程。

水汽化时可膨胀 1800 倍，利用这种特性获得动力的想法出现在蒸汽机之前，这并不新鲜。文艺复兴时期发现的希罗的著作中记载，早在公元前 1 世纪就使用这种动力来打开庙宇的大门，并将之神化为某种魔法。许多人，包括伍斯特侯爵（1601—1667），也曾做过蒸汽动力装置的实验。但其中有些传闻却是不实的，例如我们熟悉的聪明的苏格兰小伙子——詹姆斯·瓦特的故事。詹姆斯·瓦特在一个冬天的夜晚看到妈妈灶台上的烧水壶而导致蒸汽动力诞生。瓦特对蒸汽的贡献是不可估量的，但在他以前蒸汽动力就已在英国应用了数十年之久。

第一台工业用蒸汽机是由托马斯·塞维利（1650—1715）发明的。托马斯·纽科门（1663—1729）生产了第一台在工业中得到广泛应用的蒸汽机，它采用更大的活塞，这意味着不用增大蒸汽压力便可得到更大的推力，这一点使得纽科门的机器比塞维利的更强大。直至 1720 年，人们才使用安全阀、压力表，并采用高压锅炉，以实现更高的效率。改进的蒸汽机很快成为了大型矿业和其他产业的标准设备。

9.1 卡诺循环及其逆循环

1824 年 6 月 12 日，卡诺发表了名为《谈谈火的动力和能产生这种动力的机器》的论文。论文引入理想模型构建了一种可逆热机，并提出了作为热力学重要基础的卡诺循环和卡诺定理，后来该热机被命名为卡诺热机。为从理论上分析如何提高热机的效率，卡诺设想在高低温热源之间建立一个理想循环，并认为循环的热功效率与工质的种类无关。为了便于分析，可以将工作流体设定为理想气体。该循环由两个等温过程及两个绝热过程构成。克拉佩龙在 p-V 图上表示了卡诺循环，并且证明了在一个循环中卡诺热机所做的功等于曲线所围面积。克拉佩龙的工作为卡诺理论的发展创造了条件。卡诺循环的热机效率为

$$\eta=\frac{|W|}{|Q_1|}=\frac{R(T_1-T_2)\ln\dfrac{V_2}{V_1}}{RT_1\ln\dfrac{V_2}{V_1}}=\frac{T_1-T_2}{T_1}=1-\frac{T_1}{T_2}$$

卡诺认为："在两个给定热源之间工作的任何热机，其热机效率都不会超过卡诺热机"。这就是卡诺定理。根据卡诺定理，可得到如下推论：所有工作在相同高温热源和低温热源之间的可逆热机，其热机效率都相等。从卡诺热机效率方程可以看出，可逆热机的效率只与两热源温度有关。一般低温热源即环境，环境温度较为固定，所以高温热源的温度决定了热机效率。温度越高，热机效率越高。因此，能量是有品位概念的。

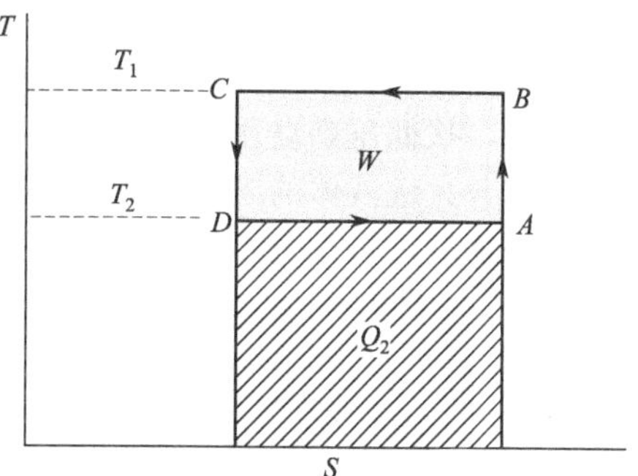

图 9.1　T-S 图上的逆卡诺循环（制冷循环）

卡诺循环中产生功，同时部分高温热向低温传递。那么逆卡诺循环中则需要输入功，使处于低温位的热转变为较高的温度状态。此时，对于低温环境而言，其热被取走并排向高温区，这个过程就叫做制冷。在一个持续制冷过程中，热量在低温处被吸收，在高温处被释放，因而制冷循环就是一个逆热机循环。根据热力学第二定律，当无外部所加能量时，热量不可能从低温物体转移到高温物体。理想制冷循环是逆卡诺循环（图 9.1），包括两个等温过程，即热量 Q_2 在低温 T_2 处被吸收，热量 Q_1 在高温 T_1 处被释放；和两个绝热过程，净功加入到系统。整个循环中流体的 $\Delta U=0$，根据热力学第一定律

$$W=Q_1-Q_2$$

由卡诺循环，易得

$$Q_1=T_1\Delta S$$

$$Q_2=T_2\Delta S$$

整理得

$$\frac{W}{Q_1}=\frac{T_1-T_2}{T_1}$$

即卡诺热机效率的常见表达式，计算方法亦可应用于其逆循环即制冷循环。依据 Q_2 可得

$$\frac{W}{Q_2}=\frac{T_1-T_2}{T_2}$$

从上式可计算一定制冷量 Q_2 所需的功。该方程仅适用于逆卡诺循环，它也清晰地表明随着 T_2 降低、T_1 升高，所需功相应增大。正如卡诺定理所述，相同高低温位之间，可逆热机效率最高，同样可逆制冷循环的效率也是最高的。若非如此，就可以用更高效率的制冷循环配合可逆热机循环，实现永动机。

9.2 朗肯循环和蒸汽动力装置

迄今为止，最重要的能源来自于水力发电，火力发电和核电。水力发电涉及机械能从一

种形式转化为另一种形式，理论上效率可达100%。然而火力发电和核电则实际上最终都是利用热能，并将部分热能转化为机械能。不管如何改进设备，这一过程的效率注定不会太高（通常不超过35%）。

9.2.1 卡诺热机的改进

没有其他热机效率高于卡诺热机。那么如何“改进”卡诺热机呢？因为卡诺热机是理想的可逆循环，实际过程难以接近其过程特性，所谓“改进”只是使循环更贴合实际热机，在工程技术上切实可行，并且效率尽可能高。虽然在相同的高低温热源之间卡诺热机效率最高，但实现动力循环，首先要解决安全可靠的工质问题，一般采用水（不只限定为水，例如低温热源热机采用有机工质），其次需要工质在不同温位、压力，或者不同相态间转换，这需要切实可行的流体输送机械，功的输出上，也需要机械效率高的设备，此外，还有传热设备等问题。

如图9.2所示的卡诺循环，若以水作为工作流体，则循环可能处于水的两相区内，那么步骤1-2和3-4中，流体需要通过机械设备输送实现压力转换，一般从高压到低压经由透平并输出功，从低压到高压需要用泵或压缩机。这两个过程的机械设备则存在许多难题。透平过程产生含大量液体的乏汽，如状态2所示，导致严重腐蚀问题；同样，状态3为气液混合物，作为泵的入口，也给泵的操作带来困难。

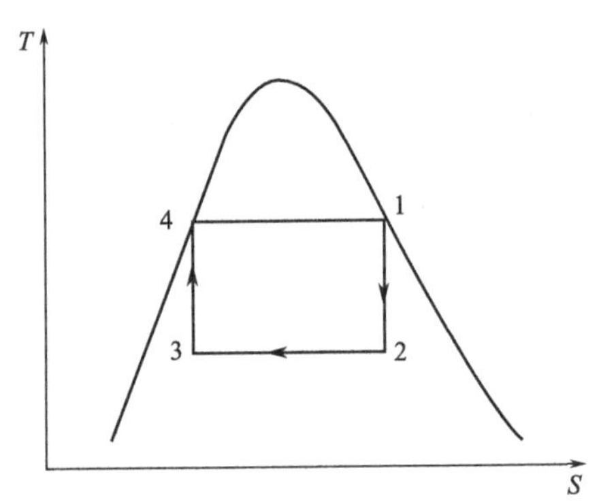

图9.2 T-S上两相区中的卡诺循环

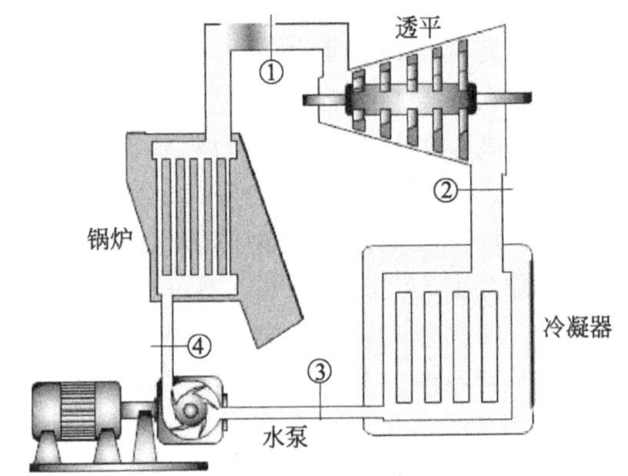

图9.3 郎肯循环示意

你也许认为可以设计一个工作流体为气体的循环，那么以上两个问题将迎刃而解。然而，由于气体的换热系数较低，循环中的换热器必须设计得更大且造价更高。此外，连接绝热过程与等温过程的设备设计也很困难，以及汽缸膨胀过程伴随大量摩擦等，都制约着卡诺热机的实现。

郎肯热机可能是最早的可实际应用的蒸汽机（W. J. MRankine，1820—1872，英国科学家）。在1859年，郎肯发表了《蒸汽机和其他发动机手册》，这是第一本阐述蒸汽机的书籍。郎肯提出了一个叫做郎肯循环的热动力循环。这个循环的热效率如今成为了电站的标准。

与卡诺循环相比，在图9.2中的状态点3，工质进一步冷却为该压力下的饱和水，然后经由泵（绝热可逆过程）送入更高压力的锅炉。锅炉中，过冷水被加热蒸发，通常离开锅炉时蒸汽为过热状态，因此进行图9.2中的过程1-2时，透平出口的干度更高。透平出口的乏汽，经由冷凝器被完全冷凝。循环系统的设备示意图如图9.3所示。

通过T-S图分析朗肯循环，如图9.4所示。

在没有预热器的情况下，液体水进入锅炉，此时温度低于沸点，为过冷状态，如图中状态点1；然后在锅炉中水依次被加热为饱和水2，饱和蒸汽3，以及过热蒸汽4。理想的朗肯循环忽略加热过程的压力变化，即恒压加热过程，由路径1-2-3-4组成。

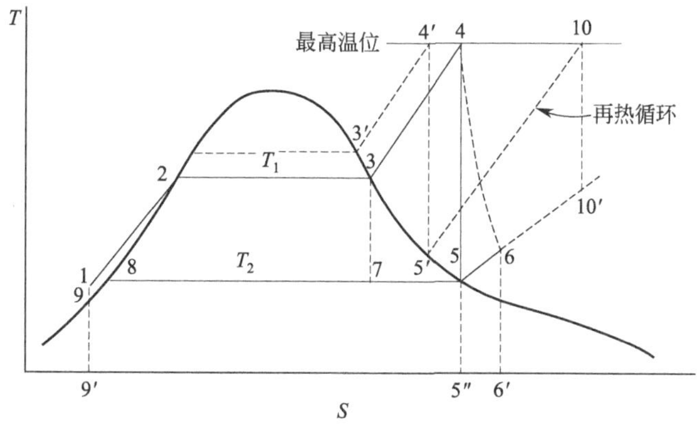

图 9.4 朗肯循环分析

从锅炉中产生的高温蒸汽进入透平或蒸汽机，在这里部分能量转化为功。如果该过程绝热可逆，就会按照等熵线 4-5 进行（注意，状态 5 实际上可能带有微量液体）。而实际过程通常接近绝热但不可能无摩擦，即为不可逆过程，因此熵增加，在相同工作压差下，不可逆路径按照虚线 4-6 进行。

从透平出来的低压蒸汽接着被冷凝，将热量转移到低温介质（通常为冷却循环水），类似于加热过程，忽略冷凝冷却过程的压降，即恒压冷凝过程，这个过程乏汽依次被冷却或冷凝为饱和蒸汽、饱和水、过冷水。这个过程在 T-S 图中以路径 6-5-8-9 表示。在点 9 的液体轻微过冷，保证完全冷凝。

循环的最后步骤是泵压过程，将水从冷凝器送回锅炉。若该过程绝热可逆，则可用垂直线 9-1 表示。由于压力对液体的熵影响较小，因此泵压过程，即水由低压到高压的过程在图中很难表示和察觉。图中所示的线段，已经是较为夸张地表示该过程了。

整个郎肯循环 1-2-3-4-5-8-9-1 具有理论意义，它在保证实际可行的基础上尽可能接近卡诺循环。事实上，理想的郎肯循环（做功和泵压过程可逆，换热过程无压降）接近于当今电厂的蒸汽动力过程。在热源温度和环境温度之间工作的热机，效率最高的是可逆热机，而过程的不可逆性就是使动力循环效率降低的原因。在理想朗肯循环过程中，主要的不可逆性包括：高温热源（温度处于燃料燃烧温度）与工质换热存在温差导致的不可逆性；工质冷凝过程与环境温度的差异造成的不可逆性；做功过程和泵压过程的不可逆性。

图 9.4 的过程 1-2-3-4 中，初始阶段过冷液体的加热过程，传热温差最大，不可逆性最明显，采用锅炉水预热器是减少这种不可逆性的有效方案。加热过程的末期，通过工艺控制使蒸汽过热，减小了工质与热源间的温差，这对降低不可逆性也有可取之处。或者如图中所示，升高锅炉工作压力，按 3′-4′的路径来加热，提高平衡温度，也有利于降低不可逆性。此外，尽量让燃气与高温的工质传热，如采用图中 5′-10-10′的再热循环，把透平分成两级，中间级的乏汽压力有所降低，温度也降得较多，此时可以把该乏汽（较单级透平的乏汽及完全冷却至过冷水的温度要高）进行再次加热，然后在后一级中做功，这样，减小了燃料与工质间的平均换热温差，提高了热效率。

至于膨胀做功过程中，如果路径可逆则可得到最大功；所有不可逆性都代表熵增和做功能力的降低。不可逆的程度可以通过透平的设计与维护来减小。

而对于冷凝器，在尺寸合理的设备中进行热传递，必须存在有限温差。但这一步骤里工质和冷却水的温差，远远没有锅炉中燃烧的燃料和水之间的温差那么大。

此外，泵压过程所需功比循环中其他热和功小，因此不可逆性并非最重要的。实际用泵打液体时，压力的增大会伴随着微小的熵增。

下面，通过一个例子来更详细地分析动力循环。

【例 9.1】 某蒸汽动力装置工作的蒸汽压力为 8600kPa，温度为 500℃（状态 2），进入透平，透平出口乏汽（状态 3）以 10kPa 的压力进入冷凝器，被冷凝为饱和液体（状态 4），饱和液体再由泵送入锅炉（状态 1）。

试计算：

（1）在此条件下，理想朗肯循环的热效率为多少？

（2）若透平的等熵效率和泵的效率都为 0.75，那么在此条件下实际循环的热效率为多少？

解：（1）对理想朗肯循环

如第 8 章的【例 8.7】，透平做功过程的工艺条件一样，可得

$$(\Delta H)_S = -1274.2\text{kJ/kg}$$

透平等熵条件下所做的功

$$W_{s(R)} = (\Delta H)_S = -1274.2\text{kJ/kg}$$

并且状态 3 有

$$H_3 = 2117.4\text{kJ/kg}$$

以及，10kPa，45.83℃时饱和液体（状态 4）的焓可通过饱和液体数据表查到

$$H_4 = 191.8\text{kJ/kg}$$

因此，冷凝过程传热量

$$Q_L = H_4 - H_3 = 191.8 - 2117.4 = -1925.6\text{kJ/kg}$$

其中负号表示工作流体放热。

泵的可逆功可通过伯努利方程计算（或者通过焓变做功式，以及焓的基本方程式，并假定在泵压过程中，液体可忽略比体积或密度的变化，等熵过程积分，也得到如下式子）

$$W_{s(R),\text{pump}} = V_4(p_1 - p_4)$$

查 10kPa 下的饱和水蒸气数据表得到

$$V_4 = 1.010 \times 10^{-3}\text{m}^3/\text{kg}$$

因此

$$W_{s(R),\text{pump}} = 1.010 \times 10^{-3} \times (8600 - 10) \times 10^3 = 8.676 \times 10^3\text{J/kg} = 8.7\text{kJ/kg}$$

根据泵压过程的能量平衡式（做功式，功等于焓变），得

$$H_1 = H_4 + W_{s(R),\text{pump}} = 191.8 + 8.7 = 200.5\text{kJ/kg}$$

8600kPa、500℃下过热气体的焓

$$H_2 = 3391.6\text{kJ/kg}$$

根据锅炉加热过程的能量平衡方程（传热式，热等于焓变），可计算过程 1-2 被锅炉吸收的热量

$$Q_H = H_2 - H_1 = 3391.6 - 200.5 = 3191.1\text{kJ/kg}$$

理想朗肯循环提供的净功是透平产功和水泵耗功之和

$$W_N = -1274.2 + 8.7 = -1265.5\text{kJ/kg}$$

故

$$\eta_T = \frac{|W_N|}{Q_H} = \frac{1265.5}{3191.1} = 0.3966$$

（2）若透平的等熵效率为 0.75，则产功为

$$W_{s(\text{turbine})} = \eta_S(\Delta H)_S = 0.75 \times (-1274.2) = -955.6\text{kJ/kg}$$

泵的等熵效率为 0.75，耗功为

$$W_{s(pump)}=\Delta H=\frac{8.7}{\eta_S}=11.6\text{kJ/kg}$$

状态 1 的焓可用与（1）中相同方法计算

$$H_1=H_4+W_{s(pump)}=191.8+11.6=203.4\text{kJ/kg}$$

实际循环的净功

$$W_{s(N)}=-955.6+11.6=-944.0\text{kJ/kg}$$

实际循环中锅炉的传热量

$$Q_H=H_2-H_1=3391.6-203.4=3188.2\text{kJ/kg}$$

故实际循环的热效率为

$$\eta=\frac{|W_{s(N)}|}{Q_H}=\frac{944.0}{3188.2}=0.2961$$

显然实际循环的热效率比朗肯循环低 10%。然而卡诺热机的热效率更高

$$\eta_C=1-\frac{T_L}{T_H}=1-\frac{45.83+273.15}{500+273.15}=0.5874$$

本例较为系统地分析了朗肯循环的热机效率。对于理想的朗肯循环，其净功可表示为 T-S 图上过程曲线所包围的面积。那么毫无疑问，透平产功过程的不可逆性将导致输出净功的减小。问题是，如何在 T-S 图上表示这种损失呢？

【例 9.2】 某蒸汽动力装置的工作蒸汽压力为 3000kPa，温度为 360℃，进入透平，透平乏汽压力为 100kPa。实际操作过程，因为工艺的需求，可能需要调整透平的输出功率而其他工艺条件保持不变（包括工质的循环流量）。采用的方法是控制透平机入口的蒸汽阀门（此处阀门为节流降压操作，阀门的操作还可能改变工质的循环流量，从而调整透平的总输出功率。但有时候，需要其他工况保持稳定，且透平的设计一般要求大致稳定的循环流量），从而让蒸汽进行节流降压。假设透平做功过程为绝热可逆过程。若要求输出功率为正常功率的 84%，则进入透平的蒸汽压力应为多少？画出循环的 T-S 图。

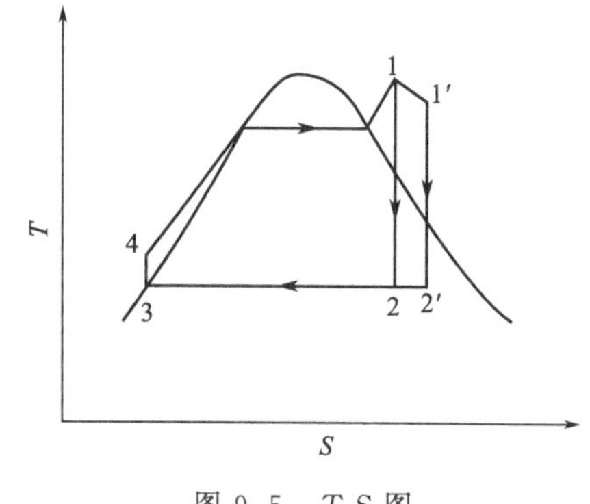

图 9.5　T-S 图

解： 在 T-S 图（图 9.5）中：

4-1 水被加热变为蒸汽；

1-1′节流膨胀；

1-2 未通过节流阀的蒸汽在透平中膨胀；

1′-2′通过节流阀的蒸汽在透平中膨胀；

2′-3 或 2-3 为乏汽在冷凝器中冷却。

从过热蒸汽数据表，或 H-S 图中可得

状态点 1：

$$p_1=3000\text{kPa}, H_1=3138.7\text{kJ/kg}$$
$$T=360℃, S_1=6.7801\text{kJ/(kg·K)}$$

通过等熵过程的分析，以及状态点 2 为汽液两相平衡区，可以通过查饱和蒸汽数据表，查得相应的数据，分析如下。

状态点 2：

$$p_2=100\text{kPa}, H_L=191.83\text{kJ/kg}, S_L=0.6493\text{kJ/(kg·K)}$$
$$H_G=2584.7\text{kJ/kg}, S_V=8.1502\text{kJ/(kg·K)}$$

状态点 2 的干度 x 为

$$6.7801=8.1502x+(1-x)\times0.6493$$
$$x=0.817$$
$$H_2=2584.7\times0.817+(1-0.817)\times191.83=2146.8\text{kJ/kg}$$

因此，额定工作情形下，透平过程单位质量流体的产功为

$$W_s=H_1-H_2=3138.7-2146.8=991.9\text{kJ/kg}$$

还可以知道，对于节流膨胀过程，第 8 章中分析过，为等焓过程，则

$$H_{1'}=H_1=3138.7\text{kJ/kg}$$

因此，若输入功率为额定功率的 84%，则可以算得状态点 2′的焓值为

$$H_{2'}=H_{1'}-W'_s=3138.7-833.2=2305.5\text{kJ/kg}$$

有了状态点 2′的焓值，就可以进一步得到工质的干度 x'，并且根据干度和饱和汽液相的热力学性质得到

$$2305.5=2584.7x'+(1-x')\times191.83$$
$$x'=0.8833$$
$$S_2=8.1502\times0.8833+(1-0.8833)\times0.6493=7.2748\text{kJ/(kg·K)}$$

由于假设透平中的膨胀过程绝热可逆，即等熵过程，则

$$S_1=S_2=7.2748\text{kJ/(kg·K)}, H'_1=3138.7\text{kJ/kg}$$

因此，就有了状态 1′点的焓值和熵值（仍然是过热蒸汽），这样，从 H-S 图，或过热蒸汽数据表中，可以查到 p'_1 和 T'_1

$$p'_1=10\times10^5\text{Pa}$$
$$T'_1=340℃$$

这就是蒸汽进入透平之前的压力和温度。

9.2.2 朗肯循环的改进

前面简单讨论过朗肯循环中主要的不可逆因素，并且了解了这种不可逆性是影响热机效率的主要因素。现在试着量化分析这些因素，并想办法改进它。

对于理想的朗肯循环，如图 9.6 所示，这里“理想”指的是过程 4-1 和 2-3 的传热过程，没有压降，即等压过程，因此它们分别处于高低两条压力线上；以及泵压过程 3-4 和膨胀过程 1-2 都是绝热可逆（等熵）过程。对于卡诺热机而言，等温传热过程中工质的温度即热源的温度，而对于“理想”的朗肯循环，工质的温度和热源温度之间却是存在温差的，且传热过程是等压过程，而不是等温过程。下面分析理想朗肯热机在工质与高温热源以及与低温热源之间传热存在温差时的热机效率。这里，一些实际条件是可以确定并有制约因素的：环境温度，锅炉气的有效温度（燃料燃烧时火焰的温度，即高温热源温度），透平叶片的最高耐受温度。根据循环的能量平衡方程、理想朗肯循环，忽略泵和透平的散热损失，则热机效率为

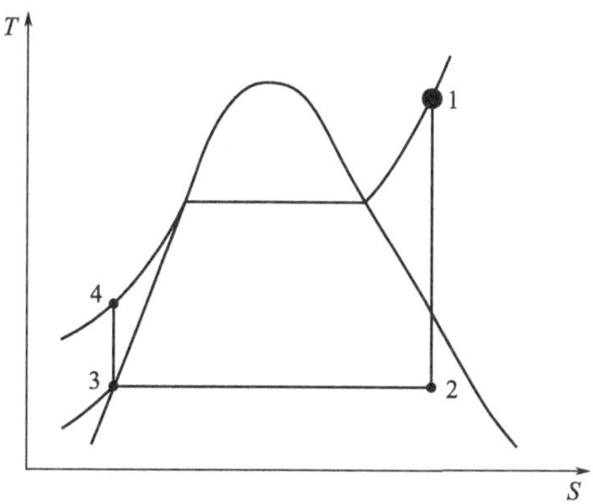

图 9.6 理想朗肯循环在 T-S 图上的示意图

$$\eta=\frac{|W_{\mathrm{N}}|}{Q_{\mathrm{H}}}=1-\frac{Q_{\mathrm{L}}'}{Q_{\mathrm{H}}'}=1-\frac{H_2-H_3}{H_1-H_4}$$

因为过程 2-3 和 4-1 是等压过程（$dp=0$），由热力学基本方程式 $dH=TdS+Vdp$ 得

$$\eta=\frac{|W_{\mathrm{N}}|}{Q_{\mathrm{H}}}=1-\frac{Q_{\mathrm{L}}'}{Q_{\mathrm{H}}'}=1-\frac{H_2-H_3}{H_1-H_4}=1-\frac{\left(\int_3^2 TdS\right)_{p=p_2}}{\left(\int_4^1 TdS\right)_{p=p_1}} \tag{9.1}$$

上式中的积分项，如图 9.5 中所示，即过程曲线对于横轴 S 的积分，式中两个积分项，积分区域的横坐标相同

$$S_2-S_3=S_1-S_4$$

根据这个积分的特点，若定义另一个平均高温、低温的概念

$$T_{1,\mathrm{avg}}=\frac{\left(\int_4^1 TdS\right)_{p=p_1}}{S_1-S_4}$$

$$T_{2,\mathrm{avg}}=\frac{\left(\int_3^2 TdS\right)_{p=p_2}}{S_2-S_3}$$

它们有一个关于温度的无量纲数。因此可以得到另一个热机效率表达式

$$\eta=1-\frac{T_{2,\mathrm{avg}}}{T_{1,\mathrm{avg}}} \tag{9.2}$$

可以发现，式(9.2) 与卡诺热机效率的表达式类似。要提高理想朗肯循环的热机效率，就是设法提高平均高温温度，或降低平均低温温度。这两个途径，最终是要使得工质温度尽量接近于热源温度，也就是减少传热温差。但一般来说，环境温度一定，并且设备设计上，冷凝器需要一定操作温差，因此，主要的改进途径在于提高高温平均温度，或者说降低燃料火焰与工质间的传热温差。

下面，介绍几个具体的方案。

9.2.2.1 提高蒸汽过热温度

对于如何提高加热过程工质的平均温度，或者减小加热过程热源和工质间的温差，容易想到的改进对策就是提高蒸汽的过热温度。通常，提高气体温度可以提高相同压力下的平均吸热温度。前面介绍过，对于理想朗肯循环，输出的净功等于过程曲线所包围的面积，那么，如图 9.7 所示，W_{N} 会随着过热温度的增加而增大。然而，工质的温度，要受设备材料承受能力的制约。通常材料的耐受温度不超过600℃，尽管一些抗蠕变的铁合金能抵抗更高温度，可以用来制作换热设备和透平，但价格十分昂贵。当然，另外还有一些冷却技术用于保护透平叶轮等，但总的来说，过热温度受到一定制约。

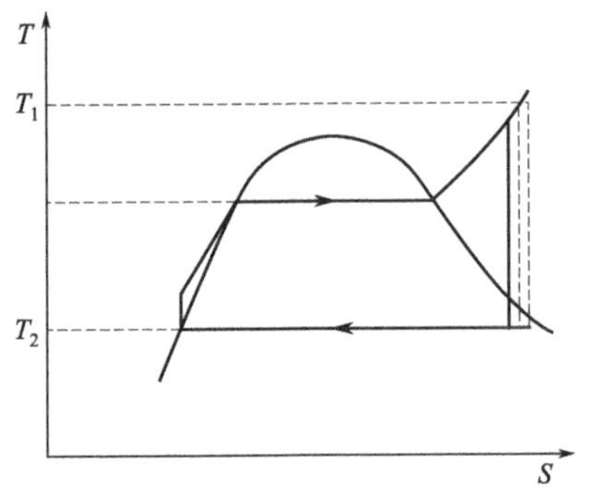

图9.7 理想朗肯循环提高蒸汽的过热温度改进示意

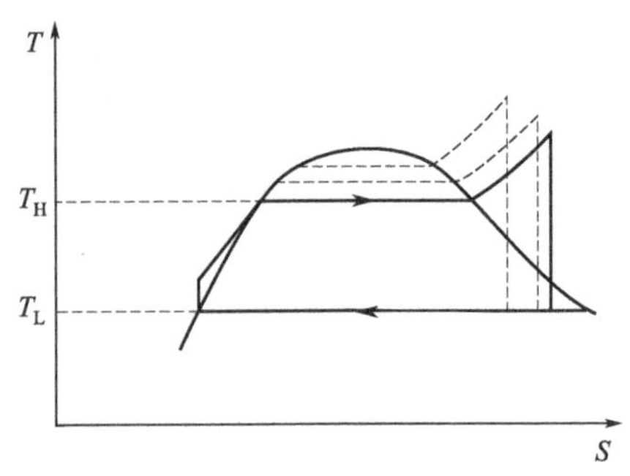

图9.8 理想朗肯循环提高锅炉压力改进示意

9.2.2.2 提高蒸汽压力

水的沸点随着压力升高而增大。从图9.8可看出，当锅炉压力增大时，加热过程工质的平均温度升高，W_N的面积也随之增大一些。然而当压力接近水的临界压力时，它的影响越来越小。因此，单独增加锅炉压力而不提高过热温度不会使热效率有很大提高。另外，随着锅炉蒸汽压力的增大，锅炉、透平的材料结构需要随之改进，工程投入增大。同时，从图中还可以看出，随压力增大，透平出口蒸汽干度可能降低，这会缩短透平寿命，因此使用高压蒸汽还必须寻找降低乏汽含水量的方法。

9.2.2.3 再热循环

循着提高加热段工质的平均温度，或者说降低热源与工质的平均传热温差的思路，还可以找到一些方法来改进热机。即在输入热能时，尽可能让热源与较高温度的工质换热。如图9.9所示，再热循环即是一个有效的方案。让透平分级输出功，中间级的乏汽温度还较高，可再输入热能成为过热蒸汽。再热循环使高压的过热蒸汽在透平中膨胀到一定压力，然后引入加热器加热至该压力下的过热状态，进入下一级透平，这样操作还可以避免乏汽含水量过高的缺点。

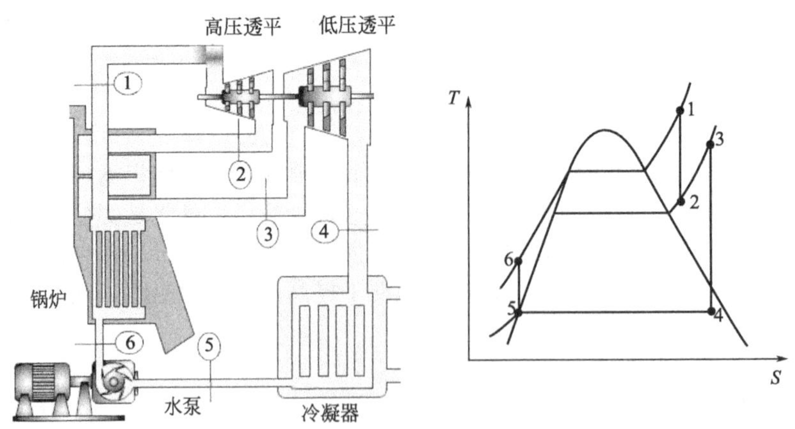

图9.9 再热循环示意

循着同样的思路，还可以构建所谓的回热，预热等操作，即让高温热源尽量与高温工质进行换热，而高温工质可以对锅炉进水进行预热，这样，系统各处的平均传热温差将可能减小，从而减小不可逆性。此外，还可以使用烟道气等余热来预热锅炉，或者将透平出口的乏汽温位提升到可以供其他工艺系统利用的程度，这样，乏汽热能可以被利用，而不是全部由冷凝器排放到环境。此类改进例如热电联产等，是从另一条思路进行热力循环的能量优化。

【例 9.3】 某动力循环装置工作蒸汽压力为 8600kPa，温度为 500，经由图 9.9 类似的再热循环，进入高压透平时等熵膨胀到饱和状态，饱和蒸汽由再热器等压加热到 500℃后进入低压透平等熵膨胀到冷凝压力（10kPa）。假设冷凝水在水泵中的升压过程也是等熵过程，试求此再热循环的热效率和乏汽干度。

解：对于动力循环过程输出净功和热机效率的求解，前面已有例子分析过，这里采用相似的方法，主要对比再热循环操作下，热机效率的改变（其中状态点位置类似于图 9.9 中所示的过程状态位置）：

状态点 1，已知过热蒸汽的温度和压力，则

$$H_1=3390.9\text{kJ/kg}$$

$$S_1=S_2=6.6858\text{kJ/kg}$$

状态点 2 为饱和蒸汽，知其熵，可得其压力、焓

$$p_2=747.64\text{kPa}$$

$$H_2=2766.3\text{kJ/kg}$$

根据再热过程的等压加热特性，可知状态点 3 为 747.64kPa，500℃下过热蒸汽，其焓和熵为

$$H_3=3481.2\text{kJ/kg}$$

$$S_3=7.9026\text{J/(kg·K)}$$

低压透平内的膨胀是等熵过程，故

$$S_3=S_4=7.9026\text{J/(kg·K)}$$

根据湿蒸汽的特性将状态点 4 的熵带入，得 $x=0.9670$，比不进行再热循环的透平的乏汽的湿度高得多。根据湿蒸汽特性，还可以计算得到状态 4 的焓值

$$H_4=2505.7\text{kJ/kg}$$

容易得到再热循环净功 $W_N=-1591.4\text{kJ/kg}$

再热循环过程工质吸收的总热量 $Q_H=3905.3\text{kJ/kg}$

热机效率

$$\eta=\frac{1591.4}{3905.3}=0.4075$$

这说明，通过再热循环，其他工艺条件一样的情况下，热机效率比【例 9.1】中无再热循环的过程，增加 1.1%。

这样的提高太少了吗？对于一家一百万千瓦的热电厂而言，增加的 1%意味着增加了 10000kW。

$$10000\text{kW}=0.6\text{ 元}\times10000\text{kW}\times24\times365=52560000\text{ 元/年}$$

9.3 蒸汽压缩制冷循环

制冷一词意味着获得并维持低于周围环境的温度。要使低温条件得以保持，则需要不断在较低的温度下吸收热量，这就需要一个连续（流动）的过程。低温下吸热的方法之一是通过低压条件下（低压条件下，流体的汽液平衡温度，即饱和温度较低）的液体蒸发，这也要

求此液体在蒸发压力下具有低沸点。为了实现连续操作，已蒸发的工质必须回到初始时的液体状态，从而可以在低温下再次吸收热量。流体通过的这一系列步骤构成制冷循环，这些步骤包括蒸汽压缩、冷凝、液体节流膨胀和蒸发。

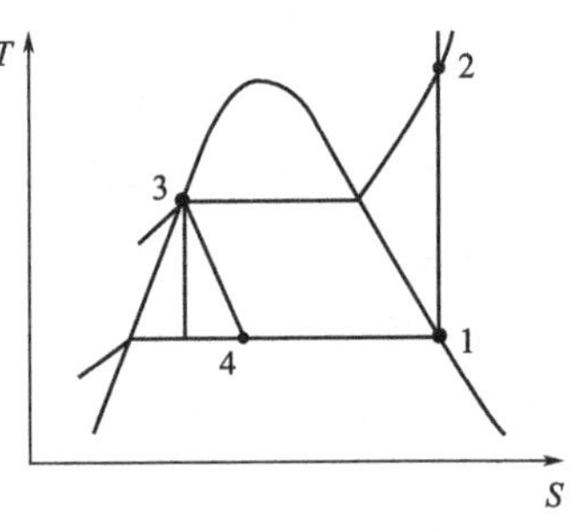

图 9.10 T-S 图上压缩式制冷循环系统示意

图 9.10 所示即压缩式制冷循环的一个示意图。完全蒸发为饱和蒸汽的工质离开蒸发器后（状态点 1），被压缩至更高的压力（状态点 2），并在冷凝器中冷却、冷凝（至状态点 3）。冷凝后的较高压力的流体，需要回到低压区进行蒸发，为此流体需要通过膨胀过程返回到低压区。流体的这一膨胀过程，可以通过透平或膨胀机进行操作（绝热可逆的膨胀过程则如图中状态点 3 向下的竖线表示），且其做的功可以进行利用。但这样则需要在气液两相混合物条件下操作的膨胀机，其价格相对昂贵，并且难以高效运行，因此，除了大型设备，一般不使用膨胀机进行降压。取而代之的是通过节流过程来完成膨胀。如前所述，节流膨胀过程是不可逆的（如图中 3-4 过程），然而，对于一些小设备如家用电冰箱和空调等，简单和具有较低成本的节流阀更胜过具有更高能量效率的透平。经过减压的流体在蒸发器中蒸发并从低温热源中吸热，蒸汽进入压缩机中，循环完成。

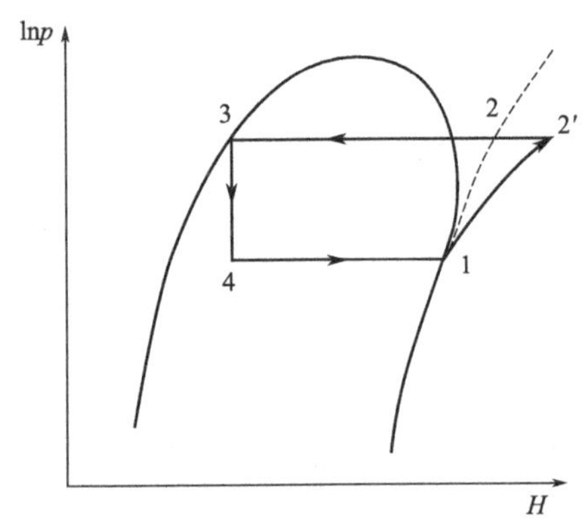

图 9.11 在 $\ln p$-H 图上表示的蒸汽压缩制冷循环

温-熵图可以方便地分析热效率和功，热和功可以在图上以面积的方式表示出来，此外，绝热可逆过程，或绝热不可逆过程的状态偏移等，也可以利用 T-S 图形象地表示。但在制冷工作中，p-H 图比 T-S 图更常用，p-H 图上更容易获得焓值，此外制冷循环各过程在图上也更简洁地表示为一些线段。

如图 9.11 所示，将制冷循环表示在 $\ln p$-H 图上。其中，线段 3-4 代表等焓过程，即通过节流膨胀，工质进入低压区。4-1 及 2-3 线段则表示传热过程。图中 1-2 为绝热可逆压缩过程，即虚线为等熵线，实际绝热压缩过程为 1-2′。

对于制冷循环，常使用 COP 来衡量循环过程的效率，这里消耗的是轴功，获得的目标量是低温下吸收的热，对于此循环，COP 的计算公式为

$$\mathrm{COP}=\frac{|Q_{\mathrm{L}}|}{|W_{\mathrm{s}}|}=\frac{H_1-H_4}{H_2-H_1} \tag{9.3}$$

除了 COP，还需要知道制冷剂的循环速率，从而对压缩机进行选型，对冷凝器进行设计，以及确定辅助设备的尺寸。制冷剂的循环速率根据额定制冷功率得到

$$\dot{m}=\frac{\dot{W}}{H_{2'}-H_1}$$

9.4 吸收式制冷循环

对于蒸汽压缩式制冷机，压缩过程所需的功由电能或机械能获得（例如电动机）。再往前追溯，电动机的电能可能起源于用于驱动发电机的热机。换句话说，制冷机所需要的功，最终是从高温热源得到，即蒸汽锅炉中使用的燃料。这个推论提示这样一个想法，是否可以

在制冷机上直接使用热量作为从低温到高温传递热量所需的能量来源，如果是这样，热能的利用效率或许更高。此外，还可能使用一些工业废热来驱动制冷过程，降低工业过程的能耗水平。吸收式制冷机就是基于这样的想法。

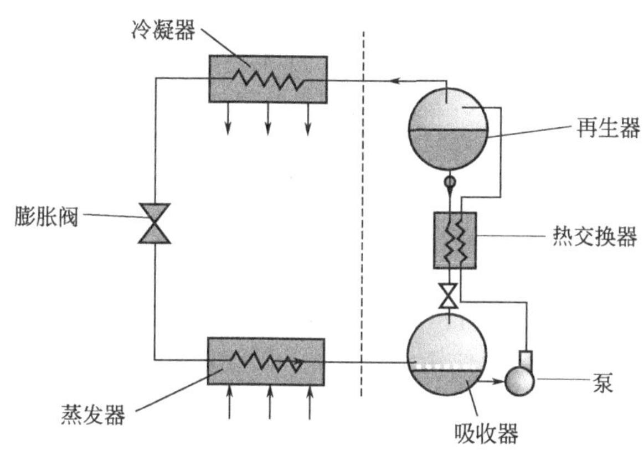

图 9.12 吸收式制冷循环流程示意

一个典型的吸收式制冷机的流程如图 9.12 所示。这个系统和蒸汽压缩循环之间的区别在于热压缩取代了压缩机。那么，热压缩的原理是什么呢？蒸汽压缩制冷循环过程，压缩的目的就是使工质从低压蒸汽区进入到高压蒸汽区，热压缩的原理也即实现这个目的。为此，首先使用一种吸收剂（通常可能是浓水溶液），可以在低压条件下吸收工质蒸汽，从而使吸收剂变为稀溶液；接着工质进入高压区的功能被泵取代，泵只需消耗很小的能量，就可以将稀溶液从低压区泵压到高压区；此时，高压区里的制冷剂还处于稀溶液中，需要用高温热源将制冷剂从稀溶液中蒸出，实际上，蒸出后的制冷剂，即表明了工质蒸汽由低压区进入高压区了，完成了压缩过程。这个过程，泵耗功可以忽略，主要由热能驱动压缩，故称为热压缩，而蒸出工质的同时，稀溶液也得到浓缩，以进行下一次循环。

图 9.12 中虚线左侧部分的设备，与蒸汽压缩式制冷是一样的，而虚线右侧，压缩式制冷采用压缩机，这里采用的即热压缩过程，由溶剂的吸收过程和再生过程实现对工质蒸汽的压缩。在商业设施中，稀溶液的蒸发器，即溶剂的再生器，可能由一些工业废热作为热源来驱动，并且在吸收器和再生器之间安装一个溶液换热器，这样来给浓缩后温度仍较高的吸收剂降温，以便在低温下更好吸收工质蒸汽，并也使得吸收后的稀溶液回收了这部分热，有利于节能。根据虚线左侧的蒸发器和冷凝器的工作压力，再生器和吸收器也具有确定的温度和压力，溶液浓度可由吸收剂溶液的蒸汽压力浓度数据进行计算得到。

上述系统需要机械能作为动力使泵运转。虽然泵的实际功率需求很小，但它却含有活动的部件并引入了维护的问题。在家用燃气冰箱中，巧妙应用一种三组分的吸收体系，避免了泵的操作。在该体系中，氢作为第三组分，它在相平衡体系中有个特点，低温时候具有很高的气相分压，高温时气相分压却较小。因此将之引入吸收体系后，在吸收过程，温度较低，此时制冷剂在气相中为低分压（也说明蒸发吸热过程在低气相分压下进行），但蒸发过程，或吸收过程总压却较高；而再生过程，由于温度较高，氢分压降低，系统中制冷工质在高分压，也即高温度下被蒸发出来，同时再生过程，或者说冷却过程的总压却甚至要低于吸收过程，或者说低温蒸发吸热过程；这样就不需要通过泵来提升溶液的压力了。这样的燃气冰箱，热源是再生器下一个小气体火焰，是设备的唯一能源。

吸收式制冷的热力学处理并不复杂。一般情况下，溶解热、吸收热以及蒸汽-压力数据是必需的。

9.5 热泵循环

制冷循环的结果使得热从低温区被转移到高温区，制冷循环的目的在于从低温条件下吸收热量，似为冷却而构建，这是由于人们感兴趣的是其低温蒸发吸热设备的功能。实际上，该循环也可能用于供热，因为循环的结果将热从低温区吸收后，在高温区（冷凝器中）排放，如果人们对高温区排放的热感兴趣的话，这个循环即可用于供热。此时，该循环就称为热泵。

人们熟悉的热泵，例如冬季用于给房屋和商业建筑供暖的空调设备。在冬季，设备从周围环境吸收热量再释放到建筑物内部。通过循环分析可以得到如下的数量概念，如果把 COP 为 4 的制冷循环（即 $Q_2/W=4$）用于供热，那么可用于给房子加热的热量 Q_1 相当于压缩机输入功率的 5 倍，这显然比使用与压缩机同等消耗的电加热器要经济得多。

既然制冷循环系统也可以用于供热，也可以制冷，只是利用的是其蒸发器还是冷凝器的问题，那么即可以设计合适的流程，通过流程转换这两个换热器的实际功能，实现一台机器的夏季制冷、冬季制热功能。如果循环的工艺控制条件不变，则应用其制热和制冷之间，COP 的关系有

$$\mathrm{COP_H}=\frac{|Q_H|}{|W_s|}=\frac{|Q_L|+|W_s|}{|W_s|}=\frac{|Q_L|}{|W_s|}+1=\mathrm{COP_R}+1 \tag{9.4}$$

所以，工作在同样的高低温位间，如果一个制冷系数为 4 的制冷机用于制热，其制热系数为 5。

【例 9.4】 将制冷（热泵）热泵循环用于建筑空调，使得冬天保持 18℃，夏天保持 25℃，相应的室外温度分别为 10℃和 30℃。为达到要求，需要保证传热温差，循环工质在冷凝器中的操作温度，冬季 50℃，夏季 35℃；蒸发器中的操作温度夏季和冬季都为 5℃。冬季时，室外的换热器为蒸发器，室内的是冷凝器；而夏季时，室外的换热器为冷凝器，室内的是蒸发器。

（1）计算逆卡诺循环热泵在夏季和冬季的 COP。

（2）假设压缩机的压缩是等熵压缩，无热损失。工质为 HFC-134a。计算热泵在夏季和冬季的 COP。

解： 根据所控制的工艺条件：

（1）逆卡诺循环为可逆循环，且热源温度即工质温度。因此根据室内外温度来计算。根据条件，在冬季，室内温度应该为 18℃（热源），室外空气温度为 10℃（冷源）。冬季的 $\mathrm{COP_{H,R}}$ 为

$$\mathrm{COP_{H,R}}=\frac{T_H}{T_H-T_L}=\frac{18+273.15}{18-10}=36.4$$

在夏季，室内温度为 25℃（冷源），室外空气温度为 30℃（热源）。夏季的 $\mathrm{COP_{C,R}}$ 为

$$\mathrm{COP_{C,R}}=\frac{T_L}{T_H-T_L}=\frac{25+273.15}{30-25}=59.63$$

（2）对于实际压缩制冷（制热）循环，可以通过如图 9.10 那样的压-焓图来分析。

状态点 3 的温度，即冷凝器中的工质在饱和液体状态下的温度。用于制热循环时，冷凝器即放热装置，为室内换热器，冬季时工质温度为 50℃；而在制冷循环中，它是室外的高温排热的温度，为 35℃。

3-4 过程是一个等焓过程。从状态点 3 做垂线（垂直于横轴，也垂直于等温线，或等压线）延长至 4，即蒸发器的温度。状态点 4 的温度，或者说蒸发温度，都为 5℃。过程 4-1 为等温等压吸热蒸发过程。从点 4 画一条水平线，与饱和蒸汽线相交于点 1。在冬季室外换热器是蒸发器，而在夏季室内换热器是蒸发器。

假定压缩过程为等熵压缩过程，点 2 是通过点 1 的等熵曲线与通过点 3 的等压线的交点，工质在点 2 处是过热蒸汽状态。可以由工质的压-焓图，获得计算 COP 所需要的每一个状态点的热力学函数值，再通过能量平衡方程得到热和功的值。通过图解，最后可以得到：

冬季的制热循环

$$\mathrm{COP_H}=\frac{|Q_\mathrm{H}|}{|W_\mathrm{s}|}=\frac{|H_3-H_2|}{|H_2-H_1|}=\frac{|271.9-436|}{|436-401.7|}=4.78$$

夏季的制冷循环

$$\mathrm{COP_C}=\frac{|Q_\mathrm{L}|}{|W_\mathrm{s}|}=\frac{|H_1-H_4|}{|H_2-H_1|}=\frac{|401.7-249.2|}{|436-401.7|}=4.45$$

从上面的分析，可以注意到，虽然是同一个机器用于制冷和制热，但循环用于制冷或制热时，工质并不一定工作于相同的高低温位（压力）下，故二者的 COP 不一定相差 1。此外，当然，由于换热器与热源间存在温差的不可逆性，导致循环的 COP 远低于逆卡诺循环。

9.6 吸收式热泵

工业上，吸收式热泵是热回收单元，其主要驱动力是热能。它可分为两种类型，分别为Ⅰ型吸收式热泵和Ⅱ型吸收式热泵。Ⅰ型吸收式热泵消耗高温热能，吸收低温热源，向用户输出中温位热能，根据能量守恒，忽略热损失，该中温位的热能来源于低温区吸收的热能，以及高温热源的转换。其循环类似于前面提到的吸收式制冷循环。

因而本节将主要介绍Ⅱ型吸收式热泵，它也可以被称为热变换器。通过输入中温位热能（通常为废热），驱动热泵，其中部分转换为向用户输出的高温位热能。从热力学第二定律可以预见，该循环中有部分中温位热将排向低温位。循环的结果是使得部分中温位热的温位提高。因此，工业上可以利用这种热变换器来利用工业废热，使其提高温位后重新加以利用。如图 9.13 所示为热变换器的原理示意图。

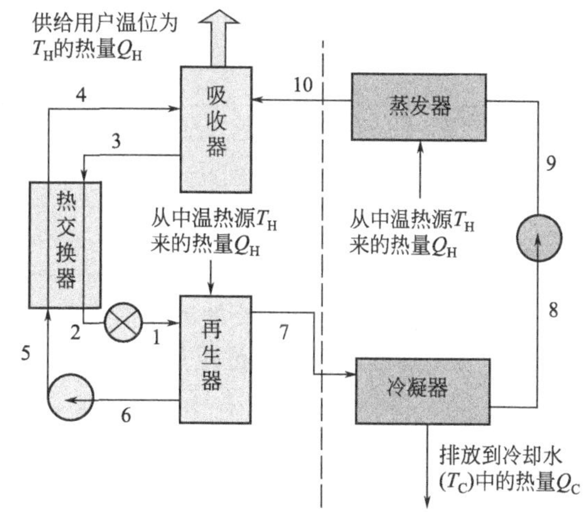

图 9.13 热变换器原理示意

从图 9.13 可以发现一个有趣的现象。对于热变换器而言，吸收过程中的吸收器为用户供热设备，再生器为部分中温热源的输入设备。冷凝器和蒸发器则通过泵来连接工质，它们的作用在于使工质在高低温位（高低操作压力）下进行转换。这恰与第一类吸收热泵（或吸收式制冷循环设备）的功能相反。

热变换器中，吸收器在中温区吸收中温蒸汽（该蒸汽由中温热源在蒸发器产生），从而使工质溶液获得吸收热（相变热）而温度升高，高过中温热源的温度（因此，部分中温热源由此就转向更高温度）。浓溶液通过吸收变为稀溶液。

稀溶液则通过节流降压，在再生器中使用中温热源（或由蒸发器换热后温度略降低的中温热源）进行蒸发浓缩，浓缩后的溶液再由泵输送到高压区进行吸收。蒸发出来的工质蒸汽，则经由冷凝器，将部分热排向低温环境。冷凝后的工质，由泵输送到高压区（即蒸发器中），蒸发为高压状态下的蒸汽。因此，这里的冷凝器和蒸发器，目的在于让工质蒸汽在高低温位间转换。

至于热变换器的热力学分析，首先仍基于质量平衡、能量平衡以及熵平衡方程，其次，溶液的吸收、浓缩，工质相变等可以根据相应的相图、物性数据等获得。另外，可以做如下合理假设：

① 吸收器和再生器在各自的温度和压力下操作，互不影响；

② 离开蒸发器和冷凝器的工质假定为饱和状态，离开再生器的工质（蒸汽）视为过热状态（相对于冷凝器中的冷凝温度而言）；

③ 系统的热损失和压降忽略不计；

④ 泵消耗的功率忽略不计；

⑤ 流经阀门过程皆为等焓过程。

【例 9.5】 吸收式热变换器的热力学分析举例。

如图 9.13 的溴化锂吸收式热变换器，从热力学数据查得各个状态点的热力学函数值（表 9.1），质量流率根据质量守恒得到，其中溶液的循环倍率由设计的溶液浓度操作范围来确定。水-溴化锂混合物的热力学性质以 Kaita 的工作数据为准，水的热力学性质以 Irvine 和 Liley 公布的数据为准。

表 9.1 热变换器循环过程状态点函数

状态点	p/kPa	T/℃	x(LiBr)/%	流体状态	干度	H/(J/g)	m/(kg/s)
1	16.05	102.8	59.4	汽-液溶液	0.016	277.4	1.078
2	104.08	124.7	59.4	过冷溶液		277.4	1.078
3	104.08	153.0	59.4	饱和溶液	0	332.8	1.078
4	104.08	144.8	64	过冷溶液		329.9	1.000
5	104.08	112.0	64	过冷溶液		270.2	1.000
6	16.05	112.0	64	饱和溶液	0	270.1	1.000
7	16.05	100.5		过热水蒸气		2688.3	0.078
8	16.05	55.4		饱和水	0	231.8	0.078
9	104.8	55.4		过冷水		231.9	0.078
10	104.8	100.8		饱和水蒸气	1	2676.9	0.078

溶液的循环倍率由溶液的浓度操作范围确定，例如浓溶液控制为 64%，稀溶液控制为 59.4%，则可以得到单位质量浓溶液所吸收的工质蒸汽量，从而得到循环比

$$f=\frac{m_6}{m_7}=\frac{1.000}{0.078}=12.82$$

对于热变换器，COP 定义为：吸收器得到的热除以蒸发器和再生器消耗的中温热的和

$$\text{COP}=\frac{|Q_a|}{|Q_e|+|Q_g|}$$

根据能量平衡方程分析，可以得到

$$Q_a=m_{10}H_{10}+m_4H_4-m_3H_3=0.078\times2676.9+1\times329.9-1.078\times332.8=179.97\text{kW}$$

同理可以得到 $Q_g=-180.86$kW，$Q_e=-190.71$kW。

因此，最后得到 COP=0.484。

第二类吸收热泵的性能系数虽然较低，一般在0.4～0.49之间，但由于它利用的是工业生产中排放的60～100℃的废热，因此节能效果十分显著，日益得到人们的重视。

本章阐述典型的热力学循环过程的热力学计算与分析。介绍了蒸汽动力循环、制冷循环与热泵循环的热力学原理和分析手段，理解提高循环热力学效率的途径和思路。蒸汽动力循环是热能转化为功的过程。制冷循环与热泵循环是动力循环的逆过程，是对循环系统施加轴功从而将低温物体中的热量输送到高温物体上去的过程，制冷循环与热泵循环区别主要在于过程的目的不同，体现在操作性能参数的定义与计算上的不同。读者在学习过程中既要掌握过程原理，还需思考实际过程的实现。循环过程的热力学计算在T-S图、p-H图等热力学图上很直观与清晰，读者需搞清循环中过程路径在热力学图上的形态和物理意义，掌握循环过程中每一步的热力学计算方法及循环效率的分析。利用过程热力学焓熵分析和能量分析为基础，思考热力学效率的提高途径。

思考题

9.1 对于制冷循环，本章主要讨论了利用机械压缩或吸收等方法实现工质的循环。思考还有何种方法可以实现热力学循环制冷？试着画出工艺流程，并分析循环原理。

9.2 T-S图上，分析透平或泵的过程绝热但不可逆时，朗肯循环所损失的功。

习 题

9.1 如图9.2所示，一卡诺热机以水为循环工质。在T_h＝475K，T_l＝300K的条件下，水循环的速率是1kg/s，试确定：

(1) 在状态为1、2、3、4时的压力；(2) 在状态为2和3时的干度x；(3) 加热速率；(4) 排热速率；(5) 循环热效率。

9.2 如图9.3所示为蒸汽机的基本循环。透平在绝热条件下操作，入口蒸汽条件为6800kPa和550℃，排出的蒸汽进入冷凝器时的温度为50℃且干度为0.96。饱和液体水离开冷凝器并被泵入锅炉中。忽略泵做的功以及动能和势能的变化，确定循环的热效率和透平的效率。

9.3 经由图9.3所示的朗肯循环，某动力装置工作蒸汽压力为3300kPa，进入透平后，乏汽以50kPa的压力排出。为了得到过热性能对循环的影响，计算循环热效率和透平乏汽的干度。透平进口蒸汽的温度分别为450℃、550℃和650℃。

9.4 家用冰箱的温度保持在－20℃。厨房温度为20℃，如果冰箱的热泄漏量为：125000kJ/d，电费价格为0.50元/(kW・h)，估算每年冰箱运行所消耗的费用。假定COP为卡诺循环的60%。

9.5 一个制冷设备在低温下的移热能力为4.180×10^4kJ/h，工作范围为冷热源温度15～35℃之间，以氨水为工作介质。蒸发器和冷凝器的传热温差均设计为5℃。

(1) 假定压缩过程是等熵过程，估算工作液体循环量（m），压缩机功率W_S，冷凝器的热流排放速率Q_H和冰箱的制冷系数COP；

(2) 如果冷凝器的等熵效率系数为0.8，估算（1）中的各个参数。

9.6 氨水压缩制冷机的制冷负荷为4000kJ/h，在－25℃蒸发，在20℃时冷凝。干饱和蒸汽在－25℃（状态1）进入压缩机经等熵过程压缩到状态2。然后冷却至20℃，在20℃下冷凝并过冷却至15℃，对应于状态3。液态制冷剂经节流阀后达到蒸发温度（状态4），再由等压过程蒸发至状态1。

(1) 在 T-S 图上画出这一制冷循环，并找出各个状态所在的点。

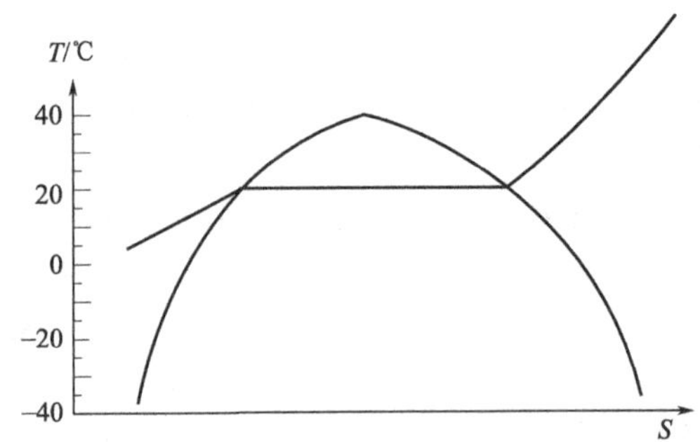

(2) 求制冷剂的循环量、冷凝器的传热速率、压缩机的可逆轴功和循环过程的COP。

9.7 在一月份，室内的加热要求为100000kJ/h；在六月份，室内的制冷要求为200000kJ/h。所需热泵的要求是无论冬夏都能使室内温度保持在24℃。为了实现这个要求，工作流体流经散热旋管时，在一月份散热旋管要保持50℃，在六月份时保持5℃。当室内被加热时，地下散热旋管要提供能量；当室内被制冷时，地下散热旋管要排放能量。土地温度都在一年四季保持在12℃左右。散热旋管的传热能力可以使流体在加热的时候保持5℃，在制冷的时候保持20℃。

那么请问，一月份和六月份的理论最小能耗是多少?

9.8 对于一个蒸汽压缩热泵，压缩所需功为10kW，周围环境温度为0℃，设计要求为热泵提供热量的温度为90℃。估算 (1) 热泵提供的最大热量 $Q_{H,max}$ 和 (2) 从环境吸收的热量 $Q_{L,max}$。

第10章 化工过程的节能分析

本章重点：

本章介绍一种衡量能量利用效率以及实际热力学过程能耗分布特点的理论方法，这个方法建立在热力学第一定律和热力学第二定律基础之上。通过引入理想功和损耗功的概念，对热力学过程或系统设备，进行以降低能耗为目标的工艺设计合理性分析，理解化工设计中常见原则的理论基础。

本章难点：

损耗功分析的热力学原理和物理意义，以及结合实际过程求解理想功或损耗功，得到的结果方程，进行物理意义和化工设计原则的分析。

能量的消耗对于一个工业过程来说至关重要，特别是期望系统具有最低能耗值。工业过程热力学分析，旨在分析工业过程耗能控制的途径、系统优化设计的原则、改善系统耗能的思路。

10.1 理想功

引入“理想过程”的概念，并将实际过程与之对比，是热力学分析的常用手段，例如可逆过程的概念。为了分析过程的耗能，则引入一种理想的过程概念，即一个系统状态在特定条件下转化为另一个状态时的，具有最大的热功转换效率。并且，这个过程完全可逆，即意味着各个状态之间的转换是完全可逆的，以及系统和环境之间的热量交换也是可逆的。

当然，理想过程是实现不了的，因为实际发生的过程都是不可逆的。那为什么还要讨论理想过程呢？因为理想过程可以作为一个现实生产过程的衡量标准。

不同过程的理想功可以分为以下几种情况讨论。

(1) 无流动过程（封闭系统）

对于该系统而言，忽略系统的位能和动能影响，假定这个过程是完全可逆的并且整个系统的热源温度稳定为 T_{sur}。根据热力学第二定律，系统和环境的可逆热交换定义是

$$Q=T_{sur}\Delta S$$

用热力学第一定律来表示

$$W=\Delta U-Q$$

综合两个方程得到

$$W_R = \Delta U - T_{sur}\Delta S \tag{10.1}$$

式中，W_R 是可逆过程中系统对环境的功或者环境对系统的功。同样 U 与 S 也是内部的自由能和熵变。T_{sur}是周围系统环境的温度，W_R 可以分为两个部分：生产过程中所用的功和由于体积改变系统对环境所做的功，也可以表示为 $p_{sur}V$。那么生产过程所交换的功，即该过程处于“理想”条件时所交换的功，表示为

$$W_{id} = \Delta U - T_{sur}\Delta S + p_{sur}\Delta V \tag{10.2}$$

（2）稳态过程

稳态流动过程是一个十分常见的过程，因而这里所分析的理想过程中最重要的一部分就是稳态流动过程。对于稳态流动过程，根据能量平衡方程以及理想过程的热和功，可以得到

$$W_R = \Delta H + \frac{1}{2}m\Delta u^2 + mg\Delta z - T_{sur}\Delta S \tag{10.3}$$

对于绝大多数实际共和应用，动能和势能都是可以忽略不计的。因此可以改写为

$$W_{id} = \Delta H - T_{sur}\Delta S \tag{10.4}$$

这样，就得到了稳定生产过程，系统处于理想过程时，所需要或所提供的“理想”功。

【例 10.1】 计算处于封闭系统中的理想气体状态的 N_2，状态变化从 813K、4.052MPa 到 373K、1.013MPa 的理想功。假定空气的温度和压力分别为 293K 和 0.1013MPa，N_2 的定压比热容取 $(27.89+4.271\times10^{-3}T)\text{kJ}/(\text{kg}\cdot\text{K})$。

解： 根据方程式(10.2) 可以得到

$$W_{id} = \Delta U - T_{sur}\Delta S + p_{sur}\Delta V$$

其中 ΔU 可以从下式计算

$$\Delta U = \Delta H - \Delta(pV)$$

$$\Delta(pV) = nR(T_2 - T_1)$$

假定该状态下氮气符合理想气体状态方程，则

$$\Delta H = \int C_p \mathrm{d}T = \int_{813}^{373}(27.89 + 4.271\times10^{-3}T)\mathrm{d}T = -13386\text{kJ/kmol}$$

$$\Delta(pV) = nR(T_2 - T_1) = 1\times8.314\times(373-813) = -3658.16\text{kJ/kmol}$$

$$\Delta S = \int\frac{C_p\mathrm{d}T}{T} - R\ln\frac{p_2}{p_1} = \int_{813}^{373}(27.89 + 4.271\times10^{-3}T)\mathrm{d}T + 8.314\ln4$$
$$= -21.730 - 1.879 + 11.526 = -12.083\text{kJ/(kmol}\cdot\text{K)}$$

$$p_{sur}\Delta V = p_{sur}nR\left(\frac{T_2}{p_2} - \frac{T_1}{p_1}\right) = 1.013\times1\times8.314\times\left(\frac{373}{10.13} - \frac{813}{40.52}\right)$$
$$= 141.13\text{kJ/kmol}$$

可以得到

$$W_{id} = -13386 - (-3658.16) - 293\times(-12.083) + 141.13$$
$$= -6046.39\text{kJ/kmol}$$

根据计算，稳态过程氮气的理想功为

$$W_{id} = \Delta U - T_{sur}\Delta S = -13386 - 293\times(-12.083) = -9845.7\text{kJ/mol}$$

10.2 损耗功

既然有了理想功的概念，来分析理想过程所发生的功，那么为了和实际过程进行对比分

析，就可以引入所谓损耗功的概念。因为实际过程一般是不可逆过程，而实际过程发生的功，与理想功的差别，就可定义为损耗功

$$W_L = W_s - W_{id} \tag{10.5}$$

那么，将理想功的公式以及过程实际功的公式，分别代入式(10.5)，并同样忽略系统位能和动能项，即可得到

$$W_L = T_{sur}\Delta S_{sys} - Q \tag{10.6}$$

脚标 sys 表示系统。Q 是与封闭系统与外界环境交换的热。环境可以视为是一个温度为 T_{sur} 且拥有无限热量的恒温热源。环境熵变可以用以下计算方法计算

$$\Delta S_{sur} = \frac{Q_{sur}}{T_{sur}} = \frac{-Q}{T_{sur}}$$

替换方程式中的 Q，可得到

$$W_L = T_{sur}\Delta S_{sys} + T_{sur}\Delta S_{sur} = T_{sur}\Delta S_{all} \tag{10.7}$$

式中，ΔS_{all} 表示系统和环境的总熵变，也即过程的熵产。

【例 10.2】 一个汽轮机以 1600kPa、755K 的过热蒸汽为动力蒸汽，排气压力为 70kPa，实际在不可逆非绝热的条件下操作，环境温度 21.1℃，并且等熵效率为 80%，少量的热损失为散热损失，损失的热量为 6978J/kg，求汽轮机的损耗功？

解：查过热蒸汽表，得到流股的热力学数据

$$H_1 = 3432.76\text{kJ/kg};\ S_1 = 7.4887\text{kJ/(kg}\cdot℃)$$

从第 8 章的关于膨胀过程的【例 8.7】，可以有相同的方法，首先计算绝热可逆膨胀过程，出口的状态，得到出口时，焓为：2664.87kJ/kg，因此绝热可逆过程膨胀的功为

$$3432.76 - 2664.87 = 767.89\text{kJ/kg}$$

如果没有散热损失，实际透平输出的轴功率为

$$W_s = 0.8 \times 767.89 = 614.312\text{kJ/kg}$$

那么，包括散热，实际汽轮机工作过程，出口的焓值可据下式计算

$$H_2 = H_1 + Q - W_s$$

得到实际出口的焓值为

$$H_2 = 2811.47\text{kJ/kg}$$

实际流股的最终状态为

$$p_2 = 70\text{kPa};\ H_2 = 2811.47\text{kJ/kg}$$

同样类似于第 8 章【例 8.7】，可以得到 $S_2 = 7.8591\text{kJ/(kg}\cdot℃)$。

因此整个过程由于散热以及不可逆性损失的功

$$W_L = T_{sur}\Delta S - Q = 294.25 \times (7.8591 - 7.4887) + 6.978 = 115.96\text{kJ/kg}$$

但是注意，这种“损失”的功，与损耗功还有区别，计算损耗功如下

$$\begin{aligned} W_{id} &= \Delta H - T_{sur}\Delta S \\ &= (2811.47 - 3432.76) - 294.25 \times (7.8591 - 7.4887) = -730.28\text{kJ/kg} \end{aligned}$$

因此

$$W_L = |W_{id}| - W_s = 730.28 - 614.312 = 115.968\text{kJ/kg}$$

由此可以看出，损耗功不是指过程“损失”的功。分析过程“损失”的功，指的是相对于过程始末状态分析的不可逆损失以及热损失等，而损耗功是针对工质状态，相对于环境温度所能做最大功的损失。

10.3 典型过程的分析

10.3.1 管内流动过程

对于管内的流动过程，由于流体和管壁之间的摩擦，以及流体之间的摩擦和碰撞，可能损失一些流动能量，“损失”的机械能转换为热量，而由于热力学第二定律，热转换为功具有一定限度，因而导致不可逆的功损失和熵的增加。对于纯粹的流动问题，没有热和功交换，并且管子是均匀的，流速也没有改变（或者其改变相对于焓值的变化可以忽略），那么可以得到 $\Delta H=0$。

根据基本热力学方程

$$dH=TdS+Vdp$$

可改写为

$$dS=-\frac{V}{T}dp$$

或

$$\Delta S=\int_{p_1}^{p_2}\left(-\frac{V}{T}\right)dp$$

式中，ΔS 是流体进出口的熵变。对于没有热和功与环境交换条件下的稳定流股，根据熵平衡方程，过程的熵产 S_g 即流股的熵变。所以损失的功为

$$W_L=T_{sur}S_g=T_{sur}\Delta S=T_{sur}\int_{p_1}^{p_2}-\left(-\frac{V}{T}\right)dp \tag{10.8}$$

式中，V 和 T 分别是流股摩尔体积和温度。通常，纯粹的管内液体和气体的流动过程，V 和 T 是不会改变的，因此可以用以下方程表示出来

$$W_L=\frac{T_{sur}}{T}V(p_1-p_2) \tag{10.9}$$

现在，可以从这个方程分析得到：如果想减少流动过程的损失功，应该尽可能地降低流动过程的压降。另外，由于压降（p_1-p_2）也与 u 成一定比例，损失的功与 u 有一定的关系。另外，W_L 与 T_{sur}/T 直接相关。也就是说，流股的温度越低，那么 W_L 越高。所以，当处理深度冷却问题时，应该考虑控制流股的阻力，而当考虑高温流股输送过程时，则可以采用较高的流速和压降，并且这样选用直径更小的管子也有利于减少额外热损失。

10.3.2 换热过程

对于简单的冷却器模型，可以忽略向环境散失的热损失。那么冷却器中发生的过程相当于将热从高温转为低温。并且根据热力学第一定律，从高温处失去的热量 Q_H 与低温处得到热量 Q_L 在数值上相等。总量守恒，但是如果热用来做功，那么二者所能做的功则不一样。卡诺循环效率表明了相对于环境温度下的低温热源，热所能做的最大功分别为

$$Q_H\left(1-\frac{T_{sur}}{T_H}\right)$$

$$Q_L\left(1-\frac{T_{sur}}{T_L}\right)$$

卡诺循环过程，即热转换为功的理想过程，符合理想过程的特性。所以，冷却器中，高温流体将热传给低温流体，其中理想功损失（损耗功）值为

$$W_L=Q_H\left(1-\frac{T_{sur}}{T_H}\right)-Q_L\left(1-\frac{T_{sur}}{T_L}\right)=\frac{T_{sur}}{T_HT_L}(T_H-T_L)Q \tag{10.10}$$

当换热过程为变温过程，流体温度不断变化时，T_H 和 T_L 可以修正为平均热温度 T_{Hm} 和 T_{Lm}。所以

$$W_L=\frac{T_{sur}}{T_{Hm}T_{Lm}}(T_{Hm}-T_{Lm})Q$$

其中

$$T_m=\frac{T_2-T_1}{\ln T_2/T_1}$$

从方程式(10.10) 可知，即使对于“理想”的热交换器，没有向环境的热损失，在流动过程中也没有功损失，但仍然有损耗功的发生。对于同样的换热量 Q 和环境温度 T_0，W_L 取决于（T_H-T_L）。应尽量避免过大的换热温差

另一方面，根据传热系数方程

$$Q=KA(T_H-T_L)$$

在相同的 Q 和传热系数 K 下，减少温差则会增加换热面积，从而增加了换热器的制造成本。所以需要考虑平衡设备成本和能耗成本。

方程式(10.10) 同样也表示出了，W_L 反比于高温、低温温度的乘积，高低温乘积反映了换热温位。这表示着，较低温位的换热过程有更高的 W_L。例如，60K 下的换热过程将比 600K 下的换热过程多形成 100 倍的 W_L。因此，尤其对于深冷系统，更要考虑减少能耗，因此深冷系统的换热温差常常都限定在 1～2℃。总而言之，为了最优化换热网络，应尽量减少温差，尽量避免低温换热过程。

10.3.3 逆流换热和顺流换热

典型的两种稳流换热器操作类型为：顺流和逆流。假设其功能是给一定热流体进行冷却。下面用一个例子来分析顺流和逆流在热力学上的区别。

【例 10.3】 有一个理想气体冷却器，需要将高温流体从 400K 冷却至 350K，环境温度为 $T_{sur}=300$K。冷流体入口温度 300K，冷却器的设计需要保证两流体最小温差 10K。理想气体 $C_p=(7/2)R$。分析逆流操作和顺流操作的区别。

解：根据工艺要求，流股的工艺控制为：

项　目	顺流	逆流
热流体入口温度(T_{H1})/K	400	400
热流体出口温度(T_{H2})/K	350	350
冷流体入口温度(T_{L1})/K	300	300
冷流体出口温度(T_{L2})/K	340	390

对于理想换热过程，忽略动能、位能，且 $W_s=0$，并且高温放热与低温吸热互为相反数，则根据能量方程

$$\dot{n}_H(\Delta H)_H+\dot{n}_C(\Delta H)_C=0$$

对理想气体
$$dH^{ig}=C_p^{ig}dT$$

所以
$$H_2^{ig}-H_1^{ig}=\int_{T_1}^{T_2}C_p^{ig}dT$$

因此
$$\dot{n}_HC_p(T_{H_2}-T_{H_1})+\dot{n}_CC_p(T_{C_2}-T_{C_1})=0 \tag{a}$$

此外，根据熵平衡方程，将整个换热器视为系统，换热器没有对外散热，则符合绝热，稳流过程，熵产为流股熵变。则两股物流总熵产即两股物流熵变之和

$$\Delta(S\dot{n})_{fs}=\dot{n}_H(\Delta S)_H+\dot{n}_C(\Delta S)_C$$

各流股的熵产，即其熵变可以通过各自的状态进行计算

$$S_2^{ig}-S_1^{ig}=\int_{T_1}^{T_2}C_p^{ig}\mathrm{d}\ln T-\int_{p_1}^{p_2}R\,\mathrm{d}\ln p$$

鉴于本例中的流动过程，流动压降影响可以忽略，那么熵变可以简化为

$$\Delta(S\dot{n})_{fs}=\dot{n}_H C_p\left(\ln\frac{T_{H_2}}{T_{H_1}}+\frac{\dot{n}_C}{\dot{n}_H}\ln\frac{T_{C_2}}{T_{C_1}}\right) \tag{b}$$

它可以用来计算各流股的损耗功，即

$$W^{lost}=T_{sur}\Delta(S\dot{n})_{fs} \tag{c}$$

有了以上分析得到的式 (a)～式(c)，对于顺流的情况，分别计算得到

$$\frac{\dot{n}_C}{\dot{n}_H}=\frac{400-350}{340-300}=1.25$$

$$\Delta(S\dot{n})_{fs}=1\times(7/2)\times8.314\times\left(\ln\frac{350}{400}+1.25\ln\frac{340}{300}\right)$$

$$=0.667\mathrm{J/(K\cdot s)}$$

$$W^{lost}=300\times0.667=200.1\mathrm{J/s}$$

同理，对于逆流的情况

$$\frac{\dot{n}_C}{\dot{n}_H}=\frac{400-350}{390-300}=0.5556$$

$$\Delta(S\dot{n})_{fs}=1\times(7/2)\times8.314\times\left(\ln\frac{350}{400}+0.5556\ln\frac{390}{300}\right)$$

$$=0.356\mathrm{J/(K\cdot s)}$$

$$W^{lost}=300\times0.356=106.8\mathrm{J/s}$$

计算分析结果表明了，要对同样的流股进行冷却，并使之达到同样的工艺要求，逆流冷却所需的冷流股流量约为顺流时的一半，且总的损耗功也约为顺流时的一半。这就是为何换热器常常选用逆流操作的原因。

10.4　能量最优原则

一个化工系统的能量优化是一个复杂的问题，却也是极其重要的一个问题。这里，通过一些例子来分析系统能量利用和损耗。在论述例子之前，可以先把这几个问题提出来：能量优化，就是尽可能地使用能量吗？能量最可能在哪些环节耗散？可以在哪些环节尝试节约能源？

例如讨论一下第 9 章中分析过的一个蒸汽动力循环过程，如果该动力循环利用废热锅炉进行操作，那么前面的分析已经知道，能量优化的方向在于，尽量去减少废热和工质间的传热温差。而有的时候，各工艺控制温度是确定的，此时可能需要通过改善某些重要耗能环节的热效率，来实现节能。下面举例说明。

【例 10.4】 某合成氨工艺的反应产物（转化气）主要是 NH_3，温度为 1000℃，5160m^3/t NH_3（标准状态）的流量，工艺上需要将其冷却。那么可以根据这个要求，设计蒸汽动力循环装置，以回收这部分热能。设计的废热锅炉以转化气为热源，转化气换热

后温度降为 380℃；而锅炉的工作压力 4MPa，过热蒸汽温度 430℃（这说明换热过程为逆流操作，锅炉回水的温度低于 380℃，这里设计为 50℃）；透平排气压力 0.0124MPa，干度为 0.9853。另外，冷凝器的循环冷却水进口温度 30℃，出口温度 50℃。不考虑加热过程或冷凝过程中的压降（即等压操作）。忽略各设备的热损失，分析系统的热效率与热的利用率。[为简化计算，NH_3 平均比热容采用 $C_{pmh}=C_{pms}=36\text{kJ}/(\text{kmol}\cdot\text{K})$]

解：各工艺控制点的温度、压力或干度已知，则可以通过查 NH_3 或水的热力学数据表，以及根据过程的熵变、焓变查到，或计算得到各工艺状态点的热力学函数值，具体方法类似于【例 10.1】。通过分析，可以得到高温转化气余热的回收量、余热的热效率、余热转化为功的量以及排放到循环冷却水中的量。

以每吨产品计，通过分析，容易得到余热回收总量为：5141.6kJ，热效率为 0.2363，那么余热转换为输出功为 1215.2kJ，排放到环境为 3926.2kJ。

值得思考的是，通过计算得到，转化气的废热有约 70%排放到环境中了，占回收过程的大部分能量。这可能会误导人们把更多的精力放在如何提高冷凝器的效率，以减少低温热的排放，实现节能上。但问题是，蒸汽动力装置的热效率低下，主要是由于系统其他部分的不可逆性导致的，正如前面分析的朗肯热机改进方案所指出的，更应侧重于减少锅炉传热的不可逆性，以及透平过程的合理设计。

从这里看出，单从能量平衡，即能量总额来分析系统用能优化，有时可能不容易发现系统主要的“有效能源”的损失。这时候，热力学研究可以引入诸如“㶲”，“炁”的概念来分析，以及熵分析法等。请查阅相关的参考书。

通过分析理想功和损耗功也是有益的，例如分析转化气的理想功

$$\dot{W}^{ig}_{NH_3}=\Delta\dot{H}_{NH_3}-T_{sur}\Delta\dot{S}_{NH_3}$$

式中，T_{sur}是环境温度，取冷却水的温度 30℃，忽略压降，容易得到其中熵变为

$$\Delta\dot{S}_{NH_3}=\dot{m}C_{pms}\ln\frac{T_6}{T_5}$$

因此按每吨氨产品计

$$\dot{W}^{ig}_{NH_3}=\Delta\dot{H}_{NH_3}-T_{sur}\Delta\dot{S}_{NH_3}=-5.1416\times10^6-303\times\left(\frac{5160}{22.4}\right)\times36\times\ln\frac{653}{1273}$$
$$=-3.464\times10^6\,\text{kJ}$$

同样，装置其他过程的理想功也可以进行计算。

并且，损耗功也可以分别计算得到

$$\dot{W}^{lost}=T_{sur}\dot{S}_G=T_{sur}\left[\sum_i(\dot{m}_iS_i)_{out}-\sum_i(\dot{m}_iS_i)_{in}\right]$$

以及，各过程或设备的热力学效率可以通过下式计算

$$\eta_s=1-\frac{\dot{W}^{lost}}{\dot{W}^{ig}}$$

这些计算结果如下所示：

设备(过程)	$W_{lost}/10^6\text{kJ}$	热力学效率	设备损耗占总损失的百分比/%
锅炉	1.4470	0.582	64.3
透平	0.5567	0.686	24.8
冷凝器	0.2452	0.000	10.9
系统	2.2490		100.0

从分析结果得知锅炉的损耗功所占百分比是最大的，而冷凝器却是最小的。因为冷凝器损耗功的比率小，基本可以不考虑其优化问题，甚至即便冷凝器的热力学效率是零。提高能效，应该着力于提高锅炉的热力学效率，减少损耗功比例，这与对朗肯循环的热力学分析得到的结果相一致。

小结

本章引入理想功和损耗功等概念，对化工过程的热力学效率进行分析，阐述了化工过程设计的基本原则和指导思想。读者在学完本章后，应能对流体流动、传热、混合、化学反应、化学分离等典型化工过程进行理想功与损耗功的计算与分析，确定某些过程损耗功的重要影响因素，探求降低过程损耗功的有效方法。对于一个复杂的化学过程，通过系统的损耗功分析，确定化工节能的瓶颈部位与装置，设计节能改造方案。读者通过本章学习，应澄清化工节能不仅仅是杜绝或减少物料与热量的跑冒滴漏问题，更重要的是确定合理的工艺流程与工艺条件，以实现过程的最小损耗功（或合理损耗功）设计。

思考题

10.1　透平产功过程，不可逆性导致的功损失，是否就是损耗功，为什么？

10.2　化工系统能量优化问题，是否首先应着重考虑发生能量传递最大的过程，并努力提高其效率？

10.3　蒸汽经绝热可逆膨胀过程，其产功是否即理想功？为什么？

习题

10.1　环境温度为 300K，等摩尔混合的甲烷和乙烷呈稳态流动，温度、压力分别为 175℃、3bar，如果将该股混合气体分为 1bar、35℃的两股纯气体，需要多少理想功？

10.2　对于一个蒸汽动力设备，一股 1680kg/h 的蒸汽，在 430℃、3.727MPa 的条件下流入透平，并且在绝热的条件下膨胀产生功。如果排出蒸汽是（1）0.1049MPa 的饱和蒸汽或者（2）60℃、0.0147MPa 的蒸汽。分别计算两过程的理想功和热力学效率。大气环境温度是 25℃。

10.3　一根管子从工厂引出 90℃的热水到一个特定位置去应用，并且在这个过程中，由于管子的保温效果不好，水的温度降低到 45℃。请计算过程的热损失 Q_L 以及功损失 W_L。环境大气温度为 25℃。

10.4　一个稳流绝热透平机进入 500K、6bar 的气体，排放出 371K、2bar 的气体。假定为理想气体，并且 $C_p/R=7/2$，取 $T_{sur}=300$K。计算 W_S、W_{id}、W_L（每 1mol）。

10.5　压力一定条件下，一种气体的比热容为

$$C_p=(26.377+7.612\times10^{-3}T-1.453\times10^{-6}T^2)\text{kJ/(kg·K)}$$

T 和 C_p 的单位分别为 K 和 kJ/(kmol·K)，气体在恒压条件下从 1100℃降温至 38℃。周围的环境温度为 16℃。请计算过程的损失功。

10.6　过热蒸汽在 1.57MPa、484℃的条件下流入透平膨胀做功。排出的气体离开透平的压力是 0.0687MPa，透平在非绝热不可逆的条件下做的功是绝热可逆时做的功的 85%。另外，由于绝热效果很差，每 1kg 蒸汽有 7.12kJ 的能量损失到环境中。估算理想功 W_{id} 和损耗功 W_L 并且计算这个过程的热力学效率。

10.7　一股 150kg/h 流量的高温流体流入换热器，进入时温度为 150℃，离开时温度为 35℃。低温流体进入换热器时的温度为 25℃，离开时为 110℃。该温度范围内恒压下高温流

体平均热容为4.35kJ/(kg·K)，低温流体的平均热容为4.69kJ/(kg·K)，可视为$C_{pmh}=C_{pms}$。热损失忽略不计。试计算换热器的损失功W_L和热力学效率η_S，环境温度为25℃。

10.8 化工厂有80℃、0.1MPa的热水，用来进行设备保温。这样的热水是用175℃、0.2MPa的蒸汽和20℃、0.1MPa的水混合而成的。在混合过程中的热损失忽略不计，环境温度为20℃，计算：

(1) 生产1t热水所需要的冷水和蒸汽的量。

(2) 计算每生产1t热水的损耗功W_L。

(3) 如果用95℃、0.1MPa的热水来代替蒸汽，重新计算生产1t热水的损耗功。

(4) 比较(2)和(3)的损耗功哪个小？为什么？

相关数据

项目	热水(80℃)	热水(95℃)	冷水(20℃)	蒸汽(175℃,0.2MPa)
$H/(kJ/kg)$	334.91	397.96	83.96	2819.7
$S/kJ/(kg\cdot K)$	1.0753	1.2500	0.2966	7.3931

10.9 10kmol/h的空气通过节流阀，从25℃、10bar变为1.2bar，假定气体为理想气体，$C_p=(7/2)R$，环境温度为20℃，那么过程中损失的功为多少？

10.10 对于习题8.6来说，如果环境温度为298K，则理想功和损失功为多少？

10.11 空气在0.1MPa、298K的条件下以9.85kg/s的流速流入压缩机，流出压缩机的状态为0.7MPa、428K。压缩机以9.85kg/s的冷水冷却，并且冷水温度上升了35K。水和空气的比热容分别为4.18kJ/(kg·K)、30kJ/(kmol·K)。空气可以视为理想气体，环境温度为298℃。计算压缩机的轴功率和压缩过程的理想功。

附　　录

附录 A　单位换算系数与通用气体常数

表 A.1　单位换算系数

量	换算	量	换算
长度	1m =100cm =3.28084ft=39.3701in	密度	$1gcm^{-3}=10^3kg\cdot m^{-3}$ $=62.4278lb_m\cdot ft^{-3}$
质量	$1kg=10^3g$ $=2.20462lb_m$	能量	$1J=1kg\cdot m^2\cdot s^{-2}=1N\cdot m$ $=1m^3\cdot Pa=10^{-5}m^3\cdot bar=10cm^3\cdot bar$ $=9.86923cm^3\cdot atm$ $=10^7dyne\cdot cm=10^7erg$ =0.239006cal $=5.12197\times10^{-3}ft^3\cdot psia$ $=0.737562ft\cdot lb_f$ $=9.47831\times10^{-4}Btu$ $=2.77778\times10^{-7}kW\cdot h$
力	$1N=1kg\cdot m\cdot s^{-2}$ $=10^5dyne$ $=0.224809lb_f$		
压强	$1bar=10^5kg\cdot m^{-1}\cdot s^{-2}=10^5N\cdot m^{-2}$ $=10^5\cdot Pa=10^2kPa$ $=10^6dyne\cdot cm^{-2}$ =0.986923atm =14.5038psia =750.061Torr	功率	$1kW=10^3W=10^3kg\cdot m^2\cdot s^{-3}=10^3J\cdot s^{-1}$ $=239.006cal\cdot s^{-1}$ $=737.562ft\cdot lb_f\cdot s^{-1}$ $=0.947831Btu\cdot s^{-1}$ =1.34102hp
体积	$1m^3=10^6cm^3=10^3L$ $=35.3147ft^3$ =264.172gal		

表 A.2　通用气体常数

$R=8.314J\cdot mol^{-1}\cdot K^{-1}=8.315m^3\cdot Pa\cdot mol^{-1}\cdot K^{-1}=83.14cm^3\cdot bar\cdot mol^{-1}\cdot K^{-1}$
$=8314cm^3\cdot kPa\cdot mol^{-1}\cdot K^{-1}=82.06cm^3\cdot atm\cdot mol^{-1}\cdot K^{-1}=62356cm^3\cdot Torr\cdot mol^{-1}\cdot K^{-1}$
$=1.987cal\cdot mol^{-1}\cdot K^{-1}=1.986Btu\cdot lb\ mol^{-1}\cdot R^{-1}=0.7302ft^3\cdot atm\cdot lb\ mol^{-1}\cdot R^{-1}$
$=10.73ft^3\cdot psia\cdot lb\ mol^{-1}\cdot R^{-1}=1545ft\cdot lb_f\cdot lb\ mol^{-1}\cdot R^{-1}$

附录 B　纯物质的性质

表 B.1　纯物质的特性参数

物质	相对分子质量	ω	T_c/K	p_c/bar	Z_c	$V_c/cm^3\cdot mol^{-1}$	T_n/K
甲烷	16.043	0.012	190.6	45.99	0.286	98.6	111.4
乙烷	30.070	0.100	305.3	48.72	0.279	145.5	184.6
丙烷	44.097	0.152	369.8	42.48	0.276	200.0	231.1
正丁烷	58.123	0.200	425.1	37.96	0.274	255.0	272.7
正戊烷	72.150	0.252	469.7	33.70	0.270	313.0	309.2
正己烷	86.177	0.301	507.6	30.25	0.266	371.0	341.9
正庚烷	100.204	0.350	540.2	27.40	0.261	428.0	371.6
正辛烷	114.231	0.400	568.7	24.90	0.256	486.0	398.8
正壬烷	128.258	0.444	594.6	22.90	0.252	544.0	424.0
正癸烷	142.285	0.492	617.7	21.10	0.247	600.0	447.3
异丁烷	58.123	0.181	408.1	36.48	0.282	262.7	261.4
异辛烷	114.231	0.302	544.0	25.68	0.266	468.0	372.4

续表

物质	相对分子质量	ω	T_c/K	p_c/bar	Z_c	V_c/$cm^3 \cdot mol^{-1}$	T_n/K
环戊烷	70.134	0.196	511.8	45.02	0.273	258.0	322.4
环己烷	84.161	0.210	553.6	40.73	0.273	308.0	363.9
甲基环戊烷	84.161	0.230	632.8	37.85	0.272	319.0	345.0
甲基环己烷	98.188	0.235	572.2	34.71	0.269	368.0	374.1
乙烯	28.054	0.087	282.3	50.40	0.281	131.0	169.4
丙烯	42.081	0.140	365.6	46.65	0.289	188.4	225.5
1-丁烯	56.108	0.191	420.0	40.43	0.277	239.3	266.9
顺-2-丁烯	56.108	0.205	435.6	42.43	0.283	233.8	276.9
逆-2-丁烯	56.108	0.218	428.6	41.00	0.285	237.7	274.0
1-己烯	84.161	0.280	504.0	31.40	0.265	354.0	336.3
异丁烯	56.108	0.194	417.9	41.00	0.285	238.9	266.3
1,3-丁二烯	54.092	0.190	425.2	42.77	0.267	220.4	268.7
环己烯	82.145	0.212	560.4	43.50	0.272	291.0	356.1
乙炔	26.038	0.187	308.3	61.39	0.271	113.0	189.4
苯	78.114	0.210	562.2	48.98	0.271	259.0	353.2
甲苯	92.141	0.262	591.8	41.06	0.264	316.0	383.8
乙苯	106.167	0.303	617.2	36.06	0.263	374.0	409.4
异丙基苯	120.194	0.326	631.1	32.09	0.261	427.0	425.6
邻二甲苯	106.167	0.310	630.3	37.34	0.263	369.0	417.6
间二甲苯	106.167	0.326	617.1	35.36	0.259	376.0	412.3
对二甲苯	106.167	0.322	616.2	35.11	0.260	379.0	411.5
苯乙烯	104.152	0.297	636.0	38.40	0.256	352.0	418.3
萘	128.174	0.302	748.4	40.51	0.269	413.0	491.2
联苯	154.211	0.365	789.3	38.50	0.295	502.0	528.2
甲醛	30.026	0.282	408.0	65.90	0.223	115.0	254.1
乙醛	44.053	0.291	466.0	55.50	0.221	154.0	294.0
乙酸甲酯	74.079	0.331	506.6	47.50	0.257	228.0	330.1
乙酸乙酯	88.106	0.366	523.3	38.80	0.255	286.0	350.2
丙酮	58.080	0.307	508.2	47.01	0.233	209.0	329.4
甲基乙基酮	72.107	0.323	535.5	41.50	0.249	267.0	352.8
二乙醚	74.123	0.281	466.7	36.40	0.263	280.0	307.6
甲基叔丁基醚	88.150	0.266	497.1	34.30	0.273	329.0	328.4
甲醇	32.042	0.564	512.6	80.97	0.224	118.0	337.9
乙醇	46.069	0.645	513.9	61.48	0.240	167.0	351.4
1-丙醇	60.096	0.622	536.8	51.75	0.254	219.0	370.4
1-丁醇	74.123	0.594	563.1	44.23	0.260	275.0	390.8
1-乙醇	102.177	0.579	611.4	35.10	0.263	381.0	430.6
2-丙醇	60.096	0.668	508.3	47.62	0.248	220.0	355.4
苯酚	94.113	0.444	694.3	61.30	0.243	229.0	455.0
乙二醇	62.068	0.487	719.7	77.00	0.246	191.0	470.5
乙酸	60.053	0.467	592.0	57.86	0.211	179.7	391.1
正丁酸	88.106	0.681	615.7	40.64	0.232	291.7	436.4
苯甲酸	122.123	0.603	751.0	44.70	0.246	344.0	522.4
乙腈	41.053	0.338	545.5	48.30	0.184	173.0	354.8
甲胺	31.057	0.281	430.1	74.60	0.321	154.0	266.8
乙胺	45.084	0.285	456.2	56.20	0.307	207.0	289.7
硝基甲烷	61.040	0.348	588.2	63.10	0.223	173.0	374.4
四氯化碳	153.822	0.193	556.4	45.60	0.272	276.0	349.8
氯仿	119.377	0.222	536.4	54.72	0.293	239.0	334.3
二氯甲烷	84.932	0.199	510.0	60.80	0.265	185.0	312.9
氯甲烷	50.488	0.153	416.3	66.80	0.276	143.0	249.1
氯乙烷	64.514	0.190	460.4	52.70	0.275	200.0	285.4

续表

物质	相对分子质量	ω	T_c/K	p_c/bar	Z_c	V_c/cm³·mol⁻¹	T_n/K
氯苯	112.558	0.250	632.4	45.20	0.265	308.0	404.9
四氯乙烯	102.030	0.327	374.2	40.60	0.258	198.0	247.1
氩	39.948	0.000	150.9	48.98	0.291	74.6	87.3
氪	83.800	0.000	209.4	55.02	0.288	91.2	119.8
氙	131.30	0.000	289.7	58.40	0.286	118.0	165.0
氦(4)	4.003	−0.390	5.2	2.28	0.302	57.3	4.2
氢	2.016	−0.216	33.19	13.13	0.305	64.1	20.4
氧	31.999	0.022	154.6	50.43	0.288	73.4	90.2
氮	28.014	0.038	126.2	34.00	0.289	89.2	77.3
空气①	28.851	0.035	132.2	37.45	0.289	84.8	—
氯	70.905	0.069	417.2	77.10	0.265	124.0	239.1
一氧化碳	28.010	0.048	132.9	34.99	0.299	93.4	81.7
二氧化碳	44.010	0.224	304.2	73.83	0.274	94.0	—
二硫化碳	76.143	0.111	552.0	79.00	0.275	160.0	319.4
硫化氢	34.082	0.094	373.5	89.63	0.284	98.5	212.8
二氧化硫	64.065	0.245	430.8	78.84	0.269	122.0	263.1
三氧化硫	80.064	0.424	490.9	82.10	0.255	127.0	317.9
一氧化氮	30.006	0.583	180.2	64.80	0.251	58.0	121.4
一氧化二氮	44.013	0.141	309.6	72.45	0.274	97.4	184.7
氯化氢	36.461	0.132	324.7	83.10	0.249	81.0	188.2
氰化氢	27.026	0.410	456.7	53.90	0.197	139.0	298.9
水	18.015	0.345	647.1	220.55	0.229	55.9	373.2
氨水	17.031	0.253	405.7	112.80	0.242	72.5	239.7
硝酸	63.013	0.714	520.0	68.90	0.231	145.0	356.2
硫酸	98.080	—	924.0	64.00	0.147	177.0	610.0

① $y_{N_2}=0.79$ 和 $y_{O_2}=0.21$ 时的虚拟参数。

表 B.2 纯物质蒸气压的 Antoine 方程参数

$$\ln p^{sat}/\mathrm{kPa}=A-\frac{B}{t/℃+C}$$

正常沸点下的蒸发潜热（ΔH_n）和正常沸点（t_n）

名称	化学式	Antoine 方程参数			温度范围 /℃	ΔH_n /(kJ/mol)	t_n /℃
		A②	B	C			
丙酮	C_3H_6O	14.3145	2756.22	228.060	−26～77	29.10	56.2
乙酸	$C_2H_4O_2$	15.0717	3580.80	224.650	24～142	23.70	117.9
乙腈①	C_2H_3N	14.8950	3413.10	250.523	−27～81	30.19	81.6
苯	C_6H_6	13.7819	2726.81	217.572	6～104	30.72	80.0
异丁烷	C_4H_{10}	13.8254	2181.79	248.870	−83～7	21.30	−11.9
正丁烷	C_4H_{10}	13.6608	2154.70	238.789	−73～19	22.44	−0.5
1-丙醇	$C_4H_{10}O$	15.3144	3212.43	182.739	37～138	43.29	117.6
2-丙醇①	$C_4H_{10}O$	15.1989	3026.03	186.500	25～120	40.75	99.5
异丙醇	$C_4H_{10}O$	14.6047	2740.95	166.670	30～128	41.82	107.8
叔丙醇	$C_4H_{10}O$	14.8445	2658.29	177.650	10～101	39.07	82.3
四氯化碳	CCl_4	14.0572	2914.23	232.148	−14～101	29.82	76.6
氯苯	C_6H_5Cl	13.8635	3174.78	211.700	29～159	35.19	131.7
1-氯丁烷	C_4H_9Cl	13.7965	2723.73	218.265	−17～79	30.39	78.5
氯仿	$CHCl_3$	13.7324	2548.74	218.552	−23～84	29.24	61.1
环己烷	C_6H_{12}	13.6568	2723.44	220.618	9～105	29.97	80.7

续表

名称	化学式	Antoine方程参数			温度范围/℃	ΔH_n/(kJ/mol)	t_n/℃
		A[②]	B	C			
环戊烷	C_5H_{10}	13.9727	2653.90	234.510	−35～71	27.30	49.2
正癸烷	$C_{10}H_{22}$	13.9748	3442.76	193.858	65～203	38.75	174.1
二氯甲烷	CH_2Cl_2	13.9891	2463.93	223.240	−38～60	28.06	39.7
二乙基醚	$C_4H_{10}O$	14.0735	2511.29	231.200	−43～55	26.52	34.4
1,4-二氧环乙烷	$C_4H_8O_2$	15.0967	3579.78	240.337	20～105	34.16	101.3
正二十烷	$C_{20}H_{42}$	14.4575	4680.46	132.100	208～379	57.49	343.6
乙醇	C_2H_6O	16.8958	3795.17	230.918	3～96	38.56	78.2
乙苯	C_8H_{10}	13.9726	3259.93	212.300	33～163	35.57	136.2
乙二醇[①]	$C_2H_6O_2$	15.7567	4187.46	178.650	100～222	50.73	197.3
正庚烷	C_7H_{16}	13.8622	2910.26	216.432	4～123	31.77	98.4
正己烷	C_6H_{14}	13.8193	2696.04	224.317	−19～92	28.85	68.7
甲醇	CH_4O	16.5785	3638.27	239.500	−11～83	35.21	64.7
乙酸甲酯	$C_3H_6O_2$	14.2456	2662.78	219.690	−23～78	30.32	56.9
甲基乙基酮	C_4H_8O	14.1334	2838.24	218.690	−8～103	31.30	79.6
硝基甲烷[①]	CH_3NO_2	14.7513	3331.70	227.600	56～146	33.99	101.2
正壬烷	C_9H_{20}	13.9854	3311.19	202.694	46～178	36.91	150.8
异辛烷	C_8H_{18}	13.6703	2896.31	220.767	2～125	30.79	99.2
正辛烷	C_8H_{18}	13.9346	3123.13	209.635	26～152	34.41	125.6
正戊烷	C_5H_{12}	13.7667	2451.88	232.014	−45～58	25.79	36.0
苯酚	C_6H_6O	14.4387	3507.80	175.400	80～208	46.18	181.8
1-丙醇	C_3H_8O	16.1154	3483.67	205.807	20～116	41.44	97.2
2-丙醇	C_3H_8O	16.6796	3640.20	219.610	8～100	39.85	82.2
甲苯	C_7H_8	13.9320	3056.96	217.625	13～136	33.18	110.6
水	H_2O	16.3872	3885.70	230.170	0～200	40.66	100.0
邻二甲苯	C_8H_{10}	14.0415	3358.79	212.041	40～172	36.24	144.4
间二甲苯	C_8H_{10}	14.1387	3381.81	216.120	35～166	35.66	139.1
对二甲苯	C_8H_{10}	14.0579	3331.45	214.627	35～166	35.67	138.3

① Antoine参数来源于Gmehling等的工作。

② Antoine参数经过调整以便得到所列 t_n 值。

注：数据主要摘自于B. E. Poling，J. M. Prausnitz and J. P. O'Connell，*The Properties of Gases and Liquids*，5th ed.，App. A，McGraw-Hill，New York，2001.

附录C 比热容与物质生成性质

表C.1 理想气体状态下气体的比热容

$C_p^{ig}/R=A+BT+CT^2+DT^{-2}$，温度范围 T（K）从298到 T_{max}

物 质		T_{max}	C_{p298}^{ig}/R	A	10^3B	10^6C	$10^{-5}D$
烷烃：							
甲烷	CH_4	1500	4.217	1.702	9.081	−2.164	
乙烷	C_2H_6	1500	6.369	1.131	19.225	−5.561	
丙烷	C_3H_8	1500	9.011	1.213	28.785	−8.824	
正丁烷	C_4H_{10}	1500	11.928	1.935	36.915	−11.402	

续表

物质		T_{max}	C_{p298}^{ig}/R	A	10^3B	10^6C	$10^{-5}D$
异丁烷	C_4H_{10}	1500	11.901	1.677	37.853	−11.945	
正戊烷	C_5H_{12}	1500	14.731	2.464	45.351	−14.111	
正己烷	C_6H_{14}	1500	17.550	3.025	53.722	−16.791	
正庚烷	C_7H_{16}	1500	20.361	3.570	62.127	−19.486	
正辛烷	C_8H_{18}	1500	23.174	4.108	70.567	−22.208	
烯烃：							
乙烯	C_2H_4	1500	5.325	1.424	14.394	−4.392	
丙烯	C_3H_6	1500	7.792	1.637	22.706	−6.915	
1-丁烯	C_4H_8	1500	10.520	1.967	31.630	−9.873	
1-戊烯	C_5H_{10}	1500	13.437	2.691	39.753	−12.447	
1-己烯	C_6H_{12}	1500	16.240	3.220	48.189	−15.157	
1-庚烯	C_7H_{14}	1500	19.053	3.768	56.588	−17.847	
1-辛烯	C_8H_{16}	1500	21.868	4.324	64.960	−20.521	
多种有机物：							
乙醛	C_2H_4O	1000	6.506	1.693	17.978	−6.158	
乙炔	C_2H_2	1500	5.253	6.132	1.952	—	−1.299
苯	C_6H_6	1500	10.259	−0.206	39.064	−13.301	
1,3-丁二烯	C_4H_6	1500	10.720	2.734	26.786	−8.882	
环己烷	C_6H_{12}	1500	13.121	−3.876	63.249	−20.928	
乙醇	C_2H_6O	1500	8.948	3.518	20.001	−6.002	
乙苯	C_8H_{10}	1500	15.993	1.124	55.380	−18.476	
环氧乙烷	C_2H_4O	1000	5.784	−0.385	23.463	−9.296	
甲醛	CH_2O	1500	4.191	2.264	7.022	−1.877	
甲醇	CH_4O	1500	5.547	2.211	12.216	−3.450	
苯乙烯	C_8H_8	1500	15.534	2.050	50.192	−16.662	
甲苯	C_7H_8	1500	12.922	0.290	47.052	−15.716	
多种无机物：							
空气		2000	3.509	3.355	0.575	—	−0.016
氨水	NH_3	1800	4.269	3.578	3.020	—	−0.186
溴	Br_2	3000	4.337	4.493	0.056	—	−0.154
一氧化碳	CO	2500	3.507	3.376	0.557	—	−0.031
二氧化碳	CO_2	2000	4.467	5.457	1.045	—	−1.157
二硫化碳	CS_2	1800	5.532	6.311	0.805	—	−0.906
氯	Cl_2	3000	4.082	4.442	0.089	—	−0.344
氢	H_2	3000	3.468	3.249	0.422	—	0.083
硫化氢	H_2S	2300	4.114	3.931	1.490	—	−0.232
氯化氢	HCl	2000	3.512	3.156	0.623	—	0.151
氰化氢	HCN	2500	4.326	4.736	1.359	—	−0.725
氮	N_2	2000	3.502	3.280	0.593	—	0.040
一氧化二氮	N_2O	2000	4.646	5.328	1.214	—	−0.928
一氧化氮	NO	2000	3.590	3.387	0.629	—	0.014
二氧化氮	NO_2	2000	4.447	4.982	1.195	—	−0.792
四氧化二氮	N_2O_4	2000	9.198	11.660	2.257	—	−2.787
氧	O_2	2000	3.535	3.639	0.506	—	−0.227
二氧化硫	SO_2	2000	4.796	5.699	0.801	—	−1.015
三氧化硫	SO_3	2000	6.094	8.060	1.056	—	−2.028
水	H_2O	2000	4.038	3.470	1.450	—	0.121

表 C.2 固体的比热容

$C_p/R=A+BT+DT^{-2}$，温度范围 T（K）从 298K 到 T_{max}

物质	T_{max}	C_{p298}/R	A	10^3B	$10^{-5}D$
CaO	2000	5.058	6.104	0.443	−1.047
$CaCO_3$	1200	9.848	12.572	2.637	−3.120
$Ca(OH)_2$	700	11.217	9.597	5.435	—
CaC_2	720	7.508	8.254	1.429	−1.042
$CaCl_2$	1055	8.762	8.646	1.530	−0.302
C(石墨)	2000	1.026	1.771	0.771	−0.867
Cu	1357	2.959	2.677	0.815	0.035
CuO	1400	5.087	5.780	0.973	−0.874
Fe(α)	1043	3.005	−0.111	6.111	1.150
Fe_2O_3	960	12.480	11.812	9.697	−1.976
Fe_3O_4	850	18.138	9.594	27.112	0.409
FeS	411	6.573	2.612	13.286	—
I_2	386.8	6.929	6.481	1.502	—
LiCl	800	5.778	5.257	2.476	−0.193
NH_4Cl	458	10.741	5.939	16.105	—
Na	371	3.386	1.988	4.688	—
NaCl	1073	6.111	5.526	1.963	—
NaOH	566	7.177	0.121	16.316	1.948
$NaHCO_3$	400	10.539	5.128	18.848	—
S(正方)	368.3	3.748	4.114	−1.728	−0.783
SiO_2(石英)	847	5.345	4.871	5.365	−1.001

表 C.3 液体的比热容

$C_p/R=A+BT+CT^2$，温度范围 T 为 273.15～373.15K

物质	C_{p298}/R	A	10^3B	10^6C	物质	C_{p298}/R	A	10^3B	10^6C
氨水	9.718	22.626	−100.75	192.71	乙醇	13.444	33.866	−172.60	349.17
苯胺	23.070	15.819	29.03	−15.80	环氧乙烷	10.590	21.039	−86.41	172.28
苯	16.157	−0.747	67.96	−37.78	甲醇	9.798	13.431	−51.28	131.13
1,3-丁二烯	14.779	22.711	−87.96	205.79	正丙醇	16.921	41.653	−210.32	427.20
四氯化碳	15.751	21.155	−48.28	101.14	三氧化硫	30.408	−2.930	137.08	−84.73
氯苯	18.240	11.278	32.86	−31.90	甲苯	18.611	15.133	6.79	16.35
氯仿	13.806	19.215	−43.89	83.01	水	9.069	8.712	1.25	−0.18
环乙烷	18.737	−9.048	141.38	−161.62					

表 C.4 298.15K 下各物质的标准生成焓和标准生成 Gibbs 能

单位：J·mol⁻¹

物质		状态②	$\Delta H^{\ominus}_{f298}$ ①	$\Delta G^{\ominus}_{f298}$ ①
烷烃：				
甲烷	CH_4	(g)	−74520	−50460
乙烷	C_2H_6	(g)	−83820	−31855
丙烷	C_3H_8	(g)	−104680	−24290
正丁烷	C_4H_{10}	(g)	−125790	−16570
正戊烷	C_5H_{12}	(g)	−146760	−8650
正己烷	C_6H_{14}	(g)	−166920	150
正庚烷	C_7H_{16}	(g)	−187780	8260
正辛烷	C_8H_{18}	(g)	−208750	16260

续表

物质		状态[②]	$\Delta H_{f298}^{\ominus}$[①]	$\Delta G_{f298}^{\ominus}$[①]
烯烃：				
乙烯	C_2H_4	(g)	52510	68460
丙烯	C_3H_6	(g)	19710	62205
1-丁烯	C_4H_8	(g)	−540	70340
1-戊烯	C_5H_{10}	(g)	−21280	78410
1-己烯	C_6H_{12}	(g)	−41950	86830
1-庚烯	C_7H_{14}	(g)	−62760	
各种有机物：				
乙醛	C_2H_4O	(g)	−166190	−128860
乙酸	$C_2H_4O_2$	(l)	−484500	−389900
乙炔	C_2H_2	(g)	227480	209970
苯	C_6H_6	(g)	82930	129665
苯	C_6H_6	(l)	49930	124520
1,3-丁二烯	C_4H_6	(g)	109240	149795
环己烷	C_6H_{12}	(g)	−123140	31920
环己烷	C_6H_{12}	(l)	−156230	26850
1,2-乙二醇	$C_2H_6O_2$	(l)	−454800	−323080
乙醇	C_2H_6O	(g)	−235100	−168490
乙醇	C_2H_6O	(l)	−277690	−174780
乙苯	C_8H_{10}	(g)	29920	130890
环氧乙烷	C_2H_4O	(g)	−52630	−13010
甲醛	CH_2O	(g)	−108570	−102530
甲醇	CH_4O	(g)	−200660	−161960
甲醇	CH_4O	(l)	−238660	−166270
甲基环己烷	C_7H_{14}	(g)	−154770	27480
甲基环己烷	C_7H_{14}	(l)	−190160	20560
苯乙烯	C_8H_8	(g)	147360	213900
甲苯	C_7H_8	(g)	50170	122050
甲苯	C_7H_8	(l)	12180	113630
各种无机物：				
氨	NH_3	(g)		
氨	NH_3	(aq)		−26500
碳化钙	CaC_3	(s)	−59800	−64900
碳酸钙	$CaCO_3$	(s)	−1206920	−1128790
氯化钙	$CaCl_2$	(s)	−795800	−748100
氯化钙	$CaCl_2$	(aq)		−8101900
氯化钙	$CaCl_2 \cdot 6H_2O$	(s)	−2607900	
氢氧化钙	$Ca(OH)_2$	(s)	−986090	−898490
氢氧化钙	$Ca(OH)_2$	(aq)		−868070
氧化钙	CaO	(s)	−635090	−604030
二氧化碳	CO_2	(g)	−393509	−394359
一氧化碳	CO	(g)	−110525	−137169
氯化氢	HCl	(g)	−92307	−95299
氢氰酸	HCN	(g)	135100	124700
硫化氢	H_2S	(g)	−20630	−33560
氧化铁	FeO	(s)	−272000	
氧化铁(赤铁矿)	Fe_2O_3	(s)	−824200	−742200
氧化铁(磁铁矿)	Fe_3O_4	(s)	−1118400	−1015400

续表

物　质		状态②	$\Delta H_{f298}^{\ominus}$ ①	$\Delta G_{f298}^{\ominus}$ ①
硫化铁(黄铁矿)	FeS_2	(s)	−178200	−166900
氯化锂	$LiCl$	(s)	−408610	
氯化锂	$LiCl \cdot H_2O$	(s)	−712580	
氯化锂	$LiCl \cdot 2H_2O$	(s)	−1012650	
氯化锂	$LiCl \cdot 3H_2O$	(s)	−1311300	
硝酸	HNO_3	(l)	−174100	−80710
硝酸	HNO_3	(aq)		−111250
氧化氮	NO	(g)	90250	86550
	NO_2	(g)	33180	51310
	N_2O	(g)	82050	104200
	N_2O_4	(g)	9160	97540
碳酸钠	Na_2CO_3	(s)	−1130680	−1044440
碳酸钠	$Na_2CO_3 \cdot 10H_2O$	(s)	−4081320	
氯化钠	$NaCl$	(s)	−411153	−384138
氯化钠	$NaCl$	(s)		−393133
氢氧化钠	$NaOH$	(s)	−425609	−379494
氢氧化钠	$NaOH$	(aq)		−419150
二氧化硫	SO_2	(g)	−296830	−300194
三氧化硫	SO_3	(g)	−395720	−371060
三氧化硫	SO_3	(l)	−441040	
硫酸	H_2SO_4	(l)	−813989	−690003
硫酸	H_2SO_4	(aq)		−744530
水	H_2O	(g)	−241818	−228572
水	H_2O	(l)	−285830	−237129

① $\Delta H_{f298}^{\ominus}$和 $\Delta G_{f298}^{\ominus}$指在 298.15K 的标准状态下由元素生成 1mol 化合物的性质变化值。

② 标准状态：(a) 气态 (g)：1bar 和 25℃下的理想气体。(b) 液态 (l) 和固态 (s)：1bar 和 25℃下的纯物质。(c) 溶液中的溶质 (aq)：1bar 和 25℃下水中 1mol 虚拟的理想溶液中的溶质。

附录 D　Lee-Kesler 普遍化关联表

表 D.1　Z^0 值

p_r=	0.0100	0.0500	0.1000	0.2000	0.4000	0.6000	0.8000	1.0000
T_r								
0.30	0.0029	0.0145	0.0290	0.0579	0.1158	0.1737	0.2315	0.2892
0.35	0.0026	0.0130	0.0261	0.0522	0.1043	0.1564	0.2084	0.2604
0.40	0.0024	0.0119	0.0239	0.0477	0.0953	0.1429	0.1904	0.2379
0.45	0.0022	0.0110	0.0221	0.0442	0.0882	0.1322	0.1762	0.2200
0.50	0.0021	0.0103	0.0207	0.0413	0.0825	0.1236	0.1647	0.2056
0.55	0.9804	0.0098	0.0195	0.0390	0.0778	0.1166	0.1553	0.1939
0.60	0.9849	0.0093	0.0186	0.0371	0.0741	0.1109	0.1476	0.1842
0.65	0.9881	0.9377	0.0178	0.0356	0.0710	0.1063	0.1415	0.1765
0.70	0.9904	0.9504	0.8958	0.0344	0.0687	0.1027	0.1366	0.1703
0.75	0.9922	0.9598	0.9165	0.0336	0.0670	0.1001	0.1330	0.1656
0.80	0.9935	0.9669	0.9319	0.8539	0.0661	0.0985	0.1307	0.1626
0.85	0.9946	0.9725	0.9436	0.8810	0.0661	0.0983	0.1301	0.1614
0.90	0.9954	0.9768	0.9528	0.9015	0.7800	0.1006	0.1321	0.1630
0.93	0.9959	0.9790	0.9573	0.9115	0.8059	0.6635	0.1359	0.1664
0.95	0.9961	0.9803	0.9600	0.9174	0.8206	0.6967	0.1410	0.1705

续表

p_r=	0.0100	0.0500	0.1000	0.2000	0.4000	0.6000	0.8000	1.0000
0.97	0.9963	0.9815	0.9625	0.9227	0.8338	0.7240	0.5580	0.1779
0.98	0.9965	0.9821	0.9637	0.9253	0.8398	0.7360	0.5887	0.1844
0.99	0.9966	0.9826	0.9648	0.9277	0.8455	0.7471	0.6138	0.1959
1.00	0.9967	0.9832	0.9659	0.9300	0.8509	0.7574	0.6355	0.2901
1.01	0.9968	0.9837	0.9669	0.9322	0.8561	0.7671	0.6542	0.4648
1.02	0.9969	0.9842	0.9679	0.9343	0.8610	0.7761	0.6710	0.5146
1.05	0.9971	0.9855	0.9707	0.9401	0.8743	0.8002	0.7130	0.6026
1.10	0.9975	0.9874	0.9747	0.9485	0.8930	0.8323	0.7649	0.6880
1.15	0.9978	0.9891	0.9780	0.9554	0.9081	0.8576	0.8032	0.7443
1.20	0.9981	0.9904	0.9808	0.9611	0.9205	0.8779	0.8330	0.7858
1.30	0.9985	0.9926	0.9852	0.9702	0.9396	0.9083	0.8764	0.8438
1.40	0.9988	0.9942	0.9884	0.9768	0.9534	0.9298	0.9062	0.8827
1.50	0.9991	0.9954	0.9909	0.9818	0.9636	0.9456	0.9278	0.9103
1.60	0.9993	0.9964	0.9928	0.9856	0.9714	0.9575	0.9439	0.9308
1.70	0.9994	0.9971	0.9943	0.9886	0.9775	0.9667	0.9563	0.9463
1.80	0.9995	0.9977	0.9955	0.9910	0.9823	0.9739	0.9659	0.9583
1.90	0.9996	0.9982	0.9964	0.9929	0.9861	0.9796	0.9735	0.9678
2.00	0.9997	0.9986	0.9972	0.9944	0.9892	0.9842	0.9796	0.9754
2.20	0.9998	0.9992	0.9983	0.9967	0.9937	0.9910	0.9886	0.9865
2.40	0.9999	0.9996	0.9991	0.9983	0.9969	0.9957	0.9948	0.9941
2.60	1.0000	0.9998	0.9997	0.9994	0.9991	0.9990	0.9990	0.9993
2.80	1.0000	1.0000	1.0001	1.0002	1.0007	1.0013	1.0021	1.0031
3.00	1.0000	1.0002	1.0004	1.0008	1.0018	1.0030	1.0043	1.0057
3.50	1.0001	1.0004	1.0008	1.0017	1.0035	1.0055	1.0075	1.0097
4.00	1.0001	1.0005	1.0010	1.0021	1.0043	1.0066	1.0090	1.0115

表 D.2 Z^1 值

p_r=	0.0100	0.0500	0.1000	0.2000	0.4000	0.6000	0.8000	1.0000
T_r								
0.30	−0.0008	−0.0040	−0.0081	−0.0161	−0.0323	−0.0484	−0.0645	−0.0806
0.35	−0.0009	−0.0046	−0.0093	−0.0185	−0.0370	−0.0554	−0.0738	−0.0921
0.40	−0.0010	−0.0048	−0.0095	−0.0190	−0.0380	−0.0570	−0.0758	−0.0946
0.45	−0.0009	−0.0047	−0.0094	−0.0187	−0.0374	−0.0560	−0.0745	−0.0929
0.50	−0.0009	−0.0045	−0.0090	−0.0181	−0.0360	−0.0539	−0.0716	−0.0893
0.55	−0.0314	−0.0043	−0.0086	−0.0172	−0.0343	−0.0513	−0.0682	−0.0849
0.60	−0.0205	−0.0041	−0.0082	−0.0164	−0.0326	−0.0487	−0.0646	−0.0803
0.65	−0.0137	−0.0772	−0.0078	−0.0156	−0.0309	−0.0461	−0.0611	−0.0759
0.70	−0.0093	−0.0507	−0.1161	−0.0148	−0.0294	−0.0438	−0.0579	−0.0718
0.75	−0.0064	−0.0339	−0.0744	−0.0143	−0.0282	−0.0417	−0.0550	−0.0681
0.80	−0.0044	−0.0228	−0.0487	−0.1160	−0.0272	−0.0401	−0.0526	−0.0648
0.85	−0.0029	−0.0152	−0.0319	−0.0715	−0.0268	−0.0391	−0.0509	−0.0622
0.90	−0.0019	−0.0099	−0.0205	−0.0442	−0.1118	−0.0396	−0.0503	−0.0604
0.93	−0.0015	−0.0075	−0.0154	−0.0326	−0.0763	−0.1662	−0.0514	−0.0602
0.95	−0.0012	−0.0062	−0.0126	−0.0262	−0.0589	−0.1110	−0.0540	−0.0607
0.97	−0.0010	−0.0050	−0.0101	−0.0208	−0.0450	−0.0770	−0.1647	−0.0623
0.98	−0.0009	−0.0044	−0.0090	−0.0184	−0.0390	−0.0641	−0.1100	−0.0641
0.99	−0.0008	−0.0039	−0.0079	−0.0161	−0.0335	−0.0531	−0.0796	−0.0680
1.00	−0.0007	−0.0034	−0.0069	−0.0140	−0.0285	−0.0435	−0.0588	−0.0879
1.01	−0.0006	−0.0030	−0.0060	−0.0120	−0.0240	−0.0351	−0.0429	−0.0223

续表

p_r=	0.0100	0.0500	0.1000	0.2000	0.4000	0.6000	0.8000	1.0000
1.02	−0.0005	−0.0026	−0.0051	−0.0102	−0.0198	−0.0277	−0.0303	−0.0062
1.05	−0.0003	−0.0015	−0.0029	−0.0054	−0.0092	−0.0097	−0.0032	0.0220
1.10	0.0000	0.0000	0.0001	0.0007	0.0038	0.0106	0.0236	0.0476
1.15	0.0002	0.0011	0.0023	0.0052	0.0127	0.0237	0.0396	0.0625
1.20	0.0004	0.0019	0.0039	0.0084	0.0190	0.0326	0.0499	0.0719
1.30	0.0006	0.0030	0.0061	0.0125	0.0267	0.0429	0.0612	0.0819
1.40	0.0007	0.0036	0.0072	0.0147	0.0306	0.0477	0.0661	0.0857
1.50	0.0008	0.0039	0.0078	0.0158	0.0323	0.0497	0.0677	0.0864
1.60	0.0008	0.0040	0.0080	0.0162	0.0330	0.0501	0.0677	0.0855
1.70	0.0008	0.0040	0.0081	0.0163	0.0329	0.0497	0.0667	0.0838
1.80	0.0008	0.0040	0.0081	0.0162	0.0325	0.0488	0.0652	0.0814
1.90	0.0008	0.0040	0.0079	0.0159	0.0318	0.0477	0.0635	0.0792
2.00	0.0008	0.0039	0.0078	0.0155	0.0310	0.0464	0.0617	0.0767
2.20	0.0007	0.0037	0.0074	0.0147	0.0293	0.0437	0.0579	0.0719
2.40	0.0007	0.0035	0.0070	0.0139	0.0276	0.0411	0.0544	0.0675
2.60	0.0007	0.0033	0.0066	0.0131	0.0260	0.0387	0.0512	0.0634
2.80	0.0006	0.0031	0.0062	0.0124	0.0245	0.0365	0.0483	0.0598
3.00	0.0006	0.0029	0.0059	0.0117	0.0232	0.0345	0.0456	0.0565
3.50	0.0005	0.0026	0.0052	0.0103	0.0204	0.0303	0.0401	0.0497
4.00	0.0005	0.0023	0.0046	0.0091	0.0182	0.0270	0.0357	0.0443

表D.3 Z^0值

p_r=	1.0000	1.2000	1.5000	2.0000	3.0000	5.0000	7.0000	10.000
T_r								
0.30	0.2892	0.3479	0.4335	0.5775	0.8648	1.4366	2.0048	2.8507
0.35	0.2604	0.3123	0.3901	0.5195	0.7775	1.2902	1.7987	2.5539
0.40	0.2379	0.2853	0.3563	0.4744	0.7095	1.1758	1.6373	2.3211
0.45	0.2200	0.2638	0.3294	0.4384	0.6551	1.0841	1.5077	2.1338
0.50	0.2056	0.2465	0.3077	0.4092	0.6110	1.0094	1.4017	1.9801
0.55	0.1939	0.2323	0.2899	0.3853	0.5747	0.9475	1.3137	1.8520
0.60	0.1842	0.2207	0.2753	0.3657	0.5446	0.8959	1.2398	1.7440
0.65	0.1765	0.2113	0.2634	0.3495	0.5197	0.8526	1.1773	1.6519
0.70	0.1703	0.2038	0.2538	0.3364	0.4991	0.8161	1.1341	1.5729
0.75	0.1656	0.1981	0.2464	0.3260	0.4823	0.7854	1.0787	1.5047
0.80	0.1626	0.1942	0.2411	0.3182	0.4690	0.7598	1.0400	1.4456
0.85	0.1614	0.1924	0.2382	0.3132	0.4591	0.7388	1.0071	1.3943
0.90	0.1630	0.1935	0.2383	0.3114	0.4527	0.7220	0.9793	1.3496
0.93	0.1664	0.1963	0.2405	0.3122	0.4507	0.7138	0.9648	1.3257
0.95	0.1705	0.1998	0.2432	0.3138	0.4501	0.7092	0.9561	1.3108
0.97	0.1779	0.2055	0.2474	0.3164	0.4504	0.7052	0.9480	1.2968
0.98	0.1844	0.2097	0.2503	0.3182	0.4508	0.7035	0.9442	1.2901
0.99	0.1959	0.2154	0.2538	0.3204	0.4514	0.7018	0.9406	1.2835
1.00	0.2901	0.2237	0.2583	0.3229	0.4522	0.7004	0.9372	1.2772
1.01	0.4648	0.2370	0.2640	0.3260	0.4533	0.6991	0.9339	1.2710
1.02	0.5146	0.2629	0.2715	0.3297	0.4547	0.6980	0.9307	1.2650
1.05	0.6026	0.4437	0.3131	0.3452	0.4604	0.6956	0.9222	1.2481
1.10	0.6880	0.5984	0.4580	0.3953	0.4770	0.6950	0.9110	1.2232
1.15	0.7443	0.6803	0.5798	0.4760	0.5042	0.6987	0.9033	1.2021
1.20	0.7858	0.7363	0.6605	0.5605	0.5425	0.7069	0.8990	1.1844

续表

$p_r=$	1.0000	1.2000	1.5000	2.0000	3.0000	5.0000	7.0000	10.000
1.30	0.8438	0.8111	0.7624	0.6908	0.6344	0.7358	0.8998	1.1580
1.40	0.8827	0.8595	0.8256	0.7753	0.7202	0.7761	0.9112	1.1419
1.50	0.9103	0.8933	0.8689	0.8328	0.7887	0.8200	0.9297	1.1339
1.60	0.9308	0.9180	0.9000	0.8738	0.8410	0.8617	0.9518	1.1320
1.70	0.9463	0.9367	0.9234	0.9043	0.8809	0.8984	0.9745	1.1343
1.80	0.9583	0.9511	0.9413	0.9275	0.9118	0.9297	0.9961	1.1391
1.90	0.9678	0.9624	0.9552	0.9456	0.9359	0.9557	1.0157	1.1452
2.00	0.9754	0.9715	0.9664	0.9599	0.9550	0.9772	1.0328	1.1516
2.20	0.9856	0.9847	0.9826	0.9806	0.9827	1.0094	1.0600	1.1635
2.40	0.9941	0.9936	0.9935	0.9945	1.0011	1.0313	1.0793	1.1728
2.60	0.9993	0.9998	1.0010	1.0040	1.0137	1.0463	1.0926	1.1792
2.80	1.0031	1.0042	1.0063	1.0106	1.0223	1.0565	1.1016	1.1830
3.00	1.0057	1.0074	1.0101	1.0153	1.0284	1.0635	1.1075	1.1848
3.50	1.0097	1.0120	1.0156	1.0221	1.0368	1.0723	1.1138	1.1834
4.00	1.0115	1.0140	1.0179	1.0249	1.0401	1.0747	1.1136	1.1773

表 D.4 Z^1 值

$p_r=$ / T_r	1.0000	1.2000	1.5000	2.0000	3.0000	5.0000	7.0000	10.000
0.30	−0.0806	−0.0966	−0.1207	−0.1608	−0.2407	−0.3996	−0.5572	−0.7915
0.35	−0.0921	−0.1105	−0.1379	−0.1834	−0.2738	−0.4523	−0.6279	−0.8863
0.40	−0.0946	−0.1134	−0.1414	−0.1879	−0.2799	−0.4603	−0.6365	−0.8936
0.45	−0.0929	−0.1113	−0.1387	−0.1840	−0.2734	−0.4475	−0.6162	−0.8608
0.50	−0.0893	−0.1069	−0.1330	−0.1762	−0.2611	−0.4253	−0.5831	−0.8099
0.55	−0.0849	−0.1015	−0.1263	−0.1669	−0.2465	−0.3991	−0.5446	−0.7521
0.60	−0.0803	−0.0960	−0.1192	−0.1572	−0.2312	−0.3718	−0.5047	−0.6928
0.65	−0.0759	−0.0906	−0.1122	−0.1476	−0.2160	−0.3447	−0.4653	−0.6346
0.70	−0.0718	−0.0855	−0.1057	−0.1385	−0.2013	−0.3184	−0.4270	−0.5785
0.75	−0.0681	−0.0808	−0.0996	−0.1298	−0.1872	−0.2929	−0.3901	−0.5250
0.80	−0.0648	−0.0767	−0.0940	−0.1217	−0.1736	−0.2682	−0.3545	−0.4740
0.85	−0.0622	−0.0731	−0.0888	−0.1138	−0.1602	−0.2439	−0.3201	−0.4254
0.90	−0.0604	−0.0701	−0.0840	−0.1059	−0.1463	−0.2195	−0.2862	−0.3788
0.93	−0.0602	−0.0687	−0.0810	−0.1007	−0.1374	−0.2045	−0.2661	−0.3516
0.95	−0.0607	−0.0678	−0.0788	−0.0967	−0.1310	−0.1943	−0.2526	−0.3339
0.97	−0.0623	−0.0669	−0.0759	−0.0921	−0.1240	−0.1837	−0.2391	−0.3163
0.98	−0.0641	−0.0661	−0.0740	−0.0893	−0.1202	−0.1783	−0.2322	−0.3075
0.99	−0.0680	−0.0646	−0.0715	−0.0861	−0.1162	−0.1728	−0.2254	−0.2989
1.00	−0.0879	−0.0609	−0.0678	−0.0824	−0.1118	−0.1672	−0.2185	−0.2902
1.01	−0.0223	−0.0473	−0.0621	−0.0778	−0.1072	−0.1615	−0.2116	−0.2816
1.02	−0.0062	−0.0227	−0.0524	−0.0722	−0.1021	−0.1556	−0.2047	−0.2731
1.05	0.0220	0.1059	0.0451	−0.0432	−0.0838	−0.1370	−0.1835	−0.2476
1.10	0.0476	0.0897	0.1630	0.0698	−0.0373	−0.1021	−0.1469	−0.2056
1.15	0.0625	0.0943	0.1548	0.1667	0.0332	−0.0611	−0.1084	−0.1642
1.20	0.0719	0.0991	0.1477	0.1990	0.1095	−0.0141	−0.0678	−0.1231
1.30	0.0819	0.1048	0.1420	0.1991	0.2079	0.0875	0.0176	−0.0423
1.40	0.0857	0.1063	0.1383	0.1894	0.2397	0.1737	0.1008	0.0350
1.50	0.0854	0.1055	0.1345	0.1806	0.2433	0.2309	0.1717	0.1058
1.60	0.0855	0.1035	0.1303	0.1729	0.2381	0.2631	0.2255	0.1673
1.70	0.0838	0.1008	0.1259	0.1658	0.2305	0.2788	0.2628	0.2179

续表

$p_r=$	1.0000	1.2000	1.5000	2.0000	3.0000	5.0000	7.0000	10.000
1.80	0.0816	0.0978	0.1216	0.1593	0.2224	0.2846	0.2871	0.2576
1.90	0.0792	0.0947	0.1173	0.1532	0.2144	0.2848	0.3017	0.2876
2.00	0.0767	0.0916	0.1133	0.1476	0.2069	0.2819	0.3097	0.3096
2.20	0.0719	0.0857	0.1057	0.1374	0.1932	0.2720	0.3135	0.3355
2.40	0.0675	0.0803	0.0989	0.1285	0.1812	0.2602	0.3089	0.3459
2.60	0.0634	0.0754	0.0929	0.1207	0.1706	0.2484	0.3009	0.3475
2.80	0.0598	0.0711	0.0876	0.1138	0.1613	0.2372	0.2915	0.3443
3.00	0.0535	0.0672	0.0828	0.1076	0.1529	0.2268	0.2817	0.3385
3.50	0.0497	0.0591	0.0728	0.0949	0.1356	0.2042	0.2584	0.3194
4.00	0.0443	0.0527	0.0651	0.0849	0.1219	0.1857	0.2378	0.2994

表 D.5 $(H^R)^0/RT_c$ 值

$p_r=$	0.0100	0.0500	0.1000	0.2000	0.4000	0.6000	0.8000	1.0000
T_r								
0.30	−6.045	−6.043	−6.040	−6.034	−6.022	−6.011	−5.999	−5.987
0.35	−5.906	−5.904	−5.901	−5.895	−5.882	−5.870	−5.858	−5.845
0.40	−5.763	−5.761	−5.757	−5.751	−5.738	−5.726	−5.713	−5.700
0.45	−5.615	−5.612	−5.609	−5.603	−5.590	−5.577	−5.564	−5.551
0.50	−5.465	−5.463	−5.459	−5.453	−5.440	−5.427	−5.414	−5.401
0.55	−0.032	−5.312	−5.309	−5.303	−5.290	−5.278	−5.265	−5.252
0.60	−0.027	−5.162	−5.159	−5.153	−5.141	−5.129	−5.116	−5.104
0.65	−0.023	−0.118	−5.008	−5.002	−4.991	−4.980	−4.968	−4.956
0.70	−0.020	−0.101	−0.213	−4.848	−4.838	−4.828	−4.818	−4.808
0.75	−0.017	−0.088	−0.183	−4.687	−4.679	−4.672	−4.664	−4.655
0.80	−0.015	−0.078	−0.160	−0.345	−4.507	−4.504	−4.499	−4.494
0.85	−0.014	−0.069	−0.141	−0.300	−4.309	−4.313	−4.316	−4.316
0.90	−0.012	−0.062	−0.126	−0.264	−0.596	−4.074	−4.094	−4.108
0.93	−0.011	−0.058	−0.118	−0.246	−0.545	−0.960	−3.920	−3.953
0.95	−0.011	−0.056	−0.113	−0.235	−0.516	−0.885	−3.763	−3.825
0.97	−0.011	−0.054	−0.109	−0.225	−0.490	−0.824	−1.356	−3.658
0.98	−0.010	−0.053	−0.107	−0.221	−0.478	−0.797	−1.273	−3.544
0.99	−0.010	−0.052	−0.105	−0.216	−0.466	−0.773	−1.206	−3.376
1.00	−0.010	−0.051	−0.103	−0.212	−0.455	−0.750	−1.151	−2.584
1.01	−0.010	−0.050	−0.101	−0.208	−0.445	−0.721	−1.102	−1.796
1.02	−0.010	−0.049	−0.099	−0.203	−0.434	−0.708	−1.060	−1.627
1.05	−0.009	−0.046	−0.094	−0.192	−0.407	−0.654	−0.955	−1.359
1.10	−0.008	−0.042	−0.086	−0.175	−0.367	−0.581	−0.827	−1.120
1.15	−0.008	−0.039	−0.079	−0.160	−0.334	−0.523	−0.732	−0.968
1.20	−0.007	−0.036	−0.073	−0.148	−0.305	−0.474	−0.657	−0.857
1.30	−0.006	−0.031	−0.063	−0.127	−0.259	−0.399	−0.545	−0.698
1.40	−0.005	−0.027	−0.055	−0.110	−0.224	−0.341	−0.463	−0.588
1.50	−0.005	−0.024	−0.048	−0.097	−0.196	−0.297	−0.400	−0.505
1.60	−0.004	−0.021	−0.043	−0.086	−0.173	−0.261	−0.350	−0.440
1.70	−0.004	−0.019	−0.038	−0.076	−0.153	−0.231	−0.309	−0.387
1.80	−0.003	−0.017	−0.034	−0.068	−0.137	−0.206	−0.275	−0.344
1.90	−0.003	−0.015	−0.031	−0.062	−0.123	−0.185	−0.246	−0.307
2.00	−0.003	−0.014	−0.028	−0.056	−0.111	−0.167	−0.222	−0.276
2.20	−0.002	−0.012	−0.023	−0.046	−0.092	−0.137	−0.182	−0.226
2.40	−0.002	−0.010	−0.019	−0.038	−0.076	−0.114	−0.150	−0.187

续表

$p_r=$	0.0100	0.0500	0.1000	0.2000	0.4000	0.6000	0.8000	1.0000
2.60	−0.002	−0.008	−0.016	−0.032	−0.064	−0.095	−0.125	−0.155
2.80	−0.001	−0.007	−0.014	−0.027	−0.054	−0.080	−0.105	−0.130
3.00	−0.001	−0.006	−0.011	−0.023	−0.045	−0.067	−0.088	−0.109
3.50	−0.001	−0.004	−0.007	−0.015	−0.029	−0.043	−0.056	−0.069
4.00	−0.000	−0.002	−0.005	−0.009	−0.017	−0.026	−0.033	−0.041

表 D.6　$(H^R)^1/RT_c$ 值

$p_r=$	0.0100	0.0500	0.1000	0.2000	0.4000	0.6000	0.8000	1.0000
T_r								
0.30	−11.098	−11.096	−11.095	−11.091	−11.083	−11.076	−11.069	−11.062
0.35	−10.656	−10.655	−10.654	−10.653	−10.650	−10.646	−10.643	−10.640
0.40	−10.121	−10.121	−10.121	−10.120	−10.121	−10.121	−10.121	−10.121
0.45	−9.515	−9.515	−9.516	−9.517	−9.519	−9.521	−9.523	−9.525
0.50	−8.868	−8.869	−8.870	−8.872	−8.876	−8.880	−8.884	−8.888
0.55	−0.080	−8.211	−8.212	−8.215	−8.221	−8.226	−8.232	−8.238
0.60	−0.059	−7.568	−7.570	−7.573	−7.579	−7.585	−7.591	−7.596
0.65	−0.045	−0.247	−6.949	−6.952	−6.959	−6.966	−6.973	−6.980
0.70	−0.034	−0.185	−0.415	−6.360	−6.367	−6.373	−6.381	−6.388
0.75	−0.027	−0.142	−0.306	−5.796	−5.802	−5.809	−5.816	−5.824
0.80	−0.021	−0.110	−0.234	−0.542	−5.266	−5.271	−5.278	−5.285
0.85	−0.017	−0.087	−0.182	−0.401	−4.753	−4.754	−4.758	−4.763
0.90	−0.014	−0.070	−0.144	−0.308	−0.751	−4.254	−4.248	−4.249
0.93	−0.012	−0.061	−0.126	−0.265	−0.612	−1.236	−3.942	−3.934
0.95	−0.011	−0.056	−0.115	−0.241	−0.542	−0.994	−3.737	−3.712
0.97	−0.010	−0.052	−0.105	−0.219	−0.483	−0.837	−1.616	−3.470
0.98	−0.010	−0.050	−0.101	−0.209	−0.457	−0.776	−1.324	−3.332
0.99	−0.009	−0.048	−0.097	−0.200	−0.433	−0.722	−1.154	−3.164
1.00	−0.009	−0.046	−0.093	−0.191	−0.410	−0.675	−1.034	−2.471
1.01	−0.009	−0.044	−0.089	−0.183	−0.389	−0.632	−0.940	−1.375
1.02	−0.008	−0.042	−0.085	−0.175	−0.370	−0.594	−0.863	−1.180
1.05	−0.007	−0.037	−0.075	−0.153	−0.318	−0.498	−0.691	−0.877
1.10	−0.006	−0.030	−0.061	−0.123	−0.251	−0.381	−0.507	−0.617
1.15	−0.005	−0.025	−0.050	−0.099	−0.199	−0.296	−0.385	−0.459
1.20	−0.004	−0.020	−0.040	−0.080	−0.158	−0.232	−0.297	−0.349
1.30	−0.003	−0.013	−0.026	−0.052	−0.100	−0.142	−0.177	−0.203
1.40	−0.002	−0.008	−0.016	−0.032	−0.060	−0.083	−0.100	−0.111
1.50	−0.001	−0.005	−0.009	−0.018	−0.032	−0.042	−0.048	−0.049
1.60	−0.000	−0.002	−0.004	−0.007	−0.012	−0.013	−0.011	−0.005
1.70	−0.000	−0.000	−0.000	−0.000	0.003	0.009	0.017	0.027
1.80	0.000	0.001	0.003	0.006	0.015	0.025	0.037	0.051
1.90	0.001	0.003	0.005	0.011	0.023	0.037	0.053	0.070
2.00	0.001	0.003	0.007	0.015	0.030	0.047	0.065	0.085
2.20	0.001	0.005	0.010	0.020	0.040	0.062	0.083	0.106
2.40	0.001	0.006	0.012	0.023	0.047	0.071	0.095	0.120
2.60	0.001	0.006	0.013	0.026	0.052	0.078	0.104	0.130
2.80	0.001	0.007	0.014	0.028	0.055	0.082	0.110	0.137
3.00	0.001	0.007	0.014	0.029	0.058	0.086	0.114	0.142
3.50	0.002	0.008	0.016	0.031	0.062	0.092	0.122	0.152
4.00	0.002	0.008	0.016	0.032	0.064	0.096	0.127	0.158

表 D.7 $(H^R)^0/RT_c$ 值

$p_r=$ / T_r	1.0000	1.2000	1.5000	2.0000	3.0000	5.0000	7.0000	10.000
0.30	−5.987	−5.975	−5.957	−5.927	−5.868	−5.748	−5.628	−5.446
0.35	−5.845	−5.833	−5.814	−5.783	−5.721	−5.595	−5.469	−5.278
0.40	−5.700	−5.687	−5.668	−5.636	−5.572	−5.442	−5.311	−5.113
0.45	−5.551	−5.538	−5.519	−5.486	−5.421	−5.288	−5.154	−5.950
0.50	−5.401	−5.388	−5.369	−5.336	−5.279	−5.135	−4.999	−4.791
0.55	−5.252	−5.239	−5.220	−5.187	−5.121	−4.986	−4.849	−4.638
0.60	−5.104	−5.091	−5.073	−5.041	−4.976	−4.842	−4.794	−4.492
0.65	−4.956	−4.949	−4.927	−4.896	−4.833	−4.702	−4.565	−4.353
0.70	−4.808	−4.797	−4.781	−4.752	−4.693	−4.566	−4.432	−4.221
0.75	−4.655	−4.646	−4.632	−4.607	−4.554	−4.434	−4.393	−4.095
0.80	−4.494	−4.488	−4.478	−4.459	−4.413	−4.303	−4.178	−3.974
0.85	−4.316	−4.316	−4.312	−4.302	−4.269	−4.173	−4.056	−3.857
0.90	−4.108	−4.118	−4.127	−4.132	−4.119	−4.043	−3.935	−3.744
0.93	−3.953	−3.976	−4.000	−4.020	−4.024	−3.963	−3.863	−3.678
0.95	−3.825	−3.865	−3.904	−3.940	−3.958	−3.910	−3.815	−3.634
0.97	−3.658	−3.732	−3.796	−3.853	−3.890	−3.856	−3.767	−3.591
0.98	−3.544	−3.652	−3.736	−3.806	−3.854	−3.829	−3.743	−3.569
0.99	−3.376	−3.558	−3.670	−3.758	−3.818	−3.801	−3.719	−3.548
1.00	−2.584	−3.441	−3.598	−3.706	−3.782	−3.774	−3.695	−3.526
1.01	−1.796	−3.283	−3.516	−3.652	−3.744	−3.746	−3.671	−3.505
1.02	−1.627	−3.039	−3.422	−3.595	−3.705	−3.718	−3.647	−3.484
1.05	−1.359	−2.034	−3.030	−3.398	−3.583	−3.632	−3.575	−3.420
1.10	−1.120	−1.487	−2.203	−2.965	−3.353	−3.484	−3.453	−3.315
1.15	−0.968	−1.239	−1.719	−2.479	−3.091	−3.329	−3.329	−3.211
1.20	−0.857	−1.076	−1.443	−2.079	−2.801	−3.166	−3.202	−3.107
1.30	−0.698	−0.860	−1.116	−1.560	−2.274	−2.825	−2.942	−2.899
1.40	−0.588	−0.716	−0.915	−1.253	−1.857	−2.486	−2.679	−2.692
1.50	−0.505	−0.611	−0.774	−1.046	−1.549	−2.175	−2.421	−2.486
1.60	−0.440	−0.531	−0.667	−0.894	−1.318	−1.904	−2.177	−2.285
1.70	−0.387	−0.446	−0.583	−0.777	−1.139	−1.672	−1.953	−2.091
1.80	−0.344	−0.413	−0.515	−0.683	−0.996	−1.476	−1.751	−1.908
1.90	−0.307	−0.368	−0.458	−0.606	−0.880	−1.309	−1.571	−1.736
2.00	−0.276	−0.330	−0.411	−0.541	−0.782	−1.167	−1.411	−1.577
2.20	−0.226	−0.269	−0.334	−0.437	−0.629	−0.937	−1.143	−1.295
2.40	−0.187	−0.222	−0.275	−0.359	−0.513	−0.761	−0.929	−1.058
2.60	−0.155	−0.185	−0.228	−0.297	−0.422	−0.621	−0.756	−0.858
2.80	−0.130	−0.154	−0.190	−0.246	−0.348	−0.508	−0.614	−0.689
3.00	−0.109	−0.129	−0.159	−0.205	−0.288	−0.415	−0.495	−0.545
3.50	−0.069	−0.081	−0.099	−0.127	−0.174	−0.239	−0.270	−0.264
4.00	−0.041	−0.048	−0.058	−0.072	−0.095	−0.116	−0.110	−0.061

表 D.8 $(H^R)^1/RT_c$ 值

$p_r=$ / T_r	1.0000	1.2000	1.5000	2.0000	3.0000	5.0000	7.0000	10.000
0.30	−11.062	−11.055	−11.044	−11.027	−10.992	−10.935	−10.872	−10.781
0.35	−10.640	−10.637	−10.632	−10.624	−10.609	−10.581	−10.554	−10.529
0.40	−10.121	−10.121	−10.121	−10.122	−10.123	−10.128	−10.135	−10.150
0.45	−9.525	−9.527	−9.531	−9.537	−9.549	−9.576	−9.611	−9.663
0.50	−8.888	−8.892	−8.899	−8.909	−8.932	−8.978	−9.030	−9.111

续表

p_r=	1.0000	1.2000	1.5000	2.0000	3.0000	5.0000	7.0000	10.000
0.55	−8.238	−8.243	−8.252	−8.267	−8.298	−8.360	−8.425	−8.531
0.60	−7.596	−7.603	−7.614	−7.632	−7.669	−7.745	−7.824	−7.950
0.65	−6.980	−6.987	−6.997	−7.017	−7.059	−7.147	−7.239	−7.381
0.70	−6.388	−6.395	−6.407	−6.429	−6.475	−6.574	−6.677	−6.837
0.75	−5.824	−5.832	−5.845	−5.868	−5.918	−6.027	−6.142	−6.318
0.80	−5.285	−5.293	−5.306	−5.330	−5.385	−5.506	−5.632	−5.824
0.85	−4.763	−4.771	−4.784	−4.810	−4.872	−5.000	−5.149	−5.358
0.90	−4.249	−4.255	−4.268	−4.298	−4.371	−4.530	−4.688	−4.916
0.93	−3.934	−3.937	−3.951	−3.987	−4.073	−4.251	−4.422	−4.662
0.95	−3.712	−3.713	−3.730	−3.773	−3.873	−4.068	−4.248	−4.497
0.97	−3.470	−3.467	−3.492	−3.551	−3.670	−3.885	−4.077	−4.336
0.98	−3.332	−3.327	−3.363	−3.434	−3.568	−3.795	−3.992	−4.257
0.99	−3.164	−3.164	−3.223	−3.313	−3.464	−3.705	−3.909	−4.178
1.00	−2.471	−2.952	−3.065	−3.186	−3.358	−3.615	−3.825	−4.100
1.01	−1.375	−2.595	−2.880	−3.051	−3.251	−3.525	−3.742	−4.023
1.02	−1.180	−1.723	−2.650	−2.906	−3.142	−3.435	−3.661	−3.947
1.05	−0.877	−0.878	−1.496	−2.381	−2.800	−3.167	−3.418	−3.722
1.10	−0.617	−0.673	−0.617	−1.261	−2.167	−2.720	−3.023	−3.362
1.15	−0.459	−0.503	−0.487	−0.604	−1.497	−2.275	−2.641	−3.019
1.20	−0.349	−0.381	−0.381	−0.361	−0.934	−1.840	−2.273	−2.692
1.30	−0.203	−0.218	−0.218	−0.178	−0.300	−1.066	−1.592	−2.086
1.40	−0.111	−0.115	−0.128	−0.070	−0.044	−0.504	−1.012	−1.547
1.50	−0.049	−0.046	−0.032	0.008	0.078	−0.142	−0.556	−1.080
1.60	−0.005	0.004	0.023	0.065	0.151	0.082	−0.217	−0.689
1.70	0.027	0.040	0.063	0.109	0.202	0.223	0.028	−0.369
1.80	0.051	0.067	0.094	0.143	0.241	0.317	0.203	−0.112
1.90	0.070	0.088	0.117	0.169	0.271	0.381	0.330	0.092
2.00	0.085	0.105	0.136	0.190	0.295	0.428	0.424	0.255
2.20	0.106	0.128	0.163	0.221	0.331	0.493	0.551	0.489
2.40	0.120	0.144	0.181	0.242	0.356	0.535	0.631	0.645
2.60	0.130	0.156	0.194	0.257	0.376	0.567	0.687	0.754
2.80	0.137	0.164	0.204	0.269	0.391	0.591	0.729	0.836
3.00	0.142	0.170	0.211	0.278	0.403	0.611	0.763	0.899
3.50	0.152	0.181	0.224	0.294	0.425	0.650	0.827	1.015
4.00	0.158	0.188	0.233	0.306	0.442	0.680	0.874	1.097

表 D.9 $(S^R)^0/R$ 值

p_r=	0.0100	0.0500	0.1000	0.2000	0.4000	0.6000	0.8000	1.0000
T_r								
0.30	−11.614	−10.008	−9.319	−8.635	−7.961	−7.574	−7.304	−7.099
0.35	−11.185	−9.579	−8.890	−8.205	−7.529	−7.140	−6.869	−6.663
0.40	−10.802	−9.196	−8.506	−7.821	−7.144	−6.755	−6.483	−6.275
0.45	−10.453	−8.847	−8.157	−7.472	−6.794	−6.404	−6.132	−5.924
0.50	−10.137	−8.531	−7.841	−7.156	−6.479	−6.089	−5.816	−5.608
0.55	−0.038	−8.245	−7.555	−6.870	−6.193	−5.803	−5.531	−5.324
0.60	−0.029	−7.983	−7.294	−6.610	−5.933	−5.544	−5.273	−5.066
0.65	−0.023	−0.122	−7.052	−6.368	−5.694	−5.306	−5.036	−4.830
0.70	−0.018	−0.096	−0.206	−6.140	−5.467	−5.082	−4.814	−4.610
0.75	−0.015	−0.078	−0.164	−5.917	−5.248	−4.866	−4.600	−4.399

续表

$p_r=$	0.0100	0.0500	0.1000	0.2000	0.4000	0.6000	0.8000	1.0000
0.80	−0.013	−0.064	−0.134	−0.294	−5.026	−4.694	−4.388	−4.191
0.85	−0.011	−0.054	−0.111	−0.239	−4.785	−4.418	−4.166	−3.976
0.90	−0.009	−0.046	−0.094	−0.199	−0.463	−4.145	−3.912	−3.738
0.93	−0.008	−0.042	−0.085	−0.179	−0.408	−0.750	−3.723	−3.569
0.95	−0.008	−0.039	−0.080	−0.168	−0.377	−0.671	−3.556	−3.433
0.97	−0.007	−0.037	−0.075	−0.157	−0.350	−0.607	−1.056	−3.259
0.98	−0.007	−0.036	−0.073	−0.153	−0.337	−0.580	−0.971	−3.142
0.99	−0.007	−0.035	−0.071	−0.148	−0.326	−0.555	−0.903	−2.972
1.00	−0.007	−0.034	−0.069	−0.144	−0.315	−0.532	−0.847	−2.178
1.01	−0.007	−0.033	−0.067	−0.139	−0.304	−0.510	−0.799	−1.391
1.02	−0.006	−0.032	−0.065	−0.135	−0.294	−0.491	−0.757	−1.225
1.05	−0.006	−0.030	−0.060	−0.124	−0.267	−0.439	−0.656	−0.965
1.10	−0.005	−0.026	−0.053	−0.108	−0.230	−0.371	−0.537	−0.742
1.15	−0.005	−0.023	−0.047	−0.096	−0.201	−0.319	−0.452	−0.607
1.20	−0.004	−0.021	−0.042	−0.085	−0.177	−0.277	−0.389	−0.512
1.30	−0.003	−0.017	−0.033	−0.068	−0.140	−0.217	−0.298	−0.385
1.40	−0.003	−0.014	−0.027	−0.056	−0.114	−0.174	−0.237	−0.303
1.50	−0.002	−0.011	−0.023	−0.046	−0.094	−0.143	−0.194	−0.246
1.60	−0.002	−0.010	−0.019	−0.039	−0.079	−0.120	−0.162	−0.204
1.70	−0.002	−0.008	−0.017	−0.033	−0.067	−0.102	−0.137	−0.172
1.80	−0.001	−0.007	−0.014	−0.029	−0.058	−0.088	−0.117	−0.147
1.90	−0.001	−0.006	−0.013	−0.025	−0.051	−0.076	−0.102	−0.127
2.00	−0.001	−0.006	−0.011	−0.022	−0.044	−0.067	−0.089	−0.111
2.20	−0.001	−0.004	−0.009	−0.018	−0.035	−0.053	−0.070	−0.087
2.40	−0.001	−0.004	−0.007	−0.014	−0.028	−0.042	−0.056	−0.070
2.60	−0.001	−0.003	−0.006	−0.012	−0.023	−0.035	−0.046	−0.058
2.80	−0.000	−0.002	−0.005	−0.010	−0.020	−0.029	−0.039	−0.048
3.00	−0.000	−0.002	−0.004	−0.008	−0.017	−0.025	−0.033	−0.041
3.50	−0.000	−0.001	−0.003	−0.006	−0.012	−0.017	−0.023	−0.029
4.00	−0.000	−0.001	−0.002	−0.004	−0.009	−0.013	−0.017	−0.021

表 D.10　$(S^R)^1/R$ 值

$p_r=$	0.0100	0.0500	0.1000	0.2000	0.4000	0.6000	0.8000	1.0000
T_r								
0.30	−16.782	−16.774	−16.764	−16.744	−16.705	−16.665	−16.626	−16.586
0.35	−15.413	−15.408	−15.401	−15.387	−15.359	−15.333	−15.305	−15.278
0.40	−13.990	−13.986	−13.981	−13.972	−13.953	−13.934	−13.915	−13.896
0.45	−12.564	−12.561	−12.558	−12.551	−12.537	−12.523	−12.509	−12.496
0.50	−11.202	−11.200	−11.197	−11.092	−11.082	−11.172	−11.162	−11.153
0.55	−0.115	−9.948	−9.946	−9.942	−9.935	−9.928	−9.921	−9.914
0.60	−0.078	−8.828	−8.826	−8.823	−8.817	−8.811	−8.806	−8.799
0.65	−0.055	−0.309	−7.832	−7.829	−7.824	−7.819	−7.815	−7.510
0.70	−0.040	−0.216	−0.491	−6.951	−6.945	−6.941	−6.937	−6.933
0.75	−0.029	−0.156	−0.340	−6.173	−6.167	−6.162	−6.158	−6.155
0.80	−0.022	−0.116	−0.246	−0.578	−5.475	−5.468	−5.462	−5.458
0.85	−0.017	−0.088	−0.183	−0.400	−4.853	−4.841	−4.832	−4.826
0.90	−0.013	−0.068	−0.140	−0.301	−0.744	−4.269	−4.249	−4.238
0.93	−0.011	−0.058	−0.120	−0.254	−0.593	−1.219	−3.914	−3.894
0.95	−0.010	−0.053	−0.109	−0.228	−0.517	−0.961	−3.697	−3.658

续表

p_r=	0.0100	0.0500	0.1000	0.2000	0.4000	0.6000	0.8000	1.0000
0.97	−0.010	−0.048	−0.099	−0.206	−0.456	−0.797	−1.570	−3.406
0.98	−0.009	−0.046	−0.094	−0.196	−0.429	−0.734	−1.270	−3.264
0.99	−0.009	−0.044	−0.090	−0.186	−0.405	−0.680	−1.098	−3.093
1.00	−0.008	−0.042	−0.086	−0.177	−0.382	−0.632	−0.977	−2.399
1.01	−0.008	−0.040	−0.082	−0.169	−0.361	−0.590	−0.883	−1.306
1.02	−0.008	−0.039	−0.078	−0.161	−0.342	−0.552	−0.807	−1.113
1.05	−0.007	−0.034	−0.069	−0.140	−0.292	−0.460	−0.642	−0.820
1.10	−0.005	−0.028	−0.055	−0.112	−0.229	−0.350	−0.470	−0.577
1.15	−0.005	−0.023	−0.045	−0.091	−0.183	−0.275	−0.361	−0.437
1.20	−0.004	−0.019	−0.037	−0.075	−0.149	−0.220	−0.286	−0.343
1.30	−0.003	−0.013	−0.026	−0.052	−0.102	−0.148	−0.190	−0.226
1.40	−0.002	−0.010	−0.019	−0.037	−0.072	−0.104	−0.133	−0.158
1.50	−0.001	−0.007	−0.014	−0.027	−0.053	−0.076	−0.097	−0.115
1.60	−0.001	−0.005	−0.011	−0.021	−0.040	−0.057	−0.073	−0.086
1.70	−0.001	−0.004	−0.008	−0.016	−0.031	−0.044	−0.056	−0.067
1.80	−0.001	−0.003	−0.006	−0.013	−0.024	−0.035	−0.044	−0.053
1.90	−0.001	−0.003	−0.005	−0.010	−0.019	−0.028	−0.036	−0.043
2.00	−0.000	−0.002	−0.004	−0.008	−0.016	−0.023	−0.029	−0.035
2.20	−0.000	−0.001	−0.003	−0.006	−0.011	−0.016	−0.021	−0.025
2.40	−0.000	−0.001	−0.002	−0.004	−0.008	−0.012	−0.015	−0.019
2.60	−0.000	−0.001	−0.002	−0.003	−0.006	−0.009	−0.012	−0.015
2.80	−0.000	−0.001	−0.001	−0.003	−0.005	−0.008	−0.010	−0.012
3.00	−0.000	−0.001	−0.001	−0.002	−0.004	−0.006	−0.008	−0.010
3.50	−0.000	−0.000	−0.001	−0.001	−0.003	−0.004	−0.006	−0.007
4.00	−0.000	−0.000	−0.001	−0.001	−0.002	−0.003	−0.005	−0.006

表 D.11 $(S^R)^0/R$ 值

p_r=	1.0000	1.2000	1.5000	2.0000	3.0000	5.0000	7.0000	10.000
T_r								
0.30	−7.099	−6.935	−6.740	−6.497	−6.180	−5.847	−5.683	−5.578
0.35	−6.663	−6.497	−6.299	−6.052	−5.728	−5.376	−5.194	−5.060
0.40	−6.275	−6.109	−5.909	−5.660	−5.330	−4.967	−4.772	−4.619
0.45	−5.924	−5.757	−5.557	−5.306	−4.974	−4.603	−4.401	−4.234
0.50	−5.608	−5.441	−5.240	−4.989	−4.656	−4.282	−4.074	−3.899
0.55	−5.324	−5.157	−4.956	−4.706	−4.373	−3.998	−3.788	−3.607
0.60	−5.066	−4.900	−4.700	−4.451	−4.120	−3.747	−3.537	−3.353
0.65	−4.830	−4.665	−4.467	−4.220	−3.892	−3.523	−3.315	−3.131
0.70	−4.610	−4.446	−4.250	−4.007	−3.684	−3.322	−3.117	−2.935
0.75	−4.399	−4.238	−4.045	−3.807	−3.491	−3.138	−2.939	−2.761
0.80	−4.191	−4.034	−3.846	−3.615	−3.310	−2.970	−2.777	−2.605
0.85	−3.976	−3.825	−3.646	−3.425	−3.135	−2.812	−2.629	−2.463
0.90	−3.738	−3.599	−3.434	−3.231	−2.964	−2.663	−2.491	−2.334
0.93	−3.569	−3.444	−3.295	−3.108	−2.860	−2.577	−2.412	−2.262
0.95	−3.433	−3.326	−3.193	−3.023	−2.790	−2.520	−2.362	−2.215
0.97	−3.259	−3.188	−3.081	−2.932	−2.719	−2.463	−2.312	−2.170
0.98	−3.142	−3.106	−3.019	−2.884	−2.682	−2.436	−2.287	−2.148
0.99	−2.972	−3.010	−2.953	−2.835	−2.646	−2.408	−2.263	−2.126
1.00	−2.178	−2.893	−2.879	−2.784	−2.609	−2.380	−2.239	−2.105
1.01	−1.391	−2.736	−2.798	−2.730	−2.571	−2.352	−2.215	−2.083

续表

p_r=	1.0000	1.2000	1.5000	2.0000	3.0000	5.0000	7.0000	10.000
1.02	−1.225	−2.495	−2.706	−2.673	−2.533	−2.325	−2.191	−2.062
1.05	−0.965	−1.523	−2.328	−2.483	−2.415	−2.242	−2.121	−2.001
1.10	−0.742	−1.012	−1.557	−2.081	−2.202	−2.104	−2.007	−1.903
1.15	−0.607	−0.790	−1.126	−1.649	−1.968	−1.966	−1.897	−1.810
1.20	−0.512	−0.651	−0.890	−1.308	−1.727	−1.827	−1.789	−1.722
1.30	−0.385	−0.478	−0.628	−0.891	−1.299	−1.554	−1.581	−1.556
1.40	−0.303	−0.375	−0.478	−0.663	−0.990	−1.303	−1.386	−1.402
1.50	−0.246	−0.299	−0.381	−0.520	−0.777	−1.088	−1.208	−1.260
1.60	−0.204	−0.247	−0.312	−0.421	−0.628	−0.913	−1.050	−1.130
1.70	−0.172	−0.208	−0.261	−0.350	−0.519	−0.773	−0.915	−1.013
1.80	−0.147	−0.177	−0.222	−0.296	−0.438	−0.661	−0.799	−0.908
1.90	−0.127	−0.153	−0.191	−0.255	−0.375	−0.570	−0.702	−0.815
2.00	−0.111	−0.134	−0.167	−0.221	−0.625	−0.497	−0.620	−0.733
2.20	−0.087	−0.105	−0.130	−0.172	−0.251	−0.388	−0.492	−0.599
2.40	−0.070	−0.084	−0.104	−0.138	−0.201	−0.311	−0.399	−0.496
2.60	−0.058	−0.069	−0.086	−0.113	−0.164	−0.255	−0.329	−0.416
2.80	−0.048	−0.058	−0.072	−0.094	−0.137	−0.213	−0.277	−0.353
3.00	−0.041	−0.049	−0.061	−0.080	−0.116	−0.181	−0.236	−0.303
3.50	−0.029	−0.034	−0.042	−0.056	−0.081	−0.126	−0.166	−0.216
4.00	−0.021	−0.025	−0.031	−0.041	−0.059	−0.093	−0.123	−0.162

表 D.12 $(S^R)^1/R$ 值

p_r= T_r	1.0000	1.2000	1.5000	2.0000	3.0000	5.0000	7.0000	10.000
0.30	−16.586	−16.547	−16.488	−16.390	−16.195	−15.837	−15.468	−14.925
0.35	−15.278	−15.251	−15.211	−15.144	−15.011	−14.751	−14.496	−14.153
0.40	−13.896	−13.877	−13.849	−13.803	−13.714	−13.541	−13.376	−13.144
0.45	−12.496	−12.482	−12.462	−12.430	−12.367	−12.248	−12.145	−11.999
0.50	−11.153	−11.143	−11.129	−11.107	−11.063	−10.985	−10.920	−10.836
0.55	−9.914	−9.907	−9.897	−9.882	−9.853	−9.806	−9.769	−9.732
0.60	−8.799	−8.794	−8.787	−8.777	−8.760	−8.736	−8.723	−8.720
0.65	−7.810	−7.807	−7.801	−7.794	−7.784	−7.779	−7.785	−7.811
0.70	−6.933	−6.930	−6.926	−6.922	−6.919	−6.929	−6.952	−7.002
0.75	−6.155	−6.152	−6.149	−6.147	−6.149	−6.174	−6.213	−6.285
0.80	−5.458	−5.455	−5.453	−5.452	−5.461	−5.501	−5.555	−5.648
0.85	−4.826	−4.822	−4.820	−4.822	−4.839	−4.898	−4.969	−5.082
0.90	−4.238	−4.232	−4.230	−4.236	−4.267	−4.351	−4.442	−4.578
0.93	−3.894	−3.885	−3.884	−3.896	−3.941	−4.046	−4.151	−4.300
0.95	−3.658	−3.647	−3.648	−3.669	−3.728	−3.851	−3.966	−4.125
0.97	−3.406	−3.391	−3.401	−3.437	−3.517	−3.661	−3.788	−3.957
0.98	−3.264	−3.247	−3.268	−3.318	−3.412	−3.569	−3.701	−3.875
0.99	−3.093	−3.082	−3.126	−3.195	−3.306	−3.477	−3.616	−3.796
1.00	−2.399	−2.868	−2.967	−3.067	−3.200	−3.387	−3.532	−3.717
1.01	−1.306	−2.513	−2.784	−2.933	−3.094	−3.297	−3.450	−3.640
1.02	−1.113	−1.655	−2.557	−2.790	−2.986	−3.209	−3.369	−3.565
1.05	−0.820	−0.831	−1.443	−2.283	−2.655	−2.949	−3.134	−3.348
1.10	−0.577	−0.640	−0.618	−1.241	−2.067	−2.534	−2.767	−3.013
1.15	−0.437	−0.489	−0.502	−0.654	−1.471	−2.138	−2.428	−2.708
1.20	−0.343	−0.385	−0.412	−0.447	−0.991	−1.767	−2.115	−2.430

续表

$p_r=$	1.0000	1.2000	1.5000	2.0000	3.0000	5.0000	7.0000	10.000
1.30	−0.226	−0.254	−0.282	−0.300	−0.481	−1.147	−1.569	−1.944
1.40	−0.158	−0.178	−0.200	−0.220	−0.290	−0.730	−1.138	−1.544
1.50	−0.115	−0.130	−0.147	−0.166	−0.206	−0.479	−0.823	−1.222
1.60	−0.086	−0.098	−0.112	−0.129	−0.159	−0.334	−0.604	−0.969
1.70	−0.067	−0.076	−0.087	−0.102	−0.127	−0.248	−0.456	−0.775
1.80	−0.053	−0.060	−0.070	−0.083	−0.105	−0.195	−0.355	−0.628
1.90	−0.043	−0.049	−0.057	−0.069	−0.089	−0.160	−0.286	−0.518
2.00	−0.035	−0.040	−0.048	−0.058	−0.077	−0.136	−0.238	−0.434
2.20	−0.025	−0.029	−0.035	−0.043	−0.060	−0.105	−0.178	−0.322
2.40	−0.019	−0.022	−0.027	−0.034	−0.048	−0.086	−0.143	−0.254
2.60	−0.015	−0.018	−0.021	−0.028	−0.041	−0.074	−0.120	−0.210
2.80	−0.012	−0.014	−0.018	−0.023	−0.025	−0.065	−0.104	−0.180
3.00	−0.010	−0.012	−0.015	−0.020	−0.031	−0.058	−0.093	−0.158
3.50	−0.007	−0.009	−0.011	−0.015	−0.024	−0.046	−0.073	−0.122
4.00	−0.006	−0.007	−0.009	−0.012	−0.020	−0.038	−0.060	−0.100

表 D.13 ϕ^0 值

$p_r=$	0.0100	0.0500	0.1000	0.2000	0.4000	0.6000	0.8000	1.0000
T_r								
0.30	0.0002	0.0000	0.0000	0.0000	0.0000	0.0000	0.0000	0.0000
0.35	0.0034	0.0007	0.0003	0.0002	0.0001	0.0001	0.0001	0.0000
0.40	0.0272	0.0055	0.0028	0.0014	0.0007	0.0005	0.0004	0.0003
0.45	0.1321	0.0266	0.0135	0.0069	0.0036	0.0025	0.0020	0.0016
0.50	0.4529	0.0912	0.0461	0.0235	0.0122	0.0085	0.0067	0.0055
0.55	0.9817	0.2432	0.1227	0.0625	0.0325	0.0225	0.0176	0.0146
0.60	0.9840	0.5383	0.2716	0.1384	0.0718	0.0497	0.0386	0.0321
0.65	0.9886	0.9419	0.5212	0.2655	0.1374	0.0948	0.0738	0.0611
0.70	0.9908	0.9528	0.9057	0.4560	0.2360	0.1626	0.1262	0.1045
0.75	0.9931	0.9616	0.9226	0.7178	0.3715	0.2559	0.1982	0.1641
0.80	0.9931	0.9683	0.9354	0.8730	0.5445	0.3750	0.2904	0.2404
0.85	0.9954	0.9727	0.9462	0.8933	0.7534	0.5188	0.4018	0.3319
0.90	0.9954	0.9772	0.9550	0.9099	0.8204	0.6823	0.5297	0.4375
0.93	0.9954	0.9795	0.9594	0.9183	0.8375	0.7551	0.6109	0.5058
0.95	0.9954	0.9817	0.9616	0.9226	0.8472	0.7709	0.6668	0.5521
0.97	0.9954	0.9817	0.9638	0.9268	0.8570	0.7852	0.7112	0.5984
0.98	0.9954	0.9817	0.9638	0.9290	0.8610	0.7925	0.7211	0.6223
0.99	0.9977	0.9840	0.9661	0.9311	0.8650	0.7980	0.7295	0.6442
1.00	0.9977	0.9840	0.9661	0.9333	0.8690	0.8035	0.7379	0.6668
1.01	0.9977	0.9840	0.9683	0.9354	0.8730	0.8110	0.7464	0.6792
1.02	0.9977	0.9840	0.9683	0.9376	0.8770	0.8166	0.7551	0.6902
1.05	0.9977	0.9863	0.9705	0.9441	0.8872	0.8318	0.7762	0.7194
1.10	0.9977	0.9886	0.9750	0.9506	0.9016	0.8531	0.8072	0.7586
1.15	0.9977	0.9886	0.9795	0.9572	0.9141	0.8730	0.8318	0.7907
1.20	0.9977	0.9908	0.9817	0.9616	0.9247	0.8892	0.8531	0.8166
1.30	0.9977	0.9931	0.9863	0.9705	0.9419	0.9141	0.8872	0.8590
1.40	0.9977	0.9931	0.9886	0.9772	0.9550	0.9333	0.9120	0.8892
1.50	1.0000	0.9954	0.9908	0.9817	0.9638	0.9462	0.9290	0.9141
1.60	1.0000	0.9954	0.9931	0.9863	0.9727	0.9572	0.9441	0.9311
1.70	1.0000	0.9977	0.9954	0.9886	0.9772	0.9661	0.9550	0.9462

续表

p_r=	0.0100	0.0500	0.1000	0.2000	0.4000	0.6000	0.8000	1.0000
1.80	1.0000	0.9977	0.9954	0.9908	0.9817	0.9727	0.9661	0.9572
1.90	1.0000	0.9977	0.9954	0.9931	0.9863	0.9795	0.9727	0.9661
2.00	1.0000	0.9977	0.9977	0.9954	0.9886	0.9840	0.9795	0.9727
2.20	1.0000	1.0000	0.9977	0.9977	0.9931	0.9908	0.9886	0.9840
2.40	1.0000	1.0000	1.0000	0.9977	0.9977	0.9954	0.9931	0.9931
2.60	1.0000	1.0000	1.0000	1.0000	1.0000	0.9977	0.9977	0.9977
2.80	1.0000	1.0000	1.0000	1.0000	1.0000	1.0000	1.0023	1.0023
3.00	1.0000	1.0000	1.0000	1.0000	1.0023	1.0023	1.0046	1.0046
3.50	1.0000	1.0000	1.0000	1.0023	1.0023	1.0046	1.0069	1.0093
4.00	1.0000	1.0000	1.0000	1.0023	1.0046	1.0069	1.0093	1.0116

表 D.14 ϕ^1 值

p_r=	0.0100	0.0500	0.1000	0.2000	0.4000	0.6000	0.8000	1.0000
T_r								
0.30	0.0000	0.0000	0.0000	0.0000	0.0000	0.0000	0.0000	0.0000
0.35	0.0000	0.0000	0.0000	0.0000	0.0000	0.0000	0.0000	0.0000
0.40	0.0000	0.0000	0.0000	0.0000	0.0000	0.0000	0.0000	0.0000
0.45	0.0002	0.0002	0.0002	0.0002	0.0002	0.0002	0.0002	0.0002
0.50	0.0014	0.0014	0.0014	0.0014	0.0014	0.0014	0.0013	0.0013
0.55	0.9705	0.0069	0.0068	0.0068	0.0066	0.0065	0.0064	0.0063
0.60	0.9795	0.0227	0.0226	0.0223	0.0220	0.0216	0.0213	0.0210
0.65	0.9863	0.9311	0.0572	0.0568	0.0559	0.0551	0.0543	0.0535
0.70	0.9908	0.9528	0.9036	0.1182	0.1163	0.1147	0.1131	0.1116
0.75	0.9931	0.9683	0.9332	0.2112	0.2078	0.2050	0.2022	0.1994
0.80	0.9954	0.9772	0.9550	0.9057	0.3302	0.3257	0.3212	0.3168
0.85	0.9977	0.9863	0.9705	0.9375	0.4774	0.4708	0.4654	0.4590
0.90	0.9977	0.9908	0.9795	0.9594	0.9141	0.6323	0.6250	0.6165
0.93	0.9977	0.9931	0.9840	0.9705	0.9354	0.8953	0.7227	0.7144
0.95	0.9977	0.9931	0.9885	0.9750	0.9484	0.9183	0.7888	0.7797
0.97	1.0000	0.9954	0.9908	0.9795	0.9594	0.9354	0.9078	0.8413
0.98	1.0000	0.9954	0.9908	0.9817	0.9638	0.9440	0.9225	0.8729
0.99	1.0000	0.9954	0.9931	0.9840	0.9683	0.9528	0.9332	0.9036
1.00	1.0000	0.9977	0.9931	0.9863	0.9727	0.9594	0.9440	0.9311
1.01	1.0000	0.9977	0.9931	0.9885	0.9772	0.9638	0.9528	0.9462
1.02	1.0000	0.9977	0.9954	0.9908	0.9795	0.9705	0.9616	0.9572
1.05	1.0000	0.9977	0.9977	0.9954	0.9885	0.9863	0.9840	0.9840
1.10	1.0000	1.0000	1.0000	1.0000	1.0023	1.0046	1.0093	1.0163
1.15	1.0000	1.0000	1.0023	1.0046	1.0116	1.0186	1.0257	1.0375
1.20	1.0000	1.0023	1.0046	1.0069	1.0163	1.0280	1.0399	1.0544
1.30	1.0000	1.0023	1.0069	1.0116	1.0257	1.0399	1.0544	1.0716
1.40	1.0000	1.0046	1.0069	1.0139	1.0304	1.0471	1.0642	1.0815
1.50	1.0000	1.0046	1.0069	1.0163	1.0328	1.0496	1.0666	1.0865
1.60	1.0000	1.0046	1.0069	1.0163	1.0328	1.0496	1.0691	1.0865
1.70	1.0000	1.0046	1.0093	1.0163	1.0328	1.0496	1.0691	1.0865
1.80	1.0000	1.0046	1.0069	1.0163	1.0328	1.0496	1.0666	1.0840
1.90	1.0000	1.0046	1.0069	1.0163	1.0328	1.0496	1.0666	1.0815
2.00	1.0000	1.0046	1.0069	1.0163	1.0304	1.0471	1.0642	1.0815
2.20	1.0000	1.0046	1.0069	1.0139	1.0304	1.0447	1.0593	1.0765
2.40	1.0000	1.0046	1.0069	1.0139	1.0280	1.0423	1.0568	1.0716

续表

p_r=	0.0100	0.0500	0.1000	0.2000	0.4000	0.6000	0.8000	1.0000
2.60	1.0000	1.0023	1.0069	1.0139	1.0257	1.0399	1.0544	1.0666
2.80	1.0000	1.0023	1.0069	1.0116	1.0257	1.0375	1.0496	1.0642
3.00	1.0000	1.0023	1.0069	1.0116	1.0233	1.0352	1.0471	1.0593
3.50	1.0000	1.0023	1.0046	1.0023	1.0209	1.0304	1.0423	1.0520
4.00	1.0000	1.0023	1.0046	1.0093	1.0186	1.0280	1.0375	1.0471

表 D.15　ϕ^0 值

p_r=	1.0000	1.2000	1.5000	2.0000	3.0000	5.0000	7.0000	10.000
T_r								
0.30	0.0000	0.0000	0.0000	0.0000	0.0000	0.0000	0.0000	0.0000
0.35	0.0000	0.0000	0.0000	0.0000	0.0000	0.0000	0.0000	0.0000
0.40	0.0003	0.0003	0.0003	0.0002	0.0002	0.0002	0.0002	0.0003
0.45	0.0016	0.0014	0.0012	0.0010	0.0008	0.0008	0.0009	0.0012
0.50	0.0055	0.0048	0.0041	0.0034	0.0028	0.0025	0.0027	0.0034
0.55	0.0146	0.0127	0.0107	0.0089	0.0072	0.0063	0.0066	0.0080
0.60	0.0321	0.0277	0.0234	0.0193	0.0154	0.0132	0.0135	0.0160
0.65	0.0611	0.0527	0.0445	0.0364	0.0289	0.0244	0.0245	0.0282
0.70	0.1045	0.0902	0.0759	0.0619	0.0488	0.0406	0.0402	0.0453
0.75	0.1641	0.1413	0.1188	0.0966	0.0757	0.0625	0.0610	0.0673
0.80	0.2404	0.2065	0.1738	0.1409	0.1102	0.0899	0.0867	0.0942
0.85	0.3319	0.2858	0.2399	0.1945	0.1517	0.1227	0.1175	0.1256
0.90	0.4375	0.3767	0.3162	0.2564	0.1995	0.1607	0.1524	0.1611
0.93	0.5058	0.4355	0.3656	0.2972	0.2307	0.1854	0.1754	0.1841
0.95	0.5521	0.4764	0.3999	0.3251	0.2523	0.2028	0.1910	0.2000
0.97	0.5984	0.5164	0.4345	0.3532	0.2748	0.2203	0.2075	0.2163
0.98	0.6223	0.5370	0.4529	0.3681	0.2864	0.2296	0.2158	0.2244
0.99	0.6442	0.5572	0.4699	0.3828	0.2978	0.2388	0.2244	0.2328
1.00	0.6668	0.5781	0.4875	0.3972	0.3097	0.2483	0.2328	0.2415
1.01	0.6792	0.5970	0.5047	0.4121	0.3214	0.2576	0.2415	0.2500
1.02	0.6902	0.6166	0.5224	0.4266	0.3334	0.2673	0.2506	0.2582
1.05	0.7194	0.6607	0.5728	0.4710	0.3690	0.2958	0.2773	0.2844
1.10	0.7586	0.7112	0.6412	0.5408	0.4285	0.3451	0.3228	0.3296
1.15	0.7907	0.7499	0.6918	0.6026	0.4875	0.3954	0.3690	0.3750
1.20	0.8166	0.7834	0.7328	0.6546	0.5420	0.4446	0.4150	0.4198
1.30	0.8590	0.8318	0.7943	0.7345	0.6383	0.5383	0.5058	0.5093
1.40	0.8892	0.8690	0.8395	0.7925	0.7145	0.6237	0.5902	0.5943
1.50	0.9141	0.8974	0.8730	0.8375	0.7745	0.6966	0.6668	0.6714
1.60	0.9311	0.9183	0.8995	0.8710	0.8222	0.7586	0.7328	0.7430
1.70	0.9462	0.9354	0.9204	0.8995	0.8610	0.8091	0.7907	0.8054
1.80	0.9572	0.9484	0.9376	0.9204	0.8913	0.8531	0.8414	0.8590
1.90	0.9661	0.9594	0.9506	0.9376	0.9162	0.8872	0.8831	0.9057
2.00	0.9727	0.9683	0.9616	0.9528	0.9354	0.9183	0.9183	0.9462
2.20	0.9840	0.9817	0.9795	0.9727	0.9661	0.9616	0.9727	1.0093
2.40	0.9931	0.9908	0.9908	0.9886	0.9863	0.9931	1.0116	1.0568
2.60	0.9977	0.9977	0.9977	0.9977	1.0023	1.0162	1.0399	1.0889
2.80	1.0023	1.0023	1.0046	1.0069	1.0116	1.0328	1.0593	1.1117
3.00	1.0046	1.0069	1.0069	1.0116	1.0209	1.0423	1.0740	1.1298
3.50	1.0093	1.0116	1.0139	1.0186	1.0304	1.0593	1.0914	1.1508
4.00	1.0116	1.0139	1.0162	1.0233	1.0375	1.0666	1.0990	1.1588

表 D.16 ϕ^1 值

p_r=	1.0000	1.2000	1.5000	2.0000	3.0000	5.0000	7.0000	10.000
T_r								
0.30	0.0000	0.0000	0.0000	0.0000	0.0000	0.0000	0.0000	0.0000
0.35	0.0000	0.0000	0.0000	0.0000	0.0000	0.0000	0.0000	0.0000
0.40	0.0000	0.0000	0.0000	0.0000	0.0000	0.0000	0.0000	0.0000
0.45	0.0002	0.0002	0.0002	0.0002	0.0001	0.0001	0.0001	0.0001
0.50	0.0013	0.0013	0.0013	0.0012	0.0011	0.0009	0.0008	0.0006
0.55	0.0063	0.0062	0.0061	0.0058	0.0053	0.0045	0.0039	0.0031
0.60	0.0210	0.0207	0.0202	0.0194	0.0179	0.0154	0.0133	0.0108
0.65	0.0536	0.0527	0.0516	0.0497	0.0461	0.0401	0.0350	0.0289
0.70	0.1117	0.1102	0.1079	0.1040	0.0970	0.0851	0.0752	0.0629
0.75	0.1995	0.1972	0.1932	0.1871	0.1754	0.1552	0.1387	0.1178
0.80	0.3170	0.3133	0.3076	0.2978	0.2812	0.2512	0.2265	0.1954
0.85	0.4592	0.4539	0.4457	0.4325	0.4093	0.3698	0.3365	0.2951
0.90	0.6166	0.6095	0.5998	0.5834	0.5546	0.5058	0.4645	0.4130
0.93	0.7145	0.7063	0.6950	0.6761	0.6457	0.5916	0.5470	0.4898
0.95	0.7798	0.7691	0.7568	0.7379	0.7063	0.6501	0.6026	0.5432
0.97	0.8414	0.8318	0.8185	0.7998	0.7656	0.7096	0.6607	0.5984
0.98	0.8730	0.8630	0.8492	0.8298	0.7962	0.7379	0.6887	0.6266
0.99	0.9036	0.8913	0.8790	0.8590	0.8241	0.7674	0.7178	0.6546
1.00	0.9311	0.9204	0.9078	0.8872	0.8531	0.7962	0.7464	0.6823
1.01	0.9462	0.9462	0.9333	0.9162	0.8831	0.8241	0.7745	0.7096
1.02	0.9572	0.9661	0.9594	0.9419	0.9099	0.8531	0.8035	0.7379
1.05	0.9840	0.9954	1.0186	1.0162	0.9886	0.9354	0.8872	0.8222
1.10	1.0162	1.0280	1.0593	1.0990	1.1015	1.0617	1.0186	0.9572
1.15	1.0375	1.0520	1.0814	1.1376	1.1858	1.1722	1.1403	1.0864
1.20	1.0544	1.0691	1.0990	1.1588	1.2388	1.2647	1.2474	1.2050
1.30	1.0715	1.0914	1.1194	1.1776	1.2853	1.3868	1.4125	1.4061
1.40	1.0814	1.0990	1.1298	1.1858	1.2942	1.4488	1.5171	1.5524
1.50	1.0864	1.1041	1.1350	1.1858	1.2942	1.4689	1.5740	1.6520
1.60	1.0864	1.1041	1.1350	1.1858	1.2883	1.4689	1.5996	1.7140
1.70	1.0864	1.1041	1.1324	1.1803	1.2794	1.4622	1.6033	1.7458
1.80	1.0839	1.1015	1.1298	1.1749	1.2706	1.4488	1.5959	1.7620
1.90	1.0814	1.0990	1.1272	1.1695	1.2618	1.4355	1.5849	1.7620
2.00	1.0814	1.0965	1.1220	1.1641	1.2503	1.4191	1.5704	1.7539
2.20	1.0765	1.0914	1.1143	1.1535	1.2331	1.3900	1.5346	1.7219
2.40	1.0715	1.0864	1.1066	1.1429	1.2190	1.3614	1.4997	1.6866
2.60	1.0666	1.0814	1.1015	1.1350	1.2023	1.3397	1.4689	1.6482
2.80	1.0641	1.0765	1.0940	1.1272	1.1912	1.3183	1.4388	1.6144
3.00	1.0593	1.0715	1.0889	1.1194	1.1803	1.3002	1.4158	1.5813
3.50	1.0520	1.0617	1.0789	1.1041	1.1561	1.2618	1.3614	1.5101
4.00	1.0471	1.0544	1.0691	1.0914	1.1403	1.2303	1.3213	1.4555

附录E 水蒸气表

表E.1 饱和水蒸气表

t /℃	T /K	p /kPa	比体积 $v/(cm^3/g)$ 饱和液体	比体积 饱和蒸汽	内能 U(J/g) 饱和液体	内能 汽化热	内能 饱和蒸汽	焓 H/(J/g) 饱和液体	焓 汽化焓	焓 饱和蒸汽	熵 S/[J/(g·K)] 饱和液体	熵 汽化熵	熵 饱和蒸汽
0	273.15	0.611	1.000	206300	−0.04	2375.7	2375.6	−0.04	2501.7	2501.6	0.0000	9.1578	9.1578
0.01	273.16	0.611	1.000	206200	0.00	2375.6	2375.6	0.00	2501.6	2501.6	0.0000	9.1575	9.1575
1	274.15	0.657	1.000	192600	4.17	2372.7	2376.9	4.17	2499.2	2503.4	0.0153	9.1158	9.1311
2	275.15	0.705	1.000	179900	8.39	2369.9	2378.3	8.39	2496.8	2505.2	0.0306	9.0741	9.1047
3	276.15	0.757	1.000	168200	12.60	2367.1	2379.7	12.60	2494.5	2507.1	0.0459	9.0326	9.0785
4	277.15	0.813	1.000	157300	16.80	2364.3	2381.1	16.80	2492.1	2508.9	0.0611	8.9915	9.0526
5	278.15	0.872	1.000	147200	21.01	2361.4	2382.4	21.01	2489.7	2510.7	0.0762	8.9507	9.0269
6	279.15	0.935	1.000	137800	25.21	2358.6	2383.8	25.21	2487.4	2512.6	0.0913	8.9102	9.0014
7	280.15	1.001	1.000	129100	29.41	2355.8	2385.2	29.41	2485.0	2514.4	0.1063	8.8699	8.9762
8	281.15	1.072	1.000	121000	33.60	2353.0	2386.6	33.60	2482.6	2516.2	0.1213	8.8300	8.9513
9	282.15	1.147	1.000	113400	37.80	2350.1	2387.9	37.80	2480.3	2518.1	0.1362	8.7903	8.9265
10	283.15	1.227	1.000	106400	41.99	2347.3	2389.3	41.99	2477.9	2519.9	0.1510	8.7510	8.9020
11	284.15	1.312	1.000	99910	46.18	2344.5	2390.7	46.19	2475.5	2521.7	0.1658	8.7119	8.8776
12	285.15	1.401	1.000	93840	50.38	2341.7	2392.1	50.38	2473.2	2523.6	0.1805	8.6731	8.8536
13	286.15	1.497	1.001	88180	54.56	2338.9	2393.4	54.57	2470.8	2525.4	0.1952	8.6345	8.8297
14	287.15	1.597	1.001	82900	58.75	2336.1	2394.8	58.75	2468.5	2527.2	0.2098	8.5963	8.8060
15	288.15	1.704	1.001	77980	62.94	2333.2	2396.2	62.94	2466.1	2529.1	0.2243	8.5582	8.7826
16	289.15	1.817	1.001	73380	67.12	2330.4	2397.6	67.13	2463.8	2530.9	0.2388	8.5205	8.7593
17	290.15	1.936	1.001	69090	71.31	2327.6	2398.9	71.31	2461.4	2532.7	0.2533	8.4830	8.7363
18	291.15	2.062	1.001	65090	75.49	2324.8	2400.3	75.50	2459.0	2534.5	0.2677	8.4458	8.7135
19	292.15	2.196	1.002	61340	79.68	2322.0	2401.7	79.68	2456.7	2536.4	0.2820	8.4088	8.6908
20	293.15	2.337	1.002	57840	83.86	2319.2	2403.0	83.86	2454.3	2538.2	0.2963	8.3721	8.6684
21	294.15	2.485	1.002	54560	88.04	2316.4	2404.4	88.04	2452.0	2540.0	0.3105	8.3356	8.6462
22	295.15	2.642	1.002	51490	92.22	2313.6	2405.8	92.23	2449.6	2541.8	0.3247	8.2994	8.6241
23	296.15	2.808	1.002	48620	96.40	2310.7	2407.1	96.41	2447.2	2543.6	0.3389	8.2634	8.6023
24	297.15	2.982	1.003	45930	100.6	2307.9	2408.5	100.6	2444.9	2545.5	0.3530	8.2277	8.5806
25	298.15	3.166	1.003	43400	104.8	2305.1	2409.9	104.8	2442.5	2547.3	0.3670	8.1922	8.5592
26	299.15	3.360	1.003	41030	108.9	2302.3	2411.2	108.9	2440.2	2549.1	0.3810	8.1569	8.5379
27	300.15	3.564	1.003	38810	113.1	2299.5	2412.6	113.1	2437.8	2550.9	0.3949	8.1218	8.5168
28	301.15	3.778	1.004	36730	117.3	2296.7	2414.0	117.3	2435.4	2552.7	0.4088	8.0870	8.4959
29	302.15	4.004	1.004	34770	121.5	2293.8	2415.3	121.5	2433.1	2554.5	0.4227	8.0524	8.4751
30	303.15	4.241	1.004	32930	125.7	2291.0	2416.7	125.7	2430.7	2556.4	0.4365	8.0180	8.4546
31	304.15	4.491	1.005	31200	129.8	2288.2	2418.0	129.8	2428.3	2558.2	0.4503	7.9839	8.4342
32	305.15	4.753	1.005	29570	134.0	2285.4	2419.4	134.0	2425.9	2560.0	0.4640	7.9500	8.4140
33	306.15	5.029	1.005	28040	138.2	2282.6	2420.8	138.2	2423.6	2561.8	0.4777	7.9163	8.3939
34	307.15	5.318	1.006	26600	142.4	2279.7	2422.1	142.4	2421.2	2563.6	0.4913	7.8828	8.3740
35	308.15	5.622	1.006	25240	146.6	2276.9	2423.5	146.6	2418.8	2565.4	0.5049	7.8495	8.3543
36	309.15	5.940	1.006	23970	150.7	2274.1	2424.8	150.7	2416.4	2567.2	0.5184	7.8164	8.3348
37	310.15	6.274	1.007	22760	154.9	2271.3	2426.2	154.9	2414.1	2569.0	0.5319	7.7835	8.3154
38	311.15	6.624	1.007	21630	159.1	2268.4	2427.5	159.1	2411.7	2570.8	0.5453	7.7509	8.2962
39	312.15	6.991	1.007	20560	163.3	2265.6	2428.9	163.3	2409.3	2572.6	0.5588	7.7184	8.2772
40	313.15	7.375	1.008	19550	167.4	2262.8	2430.2	167.5	2406.9	2574.4	0.5721	7.6861	8.2583
41	314.15	7.777	1.008	18590	171.6	2259.9	2431.6	171.6	2404.5	2576.2	0.5854	7.6541	8.2395

续表

t /℃	T /K	p /kPa	比体积 v/(cm^3/g)		内能 U(J/g)			焓 H/(J/g)			熵 S/[J/(g·K)]		
			饱和液体	饱和蒸汽	饱和液体	汽化热	饱和蒸汽	饱和液体	汽化焓	饱和蒸汽	饱和液体	汽化熵	饱和蒸汽
42	315.15	8.198	1.009	17690	175.8	2257.1	2432.9	175.8	2402.1	2577.9	0.5987	7.6222	8.2209
43	316.15	8.639	1.009	16840	180.0	2254.3	2434.2	180.0	2399.7	2579.7	0.6120	7.5905	8.2025
44	317.15	9.100	1.009	16040	184.2	2251.4	2435.6	184.2	2397.3	2581.5	0.6252	7.5590	8.1842
45	318.15	9.582	1.010	15280	188.3	2248.6	2436.9	188.4	2394.9	2583.3	0.6383	7.5277	8.1661
46	319.15	10.09	1.010	14560	192.5	2245.7	2438.3	192.5	2392.5	2585.1	0.6514	7.4966	8.1481
47	320.15	10.61	1.011	13880	196.7	2242.9	2439.6	196.7	2390.1	2586.9	0.6645	7.4657	8.1302
48	321.15	11.16	1.011	13230	200.9	2240.0	2440.9	200.9	2387.7	2588.6	0.6776	7.4350	8.1125
49	322.15	11.74	1.012	12620	205.1	2237.2	2442.3	205.1	2385.3	2590.4	0.6906	7.4044	8.0950
50	323.15	12.34	1.012	12050	209.2	2234.3	2443.6	209.3	2382.9	2592.2	0.7035	7.3741	8.0776
51	324.15	12.96	1.013	11500	213.4	2231.5	2444.9	213.4	2380.5	2593.9	0.7164	73439	8.0603
52	325.15	13.61	1.013	10980	217.6	2228.6	2446.2	217.6	2378.1	2595.7	0.7293	7.3138	8.0432
53	326.15	14.29	1.014	10490	221.8	2225.8	2447.6	221.8	2375.7	2597.5	0.7422	7.2840	8.0262
54	327.15	15.00	1.014	10020	226.0	2222.9	2448.9	226.0	2373.2	2599.2	0.7550	7.2543	8.0093
55	328.15	15.74	1.015	9578.9	230.2	2220.0	2450.2	230.2	2370.8	2601.0	0.7677	7.2248	7.9925
56	329.15	16.51	1.015	9158.7	234.3	2217.2	2451.5	234.4	2368.4	2602.7	0.7804	7.1955	7.9759
57	330.15	17.31	1.016	8759.8	238.5	2214.3	2452.8	238.5	2365.9	2604.5	0.7931	7.1663	7.9595
58	331.15	18.15	1.016	8380.8	242.7	2211.4	2454.1	242.7	2363.5	2606.2	0.8058	7.1373	7.9431
59	332.15	19.02	1.017	8020.8	246.9	2208.6	2455.4	246.9	2361.1	2608.0	0.8184	7.1085	7.9269
60	333.15	19.92	1.017	7678.5	251.1	2205.7	2456.8	251.1	2358.6	2609.7	0.8310	7.0798	7.9108
61	334.15	20.86	1.018	7353.2	255.3	2202.8	2458.1	255.3	2356.2	2611.4	0.8435	7.0513	7.8948
62	335.15	21.84	1.018	7043.7	259.4	2199.9	2459.4	259.5	2353.7	2613.2	0.8560	7.0230	7.8790
63	336.15	22.86	1.019	6749.3	263.6	2197.0	2460.7	263.6	2351.3	2614.9	0.8685	6.9948	7.8633
64	337.15	23.91	1.019	6469.0	267.8	2194.1	2462.0	267.8	2348.8	2616.6	0.8809	6.9667	7.8477
65	338.15	25.01	1.020	6202.3	272.0	2191.2	2463.2	272.0	2346.3	2618.4	0.8933	6.9388	7.8322
66	339.15	26.15	1.020	5948.2	276.2	2188.3	2464.5	276.2	2343.9	2620.1	0.9057	6.9111	7.8168
67	340.15	27.33	1.021	5706.2	280.4	2185.4	2465.8	280.4	2341.4	2621.8	0.9180	6.8835	7.8015
68	341.15	28.56	1.022	5475.6	284.6	2182.5	2467.1	284.6	2338.9	2623.5	0.9303	6.8561	7.7864
69	342.15	29.84	1.022	5255.8	288.8	2179.6	2468.4	288.8	2336.4	2625.2	0.9426	6.8288	7.7714
70	343.15	31.16	1.023	5046.3	292.9	2176.7	2469.7	293.0	2334.0	2626.9	0.9548	6.8017	7.7565
71	344.15	32.53	1.023	4846.4	297.1	2173.8	2470.9	297.2	2331.5	2628.6	0.9670	6.7747	7.7417
72	345.15	33.96	1.024	4655.7	301.3	2170.9	2472.2	301.4	2329.0	2630.3	0.9792	6.7478	7.7270
73	346.15	35.43	1.025	4473.7	305.5	2168.0	2473.5	305.5	2326.5	2632.0	0.9913	6.7211	7.7124
74	347.15	36.96	1.025	4300.0	309.7	2165.1	2474.8	309.7	2324.0	2633.7	1.0034	6.6945	7.6979
75	348.15	38.55	1.026	4134.1	313.9	2162.1	2476.0	313.9	2321.5	2635.4	1.0154	6.6681	7.6835
76	349.15	40.19	1.027	3975.7	318.1	2159.2	2477.3	318.1	2318.9	2637.1	1.0275	6.6418	7.6693
77	350.15	41.89	1.027	3824.3	322.3	2156.3	2478.5	322.3	2316.4	2638.7	1.0395	6.6156	7.6551
78	351.15	43.65	1.028	3679.6	326.5	2153.3	2479.8	326.5	2313.9	2640.4	1.0514	6.5896	7.6410
79	352.15	45.47	1.029	3541.3	330.7	2150.4	2481.1	330.7	2311.4	2642.1	1.0634	6.5637	7.6271
80	353.15	47.36	1.029	3409.1	334.9	2147.4	2482.3	334.9	2308.8	2643.8	1.0753	6.5380	7.6132
81	354.15	49.31	1.030	3282.6	339.1	2144.5	2483.5	339.1	2306.3	2645.4	1.0871	6.5123	7.5995
82	355.15	51.33	1.031	3161.6	343.3	2141.5	2484.8	343.3	2303.8	2647.1	1.0990	6.4868	7.5858
83	356.15	53.42	1.031	3045.8	347.5	2138.6	2486.0	347.5	2301.2	2648.7	1.1108	6.4615	7.5722
84	357.15	55.57	1.032	2935.0	351.7	2135.6	2487.3	351.7	2298.6	2650.4	1.1225	6.4362	7.5587
85	358.15	57.80	1.033	2828.8	355.9	2132.6	2488.5	355.9	2296.1	2652.0	1.1343	6.4111	7.5454
86	359.15	60.11	1.033	2727.2	360.1	2129.7	2489.7	360.1	2293.5	2653.6	1.1460	6.3861	7.5321
87	360.15	62.49	1.034	2629.8	364.3	2126.7	2490.9	364.3	2290.9	2655.3	1.1577	6.3612	7.5189
88	361.15	64.95	1.035	2536.5	368.5	2123.7	2492.2	368.5	2288.4	2656.9	1.1693	6.3365	7.5058
89	362.15	67.49	1.035	2447.0	372.7	2120.7	2493.4	372.7	2285.8	2658.5	1.1809	6.3119	7.4928

续表

t /℃	T /K	p /kPa	比体积 v/(cm³/g)		内能 U(J/g)			焓 H/(J/g)			熵 S/[J/(g·K)]		
			饱和液体	饱和蒸汽	饱和液体	汽化热	饱和蒸汽	饱和液体	汽化焓	饱和蒸汽	饱和液体	汽化熵	饱和蒸汽
90	363.15	70.11	1.036	2361.3	376.9	2117.7	2494.6	376.9	2283.2	2660.1	1.1925	6.2873	7.4799
91	364.15	72.81	1.037	2279.1	381.1	2114.7	2495.8	381.1	2280.6	2661.7	1.2041	6.2629	7.4670
92	365.15	75.61	1.038	2200.2	385.3	2111.7	2497.0	385.4	2278.0	2663.4	1.2156	6.2387	7.4543
93	366.15	78.49	1.038	2124.5	389.5	2108.7	2498.2	389.6	2275.4	2665.0	1.2271	6.2145	7.4416
94	367.15	81.46	1.039	2051.9	393.7	2105.7	2499.4	393.8	2272.8	2666.6	1.2386	6.1905	7.4291
95	368.15	84.53	1.040	1982.2	397.9	2102.7	2500.6	398.0	2270.2	2668.1	1.2501	6.1665	7.4166
96	369.15	87.69	1.041	1915.3	402.1	2099.7	2501.8	402.2	2267.5	2669.7	1.2615	6.1427	7.4042
97	370.15	90.94	1.041	1851.0	406.3	2096.6	2503.0	406.4	2264.9	2671.3	1.2729	6.1190	7.3919
98	371.15	94.30	1.042	1789.3	410.5	2093.6	2504.1	410.6	2262.2	2672.9	1.2842	6.0954	7.3796
99	372.15	97.76	1.043	1730.0	414.7	2090.6	2505.3	414.8	2259.6	2674.4	1.2956	6.0719	7.3675
100	373.15	101.33	1.044	1673.0	419.0	2087.5	2506.5	419.1	2256.9	2676.0	1.3069	6.0485	7.3554
102	375.15	108.78	1.045	1565.5	427.4	2081.4	2508.8	427.5	2251.6	2679.1	1.3294	6.0021	7.3315
104	377.15	116.68	1.047	1466.2	435.8	2075.3	2511.1	435.9	2246.3	2682.2	1.3518	5.9560	7.3078
106	379.15	125.04	1.049	1374.2	444.3	2069.2	2513.4	444.4	2240.9	2685.3	1.3742	5.9104	7.2845
108	381.15	133.90	1.050	1288.9	452.7	2063.0	2515.7	452.9	2235.4	2688.3	1.3964	5.8651	7.2615
110	383.15	143.27	1.052	1209.9	461.2	2056.8	2518.0	461.3	2230.0	2691.3	1.4185	5.8203	7.2388
112	385.15	153.16	1.054	1136.6	469.6	2050.6	2520.2	469.8	2224.5	2694.3	1.4405	5.7758	7.2164
114	387.15	163.62	1.055	1068.5	478.1	2044.3	2522.4	478.3	2219.0	2697.2	1.4624	5.7318	7.1942
116	389.15	174.65	1.057	1005.2	486.6	2038.1	2524.6	486.7	2213.4	2700.2	1.4842	5.6881	7.1723
118	391.15	186.28	1.059	946.3	495.0	2031.8	2526.8	495.2	2207.9	2703.1	1.5060	5.6447	7.1507
120	393.15	198.54	1.061	891.5	503.5	2025.4	2529.0	503.7	2202.2	2706.0	1.5276	5.6017	7.1293
122	395.15	211.45	1.062	840.5	512.0	2019.1	2531.1	512.2	2196.6	2708.8	1.5491	5.5590	7.1082
124	397.15	225.04	1.064	792.8	520.5	2012.7	2533.2	520.7	2190.9	2711.6	1.5706	5.5167	7.0873
126	399.15	239.33	1.066	748.4	529.0	2006.3	2535.3	529.2	2185.2	2714.4	1.5919	5.4747	7.0666
128	401.15	254.35	1.068	706.9	537.5	1999.9	2537.4	537.8	2179.4	2717.2	1.6132	5.4330	7.0462
130	403.15	270.13	1.070	668.1	546.0	1993.4	2539.4	546.3	2173.6	2719.9	1.6344	5.3917	7.0261
132	405.15	286.70	1.072	631.9	554.5	1986.9	2541.4	554.8	2167.8	2722.6	1.6555	5.3507	7.0061
134	407.15	304.07	1.074	598.0	563.1	1980.4	2543.4	563.4	2161.9	2725.3	1.6765	5.3099	6.9864
136	409.15	322.29	1.076	566.2	571.6	1973.8	2545.4	572.0	2155.9	2727.9	1.6974	5.2695	6.9669
138	411.15	341.38	1.078	536.4	580.2	1967.2	2547.4	580.5	2150.0	2730.5	1.7182	5.2293	6.9475
140	413.15	361.38	1.080	508.5	588.7	1960.6	2549.3	589.1	2144.0	2733.1	1.7390	5.1894	6.9284
142	415.15	382.31	1.082	482.3	597.3	1953.9	2551.2	597.7	2137.9	2735.6	1.7597	5.1499	6.9095
144	417.15	404.20	1.084	457.7	605.9	1947.2	2553.1	606.3	2131.8	2738.1	1.7803	5.1105	6.8908
146	419.15	427.09	1.086	434.6	614.4	1940.5	2554.9	614.9	2125.7	2740.6	1.8008	5.0715	6.8723
148	421.15	451.01	1.089	412.9	623.0	1933.7	2556.8	623.5	2119.5	2743.0	1.8213	5.0327	6.8539
150	423.15	476.00	1.091	392.4	631.6	1926.9	2558.6	632.1	2113.2	2745.4	1.8416	4.9941	6.8358
152	425.15	502.08	1.093	373.2	640.2	1920.1	2560.3	640.8	2106.9	2747.7	1.8619	4.9558	6.8178
154	427.15	529.29	1.095	355.1	648.9	1913.2	2562.1	649.4	2100.6	2750.0	1.8822	4.9178	6.8000
156	429.15	557.67	1.098	338.0	657.5	1906.3	2563.8	658.1	2094.2	2752.3	1.9023	4.8800	6.7823
158	431.15	587.25	1.100	321.9	666.1	1899.3	2565.5	666.8	2087.7	2754.5	1.9224	4.8424	6.7648
160	433.15	618.06	1.102	306.8	674.8	1892.3	2567.1	675.5	2081.3	2756.7	1.9425	4.8050	6.7475
162	435.15	650.16	1.105	292.4	683.5	1885.3	2568.8	684.2	2074.7	2758.9	1.9624	4.7679	6.7303
164	437.15	683.56	1.107	278.9	692.1	1878.2	2570.4	692.9	2068.1	2761.0	1.9823	4.7309	6.7133
166	439.15	718.31	1.109	266.1	700.8	1871.1	2571.9	701.6	2061.4	2763.1	2.0022	4.6942	6.6964
168	441.15	754.45	1.112	254.0	709.5	1863.9	2573.4	710.4	2054.7	2765.1	2.0219	4.6577	6.6796
170	443.15	792.02	1.114	242.6	718.2	1856.7	2574.9	719.1	2047.9	2767.1	2.0416	4.6214	6.6630
172	445.15	831.06	1.117	231.7	727.0	1849.5	2576.4	727.9	2041.1	2769.0	2.0613	4.5853	6.6465
174	447.15	871.60	1.120	221.5	735.7	1842.2	2577.8	736.7	2034.2	2770.9	2.0809	4.5493	6.6302

续表

t /℃	T /K	p /kPa	比体积 v/(cm³/g)		内能 U(J/g)			焓 H/(J/g)			熵 S/[J/(g·K)]		
			饱和液体	饱和蒸汽	饱和液体	汽化热	饱和蒸汽	饱和液体	汽化焓	饱和蒸汽	饱和液体	汽化熵	饱和蒸汽
176	449.15	913.68	1.122	211.7	744.4	1834.8	2579.3	745.5	2027.3	2772.7	2.1004	4.5136	6.6140
178	451.15	957.36	1.125	202.5	753.2	1827.4	2580.6	754.3	2020.2	2774.5	2.1199	4.4780	6.5979
180	453.15	1002.7	1.128	193.8	762.0	1820.0	2581.9	763.1	2013.1	2776.3	2.1393	4.4426	6.5819
182	455.15	1049.6	1.130	185.5	770.8	1812.5	2583.2	772.0	2006.0	2778.0	2.1587	4.4074	6.5660
184	457.15	1098.3	1.133	177.6	779.6	1804.9	2584.5	780.8	1998.8	2779.6	2.1780	4.3723	6.5503
186	459.15	1148.8	1.136	170.2	788.4	1797.3	2585.7	789.7	1991.5	2781.2	2.1972	4.3374	6.5346
188	461.15	1201.0	1.139	163.1	797.2	1789.7	2586.9	798.6	1984.2	2782.8	2.2164	4.3026	6.5191
190	463.15	1255.1	1.142	156.3	806.1	1782.0	2588.1	807.5	1976.7	2784.3	2.2356	4.2680	6.5036
192	465.15	1311.1	1.144	149.9	814.9	1774.2	2589.2	816.5	1969.3	2785.7	2.2547	4.2336	6.4883
194	467.15	1369.0	1.147	143.8	823.8	1766.4	2590.2	825.4	1961.7	2787.1	2.2738	4.1993	6.4730
196	469.15	1428.9	1.150	138.0	832.7	1758.6	2591.3	834.4	1954.1	2788.4	2.2928	4.1651	6.4578
198	471.15	1490.9	1.153	132.4	841.6	1750.6	2592.3	843.4	1946.4	2789.7	2.3117	4.1310	6.4428
200	473.15	1554.9	1.156	127.2	850.6	1742.6	2593.2	852.4	1938.6	2790.9	2.3307	4.0971	6.4278
202	475.15	1621.0	1.160	122.1	859.5	1734.6	2594.1	861.4	1930.7	2792.1	2.3495	4.0633	6.4128
204	477.15	1689.3	1.163	117.3	868.5	1726.5	2595.0	870.5	1922.8	2793.2	2.3684	4.0296	6.3980
206	479.15	1759.8	1.166	112.8	877.5	1718.3	2595.8	879.5	1914.7	2794.3	2.3872	3.9961	6.3832
208	481.15	1832.6	1.169	108.4	886.5	1710.1	2596.6	888.6	1906.6	2795.3	2.4059	3.9626	6.3686
210	483.15	1907.7	1.173	104.2	895.5	1701.8	2597.3	897.7	1898.5	2796.2	2.4247	3.9293	6.3539
212	485.15	1985.2	1.176	100.26	904.5	1693.5	2598.0	906.9	1890.2	2797.1	2.4434	3.8960	6.3394
214	487.15	2065.1	1.179	96.46	913.6	1685.1	2598.7	916.0	1881.8	2797.9	2.4620	3.8629	6.3249
216	489.15	2147.5	1.183	92.83	922.7	1676.6	2599.3	925.2	1873.4	2798.6	2.4806	3.8298	6.3104
218	491.15	2232.4	1.186	89.36	931.8	1668.0	2599.8	934.4	1864.9	2799.3	2.4992	3.7968	6.2960
220	493.15	2319.8	1.190	86.04	940.9	1659.4	2600.3	943.7	1856.2	2799.9	2.5178	3.7639	6.2817
222	495.15	2409.9	1.194	82.86	950.1	1650.7	2600.8	952.9	1847.5	2800.5	2.5363	3.7311	6.2674
224	497.15	2502.7	1.197	79.82	959.2	1642.0	2601.2	962.2	1838.7	2800.9	2.5548	3.6984	6.2532
226	499.15	2598.2	1.201	76.91	968.4	1633.1	2601.5	971.5	1829.8	2801.4	2.5733	3.6657	6.2390
228	501.15	2696.5	1.205	74.12	977.6	1624.2	2601.8	980.9	1820.8	2801.7	2.5917	3.6331	6.2249
230	503.15	2797.6	1.209	71.45	986.9	1615.2	2602.1	990.3	1811.7	2802.0	2.6102	3.6006	6.2107
232	505.15	2901.6	1.213	68.89	996.2	1606.1	2602.3	999.7	1802.5	2802.2	2.6286	3.5681	6.1967
234	507.15	3008.6	1.217	66.43	1005.4	1597.0	2602.4	1009.1	1793.2	2802.3	2.6470	3.5356	6.1826
236	509.15	3118.6	1.221	64.08	1014.8	1587.7	2602.5	1018.6	1783.8	2802.3	2.6653	3.5033	6.1686
238	511.15	3231.7	1.225	61.82	1024.1	1578.4	2602.5	1028.1	1774.2	2802.3	2.6837	3.4709	6.1546
240	513.15	3347.8	1.229	59.65	1033.5	1569.0	2602.5	1037.6	1764.6	2802.2	2.7020	3.4386	6.1406
242	515.15	3467.2	1.233	57.57	1042.9	1559.5	2602.4	1047.2	1754.9	2802.0	2.7203	3.4063	6.1266
244	517.15	3589.8	1.238	55.58	1052.3	1549.9	2602.2	1056.8	1745.0	2801.8	2.7386	3.3740	6.1127
246	519.15	3715.7	1.242	53.66	1061.8	1540.2	2602.0	1066.4	1735.0	2801.4	2.7569	3.3418	6.0987
248	521.15	3844.9	1.247	51.81	1071.3	1530.5	2601.8	1076.1	1724.9	2801.0	2.7752	3.3096	6.0848
250	523.15	3977.6	1.251	50.04	1080.8	1520.6	2601.4	1085.8	1714.7	2800.4	2.7935	3.2773	6.0708
252	525.15	4113.7	1.256	48.33	1090.4	1510.6	2601.0	1095.5	1704.3	2799.8	2.8118	3.2451	6.0569
254	527.15	4253.4	1.261	46.69	1100.0	1500.5	2600.5	1105.3	1693.8	2799.1	2.8300	3.2129	6.0429
256	529.15	4396.7	1.266	45.11	1109.6	1490.4	2600.0	1115.2	1683.2	2798.3	2.8483	3.1807	6.0290
258	531.15	4543.7	1.271	43.60	1119.3	1480.1	2599.3	1125.0	1672.4	2797.4	2.8666	3.1484	6.0150
260	533.15	4694.3	1.276	42.13	1129.0	1469.7	2598.6	1134.9	1661.5	2796.4	2.8848	3.1161	6.0010
262	535.15	4848.8	1.281	40.73	1138.7	1459.2	2597.8	1144.9	1650.4	2795.3	2.9031	3.0838	5.9869
264	537.15	5007.1	1.286	39.37	1148.5	1148.5	2597.0	1154.9	1639.2	2794.1	2.9214	3.0515	5.9729
266	539.15	5169.3	1.291	38.06	1158.3	1437.8	2596.1	1165.0	1627.8	2792.8	2.9397	3.0191	5.9588
268	541.15	5335.5	1.297	36.80	1168.2	1426.9	2595.0	1175.1	1616.3	2791.4	2.9580	2.9866	5.9446

续表

t/℃	T/K	p/kPa	比体积 v/(cm³/g) 饱和液体	饱和蒸汽	内能 U(J/g) 饱和液体	汽化热	饱和蒸汽	焓 H/(J/g) 饱和液体	汽化焓	饱和蒸汽	熵 S/[J/(g·K)] 饱和液体	汽化熵	饱和蒸汽
270	543.15	5505.8	1.303	35.59	1178.1	1415.9	2593.9	1185.2	1604.6	2789.9	2.9763	2.9541	5.9304
272	545.15	5680.2	1.308	34.42	1188.0	1404.7	2592.7	1195.4	1592.8	2788.2	2.9947	2.9215	5.9162
274	547.15	5858.7	1.314	33.29	1198.0	1393.4	2591.4	1205.7	1580.8	2786.5	3.0131	2.8889	5.9019
276	549.15	6041.5	1.320	32.20	1208.0	1382.0	2590.1	1216.0	1568.5	2784.6	3.0314	2.8561	5.8876
278	551.15	6228.7	1.326	31.14	1218.1	1370.4	2588.6	1226.4	1556.2	2782.6	3.0499	2.8233	5.8731
280	553.15	6420.2	1.332	30.13	1228.3	1358.7	2587.0	1236.8	1543.6	2780.4	3.0683	2.7903	5.8586
282	555.15	6616.1	1.339	29.14	1238.5	1346.8	2585.3	1247.3	1530.8	2778.1	3.0868	2.7573	5.8440
284	557.15	6816.6	1.345	28.20	1248.7	1334.8	2583.5	1257.9	1517.8	2775.7	3.1053	2.7241	5.8294
286	559.15	7021.8	1.352	27.28	1259.0	1322.6	2581.6	1268.5	1504.6	2773.2	3.1238	2.6908	5.8146
288	561.15	7231.5	1.359	26.39	1269.4	1310.2	2579.6	1279.2	1491.2	2770.5	3.1424	2.6573	5.7997
290	563.15	7446.1	1.366	25.54	1279.8	1297.7	2577.5	1290.0	1477.6	2767.6	3.1611	2.6237	5.7848
292	565.15	7665.4	1.373	24.71	1290.3	1284.9	2575.3	1300.9	1463.8	2764.6	3.1798	2.5899	5.7697
294	567.15	7889.7	1.381	23.90	1300.9	1272.0	2572.9	1311.8	1449.7	2761.5	3.1985	2.5560	5.7545
296	569.15	8118.9	1.388	23.13	1311.5	1258.9	2570.4	1322.8	1435.4	2758.2	3.2173	2.5218	5.7392
298	571.15	8353.2	1.396	22.38	1322.2	1245.6	2567.8	1333.9	1420.8	2754.7	3.2362	2.4875	5.7237
300	573.15	8592.7	1.404	21.65	1333.0	1232.0	2565.0	1345.1	1406.0	2751.0	3.2552	2.4529	5.7081
302	575.15	8837.4	1.412	20.94	1343.8	1218.3	2562.1	1356.3	1390.9	2747.2	3.2742	2.4182	5.6924
304	577.15	9087.3	1.421	20.26	1354.8	1204.3	2559.1	1367.7	1375.5	2743.2	3.2933	2.3832	5.6765
306	579.15	9342.7	1.430	19.60	1365.8	1190.1	2555.9	1379.1	1359.8	2739.0	3.3125	2.3479	5.6604
308	581.15	9603.6	1.439	18.96	1376.9	1175.6	2552.5	1390.7	1343.9	2734.6	3.3318	2.3124	5.6442
310	583.15	9870.0	1.448	18.33	1388.1	1161.0	2549.1	1402.4	1327.6	2730.0	3.3512	2.2766	5.6278
312	585.15	10142.1	1.458	17.73	1399.4	1146.0	2545.4	1414.2	1311.0	2725.2	3.3707	2.2404	5.6111
314	587.15	10420.0	1.468	17.14	1410.8	1130.8	2541.6	1426.1	1294.1	2720.2	3.3903	2.2040	5.5943
316	589.15	10703.0	1.478	16.57	1422.3	1115.2	2537.5	1438.1	1276.8	2714.9	3.4101	2.1672	5.5772
318	591.15	10993.4	1.488	16.02	1433.9	1099.4	2533.3	1450.3	1259.1	2709.4	3.4300	2.1300	5.5599
320	593.15	11289.1	1.500	15.48	1445.7	1083.2	2528.9	1462.6	1241.1	2703.7	3.4500	2.0923	5.5423
322	595.15	11591.0	1.511	14.96	1457.5	1066.7	2524.3	1475.1	1222.6	2697.6	3.4702	2.0542	5.5244
324	597.15	11899.2	1.523	14.45	1469.5	1049.9	2519.4	1487.7	1203.6	2691.3	3.4906	2.0156	5.5062
326	599.15	12213.7	1.535	13.95	1481.7	1032.6	2514.3	1500.4	1184.2	2684.6	3.5111	1.9764	5.4876
328	601.15	12534.8	1.548	13.46	1494.0	1014.8	2508.8	1513.4	1164.2	2677.6	3.5319	1.9367	5.4685
330	603.15	12862.5	1.561	12.99	1506.4	996.7	2503.1	1526.5	1143.6	2670.2	3.5528	1.8962	5.4490
332	605.15	13197.0	1.575	12.53	1519.1	978.0	2497.0	1539.9	1122.5	2662.3	3.5740	1.8550	5.4290
334	607.15	13538.3	1.590	12.08	1531.9	958.7	2490.6	1553.4	1100.7	2654.1	3.5955	1.8129	5.4084
336	609.15	13886.7	1.606	11.63	1544.9	938.9	2483.7	1567.2	1078.1	2645.3	3.6172	1.7700	5.3872
338	611.15	14242.3	1.622	11.20	1558.1	918.4	2476.4	1581.2	1054.8	2636.0	3.6392	1.7261	5.3653
340	613.15	14605.2	1.639	10.78	1571.5	897.2	2468.7	1595.5	1030.7	2626.2	3.6616	1.6811	5.3427
342	615.15	14975.5	1.657	10.37	1585.2	875.2	2460.5	1610.0	1005.7	2615.7	3.6844	1.6350	5.3194
344	617.15	15353.5	1.676	9.962	1599.2	852.5	2451.7	1624.9	979.7	2604.7	3.7075	1.5877	5.2952
346	619.15	15739.3	1.696	9.566	1613.5	828.9	2442.4	1640.2	952.8	2593.0	3.7311	1.5391	5.2702
348	621.15	16133.1	1.718	9.178	1628.1	804.5	2432.6	1655.8	924.8	2580.7	3.7553	1.4891	5.2444
350	623.15	16535.1	1.741	8.799	1643.0	779.2	2422.2	1671.8	895.9	2567.7	3.7801	1.4375	5.2177
352	625.15	16945.5	1.766	8.420	1659.4	751.5	2410.8	1689.3	864.2	2553.5	3.8071	1.3822	5.1893
354	627.15	17364.4	1.794	8.045	1676.3	722.4	2398.7	1707.5	830.9	2538.4	3.8349	1.3247	5.1596
356	629.15	17792.2	1.824	7.674	1693.4	692.2	2385.6	1725.9	796.2	2522.1	3.8629	1.2654	5.1283
358	631.15	18229.0	1.858	7.306	1710.8	660.5	2371.4	1744.7	759.9	2504.6	3.8915	1.2037	5.0953
360	633.15	18675.1	1.896	6.940	1728.8	627.1	2355.8	1764.2	721.3	2485.4	3.9210	1.1390	5.0600
361	634.15	18901.7	1.917	6.757	1738.0	609.5	2347.5	1774.2	701.0	2475.2	3.9362	1.1052	5.0414

续表

t /℃	T /K	p /kPa	比体积 v/(cm³/g)		内能 U(J/g)			焓 H/(J/g)			熵 S/[J/(g·K)]		
			饱和液体	饱和蒸汽	饱和液体	汽化热	饱和蒸汽	饱和液体	汽化焓	饱和蒸汽	饱和液体	汽化熵	饱和蒸汽
362	635.15	19130.7	1.939	6.573	1747.5	591.2	2338.7	1784.6	679.8	2464.4	3.9518	1.0702	5.0220
363	636.15	19362.1	1.963	6.388	1757.3	572.1	2329.3	1795.3	657.8	2453.0	3.9679	1.0338	5.0017
364	637.15	19596.1	1.988	6.201	1767.4	552.0	2319.4	1806.4	634.6	2440.9	3.9846	0.9958	4.9804
365	638.15	19832.6	2.016	6.012	1778.0	530.8	2308.8	1818.0	610.0	2428.0	4.0021	0.9558	4.9579
366	639.15	20071.6	2.046	5.819	1789.1	508.2	2297.3	1830.2	583.9	2414.1	4.0205	0.9134	4.9339
367	640.15	20313.2	2.080	5.621	1801.0	483.8	2284.8	1843.2	555.7	2399.0	4.0401	0.8680	4.9081
368	641.15	20557.5	2.118	5.416	1813.8	457.3	2271.1	1857.3	525.1	2382.4	4.0613	0.8189	4.8801
369	642.15	20804.4	2.162	5.201	1827.8	427.9	2255.7	1872.8	491.1	2363.9	4.0846	0.7647	4.8492
370	643.15	21054.0	2.214	4.973	1843.6	394.5	2238.1	1890.2	452.6	2342.8	4.1108	0.7036	4.8144
371	644.15	21306.4	2.278	4.723	1862.0	355.3	2217.3	1910.5	407.4	2317.9	4.1414	0.6324	4.7738
372	645.15	21561.6	2.364	4.439	1884.6	306.6	2191.2	1935.6	351.4	2287.0	4.1794	0.5446	4.7240
373	646.15	21819.7	2.496	4.084	1916.0	238.9	2154.9	1970.5	273.5	2244.0	4.2325	0.4233	4.6559
374	647.15	22080.5	2.843	3.466	1983.9	95.7	2079.7	2046.7	109.5	2156.2	4.3493	0.1692	4.5185
374.15	647.30	22120.0	3.170	3.170	2037.3	0.0	2037.3	2107.4	0.0	2107.4	4.4429	0.0000	4.4429

表 E2　过热水蒸气表

（比体积 v，$cm^3 \cdot g^{-1}$；内能 U，$J \cdot g^{-1}$；焓 H，$J \cdot g^{-1}$；熵 S，$J \cdot g^{-1} \cdot K^{-1}$）

p/kPa (t^{sat}/℃)	物理量	饱和液体	饱和蒸汽	温度 t/℃(温度 T/K)							
				75 (348.15)	100 (373.15)	125 (398.15)	150 (423.15)	175 (448.15)	200 (473.15)	225 (498.15)	250 (523.15)
1 (6.98)	v	1.000	129200.0	160640.0	172180.0	183720.0	195270.0	206810.0	218350.0	229890.0	241430.0
	U	29.334	2385.2	2480.8	2516.4	2552.3	2588.5	2624.9	2661.7	2698.8	2736.3
	H	29.335	2514.4	2641.5	2688.6	2736.0	2783.7	2831.7	2880.1	2928.7	2977.7
	S	0.1060	8.9767	9.3828	9.5136	9.6365	9.7527	9.8629	9.9679	10.0681	10.1641
10 (45.83)	v	1.010	14670.0	16030.0	17190.0	18350.0	19510.0	20660.0	21820.0	22980.0	24130.0
	U	191.822	2438.0	2479.7	2515.6	2551.6	2588.0	2624.5	2661.4	2698.6	2736.1
	H	191.832	2584.8	2640.0	2687.5	2735.2	2783.1	2831.2	2879.6	2928.4	2977.4
	S	0.6493	8.1511	8.3168	8.4486	8.5722	8.6888	8.7994	8.9045	9.0049	9.1010
20 (60.09)	v	1.017	7649.8	8000.0	8584.7	9167.1	9748.0	10320.0	10900.0	11480.0	12060.
	U	251.432	2456.9	2478.4	2514.6	2550.9	2587.4	2624.1	2661.0	2698.3	2735.8
	H	251.453	2609.9	2638.4	2686.3	2734.2	2782.3	2830.6	2879.2	2928.0	2977.1
	S	0.8321	7.9094	7.9933	8.1261	8.2504	8.3676	8.4785	8.5839	8.6844	8.7806
30 (69.12)	v	1.022	5229.3	5322.0	5714.4	6104.6	6493.2	6880.8	7267.5	7653.8	8039.7
	U	289.271	2468.6	2477.1	2513.6	2550.2	2586.8	2623.6	2660.7	2698.0	2735.6
	H	289.302	2625.4	2636.8	2685.1	2733.3	2781.6	2830.0	2878.7	2927.6	2976.8
	S	0.9441	7.7695	7.8024	7.9363	8.0614	8.1791	8.2903	8.3960	8.4967	8.5930
40 (75.89)	v	1.027	3993.4	……	4279.2	4573.3	4865.8	5157.2	5447.8	5738.0	6027.7
	U	317.609	2477.1	……	2512.6	2549.4	2586.2	2623.2	2660.3	2697.7	2735.4
	H	317.650	2636.9	……	2683.8	2732.3	2780.9	2829.5	2878.2	2927.2	2976.5
	S	1.0261	7.6709	……	7.8009	7.9268	8.0450	8.1566	8.2624	8.3633	8.4598
50 (81.35)	v	1.030	3240.2	……	3418.1	3654.5	3889.3	4123.0	4356.0	4588.5	4820.5
	U	340.513	2484.0	……	2511.7	2548.6	2585.6	2622.7	2659.9	2697.4	2735.1
	H	340.564	2646.0	……	2682.6	2731.4	2780.1	2828.9	2877.7	2926.8	2976.1
	S	1.0912	7.5947	……	7.6953	7.8219	7.9406	8.0526	8.1587	8.2598	8.3564
75 (91.79)	v	1.037	2216.9	……	2269.8	2429.4	2587.3	2744.2	2900.2	3055.8	3210.9
	U	384.374	2496.7	……	2509.2	2546.7	2584.2	2621.6	2659.0	2696.7	2734.5
	H	384.451	2663.0	……	2679.4	2728.9	2778.2	2827.4	2876.6	2925.8	2975.3
	S	1.2131	7.4570	……	7.5014	7.6300	7.7500	7.8629	7.9697	8.0712	8.1681

续表

p/kPa (t^{sat}/℃)	物理量	饱和液体	饱和蒸汽	温度 t/℃(温度 T/K)							
				75 (348.15)	100 (373.15)	125 (398.15)	150 (423.15)	175 (448.15)	200 (473.15)	225 (498.15)	250 (523.15)
100 (99.63)	v	1.043	1693.7	……	1695.5	1816.7	1936.3	2054.7	2172.3	2289.4	2406.1
	U	417.406	2506.1	……	2506.6	2544.8	2582.7	2620.4	2658.1	2695.9	2733.9
	H	417.511	2675.4	……	2676.2	2726.5	2776.3	2825.9	2875.4	2924.9	2974.5
	S	1.3027	7.3598	……	7.3618	7.4923	7.6137	7.7275	7.8349	7.9369	8.0342
101.325 (100.00)	v	1.044	1673.0	……	1673.0	1792.7	1910.7	2027.7	2143.8	2259.3	2374.5
	U	418.959	2506.5	……	2506.5	2544.7	2582.6	2620.4	2658.1	2695.9	2733.9
	H	419.064	2676.0	……	2676.0	2726.4	2776.2	2825.8	2875.3	2924.8	2974.5
	S	1.3069	7.3554	……	7.3554	7.4860	7.6075	7.7213	7.8288	7.9308	8.0280
125 (105.99)	v	1.049	1374.6	……	……	1449.1	1545.6	1641.0	1735.6	1829.6	1923.2
	U	444.224	2513.4	……	……	2542.9	2581.2	2619.3	2657.2	2695.2	2733.3
	H	444.356	2685.2	……	……	2724.0	2774.4	2824.4	2874.2	2923.9	2973.7
	S	1.3740	7.2847	……	……	7.3844	7.5072	7.6219	7.7300	7.8324	7.9300
150 (111.37)	v	1.053	1159.0	……	……	1204.0	1285.2	1365.2	1444.4	1523.0	1601.3
	U	466.968	2519.5	……	……	2540.9	2579.7	2618.1	2656.3	2694.4	2732.7
	H	467.126	2693.4	……	……	2721.5	2772.5	2822.9	2872.9	2922.9	2972.9
	S	1.4336	7.2234	……	……	7.2953	7.4194	7.5352	7.6439	7.7468	7.8447
175 (116.06)	v	1.057	1003.34	……	……	1028.8	1099.1	1168.2	1236.4	1304.1	1371.3
	U	486.815	2524.7	……	……	2538.9	2578.2	2616.9	2655.3	2693.7	2732.1
	H	487.000	2700.3	……	……	2719.0	2770.5	2821.3	2871.7	2921.9	2972.0
	S	1.4849	7.1716	……	……	7.2191	7.3447	7.4614	7.5708	7.6741	7.7724
200 (120.23)	v	1.061	885.44	……	……	897.47	959.54	1020.4	1080.4	1139.8	1198.9
	U	504.489	2529.2	……	……	2536.9	2576.6	2615.7	2654.4	2692.9	2731.4
	H	504.701	2706.3	……	……	2716.4	2768.5	2819.8	2870.5	2920.9	2971.2
	S	1.5301	7.1268	……	……	7.1523	7.2794	7.3971	7.5072	7.6110	7.7096
225 (123.99)	v	1.064	792.97	……	……	795.25	850.97	905.44	959.06	1012.1	1064.7
	U	520.465	2533.2	……	……	2534.8	2575.1	2614.5	2653.5	2692.2	2730.8
	H	520.705	2711.6	……	……	2713.8	2766.5	2818.2	2869.3	2919.9	2970.4
	S	1.5705	7.0873	……	……	7.0928	7.2213	7.3400	7.4508	7.5551	7.6540
250 (127.43)	v	1.068	718.44	……	……	……	764.09	813.47	861.98	909.91	957.41
	U	535.077	2536.8	……	……	……	2573.5	2613.3	2652.5	2691.4	2730.2
	H	535.343	2716.4	……	……	……	2764.5	2816.7	2868.0	2918.9	2969.6
	S	1.6071	7.0520	……	……	……	7.1689	7.2886	7.4001	7.5050	7.6042
275 (130.60)	v	1.071	657.04	……	……	……	693.00	738.21	782.55	826.29	869.61
	U	548.564	2540.0	……	……	……	2571.9	2612.1	2651.6	2690.7	2729.6
	H	548.858	2720.7	……	……	……	2762.5	2815.1	2866.8	2917.9	2968.7
	S	1.6407	7.0201	……	……	……	7.1211	7.2419	7.3541	7.4594	7.5590
300 (133.54)	v	1.073	605.56	……	……	……	633.74	675.49	716.35	756.60	796.44
	U	561.107	2543.0	……	……	……	2570.3	2610.8	2650.6	2689.9	2729.0
	H	561.429	2724.7	……	……	……	2760.4	2813.5	2865.5	2916.9	2967.9
	S	1.6716	6.9909	……	……	……	7.0771	7.1990	7.3119	7.4177	7.5176

p/kPa (t^{sat}/℃)	物理量	饱和液体	饱和蒸汽	温度 t/℃(温度 T/K)							
				300 (573.15)	350 (623.15)	400 (673.15)	450 (723.15)	500 (773.15)	550 (823.15)	600 (873.15)	650 (923.15)
1 (6.98)	v	1.000	129200.0	264500.0	287580.0	310660.0	333730.0	356810.0	379880.0	402960.0	426040.
	U	29.334	2385.2	2812.3	2889.9	2969.1	3049.9	3132.4	3216.7	3302.6	3390.3
	H	29.335	2514.4	3076.8	3177.5	3279.7	3383.6	3489.2	3596.5	3705.6	3816.4
	S	0.1060	8.9767	10.3450	10.5133	10.6711	10.8200	10.9612	11.0957	11.2243	11.3476
10 (45.83)	v	1.010	14670.0	26440.0	28750.0	31060.0	33370.0	35670.0	37980.0	40290.0	42600.
	U	191.822	2438.0	2812.2	2889.8	2969.0	3049.8	3132.3	3216.6	3302.6	3390.3
	H	191.832	2584.8	3076.6	3177.3	3279.6	3383.5	3489.1	3596.5	3705.5	3816.3
	S	0.6493	8.1511	9.2820	9.4504	9.6083	9.7572	9.8984	10.0329	10.1616	10.2849

续表

p/kPa (t^{sat}/℃)	物理量	饱和液体	饱和蒸汽	温度 t/℃(温度 T/K)							
				300 (573.15)	350 (623.15)	400 (673.15)	450 (723.15)	500 (773.15)	550 (823.15)	600 (873.15)	650 (923.15)
20 (60.09)	v	1.017	7649.8	13210.0	14370.0	15520.0	16680.0	17830.0	18990.0	20140.0	21300.
	U	251.432	2456.9	2812.0	2889.6	2968.9	3049.7	3132.3	3216.5	3302.5	3390.2
	H	251.453	2609.9	3076.4	3177.1	3279.4	3383.4	3489.0	3596.4	3705.4	3816.2
	S	0.8321	7.9094	8.9618	9.1303	9.2882	9.4372	9.5784	9.7130	9.8416	9.9650
30 (69.12)	v	1.022	5229.3	8810.8	9581.2	10350.0	11120.0	11890.0	12660.0	13430.0	14190.
	U	289.271	2468.6	2811.8	2889.5	2968.7	3049.6	3132.2	3216.5	3302.5	3390.2
	H	289.302	2625.4	3076.1	3176.9	3279.3	3383.3	3488.9	3596.3	3705.4	3816.2
	S	0.9441	7.7695	8.7744	8.9430	9.1010	9.2499	9.3912	9.5257	9.6544	9.7778
40 (75.89)	v	1.027	3993.4	6606.5	7184.6	7762.5	8340.1	8917.6	9494.9	10070.0	10640.
	U	317.609	2477.1	2811.6	2889.4	2968.6	3049.5	3132.1	3216.4	3302.4	3390.1
	H	317.650	2636.9	3075.9	3176.8	3279.1	3383.1	3488.8	3596.2	3705.3	3816.1
	S	1.0261	7.6709	8.6413	8.8100	8.9680	9.1170	9.2583	9.3929	9.5216	9.6450
50 (81.35)	v	1.030	3240.2	5283.9	5746.7	6209.1	6671.4	7133.5	7595.5	8057.4	8519.2
	U	340.513	2484.0	2811.5	2889.2	2968.5	3049.4	3132.0	3216.3	3302.3	3390.1
	H	340.564	2646.0	3075.7	3176.6	3279.0	3383.0	3488.7	3596.1	3705.2	3816.0
	S	1.0912	7.5947	8.5380	8.7068	8.8649	9.0139	9.1552	9.2898	9.4185	9.5419
75 (91.79)	v	1.037	2216.9	3520.5	3829.4	4138.0	4446.4	4754.7	5062.8	5370.9	5678.9
	U	384.374	2496.7	2811.0	2888.9	2968.2	3049.2	3131.8	3216.1	3302.2	3389.9
	H	384.451	2663.0	3075.1	3176.1	3278.6	3382.7	3488.4	3595.8	3705.0	3815.9
	S	1.2131	7.4570	8.3502	8.5191	8.6773	8.8265	8.9678	9.1025	9.2312	9.3546
100 (99.63)	v	1.043	1693.7	2638.7	2870.8	3102.5	3334.0	3565.3	3796.5	4027.7	4258.8
	U	417.406	2506.1	2810.6	2888.6	2968.0	3049.0	3131.6	3216.0	3302.0	3389.8
	H	417.511	2675.4	3074.5	3175.6	3278.2	3382.4	3488.1	3595.6	3704.8	3815.7
	S	1.3027	7.3598	8.2166	8.3858	8.5442	8.6934	8.8348	8.9695	9.0982	9.2217
101.325 (100.00)	v	1.044	1673.0	2604.2	2833.2	3061.9	3290.3	3518.7	3746.9	3975.0	4203.1
	U	418.959	2506.5	2810.6	2888.5	2968.0	3048.9	3131.6	3215.9	3302.0	3389.8
	H	419.064	2676.0	3074.4	3175.6	3278.2	3382.3	3488.1	3595.6	3704.8	3815.7
	S	1.3069	7.3554	8.2105	8.3797	8.5381	8.6873	8.8287	8.9634	9.0922	9.2156
125 (105.99)	v	1.049	1374.6	2109.7	2295.6	2481.2	2666.5	2851.7	3036.8	3221.8	3406.7
	U	444.224	2513.4	2810.2	2888.2	2967.7	3048.7	3131.4	3215.8	3301.9	3389.7
	H	444.356	2685.2	3073.9	3175.2	3277.8	3382.0	3487.9	3595.4	3704.6	3815.5
	S	1.3740	7.2847	8.1129	8.2823	8.4408	8.5901	8.7316	8.8663	8.9951	9.1186
150 (111.37)	v	1.053	1159.0	1757.0	1912.2	2066.9	2221.5	2375.9	2530.2	2684.5	2838.6
	U	466.968	2519.5	2809.7	2887.9	2967.4	3048.5	3131.2	3215.6	3301.7	3389.5
	H	467.126	2693.4	3073.3	3174.7	3277.5	3381.7	3487.6	3595.1	3704.4	3815.3
	S	1.4336	7.2234	8.0280	8.1976	8.3562	8.5056	8.6472	8.7819	8.9108	9.0343
175 (116.06)	v	1.057	1003.34	1505.1	1638.3	1771.1	1903.7	2036.1	2168.4	2300.7	2432.9
	U	486.815	2524.7	2809.3	2887.5	2967.1	3048.3	3131.0	3215.4	3301.6	3389.4
	H	487.000	2700.3	3072.7	3174.2	3277.1	3381.4	3487.3	3594.9	3704.2	3815.1
	S	1.4849	7.1716	7.9561	8.1259	8.2847	8.4341	8.5758	8.7106	8.8394	8.9630
200 (120.23)	v	1.061	885.44	1316.2	1432.8	1549.2	1665.3	1781.2	1897.1	2012.9	2128.8
	U	504.489	2529.2	2808.8	2887.2	2966.9	3048.0	3130.8	3215.3	3301.4	3389.2
	H	504.701	2706.3	3072.1	3173.8	3276.7	3381.1	3487.0	3594.7	3704.0	3815.0
	S	1.5301	7.1268	7.8937	8.0638	8.2226	8.3722	8.5139	8.6487	8.7776	8.9012
225 (123.99)	v	1.064	792.97	1169.2	1273.1	1376.6	1479.9	1583.0	1686.0	1789.0	1891.9
	U	520.465	2533.2	2808.4	2886.9	2966.6	3047.8	3130.6	3215.1	3301.2	3389.1
	H	520.705	2711.6	3071.5	3173.3	3276.3	3380.8	3486.8	3594.4	3703.8	3814.8
	S	1.5705	7.0873	7.8385	8.0088	8.1679	8.3175	8.4593	8.5942	8.7231	8.8467

续表

p/kPa (t^{sat}/℃)	物理量	饱和液体	饱和蒸汽	温度 t/℃(温度 T/K)							
				300 (573.15)	350 (623.15)	400 (673.15)	450 (723.15)	500 (773.15)	550 (823.15)	600 (873.15)	650 (923.15)
250 (127.43)	v	1.068	718.44	1051.6	1145.2	1238.5	1331.5	1424.4	1517.2	1609.9	1702.5
	U	535.077	2536.8	2808.0	2886.5	2966.3	3047.6	3130.4	3214.9	3301.1	3389.0
	H	535.343	2716.4	3070.9	3172.8	3275.9	3380.4	3486.5	3594.2	3703.6	3814.6
	S	1.6071	7.0520	7.7891	7.9597	8.1188	8.2686	8.4104	8.5453	8.6743	8.7980
275 (130.60)	v	1.071	657.04	955.45	1040.7	1125.5	1210.2	1294.7	1379.0	1463.3	1547.6
	U	548.564	2540.0	2807.5	2886.2	2966.0	3047.3	3130.2	3214.7	3300.9	3388.8
	H	548.858	2720.7	3070.3	3172.4	3275.5	3380.1	3486.2	3594.0	3703.4	3814.4
	S	1.6407	7.0201	7.7444	7.9151	8.0744	8.2243	8.3661	8.5011	8.6301	8.7538
300 (133.54)	v	1.073	605.56	875.29	953.52	1031.4	1109.0	1186.5	1263.9	1341.2	1418.5
	U	561.107	2543.0	2807.1	2885.8	2965.8	3047.1	3130.0	3214.5	3300.8	3388.7
	H	561.429	2724.7	3069.7	3171.9	3275.2	3379.8	3486.0	3593.7	3703.2	3814.2
	S	1.6716	6.9909	7.7034	7.8744	8.0338	8.1838	8.3257	8.4608	8.5898	8.7135

p/kPa (t^{sat}/℃)	物理量	饱和液体	饱和蒸汽	温度 t/℃(温度 T/K)							
				150 (423.15)	175 (448.15)	200 (473.15)	220 (493.15)	240 (513.15)	260 (533.15)	280 (553.15)	300 (573.15)
325 (136.29)	v	1.076	561.75	583.58	622.41	660.33	690.22	719.81	749.18	778.39	807.47
	U	572.847	2545.7	2568.7	2609.6	2649.6	2681.2	2712.7	2744.0	2775.3	2806.6
	H	573.197	2728.3	2758.4	2811.9	2864.2	2905.6	2946.6	2987.5	3028.2	3069.0
	S	1.7004	6.9640	7.0363	7.1592	7.2729	7.3585	7.4400	7.5181	7.5933	7.6657
350 (138.87)	v	1.079	524.00	540.58	576.90	612.31	640.18	667.75	695.09	722.27	749.33
	U	583.892	2548.2	2567.1	2608.3	2648.6	2680.4	2712.0	2743.4	2774.8	2806.2
	H	584.270	2731.6	2756.3	2810.3	2863.0	2904.5	2945.7	2986.7	3027.6	3068.4
	S	1.7273	6.9392	6.9982	7.1222	7.2366	7.3226	7.4045	7.4828	7.5581	7.6307
375 (141.31)	v	1.081	491.13	503.29	537.46	570.69	596.81	622.62	648.22	673.64	698.94
	U	594.332	2550.6	2565.4	2607.1	2647.7	2679.6	2711.3	2742.8	2774.3	2805.7
	H	594.737	2734.7	2754.1	2808.6	2861.7	2903.4	2944.8	2985.9	3026.9	3067.8
	S	1.7526	6.9160	6.9624	7.0875	7.2027	7.2891	7.3713	7.4499	7.5254	7.5981
400 (143.62)	v	1.084	462.22	470.66	502.93	534.26	558.85	583.14	607.20	631.09	654.85
	U	604.237	2552.7	2563.7	2605.8	2646.7	2678.8	2710.6	2742.2	2773.7	2805.3
	H	604.670	2737.6	2752.0	2807.0	2860.4	2902.3	2943.9	2985.1	3026.2	3067.2
	S	1.7764	6.8943	6.9285	7.0548	7.1708	7.2576	7.3402	7.4190	7.4947	7.5675
425 (145.82)	v	1.086	436.61	441.85	472.47	502.12	525.36	548.30	571.01	593.54	615.95
	U	613.667	2554.8	2562.0	2604.5	2645.7	2678.0	2709.9	2741.6	2773.2	2804.8
	H	614.128	2740.3	2749.8	2805.3	2859.1	2901.2	2942.9	2984.3	3025.5	3066.6
	S	1.7990	6.8739	6.8965	7.0239	7.1407	7.2280	7.3108	7.3899	7.4657	7.5388
450 (147.92)	v	1.088	413.75	416.24	445.38	473.55	495.59	517.33	538.83	560.17	581.37
	U	622.672	2556.7	2560.3	2603.2	2644.7	2677.1	2709.2	2741.0	2772.7	2804.4
	H	623.162	2742.9	2747.7	2803.7	2857.8	2900.2	2942.0	2983.5	3024.8	3066.0
	S	1.8204	6.8547	6.8660	6.9946	7.1121	7.1999	7.2831	7.3624	7.4384	7.5116
475 (149.92)	v	1.091	393.22	393.31	421.14	447.97	468.95	489.62	510.05	530.30	550.43
	U	631.294	2558.5	2558.6	2601.9	2643.7	2676.3	2708.5	2740.4	2772.2	2803.9
	H	631.812	2745.3	2745.5	2802.0	2856.5	2899.1	2941.1	2982.7	3024.1	3065.4
	S	1.8408	6.8365	6.8369	6.9667	7.0850	7.1732	7.2567	7.3363	7.4125	7.4858

续表

p/kPa (t^{sat}/℃)	物理量	饱和液体	饱和蒸汽	温度 t/℃(温度 T/K)							
				150 (423.15)	175 (448.15)	200 (473.15)	220 (493.15)	240 (513.15)	260 (533.15)	280 (553.15)	300 (573.15)
500 (151.84)	v	1.093	374.68	……	399.31	424.96	444.97	464.67	484.14	503.43	522.58
	U	639.569	2560.2	……	2600.6	2642.7	2675.5	2707.8	2739.8	2771.7	2803.5
	H	640.116	2747.5	……	2800.3	2855.1	2898.0	2940.1	2981.9	3023.4	3064.8
	S	1.8604	6.8192	……	6.9400	7.0592	7.1478	7.2317	7.3115	7.3879	7.4614
525 (153.69)	v	1.095	357.84	……	379.56	404.13	423.28	442.11	460.70	479.11	497.38
	U	647.528	2561.8	……	2599.3	2641.6	2674.6	2707.1	2739.2	2771.2	2803.0
	H	648.103	2749.7	……	2798.6	2853.8	2896.8	2939.2	2981.1	3022.7	3064.1
	S	1.8790	6.8027	……	6.9145	7.0345	7.1236	7.2078	7.2879	7.3645	7.4381
550 (155.47)	v	1.097	342.48	……	361.60	385.19	403.55	421.59	439.38	457.00	474.48
	U	655.199	2563.3	……	2598.0	2640.6	2673.8	2706.4	2738.6	2770.6	2802.6
	H	655.802	2751.7	……	2796.8	2852.5	2895.7	2938.3	2980.3	3022.0	3063.5
	S	1.8970	6.7870	……	6.8900	7.0108	7.1004	7.1849	7.2653	7.3421	7.4158
575 (157.18)	v	1.099	328.41	……	345.20	367.90	385.54	402.85	419.92	436.81	453.56
	U	662.603	2564.8	……	2596.6	2639.6	2672.9	2705.7	2738.0	2770.1	2802.1
	H	663.235	2753.6	……	2795.1	2851.1	2894.6	2937.3	2979.5	3021.3	3062.9
	S	1.9142	6.7720	……	6.8664	6.9880	7.0781	7.1630	7.2436	7.3206	7.3945
600 (158.84)	v	1.101	315.47	……	330.16	352.04	369.03	385.68	402.08	418.31	434.39
	U	669.762	2566.2	……	2595.3	2638.5	2672.1	2705.0	2737.4	2769.6	2801.6
	H	670.423	2755.5	……	2793.3	2649.7	2893.5	2936.4	2978.7	3020.6	3062.3
	S	1.9308	6.7575	……	6.8437	6.9662	7.0567	7.1419	7.2228	7.3000	7.3740
625 (160.44)	v	1.103	303.54	……	316.31	337.45	353.83	369.87	385.67	401.28	416.75
	U	676.695	2567.5	……	2593.9	2637.5	2671.2	2704.2	2736.8	2769.1	2801.2
	H	677.384	2757.2	……	2791.6	2848.4	2892.3	2935.4	2977.8	3019.9	3061.7
	S	1.9469	6.7437	……	6.8217	6.9451	7.0361	7.1217	7.2028	7.2802	7.3544
650 (161.99)	v	1.105	292.49	……	303.53	323.98	339.80	355.29	370.52	385.56	400.47
	U	683.417	2568.7	……	2592.5	2636.4	2670.3	2703.5	2736.2	2768.5	2800.7
	H	684.135	2758.9	……	2789.8	2847.0	2891.2	2934.4	2977.0	3019.2	3061.0
	S	1.9623	6.7304	……	6.8004	6.9247	7.0162	7.1021	7.1835	7.2611	7.3355
675 (163.49)	v	1.106	282.23	……	291.69	311.51	326.81	341.78	356.49	371.01	385.39
	U	689.943	2570.0	……	2591.1	2635.4	2669.5	2702.8	2735.6	2768.0	2800.3
	H	690.689	2760.5	……	2788.0	2845.6	2890.1	2933.5	2976.2	3018.5	3060.4
	S	1.9773	6.7176	……	6.7798	6.9050	6.9970	7.0833	7.1650	7.2428	7.3173
700 (164.96)	v	1.108	272.68	……	280.69	299.92	314.75	329.23	343.46	357.50	371.39
	U	696.285	2571.1	……	2589.7	2634.3	2668.6	2702.1	2735.0	2767.5	2799.8
	H	697.061	2762.0	……	2786.2	2844.2	2888.9	2932.5	2975.4	3017.7	3059.8
	S	1.9918	6.7052	……	6.7598	6.8859	6.9784	7.0651	7.1470	7.2250	7.2997
725 (166.38)	v	1.110	263.77	……	270.45	289.13	303.51	317.55	331.33	344.92	358.36
	U	702.457	2572.2	……	2588.3	2633.2	2667.7	2701.3	2734.3	2767.0	2799.3
	H	703.261	2763.4	……	2784.4	2842.8	2887.7	2931.5	2974.6	3017.0	3059.1
	S	2.0059	6.6932	……	6.7404	6.8673	6.9604	7.0474	7.1296	7.2078	7.2827

p/kPa (t^{sat}/℃)	物理量	饱和液体	饱和蒸汽	温度 t/℃(温度 T/K)							
				325 (598.15)	350 (623.15)	400 (673.15)	450 (723.15)	500 (773.15)	550 (823.15)	600 (873.15)	650 (923.15)
325 (136.29)	v	1.076	561.75	843.68	879.78	951.73	1023.5	1095.0	1166.5	1237.9	1309.2
	U	572.847	2545.7	2845.9	2885.5	2965.5	3046.9	3129.8	3214.4	3300.6	3388.6
	H	573.197	2728.3	3120.1	3171.4	3274.8	3379.5	3485.7	3593.5	3702.9	3814.1
	S	1.7004	6.9640	7.7530	7.8369	7.9965	8.1465	8.2885	8.4236	8.5527	8.6764
350 (138.87)	v	1.079	524.00	783.01	816.57	883.45	950.11	1016.6	1083.0	1149.3	1215.6
	U	583.892	2548.2	2845.6	2885.1	2965.2	3046.6	3129.6	3214.2	3300.5	3388.4
	H	584.270	2731.6	3119.6	3170.9	3274.4	3379.2	3485.4	3593.3	3702.7	3813.9
	S	1.7273	6.9392	7.7181	7.8022	7.9619	8.1120	8.2540	8.3892	8.5183	8.6421

续表

p/kPa (t^{sat}/℃)	物理量	饱和液体	饱和蒸汽	温度 t/℃(温度 T/K)							
				325 (598.15)	350 (623.15)	400 (673.15)	450 (723.15)	500 (773.15)	550 (823.15)	600 (873.15)	650 (923.15)
375 (141.31)	v	1.081	491.13	730.42	761.79	824.28	886.54	948.66	1010.7	1072.6	1134.5
	U	594.332	2550.6	2845.2	2884.8	2964.9	3046.4	3129.4	3214.0	3300.3	3388.3
	H	594.737	2734.7	3119.1	3170.5	3274.0	3378.8	3485.1	3593.0	3702.5	3813.7
	S	1.7526	6.9160	7.6856	7.7698	7.9296	8.0798	8.2219	8.3571	8.4863	8.6101
400 (143.62)	v	1.084	462.22	684.41	713.85	772.50	830.92	889.19	947.35	1005.4	1063.4
	U	604.237	2552.7	2844.8	2884.5	2964.6	3046.2	3129.2	3213.8	3300.2	3388.2
	H	604.670	2737.6	3118.5	3170.0	3273.6	3378.5	3484.9	3592.8	3702.3	3813.5
	S	1.7764	6.8943	7.6552	7.7395	7.8994	8.0497	8.1919	8.3271	8.4563	8.5802
425 (145.82)	v	1.086	436.61	643.81	671.56	726.81	781.84	836.72	891.49	946.17	1000.8
	U	613.667	2554.8	2844.4	2884.1	2964.4	3045.9	3129.0	3213.7	3300.0	3388.0
	H	614.128	2740.3	3118.0	3169.5	3273.3	3378.2	3484.6	3592.5	3702.1	3813.4
	S	1.7990	6.8739	7.6265	7.7109	7.8710	8.0214	8.1636	8.2989	8.4282	8.5520
450 (147.92)	v	1.088	413.75	607.73	633.97	686.20	738.21	790.07	841.83	893.50	945.10
	U	622.672	2556.7	2844.0	2883.8	2964.1	3045.7	3128.8	3213.5	3299.8	3387.9
	H	623.162	2742.9	3117.5	3169.1	3272.9	3377.9	3484.3	3592.3	3701.9	3813.2
	S	1.8204	6.8547	7.5995	7.6840	7.8442	7.9947	8.1370	8.2723	8.4016	8.5255
475 (149.92)	v	1.091	393.22	575.44	600.33	649.87	699.18	748.34	797.40	846.37	895.27
	U	631.294	2558.5	2843.6	2883.4	2963.8	3045.4	3128.6	3213.3	3299.7	3387.7
	H	631.812	2745.3	3116.9	3168.6	3272.5	3377.6	3484.0	3592.1	3701.7	3813.0
	S	1.8408	6.8365	7.5739	7.6585	7.8189	7.9694	8.1118	8.2472	8.3765	8.5004
500 (151.84)	v	1.093	374.68	546.38	570.05	617.16	664.05	710.78	757.41	803.95	850.42
	U	639.569	2560.2	2843.2	2883.1	2963.5	3045.2	3128.4	3213.1	3299.5	3387.6
	H	640.116	2747.5	3116.4	3168.1	3272.1	3377.2	3483.8	3591.8	3701.5	3812.8
	S	1.8604	6.8192	7.5496	7.6343	7.7948	7.9454	8.0879	8.2233	8.3526	8.4766
525 (153.69)	v	1.095	357.84	520.08	542.66	587.58	632.26	676.80	721.23	765.57	809.85
	U	647.528	2561.8	2642.8	2882.7	2963.2	3045.0	3128.2	3213.0	3299.4	3387.5
	H	648.103	2749.7	3115.9	3167.6	3271.7	3376.9	3483.5	3591.6	3701.3	3812.6
	S	1.8790	6.8027	7.5264	7.6112	7.7719	7.9226	8.0651	8.2006	8.3299	8.4539
550 (155.47)	v	1.097	342.48	496.18	517.76	560.68	603.37	645.91	688.34	730.68	772.96
	U	655.199	2563.3	2842.4	2882.4	2963.0	3044.7	3128.0	3212.8	3299.2	3387.3
	H	655.802	2751.7	3115.3	3167.2	3271.3	3376.6	3483.2	3591.4	3701.1	3812.5
	S	1.8970	6.7870	7.5043	7.5892	7.7500	7.9008	8.0433	8.1789	8.3083	8.4323
575 (157.18)	v	1.099	328.41	474.36	495.03	536.12	576.98	617.70	658.30	698.83	739.28
	U	662.603	2564.8	2842.0	2882.1	2962.7	3044.5	3127.8	3212.6	3299.1	3387.2
	H	663.235	2753.6	3114.8	3166.7	3271.0	3376.3	3482.9	3591.1	3700.9	3812.3
	S	1.9142	6.7720	7.4831	7.5681	7.7290	7.8799	8.0226	8.1581	8.2876	8.4116
600 (158.84)	v	1.101	315.47	454.35	474.19	513.61	552.80	591.84	630.78	669.63	708.41
	U	669.762	2566.2	2841.6	2881.7	2962.4	3044.3	3127.6	3212.4	3298.9	3387.1
	H	670.423	2755.5	3114.3	3166.2	3270.6	3376.0	3482.7	3590.9	3700.7	3812.1
	S	1.9308	6.7575	7.4628	7.5479	7.7090	7.8600	8.0027	8.1383	8.2678	8.3919
625 (160.44)	v	1.103	303.54	435.94	455.01	492.89	530.55	568.05	605.45	642.76	680.01
	U	676.695	2567.5	2841.2	2881.4	2962.1	3044.0	3127.4	3212.2	3298.8	3386.9
	H	677.384	2757.2	3113.7	3165.7	3270.2	3375.6	3482.4	3590.7	3700.5	3811.9
	S	1.9469	6.7437	7.4433	7.5285	7.6897	7.8408	7.9836	8.1192	8.2488	8.3729
650 (161.99)	v	1.105	292.49	418.95	437.31	473.78	510.01	546.10	582.07	617.96	653.79
	U	683.417	2568.7	2840.9	2881.0	2961.8	3043.8	3127.2	3212.1	3298.6	3386.8
	H	684.135	2758.9	3113.2	3165.3	3269.8	3375.3	3482.1	3590.4	3700.3	3811.8
	S	1.9623	6.7304	7.4245	7.5099	7.6712	7.8224	7.9652	8.1009	8.2305	8.3546

续表

p/kPa (t^{sat}/℃)	物理量	饱和液体	饱和蒸汽	温度 t/℃(温度 T/K)							
				325 (598.15)	350 (623.15)	400 (673.15)	450 (723.15)	500 (773.15)	550 (823.15)	600 (873.15)	650 (923.15)
675 (163.49)	v	1.106	282.23	403.22	420.92	456.07	491.00	525.77	560.43	595.00	629.51
	U	689.943	2570.0	2840.5	2880.7	2961.6	3043.6	3127.0	3211.9	3298.5	3386.7
	H	690.689	2760.5	3112.6	3164.8	3269.4	3375.0	3481.8	3590.2	3700.1	3811.6
	S	1.9773	6.7176	7.4064	7.4919	7.6534	7.8046	7.9475	8.0833	8.2129	8.3371
700 (164.96)	v	1.108	272.68	388.61	405.71	439.64	473.34	506.89	540.33	573.68	606.97
	U	696.285	2571.1	2840.1	2880.3	2961.3	3043.3	3126.8	3211.7	3298.3	3386.5
	H	697.061	2762.0	3112.1	3164.3	3269.0	3374.7	3481.6	3589.9	3699.9	3811.4
	S	1.9918	6.7052	7.3890	7.4745	7.6362	7.7875	7.9305	8.0663	8.1959	8.3201
725 (166.38)	v	1.110	263.77	375.01	391.54	424.33	456.90	489.31	521.61	553.83	585.99
	U	702.457	2572.2	2839.7	2880.0	2961.0	3043.1	3126.6	3211.5	3298.1	3386.4
	H	703.261	2763.4	3111.5	3163.8	3268.7	3374.3	3481.3	3589.7	3699.7	3811.2
	S	2.0059	6.6932	7.3721	7.4578	7.6196	7.7710	7.9140	8.0499	8.1796	8.3038

p/kPa (t^{sat}/℃)	物理量	饱和液体	饱和蒸汽	温度 t/℃(温度 T/K)							
				175 (448.15)	200 (473.15)	220 (493.15)	240 (513.15)	260 (533.15)	280 (553.15)	300 (573.15)	325 (598.15)
750 (167.76)	v	1.112	255.43	260.88	279.05	293.03	306.65	320.01	333.17	346.19	362.32
	U	708.467	2573.3	2586.9	2632.1	2666.8	2700.6	2733.7	2766.4	2798.9	2839.3
	H	709.301	2764.8	2782.5	2841.4	2886.6	2930.6	2973.7	3016.3	3058.5	3111.0
	S	2.0195	6.6817	6.7215	6.8494	6.9429	7.0303	7.1128	7.1912	7.2662	7.3558
775 (169.10)	v	1.113	247.61	251.93	269.63	283.22	296.45	309.41	322.19	334.81	350.44
	U	714.326	2574.3	2585.4	2631.0	2665.9	2699.8	2733.1	2765.9	2798.4	2838.9
	H	715.189	2766.2	2780.7	2840.0	2885.4	2929.6	2972.9	3015.6	3057.9	3110.5
	S	2.0328	6.6705	6.7031	6.8319	6.9259	7.0137	7.0965	7.1751	7.2502	7.3400
800 (170.41)	v	1.115	240.26	243.53	260.79	274.02	286.88	299.48	311.89	324.14	339.31
	U	720.043	2575.3	2584.0	2629.9	2665.0	2699.1	2732.5	2765.4	2797.9	2838.5
	H	720.935	2767.5	2778.8	2838.6	2884.2	2928.6	2972.1	3014.9	3057.3	3109.9
	S	2.0457	6.6596	6.6851	6.8148	6.9094	6.9976	7.0807	7.1595	7.2348	7.3247
825 (171.69)	v	1.117	233.34	235.64	252.48	265.37	277.90	290.15	302.21	314.12	328.85
	U	725.625	2576.2	2582.5	2628.8	2664.1	2698.4	2731.8	2764.8	2797.5	2838.1
	H	726.547	2768.7	2776.9	2837.1	2883.1	2927.6	2971.2	3014.1	3056.6	3109.4
	S	2.0583	6.6491	6.6675	6.7982	6.8933	6.9819	7.0653	7.1443	7.2197	7.3098
850 (172.94)	v	1.118	226.81	228.21	244.66	257.24	269.44	281.37	293.10	304.68	319.00
	U	731.080	2577.1	2581.1	2627.7	2663.2	2697.6	2731.2	2764.3	2797.0	2837.7
	H	732.031	2769.9	2775.1	2835.7	2881.9	2926.6	2970.4	3013.4	3056.0	3108.8
	S	2.0705	6.6388	6.6504	6.7820	6.8777	6.9666	7.0503	7.1295	7.2051	7.2954
875 (174.16)	v	1.120	220.65	221.20	237.29	249.56	261.46	273.09	284.51	295.79	309.72
	U	736.415	2578.0	2579.6	2626.6	2662.3	2696.8	2730.6	2763.7	2796.5	2837.3
	H	737.394	2771.0	2773.1	2834.2	2880.7	2925.6	2969.5	3012.7	3055.3	3108.3
	S	2.0825	6.6289	6.6336	6.7662	6.8624	6.9518	7.0357	7.1152	7.1909	7.2813
900 (175.36)	v	1.121	214.81		230.32	242.31	253.93	265.27	276.40	287.39	300.96
	U	741.635	2578.8	……	2625.5	2661.4	2696.1	2729.9	2763.2	2796.1	2836.9
	H	742.644	2772.1	……	2832.7	2879.5	2924.6	2968.7	3012.0	3054.7	3107.7
	S	2.0941	6.6192	……	6.7508	6.8475	6.9373	7.0215	7.1012	7.1771	7.2676
925 (176.53)	v	1.123	209.28	……	223.73	235.46	246.80	257.87	268.73	279.44	292.66
	U	746.746	2579.6	……	2624.3	2660.5	2695.3	2729.3	2762.6	2795.6	2836.5
	H	747.784	2773.2	……	2831.3	2878.3	2923.6	2967.8	3011.2	3054.1	3107.2
	S	2.1055	6.6097	……	6.7357	6.8329	6.9231	7.0076	7.0875	7.1636	7.2543
950 (177.67)	v	1.124	204.03	……	217.48	228.96	240.05	250.86	261.46	271.91	284.81
	U	751.754	2580.4	……	2623.2	2659.5	2694.6	2728.7	2762.1	2795.1	2836.0
	H	752.822	2774.2	……	2829.8	2877.0	2922.6	2967.0	3010.5	3053.4	3106.6
	S	2.1166	6.6005	……	6.7209	6.8187	6.9093	6.9941	7.0742	7.1505	7.2413

续表

p/kPa (t^{sat}/℃)	物理量	饱和液体	饱和蒸汽	温度 t/℃(温度 T/K)							
				175 (448.15)	200 (473.15)	220 (493.15)	240 (513.15)	260 (533.15)	280 (553.15)	300 (573.15)	325 (598.15)
975 (178.79)	v	1.126	199.04	……	211.55	222.79	233.64	244.20	254.56	264.76	277.35
	U	756.663	2581.1	……	2622.0	2658.6	2693.8	2728.0	2761.5	2794.6	2835.6
	H	757.761	2775.2	……	2828.3	2875.8	2921.6	2966.1	3009.7	3052.8	3106.1
	S	2.1275	6.5916	……	6.7064	6.8048	6.8958	6.9809	7.0612	7.1377	7.2286
1000 (179.88)	v	1.127	194.29	……	205.92	216.93	227.55	237.89	248.01	257.98	270.27
	U	761.478	2581.9	……	2620.9	2657.7	2693.0	2727.4	2761.0	2794.2	2835.2
	H	762.605	2776.2	……	2826.8	2874.6	2920.6	2965.2	3009.0	3052.1	3105.5
	S	2.1382	6.5828	……	6.6922	6.7911	6.8825	6.9680	7.0485	7.1251	7.2163
1050 (182.02)	v	1.130	185.45	……	195.45	206.04	216.24	226.15	235.84	245.37	257.12
	U	770.843	2583.3	……	2618.5	2655.8	2691.5	2726.1	2759.9	2793.2	2834.4
	H	772.029	2778.0	……	2823.8	2872.1	2918.5	2963.5	3007.5	3050.8	3104.4
	S	2.1588	6.5659	……	6.6645	6.7647	6.8569	6.9430	7.0240	7.1009	7.1924
1100 (184.07)	v	1.133	177.38	……	185.92	196.14	205.96	215.47	224.77	233.91	245.16
	U	779.878	2584.5	……	2616.2	2653.9	2689.9	2724.7	2758.8	2792.2	2833.6
	H	781.124	2779.7	……	2820.7	2869.6	2916.4	2961.8	3006.0	3049.6	3103.3
	S	2.1786	6.5497	……	6.6379	6.7392	6.8323	6.9190	7.0005	7.0778	7.1695
1150 (186.05)	v	1.136	169.99	……	177.22	187.10	196.56	205.73	214.67	223.44	234.25
	U	788.611	2585.8	……	2613.8	2651.9	2688.3	2723.4	2757.7	2791.3	2832.8
	H	789.917	2781.3	……	2817.6	2867.1	2914.4	2960.0	3004.5	3048.2	3102.2
	S	2.1977	6.5342	……	6.6122	6.7147	6.8086	6.8959	6.9779	7.0556	7.1476
1200 (187.96)	v	1.139	163.20	……	169.23	178.80	187.95	196.79	205.40	213.85	224.24
	U	797.064	2586.9	……	2611.3	2650.0	2686.7	2722.1	2756.5	2790.3	2832.0
	H	798.430	2782.7	……	2814.4	2864.5	2912.2	2958.2	3003.0	3046.9	3101.0
	S	2.2161	6.5194	……	6.5872	6.6909	6.7858	6.8738	6.9562	7.0342	7.1266
1250 (189.81)	v	1.141	156.93	……	161.88	171.17	180.02	188.56	196.88	205.02	215.03
	U	805.259	2588.0	……	2608.9	2648.0	2685.1	2720.8	2755.4	2789.3	2831.1
	H	806.685	2784.1	……	2811.2	2861.9	2910.1	2956.5	3001.5	3045.6	3099.9
	S	2.2338	6.5050	……	6.5630	6.6680	6.7637	6.8523	6.9353	7.0136	7.1064
1300 (191.61)	v	1.144	151.13	……	155.09	164.11	172.70	180.97	189.01	196.87	206.53
	U	813.213	2589.0	……	2606.4	2646.0	2683.5	2719.4	2754.3	2788.4	2830.3
	H	814.700	2785.4	……	2808.0	2859.3	2908.0	2954.7	3000.0	3044.3	3098.8
	S	2.2510	6.4913	……	6.5394	6.6457	6.7424	6.8316	6.9151	6.9938	7.0869

p/kPa (t^{sat}/℃)	物理量	饱和液体	饱和蒸汽	温度 t/℃(温度 T/K)							
				350 (623.15)	375 (648.15)	400 (673.15)	450 (723.15)	500 (773.15)	550 (833.15)	600 (873.15)	650 (923.15)
750 (167.76)	v	1.112	255.43	378.31	394.22	410.05	441.55	472.90	504.15	535.30	566.40
	U	708.467	2573.3	2879.6	2920.1	2960.7	3042.9	3126.3	3211.4	3298.0	3386.2
	H	709.301	2764.8	3163.4	3215.7	3268.3	3374.0	3481.0	3589.5	3699.5	3811.0
	S	2.0195	6.6817	7.4416	7.5240	7.6035	7.7550	7.8981	8.0340	8.1637	8.2880
775 (169.10)	v	1.113	247.61	365.94	381.35	396.69	427.20	457.56	487.81	517.97	548.07
	U	714.326	2574.3	2879.3	2919.8	2960.4	3042.6	3126.1	3211.2	3297.8	3386.1
	H	715.189	2766.2	3162.9	3215.3	3267.9	3373.7	3480.8	3589.2	3699.3	3810.9
	S	2.0328	6.6705	7.4259	7.5084	7.5880	7.7396	7.8827	8.0187	8.1484	8.2727
800 (170.41)	v	1.115	240.26	354.34	369.29	384.16	413.74	443.17	472.49	501.72	530.89
	U	720.043	2575.3	2878.9	2919.5	2960.2	3042.4	3125.9	3211.0	3297.7	3386.0
	H	720.935	2767.5	3162.4	3214.9	3267.5	3373.4	3480.5	3589.0	3699.1	3810.7
	S	2.0457	6.6596	7.4107	7.4932	7.5729	7.7246	7.8678	8.0038	8.1336	8.2579
825 (171.69)	v	1.117	233.34	343.45	357.96	372.39	401.10	429.65	458.10	486.46	514.76
	U	725.625	2576.2	2878.6	2919.1	2959.9	3042.2	3125.7	3210.8	3297.5	3385.8
	H	726.547	2768.7	3161.9	3214.5	3267.1	3373.1	3480.2	3588.8	3698.8	3810.5
	S	2.0583	6.6491	7.3959	7.4786	7.5583	7.7101	7.8533	7.9894	8.1192	8.2436

续表

p/kPa (t^{sat}/℃)	物理量	饱和液体	饱和蒸汽	温度 t/℃(温度 T/K)							
				350 (623.15)	375 (648.15)	400 (673.15)	450 (723.15)	500 (773.15)	550 (833.15)	600 (873.15)	650 (923.15)
850 (172.94)	v	1.118	226.81	333.20	347.29	361.31	389.20	416.93	444.56	472.09	499.57
	U	731.080	2577.1	2878.2	2918.8	2959.6	3041.9	3125.5	3210.7	3297.4	3385.7
	H	732.031	2769.9	3161.4	3214.0	3266.7	3372.7	3479.9	3588.5	3698.6	3810.3
	S	2.0705	6.6388	7.3815	7.4643	7.5441	7.6960	7.8393	7.9754	8.1053	8.2296
875 (174.16)	v	1.120	220.65	323.53	337.24	350.87	377.98	404.94	431.79	458.55	485.25
	U	736.415	2578.0	2877.9	2918.5	2959.3	3041.7	3125.3	3210.5	3297.2	3385.6
	H	737.394	2771.0	3161.0	3213.6	3266.3	3372.4	3479.7	3588.3	3698.4	3810.2
	S	2.0825	6.6289	7.3676	7.4504	7.5303	7.6823	7.8257	7.9618	8.0917	8.2161
900 (175.36)	v	1.121	214.81	314.40	327.74	341.01	367.39	393.61	419.73	445.76	471.72
	U	741.635	2578.8	2877.5	2918.2	2959.0	3041.4	3125.1	3210.3	3297.1	3385.4
	H	742.644	2772.1	3160.5	3213.2	3266.0	3372.1	3479.4	3588.1	3698.2	3810.0
	S	2.0941	6.6192	7.3540	7.4370	7.5169	7.6689	7.8124	7.9486	8.0785	8.2030
925 (176.53)	v	1.123	209.28	305.76	318.75	331.68	357.36	382.90	408.32	433.66	458.93
	U	746.746	2579.6	2877.2	2917.9	2958.8	3041.2	3124.9	3210.1	3296.9	3385.3
	H	747.784	2773.2	3160.0	3212.7	3265.6	3371.8	3479.1	3587.8	3698.0	3809.8
	S	2.1055	6.6097	7.3408	7.4238	7.5038	7.6560	7.7995	7.9357	8.0657	8.1902
950 (177.67)	v	1.124	204.03	297.57	310.24	322.84	347.87	372.74	397.51	422.19	446.81
	U	751.754	2580.4	2876.8	2917.6	2958.5	3041.0	3124.7	3209.9	3296.7	3385.1
	H	752.822	2774.2	3159.5	3212.3	3265.2	3371.5	3478.8	3587.6	3697.8	3809.6
	S	2.1166	6.6005	7.3279	7.4110	7.4911	7.6433	7.7869	7.9232	8.0532	8.1777
975 (178.79)	v	1.126	199.04	289.81	302.17	314.45	338.86	363.11	387.26	411.32	435.31
	U	756.663	2581.1	2876.5	2917.3	2958.2	3040.7	3124.5	3209.8	3296.6	3385.0
	H	757.761	2775.2	3159.0	3211.9	3264.8	3371.1	3478.6	3587.3	3697.6	3809.4
	S	2.1275	6.5916	7.3154	7.3986	7.4787	7.6310	7.7747	7.9110	8.0410	8.1656
1000 (179.88)	v	1.127	194.29	282.43	294.50	306.49	330.30	353.96	377.52	400.98	424.38
	U	761.478	2581.9	2876.1	2917.0	2957.9	3040.5	3124.3	3209.6	3296.4	3384.9
	H	762.605	2776.2	3158.5	3211.5	3264.4	3370.8	3478.3	3587.1	3697.4	3809.3
	S	2.1382	6.5828	7.3031	7.3864	7.4665	7.6190	7.7627	7.8991	8.0292	8.1537
1050 (182.02)	v	1.130	185.45	268.74	280.25	291.69	314.41	336.97	359.43	381.79	404.10
	U	770.843	2583.3	2875.4	2916.3	2957.4	3040.0	3123.9	3209.2	3296.1	3384.6
	H	772.029	2778.0	3157.6	3210.6	3263.6	3370.2	3477.7	3586.6	3697.0	3808.9
	S	2.1588	6.5659	7.2795	7.3629	7.4432	7.5958	7.7397	7.8762	8.0063	8.1309
1100 (184.07)	v	1.133	177.38	256.28	267.30	278.24	299.96	321.53	342.98	364.35	385.65
	U	779.878	2584.5	2874.7	2915.7	2956.8	3039.6	3123.5	3208.9	3295.8	3384.3
	H	781.124	2779.7	3156.6	3209.7	3262.9	3369.5	3477.2	3586.2	3696.6	3808.5
	S	2.1786	6.5497	7.2569	7.3405	7.4209	7.5737	7.7177	7.8543	7.9845	8.1092
1150 (186.05)	v	1.136	169.99	244.91	255.47	265.96	286.77	307.42	327.97	348.42	368.81
	U	788.611	2585.8	2874.0	2915.1	2956.2	3039.1	3123.1	3208.5	3295.5	3384.1
	H	789.917	2781.3	3155.6	3208.9	3262.1	3368.9	3476.6	3585.7	3696.2	3808.2
	S	2.1977	6.5342	7.2352	7.3190	7.3995	7.5525	7.6966	7.8333	7.9636	8.0883
1200 (187.96)	v	1.139	163.20	234.49	244.63	254.70	274.68	294.50	314.20	333.82	353.38
	U	797.064	2586.9	2873.3	2914.4	2955.7	3038.6	3122.7	3208.2	3295.2	3383.8
	H	798.430	2782.7	3154.6	3208.0	3261.3	3368.2	3476.1	3585.2	3695.8	3807.8
	S	2.2161	6.5194	7.2144	7.2983	7.3790	7.5323	7.6765	7.8132	7.9436	8.0684
1250 (189.81)	v	1.141	156.93	224.90	234.66	244.35	263.55	282.60	301.54	320.39	339.18
	U	805.259	2588.0	2872.5	2913.8	2955.1	3038.1	3122.3	3207.8	3294.9	3383.5
	H	806.685	2784.1	3153.7	3207.1	3260.5	3367.6	3475.5	3584.7	3695.4	3807.5
	S	2.2338	6.5050	7.1944	7.2785	7.3593	7.5128	7.6571	7.7940	7.9244	8.0493
1300 (191.61)	v	1.144	151.13	216.05	225.46	234.79	253.28	271.62	289.85	307.99	326.07
	U	813.213	2589.0	2871.8	2913.2	2954.5	3037.7	3121.9	3207.5	3294.6	3383.2
	H	814.700	2785.4	3152.7	3206.3	3259.7	3366.9	3475.0	3584.3	3695.0	3807.1
	S	2.2510	6.4913	7.1751	7.2594	7.3404	7.4940	7.6385	7.7754	7.9060	8.0309

续表

p/kPa (t^{sat}/℃)	物理量	饱和液体	饱和蒸汽	温度 t/℃(温度 T/K)							
				200 (473.15)	225 (498.15)	250 (523.15)	275 (548.15)	300 (573.15)	325 (598.15)	350 (623.15)	375 (648.15)
1350 (193.35)	v	1.146	145.74	148.79	159.70	169.96	179.79	189.33	198.66	207.85	216.93
	U	820.944	2589.9	2603.9	2653.6	2700.1	2744.4	2787.4	2829.5	2871.1	2912.5
	H	822.491	2786.6	2804.7	2869.2	2929.5	2987.1	3043.0	3097.7	3151.7	3205.4
	S	2.2676	6.4780	6.5165	6.6493	6.7675	6.8750	6.9746	7.0681	7.1566	7.2410
1400 (195.04)	v	1.149	140.72	142.94	153.57	163.55	173.08	182.32	191.35	200.24	209.02
	U	828.465	2590.8	2601.3	2651.7	2698.6	2743.2	2786.4	2828.6	2870.4	2911.9
	H	830.074	2787.8	2801.4	2866.7	2927.6	2985.5	3041.6	3096.5	3150.7	3204.5
	S	2.2837	6.4651	6.4941	6.6285	6.7477	6.8560	6.9561	7.0499	7.1386	7.2233
1450 (196.69)	v	1.151	136.04	137.48	147.86	157.57	166.83	175.79	184.54	193.15	201.65
	U	835.791	2591.6	2598.7	2649.7	2697.1	2742.0	2785.4	2827.8	2869.7	2911.3
	H	837.460	2788.9	2798.1	2864.1	2925.5	2983.9	3040.3	3095.4	3149.7	3203.6
	S	2.2993	6.4526	6.4722	6.6082	6.7286	6.8376	6.9381	7.0322	7.1212	7.2061
1500 (198.29)	v	1.154	131.66	132.38	142.53	151.99	161.00	169.70	178.19	186.53	194.77
	U	842.933	2592.4	2596.1	2647.7	2695.5	2740.8	2784.4	2826.9	2868.9	2910.6
	H	844.663	2789.9	2794.7	2861.5	2923.5	2982.3	3038.9	3094.2	3148.7	3202.8
	S	2.3145	6.4406	6.4508	6.5885	6.7099	6.8196	6.9207	7.0152	7.1044	7.1894
1550 (199.85)	v	1.156	127.55	127.61	137.54	146.77	155.54	164.00	172.25	180.34	188.33
	U	849.901	2593.2	2593.5	2645.8	2694.0	2739.5	2783.4	2826.1	2868.2	2910.0
	H	851.694	2790.8	2791.3	2858.9	2921.5	2980.6	3037.6	3093.1	3147.7	3201.9
	S	2.3292	6.4289	6.4298	6.5692	6.6917	6.8022	6.9038	6.9986	7.0881	7.1733
1600 (201.37)	v	1.159	123.69	……	132.85	141.87	150.42	158.66	166.68	174.54	182.30
	U	856.707	2593.8	……	2643.7	2692.4	2738.3	2782.4	2825.2	2867.5	2909.3
	H	858.561	2791.7	……	2856.3	2919.4	2979.0	3036.2	3091.9	3146.7	3201.0
	S	2.3436	6.4175	……	6.5503	6.6740	6.7852	6.8873	6.9825	7.0723	7.1577
1650 (202.86)	v	1.161	120.05	……	128.45	137.27	145.61	153.64	161.44	169.09	176.63
	U	863.359	2594.5	……	2641.7	2690.9	2737.1	2781.3	2824.4	2866.7	2908.7
	H	865.275	2792.6	……	2853.6	2917.4	2977.3	3034.8	3090.8	3145.7	3200.1
	S	2.3576	6.4065	……	6.5319	6.6567	6.7687	6.8713	6.9669	7.0569	7.1425
1700 (204.31)	v	1.163	116.62	……	124.31	132.94	141.09	148.91	156.51	163.96	171.30
	U	869.866	2595.1	……	2639.6	2689.3	2735.8	2780.3	2823.5	2866.0	2908.0
	H	871.843	2793.4	……	2851.0	2915.3	2975.6	3033.5	3089.6	3144.7	3199.2
	S	2.3713	6.3957	……	6.5138	6.6398	6.7526	6.8557	6.9516	7.0419	7.1277
1750 (205.72)	v	1.166	113.38	……	120.39	128.85	136.82	144.45	151.87	159.12	166.27
	U	876.234	2595.7	……	2637.6	2687.7	2734.5	2779.3	2822.7	2865.3	2907.4
	H	878.274	2794.1	……	2848.2	2913.2	2974.0	3032.1	3088.4	3143.7	3198.4
	S	2.3846	6.3853	……	6.4961	6.6233	6.7368	6.8405	6.9368	7.0273	7.1133
1800 (207.11)	v	1.168	110.32	……	116.69	124.99	132.78	140.24	147.48	154.55	161.51
	U	882.472	2596.3	……	2635.5	2686.1	2733.3	2778.2	2821.8	2864.5	2906.7
	H	884.574	2794.8	……	2845.5	2911.0	2972.3	3030.7	3087.3	3142.7	3197.5
	S	2.3976	6.3751	……	6.4787	6.6071	6.7214	6.8257	6.9223	7.0131	7.0993
1850 (208.47)	v	1.170	107.41	……	113.19	121.33	128.96	136.26	143.33	150.23	157.02
	U	888.585	2596.8	……	2633.3	2684.4	2732.0	2777.2	2820.9	2863.8	2906.1
	H	890.750	2795.5	……	2842.8	2908.9	2970.6	3029.3	3086.1	3141.7	3196.6
	S	2.4103	6.3651	……	6.4616	6.5912	6.7064	6.8112	6.9082	6.9993	7.0856
1900 (209.80)	v	1.172	104.65	……	109.87	117.87	125.35	132.49	139.39	146.14	152.76
	U	894.580	2597.3	……	2631.2	2682.8	2730.7	2776.2	2820.1	2863.0	2905.4
	H	896.807	2796.1	……	2840.0	2906.7	2968.8	3027.9	3084.9	3140.7	3195.7
	S	2.4228	6.3554	……	6.4448	6.5757	6.6917	6.7970	6.8944	6.9657	7.0723

续表

p/kPa (t^{sat}/℃)	物理量	饱和液体	饱和蒸汽	温度 t/℃(温度 T/K)							
				200 (473.15)	225 (498.15)	250 (523.15)	275 (548.15)	300 (573.15)	325 (598.15)	350 (623.15)	375 (648.15)
1950 (211.10)	v	1.174	102.031	……	106.72	114.58	121.91	128.90	135.66	142.25	148.72
	U	900.461	2597.7	……	2629.0	2681.1	2729.4	2775.1	2819.2	2862.3	2904.8
	H	902.752	2796.7	……	2837.1	2904.6	2967.1	3026.5	3083.7	3139.7	3194.8
	S	2.4349	6.3459	……	6.4283	6.5604	6.6772	6.7831	6.8809	6.9725	7.0593
2000 (212.37)	v	1.177	99.536	……	103.72	111.45	118.65	125.50	132.11	138.56	144.89
	U	906.236	2598.2	……	2626.9	2679.5	2728.1	2774.0	2818.3	2861.5	2904.1
	H	908.589	2797.2	……	2834.3	2902.4	2965.4	3025.0	3082.5	3138.6	3193.9
	S	2.4469	6.3366	……	6.4120	6.5454	6.6631	6.7696	6.8677	6.9596	7.0466
2100 (214.85)	v	1.181	94.890	……	98.147	105.64	112.59	119.18	125.53	131.70	137.76
	U	917.479	2598.9	……	2622.4	2676.1	2725.4	2771.9	2816.5	2860.0	2902.8
	H	919.959	2798.2	……	2828.5	2897.9	2961.9	3022.2	3080.1	3136.6	3192.1
	S	2.4700	6.3187	……	6.3802	6.5162	6.6356	6.7432	6.8422	6.9347	7.0220
2200 (217.24)	v	1.185	90.652	……	93.067	100.35	107.07	113.43	119.53	125.47	131.28
	U	928.346	2599.6	……	2617.9	2672.7	2722.7	2769.7	2814.7	2858.5	2901.5
	H	930.953	2799.1	……	2822.7	2893.4	2958.3	3019.3	3077.7	3134.5	3190.3
	S	2.4922	6.3015	……	6.3492	6.4879	6.6091	6.7179	6.8177	6.9107	6.9985
2300 (219.55)	v	1.189	86.769	……	88.420	95.513	102.03	108.18	114.06	119.77	125.36
	U	938.866	2600.2	……	2613.3	2669.2	2720.0	2767.6	2812.9	2857.0	2900.2
	H	941.601	2799.8	……	2816.7	2888.9	2954.7	3016.4	3075.3	3132.4	3188.5
	S	2.5136	6.2849	……	6.3190	6.4605	6.5835	6.6935	6.7941	6.8877	6.9759

p/kPa (t^{sat}/℃)	物理量	饱和液体	饱和蒸汽	温度 t/℃(温度 T/K)							
				400 (673.15)	425 (698.15)	450 (723.15)	475 (748.15)	500 (773.15)	550 (823.15)	600 (873.15)	650 (923.15)
1350 (193.35)	v	1.146	145.74	225.94	234.88	243.78	252.63	261.46	279.03	296.51	313.93
	U	820.944	2589.9	2953.9	2995.5	3037.2	3079.2	3121.5	3207.1	3294.3	3383.0
	H	822.491	2786.6	3259.0	3312.6	3366.3	3420.2	3474.4	3583.8	3694.5	3806.8
	S	2.2676	6.4780	7.3221	7.4003	7.4759	7.5493	7.6205	7.7576	7.8882	8.0132
1400 (195.04)	v	1.149	140.72	217.72	226.35	234.95	243.50	252.02	268.98	285.85	302.66
	U	828.465	2590.8	2953.4	2994.9	3036.7	3078.7	3121.1	3206.8	3293.9	3382.7
	H	830.074	2787.8	3258.2	3311.8	3365.6	3419.6	3473.9	3583.3	3694.1	3806.4
	S	2.2837	6.4651	7.3045	7.3828	7.4585	7.5319	7.6032	7.7404	7.8710	7.9961
1450 (196.69)	v	1.151	136.04	210.06	218.42	226.72	234.99	243.23	259.62	275.93	292.16
	U	835.791	2591.6	2952.8	2994.4	3036.2	3078.3	3120.7	3206.4	3293.6	3382.4
	H	837.460	2788.9	3257.4	3311.1	3365.0	3419.0	3473.3	3582.9	3693.7	3806.1
	S	2.2993	6.4526	7.2874	7.3658	7.4416	7.5151	7.5865	7.7237	7.8545	7.9796
1500 (198.29)	v	1.154	131.66	202.92	211.01	219.05	227.06	235.03	250.89	266.66	282.37
	U	842.933	2592.4	2952.2	2993.9	3035.8	3077.9	3120.3	3206.0	3293.3	3382.1
	H	844.663	2789.9	3256.6	3310.4	3364.3	3418.4	3472.8	3582.4	3693.3	3805.7
	S	2.3145	6.4406	7.2709	7.3494	7.4253	7.4989	7.5703	7.7077	7.8385	7.9636
1550 (199.85)	v	1.156	127.55	196.24	204.08	211.87	219.63	227.35	242.72	258.00	273.21
	U	849.901	2593.2	2951.7	2993.4	3035.3	3077.4	3119.8	3205.7	3293.0	3381.9
	H	851.694	2790.8	3255.8	3309.7	3363.7	3417.8	3472.2	3581.9	3692.9	3805.3
	S	2.3292	6.4289	7.2550	7.3336	7.4095	7.4832	7.5547	7.6921	7.8230	7.9482
1600 (201.37)	v	1.159	123.69	189.97	197.58	205.15	212.67	220.16	235.06	249.87	264.62
	U	856.707	2593.8	2951.1	2992.9	3034.8	3077.0	3119.4	3205.3	3292.7	3381.6
	H	858.561	2791.7	3255.0	3309.0	3363.0	3417.2	3471.7	3581.4	3692.5	3805.0
	S	2.3436	6.4175	7.2394	7.3182	7.3942	7.4679	7.5395	7.6770	7.8080	7.9333
1650 (202.86)	v	1.161	120.05	184.09	191.48	198.82	206.13	213.40	227.86	242.24	256.55
	U	863.359	2594.5	2950.5	2992.3	3034.3	3076.5	3119.0	3205.0	3292.4	3381.3
	H	865.275	2792.6	3254.2	3308.3	3362.4	3416.7	3471.1	3581.0	3692.1	3804.6
	S	2.3576	6.4065	7.2244	7.3032	7.3794	7.4531	7.5248	7.6624	7.7934	7.9188

续表

p/kPa (t^{sat}/℃)	物理量	饱和液体	饱和蒸汽	温度 t/℃(温度 T/K)							
				400 (673.15)	425 (698.15)	450 (723.15)	475 (748.15)	500 (773.15)	550 (823.15)	600 (873.15)	650 (923.15)
1700 (204.31)	v	1.163	116.62	178.55	185.74	192.87	199.97	207.04	221.09	235.06	248.96
	U	869.866	2595.1	2949.9	2991.8	3033.9	3076.1	3118.6	3204.6	3292.1	3381.0
	H	871.843	2793.4	3253.5	3307.6	3361.7	3416.1	3470.6	3580.5	3691.7	3804.3
	S	2.3713	6.3957	7.2098	7.2887	7.3649	7.4388	7.5105	7.6482	7.7793	7.9047
1750 (205.72)	v	1.166	113.38	173.32	180.32	187.26	194.17	201.04	214.71	228.28	241.80
	U	876.234	2595.7	2949.3	2991.3	3033.4	3075.7	3118.2	3204.3	3291.8	3380.8
	H	878.274	2794.1	3252.7	3306.9	3361.1	3415.5	3470.0	3580.0	3691.3	3803.9
	S	2.3846	6.3853	7.1955	7.2746	7.3509	7.4248	7.4965	7.6344	7.7656	7.8910
1800 (207.11)	v	1.168	110.32	168.39	175.20	181.97	188.69	195.38	208.68	221.89	235.03
	U	882.472	2596.3	2948.8	2990.8	3032.9	3075.2	3117.8	3203.9	3291.5	3380.5
	H	884.574	2794.8	3251.9	3306.1	3360.4	3414.9	3469.5	3579.5	3690.9	3803.6
	S	2.3976	6.3751	7.1816	7.2608	7.3372	7.4112	7.4830	7.6209	7.7522	7.8777
1850 (208.47)	v	1.170	107.41	163.73	170.37	176.96	183.50	190.02	202.97	215.84	228.64
	U	888.585	2596.8	2948.2	2990.3	3032.4	3074.8	3117.4	3203.6	3291.1	3380.2
	H	890.750	2795.5	3251.1	3305.4	3359.8	3414.3	3468.9	3579.1	3690.4	3803.2
	S	2.4103	6.3651	7.1681	7.2474	7.3239	7.3980	7.4698	7.6079	7.7392	7.8648
1900 (209.80)	v	1.172	104.65	159.30	165.78	172.21	178.59	184.94	197.57	210.11	222.58
	U	894.580	2597.3	2947.6	2989.7	3031.9	3074.3	3117.0	3203.2	3290.8	3380.0
	H	896.807	2796.1	3250.3	3304.7	3359.1	3413.7	3468.4	3578.6	3690.0	3802.8
	S	2.4228	6.3554	7.1550	7.2344	7.3109	7.3851	7.4570	7.5951	7.7265	7.8522
1950 (211.10)	v	1.174	102.031	155.11	161.43	167.70	173.93	180.13	192.44	204.67	216.83
	U	900.461	2597.7	2947.0	2989.2	3031.5	3073.9	3116.6	3202.9	3290.5	3379.7
	H	902.752	2796.7	3249.5	3304.0	3358.5	3413.1	3467.8	3578.1	3689.6	3802.5
	S	2.4349	6.3459	7.1421	7.2216	7.2983	7.3725	7.4445	7.5827	7.7142	7.8399
2000 (212.37)	v	1.177	99.536	151.13	157.30	163.42	169.51	175.55	187.57	199.50	211.36
	U	906.236	2598.2	2946.4	2988.7	3031.0	3073.5	3116.2	3202.5	3290.2	3379.4
	H	908.589	2797.2	3248.7	3303.3	3357.8	3412.5	3467.3	3577.6	3689.2	3802.1
	S	2.4469	6.3366	7.1296	7.2092	7.2859	7.3602	7.4323	7.5706	7.7022	7.8279
2100 (214.85)	v	1.181	94.890	143.73	149.63	155.48	161 28	167.06	178.53	189.91	201.22
	U	917.479	2598.9	2945.3	2987.6	3030.0	3072.6	3115.3	3201.8	3289.6	3378.9
	H	919.959	2798.2	3247.1	3301.8	3356.5	3411.3	3466.2	3576.7	3688.4	3801.4
	S	2.4700	6.3187	7.1053	7.1851	7.2621	7.3365	7.4087	7.5472	7.6789	7.8048
2200 (217.24)	v	1.185	90.652	137.00	142.65	148.25	153.81	159.34	170.30	181.19	192.00
	U	928.346	2599.6	2944.1	2986.6	3029.1	3071.7	3114.5	3201.1	3289.0	3378.3
	H	930.953	2799.1	3245.5	3300.4	3355.2	3410.1	3465.1	3575.7	3687.6	3800.7
	S	2.4922	6.3015	7.0821	7.1621	7.2393	7.3139	7.3862	7.5249	7.6568	7.7827
2300 (219.55)	v	1.189	86.769	130.85	136.28	141.65	146.99	152.28	162.80	173.22	183.58
	U	938.866	2600.2	2942.9	2985.5	3028.1	3070.8	3113.7	3200.4	3288.3	3377.8
	H	941.601	2799.8	3243.9	3299.0	3353.9	3408.9	3464.0	3574.8	3686.7	3800.0
	S	2.5136	6.2849	7.0598	7.1401	7.2174	7.2922	7.3646	7.5035	7.6355	7.7616

p/kPa (t^{sat}/℃)	物理量	饱和液体	饱和蒸汽	温度 t/℃(温度 T/K)							
				225 (498.15)	250 (523.15)	275 (548.15)	300 (573.15)	325 (598.15)	350 (623.15)	375 (648.15)	400 (673.15)
2400 (221.78)	v	1.193	83.199	84.149	91.075	97.411	103.36	109.05	114.55	119.93	125.22
	U	949.066	2600.7	2608.6	2665.6	2717.3	2765.4	2811.1	2855.4	2898.8	2941.7
	H	951.929	2800.4	2810.6	2884.2	2951.1	3013.4	3072.8	3130.4	3186.7	3242.3
	S	2.5343	6.2690	6.2894	6.4338	6.5586	6.6699	6.7714	6.8656	6.9542	7.0384
2500 (223.94)	v	1.197	79.905	80.210	86.985	93.154	98.925	104.43	109.75	114.94	120.04
	U	958.969	2601.2	2603.8	2662.0	2714.5	2763.1	2809.3	2853.9	2897.5	2940.6
	H	961.962	2800.9	2804.3	2879.5	2947.4	3010.4	3070.4	3128.2	3184.8	3240.7
	S	2.5543	6.2536	6.2604	6.4077	6.5345	6.6470	6.7494	6.8442	6.9333	7.0178

续表

p/kPa (t^{sat}/℃)	物理量	饱和液体	饱和蒸汽	温度 t/℃(温度 T/K)							
				225 (498.15)	250 (523.15)	275 (548.15)	300 (573.15)	325 (598.15)	350 (623.15)	375 (648.15)	400 (673.15)
2600 (226.04)	v	1.201	76.856	……	83.205	89.220	94.830	100.17	105.32	110.33	115.26
	U	968.597	2601.5	……	2658.4	2711.7	2760.9	2807.4	2852.3	2896.1	2939.4
	H	971.720	2801.4	……	2874.7	2943.6	3007.4	3067.9	3126.1	3183.0	3239.0
	S	2.5736	6.2387	……	6.3823	6.5110	6.6249	6.7281	6.8236	6.9131	6.9979
2700 (228.07)	v	1.205	74.025	……	79.698	85.575	91.036	96.218	101.21	106.07	110.83
	U	977.968	2601.8	……	2654.7	2708.8	2758.6	2805.6	2850.7	2894.8	2938.2
	H	981.222	2801.7	……	2869.9	2939.8	3004.4	3065.4	3124.0	3181.2	3237.4
	S	2.5924	6.2244	……	6.3575	6.4882	6.6034	6.7075	6.8036	6.8935	6.9787
2800 (230.05)	v	1.209	71.389	……	76.437	82.187	87.510	92.550	97.395	102.10	106.71
	U	987.100	2602.1	……	2650.9	2705.9	2756.3	2803.7	2849.2	2893.4	2937.0
	H	990.485	2802.0	……	2864.9	2936.0	3001.3	3062.8	3121.9	3179.3	3235.8
	S	2.6106	6.2104	……	6.3331	6.4659	6.5824	6.6875	6.7842	6.8746	6.9601
2900 (231.97)	v	1.213	68.928	……	73.395	79.029	84.226	89.133	93.843	98.414	102.88
	U	996.008	2602.3	……	2647.1	2702.9	2754.0	2801.8	2847.6	2892.0	2935.8
	H	999.524	2802.2	……	2859.9	2932.1	2998.2	3060.3	3119.7	3177.4	3234.1
	S	2.6283	6.1969	……	6.3092	6.4441	6.5621	6.6681	6.7654	6.8563	6.9421
3000 (233.84)	v	1.216	66.626	……	70.551	76.078	81.159	85.943	90.526	94.969	99.310
	U	1004.7	2602.4	……	2643.2	2700.0	2751.6	2799.9	2846.0	2890.7	2934.6
	H	1008.4	2802.3	……	2854.8	2928.2	2995.1	3057.7	3117.5	3175.6	3232.5
	S	2.6455	6.1837	……	6.2857	6.4228	6.5422	6.6491	6.7471	6.8385	6.9246
3100 (235.67)	v	1.220	64.467	……	67.885	73.315	78.287	82.958	87.423	91.745	95.965
	U	1013.2	2602.5	……	2639.2	2697.0	2749.2	2797.9	2844.3	2889.3	2933.4
	H	1017.0	2802.3	……	2849.6	2924.2	2991.9	3055.1	3115.4	3173.7	3230.8
	S	2.6623	6.1709	……	6.2626	6.4019	6.5227	6.6307	6.7294	6.8212	6.9077
3200 (237.45)	v	1.224	62.439	……	65.380	70.721	75.593	80.158	84.513	88.723	92.829
	U	1021.5	2602.5	……	2635.2	2693.9	2746.8	2796.0	2842.7	2887.9	2932.1
	H	1025.4	2802.3	……	2844.4	2920.2	2988.7	3052.5	3113.2	3171.8	3229.2
	S	2.6786	6.1585	……	6.2398	6.3815	6.5037	6.6127	6.7120	6.8043	6.8912
3300 (239.18)	v	1.227	60.529	……	63.021	68.282	73.061	77.526	81.778	85.883	89.883
	U	1029.7	2602.5	……	2631.1	2690.8	2744.4	2794.0	2841.1	2886.5	2930.9
	H	1033.7	2802.3	……	2839.0	2916.1	2985.5	3049.9	3110.9	3169.9	3227.5
	S	2.6945	6.1463	……	6.2173	6.3614	6.4851	6.5951	6.6952	6.7879	6.8752
3400 (240.88)	v	1.231	58.728	……	60.796	65.982	70.675	75.048	79.204	83.210	87.110
	U	1037.6	2602.5	……	2626.9	2687.7	2741.9	2792.0	2839.4	2885.1	2929.7
	H	1041.8	2802.1	……	2833.6	2912.0	2982.2	3047.2	3108.7	3168.0	3225.9
	S	2.7101	6.1344	……	6.1951	6.3416	6.4669	6.5779	6.6787	6.7719	6.8595
3500 (242.54)	v	1.235	57.025	……	58.693	63.812	68.424	72.710	76.776	80.689	84.494
	U	1045.4	2602.4	……	2622.7	2684.5	2739.5	2790.0	2837.8	2883.7	2928.4
	H	1049.8	2802.0	……	2828.1	2907.8	2979.0	3044.5	3106.5	3166.1	3224.2
	S	2.7253	6.1228	……	6.1732	6.3221	6.4491	6.5611	6.6626	6.7563	6.8443
3600 (244.16)	v	1.238	55.415	……	56.702	61.759	66.297	70.501	74.482	78.308	82.024
	U	1053.1	2602.2	……	2618.4	2681.3	2737.0	2788.0	2836.1	2882.3	2927.2
	H	1057.6	2801.7	……	2822.5	2903.6	2975.6	3041.8	3104.2	3164.2	3222.5
	S	2.7401	6.1115	……	6.1514	6.3030	6.4315	6.5446	6.6468	6.7411	6.8294
3700 (245.75)	v	1.242	53.888	……	54.812	59.814	64.282	68.410	72.311	76.055	79.687
	U	1060.6	2602.1	……	2614.0	2678.0	2734.4	2786.0	2834.4	2880.8	2926.0
	H	1065.2	2801.4	……	2816.8	2899.3	2972.3	3039.1	3102.0	3162.2	3220.8
	S	2.7547	6.1004	……	6.1299	6.2841	6.4143	6.5284	6.6314	6.7262	6.8149

续表

p/kPa (t^{sat}/℃)	物理量	饱和液体	饱和蒸汽	温度 t/℃(温度 T/K) 225 (498.15)	250 (523.15)	275 (548.15)	300 (573.15)	325 (598.15)	350 (623.15)	375 (648.15)	400 (673.15)
3800 (247.31)	v	1.245	52.438	……	53.017	57.968	62.372	66.429	70.254	73.920	77.473
	U	1068.0	2601.9	……	2609.5	2674.7	2731.9	2783.9	2832.7	2879.4	2924.7
	H	1072.7	2801.1	……	2811.0	2895.0	2968.9	3036.4	3099.7	3160.3	3219.1
	S	2.7689	6.0896	……	6.1085	6.2654	6.3973	6.5126	6.6163	6.7117	6.8007
3900 (248.84)	v	1.249	51.061	……	51.308	56.215	60.558	64.547	68.302	71.894	75.372
	U	1075.3	2601.6	……	2605.0	2671.4	2729.3	2781.9	2831.0	2877.9	2923.5
	H	1080.1	2800.8	……	2805.1	2890.6	2965.5	3033.6	3097.4	3158.3	3217.4
	S	2.7828	6.0789	……	6.0872	6.2470	6.3806	6.4970	6.6015	6.6974	6.7868
4000 (250.33)	v	1.252	49.749	……	……	54.546	58.833	62.759	66.446	69.969	73.376
	U	1082.4	2601.3	……	……	2668.0	2726.7	2779.8	2829.3	2876.5	2922.2
	H	1087.4	2800.3	……	……	2886.1	2962.0	3030.8	3095.1	3156.4	3215.7
	S	2.7965	6.0685	……	……	6.2288	6.3642	6.4817	6.5870	6.6834	6.7733

p/kPa (t^{sat}/℃)	物理量	饱和液体	饱和蒸汽	温度 t/℃(温度 T/K) 425 (698.15)	450 (723.15)	475 (748.15)	500 (773.15)	525 (798.15)	550 (823.15)	600 (873.15)	650 (923.15)
2400 (221.78)	v	1.193	83.199	130.44	135.61	140.73	145.82	150.88	155.91	165.92	175.86
	U	949.066	2600.7	2984.5	3027.1	3069.9	3112.9	3156.1	3199.6	3287.7	3377.2
	H	951.929	2800.4	3297.5	3352.6	3407.7	3462.9	3518.2	3573.8	3685.9	3799.3
	S	2.5343	6.2690	7.1189	7.1964	7.2713	7.3439	7.4144	7.4830	7.6152	7.7414
2500 (223.94)	v	1.197	79.905	125.07	130.04	134.97	139.87	144.74	149.58	159.21	168.76
	U	958.969	2601.2	2983.4	3026.2	3069.0	3112.1	3155.4	3198.9	3287.1	3376.7
	H	961.962	2800.9	3296.1	3351.3	3406.5	3461.7	3517.2	3572.9	3685.1	3798.6
	S	2.5543	6.2536	7.0986	7.1763	7.2513	7.3240	7.3946	7.4633	7.5956	7.7220
2600 (226.04)	v	1.201	76.856	120.11	124.91	129.66	134.38	139.07	143.74	153.01	162.21
	U	968.597	2601.5	2982.3	3025.2	3068.1	3111.2	3154.6	3198.2	3286.5	3376.1
	H	971.720	2801.4	3294.6	3349.9	3405.3	3460.6	3516.2	3571.9	3684.3	3797.9
	S	2.5736	6.2387	7.0789	7.1568	7.2320	7.3048	7.3755	7.4443	7.5768	7.7033
2700 (228.07)	v	1.205	74.025	115.52	120.15	124.74	129.30	133.82	138.33	147.27	156.14
	U	977.968	2601.8	2981.2	3024.2	3067.2	3110.4	3153.8	3197.5	3285.8	3375.6
	H	981.222	2801.7	3293.1	3348.6	3404.0	3459.5	3515.2	3571.0	3683.5	3797.1
	S	2.5924	6.2244	7.0600	7.1381	7.2134	7.2863	7.3571	7.4260	7.5587	7.6853
2800 (230.05)	v	1.209	71.389	111.25	115.74	120.17	124.58	128.95	133.30	141.94	150.50
	U	987.100	2602.1	2980.2	3023.2	3066.3	3109.6	3153.1	3196.8	3285.2	3375.0
	H	990.485	2802.0	3291.7	3347.3	3402.8	3458.4	3514.1	3570.0	3682.6	3796.4
	S	2.6106	6.2104	7.0416	7.1199	7.1954	7.2685	7.3394	7.4084	7.5412	7.6679
2900 (231.97)	v	1.213	68.928	107.28	111.62	115.92	120.18	124.42	128.62	136.97	145.26
	U	996.008	2602.3	2979.1	3022.3	3065.5	3108.8	3152.3	3196.1	3284.6	3374.5
	H	999.524	2802.2	3290.2	3346.0	3401.6	3457.3	3513.1	3569.1	3681.8	3795.7
	S	2.6283	6.1969	7.0239	7.1024	7.1780	7.2512	7.3222	7.3913	7.5243	7.6511
3000 (233.84)	v	1.216	66.626	103.58	107.79	111.95	116.08	120.18	124.26	132.34	140.36
	U	1004.7	2602.4	2978.0	3021.3	3064.6	3107.9	3151.5	3195.4	3284.0	3373.9
	H	1008.4	2802.3	3288.7	3344.6	3400.4	3456.2	3512.1	3568.1	3681.0	3795.0
	S	2.6455	6.1837	7.0067	7.0854	7.1612	7.2345	7.3056	7.3748	7.5079	7.6349
3100 (235.67)	v	1.220	64.467	100.11	104.20	108.24	112.24	116.22	120.17	128.01	135.78
	U	1013.2	2602.5	2976.9	3020.3	3063.7	3107.1	3150.8	3194.7	3283.3	3373.4
	H	1017.0	2802.3	3287.3	3343.3	3399.2	3455.1	3511.0	3567.2	3680.2	3794.3
	S	2.6623	6.1709	6.9900	7.0689	7.1448	7.2183	7.2895	7.3588	7.4920	7.6191
3200 (237.45)	v	1.224	62.439	96.859	100.83	104.76	108.65	112.51	116.34	123.95	131.48
	U	1021.5	2602.5	2975.9	3019.3	3062.8	3106.3	3150.0	3193.9	3282.7	3372.8
	H	1025.4	2802.3	3285.8	3342.0	3398.0	3454.0	3510.0	3566.2	3679.3	3793.6
	S	2.6786	6.1585	6.9738	7.0528	7.1290	7.2026	7.2739	7.3433	7.4767	7.6039

续表

p/kPa (t^{sat}/℃)	物理量	饱和液体	饱和蒸汽	温度 t/℃(温度 T/K)							
				425 (698.15)	450 (723.15)	475 (748.15)	500 (773.15)	525 (798.15)	550 (823.15)	600 (873.15)	650 (923.15)
3300 (239.18)	v	1.227	60.529	93.805	97.668	101.49	105.27	109.02	112.74	120.13	127.45
	U	1029.7	2602.5	2974.8	3018.3	3061.9	3105.5	3149.2	3193.2	3282.1	3372.3
	H	1033.7	2802.3	3284.3	3340.6	3396.8	3452.8	3509.0	3565.3	3678.5	3792.9
	S	2.6945	6.1463	6.9580	7.0373	7.1136	7.1873	7.2588	7.3282	7.4618	7.5891
3400 (240.88)	v	1.231	58.728	90.930	94.692	98.408	102.09	105.74	109.36	116.54	123.65
	U	1037.6	2602.5	2973.7	3017.4	3061.0	3104.6	3148.4	3192.5	3281.5	3371.7
	H	1041.8	2802.1	3282.8	3339.3	3395.5	3451.7	3507.9	3564.3	3677.7	3792.1
	S	2.7101	6.1344	6.9426	7.0221	7.0986	7.1724	7.2440	7.3136	7.4473	7.5747
3500 (242.54)	v	1.235	57.025	88.220	91.886	95.505	99.088	102.64	106.17	113.15	120.07
	U	1045.4	2602.4	2972.6	3016.4	3060.1	3103.8	3147.7	3191.8	3280.8	3371.2
	H	1049.8	2802.0	3281.3	3338.0	3394.3	3450.6	3506.9	3563.4	3676.9	3791.4
	S	2.7253	6.1228	6.9277	7.0074	7.0840	7.1580	7.2297	7.2993	7.4332	7.5607
3600 (244.16)	v	1.238	55.415	85.660	89.236	92.764	96.255	99.716	103.15	109.96	116.69
	U	1053.1	2602.2	2971.5	3015.4	3059.2	3103.0	3146.9	3191.1	3280.2	3370.6
	H	1057.6	2801.7	3279.8	3336.6	3393.1	3449.5	3505.9	3562.4	3676.1	3790.7
	S	2.7401	6.1115	6.9131	6.9930	7.0698	7.1439	7.2157	7.2854	7.4195	7.5471
3700 (245.75)	v	1.242	53.888	83.238	86.728	90.171	93.576	96.950	100.30	106.93	113.49
	U	1060.6	2602.1	2970.4	3014.4	3058.2	3102.1	3146.1	3190.4	3279.6	3370.1
	H	1065.2	2801.4	3278.4	3335.3	3391.9	3448.4	3504.9	3561.5	3675.2	3790.0
	S	2.7547	6.1004	6.8989	6.9790	7.0559	7.1302	7.2021	7.2719	7.4061	7.5339
3800 (247.31)	v	1.245	52.438	80.944	84.353	87.714	91.038	94.330	97.596	104.06	110.46
	U	1068.0	2601.9	2969.3	3013.4	3057.3	3101.3	3145.4	3189.6	3279.0	3369.5
	H	1072.7	2801.1	3276.8	3333.9	3390.7	3447.2	3503.8	3560.5	3674.4	3789.3
	S	2.7689	6.0896	6.8849	6.9653	7.0424	7.1168	7.1888	7.2587	7.3931	7.5210
3900 (248.84)	v	1.249	51.061	78.767	82.099	85.383	88.629	91.844	95.033	101.35	107.59
	U	1075.3	2601.6	2968.2	3012.4	3056.4	3100.5	3144.6	3188.9	3278.3	3369.0
	H	1080.1	2800.8	3275.3	3332.6	3389.4	3446.1	3502.8	3559.5	3673.6	3788.6
	S	2.7828	6.0789	6.8713	6.9519	7.0292	7.1037	7.1759	7.2459	7.3804	7.5084
4000 (250.33)	v	1.252	49.749	76.698	79.958	83.169	86.341	89.483	92.598	98.763	104.86
	U	1082.4	2601.3	2967.0	3011.4	3055.5	3099.6	3143.8	3188.2	3277.7	3368.4
	H	1087.4	2800.3	3273.8	3331.2	3388.2	3445.0	3501.7	3558.6	3672.8	3787.9
	S	2.7965	6.0685	6.8581	6.9388	7.0163	7.0909	7.1632	7.2333	7.3680	7.4961

p/kPa (t^{sat}/℃)	物理量	饱和液体	饱和蒸汽	温度 t/℃(温度 T/K)							
				260 (533.15)	275 (548.15)	300 (573.15)	325 (598.15)	350 (623.15)	375 (648.15)	400 (673.15)	425 (698.15)
4100 (251.80)	v	1.256	48.500	50.150	52.955	57.191	61.057	64.680	68.137	71.476	74.730
	U	1089.4	2601.0	2624.6	2664.5	2724.0	2777.7	2827.6	2875.0	2920.9	2965.9
	H	1094.6	2799.9	2830.3	2881.6	2958.5	3028.0	3092.8	3154.4	3214.0	3272.3
	S	2.8099	6.0583	6.1157	6.2107	6.3480	6.4667	6.5727	6.6697	6.7600	6.8450
4200 (253.24)	v	1.259	47.307	48.654	51.438	55.625	59.435	62.998	66.392	69.667	72.856
	U	1096.3	2600.7	2620.4	2661.0	2721.4	2775.6	2825.8	2873.6	2919.7	2964.8
	H	1101.6	2799.4	2824.8	2877.1	2955.0	3025.2	3090.4	3152.4	3212.3	3270.8
	S	2.8231	6.0482	6.0962	6.1929	6.3320	6.4519	6.5587	6.6563	6.7469	6.8323
4300 (254.66)	v	1.262	46.168	47.223	49.988	54.130	57.887	61.393	64.728	67.942	71.069
	U	1103.1	2600.3	2616.2	2657.5	2718.7	2773.4	2824.1	2872.1	2918.4	2963.7
	H	1108.5	2798.9	2819.2	2872.4	2951.4	3022.3	3088.1	3150.4	3210.5	3269.3
	S	2.8360	6.0383	6.0768	6.1752	6.3162	6.4373	6.5450	6.6431	6.7341	6.8198
4400 (256.05)	v	1.266	45.079	45.853	48.601	52.702	56.409	59.861	63.139	66.295	69.363
	U	1109.8	2599.9	2611.8	2653.9	2716.0	2771.3	2822.3	2870.6	2917.1	2962.5
	H	1115.4	2798.3	2813.6	2867.8	2947.8	3019.5	3085.7	3148.4	3208.8	3267.7
	S	2.8487	6.0286	6.0575	6.1577	6.3006	6.4230	6.5315	6.6301	6.7216	6.8076

续表

p/kPa (t^{sat}/℃)	物理量	饱和液体	饱和蒸汽	温度 t/℃(温度 T/K) 260 (533.15)	275 (548.15)	300 (573.15)	325 (598.15)	350 (623.15)	375 (648.15)	400 (673.15)	425 (698.15)
4500 (257.41)	v	1.269	44.037	44.540	47.273	51.336	54.996	58.396	61.620	64.721	67.732
	U	1116.4	2599.5	2607.4	2650.3	2713.2	2769.1	2820.5	2869.1	2915.8	2961.4
	H	1122.1	2797.7	2807.9	2863.0	2944.2	3016.6	3083.3	3146.4	3207.1	3266.2
	S	2.8612	6.0191	6.0382	6.1403	6.2852	6.4088	6.5182	6.6174	6.7093	6.7955
4600 (258.75)	v	1.272	43.038	43.278	46.000	50.027	53.643	56.994	60.167	63.215	66.172
	U	1122.9	2599.1	2602.9	2646.6	2710.4	2766.9	2818.7	2867.6	2914.5	2960.3
	H	1128.8	2797.0	2802.0	2858.2	2940.5	3013.7	3080.9	3144.4	3205.3	3264.7
	S	2.8735	6.0097	6.0190	6.1230	6.2700	6.3949	6.5050	6.6049	6.6972	6.7838
4700 (260.07)	v	1.276	42.081	……	44.778	48.772	52.346	55.651	58.775	61.773	64.679
	U	1129.3	2598.6	……	2642.9	2707.6	2764.7	2816.9	2866.1	2913.2	2959.1
	H	1135.3	2796.4	……	2853.3	2936.8	3010.7	3078.5	3142.3	3203.6	3263.1
	S	2.8855	6.0004	……	6.1058	6.2549	6.3811	6.4921	6.5926	6.6853	6.7722
4800 (261.37)	v	1.279	41.161	……	43.604	47.569	51.103	54.364	57.441	60.390	63.247
	U	1135.6	2598.1	……	2639.1	2704.8	2762.5	2815.1	2864.6	2911.9	2958.0
	H	1141.8	2795.7	……	2848.4	2933.1	3007.8	3076.1	3140.3	3201.8	3261.6
	S	2.8974	5.9913	……	6.0887	6.2399	6.3675	6.4794	6.5805	6.6736	6.7608
4900 (262.65)	v	1.282	40.278	……	42.475	46.412	49.909	53.128	56.161	59.064	61.874
	U	1141.9	2597.6	……	2635.2	2701.9	2760.2	2813.3	2863.0	2910.6	2956.9
	H	1148.2	2794.9	……	2843.3	2929.3	3004.8	3073.6	3138.2	3200.0	3260.0
	S	2.9091	5.9823	……	6.0717	6.2252	6.3541	6.4669	6.5685	6.6621	6.7496
5000 (263.91)	v	1.286	39.429	……	41.388	45.301	48.762	51.941	54.932	57.791	60.555
	U	1148.0	2597.0	……	2631.3	2699.0	2758.0	2811.5	2861.5	2909.3	2955.7
	H	1154.5	2794.2	……	2838.2	2925.5	3001.8	3071.2	3136.2	3198.3	3258.5
	S	2.9206	5.9735	……	6.0547	6.2105	6.3408	6.4545	6.5568	6.6508	6.7386
5100 (265.15)	v	1.289	38.611	……	40.340	44.231	47.660	50.801	53.750	56.567	59.288
	U	1154.1	2596.5	……	2627.3	2696.1	2755.7	2809.6	2860.0	2908.0	2954.5
	H	1160.7	2793.4	……	2833.1	2921.7	2998.7	3068.7	3134.1	3196.5	3256.9
	S	2.9319	5.9648	……	6.0378	6.1960	6.3277	6.4423	6.5452	6.6396	6.7278
5200 (266.37)	v	1.292	37.824	……	39.330	43.201	46.599	49.703	52.614	55.390	58.070
	U	1160.1	2595.9	……	2623.3	2693.1	2753.4	2807.8	2858.4	2906.7	2953.4
	H	1166.8	2792.6	……	2827.8	2917.8	2995.7	3066.2	3132.0	3194.7	3255.4
	S	2.9431	5.9561	……	6.0210	6.1815	6.3147	6.4302	6.5338	6.6287	6.7172
5300 (267.58)	v	1.296	37.066	……	38.354	42.209	45.577	48.647	51.520	54.257	56.897
	U	1166.1	2595.3	……	2619.2	2690.1	2751.0	2805.9	2856.9	2905.3	2952.2
	H	1172.9	2791.7	……	2822.5	2913.8	2992.6	3063.7	3129.9	3192.9	3253.8
	S	2.9541	5.9476	……	6.0041	6.1672	6.3018	6.4183	6.5225	6.6179	6.7067
5400 (268.76)	v	1.299	36.334	……	37.411	41.251	44.591	47.628	50.466	53.166	55.768
	U	1171.9	2594.6	……	2615.0	2687.1	2748.7	2804.0	2855.3	2904.0	2951.1
	H	1178.9	2790.8	……	2817.0	2909.8	2989.5	3061.2	3127.8	3191.1	3252.2
	S	2.9650	5.9392	……	5.9873	6.1530	6.2891	6.4066	6.5114	6.6072	6.6963
5500 (269.93)	v	1.302	35.628	……	36.499	40.327	43.641	46.647	49.450	52.115	54.679
	U	1177.7	2594.0	……	2610.8	2684.0	2746.3	2802.1	2853.7	2902.7	2949.9
	H	1184.9	2789.9	……	2811.5	2905.8	2986.4	3058.7	3125.7	3189.3	3250.6
	S	2.9757	5.9309	……	5.9705	6.1388	6.2765	6.3949	6.5004	6.5967	6.6862
5600 (271.09)	v	1.306	34.946	……	35.617	39.434	42.724	45.700	48.470	51.100	53.630
	U	1183.5	2593.3	……	2606.5	2680.9	2744.0	2800.2	2852.1	2901.3	2948.7
	H	1190.8	2789.0	……	2805.9	2901.7	2983.2	3056.1	3123.6	3187.5	3249.0
	S	2.9863	5.9227	……	5.9537	6.1248	6.2640	6.3834	6.4896	6.5863	6.6761

续表

p/kPa (t^{sat}/℃)	物理量	饱和液体	饱和蒸汽	温度 t/℃(温度 T/K)							
				260 (533.15)	275 (548.15)	300 (573.15)	325 (598.15)	350 (623.15)	375 (648.15)	400 (673.15)	425 (698.15)
5700 (272.22)	v	1.309	34.288	……	34.761	38.571	41.838	44.785	47.525	50.121	52.617
	U	1189.1	2592.6	……	2602.1	2677.8	2741.6	2798.3	2850.5	2899.9	2947.5
	H	1196.6	2788.0	……	2800.2	2897.6	2980.0	3053.5	3121.4	3185.6	3247.5
	S	2.9968	5.9146	……	5.9369	6.1108	6.2516	6.3720	6.4789	6.5761	6.6663

p/kPa (t^{sat}/℃)	物理量	饱和液体	饱和蒸汽	温度 t/℃(温度 T/K)							
				450 (723.15)	475 (748.15)	500 (773.15)	525 (798.15)	550 (823.15)	575 (848.15)	600 (873.15)	650 (923.15)
4100 (251.80)	v	1.256	48.500	77.921	81.062	84.165	87.236	90.281	93.303	96.306	102.26
	U	1089.4	2601.0	3010.4	3054.6	3098.8	3143.0	3187.5	3232.1	3277.1	3367.9
	H	1094.6	2799.9	3329.9	3387.0	3443.9	3500.7	3557.6	3614.7	3671.9	3787.1
	S	2.8099	6.0583	6.9260	7.0037	7.0785	7.1508	7.2210	7.2893	7.3558	7.4842
4200 (253.24)	v	1.259	47.307	75.981	79.056	82.092	85.097	88.075	91.030	93.966	99.787
	U	1096.3	2600.7	3009.4	3053.7	3097.9	3142.3	3186.8	3231.5	3276.5	3367.3
	H	1101.6	2799.4	3328.5	3385.7	3442.7	3499.7	3556.7	3613.8	3671.1	3786.4
	S	2.8231	6.0482	6.9135	6.9913	7.0662	7.1387	7.2090	7.2774	7.3440	7.4724
4300 (254.66)	v	1.262	46.168	74.131	77.143	80.116	83.057	85.971	88.863	91.735	97.428
	U	1103.1	2600.3	3008.4	3052.8	3097.1	3141.5	3186.0	3230.8	3275.8	3366.8
	H	1108.5	2798.9	3327.1	3384.5	3441.6	3498.6	3555.7	3612.9	3670.3	3785.7
	S	2.8360	6.0383	6.9012	6.9792	7.0543	7.1269	7.1973	7.2658	7.3324	7.4610
4400 (256.05)	v	1.266	45.079	72.365	75.317	78.229	81.110	83.963	86.794	89.605	95.177
	U	1109.8	2599.9	3007.4	3051.9	3096.3	3140.7	3185.3	3230.1	3275.2	3366.2
	H	1115.4	2798.3	3325.8	3383.3	3440.5	3497.6	3554.7	3612.0	3669.5	3785.0
	S	2.8487	6.0286	6.8892	6.9674	7.0426	7.1153	7.1858	7.2544	7.3211	7.4498
4500 (257.41)	v	1.269	44.037	70.677	73.572	76.427	79.249	82.044	84.817	87.570	93.025
	U	1116.4	2599.5	3006.3	3050.9	3095.4	3139.9	3184.6	3229.5	3274.6	3365.7
	H	1122.1	2797.7	3324.4	3382.0	3439.3	3496.6	3553.8	3611.1	3668.6	3784.3
	S	2.8612	6.0191	6.8774	6.9558	7.0311	7.1040	7.1746	7.2432	7.3100	7.4388
4600 (258.75)	v	1.272	43.038	69.063	71.903	74.702	77.469	80.209	82.926	85.623	90.967
	U	1122.9	2599.1	3005.3	3050.0	3094.6	3139.2	3183.9	3228.8	3273.9	3365.1
	H	1128.8	2797.0	3323.0	3380.8	3438.2	3495.5	3552.8	3610.2	3667.8	3783.6
	S	2.8735	6.0097	6.8659	6.9444	7.0199	7.0928	7.1636	7.2323	7.2991	7.4281
4700 (260.07)	v	1.276	42.081	67.517	70.304	73.051	75.765	78.452	81.116	83.760	88.997
	U	1129.3	2598.6	3004.3	3049.1	3093.7	3138.4	3183.1	3228.1	3273.3	3364.6
	H	1135.3	2796.4	3321.6	3379.5	3437.1	3494.5	3551.9	3609.3	3667.0	3782.9
	S	2.8855	6.0004	6.8545	6.9332	7.0089	7.0819	7.1527	7.2215	7.2885	7.4176
4800 (261.37)	v	1.279	41.161	66.036	68.773	71.469	74.132	76.768	79.381	81.973	87.109
	U	1135.6	2598.1	3003.3	3048.2	3092.9	3137.6	3182.4	3227.4	3272.7	3364.0
	H	1141.8	2795.7	3320.3	3378.3	3435.9	3493.4	3550.9	3608.5	3666.2	3782.1
	S	2.8974	5.9913	6.8434	6.9223	6.9981	7.0712	7.1422	7.2110	7.2781	7.4072
4900 (262.65)	v	1.282	40.278	64.615	67.303	69.951	72.565	75.152	77.716	80.260	85.298
	U	1141.9	2597.6	3002.3	3047.2	3092.0	3136.8	3181.7	3226.8	3272.0	3363.5
	H	1148.2	2794.9	3318.9	3377.0	3434.8	3492.4	3549.9	3607.6	3665.3	3781.4
	S	2.9091	5.9823	6.8324	6.9115	6.9874	7.0607	7.1318	7.2007	7.2678	7.3971
5000 (263.91)	v	1.286	39.429	63.250	65.893	68.494	71.061	73.602	76.119	78.616	83.559
	U	1148.0	2597.0	3001.2	3046.3	3091.2	3136.0	3181.0	3226.1	3271.4	3362.9
	H	1154.5	2794.2	3317.5	3375.8	3433.7	3491.3	3549.0	3606.7	3664.5	3780.7
	S	2.9206	5.9735	6.8217	6.9009	6.9770	7.0504	7.1215	7.1906	7.2578	7.3872
5100 (265.15)	v	1.289	38.611	61.940	64.537	67.094	69.616	72.112	74.584	77.035	81.888
	U	1154.1	2596.5	3000.2	3045.4	3090.3	3135.3	3180.2	3225.4	3270.8	3362.4
	H	1160.7	2793.4	3316.1	3374.5	3432.5	3490.3	3548.0	3605.8	3663.7	3780.0
	S	2.9319	5.9648	6.8111	6.8905	6.9668	7.0403	7.1115	7.1807	7.2479	7.3775

续表

p/kPa (t^{sat}/℃)	物理量	饱和液体	饱和蒸汽	温度 t/℃(温度 T/K)							
				450 (723.15)	475 (748.15)	500 (773.15)	525 (798.15)	550 (823.15)	575 (848.15)	600 (873.15)	650 (923.15)
5200 (266.37)	v	1.292	37.824	60.679	63.234	65.747	68.227	70.679	73.108	75.516	80.282
	U	1160.1	2595.9	2999.2	3044.5	3089.5	3134.5	3179.5	3224.7	3270.2	3361.8
	H	1166.8	2792.6	3314.7	3373.3	3431.4	3489.3	3547.1	3604.9	3662.8	3779.3
	S	2.9431	5.9561	6.8007	6.8803	6.9567	7.0304	7.1017	7.1709	7.2382	7.3679
5300 (267.58)	v	1.296	37.066	59.466	61.980	64.452	66.890	69.300	71.687	74.054	78.736
	U	1166.1	2595.3	2998.2	3043.5	3088.6	3133.7	3178.8	3224.1	3269.5	3361.3
	H	1172.9	2791.7	3313.3	3372.0	3430.2	3488.2	3546.1	3604.0	3662.0	3778.6
	S	2.9541	5.9476	6.7905	6.8703	6.9468	7.0206	7.0920	7.1613	7.2287	7.3585
5400 (268.76)	v	1.299	36.334	58.297	60.772	63.204	65.603	67.973	70.320	72.646	77.248
	U	1171.9	2594.6	2997.1	3042.6	3087.8	3132.9	3178.1	3223.4	3268.9	3360.7
	H	1178.9	2790.8	3311.9	3370.8	3429.1	3487.2	3545.1	3603.1	3661.2	3777.8
	S	2.9650	5.9392	6.7804	6.8604	6.9371	7.0110	7.0825	7.1519	7.2194	7.3493
5500 (269.93)	v	1.302	35.628	57.171	59.608	62.002	64.362	66.694	69.002	71.289	75.814
	U	1177.7	2594.0	2996.1	3041.7	3086.9	3132.1	3177.3	3222.7	3268.3	3360.2
	H	1184.9	2789.9	3310.5	3369.5	3427.9	3486.1	3544.2	3602.2	3660.4	3777.1
	S	2.9757	5.9309	6.7705	6.8507	6.9275	7.0015	7.0731	7.1426	7.2102	7.3402
5600 (271.09)	v	1.306	34.946	56.085	58.486	60.843	63.165	65.460	67.731	69.981	74.431
	U	1183.5	2593.3	2995.0	3040.7	3086.1	3131.3	3176.6	3222.0	3267.6	3359.6
	H	1190.8	2789.0	3309.1	3368.2	3426.8	3485.1	3543.2	3601.3	3659.5	3776.4
	S	2.9863	5.9227	6.7607	6.8411	6.9181	6.9922	7.0639	7.1335	7.2011	7.3313
5700 (272.22)	v	1.309	34.288	55.038	57.403	59.724	62.011	64.270	66.504	68.719	73.096
	U	1189.1	2592.6	2994.0	3039.8	3085.2	3130.5	3175.9	3221.3	3267.0	3359.1
	H	1196.6	2788.0	3307.7	3367.0	3425.6	3484.0	3542.2	3600.4	3658.7	3775.7
	S	2.9968	5.9146	6.7511	6.8316	6.9088	6.9831	7.0549	7.1245	7.1923	7.3226

p/kPa (t^{sat}/℃)	物理量	饱和液体	饱和蒸汽	温度 t/℃(温度 T/K)							
				280 (553.15)	290 (563.15)	300 (573.15)	325 (598.15)	350 (623.15)	375 (648.15)	400 (673.15)	425 (698.15)
5800 (273.35)	v	1.312	33.651	34.756	36.301	37.736	40.982	43.902	46.611	49.176	51.638
	U	1194.7	2591.9	2614.4	2645.7	2674.6	2739.1	2796.3	2848.9	2898.6	2946.4
	H	1202.3	2787.0	2816.0	2856.3	2893.5	2976.8	3051.0	3119.3	3183.8	3245.9
	S	3.0071	5.9066	5.9592	6.0314	6.0969	6.2393	6.3608	6.4683	6.5660	6.6565
5900 (274.46)	v	1.315	33.034	33.953	35.497	36.928	40.154	43.048	45.728	48.262	50.693
	U	1200.3	2591.1	2610.2	2642.1	2671.4	2736.7	2794.4	2847.3	2897.2	2945.2
	H	1208.0	2786.0	2810.5	2851.5	2889.3	2973.6	3048.4	3117.1	3182.0	3244.3
	S	3.0172	5.8986	5.9431	6.0166	6.0830	6.2272	6.3496	6.4578	6.5560	6.6469
6000 (275.55)	v	1.319	32.438	33.173	34.718	36.145	39.353	42.222	44.874	47.379	49.779
	U	1205.8	2590.4	2605.9	2638.4	2668.1	2734.2	2792.4	2845.7	2895.8	2944.0
	H	1213.7	2785.0	2804.9	2846.7	2885.0	2970.4	3045.8	3115.0	3180.1	3242.6
	S	3.0273	5.8908	5.9270	6.0017	6.0692	6.2151	6.3386	6.4475	6.5462	6.6374
6100 (276.63)	v	1.322	31.860	32.415	33.962	35.386	38.577	41.422	44.048	46.524	48.895
	U	1211.2	2589.6	2601.5	2634.6	2664.8	2731.7	2790.4	2844.1	2894.5	2942.8
	H	1219.3	2783.9	2799.3	2641.8	2880.7	2967.1	3043.1	3112.8	3178.3	3241.0
	S	3.0372	5.8830	5.9108	5.9869	6.0555	6.2031	6.3277	6.4373	6.5364	6.6280
6200 (277.70)	v	1.325	31.300	31.679	33.227	34.650	37.825	40.648	43.248	45.697	48.039
	U	1216.6	2588.8	2597.1	2630.8	2661.5	2729.2	2788.5	2842.4	2893.1	2941.6
	H	1224.8	2782.9	2793.5	2836.8	2876.3	2963.8	3040.5	3110.6	3176.4	3239.4
	S	3.0471	5.8753	5.8946	5.9721	6.0418	6.1911	6.3168	6.4272	6.5268	6.6188
6300 (278.75)	v	1.328	30.757	30.962	32.514	33.935	37.097	39.898	42.473	44.895	47.210
	U	1221.9	2588.0	2592.6	2626.9	2658.1	2726.7	2786.5	2840.8	2891.7	2940.4
	H	1230.3	2781.8	2787.6	2831.7	2871.9	2960.4	3037.8	3108.4	3174.5	3237.8
	S	3.0568	5.8677	5.8783	5.9573	6.0281	6.1793	6.3061	6.4172	6.5173	6.6096

续表

p/kPa (t^{sat}/℃)	物理量	饱和液体	饱和蒸汽	温度 t/℃(温度 T/K) 280 (553.15)	290 (563.15)	300 (573.15)	325 (598.15)	350 (623.15)	375 (648.15)	400 (673.15)	425 (698.15)
6400 (279.79)	v	1.332	30.230	30.265	31.821	33.241	36.390	39.170	41.722	44.119	46.407
	U	1227.2	2587.2	2587.9	2623.0	2654.7	2724.2	2784.4	2839.1	2890.3	2939.2
	H	1235.7	2780.6	2781.6	2826.6	2867.5	2957.1	3035.1	3106.2	3172.7	3236.2
	S	3.0664	5.8601	5.8619	5.9425	6.0144	6.1675	6.2955	6.4072	6.5079	6.6006
6500 (280.82)	v	1.335	29.719	……	31.146	32.567	35.704	38.465	40.994	43.366	45.629
	U	1232.5	2586.3	……	2619.0	2651.2	2721.6	2782.4	2837.5	2888.9	2938.0
	H	1241.1	2779.5	……	2821.4	2862.9	2953.7	3032.4	3103.9	3170.8	3234.5
	S	3.0759	5.8527	……	5.9277	6.0008	6.1558	6.2849	6.3974	6.4986	6.5917
6600 (281.84)	v	1.338	29.223	……	30.490	31.911	35.038	37.781	40.287	42.636	44.874
	U	1237.6	2585.5	……	2614.9	2647.7	2719.0	2780.4	2835.8	2887.5	2936.7
	H	1246.5	2778.3	……	2816.1	2858.4	2950.2	3029.7	3101.7	3168.9	3232.9
	S	3.0853	5.8452	……	5.9129	5.9872	6.1442	6.2744	6.3877	6.4894	6.5828
6700 (282.84)	v	1.342	28.741	……	29.850	31.273	34.391	37.116	39.601	41.927	44.141
	U	1242.8	2584.6	……	2610.8	2644.2	2716.4	2778.3	2834.1	2886.1	2935.5
	H	1251.8	2777.1	……	2810.8	2853.7	2946.8	3027.0	3099.5	3167.0	3231.3
	S	3.0946	5.8379	……	5.8980	5.9736	6.1326	6.2640	6.3781	6.4803	6.5741
6800 (283.84)	v	1.345	28.272	……	29.226	30.652	33.762	36.470	38.935	41.239	43.430
	U	1247.9	2583.7	……	2606.6	2640.6	2713.7	2776.2	2832.4	2884.7	2934.3
	H	1257.0	2775.9	……	2805.3	2849.0	2943.3	3024.2	3097.2	3165.1	3229.6
	S	3.1038	5.8306	……	5.8830	5.9599	6.1211	6.2537	6.3686	6.4713	6.5655
7000 (285.79)	v	1.351	27.373	……	28.024	29.457	32.556	35.233	37.660	39.922	42.068
	U	1258.0	2581.8	……	2597.9	2633.2	2708.4	2772.1	2829.0	2881.8	2931.8
	H	1267.4	2773.5	……	2794.1	2839.4	2936.3	3018.7	3092.7	3161.2	3226.3
	S	3.1219	5.8162	……	5.8530	5.9327	6.0982	6.2333	6.3497	6.4536	6.5485
7200 (287.70)	v	1.358	26.522	……	26.878	28.321	31.413	34.063	36.454	38.676	40.781
	U	1267.9	2579.9	……	2589.0	2625.6	2702.9	2767.8	2825.6	2878.9	2929.4
	H	1277.6	2770.9	……	2782.5	2829.5	2929.1	3013.1	3088.1	3157.4	3223.0
	S	3.1397	5.8020	……	5.8226	5.9054	6.0755	6.2132	6.3312	6.4362	6.5319
7400 (289.57)	v	1.364	25.715	……	25.781	27.238	30.328	32.954	35.312	37.497	39.564
	U	1277.6	2578.0	……	2579.7	2617.8	2697.3	2763.5	2822.1	2876.0	2926.9
	H	1287.7	2768.3	……	2770.5	2819.3	2921.8	3007.4	3083.4	3153.5	3219.6
	S	3.1571	5.7880	……	5.7919	5.8779	6.0530	6.1933	6.3130	6.4190	6.5156
7600 (291.41)	v	1.371	24.949	……	……	26.204	29.297	31.901	34.229	36.380	38.409
	U	1287.2	2575.9	……	……	2609.7	2691.7	2759.2	2818.6	2873.1	2924.3
	H	1297.6	2765.5	……	……	2808.8	2914.3	3001.6	3078.7	3149.6	3216.3
	S	3.1742	5.7742	……	……	5.8503	6.0306	6.1737	6.2950	6.4022	6.4996
7800 (293.21)	v	1.378	24.220	……	……	25.214	28.315	30.900	33.200	35.319	37.314
	U	1296.7	2573.8	……	……	2601.3	2685.9	2754.8	2815.1	2870.1	2921.8
	H	1307.4	2762.8	……	……	2798.0	2906.7	2995.8	3074.0	3145.6	3212.9
	S	3.1911	5.7605	……	……	5.8224	6.0082	6.1542	6.2773	6.3857	6.4839
8000 (294.97)	v	1.384	23.525			24.264	27.378	29.948	32.222	34.310	36.273
	U	1306.0	2571.7			2592.7	2679.9	2750.3	2811.5	2867.1	2919.3
	H	1317.1	2759.9			2786.8	2899.0	2989.9	3069.2	3141.6	3209.5
	S	3.2076	5.7471			5.7942	5.9860	6.1349	6.2599	6.3694	6.4684

p/kPa (t^{sat}/℃)	物理量	饱和液体	饱和蒸汽	温度 t/℃(温度 T/K) 450 (723.15)	475 (748.15)	500 (773.15)	525 (798.15)	550 (823.15)	575 (848.15)	600 (873.15)	650 (923.15)
5800 (273.35)	v	1.312	33.651	54.026	56.357	58.644	60.896	63.120	65.320	67.500	71.807
	U	1194.7	2591.9	2992.9	3038.8	3084.4	3129.8	3175.2	3220.7	3266.4	3358.5
	H	1202.3	2787.0	3306.3	3365.7	3424.5	3483.0	3541.2	3599.5	3657.9	3775.0
	S	3.0071	5.9066	6.7416	6.8223	6.8996	6.9740	7.0460	7.1157	7.1835	7.3139

续表

p/kPa (t^{sat}/℃)	物理量	饱和液体	饱和蒸汽	温度 t/℃(温度 T/K)							
				450 (723.15)	475 (748.15)	500 (773.15)	525 (798.15)	550 (823.15)	575 (848.15)	600 (873.15)	650 (923.15)
5900 (274.46)	v	1.315	33.034	53.048	55.346	57.600	59.819	62.010	64.176	66.322	70.563
	U	1200.3	2591.1	2991.9	3037.9	3083.5	3129.0	3174.4	3220.0	3265.7	3357.9
	H	1208.0	2786.0	3304.9	3364.4	3423.3	3481.9	3540.3	3598.6	3657.0	3774.3
	S	3.0172	5.8986	6.7322	6.8132	6.8906	6.9652	7.0372	7.1070	7.1749	7.3054
6000 (275.55)	v	1.319	32.438	52.103	54.369	56.592	58.778	60.937	63.071	65.184	69.359
	U	1205.8	2590.4	2990.8	3036.9	3082.6	3128.2	3173.7	3219.3	3265.1	3357.4
	H	1213.7	2785.0	3303.5	3363.2	3422.2	3480.8	3539.3	3597.7	3656.2	3773.5
	S	3.0273	5.8908	6.7230	6.8041	6.8818	6.9564	7.0285	7.0985	7.1664	7.2971
6100 (276.63)	v	1.322	31.860	51.189	53.424	55.616	57.771	59.898	62.001	64.083	68.196
	U	1211.2	2589.6	2989.8	3036.0	3081.8	3127.4	3173.0	3218.6	3264.5	3356.8
	H	1219.3	2783.9	3302.0	3361.9	3421.0	3479.8	3538.3	3596.8	3655.4	3772.8
	S	3.0372	5.8830	6.7139	6.7952	6.8730	6.9478	7.0200	7.0900	7.1581	7.2889
6200 (277.70)	v	1.325	31.300	50.304	52.510	54.671	56.797	58.894	60.966	63.018	67.069
	U	1216.6	2588.8	2988.7	3035.0	3080.9	3126.6	3172.2	3218.0	3263.8	3356.3
	H	1224.8	2782.9	3300.6	3360.6	3419.9	3478.7	3537.4	3595.9	3654.5	3772.1
	S	3.0471	5.8753	6.7049	6.7864	6.8644	6.9393	7.0116	7.0817	7.1498	7.2808
6300 (278.75)	v	1.328	30.757	49.447	51.624	53.757	55.853	57.921	59.964	61.986	65.979
	U	1221.9	2588.0	2987.7	3034.1	3080.1	3125.8	3171.5	3217.3	3263.2	3355.7
	H	1230.3	2781.8	3299.2	3359.3	3418.7	3477.7	3536.4	3595.0	3653.7	3771.4
	S	3.0568	5.8677	6.6960	6.7778	6.8559	6.9309	7.0034	7.0735	7.1417	7.2728
6400 (279.79)	v	1.332	30.230	48.617	50.767	52.871	54.939	56.978	58.993	60.987	64.922
	U	1227.2	2587.2	2986.6	3033.1	3079.2	3125.0	3170.8	3216.6	3262.6	3355.2
	H	1235.7	2780.6	3297.7	3358.0	3417.6	3476.6	3535.4	3594.1	3652.9	3770.7
	S	3.0664	5.8601	6.6872	6.7692	6.8475	6.9226	6.9952	7.0655	7.1337	7.2649
6500 (280.82)	v	1.335	29.719	47.812	49.935	52.012	54.053	56.065	58.052	60.018	63.898
	U	1232.5	2586.3	2985.5	3032.2	3078.3	3124.2	3170.0	3215.9	3261.9	3354.6
	H	1241.1	2779.5	3296.3	3356.8	3416.4	3475.6	3534.4	3593.2	3652.1	3770.0
	S	3.0759	5.8527	6.6786	6.7608	6.8392	6.9145	6.9871	7.0575	7.1258	7.2572
6600 (281.84)	v	1.338	29.223	47.031	49.129	51.180	53.194	55.179	57.139	59.079	62.905
	U	1237.6	2585.5	2984.5	3031.2	3077.4	3123.4	3169.3	3215.2	3261.3	3354.1
	H	1246.5	2778.3	3294.9	3355.5	3415.2	3474.5	3533.5	3592.3	3651.2	3769.2
	S	3.0853	5.8452	6.6700	6.7524	6.8310	6.9064	6.9792	7.0497	7.1181	7.2495
6700 (282.84)	v	1.342	28.741	46.274	48.346	50.372	52.361	54.320	56.254	58.168	61.942
	U	1242.8	2584.6	2983.4	3030.3	3076.6	3122.6	3168.6	3214.5	3260.7	3353.5
	H	1251.8	2777.1	3293.4	3354.2	3414.1	3473.4	3532.5	3591.4	3650.4	3768.5
	S	3.0946	5.8379	6.6616	6.7442	6.8229	6.8985	6.9714	7.0419	7.1104	7.2420
6800 (283.84)	v	1.345	28.272	45.539	47.587	49.588	51.552	53.486	55.395	57.283	61.007
	U	1247.9	2583.7	2982.3	3029.3	3075.7	3121.8	3167.8	3213.9	3260.0	3353.0
	H	1257.0	2775.9	3292.0	3352.9	3412.9	3472.4	3531.5	3590.5	3649.6	3767.8
	S	3.1038	5.8306	6.6532	6.7361	6.8150	6.8907	6.9636	7.0343	7.1028	7.2345
7000 (285.79)	v	1.351	27.373	44.131	46.133	48.086	50.003	51.889	53.750	55.590	59.217
	U	1258.0	2581.8	2980.1	3027.4	3074.0	3120.2	3166.3	3212.5	3258.8	3351.9
	H	1267.4	2773.5	3289.1	3350.3	3410.6	3470.2	3529.6	3588.7	3647.9	3766.4
	S	3.1219	5.8162	6.6368	6.7201	6.7993	6.8753	6.9485	7.0193	7.0880	7.2200
7200 (287.70)	v	1.358	26.522	42.802	44.759	46.668	48.540	50.381	52.197	53.991	57.527
	U	1267.9	2579.9	2978.0	3025.4	3072.2	3118.6	3164.9	3211.1	3257.5	3350.7
	H	1277.6	2770.9	3286.1	3347.7	3408.2	3468.1	3527.6	3586.9	3646.2	3764.9
	S	3.1397	5.8020	6.6208	6.7044	6.7840	6.8602	6.9337	7.0047	7.0735	7.2058

续表

p/kPa (t^{sat}/℃)	物理量	饱和液体	饱和蒸汽	温度 t/℃(温度 T/K)							
				450 (723.15)	475 (748.15)	500 (773.15)	525 (798.15)	550 (823.15)	575 (848.15)	600 (873.15)	650 (923.15)
7400 (289.57)	v	1.364	25.715	41.544	43.460	45.327	47.156	48.954	50.727	52.478	55.928
	U	1277.6	2578.0	2975.8	3023.5	3070.4	3117.0	3163.4	3209.8	3256.2	3349.6
	H	1287.7	2768.3	3283.2	3345.1	3405.9	3466.0	3525.7	3585.1	3644.5	3763.5
	S	3.1571	5.7880	6.6050	6.6892	6.7691	6.8456	6.9192	6.9904	7.0594	7.1919
7600 (291.41)	v	1.371	24.949	40.351	42.228	44.056	45.845	47.603	49.335	51.045	54.413
	U	1287.2	2575.9	2973.6	3021.5	3068.7	3115.4	3161.9	3208.4	3254.9	3348.5
	H	1297.6	2765.5	3280.3	3342.5	3403.5	3463.8	3523.7	3583.3	3642.9	3762.1
	S	3.1742	5.7742	6.5896	6.6742	6.7545	6.8312	6.9051	6.9765	7.0457	7.1784
7800 (293.21)	v	1.378	24.220	39.220	41.060	42.850	44.601	46.320	48.014	49.686	52.976
	U	1296.7	2573.8	2971.4	3019.6	3066.9	3113.8	3160.4	3207.0	3253.7	3347.4
	H	1307.4	2762.8	3277.3	3339.8	3401.1	3461.7	3521.7	3581.5	3641.2	3760.6
	S	3.1911	5.7605	6.5745	6.6596	6.7402	6.8172	6.8913	6.9629	7.0322	7.1652
8000 (294.97)	v	1.384	23.525	38.145	39.950	41.704	43.419	45.102	46.759	48.394	51.611
	U	1306.0	2571.7	2969.2	3017.6	3065.1	3112.2	3158.9	3205.6	3252.4	3346.3
	H	1317.1	2759.9	3274.3	3337.2	3398.8	3459.5	3519.7	3579.7	3639.5	3759.2
	S	3.2076	5.7471	6.5597	6.6452	6.7262	6.8035	6.8778	6.9496	7.0191	7.1523

p/kPa (t^{sat}/℃)	物理量	饱和液体	饱和蒸汽	温度 t/℃(温度 T/K)							
				300 (573.15)	320 (593.15)	340 (613.15)	360 (633.15)	380 (653.15)	400 (673.15)	425 (698.15)	450 (723.15)
8200 (296.70)	v	1.391	22.863	23.350	25.916	28.064	29.968	31.715	33.350	35.282	37.121
	U	1315.2	2569.5	2583.7	2657.7	2718.5	2771.5	2819.5	2864.1	2916.7	2966.9
	H	1326.6	2757.0	2775.2	2870.2	2948.6	3017.2	3079.5	3137.6	3206.0	3271.3
	S	3.2239	5.7338	5.7656	5.9288	6.0588	6.1689	6.2659	6.3534	6.4532	6.5452
8400 (298.39)	v	1.398	22.231	22.469	25.058	27.203	29.094	30.821	32.435	34.337	36.147
	U	1324.3	2567.2	2574.4	2851.1	2713.4	2767.3	2816.0	2861.1	2914.1	2964.7
	H	1336.1	2754.0	2763.1	2861.6	2941.9	3011.7	3074.8	3133.5	3202.6	3268.3
	S	3.2399	5.7207	5.7366	5.9056	6.0388	6.1509	6.2491	6.3376	6.4383	6.5309
8600 (300.06)	v	1.404	21.627	……	24.236	26.380	28.258	29.968	31.561	33.437	35.217
	U	1333.3	2564.9	……	2644.3	2708.1	2763.1	2812.4	2858.0	2911.5	2962.4
	H	1345.4	2750.9	……	2852.7	2935.0	3006.1	3070.1	3129.4	3199.1	3265.3
	S	3.2557	5.7076	……	5.8823	6.0189	6.1330	6.2326	6.3220	6.4236	6.5168
8800 (301.70)	v	1.411	21.049	……	23.446	25.592	27.459	29.153	30.727	32.576	34.329
	U	1342.2.	2562.6	……	2637.3	2702.8	2758.8	2808.8	2854.9	2908.9	2960.1
	H	1354.6	2747.8	……	2843.6	2928.0	3000.4	3065.3	3125.3	3195.6	3262.2
	S	3.2713	5.6948	……	5.8590	5.9990	6.1152	6.2162	6.3067	6.4092	6.5030
9000 (303.31)	v	1.418	20.495	……	22.685	24.836	26.694	28.372	29.929	31.754	33.480
	U	1351.0	2560.1	……	2630.1	2697.4	2754.4	2805.2	2851.8	2906.3	2957.8
	H	1363.7	2744.6	……	2834.3	2920.9	2994.7	3060.5	3121.2	3192.0	3259.2
	S	3.2867	5.6820	……	5.8355	5.9792	6.0976	6.2000	6.2915	6.3949	6.4894
9200 (304.89)	v	1.425	19.964	……	21.952	24.110	25.961	27.625	29.165	30.966	32.668
	U	1359.7	2557.7	……	2622.7	2691.9	2750.0	2801.5	2848.7	2903.6	2955.5
	H	1372.8	2741.3	……	2824.7	2913.7	2988.9	3055.7	3117.0	3188.5	3256.1
	S	3.3018	5.6694	……	5.8118	5.9594	6.0801	6.1840	6.2765	6.3808	6.4760
9400 (306.44)	v	1.432	19.455	……	21.245	23.412	25.257	26.909	28.433	30.212	31.891
	U	1368.2	2555.2	……	2615.1	2686.3	2745.6	2797.8	2845.5	2900.9	2953.2
	H	1381.7	2738.0	……	2814.8	2906.3	2983.0	3050.7	3112.8	3184.9	3253.0
	S	3.3168	5.6568	……	5.7879	5.9397	6.0627	6.1681	6.2617	6.3669	6.4628
9600 (307.97)	v	1.439	18.965	……	20.561	22.740	24.581	26.221	27.731	29.489	31.145
	U	1376.7	2552.6	……	2607.3	2680.5	2741.0	2794.1	2842.3	2898.2	2950.9
	H	1390.6	2734.7	……	2804.7	2898.8	2977.0	3045.8	3108.5	3181.3	3249.9
	S	3.3315	5.6444	……	5.7637	5.9199	6.0454	6.1524	6.2470	6.3532	6.4498

续表

p/kPa (t^{sat}/℃)	物理量	饱和液体	饱和蒸汽	温度 t/℃(温度 T/K)							
				300 (573.15)	320 (593.15)	340 (613.15)	360 (633.15)	380 (653.15)	400 (673.15)	425 (698.15)	450 (723.15)
9800 (309.48)	v	1.446	18.494	……	19.899	22.093	23.931	25.561	27.056	28.795	30.429
	U	1385.2	2550.0	……	2599.2	2674.7	2736.4	2790.3	2839.1	2895.5	2948.6
	H	1399.3	2731.2	……	2794.3	2891.2	2971.0	3040.8	3104.2	3177.7	3246.8
	S	3.3461	5.6321	……	5.7393	5.9001	6.0282	6.1368	6.2325	6.3397	6.4369
10000 (310.96)	v	1.453	18.041	……	19.256	21.468	23.305	24.926	26.408	28.128	29.742
	U	1393.5	2547.3	……	2590.9	2668.7	2731.8	2786.4	2835.8	2892.8	2946.2
	H	1408.0	2727.7	……	2783.5	2883.4	2964.8	3035.7	3099.9	3174.1	3243.6
	S	3.3605	5.6198	……	5.7145	5.8803	6.0110	6.1213	6.2182	6.3264	6.4243
10200 (312.42)	v	1.460	17.605	……	18.632	20.865	22.702	24.315	25.785	27.487	29.081
	U	1401.8	2544.6	……	2582.3	2662.6	2727.0	2782.6	2832.6	2890.0	2943.9
	H	1416.7	2724.2	……	2772.3	2875.4	2958.6	3030.6	3095.6	3170.4	3240.5
	S	3.3748	5.6076	……	5.6894	5.8604	5.9940	6.1059	6.2040	6.3131	6.4118
10400 (313.86)	v	1.467	17.184	……	18.024	20.282	22.121	23.726	25.185	26.870	28.446
	U	1410.0	2541.8	……	2573.4	2656.3	2722.2	2778.7	2829.3	2887.3	2941.5
	H	1425.2	2720.6	……	2760.8	2867.2	2952.3	3025.4	3091.2	3166.7	3237.3
	S	3.3889	5.5955	……	5.6638	5.8404	5.9769	6.0907	6.1899	6.3001	6.3994
10600 (315.27)	v	1.474	16.778	……	17.432	19.717	21.560	23.159	24.607	26.276	27.834
	U	1418.1	2539.0	……	2564.1	2649.9	2717.4	2774.7	2825.9	2884.5	2939.1
	H	1433.7	2716.9	……	2748.9	2858.9	2945.9	3020.2	3086.8	3163.0	3234.1
	S	3.4029	5.5835	……	5.6376	5.8203	5.9599	6.0755	6.1759	6.2872	6.3872
10800 (316.67)	v	1.481	16.385	……	16.852	19.170	21.018	22.612	24.050	25.703	27.245
	U	1426.2	2536.2	……	2554.5	2643.4	2712.4	2770.7	2822.6	2881.7	2936.7
	H	1442.2	2713.1	……	2736.5	2850.4	2939.4	3014.9	3082.3	3159.3	3230.9
	S	3.4167	5.5715	……	5.6109	5.8000	5.9429	6.0604	6.1621	6.2744	6.3752
11000 (318.05)	v	1.489	16.006	……	16.285	18.639	20.494	22.083	23.512	25.151	26.676
	U	1434.2	2533.2	……	2544.4	2636.7	2707.4	2766.7	2819.2	2878.9	2934.3
	H	1450.6	2709.3	……	2723.5	2841.7	2932.8	3009.6	3077.8	3155.5	3227.7
	S	3.4304	5.5595	……	5.5835	5.7797	5.9259	6.0454	6.1483	6.2617	6.3633
11200 (319.40)	v	1.496	15.639	……	15.726	18.124	19.987	21.573	22.993	24.619	26.128
	U	1442.1	2530.3	……	2533.8	2629.8	2702.2	2762.6	2815.8	2876.0	2931.8
	H	1458.9	2705.4	……	2710.0	2832.8	2926.1	3004.2	3073.3	3151.7	3224.5
	S	3.4440	5.5476	……	5.5553	5.7591	5.9090	6.0305	6.1347	6.2491	6.3515
11400 (320.74)	v	1.504	15.284	……	……	17.622	19.495	21.079	22.492	24.104	25.599
	U	1450.0	2527.2	……	……	2622.7	2697.0	2758.4	2812.3	2873.1	2929.4
	H	1467.2	2701.5	……	……	2823.6	2919.3	2998.7	3068.7	3147.9	3221.2
	S	3.4575	5.5357	……	……	5.7383	5.8920	6.0156	6.1211	6.2367	6.3399

p/kPa (t^{sat}/℃)	物理量	饱和液体	饱和蒸汽	温度 t/℃(温度 T/K)							
				475 (748.15)	500 (773.15)	525 (798.15)	550 (823.15)	575 (848.15)	600 (873.15)	625 (898.15)	650 (923.15)
8200 (296.70)	v	1.391	22.863	38.893	40.614	42.295	43.943	45.566	47.166	48.747	50.313
	U	1315.2	2569.5	3015.6	3063.3	3110.5	3157.4	3204.3	3251.1	3298.1	3345.2
	H	1326.6	2757.0	3334.5	3396.4	3457.3	3517.8	3577.9	3637.9	3697.8	3757.7
	S	3.2239	5.7338	6.6311	6.7124	6.7900	6.8646	6.9365	7.0062	7.0739	7.1397
8400 (298.39)	v	1.398	22.231	37.887	39.576	41.224	42.839	44.429	45.996	47.544	49.076
	U	1324.3	2567.2	3013.6	3061.6	3108.9	3155.9	3202.9	3249.8	3296.9	3344.1
	H	1336.1	2754.0	3331.9	3394.0	3455.2	3515.8	3576.1	3636.2	3696.2	3756.3
	S	3.2399	5.7207	6.6173	6.6990	6.7769	6.8516	6.9238	6.9936	7.0614	7.1274
8600 (300.06)	v	1.404	21.627	36.928	38.586	40.202	41.787	43.345	44.880	46.397	47.897
	U	1333.3	2564.9	3011.6	3059.8	3107.3	3154.4	3201.5	3248.5	3295.7	3342.9
	H	1345.4	2750.9	3329.2	3391.6	3453.0	3513.8	3574.3	3634.5	3694.7	3754.9
	S	3.2557	5.7076	6.6037	6.6858	6.7639	6.8390	6.9113	6.9813	7.0492	7.1153

续表

p/kPa (t^{sat}/℃)	物理量	饱和液体	饱和蒸汽	温度 t/℃(温度 T/K)							
				475 (748.15)	500 (773.15)	525 (798.15)	550 (823.15)	575 (848.15)	600 (873.15)	625 (898.15)	650 (923.15)
8800 (301.70)	v	1.411	21.049	36.011	37.640	39.228	40.782	42.310	43.815	45.301	46.771
	U	1342.2	2562.6	3009.6	3058.0	3105.6	3152.9	3200.1	3247.2	3294.5	3341.8
	H	1354.6	2747.8	3326.5	3389.2	3450.8	3511.8	3572.4	3632.8	3693.1	3753.4
	S	3.2713	5.6948	6.5904	6.6728	6.7513	6.8265	6.8990	6.9692	7.0373	7.1035
9000 (303.31)	v	1.418	20.495	35.136	36.737	38.296	39.822	41.321	42.798	44.255	45.695
	U	1351.0	2560.1	3007.6	3056.1	3104.0	3151.4	3198.7	3246.0	3293.3	3340.7
	H	1363.7	2744.6	3323.8	3386.8	3448.7	3509.8	3570.6	3631.1	3691.6	3752.0
	S	3.2867	5.6820	6.5773	6.6600	6.7388	6.8143	6.8870	6.9574	7.0256	7.0919
9200 (304.89)	v	1.425	19.964	34.298	35.872	37.405	38.904	40.375	41.824	43.254	44.667
	U	1359.7	2557.7	3005.6	3054.3	3102.3	3149.9	3197.3	3244.7	3292.1	3339.6
	H	1372.8	2741.3	3321.1	3384.4	3446.5	3507.8	3568.8	3629.5	3690.0	3750.5
	S	3.3018	5.6694	6.5644	6.6475	6.7266	6.8023	6.8752	6.9457	7.0141	7.0806
9400 (306.44)	v	1.432	19.455	33.495	35.045	36.552	38.024	39.470	40.892	42.295	43.682
	U	1368.2	2555.2	3003.5	3052.5	3100.7	3148.4	3195.9	3243.4	3290.9	3338.5
	H	1381.7	2738.0	3318.4	3381.9	3444.3	3505.9	3566.9	3627.8	3688.4	3749.1
	S	3.3168	5.6568	6.5517	6.6352	6.7146	6.7906	6.8637	6.9343	7.0029	7.0695
9600 (307.97)	v	1.439	18.965	32.726	34.252	35.734	37.182	38.602	39.999	41.377	42.738
	U	1376.7	2552.6	3001.5	3050.7	3099.0	3146.9	3194.5	3242.1	3289.7	3337.4
	H	1390.6	2734.7	3315.6	3379.5	3442.1	3503.9	3565.1	3626.1	3686.9	3747.6
	S	3.3315	5.6444	6.5392	6.6231	6.7028	6.7790	6.8523	6.9231	6.9918	7.0585
9800 (309.48)	v	1.446	18.494	31.988	33.491	34.949	36.373	37.769	39.142	40.496	41.832
	U	1385.2	2550.0	2999.4	3048.8	3097.4	3145.4	3193.1	3240.8	3288.5	3336.2
	H	1399.3	2731.2	3312.9	3377.0	3439.9	3501.9	3563.3	3624.4	3685.3	3746.2
	S	3.3461	5.6321	6.5268	6.6112	6.6912	6.7676	6.8411	6.9121	6.9810	7.0478
10000 (310.96)	v	1.453	18.041	31.280	32.760	34.196	35.597	36.970	38.320	39.650	40.963
	U	1393.5	2547.3	2997.4	3047.0	3095.7	3143.9	3191.7	3239.5	3287.3	3335.1
	H	1408.0	2727.7	3310.1	3374.6	3437.7	3499.8	3561.4	3622.7	3683.8	3744.7
	S	3.3605	5.6198	6.5147	6.5994	6.6797	6.7564	6.8302	6.9013	6.9703	7.0373
10200 (312.42)	v	1.460	17.605	30.599	32.058	33.472	34.851	36.202	37.530	38.837	40.128
	U	1401.8	2544.6	2995.3	3045.2	3094.0	3142.3	3190.3	3238.2	3286.1	3334.0
	H	1416.7	2724.2	3307.4	3372.1	3435.5	3497.8	3559.6	3621.0	3682.2	3743.3
	S	3.3748	5.6076	6.5027	6.5879	6.6685	6.7454	6.8194	6.8907	6.9598	7.0269
10400 (313.86)	v	1.467	17.184	29.943	31.382	32.776	34.134	35.464	36.770	38.056	39.325
	U	1410.0	2541.8	2993.2	3043.3	3092.4	3140.8	3188.9	3236.9	3284.8	3332.9
	H	1425.2	2720.6	3304.6	3369.7	3433.2	3495.8	3557.8	3619.3	3680.6	3741.8
	S	3.3889	5.5955	6.4909	6.5765	6.6574	6.7346	6.8087	6.8803	6.9495	7.0167
10600 (315.27)	v	1.474	16.778	29.313	30.732	32.106	33.444	34.753	36.039	37.304	38.552
	U	1418.1	2539.0	2991.1	3041.4	3090.7	3139.3	3187.5	3235.6	3283.6	3331.7
	H	1433.7	2716.9	3301.8	3367.2	3431.0	3493.8	3555.9	3617.6	3679.1	3740.4
	S	3.4029	5.5835	6.4793	6.5652	6.6465	6.7239	6.7983	6.8700	6.9394	7.0067
10800 (316.67)	v	1.481	16.385	28.706	30.106	31.461	32.779	34.069	35.335	36.580	37.808
	U	1426.2	2536.2	2989.0	3039.6	3089.0	3137.8	3186.1	3234.3	3282.4	3330.6
	H	1442.2	2713.1	3299.0	3364.7	3428.8	3491.8	3554.1	3615.9	3677.5	3738.9
	S	3.4167	5.5715	6.4678	6.5542	6.6357	6.7134	6.7880	6.8599	6.9294	6.9969
11000 (318.05)	v	1.489	16.006	28.120	29.503	30.839	32.139	33.410	34.656	35.882	37.091
	U	1434.2	2533.2	2986.9	3037.7	3087.3	3136.2	3184.7	3233.0	3281.2	3329.5
	H	1450.6	2709.3	3296.2	3362.2	3426.5	3489.7	3552.2	3614.2	3675.9	3737.5
	S	3.4304	5.5595	6.4564	6.5432	6.6251	6.7031	6.7779	6.8499	6.9196	6.9872

续表

p/kPa (t^{sat}/℃)	物理量	饱和液体	饱和蒸汽	温度 t/℃(温度 T/K)							
				475 (748.15)	500 (773.15)	525 (798.15)	550 (823.15)	575 (848.15)	600 (873.15)	625 (898.15)	650 (923.15)
11200 (319.40)	v	1.496	15.639	27.555	28.921	30.240	31.521	32.774	34.002	35.210	36.400
	U	1442.1	2530.3	2984.8	3035.8	3085.6	3134.7	3183.3	3231.7	3280.0	3328.4
	H	1458.9	2705.4	3293.4	3359.7	3424.3	3487.7	3550.4	3612.5	3674.4	3736.0
	S	3.4440	5.5476	6.4452	6.5324	6.6147	6.6929	6.7679	6.8401	6.9099	6.9777
11400 (320.74)	v	1.504	15.284	27.010	28.359	29.661	30.925	32.160	33.370	34.560	35.733
	U	1450.0	2527.2	2982.6	3033.9	3083.9	3133.1	3181.9	3230.4	3278.8	3327.2
	H	1467.2	2701.5	3290.5	3357.2	3422.1	3485.7	3548.5	3610.8	3672.8	3734.6
	S	3.4575	5.5357	6.4341	6.5218	6.6043	6.6828	6.7580	6.8304	6.9004	6.9683

附录F 热力学图

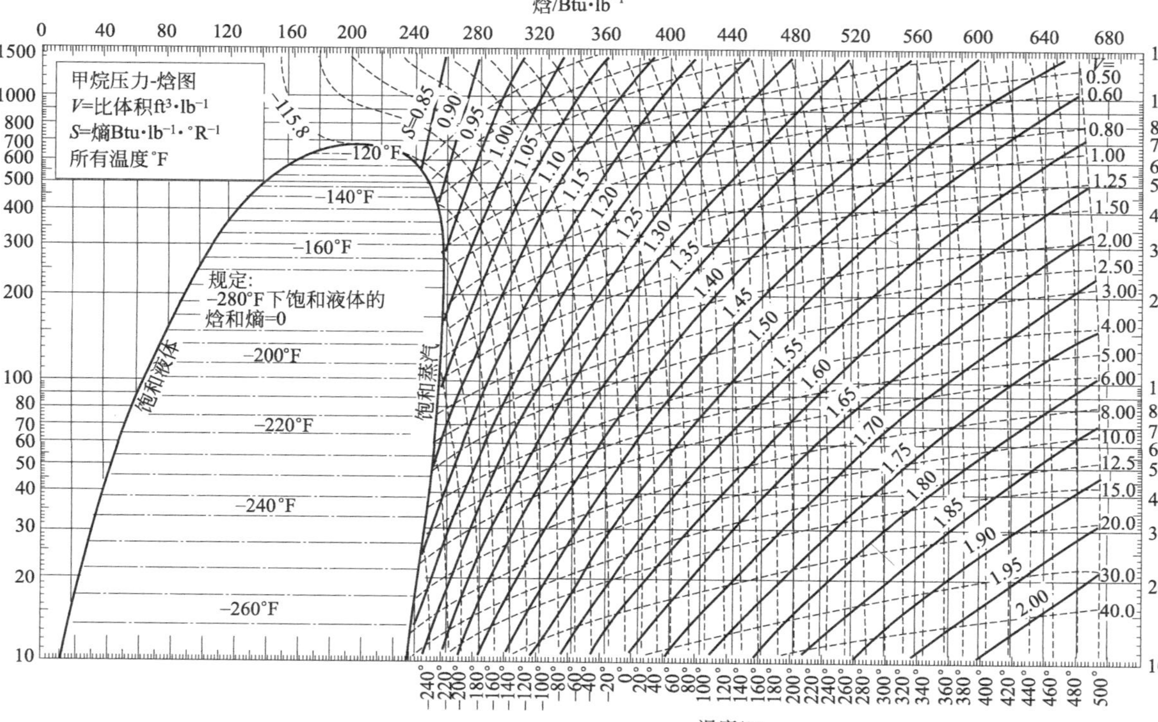

图 F.1 甲烷的 p-H 图

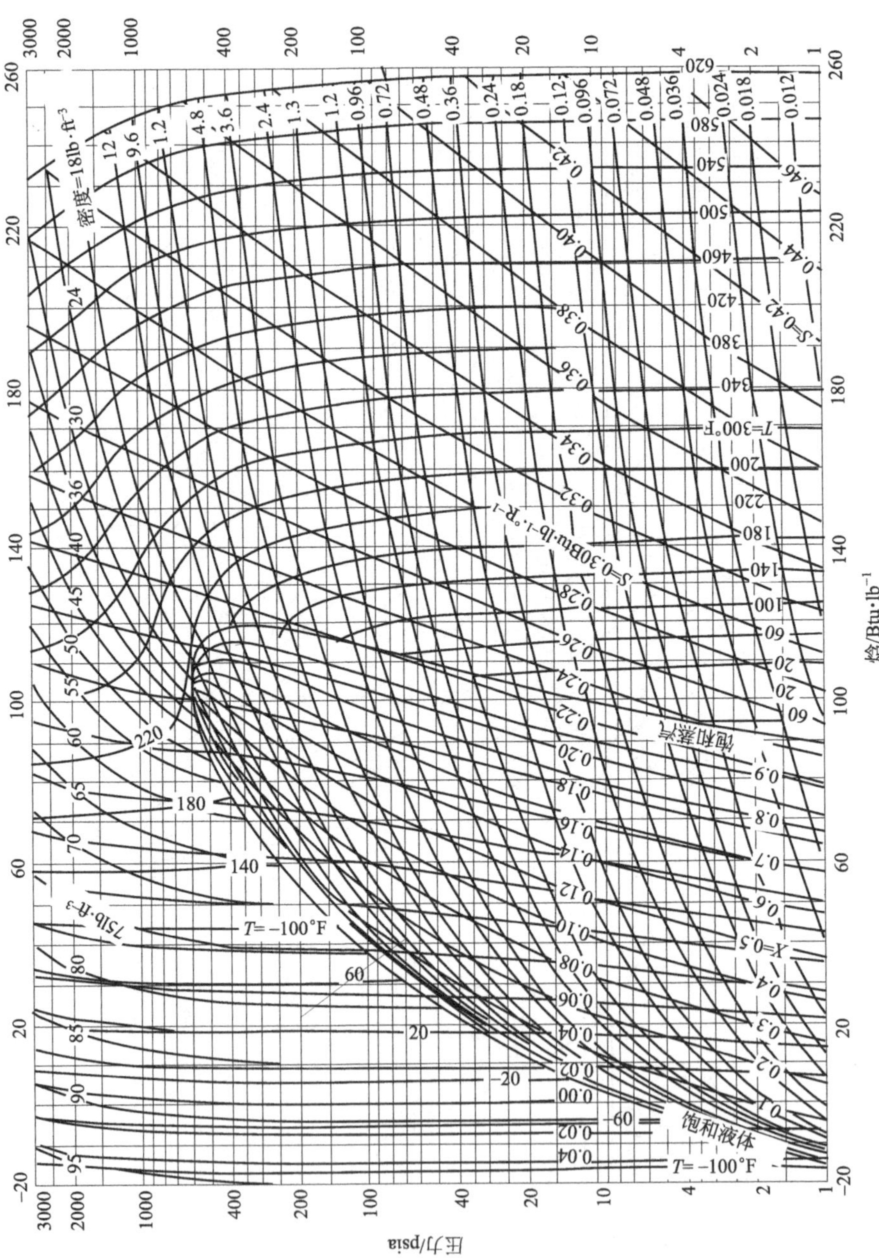

图 F.2 四氟乙烷的 p-H 图

习题参考答案

第 1 章

1.1　694.44kJ

1.2　0.488kg/s

1.3　略

1.4　$U_2 = H'$

1.5　0.929h

1.6　27.78℃

1.7　使用伯努利方程

1.8　$\Delta H = 0$

1.9　43.2℃

1.10　略

1.11　119.05kW，130.95kW

1.12　(1) $\Delta S_t = 0.184\text{kJ/(kg·K)}$；(2) $\Delta S_t = 0.097\text{kJ/(kg·K)}$；(3) 略

第 2 章

2.1　(1) $1.381\times10^{-3}\text{m}^3/\text{mol}$；(2) $1.394\times10^{-3}\text{m}^3/\text{mol}$；
(3) $1.395\times10^{-3}\text{m}^3/\text{mol}$；(4) $1.395\times10^{-3}\text{m}^3/\text{mol}$

2.2　$2.6234\times10^{-4}\text{m}^3/\text{mol}$

2.3　(1) $6.08\times10^6\text{Pa}$；(2) $5.38\times10^6\text{Pa}$；(3) $5.24\times10^6\text{Pa}$

2.4　$Z = 0.7943$

2.5　(1) $2.01\times10^{-3}\text{m}^3/\text{mol}$；(2) $2.05\times10^{-3}\text{m}^3/\text{mol}$

2.6　(1) $3.42\times10^7\text{Pa}$；(2) $3.88\times10^7\text{Pa}$；(3) $3.66\times10^6\text{Pa}$

2.7　略

2.8　$116.863\text{cm}^3/\text{mol}$

2.9　(1) $V_m = 7.37\times10^{-4}\text{m}^3/\text{mol}$，$p_2 = 4.96\times10^6\text{Pa}$；
(2) $V_m = 7.34\times10^{-4}\text{m}^3/\text{mol}$，$p_2 = 5.07\times10^6\text{Pa}$；
(3) $V_m = 7.16\times10^{-4}\text{m}^3/\text{mol}$，$p_2 = 5.08\times10^6\text{Pa}$

第 3 章

3.1　(1) $H_m^R = -2734.72\text{J/mol}$；$S_m^R = -5.631\text{J/(mol·K)}$；(2) $H_m^R = -2395.08\text{J/mol}$；$S_m^R = -4.922\text{J/(mol·K)}$；(3) $H_m^R = -3445.92\text{J/mol}$；$S_m^R = -7.171\text{J/(mol·K)}$

3.2～3.4　略

3.5　$\Delta V_m = 2.994\times10^{-3}\text{m}^3/\text{mol}$；$\Delta H_m = 3.331\times10^4\text{J/mol}$；$\Delta S_m = 83.354\text{J/(mol·K)}$

3.6　$\Delta H_m = -1360.95\text{kJ/kmol}$；$\Delta S_m = -8.9281\text{kJ/(kmol·K)}$

3.7　略

3.8　$\Delta V_m = -7.414\times10^{-4}\text{m}^3/\text{mol}$；$\Delta H_m = 13847.67\text{J/mol}$；$\Delta S_m = 15.542\text{J/(mol·K)}$

3.9、3.10　略

第 4 章

4.1　(1) $4.41\times10^{-5}\text{m}^3/\text{mol}$；(2) $6.21\times10^{-5}\text{m}^3/\text{mol}$；(3) $6.39\times10^{-5}\text{m}^3/\text{mol}$

4.2　(1) $1.82\times10^{-4}\text{m}^3/\text{mol}$；(2) $3.94\times10^{-3}\text{m}^3/\text{mol}$

4.3　(1) $1.53\times10^7\text{Pa}$；(2) $1.52\times10^7\text{Pa}$

4.4　$V_m = 428.98\text{cm}^3/\text{mol}$

4.5　$H_m^R = -2679.24\text{J/mol}$；$S_m^R = -4.672\text{J/(mol·K)}$

4.6　$V_m = 8.9\text{m}^3$

4.7 $y(N_2)=0.32$

4.8 (1) $V_m=4.632\times10^{-4}m^3/mol$；$H_m^R=-3272.40J/mol$；$S_m^R=-4.606J/(mol\cdot K)$

(2) $V_m=4.536\times10^{-4}m^3/mol$；$H_m^R=-2952.01J/mol$；$S_m^R=-5.046J/(mol\cdot K)$

(3) $V_m=4.642\times10^{-4}m^3/mol$；$H_m^R=-2842.60J/mol$；$S_m^R=-4.988J/(mol\cdot K)$

第5章

5.1 略

5.2 $\overline{H}_1=210-30x_1^2+20x_1^3$，$\overline{H}_2=300+20x_1^3$，$\overline{H}_1^\infty=210$，$\overline{H}_2^\infty=320$，单位 J/mol

5.3 $\overline{H}_2=150+x_1^2$；$H_m=100x_1+150x_2+x_1x_2$，单位 J/mol

5.4 (1)、(2) 略；(3) 1.369MPa；(4) 1.374MPa

5.5 0.10MPa，0.10MPa；0.11MPa；0.18MPa

5.6 (1) 略；(2) 1.33MPa，5.23MPa；(3) 1.31MPa，5.46MPa

5.7 $\ln\hat{\phi}_1=2y_2^3$，$\ln\hat{\phi}_2=y_1^2(1+2y_2)$，3.21MPa，4.12MPa

5.8 (1) $\overline{V}_1=2\times10^{-6}+4\times10^{-6}x_1^2+8\times10^{-6}x_1x_2$，$\overline{V}_2=2\times10^{-6}-4\times10^{-6}x_1^2$；(2) $\Delta V_m=-4\times10^{-6}x_1x_2$；(3) $\overline{V}_1^E=-4\times10^{-6}x_2^2$，$\overline{V}_2^E=-4\times10^{-6}x_1^2\,m^3/mol$

5.9 (1) 4.258MPa，8.839MPa；(2) 10.644MPa，14.732MPa

5.10 2106kJ

5.11 (1) $\ln\gamma_1=-3x_1x_2+3x_1^2x_2+3.6x_1x_2^2-1.8x_2^2$，$\ln\gamma_2=-1.5x_1^2-3.6x_1x_2+3x_1^2x_2+3.6x_1x_2^2$；(2) $\ln\gamma_1^\infty=-1.8$，$\ln\gamma_2^\infty=-1.5$

5.12 (1) $\overline{H}_1^E=(A+2Bx_1+2CTx_1)x_2^2$，$\overline{H}_2^E=[A+B(x_1-x_2)+CT(x_1-x_2)]x_1^2$

(2) $\ln\gamma_1=\dfrac{(A+2Bx_1+2CTx_1)\,x_2^2}{RT}$，$\ln\gamma_2=\dfrac{[A+B\,(x_1-x_2)\,+CT\,(x_1-x_2)\,]\,x_1^2}{RT}$

5.13 (1) $\gamma_1=2.4562$，$\gamma_2=1.1968$；(2) $\gamma_1=2.4540$，$\gamma_2=1.1930$；(3) $\gamma_1=2.2138$，$\gamma_2=1.1906$

5.14 $\ln\gamma_2=\left(a+\dfrac{3b}{2}+2c\right)x_1^2-\left(b+\dfrac{8}{3}c\right)x_1^3+cx_1^4$

第6章

6.1 $p_{bub}=64.5kPa$，$y_1=0.562$

6.2 $p=28.7kPa$；$y_1=0.8793$

6.3 $\gamma_1=2.2361$，$\gamma_2=1.2694$，$G_m^E=1080.26J/mol$，$\Delta G_m=-535.54J/mol$

6.4 略

6.5 $T_{bub}=108℃$，$y_1=0.4745$

6.6 $T_{dew}=111.6℃$，$x_1=0.1416$

6.7 $p_{bub}=0.4455MPa$，$y_1=0.5548$

6.8 $p_{dew}=0.4380MPa$，$y_1=0.7907$

6.11 $T_{bub}=428.51K$，$y_1=0.9348$

6.12 0.118

6.13 略

6.14 $A_{12}=2.148$；$A_{21}=2.781$

6.15 $A_{12}=2.199$；$A_{21}=2.810$

6.16、6.17 略

6.18 0.371，0.291

6.19 $T_{dew}=93.9℃$，$x_1=0.000$；$T_{bub}=84.3℃$，$y_1=0.444$

第7章

7.1 $y_{H_2O}=\dfrac{1-\varepsilon}{8+2\varepsilon}$，$y_{CO}=\dfrac{1+\varepsilon}{8+2\varepsilon}$，$y_{H_2}=\dfrac{4+3\varepsilon}{8+2\varepsilon}$，$y_{CH_4}=\dfrac{2-\varepsilon}{8+2\varepsilon}$

7.2 0.5，0.5，0.5，0.333，0.667，0.333，0.36

7.3　汽相 0.180、0.464、0.356；液相 0.060、0.094、0.000

7.4　$y_{H_2}=y_{C_2H_2}=0.44$　$y_{C_2H_2}=0.172$

7.5　0.33

7.6　$y_{SO_2}=0.0662$，$y_{SO_3}=0.2218$，$y_{O_2}=0.0619$，$y_{N_2}=0.6501$ $T=855.7K$

第 8 章

8.1　$-924.08\times10^4 kJ\cdot h^{-1}$，0.64%

8.2　$0.2266kJ\cdot K^{-1}$

8.3　$157.8J\cdot K^{-1}$

8.4　(1) $\Delta S_{sys}=-19.14kJ/(mol\cdot K)$，$\Delta S_{sur}=19.14kJ/(mol\cdot K)$，$\Delta S_t=0$；
　　(2) $\Delta S_{sys}=-19.14kJ/(mol\cdot K)$，$\Delta S_{sur}=25.53kJ/(mol\cdot K)$，$\Delta S_t=6.39kJ/(mol\cdot K)$；
　　(3) $\Delta S_{sys}=-19.14kJ/(mol\cdot K)$，$\Delta S_{sur}=31.91kJ/(mol\cdot K)$，$\Delta S_t=12.83kJ/(mol\cdot K)$

8.5　$\Delta S_{铸件}=-132.21kJ/K$；$\Delta S_{箱}=2.69kJ/K$；$\Delta S_{油}=201.78kJ/K$；$\Delta S_t=72.26kJ/K^{-1}$

8.6　$0.7380kJ/(K\cdot s)$

8.7　(1) $t_2=250℃$；(2) 756.6m/s

8.8　(1) $T_2=345.01K$，$W_S=-8583.57J/mol$；(2) $T_2=340.55K$，$W_S=-8319.65J/mol$

8.9　$W_S=22.17kW$

8.10　521.63kW，474.44K

8.11　4585.5kW，456.3K

8.12　280K，$31.89J/(mol\cdot K)$

第 9 章

9.1　(1) 1624kPa；6.6kPa；6.6kPa；1624kPa
　　(2) 0.742；0.24
　　(3) 1932.7kW
　　(4) 1218.8kW
　　(5) 0.3683

9.2　0.3114，0.805

9.3　$\eta=0.2966$，0.3137，0.3322；$x=0.9143$，0.9590，0.9991

9.4　1668.78 元/年

9.5　(1) $m=1.0939\times10^{-2}kg/s$；$Q_H=-12.89kJ/s$；$W_{S,comp}=1.280kW$；COP=9.072；
　　(2) $m=1.0939\times10^{-2}kg/s$；$Q_H=-13.21kJ/s$；$W_{S,comp}=1.597kW$；COP=7.27

9.6　(1) 略；(2) 34.2kg/h，48547kJ/h，2.375kW，4.52

9.7　理论最小能耗即按逆卡诺循环运行的情形，分别为：3.87kW，3.00kW

9.8　(1) $Q_{H,max}=40.35kJ/s$；(2) $Q_{L,max}=30.35kJ/s$

第 10 章

10.1　−2481.28J/mol

10.2　(1) $W_{id}=-347.87kW$，$\eta_S=79.8\%$；(2) $W_{id}=-475.1kW$，$\eta_S=64.74\%$

10.3　$Q_L=-3388.22J/mol$，$W_L=418.41J/mol$

10.4　−3753.77J/mol，−5164.03J/mol，1409.26J/mol

10.5　$W_L=1.954\times10^4 kJ/kmol$

10.6　$W_{id}=-259.69kJ/kg$；$W_L=27.13kJ/kg$；效率=89.56%

10.7　$W_L=4322.31kJ/h$，$\eta_S=67.60\%$

10.8　(1) $m_V=91.73kg$，$m_L=908.27kg$；(2) $W_L=37449.84kJ$；(3) $W_L=4910.05kJ$；(4) 略

10.9　14.355kW

10.10　−220kW；220kW

10.11　2791.78kW，811.72kW

参 考 文 献

[1] Smith J M, Van Ness H C, Abbott M M. Introduction to Chemical Engineering Thermodynamics. 7th ed. New York: McGraw-Hill, 2005.

[2] Sandler S I. Chemical and Engineering Thermodynamics. 3rd ed. New York: Wiley, 2002.

[3] Gmehling J, Onken U. Vapor-Liquid Equilibrium Data Collection, Organic Hydroxy Compounds: Alcohols. DECHMA, 1977.

[4] Chao K C, Greenkom R A. Thermodynamics of Fluids——An Introduction to Equilibrium Theory. New York: Marcel Dekker, 1975.

[5] Seider W D, Seider J D, Lewin D R. Product and Process Design Principles: Synthesis, Analysis, and Evaluation. New York: Wiley, 2003.

[6] Raman R. Chemical Process Computation. Heidelberg: Springer, 2007.

[7] 朱自强，吴有庭. 化工热力学. 第3版. 北京：化学工业出版社，2009.

[8] 朱自强，流体相平衡原理及其应用. 杭州：浙江大学出版社，1990.

[9] 张乃文，陈嘉宾，于志家. 化工热力学. 大连：大连理工大学出版社，2006.

[10] 陈志新，蔡振云，胡望月，钱超. 化工热力学. 第3版. 北京：化学工业出版社，2009.

[11] 高光华，童景山. 化工热力学. 第2版. 北京：清华大学出版社，2007.

[12] 陈志新，蔡振云，钱超. 化工热力学学习指导. 北京：化学工业出版社，2011.

[13] 高光华，于养信. 化工热力学——基本内容、习题精解和计算程序. 北京：清华大学出版社，2000.

[14] 陈钟秀，顾飞燕，胡望明. 化工热力学. 第3版. 北京：化学工业出版社，2012.

[15] 袁一，胡德生. 化工过程热力学分析. 北京：化学工业出版社，1980.

[16] 毕明树. 工程热力学. 北京：化学工业出版社，2001.

[17] 于志家，张艳，兰忠，陈嘉宾. 关于Excel在化工热力学计算中应用的探讨. 化工高等教育，2012 (3)：73-75.

[18] 于志家，陈传祺，李香琴，张乃文. 应用Excel进行泡点与露点计算. 化工高等教育，2012 (4)：73-76.

[19] 于志家，杨筱恬. 用SRK方程与PR方程求算双组分混合气体热力学性质. 化工高等教育，2013 (1)：59-62，80.

[20] 于志家. 泡点露点与闪蒸计算. 化工高等教育，2013 (2)：84-87.

[21] 于志家，丛阳，张镭，周昊，周培. 气液相平衡计算与教学. 化工高等教育，2014 (2)：82-86.

[22] 李香琴，于志家. 二元真空气体混合物剩余焓和剩余熵的计算. 化工高等教育，2014，31 (4)：71-75.